Willi Bohl
Technische Strömungslehre

Kamprath-Reihe

Prof. Dipl.-Ing.
Willi Bohl

Technische Strömungslehre

Stoffeigenschaften von Flüssigkeiten und Gasen, Hydrostatik, Aerostatik, Inkompressible Strömungen, Kompressible Strömungen, Strömungsmeßtechnik

10., durchgesehene Auflage

Vogel Buchverlag

Professor Dipl.-Ing. Willi Bohl

Geboren 1936 in Kaiserslautern. Nach dem 1955
abgelegten Abitur und kurzem Industriepraktikum
Studium des Maschinenbaus an der Technischen
Hochschule (heute Universität) Karlsruhe. Abschluß
mit der Diplomprüfung im Frühjahr 1960. Nach
zweijähriger Industrietätigkeit als Ingenieur im
Strömungsmaschinenbau Übernahme einer Dozentur
an der Fachhochschule (früher Staatliche Ingenieur-
schule) Heilbronn. Neben dem Aufbau und der
Betreuung der Vorlesungen und Übungen in
Strömungslehre und Strömungsmaschinen auch mit
Neuaufbau und Einrichtung eines Laboratoriums für
Strömungsmaschinen betraut.

Von Willi Bohl sind bisher im
Vogel Buchverlag erschienen:

Technische Strömungslehre

Strömungsmaschinen –
Aufbau und Wirkungsweise

Strömungsmaschinen –
Berechnung und Konstruktion

Die Deutsche Bibliothek – CIP-Einheitsaufnahme

Bohl, Willi:
Technische Strömungslehre : Stoffeigenschaften von
Flüssigkeiten und Gasen, Hydrostatik, Aerostatik,
inkompressible Strömungen, kompressible Strömungen,
Strömungsmesstechnik / Willi Bohl. – 10. durchges. Aufl. –
Würzburg : Vogel, 1994
    (Vogel-Fachbuch) (Kamprath-Reihe)
    ISBN 3-8023-1495-6

ISBN 3-8023-1495-6
10. Auflage 1994
Printed in Germany
Copyright 1971 by Vogel Verlag und Druck KG,
Würzburg
Druck und Bindung: Friedrich Pustet, Regensburg

Vorwort

Dieses nunmehr in der neunten Auflage erscheinende Lehr- und Fachbuch ist aus den Skripten meiner vierstündigen Vorlesung «Technische Strömungslehre» hervorgegangen, die ich seit 1963 an der Fachhochschule Heilbronn (früher Staatliche Ingenieurschule) für Studierende der Fachrichtung Maschinenbau abhalte. Im Kapitel 6 «Strömungsmeßtechnik» werden teilweise Versuchsanleitungen des von mir geleiteten Labors für Strömungsmaschinen und Strömungstechnik verarbeitet.

Das Buch ist von seinem Inhalt und didaktischem Aufbau her in erster Linie als **Lehrbuch** für Studierende der Fachrichtungen Maschinenbau, Versorgungstechnik und Verfahrenstechnik angelegt, weshalb die wichtigen Grundgleichungen abgeleitet und auch die Grenzen der Genauigkeit der Rechnungen immer wieder aufgezeigt werden. Die 43 durchgerechneten Beispiele sind vorwiegend als Übungsaufgaben für Studierende gedacht, die damit bei jedem wichtigen Lernabschnitt eine Kontrollmöglichkeit haben.

Das Buch ist aber auch als kurzgefaßtes **Fachbuch** anzusehen, das dem bereits im Berufsleben stehenden Ingenieur oder Techniker helfen kann, sich (wieder) in das Gebiet der Strömungstechnik einzuarbeiten, um sich dann anhand spezieller Literatur insbesondere durch die Lektüre von **Fachaufsätzen** und **Forschungsberichten** vertieft weiterzubilden.

Deshalb enthält das Buch über den üblichen Rahmen hinausgehend zahlreiche Tabellen und Diagramme mit Stoffeigenschaften und empirischen Beiwerten, die es dem Praktiker ermöglichen viele Aufgaben der beruflichen Praxis konkret lösen zu können. Im Hinblick auf die Kollegen in der Praxis wurde deshalb auch der Abschnitt über **Stoffströme in geschlossenen Rohrleitungen** besonders ausführlich gestaltet.

Die Ansprüche an die Vorkenntnisse in Mathematik und Physik sind nicht besonders hoch, im Grunde genügen Kenntnisse der einfachen Mechanik sowie der Differential- und Integralrechnung.

Mit Rücksicht darauf, daß das Buch auch als Vorlesungsbegleitbuch an vielen Fachhochschulen und vergleichbaren Bildungseinrichtungen eingeführt ist, wurden die abgeleiteten bzw. aus anderen Quellen übernommenen Gesetzmäßigkeiten und Formeln von wenigen Ausnahmen abgesehen als **Größengleichungen** geschrieben, gelten demnach unabhänig vom verwendeten Maßsystem. Die Beispiele wurden konsequent mit den Einheiten des **Internationalen Einheitensystems** durchgerechnet, das in der Bundesrepublik Deutschland gesetzlich verankert ist.

Bei der Bezeichnung der physikalischen Größen und Werte habe ich mich weitestgehend an die einschlägigen DIN-Normen und VDI-Richtlinien gehalten.

Es würde mich sehr freuen, auch weiterhin aus dem Leserkreis Anregungen, Wünsche und Verbesserungsvorschläge zu erhalten, die bei eventuellen weiteren Auflagen nach Möglichkeit berücksichtigt werden sollen.

Den Mitarbeitern des Vogel-Buchverlags danke ich für die Unterstützung und Beratung bei dem Erstellen des Manuskriptes der ersten Auflage und der Verbesserung und Erweiterung der weiteren Auflagen, insbesondere für die gewohnt sorgfältige Herstellung des Textes und der zahlreichen Abbildungen.

Heilbronn   *Willi Bohl*

Inhaltsverzeichnis

Die wichtigsten Formelzeichen und Einheiten

Formel-zeichen	empfohlene SI-Einheit	Bedeutungen
A	m^2	Fläche, Querschnitt
a	m/s^2	Beschleunigung, Verzögerung
a	m, mm	Durchmesser
a	m/s	Schallgeschwindigkeit
B	m	Breite
b	m	Breite
C	N	Fliehkraft
C	1	Geschwindigkeitsbeiwert
C_S	1	Schubbelastungsgrad
c	m/s	Absolutgeschwindigkeit
c_A	1	Auftriebsbeiwert
c_a	1	Auftriebsbeiwert
c_D	1	Formwiderstandsbeiwert
c_F	1	Widerstandszahl
c_M	1	Drehmomentenbeiwert
c_m	1	Momentenbeiwert
c_p	$J/(kg \cdot K)$	isobare spezifische Wärmekapazität
c_S	1	Beiwert der Seitenwindkraft
c_v	$J/(kg \cdot K)$	isochore spezifische Wärmekapazität
c_w	1	Widerstandsbeiwert
c_{wi}	1	Beiwert des induzierten Widerstandes
D	m	Durchmesser
D	s^{-1}	Geschwindigkeitsgefälle
d	m	Durchmesser
E	N/m^2	Elastizitätsmodul
e	m	Abstand
F	N	Kraft
Fr	1	Froude-Zahl
f	diverse	Faktor
f	s^{-1}	Frequenz
G	N	Gewichtskraft
g	m/s^2	Erdbeschleunigung
H	m	Höhe, Fallhöhe, Förderhöhe
H	N	Horizontalkraft
h	m	Höhe, Überfallhöhe
h	$\dfrac{J}{kg}; \dfrac{N \cdot m}{kg}; \dfrac{m^2}{s^2}$	spezifische Enthalpie
He	1	Hedstrom-Zahl
I	m^4	Trägheitsmoment, Zentrifugalmoment
I	$kg \cdot m/s$	Impuls
I	A; mA	elektrische Stromstärke
i	1	Ordnungsnummer
J	1; %; $^0/_{00}$	Kanalgefälle
K	diverse	Integrationskonstante

Formel-zeichen	empfohlene SI-Einheit	Bedeutungen
K	1	Faktor
K	diverse	Gerätekonstante
K_{Ch}	$m^{0,5}/s$	Geschwindigkeitsbeiwert nach Bazin
K_{MS}	$m^{1/3}/s$	Geschwindigkeitsbeiwert nach Manning-Strickler
k_K	$\dfrac{m^2}{N}$	Kompressibilitäts-Koeffizient
k	m; mm	Rauhigkeit
k	diverse	Faktor
L	m	Länge
l	m	Länge, Strecke
l	mm	Meßausschlag
M	$N \cdot m$	Moment, Drehmoment
Ma	1	Mach-Zahl
M_d	$N \cdot m$	Moment, Drehmoment
M_i	kg/kmol	molare Masse
m	kg	Masse
$\dot{m}$	kg/s	Massenstrom
m	1	Öffnungsverhältnis von Drosselgeräten
n	1	Exponent für Geschwindigkeitsprofil
n	1	Öffnungsverhältnis von Behältern
n	1	Anzahl
O	m^2	Oberfläche
P	W	Leistung
p	Pa; bar	Druck
R	m	Radius
R	N	Kraftresultierende
Re	1	Reynolds-Zahl
R_i	$J/(kg \cdot K)$	spezifische oder spezielle Gaskonstante
R_m	$J/(kmol \cdot K)$	molare oder allgemeine Gaskonstante
r	m	Radius
s	m	Weg, Strecke, Länge, Abstand, Blechdicke
Sr	1	Strouhal-Zahl
T	K	absolute Temperatur
t	m	Tiefe, Eintauchtiefe, Abstand, Teilung
t	s	Zeit
t	°C	Temperatur in Grad Celsius
U	m	Umfang
U	V; mV	elektrische Spannung
u	m/s	Umfangsgeschwindigkeit
V	m^3	Volumen
$\dot{V}$	m^3/s	Volumenstrom
v	m^3/kg	spezifisches Volumen
w	m/s	Geschwindigkeit, Relativgeschwindigkeit
x	m	Länge, Abstand, Koordinate

Formel-zeichen	empfohlene SI-Einheit	Bedeutungen
y	m	Länge, Abstand, Koordinate
Z	1	Realgasfaktor
z	m	Höhe, Koordinate
α	grd, Bogenmaß	Winkel
α	1	Kontraktionszahl
α	1	Durchflußzahl von Drosselgeräten
α	$m^{1/2}$	Rauhigkeitsbeiwert für Gerinne
β	grd, Bogenmaß	Winkel
β	1/°C	Raumausdehnungskoeffizient
Γ	m^2/s	Zirkulation
γ	grd, Bogenmaß	Gleitwinkel
δ	m, mm	Grenzschichtdicke
δ	grd, Bogenmaß	Winkel
ε	1	Gleitzahl
ε	1	Expansionszahl bei Drosselgeräten
ζ	1	Widerstandszahl
η	Pa · s	dynamische Viskosität
η	1	Wirkungsgrad
$\varkappa$	1	Isentropenexponent
λ	1	Rohrreibungszahl
λ	1	Seitenverhältnis von Tragflügeln
μ	1	Ausflußzahl
ν	m^2/s	kinematische Viskosität
ϱ	kg/m^3	Dichte
σ	N/m	Oberflächenspannung
σ	grd, Bogenmaß	Winkel
τ	N/m^2	Schubspannung
φ	1	relative Luftfeuchte
φ	grd, Bogenmaß	Winkel
φ	1	Geschwindigkeitsziffer
ψ	1	Ausflußfunktion
ω	s^{-1}	Winkelgeschwindigkeit

1 Stoffeigenschaften von Flüssigkeiten und Gasen

1.1 Einleitung

Das vorliegende kurzgefaßte Buch befaßt sich hauptsächlich mit dem statischen und dynamischen Verhalten homogener Fluide. Unter einem Fluid wird dabei ein flüssiges oder gasförmiges **Kontinuum** verstanden.

Flüssigkeiten sind in erster Näherung, d.h. für viele praktische Betrachtungen und Rechnungen dichtebeständig und haben ein festes Volumen bei beliebiger Form. Gase und Dämpfe können abhängig von Druck und Temperatur jedes Volumen bei beliebiger Form annehmen.

Fluide haben im Gegensatz zu festen Körpern die gemeinsame Eigenschaft, daß sich ihre Teilchen durch Druck- und Schubkräfte leicht verschieben lassen.

Flüssigkeiten kann man auch als tropfbare Fluide bezeichnen, Dämpfe und Gase liegen unterhalb der Siedelinie (Bild 1.1).

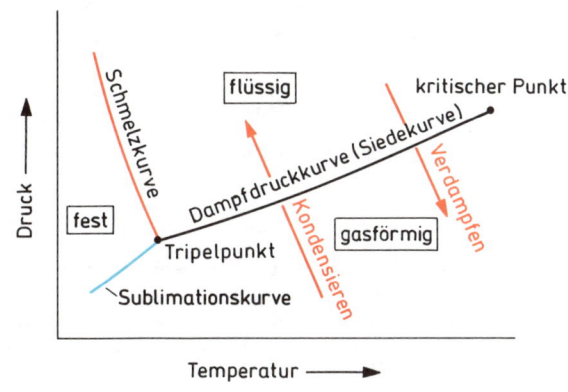

Bild 1.1   Aggregatzustände eines Stoffes

1.2 Dichte, spezifisches Volumen

1.2.1 Definitionen

Nach DIN 1306 ist die Dichte ϱ als Quotient aus Masse m und Volumen V einer Stoffportion definiert:

(1.1)

$$\varrho = \frac{m}{V}$$

Eine Stoffportion ist ein abgegrenzter Fluidbereich, der aus einen oder mehreren Stoffen bestehen kann.

Die **Dimension** der Dichte ist gemäß Definitionsgleichung (1.1):

$$\frac{\text{Masse}}{\text{Länge}^3}$$

Üblicherweise wird als **Einheit**

$$\frac{\text{kg}}{\text{m}^3}$$

verwendet.

Die Dichte eines Fluids ist von den Zustandsgrößen Druck und Temperatur abhängig.

(1.2)

$$\frac{\mathrm{d}\varrho}{\varrho} = \beta_{\mathrm{T}} \cdot \mathrm{d}p - \beta_{\mathrm{p}} \cdot \mathrm{d}T$$

$\mathrm{d}\varrho$ Dichteänderung
ϱ Dichte
β_{T} isothermer Kompressibilitätskoeffizient
β_{p} isobarer Wärmeausdehnungskoeffizient
$\mathrm{d}p$ Druckänderung
$\mathrm{d}T$ Temperaturänderung

Der Kehrwert der Dichte ϱ, d.h., der Quotient aus Volumen V und Masse m einer Stoffportion wird als **spezifisches Volumen** v bezeichnet.

(1.3)

$$v = \frac{1}{\varrho} = \frac{V}{m}$$

Die **Dimension** des spezifischen Volumens ist

$$\frac{\text{Länge}^3}{\text{Masse}}$$

Die dazu passende **SI-Einheit** lautet:

$$\frac{\text{m}^3}{\text{kg}}$$

Die Angabe von Dichte oder spezifischem Volumen ist nur dann vollständig, wenn neben der genauen Stoffbezeichnung auch noch Temperatur und Druck, bei Gasen u. U. auch noch die Feuchte genannt sind.

1.2.2 Dichte von Flüssigkeiten

Die **Temperaturabhängigkeit** der Dichte von Flüssigkeiten kann durch den in Gleichung (1.2) eingeführten isobaren Wärmeausdehnungskoeffizient β_p ausgedrückt werden:

$$\Delta V = V_0 \cdot \beta_p \cdot \Delta T$$
$$V = V_0 + \Delta V = V_0 \cdot (1 + \beta_p \cdot \Delta T)$$
$$\varrho = \frac{m}{V} = \frac{m}{V_0 (1 + \beta_p \cdot \Delta T)}$$
$$\frac{m}{V_0} = \varrho_0$$

(1.4)

$$\varrho = \frac{\varrho_0}{1 + \beta_p \cdot \Delta T}$$

ϱ Dichte bei Temperatur T
ϱ_0 Dichte bei Bezugstemperatur T_0 (meist 0 °C)
β_p isobarer Wärmeausdehnungskoeffizient
ΔT Temperaturabweichung zur Bezugstemperatur T_0

In Tafel 1 im Anhang des Buchs ist der isobare Wärmeausdehnungskoeffizient β_p für Wasser zusammengestellt. Tabelle 1.1 enthält Werte weiterer Flüssigkeiten.

Tabelle 1.1   Isobarer Wärmeausdehnungskoeffizient β_p einiger Flüssigkeiten, Bezugsdruck $p_0 = 1\,\text{bar}$, Bezugstemperatur $t_0 = 0\,°\text{C}$

Flüssigkeit	β_p in $1/\text{K}$
Wasser	$-0,085 \cdot 10^{-3}$ ($0,207 \cdot 10^{-3}$ bei 20 °C)
Quecksilber	$0,181 \cdot 10^{-3}$
Methanol	$1,19 \;\cdot 10^{-3}$
Benzol	$1,06 \;\cdot 10^{-3}$
Ethanol	$1,1 \;\;\cdot 10^{-3}$
Tetrachlorkohlenstoff	$1,22 \;\cdot 10^{-3}$
Glycerin	$0,5 \;\;\cdot 10^{-3}$

Flüssigkeiten besitzen wie feste Körper eine geringe Elastizität. Nimmt man nach dem **Hookeschen Gesetz** einen linearen Zusammenhang zwischen Volumen- und Druckänderung an, erhält man folgende druckabhängige Dichteänderung:

$$\Delta V = \beta_T \cdot V_0 \cdot \Delta p$$
$$V = V_0 - \Delta V = V_0 - \beta_T \cdot V_0 \cdot \Delta p$$
$$V = V_0 (1 - \beta_T \cdot \Delta p)$$
$$\varrho = \frac{m}{V} = \frac{m}{V_0 (1 - \beta_T \cdot \Delta p)}$$
$$\frac{m}{V_0} = \varrho_0$$

(1.5)

$$\varrho = \frac{\varrho_0}{1 - \beta_T \cdot \Delta p}$$

ϱ Dichte beim Druck p
ϱ_0 Dichte beim Bezugsdruck p_0 (meist 1 bar)
β_T isothermer Kompressibilitätskoeffizient
Δp Druckerhöhung

In Tafel 2 sind die isothermen Kompressibilitätskoeffizienten β_T von Wasser und einigen organischen Flüssigkeiten angegeben.
Wird eine Flüssigkeit sowohl einer Temperatur- als auch einer Druckänderung unterworfen, kann die Dichteänderung durch Zusammenfassen der Gleichungen (1.4) und (1.5) ausgedrückt werden.

(1.6)

$$\varrho = \frac{\varrho_0}{(1 + \beta_p \cdot \Delta T)(1 - \beta_T \cdot \Delta p)}$$

Die Messung der Dichte von Flüssigkeiten ist in [1.1] ausführlich beschrieben.
In Tafel 3 sind die Dichtewerte wichtiger Flüssigkeiten in Form von Kurven, in Tafel 4 tabellarisch zusammengestellt. Tafel 5 enthält Dichte- und Dampfdruckwerte des Wassers.

1.2.3 Dichte von Gasen und Dämpfen

Ausgehend von der thermischen Zustandsgleichung für das ideale Gas

$$p \cdot V = m \cdot R_i \cdot T$$

erhält man folgende Beziehung für die Dichte ϱ:

$$\frac{m}{V} = \frac{p}{R_i \cdot T}$$

(1.7)

$$\varrho = \frac{p}{R_i \cdot T}$$

p Druck (Absolutdruck)
R_i individuelle Gaskonstante (siehe Abschnitt 1.5.3)
T thermodynamische Temperatur

Zahlenwerte für die individuelle Gaskonstante R_i finden sich in Tabelle 1.6, Seite 30.
In vielen praktischen Berechnungen und Versuchen kann die Dichte von Gasen nach Gleichung (1.7) hinreichend genau bestimmt werden, wenn deren Zustand (Druck und Temperatur) weit außerhalb der Sättigungskurve (Siedelinie) liegt, d.h., wenn die Gase stark überhitzt sind.
Bei hohen Drücken und niedrigen Temperaturen wird Gleichung (1.7) sehr ungenau.
Das reale Gasverhalten wird durch Einführung eines Korrekturwertes, **Realgasfaktor Z** genannt, beschrieben:

$$p \cdot V = Z \cdot m \cdot R_i \cdot T$$

$$\frac{m}{V} = \frac{p}{Z \cdot R_i \cdot T}$$

(1.8)

$$\varrho = \frac{p}{Z \cdot R_i \cdot T}$$

Für Luft, Sauerstoff, Stickstoff und Kohlendioxid sind die Realgasfaktoren Z in Tafel 6 zusammengestellt. Weitere Werte finden sich in [1.2] und [1.3].
Bei Dämpfen, z.B. Wasserdampf, entnimmt man die Dichte ϱ oder das spezifische Volumen v aus einer Dampftafel (z.B. [1.4], [1.5], [1.6]) oder speziellen Diagrammen.
In Tafel 7 ist der Realgasfaktor Z, in Tafel 8 das spezifische Volumen v von Wasserdampf dargestellt.

1.2.4 Dichte von Luft

Luft ist ein Gemisch aus Stickstoff, Sauerstoff, Kohlendioxid, Edelgasen und enthält normalerweise noch Wasserdampf.
Abhängig von Druck und Temperatur kann die Luft nur eine bestimmte, maximale Wasserdampfmenge aufnehmen. Enthält Luft die maximal mögliche Wasserdampfmenge, spricht man von **gesättigter Luft**. Die Dichte ϱ_f von feuchter Luft kann aus folgender Beziehung bestimmt werden:

(1.9)

$$\varrho_f = \varrho_{tr}\left(1 - 0{,}377 \cdot \varphi \cdot \frac{p_d}{p}\right)$$

ϱ_f Dichte der feuchten Luft
ϱ_{tr} Dichte der trockenen Luft, nach Gleichung (1.7) berechnet
φ relative Luftfeuchte
p_d Sättigungsdruck des Wassers nach Tafel 5 oder Tafel 9
p Luftdruck

Beispiel 1

Aufgabenstellung:
Bei einem Versuch wurden folgende Luftdaten gemessen:

Luftdruck $p = 997\,\text{mbar}$
Temperatur $t = 19{,}3\,°\text{C}$
relative Luftfeuchte $\varphi = 78\%$

Wie groß ist die Dichte ϱ_f der feuchten Luft?

Lösung:

Zunächst wird die Dichte ϱ_{tr} der trockenen Luft berechnet:

$$(1.7) \quad \varrho_{\text{tr}} = \frac{p}{R_{\text{i}} \cdot T}$$

$p = 997\,mbar = 99\,700\,Pa$

$R_{\text{i}} = 287\,J/(kg \cdot K)$ aus Tabelle 1.6

$T = 19,3 + 273,15$

$T = 292,45\,K$

$$\varrho_{\text{tr}} = \frac{99\,700}{287 \cdot 292,45}$$

$\varrho_{\text{tr}} = 1,188\ \text{kg/m}^3$

Anschließend wird mit Gleichung (1.9) die Dichte ϱ_{f} der feuchten Luft bestimmt:

$$\varrho_{\text{f}} = \varrho_{\text{tr}} \left(1 - 0,377 \cdot \varphi\,\frac{p_{\text{d}}}{p} \right)$$

Aus Tafel 9 wird der Sättigungsdruck p_{d} entnommen:

$p_{\text{d}} = 22,39\,mbar = 2239\,Pa$

$$\varrho_{\text{f}} = 1,188 \left(1 - 0,377 \cdot 0,78\,\frac{2239}{99\,700} \right)$$

$$\boxed{\varrho_{\text{f}} = 1,180\ \text{kg/m}^3}$$

1.3   Die Schallgeschwindigkeit

Weil sich die Dichte von Fluiden druckabhängig ändert, breitet sich eine kleine Druckstörung $\mathrm{d}p$ in Form einer Longitudinalwelle im Fluid aus.

Nach LAPLACE beträgt die Ausbreitungsgeschwindigkeit einer kleinen Druckstörung bei isentroper, d.h. reibungsfreier Kompression ohne Wärmetausch:

(1.10)

$$\boxed{a = \sqrt{\frac{\mathrm{d}p}{\mathrm{d}\varrho}}}$$

a Schallgeschwindigkeit
$\mathrm{d}p$ Druckänderung
$\mathrm{d}\varrho$ Dichteänderung

Aus dieser allgemeinen Beziehung lassen sich für Flüssigkeiten und Gase folgende Gleichungen zur Berechnung der Schallgeschwindigkeit ableiten:

a) Flüssigkeiten

Vernachlässigt man die bei der sehr kleinen isentropen Verdichtung $\mathrm{d}p$ der Flüssigkeit entstehende Temperaturzunahme $\mathrm{d}T$, d.h., wird $\mathrm{d}T = 0$ gesetzt, erhält man aus Gleichung (1.2) folgende Beziehung:

$$\frac{\mathrm{d}\varrho}{\varrho} \approx \beta_{\text{T}} \cdot \mathrm{d}p$$

$$\frac{\mathrm{d}p}{\mathrm{d}\varrho} \approx \frac{1}{\beta_{\text{T}} \cdot \varrho}$$

$$a = \sqrt{\frac{\mathrm{d}p}{\mathrm{d}\varrho}} \approx \sqrt{\frac{1}{\beta_{\text{T}} \cdot \varrho}}$$

Den Reziprokwert des isothermen Kompressibilitätskoeffizienten β_{T} bezeichnet man als **Elastizitätsmodul** E.

$$E = \frac{1}{\beta_{\text{T}}}$$

Damit erhält die Gleichung zur Bestimmung der **Schallgeschwindigkeit in Flüssigkeiten** folgende endgültige Form:

(1.11)

$$\boxed{a \approx \sqrt{\frac{1}{\beta_{\text{T}} \cdot \varrho}} \approx \sqrt{\frac{E}{\varrho}}}$$

a Schallgeschwindigkeit
β_{T} isothermer Kompressibilitätskoeffizient
ϱ Dichte
E Elastizitätsmodul

Diese Beziehung gilt nur für reine Flüssigkeiten ohne Einschluß von Gas- oder Dampfblasen! In

Zweiphasenfluiden ist die Schallgeschwindigkeit wesentlich kleiner als die Schallgeschwindigkeit in der reinen flüssigen Phase oder in der Dampfphase.

b) Gase

Die isentrope Verdichtung eines idealen Gases wird durch folgende Zustandsgleichung beschrieben:

$$p \cdot v^{\varkappa} = \text{konst}$$

mit $\varkappa$ als Isentropenexponent (siehe Abschnitt 1.5.2).

$$p \cdot v^{\varkappa} = \frac{p}{\varrho^{\varkappa}} = \text{konst}$$

$$\frac{\mathrm{d}p}{\mathrm{d}\varrho} = \text{konst} \cdot \varkappa \cdot \varrho^{\varkappa - 1}$$

$$\frac{\mathrm{d}p}{\mathrm{d}\varrho} = \frac{p}{\varrho^{\varkappa}} \cdot \varkappa \cdot \varrho^{\varkappa - 1} = p \cdot \varkappa \cdot \varrho^{-1}$$

$$\frac{\mathrm{d}p}{\mathrm{d}\varrho} = \frac{p \cdot \varkappa}{\varrho} = p \cdot v \cdot \varkappa = R_i \cdot T \cdot \varkappa$$

$$a = \sqrt{\frac{\mathrm{d}p}{\mathrm{d}\varrho}}$$

(1.12)

$$a = \sqrt{p \cdot v \cdot \varkappa} = \sqrt{\frac{p \cdot \varkappa}{\varrho}} = \sqrt{\varkappa \cdot R_i \cdot T}$$

a Schallgeschwindigkeit
p Druck
v spezifisches Volumen
$\varkappa$ Isentropenexponent
ϱ Dichte
R_i individuelle Gaskonstante
T Temperatur

Die Schallgeschwindigkeit a der atmosphärischen Luft kann abhängig von der Höhe z aus Tafel 29, die Schallgeschwindigkeit a von Wasserdampf aus Tafel 10 entnommen werden.

Beispiel 2

Aufgabenstellung:

Wie groß ist die Schallgeschwindigkeit in reinem, absolut blasenfreiem Wasser von 20 °C bei einem Druck von 1 bar?

Lösung:

Aus Tafel 2 wird der isotherme Kompressibilitätskoeffizient β_T von Wasser bei 20 °C in einem Druckbereich von 1 bis 100 bar zu

$$\beta_T = 46{,}8 \cdot 10^{-6} \, 1/\text{bar}$$

entnommen.
Weil 1 bar $= 10^5$ Pa ist (Abschnitt 2.2.2), entspricht dies einem β_T-Wert von:

$$\beta_T = 46{,}8 \cdot 10^{-6} \cdot 10^{-5} \, 1/\text{Pa}$$

Die Dichte ϱ beträgt nach Tafel 5:

$$\varrho = 998{,}3 \, \text{kg/m}^3$$

Damit läßt sich die Schallgeschwindigkeit a aus Gleichung (1.11) berechnen:

$$a \approx \sqrt{\frac{1}{\beta_T \cdot \varrho}}$$

$$a \approx \sqrt{\frac{1}{46{,}8 \cdot 10^{-6} \cdot 10^{-5} \cdot 998{,}3}}$$

$$a \approx 1463 \, \text{m/s}$$

Beispiel 3

Aufgabenstellung:

Wie groß ist die Schallgeschwindigkeit in Luft von 20 °C bei einem Druck von 1 bar?

Lösung:

Nach Abschnitt 1.5 betragen die thermischen Werte R_i und $\varkappa$ von Luft:

$$\varkappa = 1{,}4$$

$$R_i = 287 \, \text{J/(kg} \cdot \text{K)}$$

Damit kann die Schallgeschwindigkeit a nach Gleichung (1.12) bestimmt werden:

$$a = \sqrt{\varkappa \cdot R_i \cdot T}$$

$$a = \sqrt{1{,}4 \cdot 287 \cdot 293{,}15}$$

$$a = 343{,}2 \, \text{m/s}$$

1.4 Viskosität

1.4.1 Einleitung

Zur Bewegung eines festen Körpers durch ein Fluid (Außenströmung) oder eines Fluids durch einen Kanal (Innenströmung) muß eine Kraft aufgewandt werden, die den Reibungswiderstand überwindet. Dieser Widerstand kann auch als Formänderungswiderstand gedeutet werden.

Verläuft diese Formänderung genügend langsam, tritt praktisch keine Widerstandskraft auf; die Strömung kann als reibungsfrei angesehen werden. Rasche Formänderungen, d.h. große Formänderungsgeschwindigkeiten, haben große Reibungskräfte zur Folge.

Beim Strömen der Fluidelemente in Schichten verschieben sich diese unter der Wirkung kleiner tangentialer Reibungsspannungen gegeneinander. Die Größe dieser Reibungsspannungen hängt sowohl von der Formänderungsgeschwindigkeit als auch einer Stoffeigenschaft ab, die man als **Viskosität** bezeichnet.

In der praktischen Strömungstechnik wendet man zwei Arten der Viskosität an:

a) die **dynamische Viskosität** η

b) die **kinematische Viskosität** ν

Je nach Fließverhalten spricht man von **newtonschen** oder **nichtnewtonschen Fluiden.**

Die Messung der Viskosität bezeichnet man als **Viskosimetrie** ([1.7] bis [1.9]), die Beschreibung des Fließverhaltens der Fluide als **Rheologie** [1.10].

1.4.2 Viskosität newtonscher Fluide

1.4.2.1 Dynamische Viskosität

Zwischen zwei parallelen Platten befindet sich ein homogenes Fluid konstanter Temperatur. Die Platten haben die gleiche Fläche A und gegeneinander den relativ kleinen Abstand y. An der oberen Platte greift die Kraft F an und bewegt sie mit der Geschwindigkeit w (Bild 1.2). Die untere Platte ruht ($w = 0$). Zwischen den Platten bildet sich ein lineares Geschwindigkeitsprofil aus.

Nach NEWTON verhält sich die Tangentialkraft F proportional zur Geschwindigkeit w und umgekehrt proportional zum Abstand y:

$$F \sim \frac{w}{y}$$

Als Proportionalitätsfaktor wird die **dynamische Viskosität** η eingeführt und die Kraft F als Produkt aus tangentialer Schubspannung τ und Fläche A ausgedrückt:

$$F = \tau \cdot A = \eta \cdot A \cdot \frac{w}{y}$$

$$\tau = \eta \cdot \frac{w}{y}$$

Für den Quotienten w/y wird aus DIN 1342 [1.11] der Begriff **Geschwindigkeitsgefälle** D übernommen, so daß für die Schubspannung folgender einfacher Ausdruck entsteht:

(1.13)

$$\tau = \eta \cdot D$$

τ Schubspannung
η dynamische Viskosität
D Geschwindigkeitsgefälle

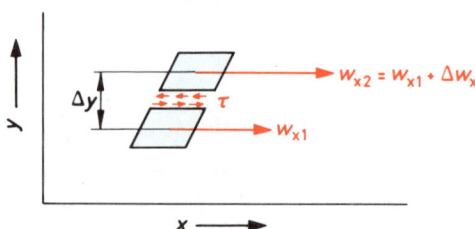

Bild 1.3 *Zur Erklärung der Schubspannung zwischen zwei Fluidelementen*

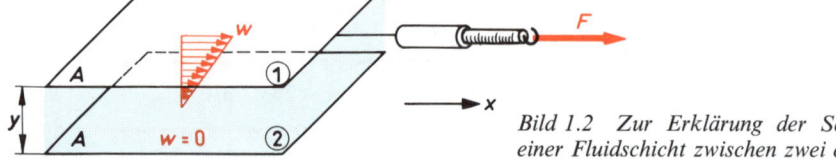

Bild 1.2 *Zur Erklärung der Schubspannung in einer Fluidschicht zwischen zwei ebenen Platten*

Die für die gesamte Strömung zwischen den parallelen Platten formulierte Aussage gilt auch für einen differentiell kleinen Bereich im Strömungsraum zwischen den Platten (Bild 1.3). DIN 1342 drückt deshalb das Geschwindigkeitsgefälle D als Grenzwert bzw. Differentialquotienten aus:

(1.14)

$$D = \lim_{\Delta y \to 0} \left(\frac{\Delta w_x}{\Delta y} \right) = \frac{dw_x}{dy}$$

D Geschwindigkeitsgefälle
$\Delta w_x = w_{x2} - w_{x1}$ Geschwindigkeitsdifferenz zwischen zwei Fluidteilchen
Δy orthogonaler Abstand zwischen zwei Fluidteilchen

Die als Proportionalitätsfaktor eingeführte dynamische Viskosität ist eine charakteristische Stoffeigenschaft eines Fluids und ist druck- und temperaturabhängig.
Weil die Schubspannung τ wie alle Spannungen die Einheit $N/m^2 = Pa$ (Pascal) und das Schergefälle D die Einheit $\frac{m/s}{m} = s^{-1}$ haben, ergibt sich aus Gleichung (1.13) die **Einheit der dynamischen Viskosität:**

Pa · s   (Pascalsekunde)

Ältere Einheiten – z.B. Poise (P) und Zentipoise (cP) – sind seit dem 1.1.1978 nicht mehr zugelassen.
Bei newtonschen Fluiden ist die dynamische Viskosität η per Definition unabhängig vom Geschwindigkeitsgefälle D und damit die Schubspannung τ direkt proportional zum Geschwindigkeitsgefälle D (Bild 1.4).

1.4.2.2   Kinematische Viskosität

Die kinematische Viskosität v wird nach MAXWELL als Quotient aus dynamischer Viskosität η und Dichte ϱ definiert:

(1.15)

$$v = \frac{\eta}{\varrho}$$

v kinematische Viskosität
η dynamische Viskosität
ϱ Dichte

Durch Einsetzen der Einheiten für η und ϱ ergibt sich die Einheit der kinematischen Viskosität v:

$$\{v\} = \left\{ \frac{\eta}{\varrho} \right\} = \frac{Pa \cdot s}{kg/m^3} = \frac{N \cdot s \cdot m^3}{m^2 \cdot kg}$$

$$= \frac{kg \cdot m \cdot s \cdot m^3}{s^2 \cdot m^2 \cdot kg} = \frac{m^2}{s}$$

Die **kinematische Viskosität v hat die Einheit:**

m^2/s (Quadratmeter je Sekunde)

Seit 1.1.1978, d.h. seit Einführung des SI-Einheitensystems, sind ältere Einheiten wie St (Stokes), cSt (Zentistokes), Englergrad, Sayboldgrad usw. nicht mehr im Gebrauch.
Werden bei der Benutzung älterer Literatur Umrechnungsformeln, Tabellen oder Diagramme zur

Bild 1.4 Viskosität und Schubspannung in einem newtonschen Fluid

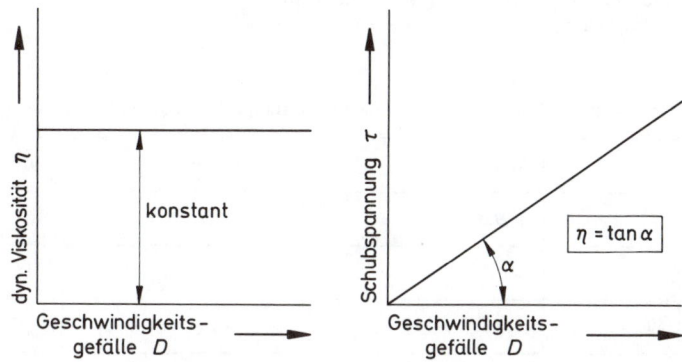

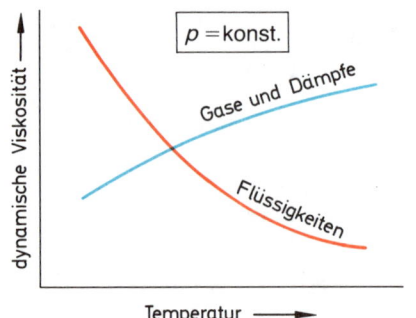

Bild 1.5 Temperaturabhängigkeit der Viskosität

Umrechnung veralteter Einheiten in SI-Einheiten benötigt, können diese beispielsweise [1.9] oder [1.12] entnommen werden.

1.4.2.3 Temperaturabhängigkeit der Viskosität

a) Flüssigkeiten

Die dynamische Viskosität von Flüssigkeiten nimmt wegen der Temperaturabhängigkeit der zwischenmolekularen Adhäsionskräfte, die zwischen den einzelnen Flüssigkeitsschichten wirken, mit zunehmender Temperatur ab, während die dynamische Viskosität von Gasen und Dämpfen wegen der Verstärkung des Impulsaustauschs zwischen den Molekülen mit steigender Temperatur zunimmt (Bild 1.5).

Zur Beschreibung der Temperaturabhängigkeit wurden zahlreiche Formeln und Verfahren vorgeschlagen, die jedoch keine allgemeingültigen, für alle Flüssigkeiten, Gase und Dämpfe zutreffenden Angaben enthalten. Diese empirischen Beziehungen gelten deshalb nur innerhalb eines begrenzten Bereichs und weisen mehr oder minder große Ungenauigkeiten auf.

Nach H. VOGEL [1.13] kann für die Temperaturfunktion der dynamischen Viskosität von newtonschen Flüssigkeiten folgende Beziehung angesetzt werden:

(1.16)

$$\eta = k \cdot e^{\frac{b}{t + \theta}}$$

η dynamische Viskosität bei der Temperatur t

k für die jeweilige Flüssigkeit charakteristische Konstante mit der Dimension der dynamischen Viskosität

e Basis des natürlichen Logarithmus

t Temperatur

b, θ charakteristische konstante Beiwerte der Flüssigkeit mit der Dimension einer Temperatur

In [1.14] wird die empirische Gleichung von ANDRADE in modifizierter Form zur Abschätzung der Temperaturabhängigkeit der Viskosität newtonscher Flüssigkeiten empfohlen:

(1.17)

$$\eta = \eta_0 \cdot e^{\frac{T_A}{T + T_B} - \frac{T_A}{T_B + T_0}}$$

η dynamische Viskosität bei der Temperatur T

η_0 dynamische Viskosität bei der Temperatur $T_0 = 273\ K$

e Basis des natürlichen Logarithmus

$T_A; T_B$ charakteristische Beiwerte (Temperaturen) nach Tabelle 1.2

Der VDI-Wärmeatlas [1.15] enthält ein empirisches Verfahren, mit dem man die dynamische Viskosität von Flüssigkeiten direkt abschätzen kann:

Tabelle 1.2   Beiwerte zur Temperaturabhängigkeit der dynamischen Viskosität η von Flüssigkeiten

	Wasser	Methanol	Quecksilber	
η_0	$179{,}3 \cdot 10^{-5}$	$81{,}7 \cdot 10^{-5}$	$168{,}5 \cdot 10^{-5}$	Pa · s
T_A	506	1110	160	K
T_B	-150	-20	-96	K

$$\eta \approx 10^{-6} \cdot A \cdot \varrho^{1/3} \, e^{\frac{c \cdot \varrho}{T}}$$

η dynamische Viskosität in Pa·s
A Beiwert nach Tafel 11
ϱ Dichte in kg/m^3
e   Basis des natürlichen Logarithmus
c Beiwert nach Tafel 11
T Temperatur in K

Die Unsicherheiten der obigen Gleichung werden für die meisten Stoffe kleiner als ±1% im Temperaturbereich 0 bis 100 °C angegeben. Bei den mit * gekennzeichneten Flüssigkeiten können Fehler bis ±5% (im Extremfall auch bis 20%) auftreten. In [1.16] werden für die Temperaturabhängigkeit der kinematischen Viskosität v von Flüssigkeiten die empirischen Formeln von VOGEL, UBBELOHDE-WALTHER und UMSTÄTTER vorgeschlagen. Die Darstellung der Funktionen $\eta = f(t)$ bzw. $v = f(t)$ ergibt auf doppellogarithmischem Papier in begrenzten Temperaturbereichen praktisch Gerade [1.13].

b) Gase

Die Zunahme der dynamischen Viskosität von Gasen mit steigender Temperatur kann nach der in [1.14] empfohlenen empirischen Gleichung von SUTHERLAND abgeschätzt werden:

(1.19)

$$\eta \approx \eta_0 \cdot \frac{T_0 + T_s}{T + T_s} \cdot \left(\frac{T}{T_0}\right)^{3/2}$$

η dynamische Viskosität bei der Temperatur T
η_0 dynamische Viskosität bei der Temperatur
     $T_0 = 273$ K
     (bei Wasserdampf: $T_0 = 373$ K!)
T_s SUTHERLAND-Konstante mit der Dimension einer Temperatur nach Tabelle 1.3

In [1.17] wird das Temperaturverhalten der dynamischen Viskosität von Gasen bei niedrigen Drükken beschrieben. Dieses empirische Berechnungsverfahren basiert auf der dynamischen Viskosität im kritischen Punkt, auf stoffunabhängigen Konstanten und der auf die kritische Temperatur T_{kr} bezogenen Temperatur T:

(1.20)

$$\eta \approx H \cdot \eta_{kr} \cdot \theta^{2/3} \cdot \left(\frac{\theta^2}{1 + \theta^2}\right)^{1/4}$$

η dynamische Viskosität bei der Temperatur T
H Konstante; $H = 0{,}263 \pm 0{,}008$
η_{kr} kritische Viskosität (Tabelle 1.4)
θ reduzierte Temperatur $\theta = T/T_{kr}$
T_{kr} Temperatur des Gases im kritischen Punkt (Tabelle 1.4)

1.4.2.4 Druckabhängigkeit der Viskosität

Die Druckabhängigkeit der dynamischen Viskosität macht sich erst bei hohen Drücken bemerkbar. Fluide, deren dynamische Viskosität eine relativ große Temperaturabhängigkeit aufweist, besitzen im allgemeinen auch eine merkliche Druckabhängigkeit der Viskosität.
Bei den meisten Flüssigkeiten steigt die dynamische Viskosität η annähernd exponential mit dem Druck, so daß man folgende Beziehung ansetzen kann [1.13]:

(1.21)

$$\eta_p \approx \eta_0 \cdot e^{\alpha \cdot p}$$

η_p dynamische Viskosität beim Druck p und bei der Temperatur t
η_0 dynamische Viskosität beim Druck $p_0 = 1$ bar und der Temperatur t

Tabelle 1.3 SUTHERLAND-Konstante T_S

	Wasser dampf	Luft	O_2	N_2	H_2	He	CO_2	
η_0	1,229	1,710	1,924	1,672	0,782	1,871	1,367	$\times 10^{-5}$ Pa·s
T_S	890	122	125	117	−10	86	242	K

Tabelle 1.4 Dynamische Viskosität η_{kr} und Temperatur T_{kr} im kritischen Punkt von Gasen (nach [1.17])

Gas	chemische Formel	dynamische Viskosität η_{kr} in Pa · s	kritische Temperatur T_{kr} in K
Wasserstoff	H_2	$2{,}47 \cdot 10^{-6}$	32,98
Sauerstoff	O_2	$18{,}95 \cdot 10^{-6}$	154,8
Stickstoff	N_2	$14{,}06 \cdot 10^{-6}$	126,1
Luft	—	$15{,}18 \cdot 10^{-6}$	132,5
Kohlendioxid	CO_2	$25{,}51 \cdot 10^{-6}$	304,2
Ammoniak	NH_3	$20{,}07 \cdot 10^{-6}$	405,5
Wasserdampf	H_2O	$29{,}93 \cdot 10^{-6}$	647,3
Schwefeldioxid	SO_2	$30{,}34 \cdot 10^{-6}$	430,7
Methan	CH_4	$12{,}24 \cdot 10^{-6}$	190,7

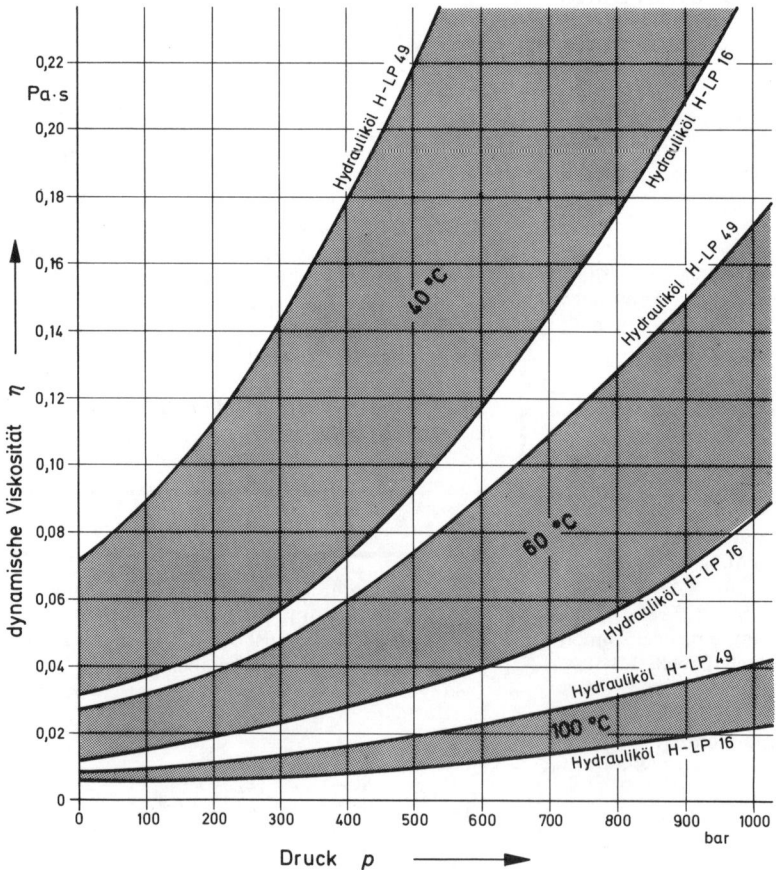

Bild 1.6 Dynamische Viskosität von Hydraulik-ölen, abhängig von Druck und Temperatur, nach Fa. BP

e   Basis des natürlichen Logarithmus Druck-
koeffizient bei der Temperatur t

$$\alpha = \frac{1}{\eta_t} \left(\frac{d\eta_p}{dp} \right)_t$$

p Druck

Nach E. KUSS [1.13] liegen die Druckkoeffizienten von Schmierölen aus Kohlenwasserstoffen bei 25 °C zwischen $\alpha = 1{,}7 \cdot 10^{-3}$ und $3{,}5 \cdot 10^{-3}\,\text{bar}^{-1}$. In Bild 1.6 ist die dynamische Viskosität η von Hydrauliköl abhängig von Druck und Temperatur nach Unterlagen der Fa. BP dargestellt. Weitere Angaben finden sich u.a. in [1.18]. Tafel 15 enthält die druck- und temperaturabhängigen Werte der dynamischen Viskosität η von Luft nach [1.20].

1.4.2.5   Arbeitsunterlagen und Gebrauchsformeln

Weil bei der Lösung praxisnaher Aufgaben in Ausbildung und Beruf häufig konkrete Viskositätswerte benötigt werden und nicht immer Handbücher und Tabellenwerke zur Verfügung stehen, sind im Tafelanhang des Buches folgende Diagramme und Tabellen zusammengestellt:

Tafel 12   Dynamische und kinematische Viskosität des Wassers in Tabellenform
Tafel 13   Kinematische Viskosität des Wassers abhängig von der Temperatur
Tafel 14   Dynamische und kinematische Viskosität der Luft in Tabellenform
Tafel 15   Dynamische Viskosität der Luft
Tafel 16   Kinematische Viskosität der Luft
Tafel 17   Kinematische Viskosität von Flüssigkeiten
Tafel 18   Kinematische Viskosität von Ölen
Tafel 19   Dynamische Viskosität von Gasen
Tafel 20   Kinematische Viskosität von Gasen
Tafel 21   Dynamische Viskosität von Wasserdampf

Weitere Angaben finden sich u.a. in [1.15] und [1.19]. Weil heute die meisten strömungstechnischen Berechnungen mit programmierbaren Taschenrechnern oder Personalcomputern durchgeführt werden, ist es in vielen Fällen sinnvoller, anstelle von Tabellen und Diagrammen **Gebrauchsformeln** anzugeben, um die in einem Programmablauf benötigten Viskositätswerte numerisch bestimmen zu können, ohne das Programm zur Werteeingabe unterbrechen zu müssen.
Für Wasser und Luft werden folgende Beziehungen angegeben und – soweit bekannt – auch die Quellen genannt:

a) Dynamische Viskosität η von Wasser nach [1.21]:

$$(1.22)$$

$$\eta = \frac{1795 \cdot 10^{-6}}{1 + 0{,}036 \cdot t + 0{,}000185 \cdot t^2} \text{ in Pa} \cdot \text{s}$$

Temperatur t in °C

b) Kinematische Viskosität v von Wasser nach [1.22]:

$$(1.23)$$

$$v = \frac{1{,}78 \cdot 10^{-6}}{1 + 0{,}0337 \cdot t + 0{,}000221 \cdot t^2} \text{ in m}^2/\text{s}$$

Temperatur t in °C

c) Dynamische Viskosität η von Luft nach [1.21]:

$$(1.24)$$

$$\eta = 17{,}07\,(1 + 0{,}00286 \cdot t - 0{,}0000015 \cdot t^2)$$
$$\cdot 10^{-6} \text{ in Pa} \cdot \text{s}$$

Bezugsdruck $p = 1\,\text{bar}$
Temperatur t in °C

d) Dynamische Viskosität η von Luft nach [1.23]:

$$(1.25)$$

$$\eta = 1{,}458 \cdot 10^{-6} \cdot \frac{T^{3/2}}{T + 110{,}4} \text{ in Pa} \cdot \text{s}$$

Bezugsdruck $p = 1\,\text{bar}$
Temperatur T in K

e) Kinematische Viskosität v von Luft nach [1.24]:

$$(1.26)$$

$$v = 42{,}6 \cdot 10^{-10} \cdot \frac{T^{3/2}}{1 + \dfrac{123{,}6}{T}} \text{ in m}^2/\text{s}$$

Bezugsdruck $p = 1\,\text{bar}$
Temperatur T in K

23

f) Kinematische Viskosität v von Luft (Quelle unbekannt):

(1.27)

$$v = \frac{418,45}{p} \cdot \frac{T^{5/2}}{T + 110,4} \cdot 10^{-6} \text{ in } m^2/s$$

Druck p in Pa
Temperatur T in K

In [1.23] wird eine auf POISEUILLE zurückgehende

Näherungsformel zur Abschätzung des Temperatureinflusses auf die dynamische Viskosität η von Flüssigkeiten empfohlen:

(1.28)

$$\eta = \frac{\eta_0}{1 + 0,0337\, t + 0,00022\, t^2} \text{ in Pa} \cdot s$$

η_0 dynamische Viskosität in Pa · s bei 0 °C
t Temperatur in °C

Beispiel 4

Aufgabenstellung

Wie groß sind Dichte ϱ, dynamische Viskosität η und kinematische Viskosität v von Wasser bei einem Druck von 1 bar und einer Temperatur von $t = 80\,°C$?

Lösung:

a) Die Dichte ϱ wird aus Tafel 5 entnommen:

$$\varrho = 971,6 \text{ kg/m}^3$$

b) Die dynamische Viskosität η wird aus Gleichung (1.22) berechnet:

$$\eta = \frac{1795 \cdot 10^{-6}}{1 + 0,036\, t + 0,000185\, t^2}$$

$$\eta = \frac{1795 \cdot 10^{-6}}{1 + 0,036 \cdot 80 + 0,000185 \cdot 80^2}$$

$$\eta = 354,5 \cdot 10^{-6} \text{ Pa} \cdot s$$

Aus der Wasserdampftafel [1.5] wird Seite 15 entnommen:

$$\eta = 355 \cdot 10^{-6} \text{ Pa} \cdot s$$

bei 80 °C und 1 bar

c) Die kinematische Viskosität v berechnet sich aus der dynamischen Viskosität η und der Dichte ϱ nach Gleichung (1.15):

$$v = \frac{\eta}{\varrho}$$

$$v = \frac{355 \cdot 10^{-6}}{971,6}$$

$$v = 0,365 \cdot 10^{-6} \text{ m}^2/s$$

Aus Tafel 13 wird abgelesen:

$$v = 0,36 \cdot 10^{-6} \text{ m}^2/s$$

Nach Gleichung (1.23) errechnet sich die kinematische Viskosität v wie folgt:

$$v = \frac{1,78 \cdot 10^{-6}}{1 + 0,0337 \cdot t + 0,000221 \cdot t^2}$$

$$v = \frac{1,78 \cdot 10^{-6}}{1 + 0,0337 \cdot 80 + 0,000221 \cdot 80^2}$$

$$v = 0,348 \cdot 10^{-6} \text{ m}^2/s$$

Die aus drei verschiedenen Quellen stammenden Werte für v stimmen recht gut überein!

Beispiel 5

Aufgabenstellung:

Wie groß sind die dynamische Viskosität η und die kinematische Viskosität v von Luft bei einem Absolutdruck von 10 bar und einer Temperatur von 100 °C?

Lösung:

a) Aus Tafel 14 werden folgende Werte entnommen:

dynamische Viskosität

$$\eta = 21{,}7 \cdot 10^{-6}\,\text{Pa} \cdot \text{s}$$

kinematische Viskosität

$$v = 232{,}8 \cdot 10^{-8}\,\text{m}^2/\text{s}$$
$$= 2{,}33 \cdot 10^{-6}\,\text{m}^2/\text{s}$$

b) Aus Tafel 16 kann für einen Druck $p = 1000\,\text{mbar} \hat{=} 1\,\text{bar}$ eine kinematische Viskosität

$$v = 23{,}15 \cdot 10^{-6}\,\text{m}^2/\text{s}$$

abgelesen werden.
Weil das Produkt $v \cdot p$ konstant ist, kann die kinematische Viskosität v bei einem Druck von 10 bar berechnet werden:

$$v \cdot p = 23{,}15 \cdot 10^{-6} \cdot 1 = v \cdot 10 = \text{konst}$$

$$v = 2{,}315 \cdot 10^{-6}\,\text{m}^2/\text{s} \qquad \text{bei 10 bar}$$

c) Nach Gleichung (1.24) ergibt sich folgende dynamische Viskosität η:

$$\eta = 17{,}07\,(1 + 0{,}00286 \cdot t$$
$$- 0{,}0000015 \cdot t^2) \cdot 10^{-6}$$
$$\eta = 17{,}07\,(1 + 0{,}00286 \cdot 100$$
$$- 0{,}0000015 \cdot 100^2) \cdot 10^{-6}$$

$$\eta = 21{,}7 \cdot 10^{-6}\,\text{Pa} \cdot \text{s}$$

Weil die Druckabhängigkeit der dynamischen Viskosität im unteren Druckbereich

gering ist (vgl. Tafel 15), trifft dieses Rechenergebnis auch für den Druck $p = 10\,\text{bar}$ relativ genau zu.

d) Gleichung (1.25) liefert folgendes Ergebnis:

$$\eta = 1{,}458 \cdot 10^{-6}\,\frac{T^{3/2}}{T + 110{,}4}$$

$$\eta = 1{,}458 \cdot 10^{-6}\,\frac{373^{3/2}}{373 + 110{,}4}$$

$$\eta = 21{,}73 \cdot 10^{-6}\,\text{Pa} \cdot \text{s}$$

e) Aus Tafel 19 wird eine dynamische Viskosität η von etwa

$$\eta = 22 \cdot 10^{-6}\,\text{Pa} \cdot \text{s}$$

abgelesen.
Ein ähnliches Ergebnis liefert Tafel 15.

f) Die kinematische Viskosität v kann aus den Formeln (1.26) und (1.27) näherungsweise berechnet werden:

(1.26)

$$v = 42{,}6 \cdot 10^{-10}\,\frac{T^{3/2}}{1 + \dfrac{123{,}6}{T}}$$

$$v = 42{,}6 \cdot 10^{-10}\,\frac{373^{3/2}}{1 + \dfrac{123{,}6}{373}}$$

$$v = 23{,}05 \cdot 10^{-6}\,\text{m}^2/\text{s} \qquad \text{bei } p = 1\,\text{bar}$$

$$v = 2{,}305 \cdot 10^{-6}\,\text{m}^2/\text{s} \qquad \text{bei } p = 10\,\text{bar}$$

(1.27)

$$v = \frac{418{,}45}{p} \cdot \frac{T^{5/2}}{T + 110{,}4} \cdot 10^{-6}$$

$$v = \frac{418{,}45}{10 \cdot 10^5} \cdot \frac{373^{5/2}}{373 + 110{,}4} \cdot 10^{-6}$$

$$v = 2{,}33 \cdot 10^{-6}\,\text{m}^2/\text{s}$$

g) Aus Tafel 20 wird entnommen:

$$v \cdot p = 2,3 \, \frac{\mathrm{m^2}}{\mathrm{s}} \cdot \mathrm{Pa}$$

$$v = \frac{v \cdot p}{p} = \frac{2,3}{10 \cdot 10^5}$$

$$\boxed{v = 2,3 \cdot 10^{-6}\,\mathrm{m^2/s}}$$

Auch die nach verschiedenen Quellen abgeschätzten Werte für die kinematische Viskosität v stellen recht gut übereinstimmende Ergebnisse dar.

1.4.3 Viskosität nichtnewtonscher Fluide

Nichtnewtonsche Fluide sind Substanzen, deren Fließverhalten nicht durch den newtonschen Schubspannungsansatz der Gleichung (1.13) beschrieben wird.

Nach DIN 13342 [1.25] werden drei Klassen von nichtnewtonschen Flüssigkeiten unterschieden:

a) nichtlinear-reinviskose Flüssigkeiten,
b) linear-viskoelastische Flüssigkeiten,
c) nichtlinear-viskoelastische Flüssigkeiten.

In dieser Norm werden die Flüssigkeiten definiert und ihr Fließverhalten beschrieben.

Im Vergleich zu den newtonschen Substanzen treten folgende **Fließanomalien** auf:

a) **Plastische Stoffe** sind Flüssigkeiten, die sich im Ruhezustand und bei kleinen Schubspannungen wie elastische Festkörper verhalten und erst bei größeren Schubspannungen, **Fließgrenze** genannt, zu fließen beginnen.

Ist der Zusammenhang zwischen Schubspannung und Schergefälle linear, spricht man von einem **Bingham-Körper**.

b) **Strukturviskose Flüssigkeiten** weisen eine mit steigender Schubbeanspruchung abnehmende Viskosität auf.

Mit zunehmendem Geschwindigkeitsgefälle orientieren sich die Partikel der Flüssigkeit in Fließrichtung, wodurch sie leichter, d.h. mit geringeren Reibungsverlusten, aneinander vorbeigleiten können.

Dieses Phänomen ist nicht über dem ganzen Bereich des Geschwindigkeitsgefälles gleich stark ausgeprägt. Bei sehr kleinen Schergefällen verhalten sich strukturviskose Fluide wie newtonsche Flüssigkeiten. Es schließt sich ein Bereich an, in dem die Viskosität in Abhängigkeit vom Geschwindigkeitsgefälle stark abnimmt. Bei hohen Geschwindigkeitsgefällen ändert sich die Viskosität dann kaum noch (Bild 1.7).

Die meisten nichtnewtonschen Flüssigkeiten verhalten sich strukturviskos.

c) **Dilatante Stoffe** besitzen eine mit dem Schergefälle steigende Viskosität. Dilatantes Fließverhalten erweist sich bei vielen Produktionsprozessen als ungünstig. Dilatante Stoffe kommen verhältnismäßig selten vor.

d) **Thixotrope Substanzen** zeigen ein zeitabhängiges Fließverhalten.

Bei reiner Thixotropie nimmt die Viskosität während der Scherzeit ab, um nach Wegfall der Scherbeanspruchung in der sogenannten Ruhezeit wieder auf den ursprünglichen Wert anzusteigen (Bild 1.8).

Bild 1.7 Viskositätskurve einer strukturviskosen Flüssigkeit

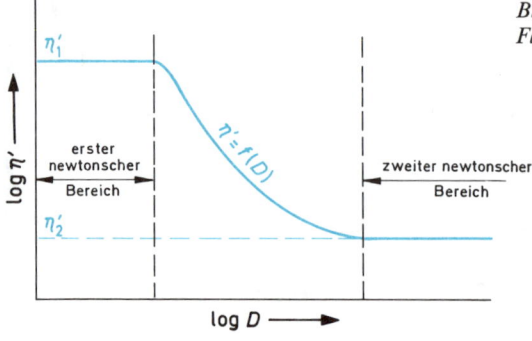

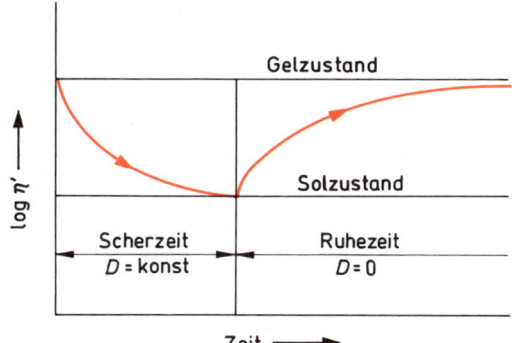

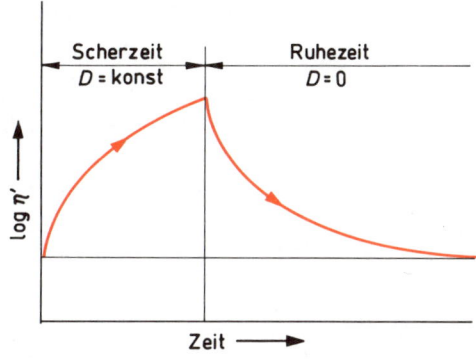

Bild 1.8 Viskositäts-Zeit-Kurve einer thixotropen Flüssigkeit

Bild 1.9 Viskositäts-Zeit-Kurve einer rheopexen Flüssigkeit

Bei den meisten Stoffen ist die Ruhezeit wesentlich größer als die Scherzeit.

Nimmt die Viskosität in der Ruhezeit nicht wieder zu, spricht man von irreversiblem Fließverhalten oder unechter Thixotropie (z. B. Joghurt).

e) **Rheopexe Flüssigkeiten** zeigen ein umgekehrtes Fließverhalten als thixotrope Flüssigkeiten, d. h., mit der Scherbeanspruchung nimmt die Viskosität bis zu ihrem Maximalwert zu, um dann während der anschließenden Ruhezeit auf den Ausgangswert zurückzugehen (Bild 1.9). Rheopexie tritt äußerst selten auf.

In Tabelle 1.5 sind die Fließ- und Viskositätskurven der verschiedenen nichtnewtonschen Substanzen gegenübergestellt sowie einige Beispiele aufgezählt.

Wissenschaftler arbeiten meist mit den Fließkurven d. h. der Abhängigkeit $D = f(\tau)$, Praktiker mit den Viskositätskurven, d. h. der Funktion $\log \eta' = f(\log D)$, wobei η' die *scheinbare Viskosität* (Viskositätsfunktion) ist.

Weitere Einzelheiten finden sich in [1.1], [1.7] bis [1.10] und [1.25] bis [1.28].

1.5 Thermische Stoffwerte

1.5.1 Einleitung

Bei der Einführung der Stoffgrößen Dichte und Viskosität wurde bereits darauf hingewiesen, daß diese Stoffeigenschaften temperaturabhängig sind.

Bei strömungstechnischen Berechnungen und Versuchen in der Aerostatik und bei kompressiblen Strömungen werden einige thermische Stoffwerte bzw. Zustandsgrößen benötigt, auf die an dieser Stelle bereits näher eingegangen wird. DIN 1345 «Thermodynamik» [1.29] wurde bei der Festlegung von Bezeichnungen, Formelzeichen und Einheiten weitgehend berücksichtigt.

1.5.2 Spezifische Wärmekapazität

Unter der spezifischen Wärmekapazität versteht man die Wärmemenge, die erforderlich ist, um eine Stoffmasse von 1 kg um 1 Grad zu erwärmen oder abzukühlen.

Die spezifische Wärmekapazität von realen Fluiden ist sowohl temperatur- als auch druckabhängig.

Bei idealen Flüssigkeiten und Gasen entfällt die Druckabhängigkeit.

Man unterscheidet zwei besondere Begriffe der spezifischen Wärmekapazität:

a) die **isobare spezifische Wärmekapazität** c_p bei gleichbleibendem Druck,

b) die **isochore spezifische Wärmekapazität** c_v bei gleichbleibendem Volumen.

Für alle Substanzen ist $c_p > c_v$.

Den Quotienten aus c_p und c_v nennt man bei idealen Gasen Isentropenexponent:

(1.29)

$$\varkappa = \frac{c_p}{c_v}$$

Tabelle 1.5   Fließ- und Viskositätskurven nichtnewtonscher Flüssigkeiten

Fließ-anomalie	plastisch	strukturviskose (pseudoplastisch)	dilatant	thixotrop	rheopex
wahre Fließkurve					
scheinbare Viskositätskurve					
scheinbare Viskosität η'					

	Beispiele	Reibungsgleichung:
Dispersionen Schmierstoffe Kitt Formmasse Tomatenketchup Zahnpasta Creme Gallerte Emulsionen Harze Ton Talg trockener Sand Salben Schokolademasse Fette Zementschlamm geschlagenes Eiweiß	Gleichung von Herschel und Bulkley: $D = \left(\dfrac{\tau - \vartheta}{\eta'}\right)^n$ Gleichung von Casson: $D = \dfrac{1}{\eta'}\left(\sqrt{\tau} - \sqrt{\vartheta}\right)^2$
hochpolymere Stoffe Kautschuk Kunststoffe Suspensionen Mayonnaise Latex Klebstoffe Polyethylen Schmelzen	Potenzgesetz von Ostwald und de Waele: $D = \left(\dfrac{\tau}{\eta'}\right)^n$ $n > 1$ Gleichung von Steiger/Ory: $D = a \cdot \tau^3 + c \cdot \tau$ $c > 0$
pigmenthaltige Suspensionen Farbe Druckerschwärze Stärke in Wasser Silicone PVC-Pasten nasser Sand	Potenzgesetz von Ostwald und de Waele $D = \left(\dfrac{\tau}{\eta'}\right)^n$ $n < 1$
Treibsand Öle mit polymeren Zusätzen Stärke Kleister Gelatinelösung Dispersionen Farbe Arzneimittel	
bestimmte Schmierstoffe	

Bei idealen, nicht komprimierbaren Flüssigkeiten wird $\varkappa = 1$. In Tabelle 1.6 sind die spezifischen Wärmekapazitäten c_p und c_v sowie der Isentropenexponent $\varkappa$ einiger wichtiger Gase aufgeführt, in Tafel 22 wurden die isobaren spezifischen Wärmekapazitäten c_p verschiedener Gase in Abhängigkeit von der Temperatur dargestellt. Tafel 23 enthält die c_p-Werte von Luft sowohl druck- als auch temperaturabhängig, Tafel 24 die c_p-Werte von Wasserdampf. In Tafel 25 ist der Isentropenexponent $\varkappa$ von Luft in Funktion von Temperatur und Druck aufgetragen, Tafel 26 zeigt den Isentropenexponenten $\varkappa$ von Wasserdampf.

Weitere Werte können in [1.4], [1.5], [1.6], [1.15], [1.20] nachgeschlagen werden.

1.5.3 Gaskonstante

Unter der **individuellen** oder **spezifischen** Gaskonstante R_i eines Gases oder Dampfes versteht man die Energie, die 1 kg des Stoffes je 1 Grad Temperaturerhöhung bei konstant bleibendem Druck nach außen abgeben kann.

Die **Dimension** der spezifischen Gaskonstante ist demnach:

$$\frac{\text{Energie (Arbeit)}}{\text{Masse} \cdot \text{Temperatur}}$$

die zugehörige SI-Einheit:

$$\frac{\text{J}}{\text{kg} \cdot \text{K}}$$

Zwischen der Gaskonstanten R_i und anderen Zustandsgrößen bzw. Stoffwerten bestehen folgende Zusammenhänge:

Aus der allgemeinen Gasgleichung für das ideale Gas läßt sich ableiten:

$$p \cdot v = R_i \cdot T \tag{1.30}$$

$$R_i = \frac{p \cdot v}{T} = \frac{p}{\varrho \cdot T}$$

Weiterhin gilt:

$$\tag{1.31}$$

$$R_i = c_p - c_v = (\varkappa - 1) \cdot c_v = \frac{\varkappa - 1}{\varkappa} \cdot c_p$$

Neben der individuellen oder spezifischen Gaskonstante R_i ist noch die **universelle** oder **molare**

Tabelle 1.6 Thermische Stoffwerte von Gasen bei 1 bar und 0°C

Stoff	Luft	O_2	N_2	H_2	NH_3	CO_2	H_2O*	CH_4	CO	SO_2	
isobare spezifische Wärmekapazität c_p	1004	914,8	1038,7	14199	2060,2	816,5	1492	1540	1301	1740	J/(kg K)
isochore spezifische Wärmekapazität c_v	717	655	741,9	10075	1572	627,6	1120	1169	930	1369	J/(kg K)
Isentropenexponent $\varkappa$	1,4	1,4	1,4	1,41	1,31	1,3	1,33	1,32	1,4	1,27	
individuelle Gaskonstante R_i	287	259,8	296,8	4124	488,2	188,9	461,5	518,3	296,8	129,8	J/(kg K)
molare Masse M_i	29	32	28	2	17	44	18,02	16,04	28,01	64,07	kg/kmol

* Temperatur $> 100\,°C$

Gaskonstante R definiert, die für alle Gase den gleichen konstanten Zahlenwert

$$R = 8314{,}2 \ \frac{J}{kmol \cdot K}$$

hat.

Zwischen der universellen Gaskonstanten R und der individuellen Gaskonstanten R_i besteht folgender Zusammenhang:

(1.32)

$$R_i = \frac{R}{M_i}$$

mit M_i als molarer Masse des Stoffes in kg/kmol. In Tabelle 1.6 sind für einige Gase die individuelle Gaskonstante R_i und die molare Masse zusammengestellt.

1.5.4 Enthalpie

Die spezifische Enthalpie h ist in der Thermodynamik des idealen Gases als Summe aus innerer Energie u und Verschiebearbeit $p \cdot v$ definiert:

$$h = u + p \cdot v$$

Differenziert man diesen Ausdruck, erhält man eine Beziehung für die Enthalpieänderung in Abhängigkeit von der Temperaturänderung:

$\mathrm{d}h = \mathrm{d}u + \mathrm{d}(p \cdot v) = \mathrm{d}u + \mathrm{d}(R_i \cdot T)$

$\mathrm{d}u = c_v \cdot \mathrm{d}T \quad$ (Definition)

$R_i = c_p - c_v$

$\mathrm{d}h = c_v \cdot \mathrm{d}T + c_p \cdot \mathrm{d}T - c_v \cdot \mathrm{d}T$

$\mathrm{d}h = c_p \cdot \mathrm{d}T$

Die spezifische Enthalpie h eines idealen Gases bei der Temperatur T beträgt demnach:

(1.33)

$$h = h_0 + c_p \int_{T_0}^{T} \mathrm{d}T = h_0 + c_p (T - T_0)$$

Die Enthalpiewerte von Gasen und Dämpfen werden in Tabellenwerken (z.B. [1.4], [1.5], [1.6], [1.30], [1.31] und [1.32]) zusammengestellt oder in sogenannten **Mollier-h-s-Diagrammen** grafisch dargestellt ([1.4], [1.5], [1.6] und [1.33]).
Im Kapitel 5 wird der Aufbau und Gebrauch von Mollier-h-s-Diagrammen noch ausführlich erklärt.

1.5.5 Dampfdruck

Unter dem Dampfdruck (Sättigungsdruck) versteht man den Grenzdruck, bei dem ein Stoff gerade im Gleichgewicht zwischen der flüssigen und gasförmigen Phase steht.
Die sogenannte **Dampfdruckkurve** (Siedekurve), die vom Tripelpunkt bis zum kritischen Punkt verläuft, trennt die Bereiche des flüssigen und gasförmigen Zustandes (Bild 1.1). Zu jedem Druck gehört eine bestimmte Sättigungstemperatur und umgekehrt. Die Kenntnis des Dampfdrucks ist besonders bei Betrachtung und Berechnung von **Kavitationserscheinungen** erforderlich.
In den Tafeln 5 und 9 ist der Dampfdruck von Wasser angegeben, Tafel 27 enthält Dampfdruckkurven verschiedener Flüssigkeiten. Weitere Werte können u.a. in [1.34] bis [1.36] nachgeschlagen werden.

1.6 Oberflächenspannungen und Kapillarität

1.6.1 Einleitung

Bei der Beschreibung mancher Erscheinungen und Vorgänge der Physik, Chemie und Biologie sowie bei vielen Verfahren der chemischen und mechanischen Verfahrenstechnik – z.B. Benetzen, Trennen, Waschen, Schäumen, Entschäumen, Emulgieren, Dismulgieren, Zerstäuben, Flotieren, Haften, Tropfen- und Blasenbildung – sind die physikalischen Zustände und Verhältnisse in den Grenzflächen von Fluiden bzw. an den Berüh-

rungsflächen von Festkörpern und Fluiden von großer Bedeutung.
In diesem Buch werden nur die wichtigen Begriffe der Oberflächenspannung (Grenzflächenspannung), Haftspannung und Kapillarität kurz eingeführt und dargestellt. Weitere Einzelheiten – insbesondere die wissenschaftlichen Grundlagen – können beispielsweise in [1.37] bis [1.41] nachgelesen werden.

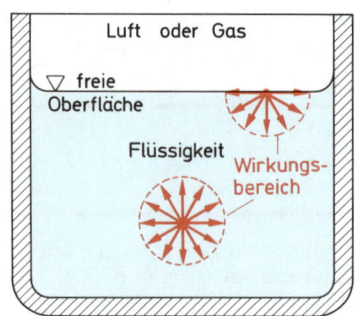

Bild 1.10 Zur Erklärung der Kohäsionskräfte in Flüssigkeiten

1.6.2 Oberflächenspannung

Ein Flüssigkeitsteilchen im Innern einer ruhenden, homogenen Flüssigkeit wird von seinen benachbarten Teilchen mit gleichen Kohäsionskräften allseitig angezogen. Diese Anziehungskräfte halten sich gegenseitig das Gleichgewicht, d.h. zeigen nach außen keine Wirkung (Bild 1.10).

Ein Flüssigkeitspartikel an der Grenzfläche zu einer anderen Flüssigkeit, einem Gas oder Dampf erfährt unterschiedlich große Anziehungskräfte. Dies wird besonders deutlich an der Grenzfläche zwischen einer Flüssigkeit und einem Gas. Diese Grenzfläche wird auch freie Oberfläche genannt. Die an dieser Grenzfläche wirkenden, nach innen gerichteten Kohäsionskräfte versuchen die Ober-

fläche möglichst klein zu halten. Sie verspannen sie gewissermaßen wie eine dünne Haut oder Membrane – wie THOMAS YOUNG schon 1805 festgestellt hat.

Ohne Wirkung äußerer Kräfte wollen die Oberflächen von Flüssigkeiten einen minimalen Wert im Vergleich zum Volumen annehmen, was man beispielsweise gut bei der Tropfen- und Blasenbildung beobachten kann.

Oberflächenspannungen sind sehr klein und nehmen mit steigender Temperatur ab. Weil die Schichtdicke der Oberfläche sehr dünn ist, genügen schon geringfügige Verunreinigungen, um die Oberflächenspannung merklich herabzusetzen.

Die Oberflächenspannung σ läßt sich einfach an einer verspannten Flüssigkeitshaut definieren bzw. herleiten (Bild 1.11). Durch die Kraft F wird der untere, bewegliche Schenkel um dh verschoben.

Die Oberflächenspannung ergibt sich durch Division der Zugkraft F durch die doppelte Bügellänge l:

(1.34)

$$\sigma = \frac{F}{2 \cdot l}$$

σ Oberflächenspannung
F Zugkraft
l Bügellänge

Die Kraft F muß sinnvollerweise auf die doppelte Bügellänge l bezogen werden, weil die Flüssigkeitshaut zwei Seiten, d.h. zwei Oberflächen hat. Man kann die Oberflächenspannung auch über die zur Vergrößerung der Oberfläche erforderliche Energie herleiten:

$$\mathrm{d}W = \sigma \cdot \mathrm{d}O$$

$$\mathrm{d}W = F \cdot \mathrm{d}h$$

$$\mathrm{d}O = 2 \cdot l \cdot \mathrm{d}h$$

$$\sigma = \frac{\mathrm{d}W}{\mathrm{d}O}$$

$$\sigma = \frac{F \cdot \mathrm{d}h}{2 \cdot l \cdot \mathrm{d}h}$$

$$\sigma = \frac{F}{2 \cdot l}$$

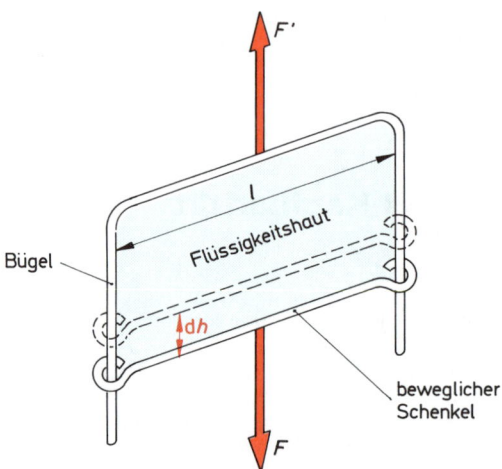

Bild 1.11 Versuch zur Bestimmung der Oberflächenspannung

Es ergibt sich also wiederum Gleichung (1.34), aus

Tabelle 1.7 Oberflächenspannungen σ_{12} von Flüssigkeiten

Flüssigkeit	Oberflächenspannung σ_{12} in N/m	Temperatur t °C
Wasser	0,073	20
Benzol	0,028	20
Alkohol	0,023 bis 0,025	20
Ethylether	0,016	20
Quecksilber	0,47 bis 0,49	20
Speiseöl	0,025 bis 0,030	20
Ammoniak	0,042	−29
Schwefelwasserstoff	0,034	−83
Tetrachlorkohlenstoff	0,028	22
Methanol	0,023	22
Glykol	0,048	22
Toluol	0,029	22
geschmolzenes Kochsalz	0,114	800
geschmolzenes Natrium	0,427	100
geschmolzenes Blei	0,442	350

Diese Angaben beziehen sich auf Grenzflächen der Flüssigkeit gegen Luft oder den eigenen Dampf; sie wurden größtenteils aus [1.37], [1.43] und [1.44] entnommen.

der man die **Dimension** der Oberflächenspannung

$$\frac{\text{Kraft}}{\text{Länge}}$$

ersieht.

Als **Einheit** wird N/m empfohlen. Für praktische Übungen und Berechnungen sind in Tabelle 1.7 einige Werte zusammengestellt.

Um den relativ großen Einfluß der Temperatur auf die Oberflächenspannung zu demonstrieren, sind in Bild 1.12 die Kurvenverläufe der Oberflächenspannungen einiger wichtiger Flüssigkeiten angegeben.

Weitere Tabellen mit detaillierten Angaben finden sich u.a. in [1.37], [1.43] und [1.44].

1.6.3 Haftspannung

An den Berührungsstellen von Fluiden an festen Wänden entstehen Haftspannungen, an den Grenzflächen sich nicht mischender Flüssigkeiten entstehen Grenzflächenspannungen.

So entstehen abhängig von der Größe dieser Spannungen verschiedene Formen der Benetzung fester Wände (Bild 1.13).

An den Grenzflächen herrschen folgende Oberflächenspannungen:

$\sigma_{13} =$ Oberflächenspannung

Gas (Dampf) → Wand

$\sigma_{23} =$ Oberflächenspannung

Flüssigkeit → Wand

$\sigma_{12} =$ Oberflächenspannung

Flüssigkeit → Gas (Dampf)

Die Flüssigkeitsoberfläche bildet mit der festen Wand den Benetzungswinkel (Randwinkel, Kontaktwinkel) α. Nach Bild 1.13 kann folgendes Spannungsgleichgewicht im Berührungspunkt B angesetzt werden:

$$\sigma_{13} - \sigma_{23} = \sigma_{12} \cdot \cos\alpha$$

$$\tag{1.35}$$

$$\cos\alpha = \frac{\sigma_{13} - \sigma_{23}}{\sigma_{12}}$$

Für die Größe des Berührungswinkels α, d.h., die Oberflächenkontur in Wandnähe, kann man nach Gleichung (1.35) zwei Bereiche unterscheiden:

$\sigma_{13} > \sigma_{23}$: benetzende Wand (hydrophile Wand), z.B. Quarz (Glas), Silikate, Sulfate, Karbonate
Benetzungswinkel $\alpha < 90°$
Flüssigkeit steigt in der Randzone an (Bild 1.13a)

33

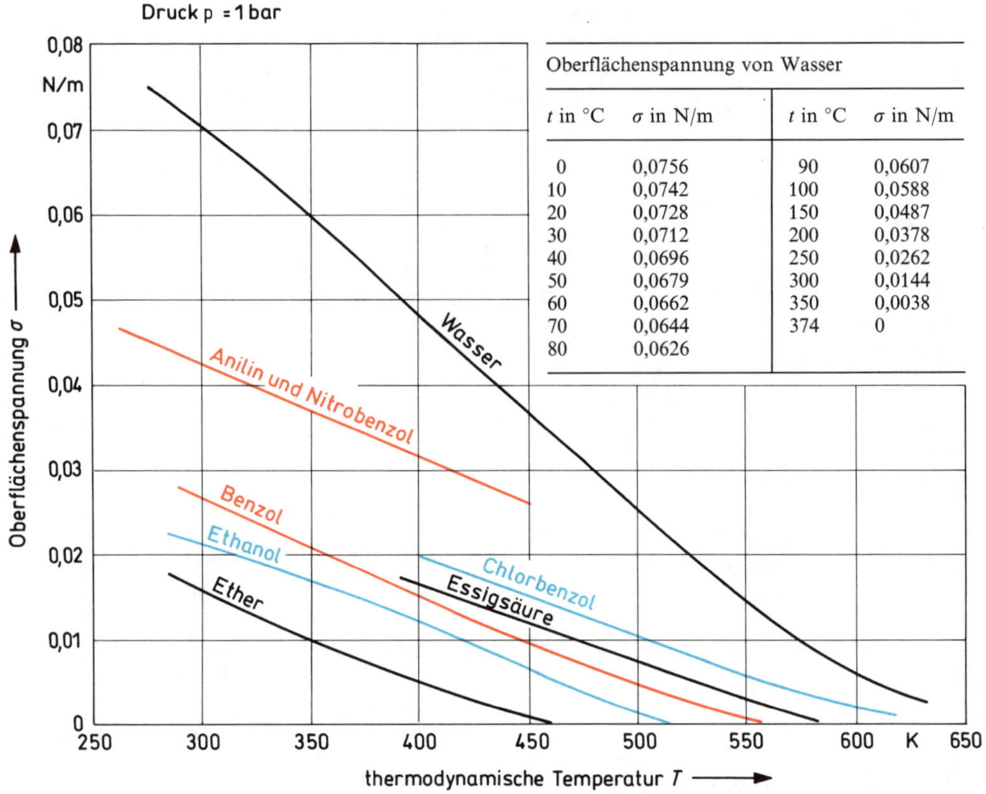

Druck p = 1 bar
0,08
N/m
0,07
0,06
0,05
0,04
0,03
0,02
0,01
0
Oberflächenspannung σ
Wasser
Anilin und Nitrobenzol
Benzol
Ethanol
Ether
Chlorbenzol
Essigsäure
250
300
350
400
450
500
550
600
K
650
thermodynamische Temperatur T

Oberflächenspannung von Wasser			
t in °C	σ in N/m	t in °C	σ in N/m
0	0,0756	90	0,0607
10	0,0742	100	0,0588
20	0,0728	150	0,0487
30	0,0712	200	0,0378
40	0,0696	250	0,0262
50	0,0679	300	0,0144
60	0,0662	350	0,0038
70	0,0644	374	0
80	0,0626		

Bild 1.12 Oberflächenspannungen verschiedener Flüssigkeiten, abhängig von der Temperatur (nach [1.37])

σ13
3
B
1
Dampf, Gas
σ23
α
σ12
Grenzfläche
feste Wand
2
Flüssigkeit
a)
1
σ12
σ13
3
2
B
α
σ23
b)

Bild 1.13 Benetzungsarten von Flüssigkeiten

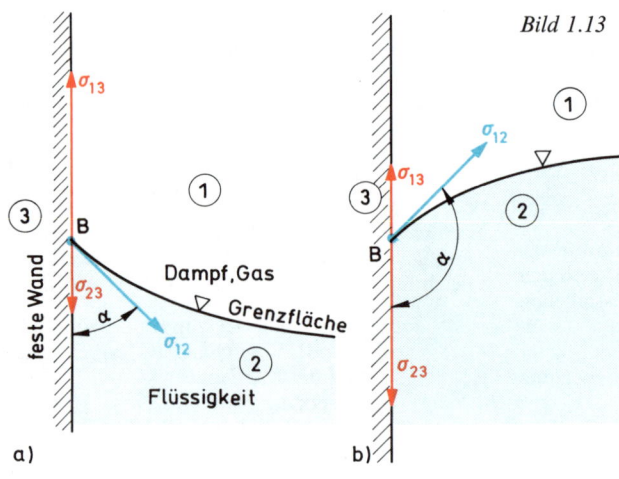

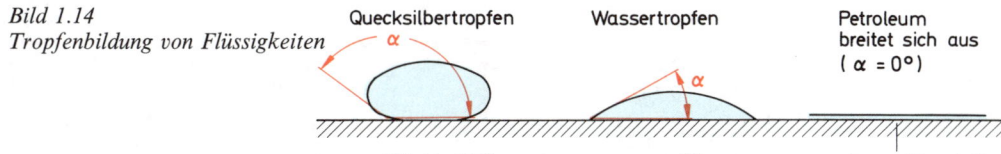

Bild 1.14
Tropfenbildung von Flüssigkeiten

Quecksilbertropfen

Wassertropfen

Petroleum
breitet sich aus
($\alpha = 0°$)

$\alpha \approx 135$ bis $138°$

$\alpha \approx 8°$

saubere Glasplatte

$\sigma_{13} < \sigma_{23}$: nichtbenetzende Wand (hydrophobe Wand), z.B. reine Metalle, Sulfide, Graphit
Benetzungswinkel $\alpha > 90°$
Flüssigkeit sinkt in der Randzone (Bild 1.13b)

Das Hochziehen oder Herabdrücken einer Flüssigkeit an einer festen Begrenzungswand kann man aus dem Unterschied zwischen den **Adhäsionskräften**, die die Wand auf die Flüssigkeit ausübt, und den **Kohäsionskräften**, die zwischen den Flüssigkeitsteilchen wirken, erklären.

Als **Haftspannung** bezeichnet man den Spannungsunterschied $\sigma_{13} - \sigma_{23}$.

Wird die Haftspannung größer als die Oberflächenspannung σ_{12} der Flüssigkeit, so wird die Wand vollständig benetzt, der Benetzungswinkel α wird Null. In Bild 1.14 sind Tropfenbildung bzw. Ausbreitung verschiedener Flüssigkeiten gegenübergestellt. Auch die Ausbildung eines schwimmenden Tropfens oder einer schwimmenden Gasbzw. Dampfblase an der Grenze zweier Flüssigkeiten kann über die Oberflächenspannungen erklärt werden, die in den Grenzflächen wirken (Bild 1.15).

Zur Berechnung von praktischen Beispielen sind in Tabelle 1.8 einige Angaben von Oberflächenspannungen zwischen Fluiden und festen Wänden sowie zwischen nicht mischbaren Flüssigkeiten aus den einschlägigen Tabellenwerken herausgezogen.

1.6.4 Grenzflächendruck (Kapillardruck)

An ebenen Grenzflächen treten keine senkrecht zur Oberfläche wirkenden Druckkräfte auf, weil alle Oberflächenspannungen in einer Ebene liegen und keine orthogonalen Komponenten besitzen. Bei gekrümmten Grenzflächen, z.B. an Gefäßrandzonen (Bild 1.13), oder bei Tropfen und Blasen (Bilder 1.14 und 1.15) tritt eine senkrecht zur gekrümmten Grenzfläche wirkende Normalkraft auf, die einen Grenzflächendruck zur Folge hat, der auch Krümmungsdruck oder Kapillardruck genannt wird.

Betrachtet man ein mit den Radien R_1 und R_2 gekrümmtes Oberflächenelement dA (Bild 1.16), ergibt sich folgender Gleichgewichtsansatz zwischen dem Grenzflächendruck Δp_k und der Oberflächenspannung σ:

$$\mathrm{d}F_n = \Delta p_k \cdot \mathrm{d}s_1 \cdot \mathrm{d}s_2$$
$$= \sigma \cdot \mathrm{d}s_2 \cdot \vartheta_1 + \sigma \cdot \mathrm{d}s_1 \cdot \vartheta_2$$

Krümmungswinkel $\quad \vartheta_1 = \dfrac{\mathrm{d}s_1}{R_1}$

Krümmungswinkel $\quad \vartheta_2 = \dfrac{\mathrm{d}s_2}{R_2}$

$$\Delta p_k \cdot \mathrm{d}s_1 \cdot \mathrm{d}s_2 = \sigma \cdot \mathrm{d}s_2 \cdot \dfrac{\mathrm{d}s_1}{R_1} + \sigma \cdot \mathrm{d}s_1 \cdot \dfrac{\mathrm{d}s_2}{R_2}$$

Bild 1.15 Ausbildung schwebender Tropfen und Gasblasen

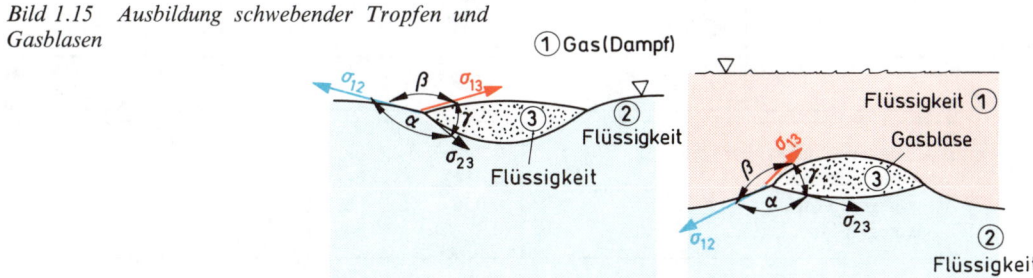

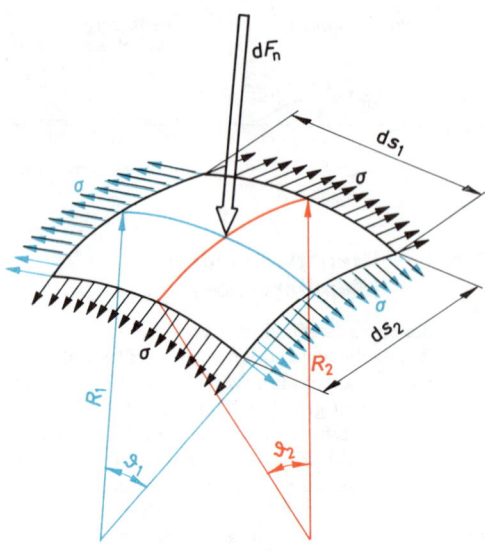

$$\Delta p_{\mathrm{k}} = \sigma \left(\frac{1}{R_1} + \frac{1}{R_2} \right)$$

(1.36)

Δp_{k} Grenzflächendruck
σ Oberflächenspannung
$R_1 ; R_2$ Krümmungsradien

Diese Beziehung wurde bereits anfangs des 19. Jahrhunderts von LAPLACE, YOUNG und GAUSS unabhängig voneinander angegeben. Aus dieser Gleichung erkennt man, daß ein **kugelförmiger Tropfen** mit dem Radius R durch den Grenzflächendruck

(1.37)

$$\Delta p_{\mathrm{k}} = \frac{2 \cdot \sigma}{R}$$

Bild 1.16   Zur Ableitung des Kapillardruckes

zusammengedrückt wird [1.41].
Eine hauchdünne **Seifenblase** besitzt eine innere und eine äußere Oberfläche, so daß eine doppelte Oberflächenkraft auftritt, die sich mit der Druck-

Tabelle 1.8   Oberflächenspannungen und Benetzungswinkel

Fluid	Festkörper	Oberflächenspannung in N/m	Benetzungswinkel in Grad
Wasser	Glas	$\leq 0{,}073$	≈ 8
	Graphit	$0{,}005$	86
	Kupfer	$\geq 0{,}073$	≈ 0
Quecksilber	Glas	$0{,}35$	135 bis 140
	Stahl	$0{,}43$	154
Glycerin	Glas	≥ 67	≈ 0
	Platin	≥ 67	≈ 0
Benzol	Glas	28	6
	Kohle	61	0
Luft	Glas	0,9 bis 0,1	

Wasser gegen Quecksilber	0,39 bis 0,43	bei 18 °C
Wasser gegen Benzol	0,034	bei 25 °C
Wasser gegen Toluol	0,036	bei 25 °C
Wasser gegen Quecksilber	0,38	bei 25 °C

Die Zahlenwerte wurden hauptsächlich aus [1.37] und [1.43] entnommen.

kraft aus dem inneren Überdruck das Gleichgewicht halten muß:

$$2 \cdot \sigma \cdot 2 \cdot \pi \cdot R = \Delta p_i \cdot \pi \cdot R^2$$

(1.38)

$$\Delta p_i = \frac{4 \cdot \sigma}{R}$$

1.6.5 Kapillarität

Taucht man ein enges Röhrchen in eine Flüssigkeit ein, kann man bei benetzenden Flüssigkeiten (z. B. Wasser gegenüber Glas) ein Hochsteigen der Flüssigkeit, bei nicht benetzenden Flüssigkeiten (z. B. Quecksilber gegenüber Glas) ein Absinken des Flüssigkeitsmeniskus im Röhrchen gegenüber der freien Oberfläche beobachten (Bild 1.17).
Die mittlere Anhebung h_m bzw. Absenkung h_m läßt sich unter Verwendung des Ausdrucks für den Kapillardruck in Gleichung (1.36) herleiten.
Der Meniskus der Flüssigkeitssäule erfährt bei einem Krümmungsradius R folgenden Kapillardruck, der eine nach oben gerichtete Druckkraft F_p zur Folge hat:

$$\Delta p_k = \sigma_{12} \left(\frac{1}{R} + \frac{1}{R} \right)$$

$$\Delta p_k = \sigma_{12} \cdot \frac{2}{R}$$

$$R = \frac{r}{\cos \alpha} = \frac{d}{2 \cdot \cos \alpha}$$

$$\Delta p_k = \sigma_{12} \frac{4 \cdot \cos \alpha}{d}$$

$$F_p = \Delta p_k \cdot \frac{\pi}{4} \cdot d^2$$

$$F_p = \sigma_{12} \frac{4 \cdot \cos \alpha}{d} \cdot \frac{\pi}{4} \cdot d^2$$

$$F_p = \sigma_{12} \cdot \pi \cdot \cos \alpha \cdot d$$

Diese Druckkraft hält der Gewichtskraft der hochgezogenen Flüssigkeitssäule vermindert um den statischen Auftrieb im Gas mit der Dichte ϱ_1 das Gleichgewicht.

$$G = (\varrho_2 - \varrho_1) \cdot g \cdot h_m \cdot d^2 \cdot \frac{\pi}{4}$$

$$G = F_p$$

$$(\varrho_2 - \varrho_1) \cdot g \cdot h_m \cdot d^2 \cdot \frac{\pi}{4} = \sigma_{12} \cdot \pi \cdot \cos \alpha \cdot d$$

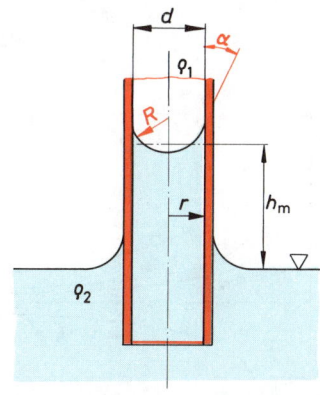

Kapillaraszension
z. B. Wasser in einer Glasröhre

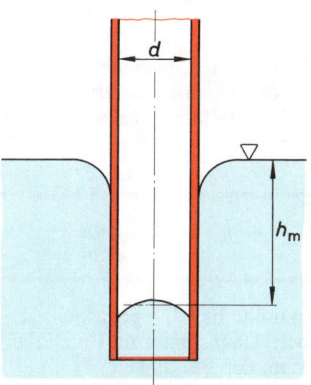

Kapillardepression
z. B. Quecksilber in einer Glasröhre

Bild 1.17   Kapillarität in Rohren

(1.39)

$$h_m = \frac{4 \cdot \sigma_{12} \cdot \cos \alpha}{g (\varrho_2 - \varrho_1) \cdot d}$$

h_m	Steighöhe bzw. Depressionshöhe
σ_{12}	Oberflächenspannung Flüssigkeit → Gas
α	Benetzungswinkel
g	Erdbeschleunigung
ϱ_2	Dichte der Flüssigkeit
ϱ_1	Dichte des Gases
d	Innendurchmesser des Kapillarröhrchens

Nimmt man der Einfachheit halber an, daß der Meniskus die Form einer Halbkugel mit dem Radius $d/2$ hat, wird $\alpha = 0$, d.h. $\cos \alpha = 1$ und vernachlässigt noch die Gasdichte ϱ_1 gegenüber

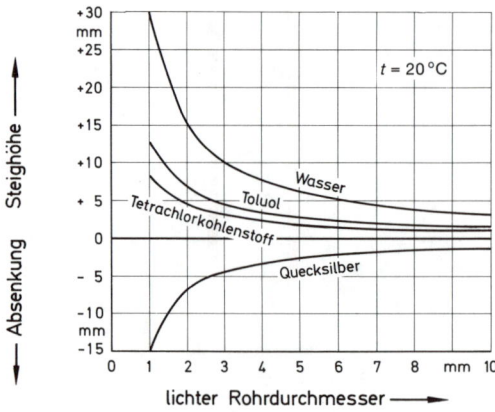

Bild 1.18   Kapillaraszension und Kapillardepression verschiedener Flüssigkeiten

der viel größeren Flüssigkeitsdichte ϱ_2, erhält man folgende recht genau zutreffende **Näherungsformel** für die kapillare Aszensions- bzw. Depressionshöhe h_m:

(1.40)

$$h_m \approx \frac{4 \cdot \sigma_{12}}{\varrho_2 \cdot g \cdot d}$$

h_m Steighöhe bzw. Depressionshöhe
σ_{12} Oberflächenspannung Flüssigkeit → Gas
ϱ_2 Dichte der Flüssigkeit
g Erdbeschleunigung
d Innendurchmesser des Kapillarröhrchens

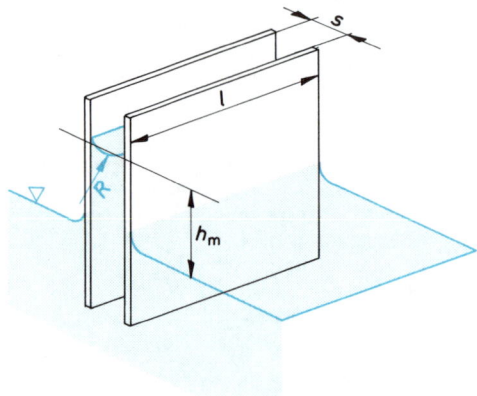

Bild 1.19   Kapillarität zwischen parallelen Platten

In Bild 1.18 sind die Steighöhen einiger Flüssigkeiten sowie die Depressionshöhe von Quecksilber abhängig vom lichten Rohrdurchmesser d, nach Näherungsgleichung (1.40) berechnet, dargestellt. Eine ähnliche Beziehung läßt sich auch für die Kapillaraszension und Kapillardepression zwischen zwei **parallelen Wänden** herleiten (Bild 1.19).

Kapillardruck Δp_k:

$$\Delta p_k = \sigma_{12} \left(\frac{1}{R_1} + \frac{1}{R_2} \right)$$

$$R_1 = R \approx \frac{s}{2}$$

$$R_2 = \infty ; \frac{1}{R_2} = 0$$

$$\Delta p_k = \frac{\sigma_{12}}{R} \approx \frac{2 \cdot \sigma_{12}}{s}$$

Kapillardruckkraft F_p:

$$F_p = \Delta p_k \cdot l \cdot s$$

$$F_p = \frac{2 \cdot \sigma_{12}}{s} \cdot l \cdot s$$

$$F_p = 2 \cdot \sigma_{12} \cdot l$$

Gewichtskraft G:

$$G \approx \varrho_2 \cdot g \cdot h_m \cdot l \cdot s$$

(Gasdichte ϱ_1 vernachlässigt)

Gleichgewichtsansatz:

$$F_p = G$$

$$2 \cdot \sigma_{12} \cdot l \approx \varrho_2 \cdot g \cdot h_m \cdot l \cdot s$$

(1.41)

$$h_m \approx \frac{2 \cdot \sigma_{12}}{\varrho_2 \cdot g \cdot s}$$

h_m Steighöhe bzw. Depressionshöhe
σ_{12} Oberflächenspannung
    Flüssigkeit → Gas
ϱ_2 Dichte der Flüssigkeit
g Erdbeschleunigung
s Abstand zwischen den Platten

Die Kapillarsteighöhe h_m zwischen zwei parallelen Platten im Abstand s ist nur halb so groß wie die Kapillarsteighöhe h_m in einem Röhrchen mit dem Innendurchmesser $d = s$.

Beispiel 6

Aufgabenstellung:

In einem Kapillarröhrchen von 2 mm Innendurchmesser steigt Wasser hoch.
Die Wassertemperatur t variiert im Bereich 10 °C bis 90 °C. Wie groß ist die Steighöhe h_m abhängig von der Wassertemperatur t?

Lösung:

Die Steighöhe h_m wird nach der Näherungsformel (1.40) berechnet:

$$h_m = \frac{4 \cdot \sigma_{12}}{\varrho_2 \cdot g \cdot d}$$

Die Oberflächenspannung σ_{12} von Wasser gegen Luft wird aus Bild 1.12, die Dichte ϱ_2 des Wassers aus Tafel 5 entnommen. Die Berechnung erfolgt tabellarisch:

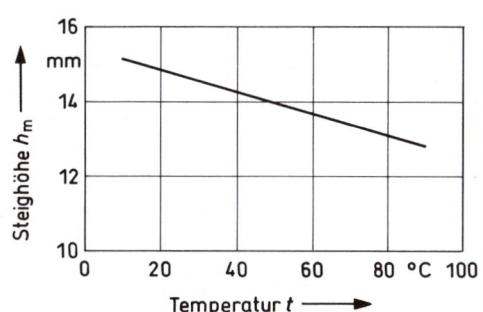

Bild 1.20   Zu Beispiel 6

Temperatur t in °C	Oberflächen- spannung σ_{12} in N/m	Dichte ϱ_2 in kg/m³	Steighöhe h_m in m
10	0,0742	999,7	15,13
20	0,0728	998,3	14,87
30	0,0712	995,7	14,58
40	0,0696	992,3	14,30
50	0,0679	988	14,01 $\quad\cdot 10^{-3}$
60	0,0662	983,2	13,73
70	0,0644	977,7	13,43
80	0,0626	971,6	13,14
90	0,0607	965,2	12,82

Die Funktion $h_m = f(t)$ ist in Bild 1.20 dargestellt.

2 Hydrostatik

2.1 Ausbildung der freien Oberfläche

Flüssigkeiten passen sich der Form der sie umschließenden Behälterwände an. Grenzflächen zwischen Flüssigkeiten bzw. zwischen Flüssigkeiten und Gasen werden als **freie Oberflächen** bezeichnet (Bild 1.10).

Die sich im Gleichgewicht befindende freie Oberfläche steht in jedem ihrer Punkte normal zur angreifenden Kraft.

Wirkt an den Flüssigkeitsteilchen nur die Schwerkraft, bildet sich als freie Oberfläche eine Kugelfläche aus. Bei Gefäßen mit kleinen Abmessungen kann die Kugelfläche mit genügender Genauigkeit auch als ebene Fläche angesehen werden. An großen Seen oder am Meer ist die Kugelform der freien Oberfläche deutlich zu sehen (Verschwinden eines Schiffes hinter dem Horizont bzw. Auftauchen eines Schiffes über der Kimm).

An einem mit der Beschleunigung a gleichmäßig beschleunigten Behälter (Bild 2.1) wird die Ausbildung einer ebenen freien Oberfläche betrachtet.

In vertikaler Richtung greift am Masseteilchen dm die Schwerkraft (Gewichtskraft)

$$dG = dm \cdot g$$

an.

Entgegengesetzt zur Richtung der Beschleunigung a wirkt die Trägheitskraft

$$dF_a = dm \cdot a$$

die in folgende Komponenten zerlegt wird:

horizontale Richtung:

$$dF_{a,h} = dm \cdot a \cdot \cos \alpha$$

vertikale Richtung:

$$dF_{a,v} = dm \cdot a \cdot \sin \alpha$$

Die resultierende Kraft dR, die auf der freien Oberfläche senkrecht steht, besteht aus folgenden Komponenten:

horizontale Richtung:

$$\text{I)} \quad dR \cdot \sin \beta = dm \cdot a \cdot \cos \alpha$$

vertikale Richtung:

$$\text{II)} \quad dR \cdot \cos \beta = dm \cdot g + dm \cdot a \cdot \sin \alpha$$

Dividiert man Gleichung I durch Gleichung II, erhält man folgenden Ausdruck für den Neigungswinkel β der freien Oberfläche zur Horizontalen (x-Richtung):

$$\frac{dR \cdot \sin \beta}{dR \cdot \cos \beta} = \frac{dm \cdot a \cdot \cos \alpha}{dm \cdot g + dm \cdot a \cdot \sin \alpha}$$

(2.1)

$$\tan \beta = \frac{a \cdot \cos \alpha}{g + a \cdot \sin \alpha}$$

β Neigungswinkel der freien Oberfläche
a Beschleunigung
α Richtungswinkel der Beschleunigung
g Erdbeschleunigung

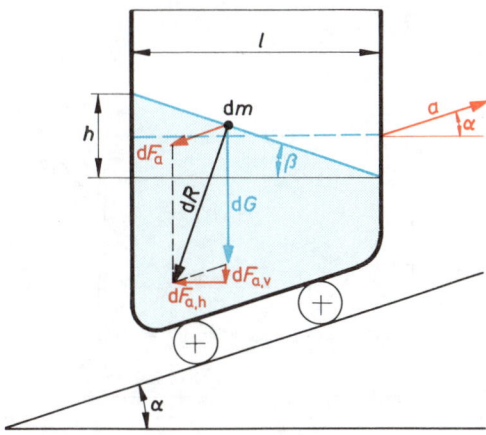

Bild 2.1 Flüssigkeit in einem gleichmäßig beschleunigten Gefäß

Für den Sonderfall der horizontal wirkenden Beschleunigung a (Winkel $\alpha = 0$) vereinfacht sich Gleichung (2.1):

(2.2)

$$\tan \beta = \frac{a}{g}$$

Die Steighöhe h des Flüssigkeitsspiegels am äußeren Rand läßt sich aus folgender Beziehung bestimmen:

$$h = l \cdot \tan \beta$$

(2.3)

$$h = l \, \frac{a \cdot \cos \alpha}{g + a \cdot \sin \alpha}$$

h	Steighöhe
l	Behälterlänge
a, g, α	siehe Legende zu Gleichung (2.1)

Auch die Form der freien Oberfläche einer Flüssigkeit in einem mit konstanter Winkelgeschwindigkeit ω rotierenden Gefäß läßt sich durch Betrachtung der Wirkung von Schwerkraft und Fliehkraft ermitteln (Bild 2.2).
An einem Masseteilchen dm der freien Oberfläche greifen folgende Kräfte an:

in radialer Richtung die Fliehkraft dC:

$$\mathrm{d}C = \mathrm{d}m \cdot r \cdot \omega^2$$

in vertikaler Richtung die Schwerkraft (Gewichtskraft) dG:

$$\mathrm{d}G = \mathrm{d}m \cdot g$$

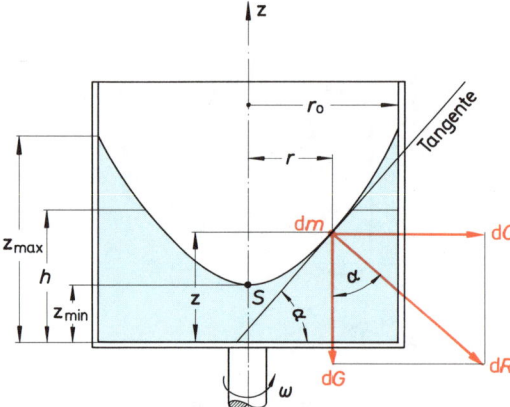

Bild 2.2 Flüssigkeit in einem rotierenden Gefäß

Fliehkraft dC und Schwerkraft dG werden vektoriell zur Resultierenden dR addiert.
Die Resultierende dR steht senkrecht zur freien Oberfläche und schließt mit der Gewichtskraft dG den Winkel α ein, der gleichzeitig Neigungswinkel der Tangente an die Kontur der freien Oberfläche im Punkt dm (mit den Zylinderkoordinaten r und z) ist.
Differenziert man die zunächst noch unbekannte Funktion $z = f(r)$, erhält man folgenden Ausdruck für den Tangentenneigungswinkel α:

$$\tan \alpha = \frac{\mathrm{d}z}{\mathrm{d}r}$$

Aus dem Kräfteplan ergibt sich:

$$\tan \alpha = \frac{\mathrm{d}C}{\mathrm{d}G} = \frac{\mathrm{d}m \cdot r \cdot \omega^2}{\mathrm{d}m \cdot g} = \frac{r \cdot \omega^2}{g}$$

Das Gleichsetzen beider Ausdrücke für $\tan \alpha$ führt zu folgender **Differentialgleichung** für die Funktion $z = f(r)$:

$$\frac{\mathrm{d}z}{\mathrm{d}r} = \frac{r \cdot \omega^2}{g}$$

Durch Trennung der Veränderlichen z und r sowie Integrieren bekommt man die Gleichung der Rotationskurve der freien Oberfläche:

$$\mathrm{d}z = \frac{r \cdot \omega^2}{g} \, \mathrm{d}r$$

$$\int \mathrm{d}z = \frac{\omega^2}{g} \int r \cdot \mathrm{d}r$$

$$z = \frac{\omega^2}{g} \cdot \frac{r^2}{2} + \text{konst}$$

Die Integrationskonstante erhält man durch Einsetzen der Koordinaten des Scheitelpunkts S:

$$r = 0; \quad z = z_{\min}$$

$$z_{\min} = \frac{\omega^2}{g} \cdot \frac{0^2}{2} + \text{konst}$$

$$\text{konst} = z_{\min}$$

Damit lautet die Gleichung der Rotationskurve:

(2.4)

$$z = \frac{\omega^2 \cdot r^2}{2g} + z_{\min}$$

z	vertikale Koordinate
ω	Winkelgeschwindigkeit

r Radius
g Erdbeschleunigung
z_{min} vertikale Koordinate des Scheitelpunktes S

Gleichung 2.4 beschreibt die Kontur eines **quadratischen Rotationsparaboloids.**
Interessant ist, daß die Form des Paraboloids unabhängig von der Art der Flüssigkeit ist, weil die Dichte nicht eingeht. Nur das im Ruhezustand zwischen dem Niveaupegel h und der sich bei der Rotation einstellenden Scheitelhöhe z_{min} befindliche Flüssigkeitsvolumen bildet den das Rotationsparaboloid umschließenden Flüssigkeitskörper.
Dieses Volumen berechnet sich aus dem Gefäßradius r_0 und dem Höhenunterschied $h - z_{min}$:

$$V = r_0^2 \cdot \pi \, (h - z_{min})$$

Das vom Rotationsparaboloid abgegrenzte Flüssigkeitsvolumen beträgt:

$$V = r_0^2 \cdot \pi \, (z_{max} - z_{min}) - V_{Paraboloid}$$

Das Volumen eines quadratischen Paraboloids ist bekanntlich gleich dem halben Volumen des umschriebenen Kreiszylinders:

$$V_{Paraboloid} = \frac{r_0^2 \cdot \pi \, (z_{max} - z_{min})}{2}$$

Damit ergibt sich für das Volumen V:

$$V = r_0^2 \cdot \pi \, (z_{max} - z_{min})$$
$$- \frac{r_0^2 \cdot \pi \, (z_{max} - z_{min})}{2}$$
$$V = \frac{r_0^2 \cdot \pi \, (z_{max} - z_{min})}{2}$$

Durch Gleichsetzen beider Ausdrücke für V folgt:

$$r_0^2 \cdot \pi \, (h - z_{min}) = \frac{r_0^2 \cdot \pi \, (z_{max} - z_{min})}{2}$$

$$h = \frac{z_{max} + z_{min}}{2}$$

Die Steighöhe z_{max} am Gefäßrand erhält man aus Gleichung (2.4) durch Einsetzen von $r = r_0$:

$$z_{max} = \frac{\omega^2 \cdot r_0^2}{2g} + z_{min}$$

$$h = \frac{\dfrac{\omega^2 \cdot r_0^2}{2g} + z_{min} + z_{min}}{2}$$

(2.5)

$$\boxed{z_{min} = h - \frac{\omega^2 \cdot r_0^2}{4g}}$$

Für z_{max} ergibt sich ein ähnlicher Ausdruck:

$$z_{max} = \frac{\omega^2 \cdot r_0^2}{2g} + h - \frac{\omega^2 \cdot r_0^2}{4g}$$

(2.6)

$$\boxed{z_{max} = h + \frac{\omega^2 \cdot r_0^2}{4g}}$$

z_{min} Koordinate des Scheitelpunkts S
z_{max} Steighöhe am Rand ($r = r_0$)
r_0 Radius des Gefäßes
h Flüssigkeitspegel im Ruhezustand
ω Winkelgeschwindigkeit
g Erdbeschleunigung

Vergleicht man die Gleichungen (2.5) und (2.6), erkennt man, daß die Flüssigkeit sich in der Gefäßachse um den gleichen Wert, nämlich $\omega^2 \cdot r_0^2/(4g)$ absenkt, wie sie am Gefäßrand hochsteigt, jeweils bezogen auf den Ruhepegel h.
Setzt man in Gleichung (2.4) für z_{min} den Ausdruck von Gleichung (2.5) ein, wird die Funktion $z = f(r)$ durch die geometrischen Größen r_0 und h sowie die Winkelgeschwindigkeit ω ausgedrückt:

(2.7)

$$\boxed{z = h + \frac{\omega^2}{4g} \, (2r^2 - r_0^2)}$$

Die Ausbildung der freien Oberfläche in Behältern, die nicht um ihre eigene Achse rotieren, sondern z.B. um eine versetzte vertikale Achse oder eine horizontale Achse, kann in der weiterführenden Literatur, z.B. in [2.1] nachgelesen werden.

Beispiel 7

Aufgabenstellung:

Ein kreiszylindrisches Gefäß ist bis zu einer Höhe von 1 m mit einer Flüssigkeit gefüllt. Das Gefäß hat einen Durchmesser von 2 m und eine Höhe von 2 m (Bild 2.3).
Wie groß muß die Winkelgeschwindigkeit ω gemacht werden, wenn die Flüssigkeit gerade den oberen Gefäßrand erreichen soll?

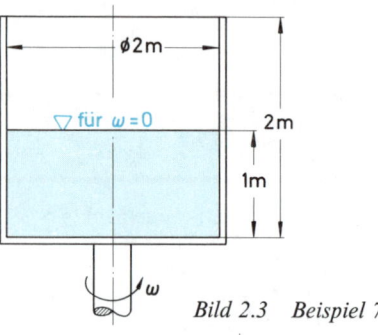

Bild 2.3   Beispiel 7

Lösung:

Nach Gleichung 2.6 beträgt die maximale Steighöhe z_{max} am Gefäßrand:

$$z_{max} = h + \frac{\omega^2 \cdot r_0^2}{4g}$$

$$h = 1\,\text{m}$$

$$r_0 = 1\,\text{m}$$

$$\frac{\omega^2 \cdot r_0^2}{4g} = z_{max} - h$$

$$\omega^2 = \frac{4g}{r_0^2} \cdot (z_{max} - h)$$

$$\omega^2 = \frac{4 \cdot 9,81}{1^2} \cdot (2-1) = 4 \cdot 9,81$$

$$\omega = 6,26\,\text{s}^{-1}$$

2.2   Hydrostatischer Druck

2.2.1   Grundbegriffe

Unter dem hydrostatischen Druck versteht man den Quotienten aus Normalkraft dF_n und gedrückter Fläche dA (Bild 2.4):

$$(2.8)$$

$$p = \frac{\text{Druckkraft}}{\text{Fläche}} = \lim_{dA \to \varepsilon} \frac{dF_n}{dA}$$

Im Innern einer ruhenden, reibungsfreien Flüssigkeit bzw. an den Begrenzungswänden eines Behälters werden nur Normalkräfte übertragen; Schub- und Zugkräfte treten nicht auf.
Der hydrostatische Druck hat für jede durch einen Punkt der Flüssigkeit gelegte Bezugsfläche den gleichen Wert, d.h., er ist eine richtungsunabhängige (skalare) Größe, die nur vom Ort abhängt. Die Druckkraft ist dagegen ein Vektor, der normal zur gedrückten Fläche steht.

Die exakte wissenschaftliche Herleitung des hydrostatischen Druckes und Beschreibung des Kräftegleichgewichtes in ruhenden Flüssigkeiten kann u.a. in [2.2] bis [2.4] nachgelesen werden.
Bei der Definition und bei der Messung des statischen Druckes in Behältern unterscheidet man folgende Druckbegriffe:

Absolutdruck p_a
Überdruck $p_{\ddot{u}}$
Unterdruck p_u
Bezugsdruck p_0

In Tabelle 2.1 und Bild 2.5 werden die verschiedenen Druckbegriffe dargestellt.
Der Druck in einer Flüssigkeit kann auf folgende Arten erzeugt werden:

a) durch äußere Kräfte, z.B. Kolbendruck,
b) durch innere Kräfte, z.B. Schweredruck.

Tabelle 2.1 Druckbegriffe

Absolutdruck p_a	Überdruck $p_ü$	Unterdruck p_u
Der Absolutdruck p_a ist der auf das absolute Vakuum bezogene Druck.	Der Überdruck $p_ü$ ist gleich dem Absolutdruck p_a, vermindert um einen Bezugsdruck p_0 (z. B. Atmosphärendruck) $$p_ü = p_a - p_0$$	Der Unterdruck p_u ist gleich dem Bezugsdruck p_0, vermindert um den Absolutdruck p_a $$p_u = p_0 - p_a$$

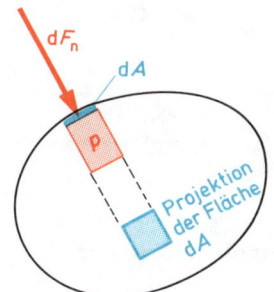

Bild 2.4 Zur Definition des hydrostatischen Druckes

2.2.2 Einheiten

Der Druck hat gemäß Definitionsgleichung (2.8) die **Dimension**

$$\frac{\text{Kraft}}{\text{Länge}^2}$$

Die Basiseinheit des Druckes im SI-System ist das **Pascal**, abgekürzt Pa.

$$1\,\text{Pa} = 1\,\frac{\text{N}}{\text{m}^2}$$

Neben der Einheit Pa sind noch zahlreiche andere Druckeinheiten im Gebrauch, von denen ein Teil in Tabelle 2.2 zusammengestellt ist.

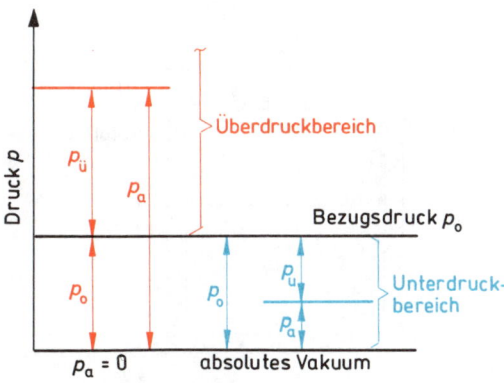

Bild 2.5 Druckbereiche

Tabelle 2.2   Druckeinheiten

	Name	Kurzzeichen	Verknüpfung
neue Einheiten	Pascal	Pa	$1\,\text{Pa} = 1\,\text{N/m}^2$
	Megapascal	MPa	$1\,\text{MPa} = 10^6\,\text{Pa}$
	Bar	bar	$1\,\text{bar} = 10^5\,\text{Pa}$
	Millibar	mbar	$1\,\text{mbar} = 10^{-3}\,\text{bar} = 100\,\text{Pa}$
	Hektopascal	hPa	$1\,\text{hPa} = 100\,\text{Pa} = 1\,\text{mbar}$
alte Einheiten	Kilopond durch Quadratmeter	kp/m²	$1\,\text{kp/m}^2 = 9{,}80665\,\text{Pa}$
	Millimeter Wassersäule	mm WS	$1\,\text{mm WS} = 9{,}80665\,\text{Pa}$
	technische Atmosphäre	at	$1\,\text{at} = 98\,066{,}5\,\text{Pa}$
	physikalische Atmosphäre	atm	$1\,\text{atm} = 101\,325\,\text{Pa}$
	Torr (Millimeter Quecksilbersäule)	Torr (mm Hg)	$1\,\text{Torr} = 133{,}3224\,\text{Pa}$
angelsächsische Einheiten	pound per square foot	$\dfrac{\text{lb.}}{\text{sq. ft.}}$	$1\,\dfrac{\text{lb.}}{\text{sq. ft.}} = 47{,}8802\,\text{Pa}$
	pound per square inch	$\dfrac{\text{lb.}}{\text{sq. in.}}$ (p. s. i.)	$1\,\dfrac{\text{lb.}}{\text{sq. in.}} = 6894{,}74\,\text{Pa}$
	inch watergauge	in. WG	$1\,\text{in. WG} = 249{,}09\,\text{Pa}$

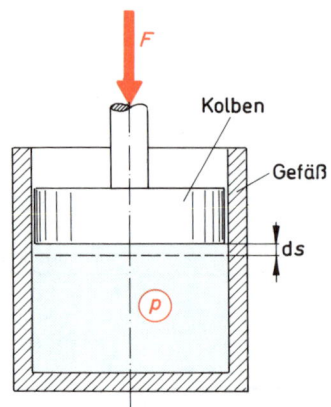

Bild 2.6   Erzeugung des Kolbendruckes

2.2.3   Erzeugung des hydrostatischen Druckes

2.2.3.1   Kolbendruck

In einem durch einen reibungsfrei beweglichen Kolben verschlossenem Gefäß ist eine newtonsche Flüssigkeit vollständig dicht eingeschlossen (Bild 2.6). Der Kolben wird durch die Kraft F auf die Flüssigkeit gedrückt, wodurch sie in einen homogenen Pressungszustand versetzt wird.

Der hydrostatische Druck p beträgt:

(2.9)

$$p = \frac{F}{A}$$

Bild 2.7
Hydraulische Presse (vereinfachtes Schema)

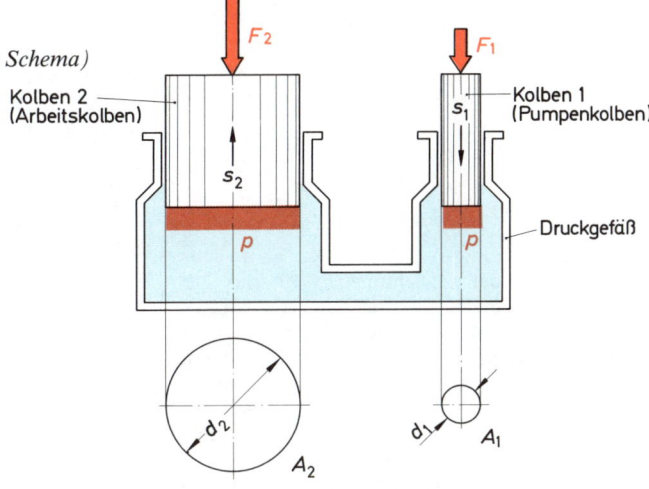

F_2 Nutzkraft am Kolben 2
F_1 Kraft am Kolben 1
A_2 Fläche des Kolbens 2
A_1 Fläche des Kolbens 1
d_2 Durchmesser des Kolbens 2
d_1 Durchmesser des Kolbens 1

p hydrostatischer Druck
F Kolbenkraft
A Kolbenfläche

Nach dem bereits von PASCAL angegebenen **Druckfortpflanzungsgesetz** verbreitet sich der hydrostatische Kolbendruck gleichmäßig nach allen Seiten durch den gesamten eingeschlossenen Flüssigkeitskörper fort und wirkt auch an jeder Stelle der Behälterwand.
Eine bekannte Anwendung des Druckfortpflanzungsgesetzes ist die **hydraulische Presse** (Bild 2.7). Die auf den Pumpenkolben ① wirkende Kraft F_1 ruft in der Flüssigkeit den Druck

$$p = \frac{F_1}{A_1}$$

hervor, der sich im gesamten Druckgefäß gleichmäßig fortpflanzt und auf den Arbeitskolben ② die Nutzkraft F_2 ausübt.

$$F_2 = p \cdot A_2$$

Zwischen den Kolbenkräften und den Kolbenflächen bzw. Kolbendurchmessern besteht folgender Zusammenhang:

$$\frac{F_1}{A_1} = p = \frac{F_2}{A_2}$$

(2.10)

$$\frac{F_2}{F_1} = \frac{A_2}{A_1} = \frac{d_2^2}{d_1^2}$$

Die Kolbenkräfte verhalten sich wie die Kolbenflächen bzw. Quadrate der Kolbendurchmesser.

Bezeichnet s_1 den vom Pumpenkolben ①, s_2 den vom Arbeitskolben ② zurückgelegten Hubweg, so ergibt sich über die Gleichheit des vom Pumpenkolben verdrängten und unter den Arbeitskolben eintretenden inkompressiblen Flüssigkeitsvolumens:

$$A_1 \cdot s_1 = A_2 \cdot s_2$$

(2.11)

$$\frac{s_2}{s_1} = \frac{A_1}{A_2} = \frac{d_1^2}{d_2^2}$$

s_2 Weg des Kolbens 2
s_1 Weg des Kolbens 1
A_1, A_2, d_1, d_2 siehe Legende zu Gleichung (2.10)

Die Kolbenhübe verhalten sich umgekehrt wie die Kolbenflächen bzw. Quadrate der Kolbendurchmesser.

Nimmt man reibungsfreie, ideale Kraftübertragung an, kommt man über die Betrachtung der Kolbenarbeit zum gleichen Ergebnis:

$$W_1 = F_1 \cdot s_1; \quad W_2 = F_2 \cdot s_2$$
$$W_1 = W_2$$

$$F_1 \cdot s_1 = F_2 \cdot s_2$$

$$F_2 = F_1 \frac{A_2}{A_1}$$

$$F_1 \cdot s_1 = F_1 \cdot \frac{A_2}{A_1} \cdot s_2$$

$$\frac{s_2}{s_1} = \frac{A_1}{A_2} = \frac{d_1^2}{d_2^2}$$

Die Aussagen der Gleichungen 2.10 und 2.11 gelten nur für ideale, reibungsfreie Kraftübertragung. Wirkliche hydraulische Pressen und Hebevorrichtungen enthalten neben den Kolben und dem Druckgefäß noch Rohrleitungen, Ventile, Hähne, Dichtelemente usw., in denen bei Verschiebung der Flüssigkeit und der beweglichen Bauteile Reibungsverluste auftreten, die die wirkliche Kraft F_2 gegenüber der idealen Kraft nach Gleichung (2.10) verringern.

2.2.3.2 Druckarbeit

Bei der Erzeugung des hydrostatischen Kolbendruckes in einem Druckzylinder (Bild 2.6) wird folgende Arbeit verrichtet, d.h. Energie umgewandelt:

$$W = F \cdot \mathrm{d}s$$

Erweitert man diesen Ausdruck mit der Kolbenfläche A, kann die Druckarbeit W auch durch die Volumenänderung $\mathrm{d}V$ ausgedrückt werden:

$$W = \frac{F}{A} \cdot A \cdot \mathrm{d}s$$

$$A \cdot \mathrm{d}s = \mathrm{d}V$$

(2.12)

$$W = p \cdot \mathrm{d}V$$

Bei konstant bleibendem hydrostatischem Druck p ist die Druckarbeit W gleich dem Produkt aus dem Druck p und der Volumenänderung $\mathrm{d}V$.
Ändert sich der Druck p beim Preßvorgang von p_1 auf p_2, ergibt sich folgender Ansatz:

$$W = \int_{p_1}^{p_2} p \cdot \mathrm{d}V$$

$$\mathrm{d}V = \beta_\mathrm{T} \cdot V_1 \cdot \mathrm{d}p \quad \text{(siehe Seite 14)}$$

$$W = \beta_\mathrm{T} \cdot V_1 \cdot \int_{p_1}^{p_2} p \cdot \mathrm{d}p$$

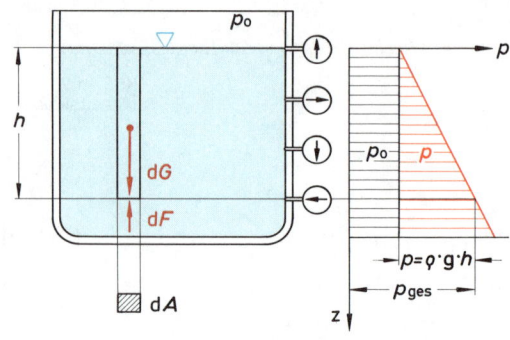

Bild 2.8 Zur Entstehung des Schweredruckes

(2.13)

$$W = \frac{1}{2} \cdot \beta_T \cdot V_1 \, (p_2^2 - p_1^2)$$

W Druckarbeit
β_T isothermer Kompressibilitätskoeffizient (Tafel 2)
V_1 Volumen beim Druck p_1
p_1 Anfangsdruck
p_2 Enddruck

2.2.3.3 Schweredruck

An der freien Oberfläche einer in einem offenen Gefäß befindlichen Flüssigkeit herrscht der Druck p_0 (Bild 2.8). Dieser Druck pflanzt sich nach dem PASCALschen Druckfortpflanzungsgesetz gleichmäßig durch die Flüssigkeit fort. Dem Kolbendruck p_0 überlagert sich der von der Tiefe h abhängende **Schweredruck** p, dessen Größe sich aus folgender Gleichgewichtsbetrachtung ableiten läßt:
Im Schwerpunkt eines Flüssigkeitsprismas mit der Querschnittsfläche $\mathrm{d}A$ und der Höhe h greift folgende nach unten wirkende Gewichtskraft (Schwerkraft) $\mathrm{d}G$ an:

$$\mathrm{d}G = \varrho \cdot g \cdot \mathrm{d}V = \varrho \cdot g \cdot h \cdot \mathrm{d}A$$

Weil sich die Flüssigkeit in Ruhe befindet, wird die Gewichtskraft $\mathrm{d}G$ durch eine gleich große auf die untere Druckfläche $\mathrm{d}A$ wirkende vertikale Aufdruckkraft $\mathrm{d}F$ kompensiert.

$$\mathrm{d}F = p \cdot \mathrm{d}A$$

$$\mathrm{d}G = \mathrm{d}F$$

$$\varrho \cdot g \cdot h \cdot \mathrm{d}A = p \cdot \mathrm{d}A$$

$$(2.14)$$

$$p = \varrho \cdot g \cdot h$$

p hydrostatischer Schweredruck
ϱ Dichte der Flüssigkeit
g Erdbeschleunigung
h Flüssigkeitstiefe

Der Schweredruck wächst demnach linear mit der Flüssigkeitstiefe.

In Punkten gleicher Tiefe h herrscht überall der gleiche hydrostatische Druck p. Die Druckverteilung ist unabhängig von der Form oder von der Größe des Gefäßes.

Weil zusätzlich auf die Flüssigkeitsoberfläche der Druck p_0 wirkt, beträgt der Gesamtdruck (Absolutdruck) in der Tiefe h:

$$(2.15)$$

$$p_{ges} = p_0 + p = p_0 + \varrho \cdot g \cdot h$$

Gleichung (2.14) zeigt, daß man den Druck durch die Länge einer Flüssigkeitssäule ausdrücken kann. Meßgeräte, denen dieses Meßprinzip zugrunde liegt heißen **Flüssigkeitsmanometer** (vgl. Abschnitt 6.1.2).

Füllt man zwei sich nicht mischende Flüssigkeiten unterschiedlicher Dichten ϱ_1 und ϱ_2 in einen Behälter (Bild 2.9), so setzt sich die leichtere Flüssigkeit über der schwereren Flüssigkeit ab, und zwischen den Flüssigkeiten bildet sich eine horizontale Trennschicht (Grenzfläche) aus.

Der Druck in der Grenzschicht ergibt sich aus dem Kolbendruck p_0, der an der Oberfläche wirkt, und dem Schweredruck p_1:

$$p_{ges1} = p_0 + p_1 = p_0 + \varrho_1 \cdot g \cdot h_1$$

Der Druck am Gefäßboden vergrößert sich noch um den Schweredruckanteil p_2:

$$p_{ges2} = p_0 + p_1 + p_2$$
$$p_{ges2} = p_0 + \varrho_1 \cdot g \cdot h_1 + \varrho_2 \cdot g \cdot h_2$$

2.2.3.4 Kommunizierende Gefäße

Aus der Tatsache, daß der hydrostatische Druck in horizontalen Ebenen (d.h. in gleicher Flüssigkeitstiefe) überall gleich groß ist, läßt sich leicht die Niveaueinstellung in kommunizierenden Gefäßen (verbundenen Gefäßen) ableiten.

Bild 2.10 stellt ein mit zwei ungleichen Schenkeln versehenes Gefäß dar, das mit einer homogenen Flüssigkeit mit der Dichte ϱ gefüllt ist.

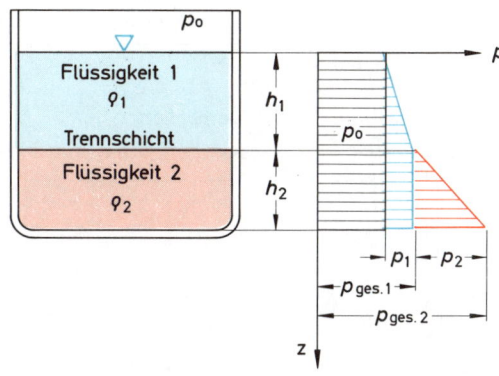

Bild 2.9   *Druckverteilung in Flüssigkeiten verschiedener Dichte*

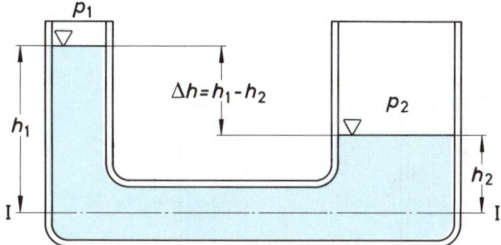

Bild 2.10   *Kommunizierende Gefäße*

Auf den Flüssigkeitsspiegel des linken Schenkels wirkt der Druck p_1, rechts der Druck p_2.
In der Tiefe I — I muß überall der gleiche Druck p_I vorhanden sein:

$$p_I = p_1 + \varrho \cdot g \cdot h_1 \;\widehat{=}\; p_2 + \varrho \cdot g \cdot h_2$$
$$p_2 - p_1 = \varrho \cdot g (h_1 - h_2)$$

$$(2.16)$$

$$p_2 - p_1 = \varrho \cdot g \cdot \Delta h$$

Die vom Druckunterschied $p_2 - p_1$ hervorgerufene Niveaudifferenz Δh ist unabhängig von der Größe und Form der beiden Gefäße. Für den Sonderfall, daß $p_1 = p_2$ wird, stellt sich in beiden Gefäßen der gleiche Spiegelstand ein, d.h., die Flüssigkeitsspiegel liegen in einer horizontalen Ebene.

Praktische Anwendungen der kommunizierenden Gefäße stellen beispielsweise die **Schlauchwaage** zum Nivellieren oder **Wasserstandsgläser** an Be-

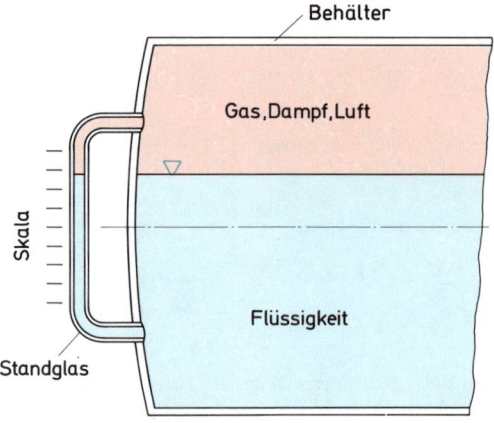

Bild 2.11 *Flüssigkeitsstandmessung*

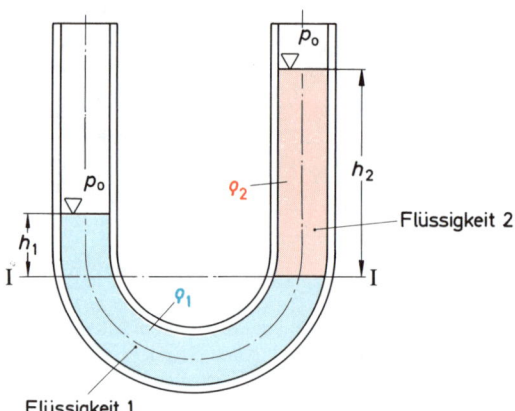

Bild 2.12 *Dichtemessung mittels U-Rohr*

hältern oder Kesseln zum Messen des Füllstandes dar (Bild 2.11).

Auch die Gleichungen (6.1) und (6.2) zur Bestimmung eines Druckes aus einer gemessenen Höhe einer Flüssigkeitssäule sind aus der Betrachtung von kommunizierenden Röhren hergeleitet und stellen letztlich nur Abwandlungen von Gleichung (2.16) dar.

Bringt man in ein U-Rohr zwei homogene Flüssigkeiten unterschiedlicher Dichten, so tritt die schwere Flüssigkeit in beide Schenkel ein, die leichte Flüssigkeit steht in einem Schenkel über der schweren Flüssigkeit (Bild 2.12).

In der horizontalen Schnittebene I – I wirkt überall der gleiche Druck p_I:

$$p_I = p_0 + \varrho_1 \cdot g \cdot h_1 = p_0 + \varrho_2 \cdot g \cdot h_2$$

Daraus ergibt sich eine einfache Beziehung zwischen den Dichten ϱ_1 und ϱ_2 sowie den Spiegelhöhen h_1 und h_2:

$$\varrho_1 \cdot g \cdot h_1 = \varrho_2 \cdot g \cdot h_2$$

(2.17)

$$\frac{\varrho_1}{\varrho_2} = \frac{h_2}{h_1}$$

Ist eine der beiden Dichten bekannt, läßt sich durch Messen der beiden Höhen h_1 und h_2 die andere Dichte bestimmen.

2.3 Druckkräfte

2.3.1 Druckkräfte bei Wirkung des Kolbendruckes

2.3.1.1 Druckkräfte gegen ebene Wände

Ein mit einem ebenen Deckel verschlossener Druckbehälter ist mit einer unter dem inneren Überdruck $p_{i,ü}$ stehenden Flüssigkeit vollständig gefüllt (Bild 2.13).

Die auf die ebene Deckelfläche ausgeübte Druckkraft F steht senkrecht auf dem Deckel und berechnet sich als Produkt aus innerem Überdruck $p_{i,ü}$ und gedrückter Deckelfläche A:

(2.18)

$$F = p_{i,ü} \cdot A$$

F Druckkraft
$p_{i,ü}$ innerer Überdruck
A Deckelfläche

Bei der Berechnung von Druckbehältern wird zur gedrückten Deckelfläche A noch ein Teil der Dichtfläche zwischen Deckel und Behälterflansch hinzugerechnet. Nähere Einzelheiten hierzu sind den einschlägigen Berechnungsvorschriften – z. B. den TRB-Richtlinien [2.5], TRD-Richtlinien [2.6] oder der Fachliteratur [2.7 bis 2.9] – zu entnehmen.

2.3.1.2 Druckkräfte gegen gekrümmte Wände

Ein mit einer Flüssigkeit vollständig gefüllter Behälter steht unter dem inneren Überdruck $p_{i,ü}$. Der Behälter ist mit einem gewölbten Deckel verschlossen (Bild 2.14).
Betrachtet man ein kleines Flächenelement dA der gewölbten Deckelfläche, so wirkt darauf folgende normal gerichtete Druckkraft ein:

$$dF = p_{i,ü} \cdot dA$$

Die zur Behälterachse und zur gesuchten resultierenden Druckkraft F parallele Komponente von dF_v beträgt:

$$dF_v = dF \cdot \cos\alpha = p_{i,ü} \cdot dA \cdot \cos\alpha$$

Der Ausdruck $dA \cdot \cos\alpha$ entspricht der in die Behälterachse fallenden Projektion der Fläche dA.

$$dA \cdot \cos\alpha = dA_{proj}$$

Die resultierende Kraft F ergibt sich als Summe aller Einzelkräfte:

$$F = \int p_{i,ü} \cdot dA \cdot \cos\alpha = \int p_{i,ü} \cdot dA_{proj}$$
$$F = p_{i,ü} \cdot \int dA_{proj}$$

(2.19)

$$F = p_{i,ü} \cdot A_{proj}$$

Die Druckkraft F auf eine gewölbte Fläche ist demnach gleich dem Produkt aus innerem Überdruck und in Kraftrichtung projizierter Fläche.

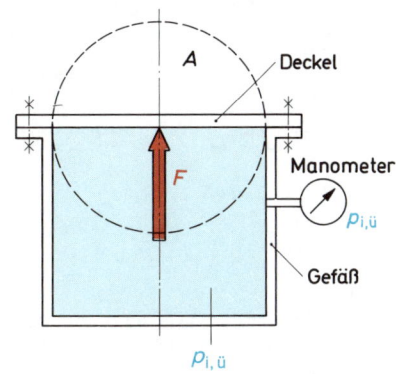

Bild 2.13   Druckkraft gegen ebene Wand

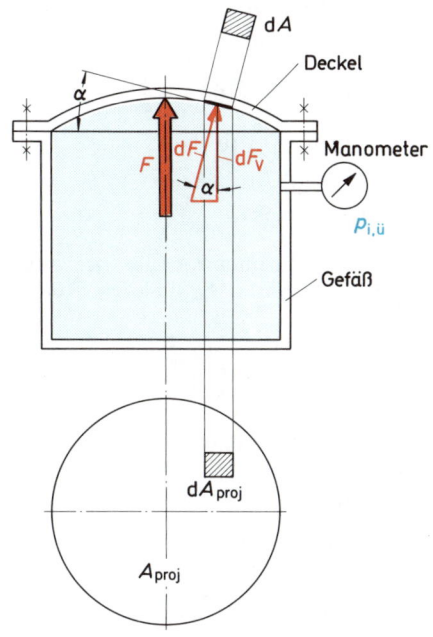

Bild 2.14   Druckkraft gegen gewölbte Wand

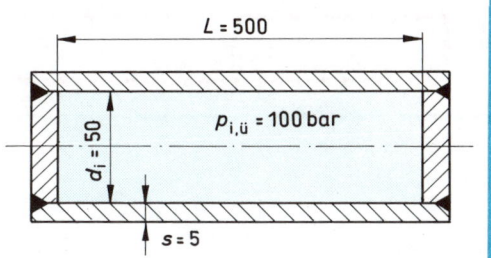

Beispiel 8

Aufgabenstellung:

In einem beidseitig verschlossenen Rohr befindet sich eine Flüssigkeit unter einem inneren Überdruck von 100 bar (Bild 2.15). Wie groß sind die axiale und die tangentiale Spannung in der 5 mm starken Rohrwand?

Bild 2.15   Beispiel 8

51

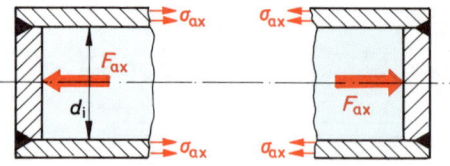

Bild 2.16   Beispiel 8

Lösung:

a) Berechnung der Axialspannung σ_{ax}:

Die axiale Kraft F_{ax} (Bild 2.16) berechnet sich aus Gleichung (2.18):

$$F_{ax} = p_{i,ü} \cdot A$$
$$p_{i,ü} = 100\,\text{bar} = 100 \cdot 10^5\,\text{Pa}$$

$$A = d_i^2 \cdot \frac{\pi}{4} = 0,05^2 \cdot \frac{\pi}{4}$$
$$A = 1,963 \cdot 10^{-3}\,\text{m}^2$$
$$F_{ax} = 100 \cdot 10^5 \cdot 1,963 \cdot 10^{-3}$$
$$F_{ax} = 19\,635\,\text{N}$$

Die axiale Spannung ergibt sich aus der axialen Längskraft F_{ax} und dem Rohrquerschnitt A_{Rohr}:

$$A_{Rohr} = \frac{\pi}{4} \cdot (d_a^2 - d_i^2)$$

$$A_{Rohr} = \frac{\pi}{4} \cdot (0,06^2 - 0,05^2)$$

$$A_{Rohr} = 8,639 \cdot 10^{-4}\,\text{m}^2$$

$$\sigma_{ax} = \frac{F_{ax}}{A_{Rohr}}$$

$$\sigma_{ax} = \frac{19\,635}{8,639 \cdot 10^{-4}}$$

$$\sigma_{ax} = 22,73 \cdot 10^6\,\text{N/m}^2$$

$$\boxed{\sigma_{ax} = 22,73\,\text{N/mm}^2}$$

b) Berechnung der Tangentialspannung σ_t:

Die radiale Druckkraft F_r (Bild 2.17) wird mit Hilfe von Gleichung (2.19) bestimmt:

$$F_r = p_{i,ü} \cdot A_{proj}$$
$$A_{proj} = d_i \cdot l$$
$$A_{proj} = 0,05 \cdot 0,5 = 0,025\,\text{m}^2$$
$$F_r = 100 \cdot 10^5 \cdot 0,025$$
$$F_r = 250\,000\,\text{N}$$

Daraus berechnet sich die Tangentialspannung σ_t:

$$\sigma_t = \frac{F_r}{A_{Wand}}$$

$$A_{Wand} = 2 \cdot l \cdot s$$
$$A_{Wand} = 2 \cdot 0,5 \cdot 0,005$$
$$A_{Wand} = 0,005\,\text{m}^2$$

$$\sigma_t = \frac{250\,000}{0,005}$$

$$\sigma_t = 50 \cdot 10^6\,\text{N/m}^2$$

$$\boxed{\sigma_t = 50\,\text{N/mm}^2}$$

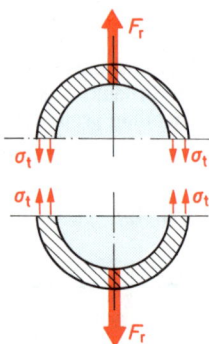

Bild 2.17   Beispiel 8

2.3.2 Druckkräfte bei Wirkung des Schweredruckes

2.3.2.1 Druckkräfte gegen ebene Wände

a) Druckkraft auf Gefäßböden

In Bild 2.18 ist ein offener Behälter dargestellt, der mit einer homogenen Flüssigkeit der Dichte ϱ gefüllt ist.

Nach Gleichung (2.14) beträgt der Überdruck am Boden des Gefäßes:

$$p_{B,ü} = \varrho \cdot g \cdot h$$

Die Bodendruckkraft F_B ergibt sich aus dem Überdruck $p_{B,ü}$ und der Bodenfläche A_B:

$$F_B = p_{B,ü} \cdot A_B \tag{2.20}$$

$$\boxed{F_B = \varrho \cdot g \cdot h \cdot A_B}$$

F_B Bodendruckkraft
ϱ Dichte
g Erdbeschleunigung
h Füllstand
A_B Bodenfläche

Aus dieser Beziehung erkennt man, daß die Bodendruckkraft F_B nur von der Flüssigkeitsdichte ϱ, der Füllstandshöhe h und der Bodenfläche A_B abhängt.

Gefäße, die mit der gleichen Flüssigkeit gleich hoch gefüllt sind, haben bei gleicher Bodenfläche gleiche Bodendruckkräfte. Die Bodendruckkraft ist unabhängig von der Gefäßform (Bild 2.19). Wir nennen diese Erscheinung **hydrostatisches Paradoxon**.

Überlagert sich in einem geschlossenen Behälter (Bild 2.20) dem Schweredruck noch ein innerer Überdruck $p_{i,ü} = p_i - p_0$, vergrößert sich der Druck und damit die Kraft auf die Bodenplatte:

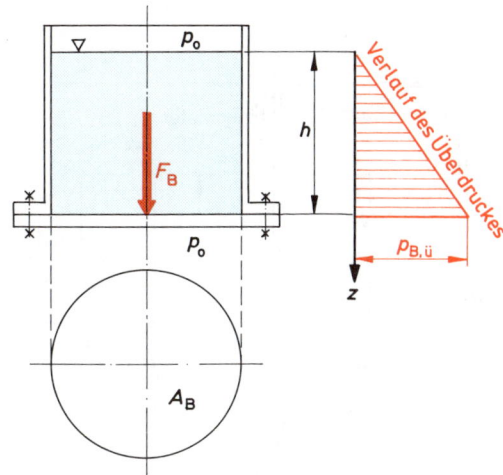

Bild 2.18   Bodendruckkraft in einem offenen Behälter

$$\tag{2.21}$$

$$\boxed{F_B = (p_{i,ü} + \varrho \cdot g \cdot h) \cdot A_B}$$

b) Seitendruckkraft

Ein offenes Gefäß ist durch eine unter dem Winkel α geneigte ebene Wand seitlich begrenzt. In dieser schrägen Wand liegt die beliebig geformte Fläche A, die in der seitlich herausgeklappten Ebene in wahrer Größe zu sehen ist. In der herausgeklappten Ebene ist ein rechtwinkliges x-w-Koordinatensystem so eingetragen, daß die x-Achse die **Spiegelschnittlinie** bildet (Bild 2.21).

Auf ein kleines Flächenelement dA der Fläche A mit den Koordinaten x und w wirkt der Druck

$$p = p_0 + p_ü$$

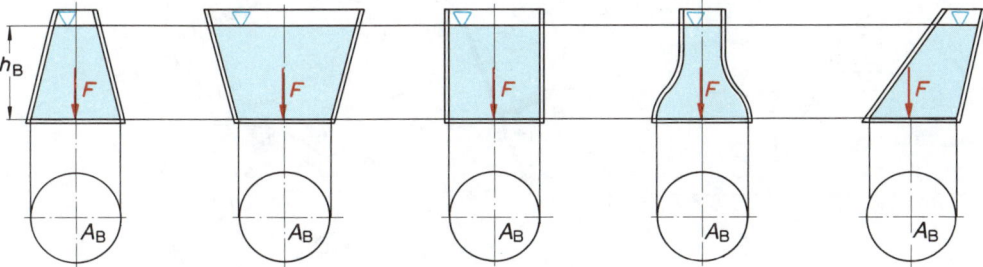

Bild 2.19   Zum hydrostatischen Paradoxon

53

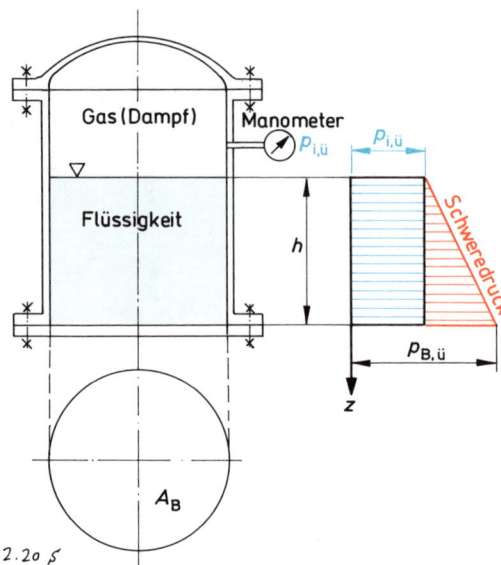

Bild 2.20 *Bodendruckkraft in einem Druckbehälter*

summieren (Integrieren) aller Teilkräfte dF über die Fläche A

$$F = \int\limits_{(A)} dF = \varrho \cdot g \int\limits_{(A)} z \, dA$$

Die Tiefe z läßt sich durch die Koordinate w in der schrägen Seitenwand und den Cosinus des Neigungswinkels α ausdrücken:

$$z = w \cdot \cos \alpha$$

Daraus folgt für die Druckkraft F:

$$F = \varrho \cdot g \cdot \cos \alpha \int\limits_{(A)} w \cdot dA$$

Das Integral $\int\limits_{(A)} w \cdot dA$ stellt das **statische Moment** der Fläche A, bezogen auf die x-Achse, d.h. die Spiegelschnittlinie dar. Nach dem Momentensatz gilt:

$$\int\limits_{(A)} w \cdot dA = w_S \cdot A$$

wobei w_S die w-Koordinate des Flächenschwerpunkts S ist. Für die Druckkraft F erhält man folgenden Ausdruck:

$$F = \varrho \cdot g \cdot \cos \alpha \cdot w_S \cdot A$$

bzw. mit $w_S \cdot \cos \alpha = z_S$:

(2.22)

$$\boxed{F = \varrho \cdot g \cdot z_S \cdot A = p_S \cdot A}$$

F Seitendruckkraft
ϱ Dichte
g Erdbeschleunigung
z_S vertikale Koordinate (Tiefe) des Schwerpunktes S

mit $p_{\ddot{u}} = \varrho \cdot g \cdot z$

Normalerweise herrscht auf der Rückseite der Seitenwand ebenfalls der Umgebungsdruck p_0, so daß bei der Berechnung der Druckkraft nur der Überdruck $p_{\ddot{u}}$ berücksichtigt werden muß.

Die senkrecht auf das Flächenelement dA wirkende Druckkraft dF beträgt nach der allgemeinen Druckdefinition in Gleichung (2.8):

$$dF = p_{\ddot{u}} \cdot dA = \varrho \cdot g \cdot z \cdot dA$$

Die Gesamtdruckkraft F erhält man durch Auf-

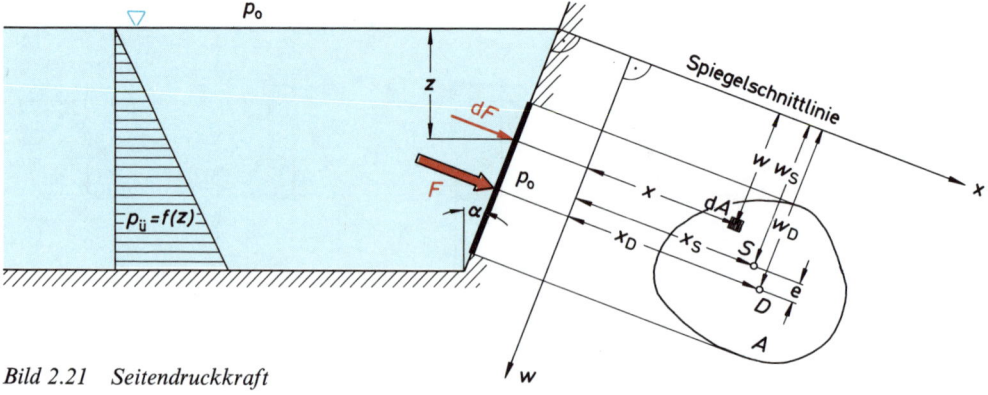

Bild 2.21 *Seitendruckkraft*

A gedrückte Fläche

p_S hydrostatischer Druck (Schweredruck) im Schwerpunkt S

Die auf eine ebene Fläche A wirkende Seitendruckkraft F ergibt sich als Produkt aus Flächeninhalt A und Druck p_S im Flächenschwerpunkt S. Weil der Schweredruck $p_ü$ linear mit der Flüssigkeitstiefe z zunimmt, ergibt sich eine ungleichförmige Druckverteilung über der gedrückten Fläche A, d.h., die Kraft F greift nicht im Flächenschwerpunkt S, sondern im tiefer gelegenen **Druckmittelpunkt D** an.

Die Koordinaten x_D und w_D des Druckmittelpunktes D ergeben sich aus folgenden Betrachtungen:

Koordinate w_D	Koordinate x_D
nach dem Momentensatz gilt:	

$$w_D \cdot F = \int w \cdot dF$$
$$F = \varrho \cdot g \cdot \cos \alpha \cdot w_S \cdot A$$
$$dF = \varrho \cdot g \cdot \cos \alpha \cdot w \cdot dA$$
$$w_D \cdot \varrho \cdot g \cdot \cos \alpha \cdot w_S \cdot A = \int w \cdot \varrho \cdot g \cdot \cos \alpha \cdot w \cdot dA$$
$$w_D \cdot w_S \cdot A = \int w^2 \cdot dA$$
$$w_D = \frac{\int w^2 \cdot dA}{w_S \cdot A}$$

Das Integral $\int w^2 \cdot dA$ stellt bekanntlich das **Flächenträgheitsmoment I_x** der Fläche A dar, bezogen auf die x-Achse (Spiegelschnittlinie).

(2.23)

$$\boxed{w_D = \frac{I_x}{w_S \cdot A}}$$

w_D Koordinate des Druckmittelpunkts D
I_x Flächenträgheitsmoment der Fläche A, bezogen auf die x-Achse (Spiegelschnittlinie)
w_S Koordinate des Schwerpunkts S
A Fläche

Nach dem STEINERschen Satz kann I_x auch durch die auf den Schwerpunkt S bezogenen Größen I_S und w_S ausgedrückt werden:

$$I_x = I_S + A \cdot w_S^2$$
$$w_D = \frac{I_S + A \cdot w_S^2}{w_S \cdot A}$$
$$w_D = \frac{I_S}{w_S \cdot A} + w_S$$

$$x_D \cdot F = \int x \cdot dF$$
$$F = \varrho \cdot g \cdot \cos \alpha \cdot w_S \cdot A$$
$$dF = \varrho \cdot g \cdot \cos \alpha \cdot w \cdot dA$$
$$x_D \cdot \varrho \cdot g \cdot \cos \alpha \cdot w_S \cdot A = \int x \cdot \varrho \cdot g \cdot \cos \alpha \cdot w \cdot dA$$
$$x_D \cdot w_S \cdot A = \int w \cdot x \cdot dA$$
$$x_D = \frac{\int w \cdot x \cdot dA}{w_S \cdot A}$$

Das Integral $\int w \cdot x \cdot dA$ entspricht dem **Zentrifugalmoment I_{wx}** der Fläche A, bezogen auf die w-x-Koordinatenachsen.

(2.25)

$$\boxed{x_D = \frac{I_{wx}}{w_S \cdot A}}$$

x_D Koordinate des Druckmittelpunkts D
I_{wx} Zentrifugalmoment der Fläche A
w_S Koordinate des Schwerpunkts S
A Fläche

Legt man die w-Achse durch den Schwerpunkt S, und ist die Fläche A zur w-Achse symmetrisch, so wird das Zentrifugalmoment I_{wx} zu Null, d.h. $x_D = 0$.

Der Druckmittelpunkt D liegt dann auf der w-Achse (Symmetrieachse) im Abstand e unterhalb des Schwerpunkts S.

Koordinate w_D	Koordinate x_D

(2.24)

$$e = w_D - w_S = \frac{I_S}{A \cdot w_S}$$

e Abstand zwischen Schwerpunkt S und Druckmittelpunkt D

I_S Flächenträgheitsmoment, bezogen auf den Schwerpunkt S

In Tabelle 2.3 sind die Berechnungsformeln für die Fläche A, Koordinate h_S und das Trägheitsmoment I_S einiger wichtiger Flächen zusammengestellt.

Beispiel 9

Aufgabenstellung:

Auf eine dichtschließende, kreisrunde Drosselklappe von 1 m Durchmesser wirkt in geschlossenem Zustand auf der einen Seite der hydrostatische Druck des zur Höhe z aufgestauten Wassers ($\varrho = 1000\,\text{kg/m}^3$), auf der anderen Seite der Luftdruck p_0 (Bild 2.22).
Wie groß ist das vom hydrostatischen Druck auf die Drosselklappe ausgeübte Drehmoment M_h, abhängig von der sich im Bereich $z = 2$ bis 5 m ändernden Füllstandshöhe z?

Lösung:

Weil der Luftdruck p_0 sowohl auf den Wasserspiegel als auch auf die Klappenrückseite wirkt, braucht er bei der Druck-, Kraft- und Momentenbetrachtung nicht berücksichtigt zu werden.
Die aus dem hydrostatischen Überdruck (Schweredruck) herrührende Druckkraft F läßt sich nach Gleichung (2.22) berechnen:

$$F = \varrho \cdot g \cdot z_S \cdot A$$
$$\varrho = 1000\,\text{kg/m}^3$$
$$g = 9{,}81\,\text{m/s}^2$$
$$z_S = z - 0{,}5 \quad \text{(Bild 2.23)}$$

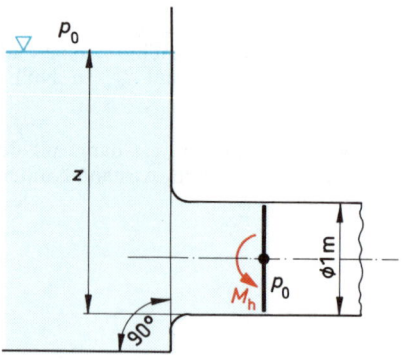

Bild 2.22   Beispiel 9

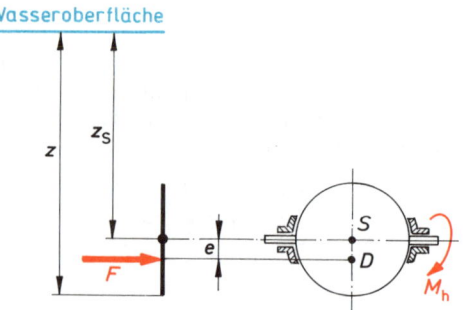

Bild 2.23   Beispiel 9

$$A = \frac{d^2 \cdot \pi}{4} = \frac{1^2 \cdot \pi}{4} = 0{,}7854 \ \text{m}^2$$

$$F = 1000 \cdot 9{,}81 \cdot 0{,}7854 \ (z - 0{,}5)$$

$$F = 7704{,}76 \ (z - 0{,}5) \, \text{N}$$

mit z = variable Stauhöhe in m

Der Abstand e zwischen Flächenschwerpunkt S und Druckmittelpunkt D wird nach Gleichung (2.24) bzw. Tabelle 2.3 – Zeile 2 – bestimmt:

$$e = \frac{I_S}{A \cdot w_S}$$

$$I_S = \frac{d^4 \cdot \pi}{64}$$

$$A = \frac{d^2 \cdot \pi}{4}$$

$w_S = z_S$, weil Neigungswinkel $\alpha = 0°$

$$e = \frac{4 \cdot d^4 \cdot \pi}{64 \cdot d^2 \cdot \pi \cdot z_S} = \frac{d^2}{16 \cdot z_S}$$

$$e = \frac{1}{16 \, (z - 0{,}5)}$$

Das auf die Drosselklappe ausgeübte hydraulische Drehmoment M_h ergibt sich als Produkt aus Druckkraft F und Hebelarm e:

$$M_h = F \cdot e$$

$$M_h = 7704{,}76 \cdot (z - 0{,}5) \cdot \frac{1}{16 \, (z - 0{,}5)}$$

$$\boxed{M_h = 481{,}55 \ \text{N} \cdot \text{m}}$$

Das Ergebnis zeigt, daß das auf die Drosselklappe ausgeübte hydraulische Moment M_h für den Füllstandsbereich $z = 2$ bis $5 \, \text{m}$ konstant bleibt, d.h. unabhängig vom Füllstand ist!

2.3.2.2 Druckkräfte gegen gekrümmte Wände

Eine beliebig gekrümmte Fläche A liegt in einem kartesischen Koordinatensystem (Bild 2.24). Die x-y-Ebene fällt mit der freien Oberfläche zusammen, die z-Achse zeigt senkrecht nach unten.

Weil der Außendruck p_0 sowohl auf die freie Oberfläche als auch auf die Rückseite der gedrückten Flächen A einwirkt, kann er aus der Kräftebetrachtung herausgenommen werden, d.h., es wird nur der Schweredruck berücksichtigt.
In Richtung der 3 Koordinatenachsen treten folgende Druckkräfte auf:

Bild 2.24 Druckkräfte gegen gewölbte Wand

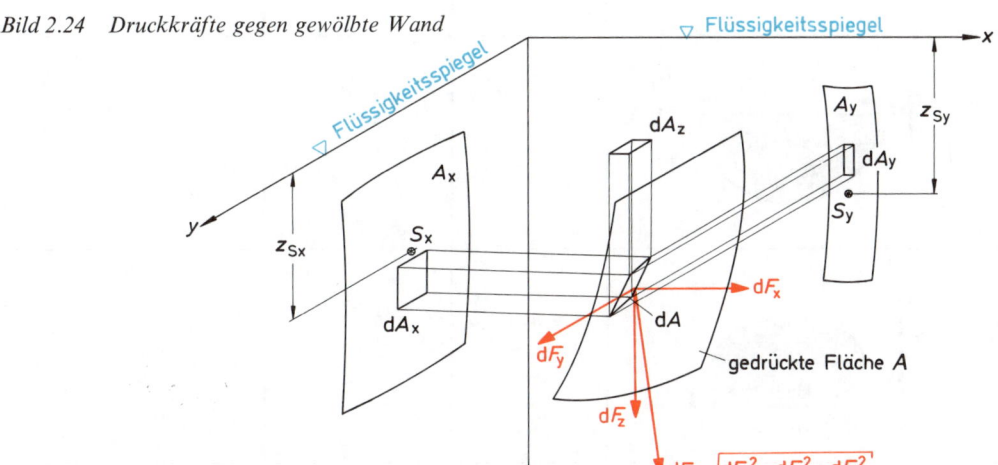

57

Tabelle 2.3   Werte zur Bestimmung der Seitendruckkraft auf symmetrische Flächen

Nr. Flächenform	Fläche A	Koordinate h_S	Trägheitsmoment I_S
1	$A = b \cdot h$	$h_S = \dfrac{h}{2}$	$I_S = \dfrac{b \cdot h^3}{12}$
2	$A = d^2 \cdot \dfrac{\pi}{4}$	$h_S = \dfrac{d}{2}$	$I_S = \dfrac{d^4 \cdot \pi}{64}$
3	$A = \dfrac{b+s}{2}\, h$	$h_S = \dfrac{h\,(b+2\,s)}{3\,(b+s)}$	$I_S = \dfrac{h^3\,(b^2 + 4\,bs + s^2)}{36\,(b+s)}$
4	$A = \dfrac{b \cdot h}{2}$	$h_S = \dfrac{1}{3} \cdot h$	$I_S = \dfrac{b \cdot h^3}{36}$
5	$A = \pi \cdot \dfrac{d^2}{8}$	$h_S = \dfrac{2 \cdot d}{3 \cdot \pi}$	$I_S = 0,0068 \cdot d^4$
6	$A = \pi \cdot a \cdot b$	$h_S = b$	$I_S = \dfrac{\pi}{4} \cdot a \cdot b^3$

x-Achse	y-Achse	z-Achse
$\mathrm{d}F_x = p_{\ddot{u}}(z) \cdot \mathrm{d}A_x$	$\mathrm{d}F_y = p_{\ddot{u}}(z) \cdot \mathrm{d}A_y$	$\mathrm{d}F_z = p_{\ddot{u}}(z) \cdot \mathrm{d}A_z$

Der Überdruck $p_{\ddot{u}}(z)$ ist nur von der Tiefe abhängig

x-Achse	y-Achse	z-Achse
$p_{\ddot{u}}(z) = \varrho \cdot g \cdot z$	$p_{\ddot{u}}(z) = \varrho \cdot g \cdot z$	$p_{\ddot{u}}(z) = \varrho \cdot g \cdot z$
$\mathrm{d}A_x$ = Projektion der differentiell kleinen Fläche $\mathrm{d}A$ in x-Richtung auf die y-z-Ebene	$\mathrm{d}A_y$ = Projektion der differentiell kleinen Fläche $\mathrm{d}A$ in y-Richtung auf die x-z-Ebene	$\mathrm{d}A_z$ = Projektion der differentiell kleinen Fläche $\mathrm{d}A$ in z-Richtung auf die x-y-Ebene (Spiegelfläche)
$\mathrm{d}F_x = \varrho \cdot g \cdot z \cdot \mathrm{d}A_x$	$\mathrm{d}F_y = \varrho \cdot g \cdot z \cdot \mathrm{d}A_y$	$\mathrm{d}F_z = \varrho \cdot g \cdot z \cdot \mathrm{d}A_z$

Die resultierenden Kräfte in Richtung der Koordinatenachse ergeben sich durch Integration der differentiell kleinen Teilkräfte $\mathrm{d}F_x$, $\mathrm{d}F_y$ und $\mathrm{d}F_z$:

x-Achse	y-Achse	z-Achse
$F_x = \int \mathrm{d}F_x$	$F_y = \int \mathrm{d}F_y$	$F_z = \int \mathrm{d}F_z$
$F_x = \varrho \cdot g \cdot \int z \cdot \mathrm{d}A_x$	$F_y = \varrho \cdot g \cdot \int z \cdot \mathrm{d}A_y$	$F_z = \varrho \cdot g \cdot \int z \cdot \mathrm{d}A_z$
	$\int z \cdot \mathrm{d}A_y = z_{Sy} \cdot A_y$	$\int z \cdot \mathrm{d}A_z = V$
Der Ausdruck $\int z \cdot \mathrm{d}A_x$ ist nach dem Momentensatz identisch mit $z_{Sx} \cdot A_x$, wenn A_x die Projektion der Fläche A in x-Richtung auf die y-z-Ebene und z_{Sx} deren Schwerpunktkoordinate sind.	A_y = Projektion der Fläche A in y-Richtung auf die x-z-Ebene. z_{Sy} = Schwerpunktkoordinate von A_y	V = Flüssigkeitsvolumen oberhalb der gedrückten Fläche A
(2.26)	(2.27)	(2.28)
$\boxed{F_x = \varrho \cdot g \cdot z_{Sx} \cdot A_x}$	$\boxed{F_y = \varrho \cdot g \cdot z_{Sy} \cdot A_y}$	$\boxed{F_z = \varrho \cdot g \cdot V}$

Die Druckkraftkomponenten F_x, F_y und F_z haben bei beliebig gekrümmten Flächen keinen gemeinsamen Angriffspunkt, d.h., neben der resultierenden Kraft

$$(2.29)$$

$$\boxed{F = \sqrt{F_x^2 + F_y^2 + F_z^2}}$$

entsteht grundsätzlich noch ein **Moment** M!
Bei einfach gekrümmten Flächen können die beiden Komponenten zu einer resultierenden Kraft zusammengefaßt werden; ein Moment tritt nicht auf.

Die Kräfte F_x und F_y sind horizontal gerichtet, die Kraft F_z ist identisch mit der Gewichtskraft des über der gedrückten Fläche stehenden Flüssigkeitsvolumens.
Für die Lage der Druckmittelpunkte D_x in der y-z-Ebene und D_y in der x-z-Ebene gelten die Aussagen der Gleichungen (2.23) und (2.25); die Vertikalkraft F_z geht durch den Schwerpunkt des über der Fläche A stehenden Flüssigkeitsvolumens.
In der folgenden Übersicht sind die Gleichungen zur Bestimmung der Druckmittelpunkte zusammengestellt:

x-Achse	y-Achse	z-Achse
(2.30) $$z_{Dx} = \frac{I_y}{z_{Sx} \cdot A_x}$$ (2.31) $$y_{Dx} = \frac{I_{yz}}{z_{Sx} \cdot A_x}$$	(2.32) $$z_{Dy} = \frac{I_x}{z_{Sy} \cdot A_y}$$ (2.33) $$x_{Dy} = \frac{I_{xz}}{z_{Sy} \cdot A_y}$$	Die vertikale Druckkraft F_z geht durch den Schwerpunkt des über der gedrückten Fläche A ruhenden Flüssigkeitskörpers.

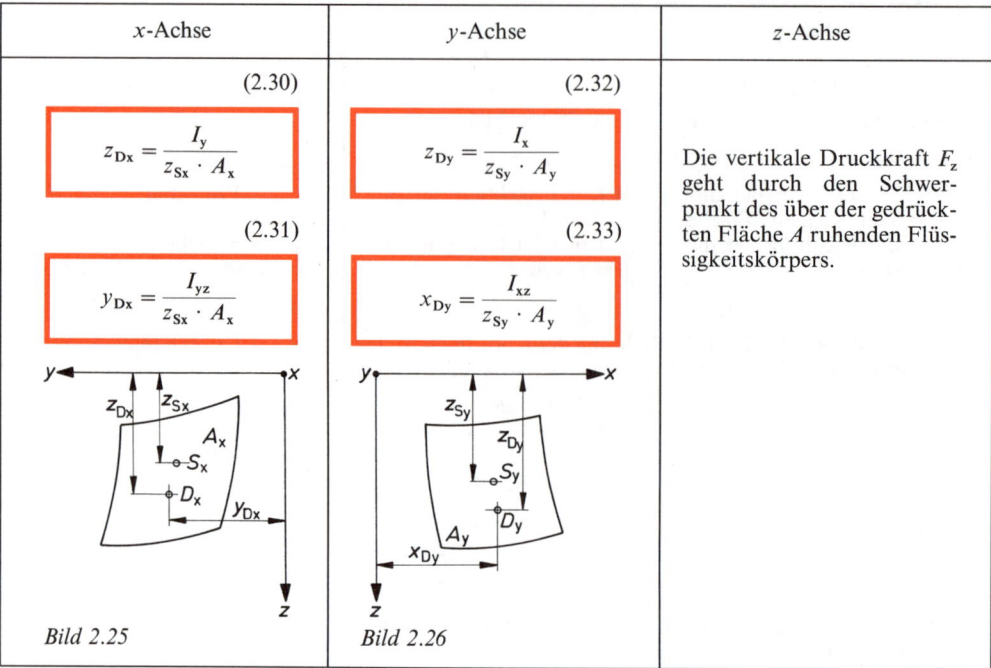

Bild 2.25   Bild 2.26

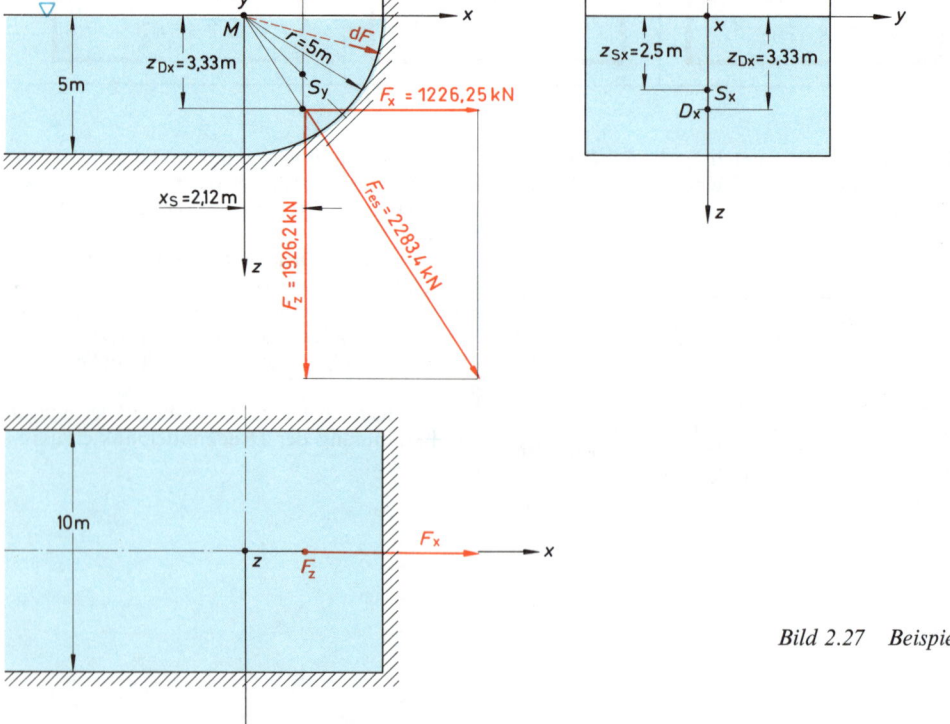

Bild 2.27   Beispiel 10

Beispiel 10

Aufgabenstellung:

Ein offener Behälter wird gemäß Bild 2.27 durch eine kreisförmig gekrümmte Wand begrenzt. Der Behälter hat eine Breite von 10 m und ist mit Wasser gefüllt. Die Wassertiefe beträgt 5 m.

a) Größe, Richtung und Angriffspunkt der horizontalen und vertikalen Druckkraft sind zu bestimmen.
b) Lassen sich die Kräfte zu einer Resultierenden zusammenfassen?

Lösung:

Frage a)

1. Berechnung der Horizontalkraft F_x:

Nach Gleichung 2.26 erhält man für die Horizontalkraft F_x:

$$F_x = \varrho \cdot g \cdot z_{Sx} \cdot A_x$$

$$\varrho = 1000 \, \text{kg/m}^3$$

$$g = 9{,}81 \, \text{m/s}^2$$

$$z_{Sx} = 2{,}5 \, \text{m}$$

$$A_x = 5 \cdot 10 = 50 \, \text{m}^2$$

$$F_x = 1000 \cdot 9{,}81 \cdot 2{,}5 \cdot 50$$

$$\boxed{F_x = 1\,226\,250 \, \text{N} = 1226{,}25 \, \text{kN}}$$

Die Lage des Kraftangriffspunktes D_x ergibt sich aus Gleichung 2.30:

$$z_{Dx} = \frac{I_y}{z_{Sx} \cdot A_x}$$

$$I_y = \frac{b \cdot h^3}{3} = \frac{10 \cdot 5^3}{3} = \frac{1250}{3}$$

$$z_{Sx} = 2{,}5 \, \text{m}$$

$$A_x = 50 \, \text{m}^2$$

$$z_{Dx} = \frac{1250}{3 \cdot 2{,}5 \cdot 50} = \frac{10}{3} = 3{,}33 \, \text{m}$$

$$\boxed{z_{Dx} = 3{,}33 \, \text{m}}$$

2. Berechnung der Vertikalkraft F_z:

Das über dem gedrückten Kreiszylindermantelsegment ruhende Wasservolumen beträgt:

$$V = \tfrac{1}{4} \cdot r^2 \cdot \pi \cdot b = \tfrac{1}{4} \cdot 5^2 \cdot \pi \cdot 10$$

$$V = 196{,}35$$

Die Vertikalkraft F_z ergibt sich nach Gleichung 2.28:

$$F_z = \varrho \cdot g \cdot V = 1000 \cdot 9{,}81 \cdot 196$$

$$F_z = 1\,926\,189 \, \text{N}$$

$$\boxed{F_z = 1926{,}2 \, \text{kN}}$$

Die Lage des Schwerpunkts S_y ergibt sich zu:

$$x_S = 0{,}4244 \cdot r = 0{,}4244 \cdot 5$$

$$\boxed{x_S = 2{,}12 \, \text{m}}$$

Frage b)

Durch maßstäbliches Aufzeichnen des Lage- und Kräfteplanes (Bild 2.27) erkennt man, daß sich die Kräfte F_x und F_z zu einer gemeinsamen Resultierenden F_{res} zusammenfassen lassen:

$$F_{res} = \sqrt{F_x^2 + F_z^2}$$

$$F_{res} = \sqrt{1226{,}25^2 + 1926{,}2^2}$$

$$\boxed{F_{res} = 2283{,}4 \, \text{kN}}$$

F_{res} geht durch den Kreismittelpunkt M.
Dieses Ergebnis war zu erwarten, weil alle Teilkräfte dF jeweils senkrecht auf der kreisförmig gekrümmten Oberfläche stehen und damit auch die Resultierende aller Teilkräfte normal zur Oberfläche stehen, d.h. durch den Mittelpunkt gehen muß.

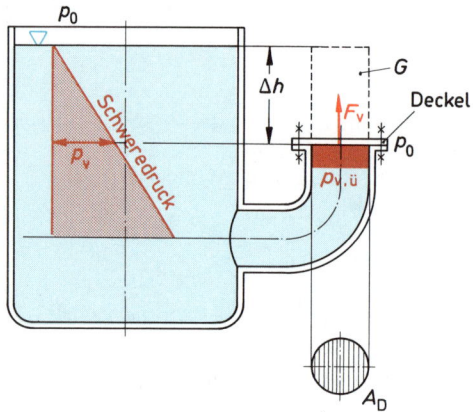

Bild 2.28   Aufdruckkraft

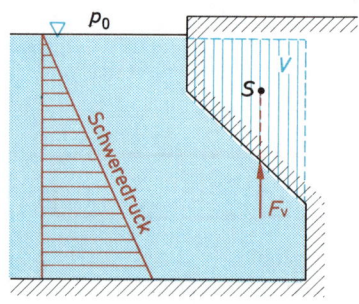

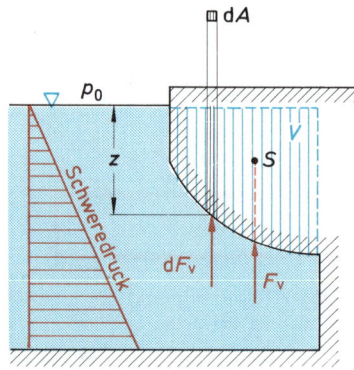

Bild 2.29   Aufdruckkraft

2.3.2.3   Aufwärts gerichtete Vertikaldruckkraft (Aufdruckkraft)

An einem offenen Behälter ist seitlich ein Rohrstück angesetzt, das mit einem Deckel verschlossen ist (Bild 2.28). Der Deckel liegt um die Höhe Δh tiefer als der Flüssigkeitsspiegel im Behälter. Auf die freie Oberfläche der Flüssigkeit im Behälter und die Oberseite des Deckels wirkt der Umgebungsdruck p_0. In der Tiefe Δh herrscht der Überdruck (Schweredruck) $p_{v,ü}$, der sich nach Gleichung (2.14) durch die Höhe Δh ausdrücken läßt:

$$p_{v,ü} = \varrho \cdot g \cdot \Delta h$$

Die vertikal nach oben wirkende Druckkraft F_v ergibt sich aus diesem Überdruck und der gedrückten Deckelfläche A_D:

(2.34)

$$F_v = p_{v,ü} \cdot A_D = \varrho \cdot g \cdot \Delta h \cdot A_D$$

Der Ausdruck $\varrho \cdot g \cdot \Delta h \cdot A_D$ entspricht einer scheinbaren Gewichtskraft G, die eine Flüssigkeitssäule der Höhe Δh und der Grundfläche A_D von oben auf den Deckel ausüben würde.

Die gleiche Aussage gilt auch für geneigte oder gekrümmte Flächen, die von unten her vom Druck beaufschlagt werden (Bild 2.29).

$$dF_v = p_{v,ü} \cdot dA$$
$$dF_v = \varrho \cdot g \cdot z \cdot dA$$
$$F_v = \int dF_v$$
$$F_v = \varrho \cdot g \cdot \int z \cdot dA$$
$$\int z \cdot dA \triangleq V$$

(2.35)

$$F_v = \varrho \cdot g \cdot V$$

V stellt das **oberhalb** der gedrückten Fläche liegende und bis zur Spiegelhöhe reichende Verdrängungsvolumen dar. Die Wirkungslinie der Vertikaldruckkraft F_v geht durch den Schwerpunkt S des gedachten Volumens V.

2.4 Auftrieb und Schwimmen

2.4.1 Statischer Auftrieb

Taucht man einen Körper vollständig in eine homogene Flüssigkeit ein, so erfährt er infolge des allseitig wirkenden Schweredrucks eine senkrecht nach oben gerichtete Kraft, den **statischen Auftrieb** F_A (Bild 2.30). Die Größe des statischen Auftriebs läßt sich aus der Bilanz der vertikalen Druckkräfte herleiten. Weil in horizontalen Ebenen die Drücke gleich sind, heben sich die horizontal wirkenden Druckkräfte gegenseitig auf und brauchen bei der folgenden Kräftebetrachtung nicht berücksichtigt zu werden.
Ein aus dem Körper herausgeschnittenes kleines Prisma mit dem Volumen dV und der Querschnittsfläche dA erfährt folgende vertikale Kraftwirkungen durch den Schweredruck:

auf die Oberseite:

$$dF_{v1} = p_{ü1} \cdot dA$$
$$p_{ü1} = \varrho \cdot g \cdot z_1$$
$$dF_{v1} = \varrho \cdot g \cdot z_1 \cdot dA$$

auf die Unterseite:

$$dF_{v2} = p_{ü2} \cdot dA$$
$$p_{ü2} = \varrho \cdot g \cdot z_2$$
$$dF_{v2} = \varrho \cdot g \cdot z_2 \cdot dA$$

Die Auftriebskraft dF_A ergibt sich als Differenz der beiden Vertikaldruckkräfte:

$$dF_A = dF_{v2} - dF_{v1}$$
$$dF_A = \varrho \cdot g (z_2 - z_1) dA$$

Der Ausdruck $(z_2 - z_1)\,dA$ ist identisch mit dem Volumen dV.

$$dF_A = \varrho \cdot g \cdot dV$$

Den Gesamtauftrieb F_A erhält man durch Integration der Teilauftriebskräfte dF_A über dem gesamten eingetauchten Körper.

$$F_A = \int\limits_{(V)} dF_A = \int\limits_{(V)} \varrho \cdot g \cdot dV = \varrho \cdot g \int\limits_{(V)} dV$$

(2.36)

$$\boxed{F_A = \varrho \cdot g \cdot V}$$

F_A statischer Auftrieb
ϱ Dichte der Flüssigkeit
g Erdbeschleunigung
V verdrängtes Flüssigkeitsvolumen

Der statische Auftrieb eines vollständig in eine Flüssigkeit eingetauchten Körpers ist gleich der Gewichtskraft des verdrängten Flüssigkeitsvolumens.
Der statische Auftrieb greift im Schwerpunkt S_V des verdrängten Flüssigkeitsvolumens – im sogenannten **Verdrängungsschwerpunkt** – an.
Durch den statischen Auftrieb F_A erleidet der Körper scheinbar einen **Gewichtsverlust** ΔG (Prinzip von ARCHIMEDES).

$$\Delta G \cong F_A$$

Das **scheinbare Gewicht** G_{sch} entspricht der Diffe-

Bild 2.30   Zur Erklärung des hydrostatischen Auftriebs

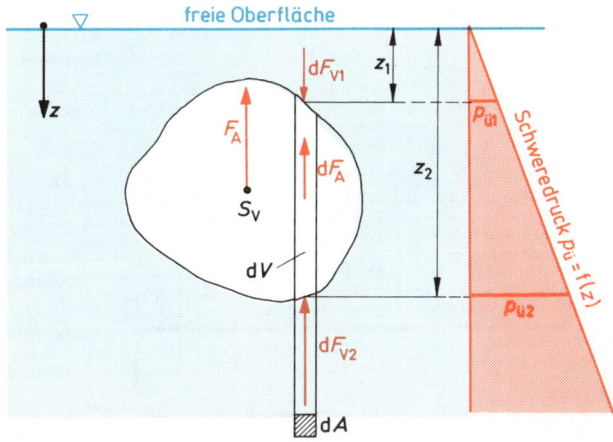

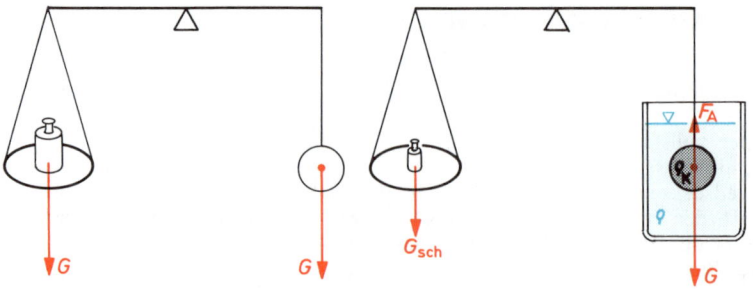

Bild 2.31   Scheinbarer Gewichtsverlust durch Auftrieb

renz zwischen dem Gewicht des Körpers in Luft und dem Auftrieb (Bild 2.31):

$$G_{sch} = G - \Delta G = G - F_A$$

$$F_A = G - G_{sch} = \varrho \cdot g \cdot V$$

(2.37)

$$V = \frac{G - G_{sch}}{\varrho \cdot g}$$

V verdrängtes Flüssigkeitsvolumen
G Gewicht des Körpers in Luft
G_{sch} scheinbares Gewicht im vollständig eingetauchten Zustand
ϱ Dichte der Flüssigkeit
g Erdbeschleunigung

Durch Ausweigen eines Körpers in Luft und im vollständig eingetauchten Zustand läßt sich bei bekannter Dichte ϱ der Flüssigkeit das Volumen des Körpers bestimmen.

Das Gewicht eines homogenen Körpers in Luft läßt sich durch die Dichte ϱ_k des Körpers ausdrücken:

$$G = \varrho_k \cdot g \cdot V$$

$$V = \frac{G}{\varrho_k \cdot g}$$

In Gleichung (2.37) eingesetzt, ergibt sich ein einfacher Ausdruck für die Dichte ϱ_k des Körpers:

$$\frac{G}{\varrho_k \cdot g} = \frac{G - G_{sch}}{\varrho \cdot g}$$

(2.38)

$$\varrho_k = \frac{G}{G - G_{sch}} \cdot \varrho$$

ϱ_k Dichte des homogenen Körpers
G Gewicht des Körpers in Luft
G_{sch} scheinbares Gewicht des Körpers im vollständig eingetauchten Zustand
ϱ Dichte der Flüssigkeit

Das heißt, daß sich auch die Dichte ϱ_k eines homogenen Körpers durch vergleichendes Auswiegen in Luft und im vollständig eingetauchten Zustand meßtechnisch ermitteln läßt.

Taucht der Körper nur **teilweise** in die Flüssigkeit ein, erfährt der eingetauchte Teil einen statischen Auftrieb, der der Gewichtskraft des verdrängten Flüssigkeitsvolumens entspricht; am aus der Flüssigkeit herausragenden Teil greift eine Auftriebskraft an, die gleich dem verdrängten Luft- bzw. Gasgewicht ist.

Weil die Dichte von Gasen sehr viel kleiner ist als die Dichte von Flüssigkeiten, kann der Gasauftrieb in den meisten praktischen Anwendungsfällen vernachlässigt werden, d.h., Gleichung (2.36) gilt hinreichend genau auch für teilweise eingetauchte Körper.

Durch Vergleich der Gleichungen (2.35) und (2.36) erkennt man, daß die Aufdruckkraft identisch ist mit dem Auftrieb, den ein in eine Flüssigkeit hineinragendes Bauteil erfährt.

2.4.2 Thermischer Auftrieb

Treten in einer Flüssigkeit Temperaturunterschiede auf, ergibt sich eine ungleichmäßige Dichteverteilung, d.h., die Flüssigkeit ist nicht mehr homogen, und Flüssigkeitsteile mit kleinerer Dichte erhalten einen thermischen Auftrieb.

An einem kleinen Flüssigkeitselement dV mit der Dichte ϱ_2 und der Temperatur t_2 greifen folgende vertikalen Kräfte an:

a) nach unten:

     Schwerkraft $dG = \varrho_2 \cdot g \cdot dV$

b) nach oben:

statischer Auftrieb $dF_A = \varrho_1 \cdot g \cdot dV$

Für den Fall, daß die Temperatur t_2 des Flüssigkeitselements dV größer ist als die Temperatur t_1 der umgebenden Flüssigkeit, wird die Dichte ϱ_2 kleiner als die Dichte ϱ_1 und damit die Schwerkraft dG kleiner als der statische Auftrieb dF_A. Es entsteht eine nach oben wirkende Überschußkraft, die als **thermische Auftriebskraft** dF_{th} bezeichnet wird.

$$dF_{th} = dF_A - dG$$
$$dF_{th} = \varrho_1 \cdot g \cdot dV - \varrho_2 \cdot g \cdot dV$$
$$dF_{th} = (\varrho_1 - \varrho_2) \cdot g \cdot dV = \Delta\varrho \cdot g \cdot dV$$

Gemäß Abschnitt 1.2.2 kann die Dichteänderung $\Delta\varrho$ durch den isobaren Wärmeausdehnungskoeffizienten β_p und die Temperaturdifferenz $\Delta t = t_2 - t_1$ ausgedrückt werden:

$$\Delta\varrho = \varrho_1 \cdot \beta_p \cdot \Delta t = \varrho_1 \cdot \beta_p (t_2 - t_1)$$
$$dF_{th} = \varrho_1 \cdot g \cdot \beta_p (t_2 - t_1)\, dV$$

Für ein größeres Volumen V erhält man den thermischen Auftrieb F_{th} durch Aufsummieren der differentiell kleinen Auftriebskräfte dF_{th}:

$$F_{th} = \int_{(V)} dF_{th} = \varrho_1 \cdot g \cdot \beta_p (t_2 - t_1) \int_{(V)} dV$$
$$\int_{(V)} dV = V$$

(2.39)

$$\boxed{F_{th} = \varrho_1 \cdot g \cdot \beta_p (t_2 - t_1)\, V}$$

F_{th}	thermischer Auftrieb des Volumens V
ϱ_1	Dichte der umgebenden Flüssigkeit
g	Erdbeschleunigung
β_p	isobarer Wärmeausdehnungskoeffizient
t_2	Temperatur der Flüssigkcit im Volumen V
t_1	Temperatur der umgebenden Flüssigkeit
V	Volumen der wärmeren Flüssigkeit

2.4.3 Schwimmen und Schweben

Ist der Auftrieb F_A, den ein Körper in einer Flüssigkeit erfährt, gleich seiner Gewichtskraft G, so schwimmt der Körper, wenn ein Teil seines Volumens aus der Flüssigkeit herausragt, und er schwebt, wenn er vollständig eingetaucht ist (Bild 2.33). Die Gleichgewichtsbedingung für Schwimmen oder Schweben lautet demnach:

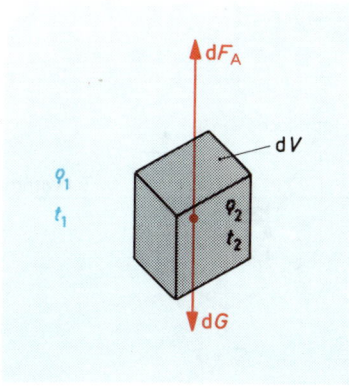

Bild 2.32　Zur Erklärung des thermischen Auftriebs

(2.40)

$$\boxed{F_A \cong G}$$

Sind Auftrieb und Gewichtskraft unterschiedlich, können zwei Zustände auftreten:

a) $F_A < G$　der Körper sinkt,

b) $F_A > G$　der Körper taucht auf.

Sinken und Auftauchen sind jedoch keine stationären und statischen Zustände; der Körper bewegt sich mit einer Sink- bzw. Steiggeschwindigkeit und erfährt eine Beschleunigung sowie eine von der Geschwindigkeit abhängige Widerstandskraft. Derartige hydrodynamische Vorgänge werden in Kapitel 4 behandelt.
Bei schwimmenden Körpern bezeichnet man die Flüssigkeitsoberfläche als **Schwimmebene**, die innerhalb des Körpers liegende Fläche (Schnittfläche) der Schwimmebene als **Schwimmfläche** oder **Wasserlinienfläche**. Im Gleichgewichtszustand liegen **Körperschwerpunkt** S_K und **Verdrängungsschwerpunkt** S_V auf einer gemeinsamen vertikalen Wirkungslinie von Auftrieb und Gewichtskraft. Diese gemeinsame Wirkungslinie wird als **Schwimmachse** bezeichnet.

2.4.4　Stabilität

2.4.4.1　Einleitung

Bezüglich der Stabilität der Schwimmlage schwimmender und schwebender Körper werden drei Fälle unterschieden:

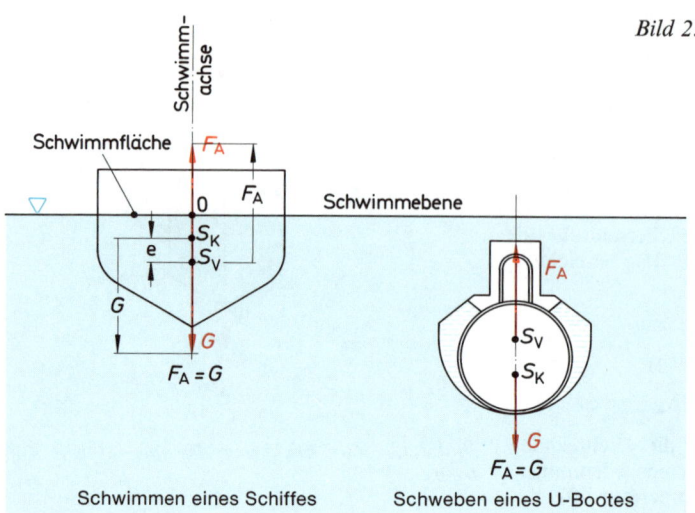

Schwimmen eines Schiffes   Schweben eines U-Bootes

a) Stabile Schwimmlage
Der Schwimmkörper kehrt nach Wegfall einer z.B. durch Gewichtsverlagerung oder Windkräfte hervorgerufenen Auslenkung wieder in seine ursprüngliche stabile Lage zurück.

b) Labile Schwimmlage
Greift am Körper eine auslenkende Kraft an, wird er durch **Kippen** oder **Kentern** so lange gedreht, bis er in eine stabile Schwimmlage gelangt.

c) Indifferente Schwimmlage
Eine am Körper wirkende Kraft bzw. ein angreifendes Drehmoment dreht den Körper ständig in beliebige Schwimmlagen. Indifferente Schwimmlagen treten bei Körpern mit homogener Massenverteilung auf, z. B. Kugel (allseitig indifferent) oder Kreiszylinder (indifferent bezogen auf die Längsachse).

2.4.4.2   Stabilität von vollständig eingetauchten Körpern

Wird ein vollständig eingetauchter, in einer Flüssigkeit schwebender Körper durch eine Störkraft oder ein Störmoment aus seiner Gleichgewichtslage gedreht, so ist seine Schwebelage stabil, wenn das aus Auftrieb F_A und Gewichtskraft G gebildete Kräftepaar

$$M = G \cdot a \cong F_A \cdot a$$

den Körper in seine ursprüngliche Lage zurückdreht (Bild 2.34). Dies ist der Fall, wenn der Körperschwerpunkt S_K unterhalb des Verdrängungsschwerpunkts S_V liegt.
In Bild 2.35 ist eine labile Schwebelage dargestellt. In der ausgedrehten Lage (rechte Bildhälfte) entsteht ein Drehmoment $M = F_A \cdot a \cong G \cdot a$, das den

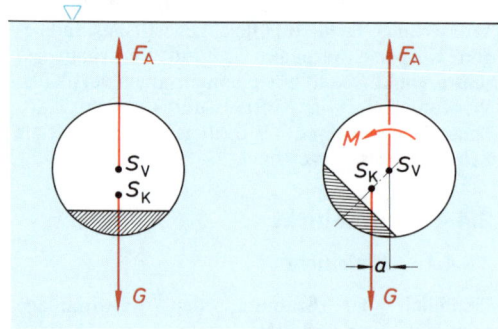

Bild 2.34   Stabile Schwebelage

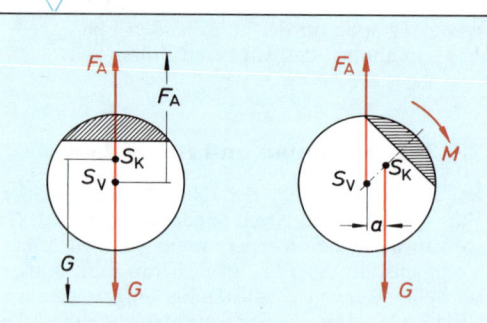

Bild 2.35   Labile Schwebelage

Körper so lange weiterdreht, bis eine stabile Schwebelage wie in Bild 2.34 (linke Bildhälfte) entsteht.

Die labile Gleichgewichtslage ist dadurch gekennzeichnet, daß der Körperschwerpunkt S_K oberhalb des Verdrängungsschwerpunktes S_V liegt. Bild 2.36 zeigt eine indifferente Schwebe- und Schwimmlage.

2.4.4.3 Stabilität von teilweise eingetauchten Körpern

Dreht man einen Schwimmkörper aus seiner Gleichgewichtslage, so verlagert sich der Verdrängungsschwerpunkt S_V nach S_V', weil sich die Form des verdrängten Flüssigkeitsvolumens (nicht dagegen seine Größe!) ändert (Bild 2.37).

Die Schwimmlage ist stabil, wenn das Kräftepaar aus Auftrieb F_A und Gewichtskraft G den Körper nach Wegfall der Störung wieder in seine Ursprungslage zurückdreht.

Dies ist der Fall, wenn entweder der Körperschwerpunkt S_K tiefer liegt als der Verdrängungsschwerpunkt S_V (Gewichtsstabilität) oder die sogenannte **metazentrische Höhe** h_m positiv ist (Formstabilität).

Die metazentrische Höhe h_m entspricht dem Abstand zwischen Körperschwerpunkt S_K und **Metazentrum** M, das sich als Schnittpunkt von Auftriebskraft F_A und Schwimmachse in der gedrehten Lage einstellt.

Die metazentrische Höhe h_m läßt sich für kleine Auslenkungswinkel φ unter 10° wie folgt abschätzen:

Bei der in Bild 2.38 dargestellten rechtsdrehenden

Bild 2.37 Stabilität beim Schwimmen

Bild 2.36 Indifferente Schwebe- und Schwimmlage

Auslenkung des symmetrischen Schwimmkörpers um den kleinen Winkel φ taucht der Körper rechts tiefer ein, d.h., er erfährt eine Auftriebszunahme, während links ein gleich großes Körpervolumen auftaucht und damit einen Auftriebsverlust hervorruft.

Betrachtet man ein kleines Volumenelement dV, so gehört dazu folgende Auftriebskraft:

$$dF_A = \varrho \cdot g \cdot dV$$

Das Volumenelement dV hat eine Grundfläche dA und eine Höhe z

$$dV = z \cdot dA$$

Die Höhe z kann durch den Abstand x und den Auslenkungswinkel ausgedrückt werden:

$$z = x \cdot \tan \varphi \approx x \cdot \hat{\varphi} \quad (\varphi \text{ klein!})$$

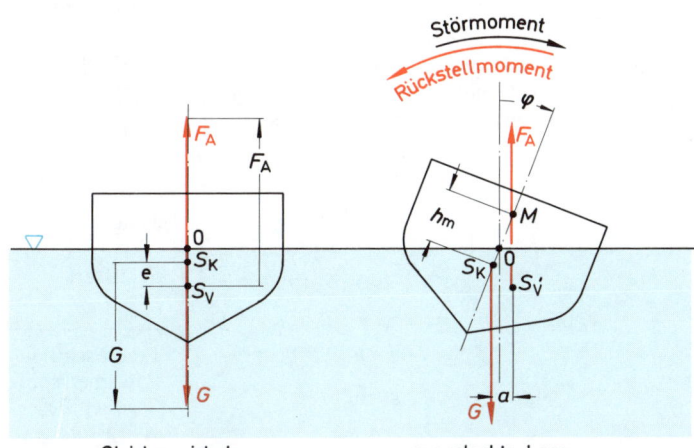

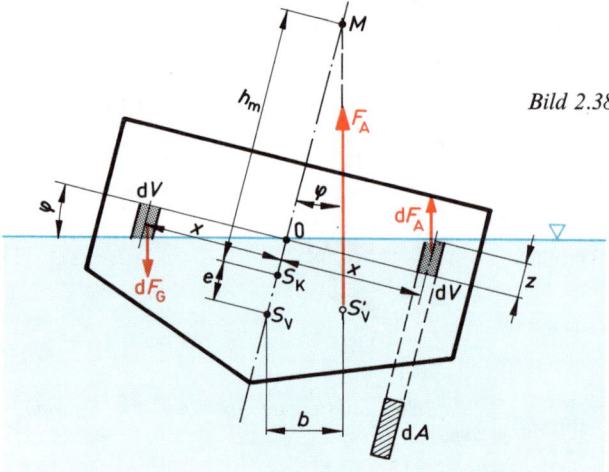

Damit erhält man folgenden Ausdruck für die differentiell kleine Auftriebskraft $\mathrm{d}F_\mathrm{A}$:

$$\mathrm{d}F_\mathrm{A} = \varrho \cdot g \cdot x \cdot \hat{\varphi} \cdot \mathrm{d}A$$

Das von der Auftriebskraft $\mathrm{d}F_\mathrm{A}$ um die Drehachse 0 erzeugte Drehmoment $\mathrm{d}M$ beträgt:

$$\mathrm{d}M = x \cdot \mathrm{d}F_\mathrm{A} = \varrho \cdot g \cdot \hat{\varphi} \cdot x^2 \cdot \mathrm{d}A$$

Das gesamte auf den Schwimmkörper ausgeübte Drehmoment ergibt sich durch Integration der Teilmomente $\mathrm{d}M$ über der Schwimmfläche:

$$M = \int \mathrm{d}M = \varrho \cdot g \cdot \hat{\varphi} \int x^2 \cdot \mathrm{d}A$$

Das Integral $\int x^2 \cdot \mathrm{d}A$ stellt das **Flächenträgheitsmoment** I_0 der Schwimmfläche – bezogen auf die Drehachse 0 – dar.

$$M = \varrho \cdot g \cdot \hat{\varphi} \cdot I_0$$

Dieses Drehmoment ist identisch mit dem **Versetzungsmoment,** das durch die Verschiebung der Auftriebskraft F_A vom Verdrängungsschwerpunkt S_V in der Ruhelage zum Verdrängungsschwerpunkt S'_V in der ausgelenkten Lage auftritt.

$$M = b \cdot F_\mathrm{A}$$
$$b \cdot F_\mathrm{A} = \varrho \cdot g \cdot \hat{\varphi} \cdot I_0$$
$$b = (h_\mathrm{m} + e) \cdot \sin\varphi$$
$$\approx (h_\mathrm{m} + e) \cdot \hat{\varphi} \quad (\varphi \text{ klein!})$$
$$F_\mathrm{A}(h_\mathrm{m} + e) \cdot \hat{\varphi} = \varrho \cdot g \cdot \hat{\varphi} \cdot I_0$$
$$F_\mathrm{A} = \varrho \cdot g \cdot V$$
$$\varrho \cdot g \cdot V \cdot (h_\mathrm{m} + e) = \varrho \cdot g \cdot I_0$$
$$h_\mathrm{m} + e = \frac{I_0}{V}$$

(2.41)

$$h_\mathrm{m} = \frac{I_0}{V} - e$$

h_m metazentrische Höhe
I_0 Flächenträgheitsmoment der Schwimmfläche (des Wasserlinienrisses), bezogen auf die Drehachse 0
V verdrängtes Flüssigkeitsvolumen
e Abstand zwischen Körperschwerpunkt S_K und Verdrängungsschwerpunkt S_V in der Gleichgewichtslage

Wird h_m negativ, liegt das Metazentrum M unterhalb des Körperschwerpunkts S_K, d.h., die Schwimmlage wird labil.
Für Schiffe gelten die in Tabelle 2.4 zusammengestellten Richtwerte für die metazentrische Höhe h_m.
Weiterführende Einzelheiten über die Stabilität von Schwimmkörpern finden sich u.a. in [2.10] und [2.11].

Tabelle 2.4   Metazentrische Höhen von Schiffen

Schiffsart	metazentrische Höhe h_m
Frachtschiffe	0,6 bis 0,9 m
Passagierschiffe	0,45 bis 0,6 m
Segelschiffe	0,9 bis 1,5 m
Kriegsschiffe	0,75 bis 1,3 m

Beispiel 11

Aufgabenstellung:

Ein Balken aus Balsaholz hat folgende Abmessungen:

  Höhe 10 cm
  Breite 8 cm
  Länge 50 cm

Die Dichte ϱ sei $0{,}1\,\text{kg/dm}^3$. Der Balken schwimmt in Wasser (Bild 2.39).

a) Wie groß ist die Eintauchtiefe t?
b) Schwimmt der Balken stabil?

Lösung:

Frage a)
Die Gewichtskraft des Balkens ergibt sich aus seiner Dichte und seinen Abmessungen:

$$G = g \cdot \varrho \cdot V = g \cdot \varrho \cdot B \cdot H \cdot L$$

$$g = 9{,}81\,\text{m/s}^2$$

$$\varrho = 0{,}1\,\text{kg/dm}^3 = 100\,\text{kg/m}^3$$

$$B = 8\,\text{cm} = 0{,}08\,\text{m}$$

$$H = 10\,\text{cm} = 0{,}1\,\text{m}$$

$$L = 50\,\text{cm} = 0{,}5\,\text{m}$$

$$G = 9{,}81 \cdot 100 \cdot 0{,}08 \cdot 0{,}1 \cdot 0{,}5$$

$$G = 3{,}92\,\text{N}$$

Die Gewichtskraft G ist gleich dem Auftrieb F_A.
Nach Gleichung 2.36 beträgt das verdrängte Wasservolumen:

$$F_A = \varrho \cdot g \cdot V$$

$$V = \frac{F_A}{\varrho \cdot g} = \frac{G}{\varrho \cdot g} = \frac{3{,}92}{1000 \cdot 9{,}81}$$

$$V = 0{,}4 \cdot 10^{-3}\,\text{m}^3 = 0{,}4\,\text{dm}^3$$

$$V = B \cdot L \cdot t$$

$$t = \frac{V}{B \cdot L} = \frac{0{,}4}{0{,}8 \cdot 5} = \frac{0{,}4}{4} = 0{,}1\,\text{dm}$$

$$\boxed{t = 1\,\text{cm}}$$

Die Eintauchtiefe beträgt 1 cm.

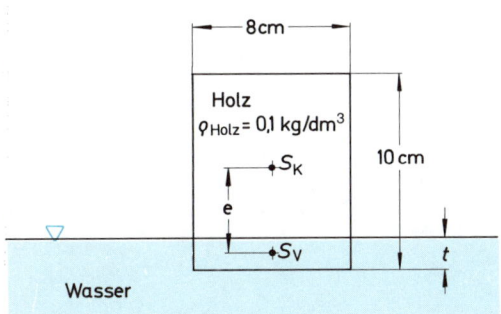

Bild 2.39   Beispiel 11

Frage b)
Zur Beurteilung der Stabilität benötigen wir die metazentrische Höhe h_m.
Nach Gleichung 2.41 errechnet sich h_m zu:

$$h_m = \frac{I_0}{V} - e$$

$$I_0 = \frac{L \cdot B^3}{12} = \frac{5 \cdot 0{,}8^3}{12} = 0{,}213\,\text{dm}^4$$

$$V = 0{,}4\,\text{dm}^3$$

Der Abstand zwischen Körperschwerpunkt S_K und Verdrängungsschwerpunkt S_V beträgt:

$$e = \frac{H}{2} - \frac{t}{2} = 5 - 0{,}5 = 4{,}5\,\text{cm}$$

$$e = 0{,}45\,\text{dm}$$

Damit erhält man die metazentrische Höhe h_m:

$$h_m = \frac{0{,}213}{0{,}4} - 0{,}45$$

$$h_m = 0{,}533 - 0{,}45 = 0{,}083\,\text{dm}$$

$$h_m = +0{,}83\,\text{cm}$$

Da die metazentrische Höhe positiv ist, schwimmt der Balken stabil.

3 Aerostatik

3.1 Einleitung

In Behältern technischer Anlagen eingeschlossene Gase weisen normalerweise so geringe Schichthöhen auf, daß Druck-, Dichte- und Temperaturänderungen im Gas vernachlässigt werden können; d. h. Druck, Dichte und Temperatur des Gases werden innerhalb des Behälters als gleichbleibend betrachtet.

Die auf Wände, Deckel und Böden von Gasbehältern ausgeübten **Druckkräfte** können gemäß Abschnitt 2.3.1 berechnet werden. Die Luftatmosphäre der Erde hat eine so große Ausdehnung, daß sich die Zustandsgrößen Druck und Temperatur infolge der Schwerkraftwirkung ändern und damit auch die Stoffeigenschaften Dichte, Viskosität und Schallgeschwindigkeit.

Für Berechnungen und Versuche im Flugzeugbau, in der Raketen- und Satellitentechnik, in der Meteorologie und verwandten Gebieten ist die Kenntnis des Druck-, Dichte- und Temperaturverlaufs innerhalb der Atmosphäre erforderlich. Weil die Atmosphäre an der Erdrotation teilnimmt, der Wirkung der Schwerkraft unterliegt und von der Wärmezufuhr durch die Sonneneinstrahlung beeinflußt wird, sind die Zustandsänderungen und die damit verbundenen Stoffgrößen sowohl von der Jahreszeit als auch von der geographischen Breite abhängig und lassen sich nicht durch einfache, allgemeingültige Beziehungen angeben.

3.2 Zusammensetzung der Atmosphäre

Die Erdatmosphäre besteht aus einem als Luft bezeichneten Gemisch verschiedener Gase und Dämpfe. Bis zu einer Höhe von etwa 11 km bleibt die Zusammensetzung der Luft nahezu gleich (Tabelle 3.1).

Hinzu kommen geringste Spuren von Methan, Kohlenmonoxid, Schwefeldioxid, Ozon, Stickstoffoxide, Kohlenwasserstoffe, Aerosole usw. Der Anteil an Wasserdampf schwankt stark und kann maximal 4 Volumenprozente betragen. Erst ab einer Höhe von etwa 110 km ändert sich merklich die Zusammensetzung der Luft, insbesondere zerfallen die Sauerstoff- und Stickstoffmoleküle in die atomare Form.

Tabelle 3.1 **Zusammensetzung der trockenen Luft am Boden**

Gas	chemische Formel	Raumanteile in Volumenprozenten
Stickstoff	N_2	78,08
Sauerstoff	O_2	20,95
Argon	Ar	0,93
Kohlendioxid	CO_2	0,03
Wasserstoff	H_2	0,01
Neon	Ne	0,0018
Helium	He	0,0005
Krypton	Kr	0,0001
Sonstige		0,028

3.3 Schichtung der Atmosphäre

Die Beschreibung der atmosphärischen Schichtung kann nach der Temperaturverteilung, dem Grad der Ionisation oder der Gaszusammensetzung erfolgen. Nach dem Temperaturverlauf ergibt sich die in Tabelle 3.2 zusammengestellte Schichtung. Die für die meisten technischen Berechnungen ausreichende Schichtung bis 50 km Höhe ist in Bild 3.1 dargestellt.

Die unterste Schicht, in der sich im wesentlichen die Witterungsvorgänge wie Wolkenbildung, Niederschläge, Gewitter, Nebel usw. abspielen, wird als **Troposphäre** bezeichnet. Sie enthält etwa $^3/_4$ der Masse der Atmosphäre. Die Troposphäre wird nach oben durch die **Tropopause** begrenzt. Die Höhenlage der Tropopause hängt von der geographischen Breite und von der Jahreszeit ab, ebenso die darin herrschende Temperatur. In Bild 3.2 ist die Lage der Tropopause bezüglich der Erdkugel eingetragen.

Über der Tropopause liegt die bis etwa 50 km reichende **Stratosphäre**, die durch die **Stratopause** begrenzt wird. Die Stratosphäre umfaßt etwa 20% der Atmosphärenmasse und erstreckt sich über einen Druckbereich von etwa 200 mbar bis 1 mbar. Bis etwa 20 km bleibt die Temperatur mit $-56,5\,°C$ annähernd konstant, in großen Höhen steigt sie wieder an, um am oberen Rand ungefähr $0\,°C$ zu erreichen.

Weitere Einzelheiten über die Atmosphärenschichtung können [3.1] und [3.2] entnommen werden.

Um die für praktische Berechnungen erforderlichen Werte für Druck, Temperatur und Dichte in Abhängigkeit von der Höhe bestimmen zu können, werden in den folgenden Abschnitten drei mathematische Modelle für die Schichtung der Atmosphäre beschrieben:

a) die isotherme Schichtung,
b) die isentrope Schichtung,
c) die Normatmosphäre (Standardatmosphäre).

Tabelle 3.2 Schichtung der Atmosphäre

Höhe z	Bezeichnung der Schicht	Temperatur
0 bis 11 km	Troposphäre	Temperatur mit steigender Höhe von $+15\,°C$ auf $-56,5\,°C$ fallend
11 bis 20 km	Stratosphäre	Temperatur $-56,5\,°C$ konstant (Isothermie)
20 bis 50 km		Temperatur mit steigender Höhe zunehmend von $-56,5\,°C$ bis $0\,°C$ (Inversion)
50 bis 60 km	Stratopause	Temperatur bei etwa $0\,°C$ konstant (Isothermie)
60 bis 80 km	Mesosphäre	Temperatur mit steigender Höhe fallend $0\,°C$ bis $-80\,°C$ ($3\,°C$ bis $4\,°C$ pro km)
80 bis 400 km	Thermosphäre (Ionosphäre)	Temperatur mit steigender Höhe zunehmend, auf über $1000\,°C$ in 200 km Höhe
400 km	Exosphäre (Dissipationssphäre)	

Bild 3.1
Temperaturverteilung in der Atmosphäre

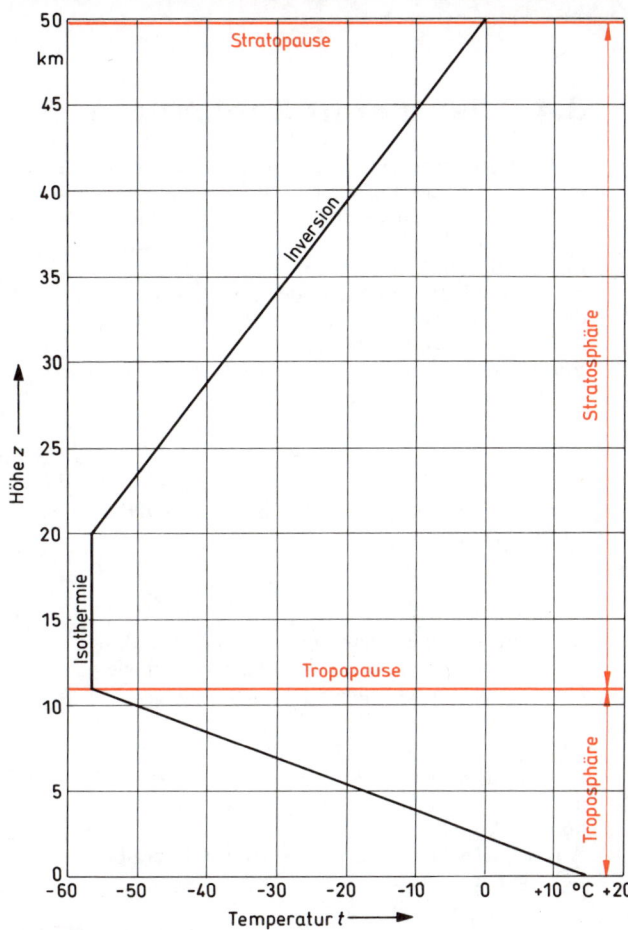

Bild 3.2
Lage der Tropopause

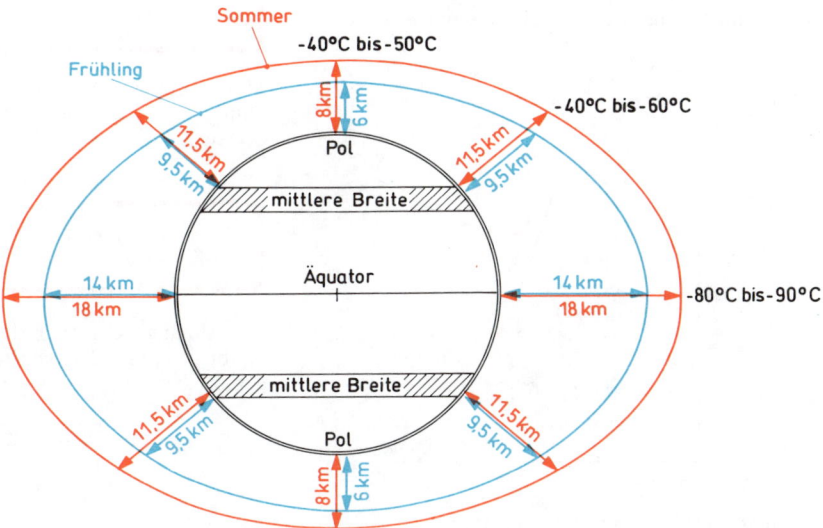

3.4 Isotherme Schichtung

Bei der isothermen Luftschichtung wird vorausgesetzt, daß sich die Lufttemperatur innerhalb der gesamten Atmosphäre nicht ändert, d.h. unabhängig von der Höhe z ist. Diese Annahme trifft für die Luftschichten der Troposphäre keinesfalls zu. Innerhalb der anschließenden Stratosphäre ist die Temperatur bis zu etwa 25 km Höhe mit etwa $-56{,}5\,°C$ nahezu konstant.

Für den isothermen Zustand gilt die Zustandsgleichung von BOYLE-MARIOTTE:

$$p \cdot v = p \cdot \frac{1}{\varrho} = \text{konst}$$

Am Erdboden herrsche der Luftdruck p_0 und die Luftdichte ϱ_0.

$$\frac{p}{\varrho} = \frac{p_0}{\varrho_0} = \text{konst}$$

Betrachtet man die differentiell kleine Druckänderung $\mathrm{d}p$ in der Höhe z (Bild 3.1), so kann die Dichte ϱ als konstant angesehen werden:

$$\mathrm{d}p = -\varrho \cdot g \cdot \mathrm{d}z$$

Das Minuszeichen erklärt sich aus der Tatsache, daß mit zunehmender Höhe z der Druck p abnimmt.

Aus der Gleichung von BOYLE-MARIOTTE ergibt sich die Dichte ϱ zu:

$$\varrho = \frac{p}{p_0} \cdot \varrho_0$$

Damit beträgt die Druckänderung $\mathrm{d}p$:

$$\mathrm{d}p = -\frac{p}{p_0} \cdot \varrho_0 \cdot g \cdot \mathrm{d}z$$

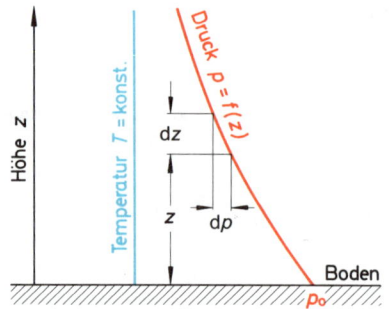

Bild 3.3 Isotherme Luftschichtung

Durch Integration dieser Differentialgleichung findet man die Abhängigkeit des Druckes p von der Höhe z:

$$\mathrm{d}z = -\frac{p_0}{\varrho_0 \cdot g} \cdot \frac{1}{p} \cdot \mathrm{d}p$$

$$\int \mathrm{d}z = -\frac{p_0}{\varrho_0 \cdot g} \cdot \int \frac{1}{p}\, \mathrm{d}p$$

$$z = -\frac{p_0}{\varrho_0 \cdot g} \cdot \ln p + K$$

Die Integrationskonstante K ergibt sich durch Einsetzen der Zustandswerte am Boden:

$$z = 0; \quad p = p_0$$

$$0 = -\frac{p_0}{\varrho_0 \cdot g} \cdot \ln p_0 + K$$

$$K = \frac{p_0}{\varrho_0 \cdot g} \cdot \ln p_0$$

Damit folgt für die Funktion $z = f(p)$:

$$z = -\frac{p_0}{\varrho_0 \cdot g} \cdot \ln p + \frac{p_0}{\varrho_0 \cdot g} \cdot \ln p_0$$

$$z = \frac{p_0}{\varrho_0 \cdot g} \cdot (\ln p_0 - \ln p)$$

(3.1)

$$\boxed{z = \frac{p_0}{\varrho_0 \cdot g} \cdot \ln \frac{p_0}{p}}$$

Unter Zuhilfenahme der allgemeinen Gasgleichung $p_0 \cdot v_0 = p_0/\varrho_0 = R_\mathrm{i} \cdot T_0$ kann Gleichung 3.1 auch wie folgt geschrieben werden:

(3.2)

$$\boxed{z = \frac{R_\mathrm{i} \cdot T_0}{g} \cdot \ln \frac{p_0}{p} = \frac{R_\mathrm{i} \cdot T_0}{g} \cdot \ln \frac{\varrho_0}{\varrho}}$$

Die Abhängigkeit des Druckes p von der Höhe z ergibt sich durch Delogarithmieren der Gleichungen 3.1 bzw. 3.2:

$$\ln \frac{p_0}{p} = \frac{\varrho_0 \cdot g}{p_0} \cdot z$$

$$\frac{p_0}{p} = \mathrm{e}^{\frac{\varrho_0 \cdot g}{p_0} \cdot z}$$

$$(3.3)$$

$$p = p_0 \cdot e^{-\frac{\varrho_0 \cdot g}{p_0} \cdot z} = p_0 \cdot e^{-\frac{g}{R_i \cdot T_0} \cdot z}$$

Für die Dichte ϱ folgt unter Verwendung der Beziehung

$$\varrho = \frac{p}{p_0} \cdot \varrho_0$$

$$(3.4)$$

$$\varrho = \varrho_0 \cdot e^{-\frac{\varrho_0 \cdot g}{p_0} \cdot z} = \varrho_0 \cdot e^{-\frac{g}{R_i \cdot T_0} \cdot z}$$

3.5 Isentrope Schichtung

Die Isentropengleichung für ideale Gase lautet:

$$p \cdot v^{\varkappa} = p \frac{1}{\varrho^{\varkappa}} = \text{konst}$$

Mit dem Luftdruck p_0 und der Dichte ϱ_0 am Boden beträgt die Konstante:

$$p_0 \cdot \frac{1}{\varrho_0^{\varkappa}}$$

$$p \cdot \frac{1}{\varrho^{\varkappa}} = p_0 \cdot \frac{1}{\varrho_0^{\varkappa}}$$

$$\varrho^{\varkappa} = \frac{p}{p_0} \cdot \varrho_0^{\varkappa}$$

$$\varrho = \left(\frac{p}{p_0}\right)^{\frac{1}{\varkappa}} \cdot \varrho_0$$

Die Abhängigkeit des Druckes p von der Schichthöhe z (Bild 3.4) erhält man durch Integration der folgenden, bereits bekannten Differentialgleichung

$$\mathrm{d}p = -\varrho \cdot g \cdot \mathrm{d}z$$

$$\mathrm{d}p = -\varrho_0 \cdot \left(\frac{p}{p_0}\right)^{\frac{1}{\varkappa}} \cdot g \cdot \mathrm{d}z$$

$$\mathrm{d}z = -\frac{1}{\varrho_0 \cdot g} \cdot p_0^{\frac{1}{\varkappa}} \cdot p^{-\frac{1}{\varkappa}} \cdot \mathrm{d}p$$

$$\int \mathrm{d}z = -\frac{p_0^{\frac{1}{\varkappa}}}{\varrho_0 \cdot g} \cdot \int p^{-\frac{1}{\varkappa}} \cdot \mathrm{d}p$$

$$z = -\frac{p_0^{\frac{1}{\varkappa}}}{\varrho_0 \cdot g} \cdot \frac{p^{1-\frac{1}{\varkappa}}}{1-\frac{1}{\varkappa}} + K$$

$$z = -\frac{p_0^{\frac{1}{\varkappa}}}{\varrho_0 \cdot g} \cdot \frac{\varkappa}{\varkappa - 1} \cdot p^{\frac{\varkappa - 1}{\varkappa}} + K$$

Die Integrationskonstante K erhält man durch Einsetzen der Werte am Boden: $z = 0$; $p = p_0$:

$$K = \frac{p_0^{\frac{1}{\varkappa}}}{\varrho_0 \cdot g} \cdot \frac{\varkappa}{\varkappa - 1} \cdot p_0^{\frac{\varkappa - 1}{\varkappa}}$$

$$z = \frac{p_0^{\frac{1}{\varkappa}}}{\varrho_0 \cdot g} \cdot \frac{\varkappa}{\varkappa - 1} \left(p_0^{\frac{\varkappa - 1}{\varkappa}} - p^{\frac{\varkappa - 1}{\varkappa}}\right)$$

Durch Erweitern des Ausdruckes mit p_0/p_0 ergibt sich folgende vereinfachte Schreibweise:

$$z = \frac{p_0}{\varrho_0 \cdot g} \cdot \frac{\varkappa}{\varkappa - 1} \cdot \frac{p_0^{\frac{1}{\varkappa}}}{p_0} \left(p_0^{\frac{\varkappa - 1}{\varkappa}} - p^{\frac{\varkappa - 1}{\varkappa}}\right)$$

$$z = \frac{p_0}{\varrho_0 \cdot g} \cdot \frac{\varkappa}{\varkappa - 1} \cdot p_0^{-\frac{\varkappa - 1}{\varkappa}} \left(p_0^{\frac{\varkappa - 1}{\varkappa}} - p^{\frac{\varkappa - 1}{\varkappa}}\right)$$

$$(3.5)$$

$$z = \frac{p_0}{\varrho_0 \cdot g} \cdot \frac{\varkappa}{\varkappa - 1} \cdot \left[1 - \left(\frac{p}{p_0}\right)^{\frac{\varkappa - 1}{\varkappa}}\right]$$

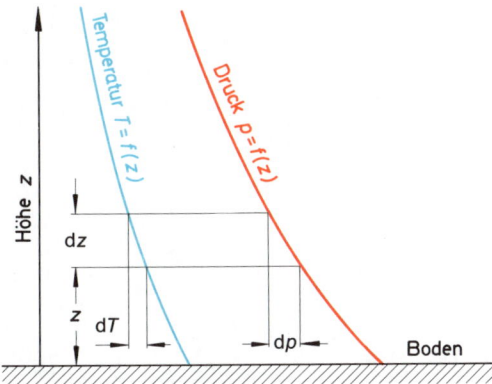

Bild 3.4   Isentrope Luftschichtung

Löst man Gleichung 3.5 nach p auf, erhält man die Abhängigkeit des Druckes p von der Höhe z:

$$\left(\frac{p}{p_0}\right)^{\frac{\varkappa-1}{\varkappa}} = 1 - z \cdot \frac{\varrho_0 \cdot g}{p_0} \cdot \frac{\varkappa-1}{\varkappa}$$

$$\frac{p}{p_0} = \left(1 - z \cdot \frac{\varrho_0 \cdot g}{p_0} \cdot \frac{\varkappa-1}{\varkappa}\right)^{\frac{\varkappa}{\varkappa-1}}$$

$$(3.6)$$

$$\boxed{p = p_0 \left(1 - z \cdot \frac{\varrho_0 \cdot g}{p_0} \cdot \frac{\varkappa-1}{\varkappa}\right)^{\frac{\varkappa}{\varkappa-1}}}$$

Für die Abhängigkeit der Dichte ϱ von der Höhe z folgt aus Gleichung 3.6 unter Verwendung der Beziehung

$$p = p_0 \cdot \frac{\varrho^\varkappa}{\varrho_0^\varkappa}$$

$$p_0 \cdot \frac{\varrho^\varkappa}{\varrho_0^\varkappa} = p_0 \cdot \left(1 - z \cdot \frac{\varrho_0 \cdot g}{p_0} \cdot \frac{\varkappa-1}{\varkappa}\right)^{\frac{\varkappa}{\varkappa-1}}$$

$$\varrho^\varkappa = \varrho_0^\varkappa \cdot \left(1 - z \cdot \frac{\varrho_0 \cdot g}{p_0} \cdot \frac{\varkappa-1}{\varkappa}\right)^{\frac{\varkappa}{\varkappa-1}}$$

$$(3.7)$$

$$\boxed{\varrho = \varrho_0 \cdot \left(1 - z \cdot \frac{\varrho_0 \cdot g}{p_0} \cdot \frac{\varkappa-1}{\varkappa}\right)^{\frac{1}{\varkappa-1}}}$$

Aus der Beziehung $p \cdot 1/\varrho = R_i \cdot T$ ergibt sich die Temperaturabhängigkeit $T = f(z)$:

$$T = \frac{p}{R_i \cdot \varrho} = \frac{1}{R_i}$$

$$\cdot \frac{p_0 \left(1 - z \cdot \dfrac{\varrho_0 \cdot g}{p_0} \cdot \dfrac{\varkappa-1}{\varkappa}\right)^{\frac{\varkappa}{\varkappa-1}}}{\varrho_0 \cdot \left(1 - z \cdot \dfrac{\varrho_0 \cdot g}{p_0} \cdot \dfrac{\varkappa-1}{\varkappa}\right)^{\frac{1}{\varkappa-1}}}$$

$$(3.8)$$

$$\boxed{T = \frac{p_0}{R_i \cdot \varrho_0} \cdot \left(1 - z \cdot \frac{\varrho_0 \cdot g}{p_0} \cdot \frac{\varkappa-1}{\varkappa}\right)}$$

Differenziert man Gleichung 3.8, so findet man die bemerkenswerte Tatsache, daß die Ableitung dT/dz konstant ist, d.h. der Temperaturgradient unabhängig von der jeweiligen Höhe z ist.

$$\frac{dT}{dz} = -\frac{p_0}{R_i \cdot \varrho_0} \cdot \frac{\varrho_0 \cdot g}{p_0} \cdot \frac{\varkappa-1}{\varkappa}$$

$$(3.9)$$

$$\boxed{\frac{dT}{dz} = -\frac{g}{R_i} \cdot \frac{\varkappa-1}{\varkappa}}$$

Durch Einsetzen von $g = 9{,}81\ \text{m/s}^2$, $R_i = 287$ J/(kg K) und $\varkappa = 1{,}4$ folgt für die konstante rechte Seite der Gleichung 3.9:

$$\frac{dT}{dz} = -\frac{9{,}81}{287} \cdot \frac{1{,}4-1}{1{,}4} \approx -0{,}01\ \frac{\text{K}}{\text{m}}$$

d.h., die Temperaturabnahme beträgt etwa 1 Grad bei einer Höhenzunahme von 100 m.
Dieser Temperaturgradient von $-1\,°C$ je 100 m Höhenzunahme ist sehr ungenau!
Die Normatmosphäre gibt den Temperaturgradienten für den Höhenbereich 0 bis 11 km mit $-0{,}65\,°C$ an (Abschnitt 3.6).

3.6 Normatmosphäre

Bei Berechnungen und Versuchen in der Flugtechnik, Raumfahrttechnik, Ballistik, Raketentechnik, Meteorologie usw. legt man üblicherweise Druck, Temperatur, Dichte, Schallgeschwindigkeit, Viskosität und andere Größen anhand von Tabellen, Gleichungen oder Diagrammen von Normatmosphären fest.
Die Internationale Normatmosphäre der ICAO (International Civil Aviation Organization), die US-Standardatmosphäre und die Normatmosphäre nach DIN ISO 2533 (Dezember 1979) [3.3] legen folgende Werte am Boden (Meereshöhe) zugrunde:

Luftdruck $p_0 \triangleq p_n = 101\,325\,\text{Pa}$

Lufttemperatur $t_0 \triangleq t_n = 15\,°\text{C}$

Luftdichte $\varrho_0 \triangleq \varrho_n = 1,225\,\text{kg/m}^3$

Für den Temperaturgradienten wird bis zu einer Höhe $z = 11\,\text{km}$ $\mathrm{d}T/\mathrm{d}z = -0,0065\,\text{K/m}$ angenommen; von $z = 11$ bis $20\,\text{km}$ bleibt $T = 216,5\,\text{K}$ konstant.
Tafel 28 (aus [3.1]) enthält den Verlauf der Temperatur t und der relativen Größen p/p_n, ϱ/ϱ_n, a/a_n

und v/v_n in Abhängigkeit der Höhe z im Bereich $z = 0$ bis $z = 13\,\text{km}$.
In Tafel 29 (aus [3.4]) sind die Temperatur T, der Druck p und die Schallgeschwindigkeit a für den Höhenbereich $z = 0$ bis $20\,\text{km}$ nach der US-Standardatmosphäre tabelliert.
Die DIN-ISO 2533 enthält neben den Grundlagen und den Berechnungsformeln in mehreren Tabellen die Abhängigkeit folgender Größen von der Höhe z:

Druck bzw. Druckverhältnis
Dichte bzw. Dichteverhältnis
Schallgeschwindigkeit
dynamische Viskosität
kinematische Viskosität
Wärmeleitfähigkeit
Teilchendichte der Luft
mittlere Teilchengeschwindigkeit der Luft
mittlere freie Weglänge der Luftteilchen
mittlere Stoßfrequenz der Luftteilchen
sowie andere weniger wichtige Größen

Der Höhenbereich erstreckt sich von $z = -2\,\text{km}$ bis $z = +80\,\text{km}$.

Beispiel 12

Aufgabenstellung:
Ein Ballon hat eine Masse von 500 kg und ein Volumen von 700 m³.
Die Luftzustände am Boden betragen:

Luftdruck $p_0 = 1013,25\,\text{mbar}$
Luftdichte $\varrho_0 = 1,225\,\text{kg/m}^3$

Wie hoch steigt der Ballon auf

a) bei isothermer Schichtung?
b) bei isentroper Schichtung?
c) nach den Angaben der Normatmosphäre?

Lösung:
Der Auftrieb des Ballons wird im Gleichgewichtszustand nach dem Aufsteigen gleich dem Ballongewicht.
Nach Gleichung 2.36 ergibt sich die Luftdichte:

$$F_A = \varrho \cdot g \cdot V$$

$$\varrho = \frac{F_A}{g \cdot V} = \frac{500 \cdot g}{g \cdot 700}$$

$$\varrho = 0,715\,\text{kg/m}^3$$

a) Steighöhe bei isothermer Luftschichtung:
Nach BOYLE-MARIOTTE beträgt der zu $\varrho = 0,715\,\text{kg/m}^3$ gehörende Luftdruck:

$$p = p_0 \cdot \frac{\varrho}{\varrho_0} = 1013,25 \cdot \frac{0,715}{1,225}$$

$$p = 592\,\text{mbar}$$

Die zum Luftdruck $p = 592\,\text{mbar}$ korrespondierende Höhe z folgt aus Gleichung 3.1:

$$z = \frac{p_0}{\varrho_0 \cdot g} \cdot \ln \frac{p_0}{p}$$

$$z = \frac{101\,325}{1,225 \cdot 9,81} \cdot \ln \frac{1013,25}{592}$$

$$z = 8435 \cdot \ln 1,713$$

$$z = 4540\,\text{m}$$

b) Steighöhe bei isentroper Luftschichtung:
Der zur Dichte $\varrho = 0,715\,\text{kg/m}^3$ gehörende Luftdruck ergibt sich aus der Isentropengleichung:

$$p = p_0 \cdot \left(\frac{\varrho}{\varrho_0}\right)^{\varkappa}$$

$$p = 1013{,}25 \cdot \left(\frac{0{,}715}{1{,}225}\right)^{1{,}4}$$

$$p = 476{,}5 \, \text{mbar}$$

Aus Gleichung 3.5 folgt die zugehörige Höhe z

$$z = \frac{p_0}{\varrho_0 \cdot g} \cdot \frac{\varkappa}{\varkappa - 1} \cdot \left[1 - \left(\frac{p}{p_0}\right)^{\frac{\varkappa - 1}{\varkappa}}\right]$$

$$z = \frac{101\,325}{1{,}225 \cdot 9{,}81} \cdot \frac{1{,}4}{1{,}4 - 1}$$

$$\cdot \left[1 - \left(\frac{476{,}5}{1013{,}25}\right)^{\frac{1{,}4 - 1}{1{,}4}}\right]$$

$$z = 29\,500 \cdot (1 - 0{,}47^{0{,}286})$$

$$z = 29\,500 \cdot (1 - 0{,}806)$$

$$\boxed{z = 5720 \, \text{m}}$$

c) Steighöhe nach der Normatmosphäre:

Das Verhältnis der Dichte $\varrho = 0{,}715 \, \text{kg/m}^3$ zur Normdichte $\varrho_n = 1{,}225 \, \text{kg/m}^3$ auf Meereshöhe beträgt:

$$\frac{\varrho}{\varrho_n} = \frac{0{,}715}{1{,}225} = 0{,}584$$

Trägt man diesen Wert in Tafel 28 ein, erhält man folgende Höhe z:

$$\boxed{z = 5{,}25 \, \text{km}}$$

Aus Tafel 29 werden dazu folgende Temperatur- und Druckwerte entnommen:

$$z = 5{,}2 \, \text{km} \qquad T = 254{,}35 \, \text{K}$$
$$z = 5{,}3 \, \text{km} \qquad T = 253{,}70 \, \text{K}$$
$$\bar{z} = 5{,}25 \, \text{km} \qquad \bar{T} = 254{,}03 \, \text{K}$$

$$p = 0{,}52546 \, \text{bar}$$
$$p = 0{,}51884 \, \text{bar}$$
$$\bar{p} = 0{,}52215 \, \text{bar}$$

Nach Gleichung 1.7 kann daraus die Dichte ϱ in Höhe $z = 5{,}25 \, \text{km}$ berechnet werden:

$$\varrho = \frac{p}{R_i \cdot T}$$

$$\varrho = \frac{52\,215}{287 \cdot 254{,}03}$$

$$\varrho = 0{,}716 \, \text{kg/m}^3$$

Das heißt, daß die Höhe $z = 5{,}25 \, \text{km}$ auch nach Tafel 29 (US-Standardatmosphäre) hinreichend genau zur vorgegebenen Dichte $\varrho = 0{,}715 \, \text{kg/m}^3$ bestimmt ist.

4 Inkompressible Strömungen

Das folgende umfangreiche Kapitel befaßt sich mit der Beschreibung und Berechnung von inkompressiblen Strömungsbewegungen in durchströmten Rohrleitungen und Kanälen und bei umströmten Körpern. Insbesondere werden die Geschwindigkeits- und Druckverteilungen innerhalb der strömenden Flüssigkeit und die wechselseitigen Kraftwirkungen zwischen Strömung und durch- bzw. umströmtem Körper behandelt.

Zunächst werden die Gesetzmäßigkeiten für reibungsfreie Strömungen abgeleitet und anschließend die meistens auf empirischem Wege gefundenen Korrekturen für die wirklichen, reibungsbehafteten Strömungen hinzugefügt.

4.1 Grundbegriffe

Zur anschaulichen Beschreibung eines Strömungsbildes wird zunächst der Begriff der **Strömungsgeschwindigkeit** eingeführt:
Die Strömungsgeschwindigkeit ist wie in der Mechanik der festen Körper als Wegänderung in der Zeiteinheit zu verstehen. Die Strömungsgeschwindigkeit ist ein **Vektor,** d.h., zu ihrer eindeutigen Bestimmung ist die Angabe von Richtung, Größe und Lage (Angriffspunkt) erforderlich. Wie alle Vektoren werden auch Strömungsgeschwindigkeiten **geometrisch** zusammengesetzt bzw. zerlegt (Bild 4.1). Die Strömungsgeschwindigkeit bedeutet zunächst als einzelner Vektor die Geschwindigkeit eines einzelnen Massenelementes (differentiell kleinen Flüssigkeitsteilchens) innerhalb des Strömungsraumes.
Zeichnet man innerhalb eines Strömungsgebietes an verschiedenen Punkten dieses Gebietes die Geschwindigkeitsvektoren ein, so erhält man ein **Strömungsfeld** (Bild 4.2).

Die Festlegung der jeweiligen Lage der einzelnen Teilchen des Fluids innerhalb des Strömungsfeldes erfolgt üblicherweise mittels kartesischer Koordinaten bei ebenen Strömungen und mittels Zylinderkoordinaten bei Rohrströmungen in kreiszylindrischen Rohren. In Sonderfällen erweist sich die Einführung von Kugelkoordinaten als geschickt.

Werden die Angriffspunkte der Geschwindigkeitsvektoren durch Kurvenzüge derart verbunden, daß die Vektoren zu Kurventangenten werden, so entstehen die sogenannten **Stromlinien.** Stromlinien dienen zur grafischen Veranschauli-

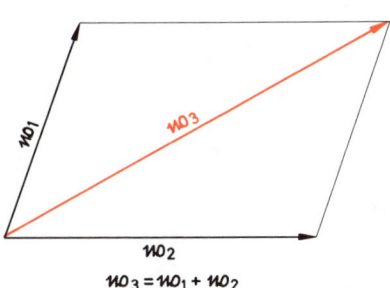

Bild 4.1 Zusammensetzung von Strömungsgeschwindigkeiten

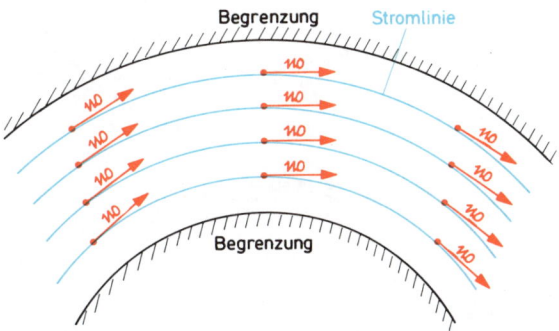

Bild 4.2 Strömungsfeld

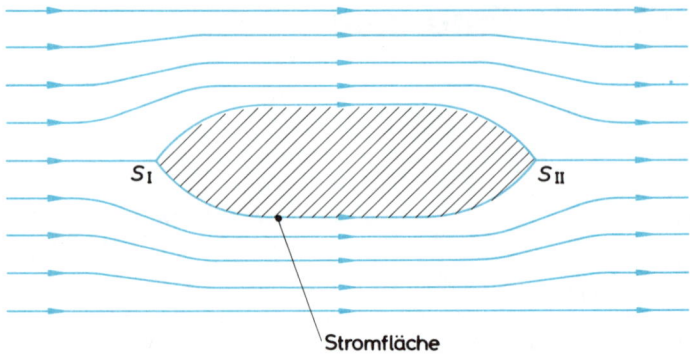

Stromfläche

chung von Strömungsbildern. Die Stromlinien verlaufen knickfrei und schneiden sich nicht gegenseitig.

Ein Strömungsbild mit Geschwindigkeitsvektoren und angedeuteten Stromlinienzügen kann man sich experimentell sehr leicht beschaffen, indem man beispielsweise auf eine bewegte Flüssigkeit Aluminiumpulver aufstreut und die Strömung mit kurzer Belichtungszeit fotografiert. Auf der Fotografie zeigen sich die von den Aluminiumpartikelchen in der Belichtungszeit zurückgelegten Wege als kleine Striche, die aneinandergereiht die Stromlinien darstellen.

Bringt man einen Körper in die Strömung (Bild 4.3), so teilt sich die der Körperkontur folgende Stromlinie am Körperanfang, folgt allseitig der Körperkontur und vereinigt sich wieder am Körperende.

Den vorderen Verzweigungspunkt S_I nennt man **vorderen Staupunkt,** den hinteren Vereinigungspunkt S_{II} **hinteren Staupunkt.** Die Gesamtheit

aller den Körper umschreibenden Stromlinien wird als **Stromfläche** bezeichnet.

Verfolgt man den von einem Teilchen beim Durchströmen des Strömungsfeldes zurückgelegten Weg, so findet man dessen **Strombahn** (Bild 4.4).

Von der Definition der Geschwindigkeit

$$\mathfrak{w} = \frac{d\mathfrak{s}}{dt}$$

ausgehend, findet man den Begriff der **Bahnlinie** durch das Integral $\int d\mathfrak{s}$ erklärt.

Durch langbelichtete Fotoaufnahmen von mit Aluminiumpulver bestreuten Flüssigkeitsströmungen lassen sich die Strombahnen als von den Aluminiumteilchen zurückgelegte Bahnlinien sichtbar machen.

Faßt man mehrere Stromlinien zu einem Stromlinienbündel (Bild 4.5) zusammen, so erhält man

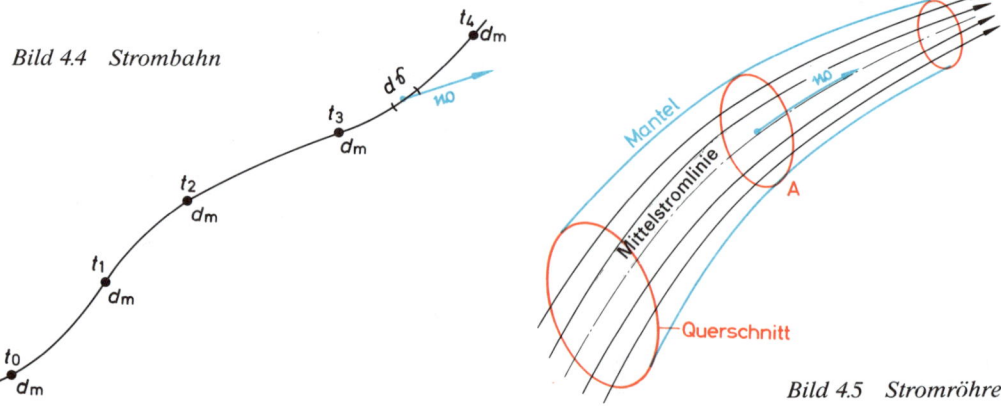

Bild 4.4   Strombahn

Bild 4.5   Stromröhre

eine **Stromröhre.** Den durch die Stromröhre fließenden Inhalt bezeichnet man als **Stromfaden.**

Die mittlere örtliche Geschwindigkeit ergibt sich aus dem durch die Stromröhre fließenden Volumenstrom $\dot{V}$ und der Querschnittsfläche A:

(4.1)

$$|\mathfrak{w}| = \frac{\dot{V}}{A}$$

Die Querschnittsfläche A steht senkrecht auf der Mittelstromlinie.

Wenn die Teilchen des Fluids bei ihrer Bewegung durch den Strömungsraum längs ihrer Strombahnen nur Längsbewegungen (Translationen) ausführen, spricht man von rotationsfreien oder **wirbelfreien** Strömungen. Führen die Teilchen auch Drehbewegungen (Rotationen) um ihre eigene Achse oder eine andere Bezugsachse aus, so ist die Strömung rotationsbehaftet; sie enthält **Wirbel.**

Verläuft ein Strömungsvorgang unabhängig von der Zeit, d.h., herrscht immer das gleiche unveränderliche Strömungsbild vor, so ist die Strömung **stationär.** Liegt dagegen eine zeitabhängige Strömung mit ständig wechselndem Strömungsbild vor, so spricht man von einer **instationären** Strömung.

Betrachtet man zum Beispiel den Wasserstrahl eines mit Umwälzpumpe betriebenen Brunnens, so hat man in dem austretenden Wasserstrahl eine stationäre Strömung vor sich. Beobachtet man beim Leerlaufen eines Behälters den aus dem Behälter ausfließenden Strahl, dessen Austrittsgeschwindigkeit mit abnehmendem Flüssigkeitsspiegel immer kleiner wird, so liegt eine instationäre Strömung vor.

Die Entscheidung, ob eine instationäre oder stationäre Strömung vorliegt, kann auch von der Wahl des Beobachterstandpunktes, d.h. vom gewählten Koordinatensystem, abhängen. Ein auf einem Schiff mitfahrender Beobachter sieht beispielsweise bei gleichbleibender Geschwindigkeit am Bug immer die gleiche Bugwellenform, die Strömung ist für ihn stationär. Ein an Land stehender Beobachter sieht die vorbeiziehende Bugwelle des gleichen Schiffes als instationäre Störung des Wasserwellenbildes, die in sein Blickfeld gelangt und alsbald wieder verschwindet.

4.2 Grundgleichungen

4.2.1 Kontinuitätsgleichung (Durchflußgleichung)

Betrachtet man ein durch eine Rohrleitung mit veränderlichen Querschnitten fließendes Volumen (Bild 4.6), so ist, da es sich um eine inkompressible Strömung (ϱ = konst) handelt, leicht einzusehen, daß der durch die Stromröhre fließende Volumenstrom konstant bleibt, da die Rohrwandungen undurchlässig sind und die Strömung ohne Luft- oder Gaseinschlüsse (blasenfrei) und stationär verlaufen soll.

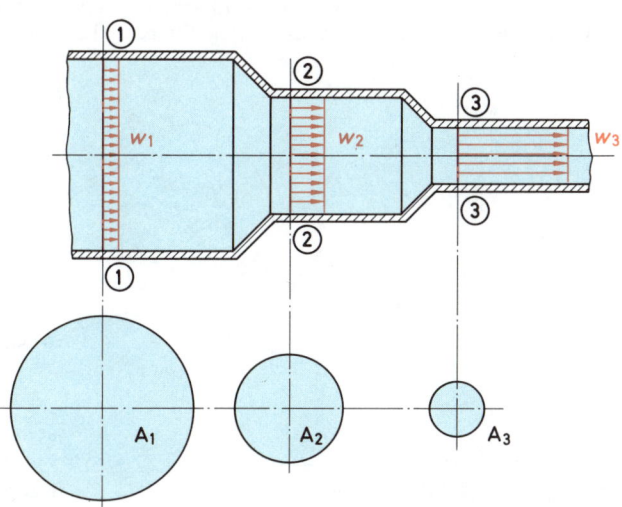

Bild 4.6   Zur Kontinuitätsgleichung

Dieser Sachverhalt läßt sich formelmäßig wie folgt ausdrücken:

(4.2)

$$\dot{V} = A_1 \cdot w_1 = A_2 \cdot w_2 = A_3 \cdot w_3$$
$$= A \cdot w = \text{konst}$$

$\dot{V}$ = Volumenstrom (Durchflußmenge)

$= \dfrac{\text{Volumen}}{\text{Zeiteinheit}}$

A = Strömungsquerschnitt senkrecht zur Mittelstromlinie und damit senkrecht zur Geschwindigkeit w

w = Strömungsgeschwindigkeit

Wählt man als Einheiten für die Geschwindigkeit m/s und für den Querschnitt m², so ergibt sich als Einheit des Volumenstromes m³/s.

Gleichung 4.2 besagt, daß sich die Geschwindigkeiten längs einer Stromröhre umgekehrt proportional zu den zugehörigen Querschnittsflächen verhalten, d.h., daß bei in Strömungsrichtung abnehmenden Querschnitten die Geschwindigkeiten zunehmen und umgekehrt.

Gleichung 4.2 gilt auch für instationäre, inkompressible Strömungen, allerdings nur für ein differentiell kleines Zeitintervall dt, da sich der Volumenstrom zeitabhängig ändert.

4.2.2 Energiegleichung (Gleichung von Bernoulli)

4.2.2.1 Ableitung der Energiegleichung

Der aus der Physik bekannte **Energieerhaltungssatz** soll auf die Strömung eines idealen Fluids angewandt werden, die **reibungsfrei, inkompressibel** (Dichte ϱ = konst) und **stationär** verlaufen soll.

Längs einer Stromröhre (Bild 4.7) bewege sich das Fluid vom Zustand ① (Druck p_1, Geschwindigkeit w_1, Höhenlage z_1) so nach Zustand ② (Druck p_2, Geschwindigkeit w_2, Höhenlage z_2), daß die Stromröhre völlig ausgefüllt ist und zwischen ① und ② weder Energie zu- noch abgeführt wird, d.h. weder eine Pumpe noch eine Turbine eingebaut ist.

Die Geschwindigkeiten w_1 und w_2 und die Drücke p_1 und p_2 seien völlig gleichmäßig über die Querschnitte A_1 und A_2 verteilt. Durch den Begrenzungsmantel der Stromröhre soll weder Medium ein- noch austreten.

Unter den genannten Voraussetzungen läßt sich folgende Energiebilanz aufstellen:

	Zustand ①	Zustand ②
Lagenenergie (potentielle Energie)	$m \cdot g \cdot z_1$	$m \cdot g \cdot z_2$
Druckenergie	$V \cdot p_1 = \dfrac{m}{\varrho} \cdot p_1$	$V \cdot p_2 = \dfrac{m}{\varrho} \cdot p_2$
Bewegungsenergie (kinetische Energie)	$m \cdot \dfrac{w_1^2}{2}$	$m \cdot \dfrac{w_2^2}{2}$

Die innere Energie als aufgespeicherte Wärmeenergie soll unberücksichtigt bleiben, da sich die Temperatur nicht ändern soll, d.h. weder gekühlt

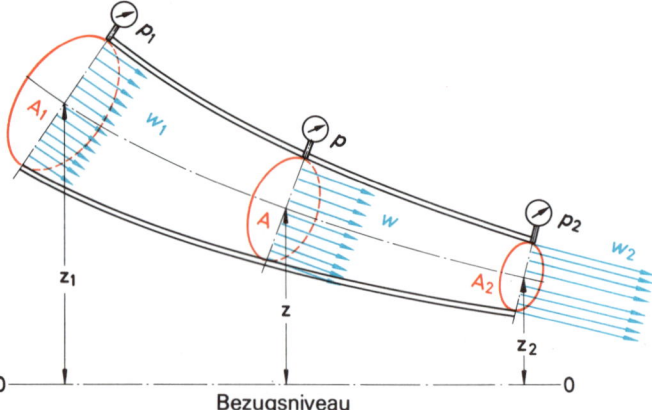

Bild 4.7   Zur Energiegleichung

Bezugsniveau

noch aufgeheizt werden soll. Die innere Energie bleibt längs der Strömung unverändert. Desgleichen sollen weitere Energieformen, wie chemische Energie, elektrische und magnetische Energie, unberücksichtigt bleiben.

Nach dem Energieerhaltungssatz muß die gesamte Strömungsenergie, bestehend aus Lagen-, Druck- und Bewegungsenergie, längs der Stromlinie konstant bleiben.

$$m \cdot g \cdot z_1 + \frac{m}{\varrho} \cdot p_1 + m \cdot \frac{w_1^2}{2}$$

$$= m \cdot g \cdot z_2 + \frac{m}{\varrho} \cdot p_2 + m \cdot \frac{w_2^2}{2}$$

$$g \cdot z_1 + \frac{p_1}{\varrho} + \frac{w_1^2}{2} = g \cdot z_2 + \frac{p_2}{\varrho} + \frac{w_2^2}{2}$$

Für einen beliebigen Querschnitt A zwischen A_1 und A_2 muß die Strömungsenergie den gleichen Wert haben wie an den Querschnitten A_1 und A_2.

$$g \cdot z_1 + \frac{p_1}{\varrho} + \frac{w_1^2}{2}$$

$$= g \cdot z_2 + \frac{p_2}{\varrho} + \frac{w_2^2}{2} = g \cdot z + \frac{p}{\varrho} + \frac{w^2}{2}$$

d.h., für jeden Querschnitt der Stromröhre muß gelten:

(4.3)

$$g \cdot z + \frac{p}{\varrho} + \frac{w^2}{2} = \text{konst}$$

g = Erdbeschleunigung = 9,81 m/s²
z = Höhenkote
p = statischer Druck
ϱ = Dichte der Flüssigkeit
w = Geschwindigkeit

Bei einer stationären, reibungsfreien Strömung bleibt die Gesamtenergie als Summe aus Lagenenergie, Druckenergie und kinetischer Energie längs der Stromröhre konstant.

Gleichung 4.3 hat die Dimension einer auf die Masse bezogenen Energie, d.h., die Konstante hat im SI-System die Einheit J/kg = N · m/kg = m²/s².

Durch Division der Gleichung 4.3 durch g bzw. durch Multiplikation mit ϱ ergeben sich zwei weitere, für die praktische Anwendung oft empfehlenswerte Schreibweisen:

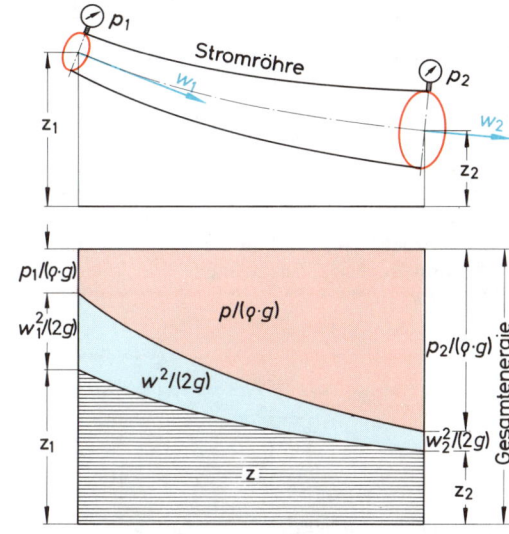

Bild 4.8   Grafische Darstellung der Bernoulli-Gleichung

(4.4)

$$z + \frac{p}{\varrho \cdot g} + \frac{w^2}{2g} = \text{konst}$$

In dieser Schreibweise hat die Energiegleichung die Dimension einer Höhe, d.h. im SI-System die Einheit m.

In der Ausdrucksform der Gleichung 4.4 wird die Energiegleichung auch als **Bernoulli-Gleichung** (nach dem schweizerischen Mathematiker DANIEL BERNOULLI, 1700 bis 1782) bezeichnet.

Die Bernoulli-Gleichung läßt sich sehr anschaulich grafisch darstellen (Bild 4.8).

Die durch Multiplikation mit ϱ entstehende Form der Energiegleichung hat die Dimension eines Druckes:

(4.5)

$$\varrho \cdot g \cdot z + p + \frac{\varrho}{2} \cdot w^2 = \text{konst}$$

Anhand dieser Gleichung lassen sich die verschiedenen Druckbegriffe wie **statischer Druck** und **Gesamtdruck** besonders anschaulich erläutern:

Betrachtet man eine horizontal verlaufende Rohrströmung, so entfällt in der Energiegleichung 4.5 das Glied $\varrho \cdot g \cdot z$, da sich z nicht ändert.

Gleichung 4.5 vereinfacht sich damit zu: (4.6)

$$p + \frac{\varrho}{2} \cdot w^2 = \text{konst}$$

In dieser Gleichung werden p als **statischer Druck** p_{st}, $\varrho/2 \cdot w^2$ als **dynamischer Druck** p_{dyn} **(Staudruck)** und die Summe beider Drücke als **Gesamtdruck** p_{ges} bezeichnet. (4.7)

$$p_{ges} = p_{st} + p_{dyn}$$

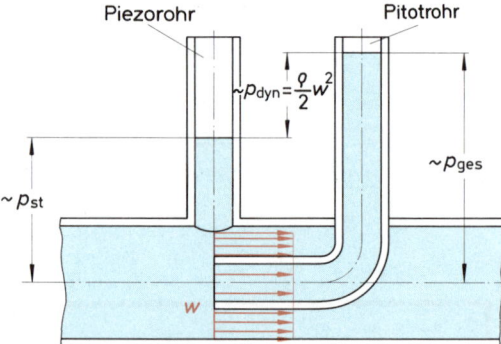

Bild 4.9   Messung von statischem Druck, dynamischem Druck und Gesamtdruck

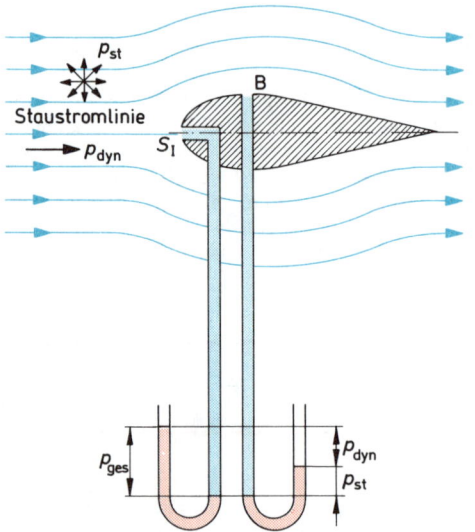

Bild 4.10   Messung von statischem Druck, dynamischem Druck und Gesamtdruck an einem umströmten Körper

Man kann sich diese Druckbegriffe an folgendem Experiment (Bild 4.9) leicht veranschaulichen: Der in der Rohrleitung herrschende statische Druck p_{st} wirkt nach allen Seiten gleichmäßig. Seine Größe wird in dem senkrecht zur Rohrleitung angeschlossenen Standrohr (Piezorohr) angezeigt. Der dynamische Druck p_{dyn} wirkt nur in Strömungsrichtung (d.h. in Richtung der Geschwindigkeit) an der Eintrittsöffnung des gebogenen und hakenförmigen Rohres (Pitotrohr), da die Öffnungsfläche des Pitotrohres senkrecht zur Geschwindigkeit w steht. Da außerdem noch der im gesamten Rohrquerschnitt gleiche statische Druck p_{st} auf die Pitotrohröffnung wirkt, weist die Flüssigkeitssäule im Pitotrohr eine dem Gesamtdruck $p_{ges} = p_{st} + p_{dyn}$ proportionale Höhe auf. Die Höhendifferenz zwischen den Flüssigkeitssäulen im Pitot- und Piezorohr entspricht dem dynamischen Druck (Staudruck) p_{dyn}.

Man hätte die drei verschiedenen Druckbegriffe auch an den unterschiedlichen Drücken erklären können, die bei Umströmung eines Körpers auftreten (Bild 4.10).

Am vorderen Staupunkt S_I des umströmten Körpers wird die Geschwindigkeit w auf Null abgebremst (aufgestaut). Bringt man im Punkt S_I eine kleine Bohrung an und verbindet sie mit einem Manometer, so zeigt dieses den Gesamtdruck $p_{ges} = p_{st} + p_{dyn}$ an. Eine an der Seitenwand des Körpers **senkrecht zur Strömung** angebrachte Bohrung B wird ebenfalls mit einem Manometer verbunden. Da die Bohrung senkrecht zur Strömungsgeschwindigkeit steht, kann in ihr nur der richtungsunabhängige statische Druck p_{st} wirken und am Manometer angezeigt werden. Der dynamische Druck p_{dyn} hat keinen Einfluß, da er nur in Richtung der Strömungsgeschwindigkeit wirkt, die senkrecht zur Bohrung gerichtet ist.

Die Differenz der beiden Manometerausschläge

$$p_{dyn} = p_{ges} - p_{st} = p_{st} + \frac{\varrho}{2} \cdot w^2 - p_{st} = \frac{\varrho}{2} \cdot w^2$$

ist ein Maß für die Geschwindigkeit w, mit der der Körper angeströmt wird. (4.8)

$$w = \sqrt{\frac{2\,(p_{ges} - p_{st})}{\varrho}}$$

Es sei an dieser Stelle erwähnt, daß die hier beschriebenen Zusammenhänge zwischen der Geschwindigkeit und den verschiedenen Druckarten bei der Konstruktion von Geschwindigkeitsmeßgeräten wie Prandtl-Rohr, Richtungssonden usw. ausgenützt werden (vgl. Abschnitt 6.2).

Die globale, vereinfachte Ableitung der Energiegleichung, wie auch der Kontinuitätsgleichung, führt zu den einfachen Aussagen der Gleichungen 4.3 bis 4.8, die für die meisten **praktischen Anwendungsfälle,** bei denen die Reibung vernachlässigt werden kann, völlig ausreichend sind. In **differentieller Schreibweise** erhält man die Energiegleichung durch Anwendung des Newtonschen Trägheitsprinzips auf ein differentiell kleines Strömungselement dm (Bild 4.11):

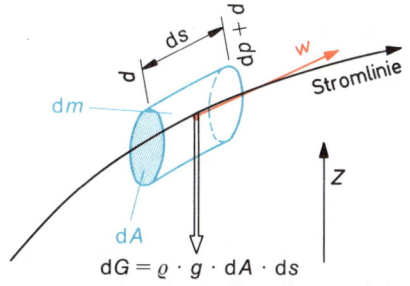

$$dG = \varrho \cdot g \cdot dA \cdot ds$$

Bild 4.11   Zur Ableitung der Energiegleichung

$$\text{Kraft} = \text{Masse} \cdot \text{Beschleunigung}$$

$$-\frac{dp}{ds} \cdot dA \cdot ds - \varrho \cdot g \cdot dA \cdot \frac{dz}{ds} \cdot ds$$

$$= \varrho \cdot dA \cdot ds \cdot \frac{dw}{dt}$$

$$-\frac{dp}{ds} - \varrho \cdot g \cdot \frac{dz}{ds} = \varrho \cdot \frac{dw}{dt}$$

Da **stationäre Strömung** vorliegt, wird: $\dfrac{ds}{dt} = w$

$$-\frac{dp}{\varrho} - g \cdot dz = dw \cdot \frac{ds}{dt} = dw \cdot w$$

$$\text{(4.9)}$$

$$g \cdot dz + \frac{dp}{\varrho} + w \cdot dw = 0.$$

Integriert man Gleichung 4.9, ergibt sich Gleichung 4.3!

4.2.2.2   Anwendungen der Energiegleichung

a) Ausfluß aus einem offenen Gefäß unter dem Einfluß der Schwere

Aus einem offenen Gefäß mit konstant bleibendem Flüssigkeitsspiegel ① fließt aus einer Boden- oder Seitenöffnung Flüssigkeit aus (Bild 4.12). Die Öffnungen liegen jeweils um den Betrag $z_1 - z_2 = h$ unterhalb des Flüssigkeitsspiegels ①. Die Gleichung von Bernoulli liefert folgendes Ergebnis für die Ausflußgeschwindigkeit $w_a = w_2$:

$$z_1 + \frac{p_1}{\varrho \cdot g} + \frac{w_1^2}{2g} = z_2 + \frac{p_2}{\varrho \cdot g} + \frac{w_2^2}{2g}$$

Die Drücke p_1 und p_2 sind gleich groß, da es sich jeweils um den Außendruck handelt.

Der Gefäßquerschnitt an der Stelle ① soll wesentlich größer sein als die Austrittsöffnung, so

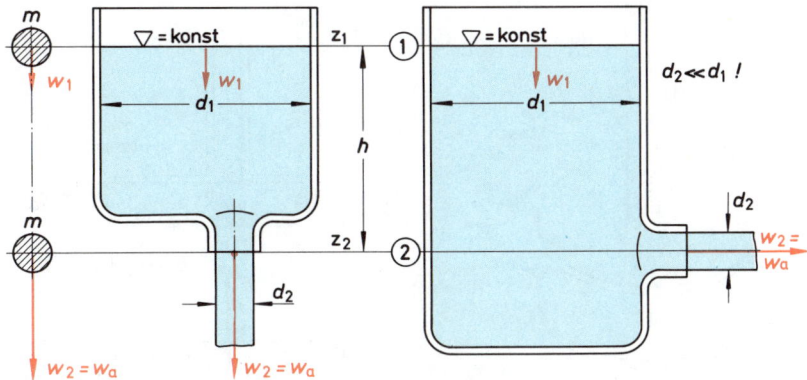

Bild 4.12   Ausfluß an einem offenen Gefäß

daß der Ausdruck $w_1^2/(2g)$ gegenüber $w_2^2/(2g)$ vernachlässigt werden darf.

Unter Berücksichtigung dieser besonderen Bedingungen vereinfacht sich die Bernoulli-Gleichung für den vorliegenden Fall wie folgt:

$$z_1 - z_2 = h = \frac{w_2^2}{2g}$$

$$w_2^2 = 2g \cdot h = w_a^2 \tag{4.10}$$

$$\boxed{w_a = \sqrt{2g \cdot h}}$$

Gleichung 4.10 wird auch als **Ausflußformel von Torricelli** bezeichnet. Sie besagt, daß die Ausflußgeschwindigkeit einer Flüssigkeit beim reibungs-losen Ausfluß aus einem offenen Behälter genauso groß ist wie die Geschwindigkeit eines festen Körpers, der die Höhe h im freien Fall reibungslos durchfallen würde.

Die Einflüsse der Reibung, der Strahleinschnürung sowie der Größe und Form der Ausflußöffnung werden im Abschnitt 4.7 behandelt.

b) Ausfluß aus einem Druckbehälter

In einem Druckbehälter (Bild 4.13) befindet sich ein Fluid, das unter dem konstanten Innendruck p_i steht. Aus einer kleinen Öffnung strömt es gegen den Außendruck $p_a < p_i$ mit der Ausflußgeschwindigkeit w_a aus. Höhenunterschiede z bleiben außer Betracht. Die Geschwindigkeit w_i soll gegenüber der viel größeren Ausflußgeschwindigkeit w_a vernachlässigt werden.

Durch Anwenden der Bernoulli-Gleichung ergibt sich folgender Ausdruck für die Ausflußgeschwindigkeit w_a:

$$\frac{p_i}{\varrho \cdot g} + \frac{w_i^2}{2g} = \frac{p_a}{\varrho \cdot g} + \frac{w_a^2}{2g}$$

$$\frac{w_i^2}{2g} \approx 0$$

$$w_a^2 = \frac{2g\,(p_i - p_a)}{\varrho \cdot g} = \frac{2\,(p_i - p_a)}{\varrho} \tag{4.11}$$

$$\boxed{w_a = \sqrt{\frac{2\,(p_i - p_a)}{\varrho}}}$$

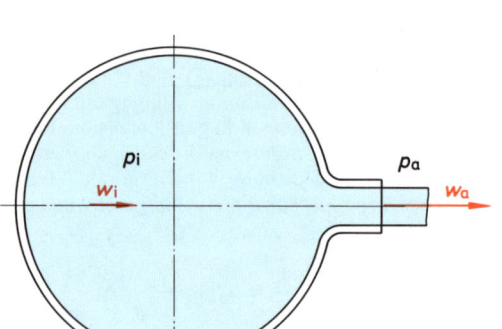

Bild 4.13 Ausfluß aus einem Druckbehälter

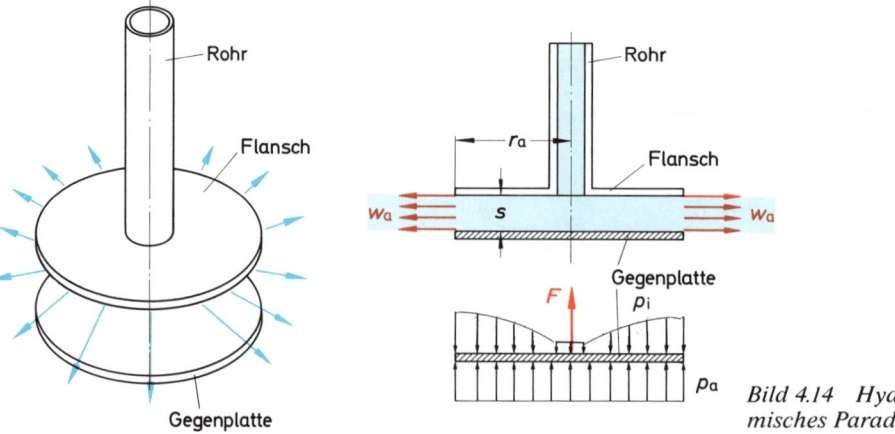

Bild 4.14 Hydrodynamisches Paradoxon

c) Hydrodynamisches Paradoxon

Aus einem Rohr fließt eine Flüssigkeit in den Zwischenraum zweier paralleler Platten (Bild 4.14). Die eine Platte ist als Flansch fest mit dem Rohr verbunden, die andere Platte ist frei beweglich. Das Fluid strömt radial (sternförmig) mit der Geschwindigkeit w_a ins Freie.

An der Austrittsstelle ergibt sich nach der Gleichung von Bernoulli folgender Zusammenhang zwischen Drücken und Geschwindigkeiten:

$$\frac{p_a}{\varrho \cdot g} + \frac{w_a^2}{2g} = \frac{p_i}{\varrho \cdot g} + \frac{w_i^2}{2g}$$

$$p_i = p_a + \frac{\varrho \cdot (w_a^2 - w_i^2)}{2}$$

Da infolge der sternförmigen Strömung die durchflossenen Zylindermäntel $2 \cdot r \cdot \pi \cdot s$ stets kleiner sind als der äußere Zylindermantel $2 \cdot r_a \cdot \pi \cdot s$, wird die Geschwindigkeit w_i nach der Kontinuitätsgleichung nach innen zu immer größer, d.h., es ist stets $w_i > w_a$. Der Ausdruck

$$\frac{\varrho \cdot (w_a^2 - w_i^2)}{2}$$

ist also stets negativ.

$$p_i = p_a - \frac{\varrho}{2} \cdot (w_i^2 - w_a^2)$$

Der Innendruck p_i ist also kleiner als der Außendruck p_a, der auf die Unterseite der beweglichen Platte wirkt. Die aus dem Differenzdruck $p_a - p_i$ sich ergebende Druckkraft F wirkt nach oben und saugt die bewegliche Platte an den radial nach allen Seiten ausfließenden Flüssigkeitsstrahl. Da diese Erscheinung zunächst widersprüchlich erscheint, wird sie als **hydrodynamisches Paradoxon** bezeichnet.

d) Strahlpumpe

Eine waagerechte Rohrleitung wird vom Durchmesser d_1 auf den Durchmesser d_2 verengt. An der Einschnürungsstelle wird ein senkrechtes Steigrohr angeschlossen (Bild 4.15).
Nach der Bernoulli-Gleichung besteht zwischen den Drücken und Geschwindigkeiten an den Stellen ① und ② folgender Zusammenhang:

$$\frac{p_1}{\varrho \cdot g} + \frac{w_1^2}{2g} = \frac{p_2}{\varrho \cdot g} + \frac{w_2^2}{2g}$$

$$p_2 = p_1 - \frac{\varrho}{2} \cdot (w_2^2 - w_1^2)$$

Nach der Kontinuitätsgleichung läßt sich die Geschwindigkeit w_2 wie folgt durch die Geschwindigkeit w_1 ausdrücken:

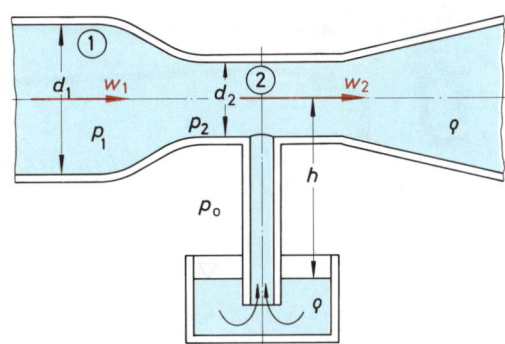

Bild 4.15 Strahlpumpe (stark vereinfachtes Prinzip)

$$w_1 \cdot A_1 = w_2 \cdot A_2$$

$$w_1 \cdot \frac{d_1^2 \cdot \pi}{4} = w_2 \cdot \frac{d_2^2 \cdot \pi}{4}$$

$$w_2 = w_1 \cdot \frac{d_1^2}{d_2^2}$$

Damit beträgt der Druck an der Verengungsstelle:

$$p_2 = p_1 - \frac{\varrho}{2} \cdot w_1^2 \cdot \left(\frac{d_1^4}{d_2^4} - 1 \right)$$

d.h., p_2 ist kleiner als p_1.
Durch geeignete Wahl des Druckes p_1, der Geschwindigkeit w_1 und des Verengungsverhältnisses d_1^4/d_2^4 läßt sich erreichen, daß der Druck p_2 kleiner wird als der Außendruck p_0. Dadurch entsteht eine Saugwirkung in dem angeschlossenen Saugrohr.

$$p_0 - p_2 = \varrho \cdot g \cdot h$$

$$h = \frac{p_0 - p_2}{\varrho \cdot g}$$

Die abgeleiteten Beziehungen gelten selbstverständlich nur für eine ideale, reibungsfreie und ablösungsfreie Durchströmung der Strahlpumpe. Bei der tatsächlichen Durchströmung von ausgeführten Strahlpumpen (Bild 4.16) treten erhebliche Reibungs- und Mischverluste auf, so daß sich nur ein geringer Wirkungsgrad für derartige Pumpen ergibt
Man findet dieses Arbeitsprinzip in zahlreichen technischen Konstruktionen zum Pumpen, Zerstäuben und Mischen angewandt, wie z.B. im Vergaser von Ottomotoren, in Zerstäuberdüsen, im Bunsenbrenner u.v.a.

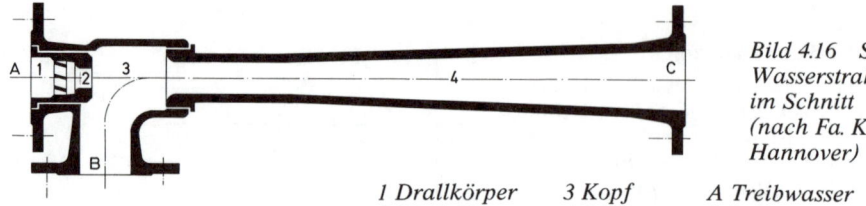

Bild 4.16 Strahlpumpe
Wasserstrahl-Luftpumpe
im Schnitt
(nach Fa. Körting,
Hannover)

1 Drallkörper   *3 Kopf*   *A Treibwasser*
2 Treibdüse   *4 Diffusor*   *B Luft*   *C Gemisch*

Bild 4.17 Beispiel 13

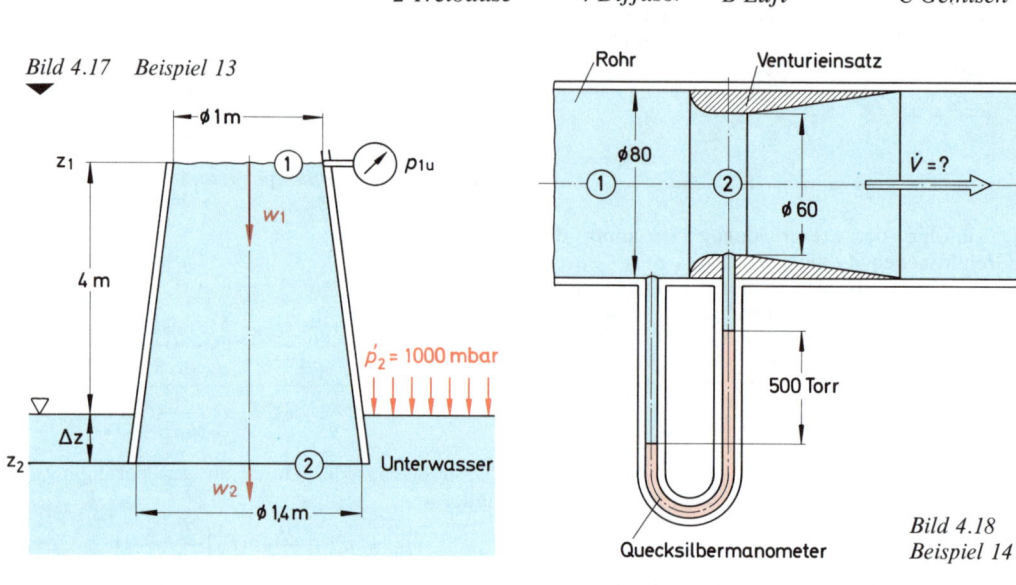

Bild 4.18
Beispiel 14

Beispiel 13

Aufgabenstellung:

Durch das Saugrohr einer Wasserturbine fließen in der Sekunde 6 m³ Wasser. Der Luftdruck auf dem Unterwasser beträgt 1000 mbar.
Wie groß ist der Unterdruck $p_{1\,u}$ am Saugrohreintritt ① (Bild 4.17)?

Lösung:

Zur Lösung werden die Energiegleichung und die Kontinuitätsgleichung benutzt.

Zustand ①	Zustand ②
Höhe $z_1 = 4\ \text{m} + \Delta z$	Höhe $z_2 = 0\ \text{m}$
Druck $p_1 = ?$	Druck $p_2 = p_2' + \varrho \cdot g \cdot \Delta z$
Querschnitt $A_1 = \dfrac{\pi}{4} \cdot 1^2$	Querschnitt $A_2 = \dfrac{\pi}{4} \cdot 1{,}4^2$
$= 0{,}7854\ \text{m}^2$	$= 1{,}539\ \text{m}^2$
Geschwindigkeit $w_1 = \dfrac{\dot{V}}{A_1} = \dfrac{6}{0{,}7854}$	Geschwindigkeit $w_2 = \dfrac{\dot{V}}{A_2} = \dfrac{6}{1{,}539}$
$w_1 = 7{,}64\ \text{m/s}$	$w_2 = 3{,}9\ \text{m/s}$

Durch Anwendung der Energiegleichung in der Schreibweise der Gleichung 4.5 ergibt sich der Druck p_1 zu:

$$\varrho \cdot g \cdot z_1 + p_1 + \frac{\varrho}{2} \cdot w_1^2 = \varrho \cdot g \cdot z_2 + p_2 + \frac{\varrho}{2} \cdot w_2^2$$

$$1000 \cdot 9{,}81 \,(4 + \Delta z) + p_1 + 500 \cdot 7{,}64^2 = 0 + 10^5 + 1000 \cdot 9{,}81 \cdot \Delta z + 500 \cdot 3{,}9^2$$

$$1000 \cdot 9{,}81 \cdot 4 + 1000 \cdot 9{,}81 \cdot \Delta z + p_1 + 500 \cdot 7{,}64^2 = 10^5 + 1000 \cdot 9{,}81 \cdot \Delta z + 500 \cdot 3{,}9^2$$

$$p_1 = 10^5 + 7605 - 29\,185 - 39\,240$$

$$p_1 = 39\,180 \text{ Pa} = 391{,}8 \text{ mbar}$$

Den gesuchten **Unterdruck** erhält man durch Subtraktion von p_1 vom Bezugsaußendruck:

$$p_{1u} = p_2' - p_1$$

$$p_{1u} = 1000 - 391{,}8$$

$$\boxed{p_{1u} = 608{,}2 \text{ mbar}}$$

Beispiel 14

Aufgabenstellung:

Welcher Wasserstrom $\dot{V}(\varrho = 1000 \text{ kg/m}^3)$ fließt durch das in Bild 4.18 dargestellte **Venturirohr**, wenn zwischen freiem Rohr (80 mm $\varnothing$) und Einschnürungsstelle (60 mm $\varnothing$) ein Druckunterschied von 500 Torr besteht? Die Reibungsverluste sollen vernachlässigt werden.

Lösung:

Man erhält den gesuchten Wasserstrom $\dot{V}$ mit Hilfe der Energiegleichung 4.3 in Verbindung mit der Kontinuitätsgleichung 4.2:
Gl. 4.3:

$$g \cdot z_1 + \frac{p_1}{\varrho} + \frac{w_1^2}{2} = g \cdot z_2 + \frac{p_2}{\varrho} + \frac{w_2^2}{2}$$

$z_1 = z_2$, da Strömung horizontal verläuft!

Gl. 4.2: $A_1 \cdot w_1 = A_2 \cdot w_2$

$$w_2 = w_1 \cdot \frac{A_1}{A_2} = w_1 \cdot \frac{d_1^2}{d_2^2}$$

$$w_2 = w_1 \cdot \frac{0{,}08^2}{0{,}06^2} = 1{,}778 \cdot w_1$$

In Gleichung 4.3 eingesetzt, ergibt sich für die Geschwindigkeit w_1:

$$w_2^2 - w_1^2 = \frac{2}{\varrho}\,(p_1 - p_2)$$

$$1{,}778^2 \cdot w_1^2 - w_1^2 = \frac{2 \cdot 66661}{1000}$$

(Anmerkung:
500 Torr entsprechen 66661 Pa)

$$2{,}16 \; w_1^2 = 133{,}32$$

$$w_1^2 = \frac{133{,}32}{2{,}16} = 61{,}7$$

$$w_1 = 7{,}86 \text{ m/s}$$

$$\dot{V} = A_1 \cdot w_1 = \frac{\pi}{4} \cdot 0{,}08^2 \cdot 7{,}86$$

$$\dot{V} = 0{,}005\,027 \cdot 7{,}86$$

$$\boxed{\dot{V} = 0{,}0395 \text{ m}^3/\text{s} = 39{,}5 \text{ Liter/s}}$$

4.2.3 Druckänderung senkrecht zur Strömungsrichtung

Die Energiegleichung sagt nur etwas über den Druckverlauf **längs** einer Stromröhre aus. Betrachtet man ein auf einer gekrümmten Bahn mit der Geschwindigkeit w strömendes Teilchen (Bild 4.19), so ist leicht einzusehen, daß auf der Außenseite des Teilchens ein Überdruck gegenüber der Innenseite herrschen muß, um das Teilchen auf seiner gekrümmten Stromlinie zu halten. Das Teilchen hat die Abmessungen dr in radialer Richtung, ds in Strömungsrichtung und db in der Strömungstiefe.

Da das Teilchen auf der gekrümmten Bahn mit dem Krümmungsradius r mit der Geschwindigkeit w strömt, greift an ihm folgende Fliehkraft an:

$$dC = dm \cdot r \cdot \omega^2$$

$$dm = \varrho \cdot dr \cdot ds \cdot db$$

$$w = r \cdot \omega$$

$$\omega^2 = \frac{w^2}{r^2}$$

$$dC = \varrho \cdot dr \cdot ds \cdot db \cdot \frac{w^2}{r}$$

Der nach außen gerichteten Fliehkraft wirkt eine gleich große Druckkraft nach innen entgegen:

$$dF = (p + dp) \cdot ds \cdot db - p \cdot ds \cdot db$$

$$dF = dp \cdot ds \cdot db$$

Die Druckkräfte auf die beiden Seiten $dr \cdot db$ heben sich gegenseitig auf.

Durch Gleichsetzen der beiden Ausdrücke für dC und dF ergibt sich folgende Differentialgleichung für die Druckänderung dp:

$$\varrho \cdot dr \cdot ds \cdot db \cdot \frac{w^2}{r} = dp \cdot ds \cdot db$$

$$(4.12)$$

$$\boxed{\frac{dp}{dr} = \varrho \cdot \frac{w^2}{r}}$$

Aus Gleichung 4.12 ist zu ersehen, daß bei geraden Stromlinien (Parallelströmung) mit $r = \infty$ sich eine gleichmäßige Druckverteilung über dem Querschnitt einer Stromröhre einstellt, da

$$\frac{dp}{dr} = 0$$

wird. Es genügt demnach zur Druckmessung an geraden Rohrleitungen eine einzige Wandbohrung mit dem Druckmeßgerät (Manometer) zu verbinden. **Bei einem Rohrkrümmer dagegen wirkt außen ein größerer Druck als innen.**

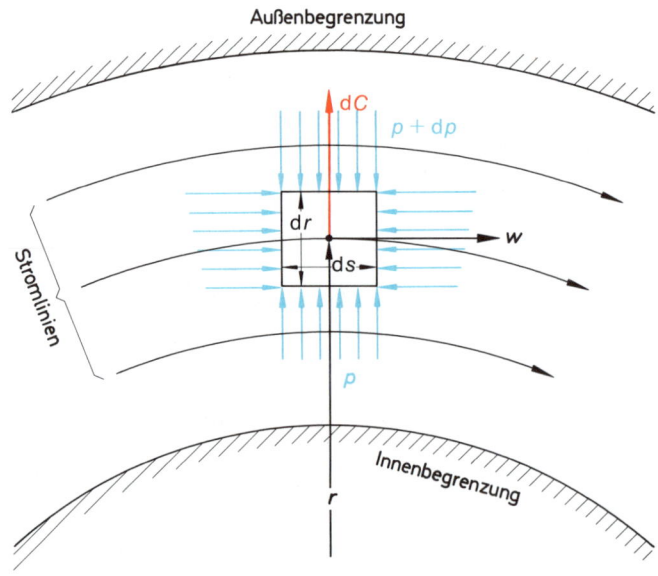

Bild 4.19 Druckänderung senkrecht zur Strömungsrichtung

Beispiel 15

Aufgabenstellung:

Durch einen 90°-Krümmer (4.20) fließen 78,5 Liter Wasser in der Sekunde. Als Geschwindigkeitsverteilung sei angenommen:

$$w \cdot r = \bar{w} \cdot r_m = w_a \cdot r_a = w_i \cdot r_i$$
(konst. Drall)

Wie groß ist der Überdruck zwischen Außen- und Innenrohrwand?

Lösung:

Die mittlere Strömungsgeschwindigkeit ergibt sich aus Volumenstrom und Rohrquerschnitt:

$$\bar{w} = \frac{\dot{V}}{A} = \frac{78{,}5 \text{ dm}^3/\text{s}}{0{,}785 \text{ dm}^2} = 100 \text{ dm/s}$$

$$\bar{w} = 10 \text{ m/s}$$

Damit beträgt die Drallkonstante

$$w \cdot r = \bar{w} \cdot r_m$$
$$w \cdot r = \bar{w} \cdot r_m = 10 \cdot 0{,}15 = 1{,}5 \text{ m}^2/\text{s}$$

Aus Gleichung 4.12 folgt nun der Druckanstieg zwischen r_i und r_a:

$$\frac{dp}{dr} = \frac{w^2}{r} \cdot \varrho$$

$$dp = \frac{w^2}{r} \cdot dr \cdot \varrho$$

$$w = \frac{1{,}5}{r}$$

$$dp = \frac{1{,}5^2}{r^2 \cdot r} \cdot dr \cdot \varrho$$

$$dp = 1000 \cdot 2{,}25 \cdot \frac{1}{r^3} \cdot dr$$

$$\int_{p_i}^{p_a} dp = 2250 \cdot \int_{r_i}^{r_a} r^{-3} \cdot dr$$

$$p_a - p_i = 2250 \left| -\frac{1}{2} r^{-2} \right|_{0,1}^{0,2}$$

$$p_a - p_i = 2250 \cdot \left(-\frac{1}{2 \cdot 0{,}2^2} + \frac{1}{2 \cdot 0{,}1^2} \right)$$

$$p_a - p_i = 2250 \cdot (-12{,}5 + 50)$$

$$p_a - p_i = 84\,375 \text{ Pa}$$

$$\boxed{p_a - p_i = 844 \text{ mbar}}$$

Anmerkung: Diese Lösung stellt nur eine Näherungslösung dar, da die mittlere Geschwindigkeit $\bar{w}$ nicht bei $r_m = 150$ mm, sondern bei einem etwas kleineren Radius liegt. Als weitere Bedingung hätte die Beziehung

$$\dot{V} = 2\pi \int_{r_i}^{r_a} w \cdot r \cdot dr$$

hinzugezogen werden müssen.

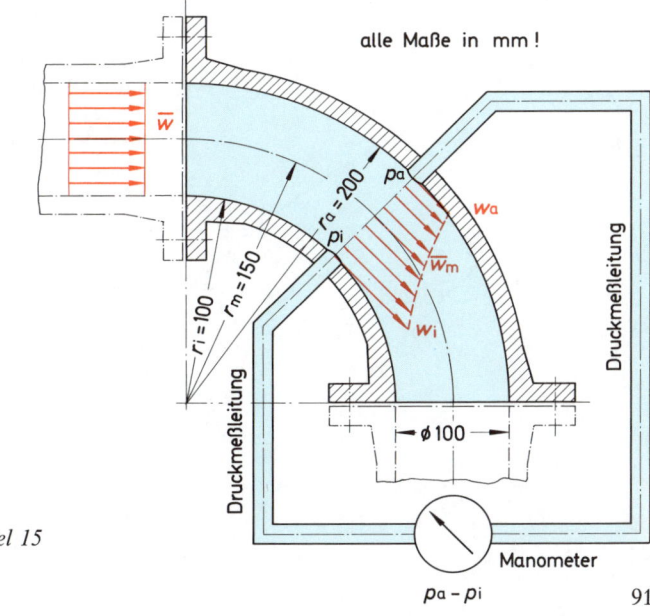

Bild 4.20   Beispiel 15

4.2.4 Impulssatz

4.2.4.1 Allgemeine Ableitung und Darstellung des Impulssatzes

Der Impulssatz dient zur Ermittlung der Kraftwirkungen, die infolge von Geschwindigkeitsänderungen auf durchströmte oder umströmte Körper ausgeübt werden. Die Geschwindigkeitsänderungen können Betrag, Richtung oder beides betreffen. Der Impulssatz gestattet die Kräfteermittlung beim Umlenken, Verzögern, Beschleunigen, beim Rückstoßprinzip und bei Mischvorgängen ohne nähere Kenntnis der einzelnen Vorgänge im Inneren der betrachteten Strömung. Es genügt, die Strömungsverhältnisse am Eintritt und Austritt des zu untersuchenden Strömungsraumes zu kennen. Die Anwendung des Impulssatzes wird in diesem Buch auf **stationäre Strömungen** beschränkt.

Als Impuls oder Bewegungsgröße wird in der Mechanik das Produkt aus Masse und Geschwindigkeit bezeichnet.

$$\mathfrak{J} = m \cdot \mathfrak{w}$$

Da die Geschwindigkeit ein Vektor ist, die Masse aber eine skalare Größe, ist auch der Impuls ein Vektor, dessen Richtung mit der Richtung der Geschwindigkeit übereinstimmt.

Der Impulssatz sagt über die Kraftwirkungen an einem Strömungsraum (offenes System) folgendes aus:

Der mit einem Fluid durch die Öffnungen eines abgegrenzten Strömungsraumes in der Zeiteinheit ein- und austretende Impuls (austretender Impuls negativ rechnen!) ist mit den auf den Strömungsraum wirkenden äußeren Kräften im Gleichgewicht.

(4.13)

$$\sum \vec{\frac{\mathrm{d}\mathfrak{J}}{\mathrm{d}t}} + \sum \vec{\mathfrak{F}} = 0$$

Als äußere Kräfte kommen vor allem Druckkräfte, Gewichtskräfte und Reibungskräfte in Betracht.

Um die Anwendung des Impulssatzes auf Strömungen zu erläutern, werden die Kräfteverhältnisse an der in Bild 4.21 dargestellten Stromröhre betrachtet:

An der Stelle ① tritt die Masse m_1 in die Stromröhre ein, an der Stelle ② die Masse m_2 aus. Die seitlichen Begrenzungen des Strömungsraumes sind undurchlässig.

Der durch die eintretende Masse m_1 eingebrachte Impuls beträgt:

$$\mathfrak{J}_1 = m_1 \cdot \mathfrak{w}_1$$

derjenige durch die austretende Masse m_2:

$$\mathfrak{J}_2 = - m_2 \cdot \mathfrak{w}_2$$

(Minuszeichen, da Masse m_2 austritt! Rückstoßprinzip!)

Da der Impulssatz in diesem Zusammenhang nur auf stationäre Strömungen angewandt werden soll, muß aus Gründen der Kontinuität die einströmende Masse m_1 genauso groß sein wie die ausfließende Masse m_2.

Da es sich ferner beim Medium um ein inkompressibles Fluid handelt, läßt sich die Masse durch das Volumen und die Dichte ausdrücken:

$$m_1 = m_2 = m = \varrho \cdot V$$

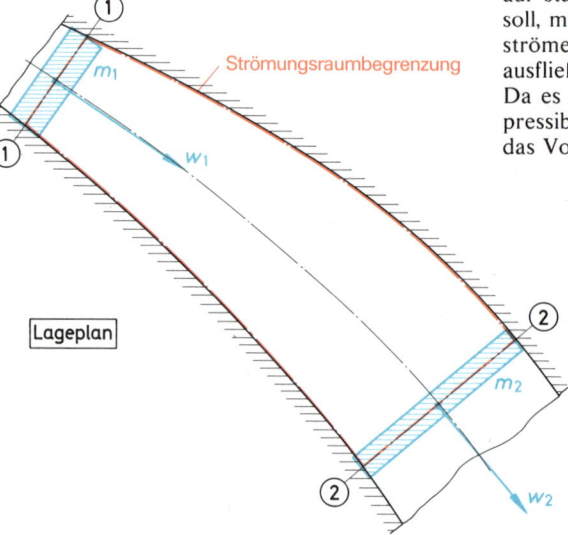

Bild 4.21   Zum Impulssatz

Durch Umwandlung der Gleichung 4.13 erhält man eine für die praktische Anwendung in der Strömungslehre geeignetere Form des Impulssatzes:

$$\sum \frac{\mathrm{d}\vec{\mathfrak{J}}}{\mathrm{d}t} + \sum \vec{\mathfrak{F}} = 0$$

$$\frac{\mathrm{d}\vec{\mathfrak{J}}_1}{\mathrm{d}t} + \frac{\mathrm{d}\vec{\mathfrak{J}}_2}{\mathrm{d}t} + \sum \vec{\mathfrak{F}} = 0$$

$$\frac{\mathrm{d}(m \cdot \mathfrak{w}_1)}{\mathrm{d}t} + \frac{\mathrm{d}(-m \cdot \mathfrak{w}_2)}{\mathrm{d}t} + \sum \vec{\mathfrak{F}} = 0$$

$$\frac{\mathrm{d}m}{\mathrm{d}t} \mathfrak{w}_1 + m \frac{\mathrm{d}\mathfrak{w}_1}{\mathrm{d}t} -$$

$$- \frac{\mathrm{d}m}{\mathrm{d}t} \mathfrak{w}_2 - m \frac{\mathrm{d}\mathfrak{w}_2}{\mathrm{d}t} + \sum \vec{\mathfrak{F}} = 0$$

Bei stationärer Strömung ist

$$\frac{\mathrm{d}\mathfrak{w}_1}{\mathrm{d}t} = 0; \quad \frac{\mathrm{d}\mathfrak{w}_2}{\mathrm{d}t} = 0$$

$\dfrac{\mathrm{d}m}{\mathrm{d}t}$ ist der durch den betrachteten Strömungsraum strömende Massenstrom $\dot{m}$.

Somit ergibt sich:

$$\dot{m} \cdot \mathfrak{w}_1 - \dot{m} \cdot \mathfrak{w}_2 + \sum \vec{\mathfrak{F}} = 0$$

oder durch den Volumenstrom ausgedrückt:

$$\varrho \cdot \dot{V} \cdot \mathfrak{w}_1 - \varrho \cdot \dot{V} \cdot \mathfrak{w}_2 + \sum \vec{\mathfrak{F}} = 0$$

Für einen beliebig gestalteten Strömungsraum kann der Impulssatz wie folgt formuliert werden: (4.14)

$$\sum_{1}^{n} \varrho_i \cdot \dot{V}_i \cdot \mathfrak{w}_i + \sum \vec{\mathfrak{F}} = 0$$

n = Anzahl der Öffnungen des Systems

i = Nummer der Öffnung

$\displaystyle\sum_{1}^{n} \varrho_i \cdot \dot{V}_i \cdot \mathfrak{w}_i$ = geometrische Summe aller am Strömungsraum angreifenden Impulskräfte

$\sum \vec{\mathfrak{F}}$ = geometrische Summe aller auf den Strömungsraum wirkenden äußeren Kräfte

Bei Anwendung des Impulssatzes in der Schreibweise der Gleichung 4.14 ist unbedingt zu beach-

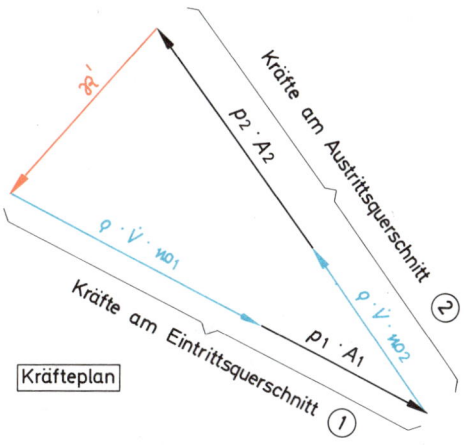

Bild 4.22   Zum Impulssatz

ten, daß die an den Eintrittsquerschnitten des Strömungsraumes wirkenden Impulskräfte **in** Strömungsrichtung, die an den Austrittsquerschnitten auftretenden Impulskräfte **gegen** die Strömungsrichtung eingetragen werden.

Die Zusammensetzung der verschiedenen Kräfte erfolgt geometrisch in einem **Kräfteplan** oder algebraisch über die Kraftkomponenten. Würde z.B. auf den Eintrittsquerschnitt A_1 der in Bild 4.21 dargestellten Stromröhre die Druckkraft $p_1 \cdot A_1$, auf den Austrittsquerschnitt die Druckkraft $p_2 \cdot A_2$ einwirken, so ergäbe sich der Kräfteplan von Bild 4.22.

Die Kraft $\mathfrak{R}'$ ist die Kraft, die die Stromröhrenwandung auf die Flüssigkeit ausübt und die Strömung dadurch umlenkt.

Nach dem Prinzip «actio = reactio» übt die Flüssigkeit eine gleich große entgegengesetzte Kraft $\mathfrak{R}$ auf die Stromröhrenwand aus.

Bei der anschließenden Behandlung verschiedener Anwendungen und Beispiele wird in der Regel in folgenden Schritten vorgegangen:

1. Abgrenzung des betrachteten Strömungsraumes, d.h. Einzeichnen der Kontrollfläche in den Lageplan. Die äußeren, geometrischen Umrisse des durch- oder umströmten Körpers müssen genau bekannt sein.

2. Ermittlung der durchströmten Querschnitte, Geschwindigkeiten und Drücke. Die Dichte des Strömungsmediums muß ebenfalls bekannt sein.

3. Berechnen und Einzeichnen (in den Lageplan) der äußeren Druckkräfte. Berechnung der

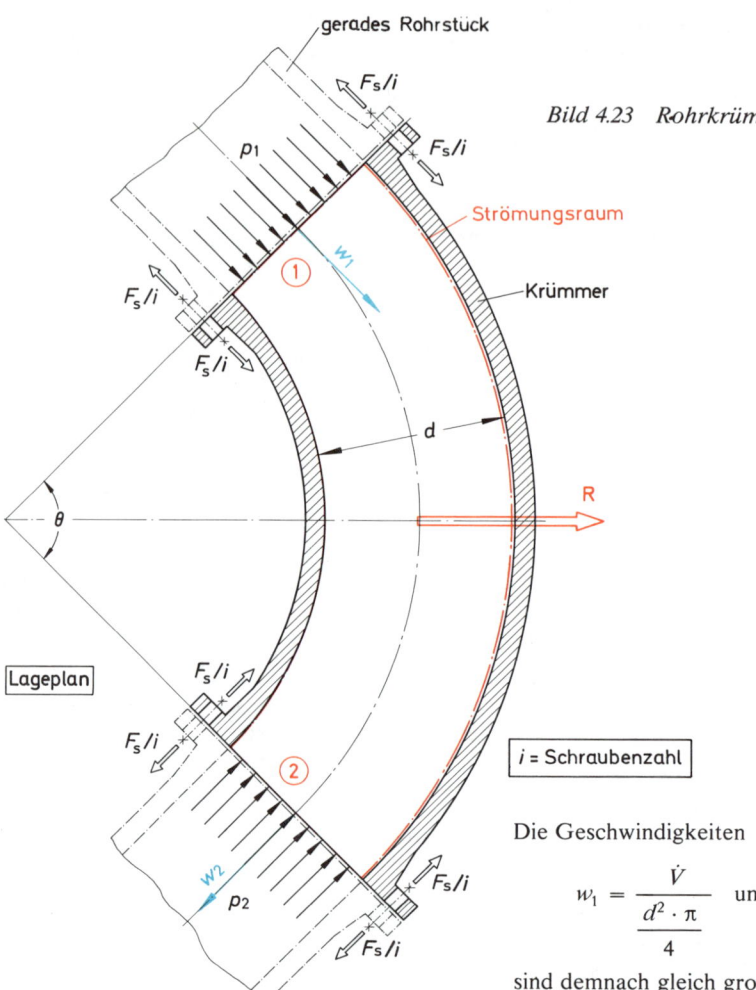

gerades Rohrstück

F_s/i

F_s/i

p_1

Bild 4.23 Rohrkrümmer

Strömungsraum

w_1

①

Krümmer

F_s/i

F_s/i

d

θ

R

Lageplan

F_s/i

F_s/i

②

i = Schraubenzahl

w_2

p_2

F_s/i

F_s/i

einzelnen Impulskräfte $\dot{V} \cdot \varrho \cdot w$ und deren Eintragen in den Lageplan.
4. Aufzeichnen des Kräfteplanes bzw. Zerlegen der einzelnen Kräfte in Komponenten und algebraische Addition der Komponenten.

4.2.4.2   Anwendungen und Beispiele

a) Kräfte an einem Rohrkrümmer infolge Richtungsänderung der Geschwindigkeit

Der in Bild 4.23 dargestellte Rohrkrümmer habe wie die anschließenden geraden Rohrstücke den Innendurchmesser d.

Die Geschwindigkeiten

$$w_1 = \frac{\dot{V}}{\dfrac{d^2 \cdot \pi}{4}} \quad \text{und} \quad w_2 = \frac{\dot{V}}{\dfrac{d^2 \cdot \pi}{4}}$$

sind demnach gleich groß.
Vernachlässigt man den Reibungsverlust und den eventuellen Höhenunterschied zwischen den Querschnitten ① und ②, so können auch die Drücke p_1 und p_2 als gleich groß angesetzt werden. An den Querschnitten ① und ② treten folgende Kräfte auf:

Querschnitt ①:

a) Druckkraft $F_{p1} = p \cdot A = p \cdot \dfrac{d^2 \cdot \pi}{4}$

b) Impulskraft

$$F_{I1} = \varrho \cdot \dot{V} \cdot w = \varrho \cdot A \cdot w^2 = \varrho \cdot w^2 \cdot \frac{d^2 \cdot \pi}{4}$$

Diese Kräfte wirken **in** Strömungsrichtung.

94

Querschnitt ②:

a) Druckkraft $F_{p2} = p \cdot A = p \cdot \dfrac{d^2 \cdot \pi}{4}$

b) Impulskraft $F_{I2} = \varrho \cdot \dot{V} \cdot w = \varrho \cdot w^2 \cdot \dfrac{d^2 \cdot \pi}{4}$

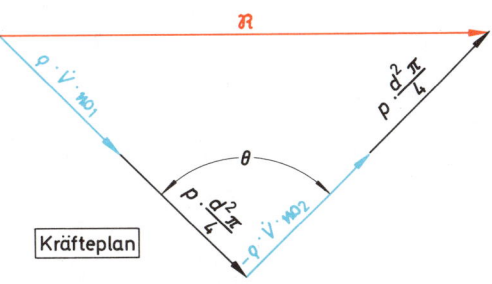

Kräfteplan

Bild 4.24   Kräfteplan zum Rohrkrümmer

Diese Kräfte wirken **gegen** die Strömungsrichtung.
Die auf den Krümmer ausgeübte Reaktionskraft R ergibt sich aus dem Kräfteplan (Bild 4.24):

(4.15)

$$R = 2 \cdot \frac{d^2 \cdot \pi}{4} \cdot (p + \varrho \cdot w^2) \sin \frac{\Theta}{2}$$

Die Wirkungslinie der Reaktionskraft R fällt mit der Winkelhalbierenden zusammen. Die Kraft R ist nach außen gerichtet.
Die Schraubenkraft F_S, die von den Strömungskräften hervorgerufen wird, ergibt sich als Summe der Impulskraft und Druckkraft:

(4.16)

$$F_S = \frac{d^2 \cdot \pi}{4} \cdot (p + \varrho \cdot w^2)$$

b) Rückstoßkräfte beim Ausfluß aus Gefäßen

Im Abschnitt 4.2.2.2a wurde die Ausflußgeschwindigkeit w_a mit Hilfe der Bernoulli-Gleichung

---

Beispiel 16

Aufgabenstellung:

Ein 90°-Krümmer mit der Nennweite DN 200 ($d \approx 200$ mm) wird von 300 Litern Wasser in der Sekunde durchflossen. Der Leitungsdruck p beträgt 4 bar. Die Reaktionskraft R und die Schraubenkraft F_S sind zu bestimmen.

Lösung:

Die Reaktionskraft R (Bild 4.25) folgt aus Gleichung 4.15:

$$R = 2 \cdot \frac{d^2 \cdot \pi}{4} \cdot (p + \varrho \cdot w^2) \cdot \sin \frac{\Theta}{2}$$

$$w = \frac{\dot{V}}{\dfrac{d^2 \cdot \pi}{4}} = \frac{0{,}3}{0{,}0314} = 9{,}55 \text{ m/s}$$

$R = 2 \cdot 0{,}0314$

$\qquad \cdot (4 \cdot 10^5 + 10^3 \cdot 9{,}55^2) \cdot \sin \dfrac{90°}{2}$

$R = 2 \cdot 0{,}0314$

$\qquad \cdot (4 \cdot 10^5 + 0{,}91 \cdot 10^5) \cdot 0{,}7071$

$R = 2 \cdot 0{,}0314 \cdot 4{,}91 \cdot 10^5 \cdot 0{,}7071$

$R = 21\,800$ N

$$R = 21{,}8 \text{ kN}$$

Die Schraubenkraft ergibt sich aus Gl. 4.16

$$F_S = \frac{d^2 \cdot \pi}{4} \cdot (p + \varrho \cdot w^2)$$

$F_S = 0{,}0314 \cdot (4 \cdot 10^5 + 10^3 \cdot 9{,}55^2)$

$F_S = 0{,}0314 \cdot 4{,}91 \cdot 10^5$

$F_S = 15\,400$ N

$$F_S = 15{,}4 \text{ kN}$$

Bild 4.25   Rohrkrümmer (Beispiel 16) ▶

Bild 4.26   Rückstoßkraft
▼

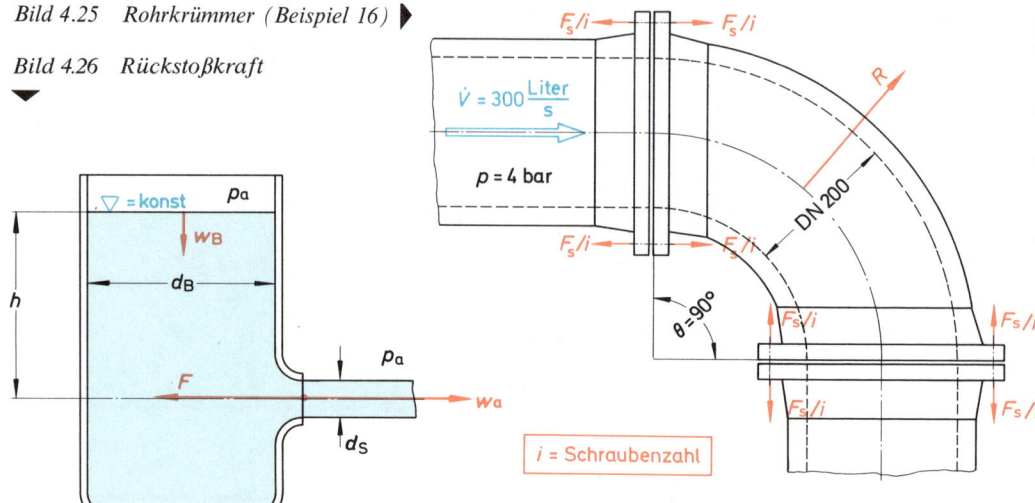

i = Schraubenzahl

bereits zu $w_a = \sqrt{2 \cdot g \cdot h}$ abgeleitet. Unter Anwendung des Impulssatzes soll nun die von dem austretenden Strahl hervorgerufene Rückstoßkraft F (Bild 4.26) bestimmt werden.

Der Behälterquerschnitt $\dfrac{d_B^2 \cdot \pi}{4}$ soll viel größer

sein als der Strahlquerschnitt $\dfrac{d_S^2 \cdot \pi}{4}$, so daß die

Sinkgeschwindigkeit w_B gegenüber der Strahlgeschwindigkeit w_a vernachlässigt werden darf.
Eine Druckkraft tritt an der Behälteröffnung nicht auf, da der Druck $\varrho \cdot g \cdot h$ in die Geschwindigkeit w_a umgewandelt wird.
In der Kräftebilanz tritt deshalb entgegengesetzt zur Strahlgeschwindigkeitsrichtung nur die Impulskraft

$$F = \varrho \cdot \dot{V} \cdot w_a$$

auf.

Mit $\dot{V} = \dfrac{d_S^2 \cdot \pi}{4} \cdot w_a$ und $w_a = \sqrt{2 \cdot g \cdot h}$ erhält

man folgenden endgültigen Ausdruck für die Reaktionskraft F:

$$F = \dfrac{d_S^2 \cdot \pi}{4} \cdot w_a \cdot w_a \cdot \varrho$$

(4.17)

$$\boxed{F = \dfrac{d_S^2 \cdot \pi}{4} \cdot w_a^2 \cdot \varrho = \dfrac{d_S^2 \cdot \pi}{4} \cdot 2 \cdot g \cdot h \cdot \varrho}$$

Bei verschlossener Düse würde auf die Öffnung der hydrostatische Druck $p = \varrho \cdot g \cdot h$ und die

hydrostatische Kraft $F_{st} = \dfrac{d_S^2 \cdot \pi}{4} \cdot g \cdot h \cdot \varrho$ wirken.

Man erkennt, daß die dynamische Reaktionskraft F den doppelten Wert der statischen Druckkraft F_{st} bei geschlossener Düse hat.

Die Rückstoßkraft läßt sich auch an einem auf einem Rohr aufgesetzten Düsenmundstück (Bild 4.27) zeigen:

Am Eintritt ① des Düsenmundstückes herrscht der Überdruck p_1, wenn an der Düsenöffnung ② der Druck p_2 (als Überdruck) zu Null wird. Aus der Energiegleichung ergibt sich für reibungslose Ausströmung folgender Zusammenhang zwischen Druck und Geschwindigkeiten:

$$\frac{p_1}{\varrho} + \frac{w_R^2}{2} = \frac{w_a^2}{2}, \text{ da } p_2 = p_a = 0$$

(als Überdruck).

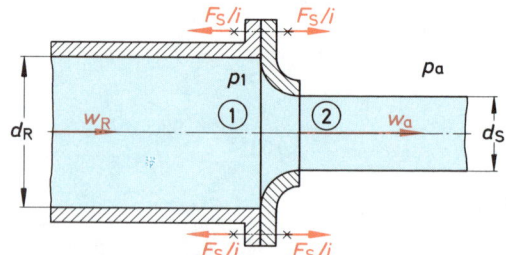

Bild 4.27   Rückstoßkraft an einem Düsenmundstück

Weil sich andererseits w_R mit Hilfe der Kontinuitätsgleichung durch w_a ausdrücken läßt, erhält man:

$$w_R \cdot d_R^2 \cdot \frac{\pi}{4} = w_a \cdot d_S^2 \cdot \frac{\pi}{4}$$

$$w_R = w_a \cdot \frac{d_S^2}{d_R^2}$$

$$w_R^2 = w_a^2 \cdot \frac{d_S^4}{d_R^4}$$

$$\frac{p_1}{\varrho} + \frac{w_a^2}{2} \cdot \left(\frac{d_S}{d_R}\right)^4 = \frac{w_a^2}{2}$$

$$w_a^2 \cdot \left[1 - \left(\frac{d_S}{d_R}\right)^4\right] = \frac{2\,p_1}{\varrho}$$

(4.18)

$$w_a = \sqrt{\frac{2\,p_1}{\varrho \cdot \left[1 - \left(\frac{d_S}{d_R}\right)^4\right]}}$$

Die Rückstoßkraft F ergibt sich aus ϱ, $\dot{V}$ und w_a:

$$F = \varrho \cdot \dot{V} \cdot w_a$$

$$F = \varrho \cdot \frac{d_S^2 \cdot \pi}{4} \cdot w_a^2$$

$$F = \varrho \cdot \frac{d_S^2 \cdot \pi}{4} \cdot \frac{2\,p_1}{\varrho \cdot \left[1 - \left(\frac{d_S}{d_R}\right)^4\right]}$$

(4.19)

$$F = \frac{p_1 \cdot d_S^2 \cdot \pi}{2\left[1 - \left(\frac{d_S}{d_R}\right)^4\right]}$$

Man erkennt, daß sich für $d_R \to \infty$ die Rückstoßkraft eines Behälters mit Düsenansatz ergibt (Gleichung 4.17), wenn man berücksichtigt, daß $p_1 = \varrho \cdot g \cdot h$ ist. Die Schraubenkraft F_S kann man durch Anwenden des Impulssatzes auf das Düsenmundstück (Bild 4.28) berechnen:

In Strömungsrichtung wirken:

a) die Druckkraft $p_1 \cdot \dfrac{d_R^2 \cdot \pi}{4}$

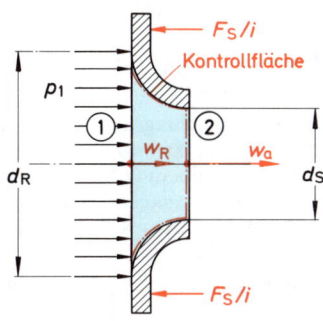

Bild 4.28   Kräfte am Düsenmundstück

b) die Impulskraft $\dot{V} \cdot \varrho \cdot w_R = \varrho \cdot \dfrac{d_R^2 \cdot \pi}{4} \cdot w_R^2$

Gegen die Strömungsrichtung tritt lediglich die Impulskraft

$$\dot{V} \cdot \varrho \cdot w_a = \varrho \cdot \frac{d_S^2 \cdot \pi}{4} \cdot w_a^2$$

auf.
Die resultierende Schraubenkraft F_S beträgt damit:

$$F_S = p_1 \cdot \frac{d_R^2 \cdot \pi}{4}$$

$$+ \varrho \cdot \frac{d_R^2 \cdot \pi}{4} \cdot w_R^2 - \varrho \cdot \frac{d_S^2 \cdot \pi}{4} \cdot w_a^2$$

c) Strahlstoßkräfte

Trifft ein aus einer Düse austretender Flüssigkeitsstrahl nach Durchströmen einer freien Strecke auf eine Wand auf, so wird er dort umgelenkt und übt auf die Wand eine Druckkraft aus.
Die Abströmung von der Wand erfolgt parallel zur Wandrichtung.
Je nach Wandform und Auftreffwinkel ergeben sich verschiedene Strömungsbilder.

c 1) Senkrechter Stoß auf eine ebene Wand

Unter der Annahme, daß sich die Geschwindigkeit w nur in der Richtung (um 90°) und nicht dem Betrage nach ändert und unter Vernachlässigung von Reibung und Erdschwere ergibt sich eine zur Strahlmittellinie drehsymmetrische Anströmung der Wand.
Legt man die x-Richtung in die Strahlachse (Bild 4.30), so ergibt sich nur eine Kraft in x-Richtung, da die in y-Richtung entstehenden Rückstoß-

97

Beispiel 17

Aufgabenstellung:

An eine Rohrleitung mit der Nennweite DN 200 ($d_R \approx 200$ mm) wird ein Düsenmundstück mit einem Öffnungsdurchmesser von $d_S = 50$ mm angeschraubt (Bild 4.29). Der Druck in der Rohrleitung beträgt 4 bar.

a) Wie groß ist die Ausflußgeschwindigkeit w_a?
b) Wie groß ist die Rückstoßkraft F, die auf die Rohrstütze ausgeübt wird?
c) Wie groß ist die Schraubenkraft F_S?

Lösung:

a) Die Ausflußgeschwindigkeit w_a berechnet sich aus Gleichung 4.18:

$$w_a = \sqrt{\frac{2\,p_1}{\varrho \cdot \left[1 - \left(\dfrac{d_S}{d_R}\right)^4\right]}}$$

$$w_a = \sqrt{\frac{2 \cdot 4 \cdot 10^5}{10^3 \cdot \left[1 - \left(\dfrac{50}{200}\right)^4\right]}}$$

$$w_a = \sqrt{\frac{800}{1 - \dfrac{1}{256}}}$$

$$w_a = \sqrt{\frac{800}{0,9961}} = \sqrt{803}$$

$$\boxed{w_a = 28,3 \text{ m/s}}$$

b) Die Rückstoßkraft F folgt aus Gleichung 4.19:

$$F = \frac{p_1 \cdot d_S^2 \cdot \pi}{2 \left[1 - \left(\dfrac{d_S}{d_R}\right)^4\right]}$$

$$F = \frac{4 \cdot 10^5 \cdot 0,05^2 \cdot \pi}{2 \cdot 0,9961}$$

$$F = \frac{2 \cdot 10^5 \cdot 25 \cdot 10^{-4} \cdot \pi}{0,9961} = \frac{500 \cdot \pi}{0,9961}$$

$$\boxed{F = 1580 \text{ N}}$$

c) Die Geschwindigkeit im Rohrquerschnitt beträgt:

$$w_R = w_a \cdot \frac{d_S^2}{d_R^2} = 28,3 \left(\frac{50}{200}\right)^2$$

$$w_R = 1,77 \text{ m/s}$$

damit sind alle Größen zur Ermittlung der Schraubenkraft F_S bekannt:

$$F_S = p_1 \cdot \frac{d_R^2 \cdot \pi}{4} + \varrho \cdot \frac{d_R^2 \cdot \pi}{4} \cdot w_R^2$$
$$- \varrho \cdot \frac{d_S^2 \cdot \pi}{4} \cdot w_a^2$$

$$F_S = 4 \cdot 10^5 \cdot 0,0314$$
$$+ 10^3 \cdot 0,0314 \cdot 1,77^2$$
$$- 10^3 \cdot 19,6 \cdot 10^{-4} \cdot 28,3^2$$

$$F_S = 12\,600 + 100 - 1580 = 11\,080 \text{ N}$$

$$\boxed{F_S = 11,08 \text{ kN}}$$

Aus der Rechnung ist zu ersehen, daß die Schraubenkraft F_S im wesentlichen aus der statischen Druckkraft $p_1 \cdot d_R^2 \cdot \pi/4$ herrührt. Die dynamischen Kräfte (Impulskräfte) spielen in diesem vorliegenden Fall nur eine untergeordnete Rolle.

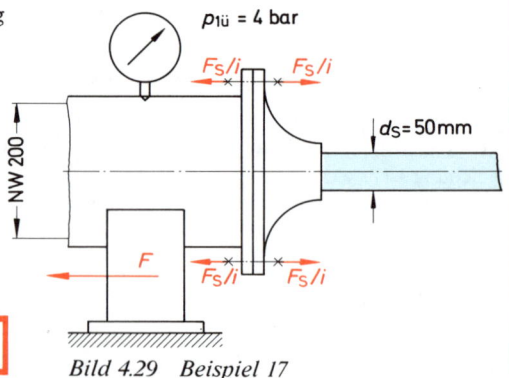

Bild 4.29   Beispiel 17

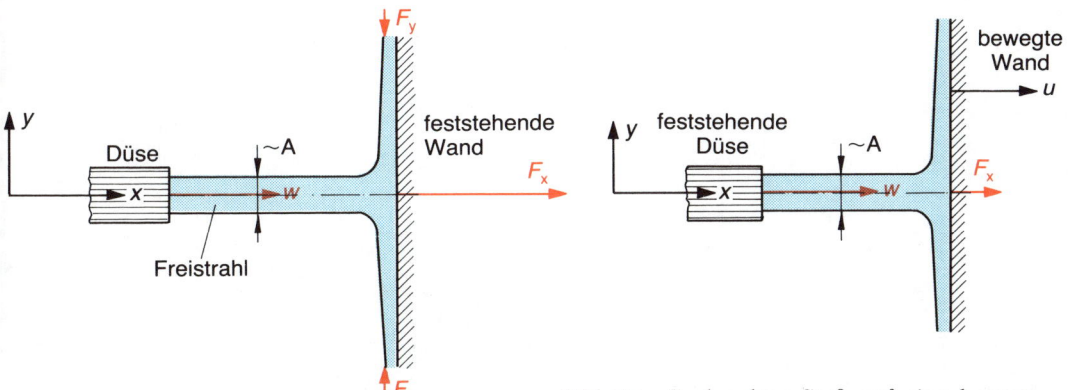

Bild 4.30 *Senkrechter Stoß eines Flüssigkeitsstrahls*

Bild 4.31 *Senkrechter Stoß auf eine bewegte Wand*

kräfte auf die parallel zu ihnen liegende Wand nicht einwirken, da die Reibung vernachlässigt werden soll. Nach Gleichung 4.14 ergibt sich damit für die Stoßkraft F_x:

(4.20)

$$F_x = \varrho \cdot \dot{V} \cdot w$$

oder durch Einsetzen von $\dot{V} = A \cdot w$:

(4.21)

$$F_x = \varrho \cdot A \cdot w^2$$

Bewegt sich die Platte mit der Geschwindigkeit u, (Bild 4.31) in Strahlrichtung, so vermindert sich die Stoßkraft F_x.

$$F_x = \varrho \cdot \dot{V}' \cdot (w - u)$$
$$\dot{V}' = A \cdot (w - u)$$

(4.22)

$$F_x = \varrho \cdot A \cdot (w - u)^2$$

Die Strahlleistung P ergibt sich aus Stoßkraft F_x und Wandgeschwindigkeit u:

$$P = F_x \cdot u = \varrho \cdot A \cdot (w - u)^2 \cdot u$$
$$P = \varrho \cdot A \cdot (w^2 \cdot u - 2 \cdot w \cdot u^2 + u^3)$$

Die maximal mögliche Leistung P_{max} erhält man durch Ableiten und Nullsetzen der Funktion $P = f(u)$:

$$\frac{dP}{du} = \varrho \cdot A \cdot (w^2 - 4 \cdot w \cdot u + 3 \cdot u^2) = 0$$

$$3 \cdot u^2 - 4 \cdot w \cdot u + w^2 = 0$$

$$u^2 - \frac{4}{3} \cdot w \cdot u + \frac{w^2}{3} = 0$$

$$u_1 = \frac{4}{6} \cdot w + \sqrt{\left(\frac{4}{6} \cdot w\right)^2 - \frac{w^2}{3}}$$

$$u_1 = \frac{4}{6} \cdot w + \sqrt{\frac{w^2}{9}} = \frac{2}{3} \cdot w + \frac{1}{3} \cdot w$$

$$u_1 = w$$

$$u_2 = \frac{2}{3} w - \frac{1}{3} w = \frac{1}{3} w$$

Bei $u_1 = w$ ergibt sich die minimale Leistung $P = 0$, da $F_x = 0$ wird; bei $u_2 = \frac{1}{3} \cdot w$ ergibt sich die maximal mögliche Leistung P_{max}.

$$P_{max} = \varrho \cdot A \cdot \left(w - \frac{1}{3} \cdot w\right)^2 \cdot \frac{1}{3} w$$

$$P_{max} = \varrho \cdot A \cdot \left(w^2 - \frac{2}{3} \cdot w^2 + \frac{1}{9} \cdot w^2\right) \cdot \frac{w}{3}$$

$$P_{max} = \frac{4}{27} \cdot \varrho \cdot A \cdot w^3 = 4 \cdot \varrho \cdot A \cdot u^3$$

c2) Für die Stoßkräfte an **geneigten, geknickten** und **gewölbten** Wänden ergeben sich die in Tabelle 4.1 zusammengestellten Beziehungen:

Tabelle 4.1 Strahlstoßkräfte

geneigte Wand	geknickte Wand	gewölbte Wand

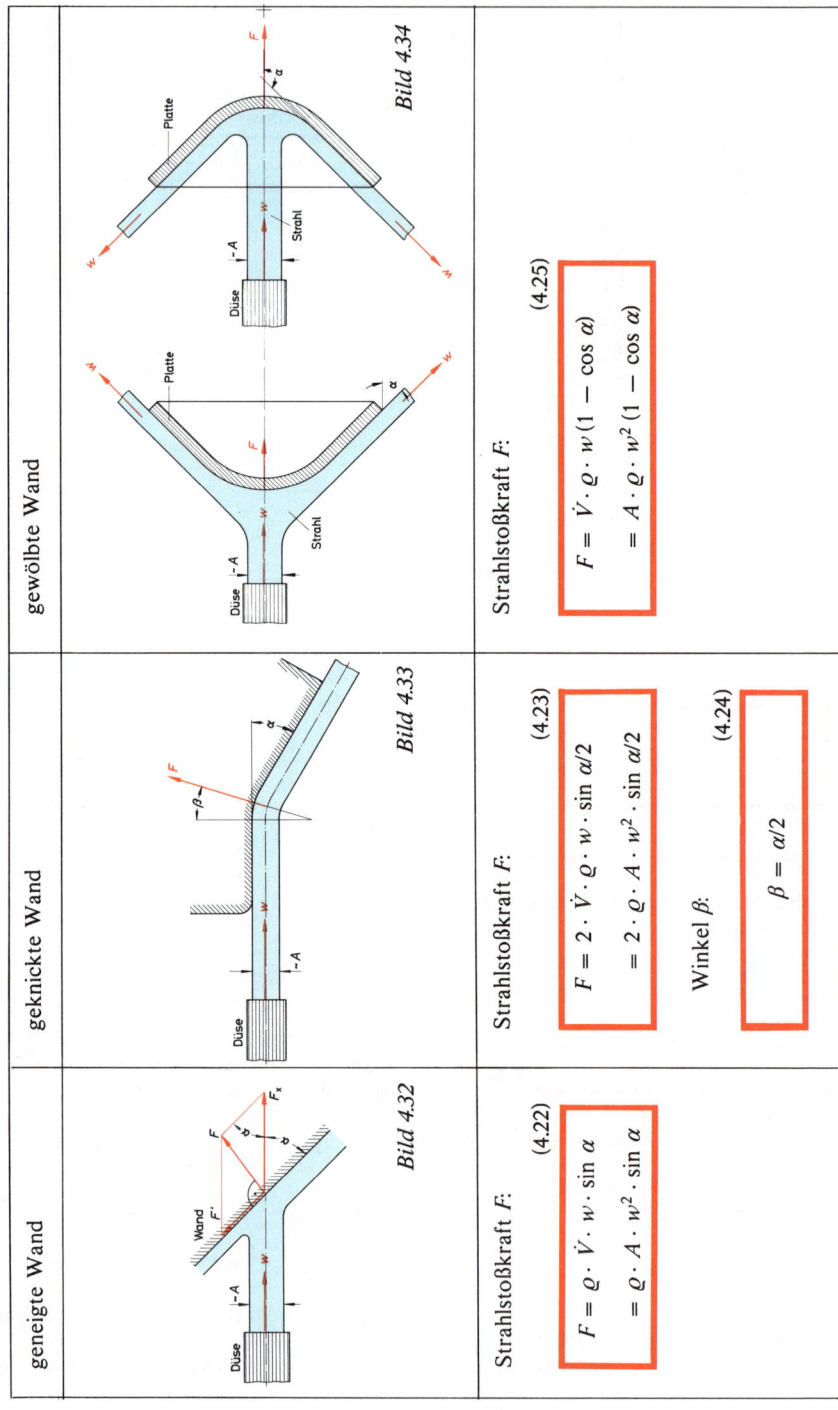

Bild 4.32 — geneigte Wand

Bild 4.33 — geknickte Wand

Bild 4.34 — gewölbte Wand

Strahlstoßkraft F:

$$F = \varrho \cdot \dot{V} \cdot w \cdot \sin \alpha$$
$$= \varrho \cdot A \cdot w^2 \cdot \sin \alpha \qquad (4.22)$$

Strahlstoßkraft F:

$$F = 2 \cdot \dot{V} \cdot \varrho \cdot w \cdot \sin \alpha/2$$
$$= 2 \cdot \varrho \cdot A \cdot w^2 \cdot \sin \alpha/2 \qquad (4.23)$$

Winkel β:

$$\beta = \alpha/2 \qquad (4.24)$$

Strahlstoßkraft F:

$$F = \dot{V} \cdot \varrho \cdot w (1 - \cos \alpha)$$
$$= A \cdot \varrho \cdot w^2 (1 - \cos \alpha) \qquad (4.25)$$

Beispiel 18

Aufgabenstellung:

Der Strahlablenker einer Freistrahlturbine lenkt einen Freistrahl um 45° um (Bild 4.35). Wie groß ist das Moment M am Strahlablenker bei folgenden Werten?

Volumenstrom $\dot{V} = 2$ m³/s
Geschwindigkeit $w = 60$ m/s
Wasserdichte $\varrho = 1000$ kg/m³
Exzentrizität $e = 5$ cm

Lösung:

Die Stoßkraft ergibt sich aus der Gleichung 4.23:

$$F = 2 \cdot \dot{V} \cdot \varrho \cdot w \cdot \sin\frac{\alpha}{2}$$

$$F = 2 \cdot 2 \cdot 1000 \cdot 60 \cdot \sin\frac{45°}{2}$$

$$F = 9{,}18 \cdot 10^4 \text{ N}$$

Das Moment M errechnet sich aus Stoßkraft F und Exzentrizität e:

$$M = F \cdot e = 9{,}18 \cdot 10^4 \cdot 0{,}05$$

$$\boxed{M = 4{,}59 \cdot 10^3 \text{ N} \cdot \text{m}}$$

d) Strahlablenkung durch eine scharfe Schneide

Ein horizontal ausfließender Freistrahl wird durch eine scharfe Schneide leicht angeschnitten, wobei ein Teil des Strahls der Schneide folgt, ein Teil um den Winkel α abgelenkt wird (Bild 4.36). Den Zusammenhang zwischen den beiden Volumenteilströmen $\dot{V}_1$ und $\dot{V}_2$ und dem Winkel α erhält man durch Betrachtung des Gleichgewichts der Impulskräfte in y-Richtung:

$$\dot{V}_1 \cdot \varrho \cdot w = \dot{V}_2 \cdot \varrho \cdot w \cdot \sin\alpha$$

$$(4.26)$$

$$\boxed{\sin\alpha = \frac{\dot{V}_1}{\dot{V}_2}}$$

Die auf die Schneide ausgeübte Kraft ergibt sich aus einer Gleichgewichtsbetrachtung aller am Strahl angreifenden Kräfte (Bild 4.37):

$$\sum F_x = 0$$

$$\dot{V} \cdot \varrho \cdot w = F + \dot{V}_2 \cdot \varrho \cdot w \cdot \cos\alpha$$

$$F = \dot{V} \cdot \varrho \cdot w - \dot{V}_2 \cdot \varrho \cdot w \cdot \cos\alpha$$

$$(4.27)$$

$$\boxed{F = \varrho \cdot w (\dot{V} - \dot{V}_2 \cdot \cos\alpha)}$$

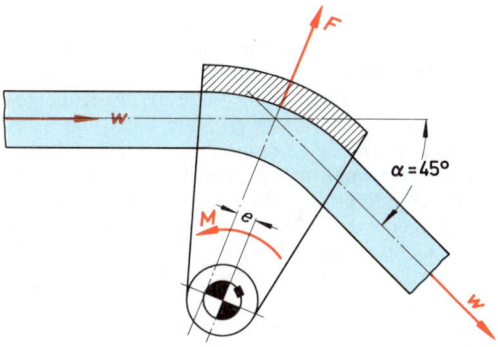

Bild 4.35   Strahlablenker einer Freistrahlturbine

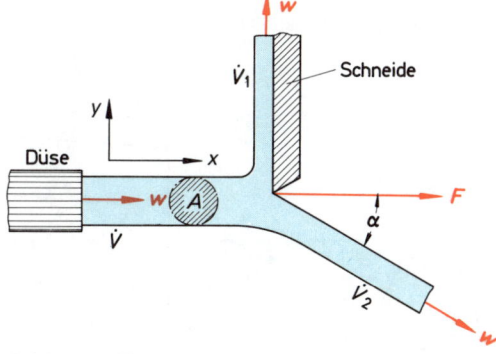

Bild 4.36   Zertrennung eines Strahles

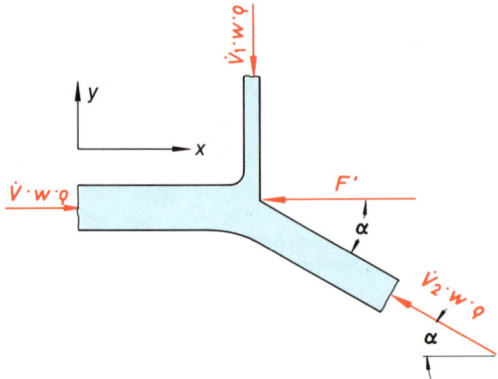

Bild 4.37   Kräfte am zertrennten Strahl

und da $w_{1x} = w_{2x}$ sein muß:

$$w_1 \cdot \cos \alpha_1 = w_2 \cdot \cos \alpha_2$$

$$w_2 = w_1 \cdot \frac{\cos \alpha_1}{\cos \alpha_2}$$

$$G = -\varrho \cdot \dot{V}$$
$$\cdot \left(w_1 \cdot \frac{\cos \alpha_1}{\cos \alpha_2} \cdot \sin \alpha_2 - w_1 \cdot \sin \alpha_1 \right)$$

(4.28)

$$G = \varrho \cdot \dot{V} \cdot w_1 \, (\sin \alpha_1 - \cos \alpha_1 \cdot \tan \alpha_2)$$

Unter Zuhilfenahme der Beziehung $\dot{V}_1 + \dot{V}_2 = \dot{V}$ lassen sich damit alle obigen Werte berechnen.

e)   Kugel im schrägen Strahl

Eine Kugel erfährt in einem sie an der Oberseite umströmenden Freistrahl eine nach oben gerichtete Auftriebskraft F_y, die bei richtiger Abstimmung aller Größen in der Lage ist, das Kugelgewicht G zu kompensieren (Bild 4.38). Die in x-Richtung fallenden Komponenten der Geschwindigkeiten w_1 und w_2 müssen gleich groß sein, da sonst eine Kraft in x-Richtung wirken würde, die die Kugel in diese Richtung bewegen würde, was aber nicht auftreten darf, da nur das Gewicht G durch eine Vertikalkraft in y-Richtung aufgehoben werden soll.

Nach dem Impulssatz beträgt die Kraft F_y:

$$F_y = \varrho \cdot \dot{V} \cdot (w_{2y} - w_{1y})$$
$$= \varrho \cdot \dot{V} \cdot (w_2 \cdot \sin \alpha_2 - w_1 \cdot \sin \alpha_1)$$

und nach Gleichsetzen mit G:

$$G = -\varrho \cdot \dot{V} \cdot (w_2 \cdot \sin \alpha_2 - w_1 \cdot \sin \alpha_1)$$

f)   Druckabfall bei unstetiger Querschnittserweiterung

Der an einer unstetigen Querschnittserweiterung auftretende Druckabfall läßt sich durch eine Gleichgewichtsbetrachtung an der innerhalb der Kontrollfläche eingeschlossenen Masse (Bild 4.39) herleiten.

Kräfte	Eintritts-stelle ①	Austritts-stelle ②
Druckkraft	$p_1 \cdot A_2$	$p_2 \cdot A_2$
Impulskraft	$\dot{V} \cdot \varrho \cdot w_1$	$\dot{V} \cdot \varrho \cdot w_2$

$$p_1 \cdot A_2 + \dot{V} \cdot \varrho \cdot w_1 - p_2 \cdot A_2 - \dot{V} \cdot \varrho \cdot w_2 = 0$$

Aus der Kontinuitätsgleichung folgt:

$$\dot{V} = A_2 \cdot w_2$$
$$p_1 \cdot A_2 + \varrho \cdot A_2 \cdot w_2 \cdot w_1 - p_2 \cdot A_2 - \varrho \cdot A_2 \cdot w_2^2 = 0$$
$$p_2 - p_1 = \varrho \cdot w_2 \cdot (w_1 - w_2)$$

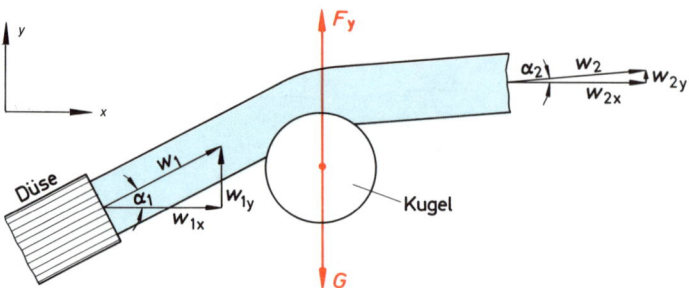

Bild 4.38   Schwebende Kugel in schrägem Strahl

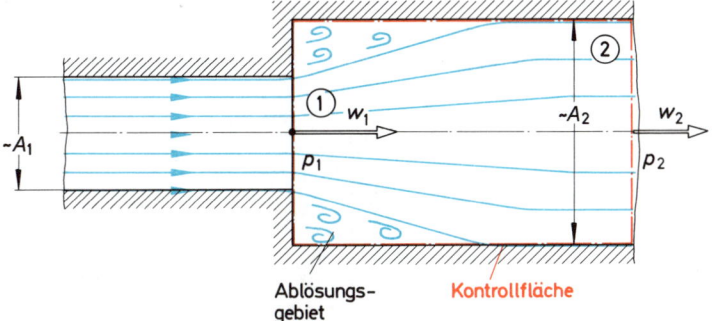

Bild 4.39   Unstetige Quer-
schnittserweiterung

Ablösungs-
gebiet

Kontrollfläche

Nach der Bernoullischen Gleichung würde sich bei reibungsloser Umsetzung von Geschwindigkeit in Druck folgende Drucksteigerung ergeben:

$$\frac{p_2'}{\varrho} + \frac{w_2^2}{2} = \frac{p_1}{\varrho} + \frac{w_1^2}{2}$$

$$p_2' - p_1 = \frac{\varrho}{2}(w_1^2 - w_2^2)$$

Der durch die unstetige Querschnittserweiterung entstehende Druckabfall beträgt demnach:

$$\Delta p_{\text{verl}} = (p_2' - p_1) - (p_2 - p_1)$$

$$\Delta p_{\text{verl}} = \frac{\varrho}{2}(w_1^2 - w_2^2) - \varrho \cdot w_2(w_1 - w_2)$$

$$\Delta p_{\text{verl}} = \frac{\varrho}{2}(w_1^2 - w_2^2 - 2 \cdot w_2 \cdot w_1 + 2 \cdot w_2^2)$$

$$\Delta p_{\text{verl}} = \frac{\varrho}{2}(w_1^2 - 2 \cdot w_2 \cdot w_1 + w_2^2)$$

(4.29)

$$\Delta p_{\text{verl}} = \frac{\varrho}{2}(w_1 - w_2)^2$$

g) Vereinfachte Propellertheorie

Ohne auf die Flügelform, Profilform und Flügelzahl näher einzugehen, soll die Schubwirkung von axialen Propellern mit Hilfe einer stark vereinfachten Strahltheorie erklärt werden.
Propeller sind bekanntlich Vortriebsorgane, die ein Motordrehmoment in eine Schubkraft zum Antrieb von Flugzeugen und Schiffen umwan-

deln. Durch die Drehung des Propellers wird ständig Wasser oder Luft angesaugt und in einem den Propeller umhüllenden Strahl nach rückwärts beschleunigt (Bild 4.40). Gleichzeitig wird das Medium in Drehung versetzt.
Unter Vernachlässigung des Einflusses der Reibung und der Rückwirkung des Fahrzeuges ergeben sich folgende Beziehungen für Schub, Druckerhöhung und Geschwindigkeiten:
Nach dem Impulssatz (Gleichung 4.14) besteht zwischen dem Schub F_S einerseits und den Impulskräften $\dot{V} \cdot \varrho \cdot w$ andererseits folgender Zusammenhang:

$$F_S = \varrho \cdot \dot{V}_a \cdot w_a - \varrho \cdot \dot{V}_e \cdot w_e$$

Da die Strömung (auch bei Luft) inkompressibel verlaufen soll, ist $\dot{V}_a = \dot{V}_e = \dot{V}$.

(4.30a)

$$F_S = \varrho \cdot \dot{V} \cdot (w_a - w_e) = \dot{m} \cdot (w_a - w_e)$$

wobei $\dot{V}$ der vom Propeller erfaßte Volumenstrom ist. Die Anströmgeschwindigkeit w_e ist gleich der Fahrgeschwindigkeit des Schiffes bzw. der Fluggeschwindigkeit des Flugzeugs.
Die in der Propellerebene herrschende mittlere Durchströmgeschwindigkeit sei w_S. Damit ergibt sich der Volumenstrom $\dot{V}$:

$$\dot{V} = \frac{D_S^2 \cdot \pi}{4} \cdot w_S$$

in Gleichung 4.30a eingesetzt:

$$F_S = \varrho \frac{D_S^2 \cdot \pi}{4} \cdot w_S \cdot (w_a - w_e)$$

Durch Anwendung der Energiegleichung 4.3 auf den Strahlabschnitt vor dem Propeller und nach

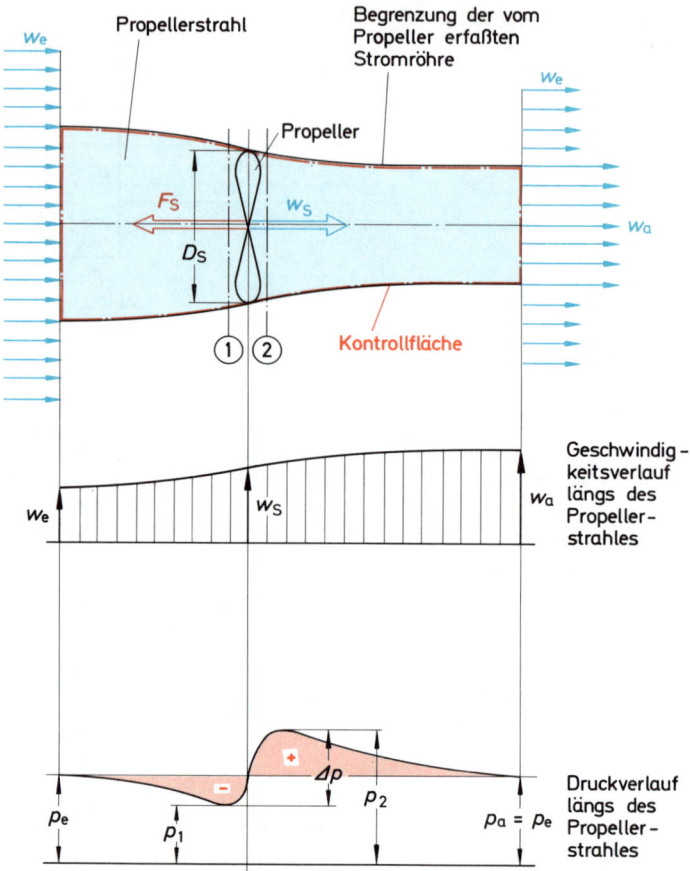

Bild 4.40 Strömung durch einen Propeller (Schema)

Propellerstrahl

Begrenzung der vom Propeller erfaßten Stromröhre

Propeller

F_S w_S

D_S

① ②

Kontrollfläche

Geschwindigkeitsverlauf längs des Propellerstrahles

w_e w_S w_a

Druckverlauf längs des Propellerstrahles

Δp

p_e p_1 p_2 $p_a = p_e$

dem Propeller kann der Schub durch den Druckunterschied Δp ausgedrückt werden:

vor dem Propeller

$$\text{I} \quad \frac{p_e}{\varrho} + \frac{w_e^2}{2} = \frac{p_1}{\varrho} + \frac{w_S^2}{2}$$

nach dem Propeller

$$\text{II} \quad \frac{p_2}{\varrho} + \frac{w_S^2}{2} = \frac{p_a}{\varrho} + \frac{w_a^2}{2}$$

Da der Austrittsdruck p_a gleich dem Eintrittsdruck p_e ist (Propellerstrahl = Freistrahl), ergibt sich

$$\text{IIa} \quad \frac{p_e}{\varrho} + \frac{w_a^2}{2} = \frac{p_2}{\varrho} + \frac{w_S^2}{2}$$

Subtrahiert man Gleichung I von Gleichung IIa, so erhält man für den Druckunterschied $\Delta p = p_2 - p_1$:

$$\frac{w_a^2}{2} - \frac{w_e^2}{2} = \frac{p_2}{\varrho} - \frac{p_1}{\varrho} = \frac{\Delta p}{\varrho}$$

$$\Delta p = \frac{\varrho}{2} \cdot (w_a^2 - w_e^2)$$

Der Schub F_S läßt sich nun durch die Propellerfläche $A_S = (D_S^2 \cdot \pi)/4$ und den Drucksprung Δp ausdrücken:

(4.30b)

$$F_S = \Delta p \cdot A_S = \frac{\varrho}{2} (w_a^2 - w_e^2) \frac{D_S^2 \cdot \pi}{4}$$

Durch Gleichsetzen der beiden Ausdrücke für den Schub F_S ergibt sich die Geschwindigkeit w_S zu:

$$\varrho \cdot \frac{D_S^2 \cdot \pi}{4} \cdot w_S \cdot (w_a - w_e)$$

$$= \frac{\varrho}{2} (w_a^2 - w_e^2) \cdot \frac{D_S^2 \cdot \pi}{4}$$

$$w_S \cdot (w_a - w_e) = \tfrac{1}{2} \cdot (w_a^2 - w_e^2)$$

$$w_S \cdot (w_a - w_e) = \tfrac{1}{2} \cdot (w_a + w_e) \cdot (w_a - w_e)$$

(4.31)

$$w_S = \frac{w_a + w_e}{2}$$

Diese bereits von FROUDE angegebene Beziehung besagt, daß die unmittelbar im Propellerquerschnitt herrschende Strahlgeschwindigkeit w_S gleich dem arithmetischen Mittel aus Anströmgeschwindigkeit w_e und Abströmgeschwindigkeit w_a ist.
Bezieht man den Schub F_S auf den Staudruck der Anströmgeschwindigkeit w_e und die Propellerfläche A_S, so erhält man den Schubbelastungsgrad C_S:

$$C_S = \frac{F_S}{A_S \cdot \dfrac{\varrho}{2} \cdot w_e^2} = \frac{\dfrac{\varrho}{2} \cdot (w_a^2 - w_e^2) \cdot A_S}{A_S \cdot \dfrac{\varrho}{2} \cdot w_e^2}$$

$$C_S = \frac{w_a^2 - w_e^2}{w_e^2}$$

(4.32)

$$C_S = \left(\frac{w_a}{w_e}\right)^2 - 1$$

Bei bekanntem Schubbelastungsgrad C_S errechnet sich der Schub F_S zu:

(4.33)

$$F_S = C_S \cdot A_S \cdot \frac{\varrho}{2} \cdot w_e^2$$

Wobei $A_S = (D_S^2 \cdot \pi)/4$ die Propellerfläche ist. Die auf das Schiff bzw. Flugzeug übertragene Nutz-

leistung ergibt sich aus Schub F_S und Fahr-(Flug-)Geschwindigkeit w_e:

$$P_{\text{Nutz}} = w_e \cdot F_S$$

Den Leistungsaufwand am Propeller erhält man aus Schub F_S und Geschwindigkeit w_S am Propeller:

$$P_{\text{Prop}} = w_S \cdot F_S$$

Der theoretische Propellerwirkungsgrad η_{th} ist gleich dem Verhältnis aus Nutzleistung und Propellerleistung:

$$\eta_{\text{th}} = \frac{P_{\text{Nutz}}}{P_{\text{Prop}}} = \frac{w_e \cdot F_S}{w_S \cdot F_S}$$

$$\eta_{\text{th}} = \frac{w_e}{w_S}$$

mit $w_S = \dfrac{w_e + w_a}{2}$ folgt:

$$\eta_{\text{th}} = \frac{w_e}{\dfrac{w_e + w_a}{2}} = \frac{2 \cdot w_e}{w_e + w_a} = \frac{2}{1 + \dfrac{w_a}{w_e}}$$

Mit Gleichung 4.32 kann w_a/w_e durch den Schubbelastungsgrad C_S ausgedrückt werden.

$$\left(\frac{w_a}{w_e}\right)^2 = 1 + C_S$$

$$\frac{w_a}{w_e} = \sqrt{1 + C_S}$$

(4.34)

$$\eta_{\text{th}} = \frac{2}{1 + \dfrac{w_a}{w_e}} = \frac{2}{1 + \sqrt{1 + C_S}}$$

Der tatsächliche Propellerwirkungsgrad η ist wegen der Reibungsverluste, Drallverluste usw. wesentlich geringer.

(4.35)

$$\eta = \eta_{\text{th}} \cdot \eta_g$$

η_g wird als Gütegrad bezeichnet und liegt bei guten Propellern bei etwa $0,85 \cdots 0,9$.

Beispiel 19

Aufgabenstellung:

Ein Flußkahn hat eine Geschwindigkeit von 10 km/h. Der Propeller hat einen Durchmesser von 1 m. Wie groß ist der vom Propeller erfaßte Wasserstrom $\dot{V}$ bei einem Schub von 10 000 N?

Lösung:

Aus Gleichung 4.30a erhält man folgende Beziehung für den Volumenstrom $\dot{V}$:

$$F_S = \varrho \cdot \dot{V} \cdot (w_a - w_e)$$

$$F_S = 10\ 000\ \text{N}$$

$$\varrho = 1000\ \text{kg/m}^3$$

$$w_e = 10\ \text{km/h} \triangleq 2{,}78\ \text{m/s}$$

$$10\ 000 = 1000 \cdot \dot{V} \cdot (w_a - 2{,}78)$$

Als weitere Beziehung wird Gleichung 4.31 herangezogen:

$$\dot{V} = w_S \cdot A_S$$

$$w_S = \frac{w_a + w_e}{2} = \frac{w_a}{2} + 1{,}39$$

$$A_S = \frac{D_S^2 \cdot \pi}{4} = 0{,}785\ \text{m}^2$$

$$\frac{w_a}{2} + 1{,}39 = \frac{\dot{V}}{0{,}785}$$

$$w_a = \frac{2 \cdot \dot{V}}{0{,}785} - 2{,}78 = 2{,}55 \cdot \dot{V} - 2{,}78$$

Damit bleibt $\dot{V}$ die einzige Unbekannte.

$$10\ 000 = 1000 \cdot \dot{V} \cdot (2{,}55 \cdot \dot{V} - 2{,}78 - 2{,}78)$$

$$10\ 000 = 2550 \cdot \dot{V}^2 - 5560\ \dot{V}$$

$$\dot{V}^2 - 2{,}18 \cdot \dot{V} - 3{,}92 = 0$$

$$\dot{V} = \frac{2{,}18}{2} \pm \sqrt{\left(\frac{2{,}18}{2}\right)^2 + 3{,}92}$$

$$\dot{V} = 1{,}09 \pm \sqrt{1{,}188 + 3{,}92}$$

$$\dot{V} = 1{,}09 \pm \sqrt{5{,}11}$$

$$\dot{V} = 1{,}09 \pm 2{,}26$$

$$\boxed{\dot{V} = 3{,}35\ \text{m}^3/\text{s}}$$

Man gelangt zum gleichen Ergebnis, wenn man die Rechnung mittels Schubbelastungsgrad C_S durchführt:

$$C_S = \frac{F_S}{A_S \cdot \dfrac{\varrho}{2} \cdot w_e^2} = \frac{10\ 000}{0{,}785 \cdot 500 \cdot 7{,}73}$$

$$C_S = 3{,}29$$

$$C_S = \left(\frac{w_a}{w_e}\right)^2 - 1$$

$$\left(\frac{w_a}{w_e}\right)^2 = 3{,}29 + 1 = 4{,}29$$

$$w_a^2 = 4{,}29 \cdot w_e^2 = 4{,}29 \cdot 2{,}78^2$$

$$w_a^2 = 33{,}15$$

$$w_a = 5{,}76\ \text{m/s}$$

$$w_S = \frac{w_a + w_e}{2} = \frac{5{,}76 + 2{,}78}{2} = \frac{8{,}54}{2}$$

$$w_S = 4{,}27\ \text{m/s}$$

$$\dot{V} = w_S \cdot A_S = 4{,}27 \cdot 0{,}785$$

$$\boxed{\dot{V} = 3{,}35\ \text{m}^3/\text{s}}$$

h) Schub von Strahl- und Raketentriebwerken

In Bild 4.41a ist ein luftatmendes Strahltriebwerk, in Bild 4.41b ein Raketentriebwerk dargestellt.

Unter der vereinfachenden Annahme, daß der Austrittsdruck p_a gleich dem Eintrittsdruck p_e (Umgebungsdruck) ist, ergeben sich nach dem Impulssatz folgende Ausdrücke für den Schub F_S:

Strahltriebwerk	Raketentriebwerk

$$F_S = \dot{m}_G \cdot w_a - \dot{m}_L \cdot w_e$$

Die austretende Gasmasse $\dot{m}_G$ ergibt sich aus durchgesetzter Luftmasse $\dot{m}_L$ und zugeführter Kraftstoffmasse $\dot{m}_B$.

(4.36)

$$F_S = (\dot{m}_L + \dot{m}_B) \cdot w_a - \dot{m}_L \cdot w_e$$

Da die eingespritzte Kraftstoffmasse $\dot{m}_B$ gegenüber der Luftmasse $\dot{m}_L$ vernachlässigbar klein ist, läßt sich Gleichung 4.36 vereinfachen:

(4.37)

$$F_S \approx \dot{m}_L \cdot (w_a - w_e)$$

(4.38)

$$F_S = \dot{m}_G \cdot w_a$$

Der Raketenschub hängt also nicht von der Fluggeschwindigkeit, sondern nur von der ausgestoßenen Gasmasse und der Gasgeschwindigkeit ab. Mit dem Düsenaustrittsquerschnitt A_a und der Gasdichte ϱ_a ergibt sich:

$$F_S = \dot{V}_a \cdot \varrho_a \cdot w_a$$

$$F_S = A_a \cdot w_a \cdot \varrho_a \cdot w_a$$

(4.39)

$$F_S = \varrho_a \cdot w_a^2 \cdot A_a$$

Beispiel 20

Aufgabenstellung:

Aus einem Raketentriebwerk, das gerade startet, treten 2000 °C heiße Gase (Gaskonstante $R_i = 260$ J/(kg K)) durch eine Düse mit 1 m Außendurchmesser aus. Der Luftdruck beträgt 1000 mbar. Wie groß ist der Schub F_S bei einer Austrittsgeschwindigkeit von 1500 m/s?

Lösung:

Die Dichte ϱ_a ergibt sich aus Gleichung 1.7:

$$\varrho_a = \frac{p}{R_i \cdot T} = \frac{100\,000}{260 \cdot 2273}$$

$$\varrho_a = 0{,}17 \text{ kg/m}^3$$

Die Austrittsfläche beträgt:

$$A_a = \frac{D_a^2 \cdot \pi}{4} = \frac{1^2 \cdot \pi}{4} = 0{,}785 \text{ m}^2$$

Der Schub F_S berechnet sich aus Gl. 4.39:

$$F_S = \varrho_a \cdot w_a^2 \cdot A_a$$

$$F_S = 0{,}17 \cdot 1500^2 \cdot 0{,}785$$

$$= 0{,}17 \cdot 2{,}25 \cdot 0{,}785 \cdot 10^6$$

$$F_S = 0{,}3 \cdot 10^6 \text{ N} = 300 \text{ kN}$$

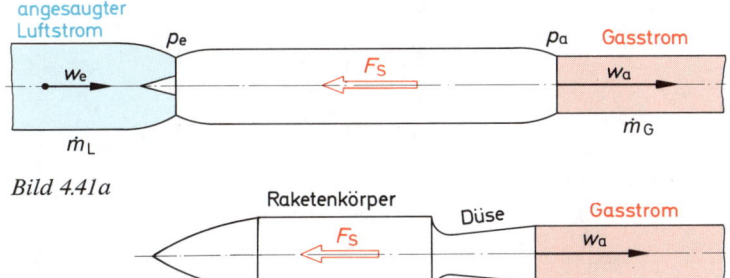

Bild 4.41a

Bild 4.41b

4.2.5   Drallsatz

4.2.5.1   Definition und Ableitung

In Bild 4.42 ist eine gekrümmte Stromröhre kleinen Querschnitts dargestellt. Das gesamte Strömungssystem besteht aus sehr vielen gleichen Stromröhren, die drehsymmetrisch zum Mittelpunkt 0 angeordnet sind. Durch die Stromröhre fließt nur ein differentiell kleiner Teil $d\dot{m}$ des gesamten Massenstromes $\dot{m}$.

Die Impulskraft, die der eintretende Teilstrom $d\dot{m}_1 = d\dot{m}$ auf den abgegrenzten Strömungsraum ausübt, beträgt:

$$d\mathfrak{F}_{J1} = \frac{d(d\mathfrak{J}_1)}{dt} = d\dot{m} \cdot \mathfrak{w}_1$$

Die Impulskraft, die der austretende Teilstrom $d\dot{m}_2 = d\dot{m}$ auf den abgegrenzenden Strömungsraum ausübt, ist:

$$d\mathfrak{F}_{J2} = \frac{d(d\mathfrak{J}_2)}{dt} = -d\dot{m} \cdot \mathfrak{w}_2$$

dF_{J1} und dF_{J2} werden in ihre Komponenten in Meridian- und Umfangsrichtung zerlegt:

$$d\mathfrak{F}_{J1} = d\mathfrak{F}_{Jm1} + d\mathfrak{F}_{Ju1} = d\dot{m} \cdot \mathfrak{w}_{m1} + d\dot{m} \cdot \mathfrak{w}_{u1}$$

$$d\mathfrak{F}_{J2} = d\mathfrak{F}_{Jm2} + d\mathfrak{F}_{Ju2} = -d\dot{m} \cdot \mathfrak{w}_{m2} - d\dot{m} \cdot \mathfrak{w}_{u2}$$

Faßt man die differentiellen Impulskräfte $d\mathfrak{F}_J$ für den rotationssymmetrischen Strömungsraum zusammen, ergibt sich folgende Resultierende.
Für die Meridianrichtung:

$$\mathfrak{F}_{Jm1} = \int_0^{2\pi} d\mathfrak{F}_{Jm1} = 0$$

da jeweils zwei einander diametral gegenüberliegende $d\mathfrak{F}_{Jm1}$ sich gegenseitig aufheben.

Entsprechendes gilt für die Resultierende aller $d\mathfrak{F}_{Jm2}$:

$$\mathfrak{F}_{Jm2} = \int_0^{2\pi} d\mathfrak{F}_{Jm2} = 0$$

Für die Umfangsrichtung:
Die Resultierende aller $d\mathfrak{F}_{Ju1}$ ist ein Moment, das gleich der Summe aller Teilmomente $d\mathfrak{F}_{Ju1} \cdot r_1$ ist.

$$\vec{M}_{J1} = \int_0^{2\pi} d\mathfrak{F}_{Ju1} \cdot r_1 = \int_0^{2\pi} d\dot{m} \cdot \mathfrak{w}_{u1} \cdot r_1$$

$$= \mathfrak{w}_{u1} \cdot r_1 \int_0^{2\pi} d\dot{m} = \dot{m} \cdot \mathfrak{w}_{u1} \cdot r_1$$

$\vec{M}_{J1}$ hat den Drehsinn von $\mathfrak{w}_{u1}$
Entsprechend gilt für die Resultierende $\vec{M}_{J2}$ aller $d\mathfrak{F}_{Ju2}$:

$$\vec{M}_{J2} = \int_0^{2\pi} d\mathfrak{F}_{Ju2} \cdot r_2 = \int_0^{2\pi} -d\dot{m} \cdot \mathfrak{w}_{u2} \cdot r_2$$

$$= -\mathfrak{w}_{u2} \cdot r_2 \int_0^{2\pi} d\dot{m} = -\dot{m} \cdot \mathfrak{w}_{u2} \cdot r_2$$

$\vec{M}_{J2}$ hat den Drehsinn entgegengesetzt dem von $\mathfrak{w}_{u2}$.
Nach dem Impulssatz sind Impulskräfte und auf die Strömung wirkende äußere Kräfte im Gleichgewicht. Da bei der vorliegenden rotationssymmetrischen Strömung die Impulskräfte Momente sind, ist auch die Resultierende der äußeren Kräfte ein Moment $\vec{M}$:

$$\vec{M}_{J1} + \vec{M}_{J2} + \vec{M} = 0$$

oder: (4.40)

$$\boxed{\dot{m} \cdot \mathfrak{w}_{u1} \cdot r_1 - \dot{m} \cdot \mathfrak{w}_{u2} \cdot r_2 + \vec{M} = 0}$$

Diese Gleichung gilt, wenn $\mathfrak{w}_{u1}$ und $\mathfrak{w}_{u2}$ gleichen Drehsinn haben. Sonst statt «Minus» → «Plus»!

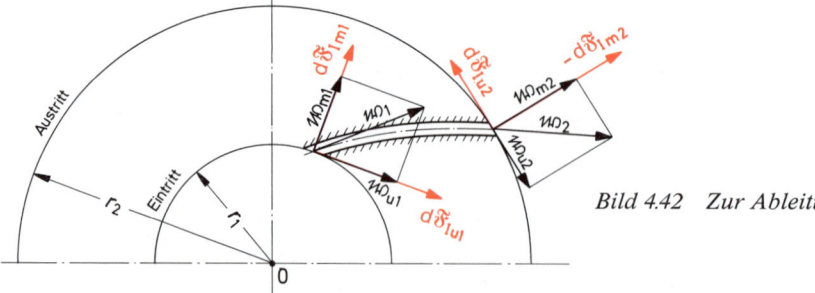

Bild 4.42   Zur Ableitung des Drallsatzes

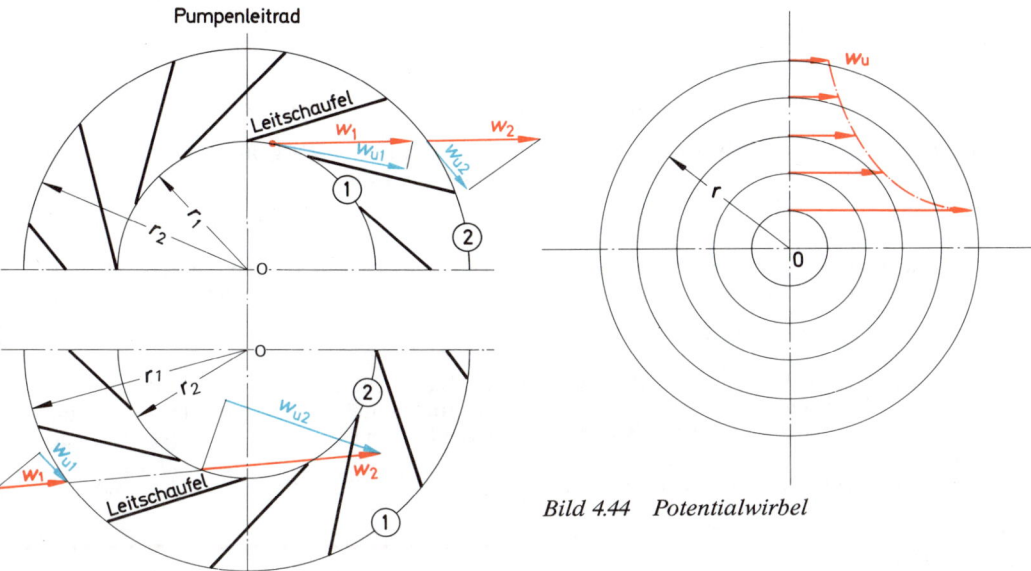

Pumpenleitrad

Bild 4.44 Potentialwirbel

Turbinenleitrad

Bild 4.43
Radiale Leiträder von Strömungsmaschinen

4.2.5.2   Anwendungen*

a) Leiträder von Strömungsmaschinen

Durch einen Kranz rotationssymmetrischer Leitschaufeln wird eine Strömung von w_1 auf w_2 verzögert (Pumpenleitrad) bzw. von w_1 auf w_2 beschleunigt (Turbinenleitrad) (Bild 4.43). Das auf den Leitschaufelkranz ausgeübte Drehmoment M folgt aus Gleichung 4.40:

$$M = \sum \varrho \cdot \mathrm{d}\dot{V} \cdot w_\mathrm{u} \cdot r$$

(4.41)

$$\boxed{M = \varrho \cdot \dot{V} \cdot (w_{\mathrm{u}2} \cdot r_2 - w_{\mathrm{u}1} \cdot r_1)}$$

Da bei Pumpenleiträdern $w_{\mathrm{u}2} \cdot r_2$ im allgemeinen kleiner ist als $w_{\mathrm{u}1} \cdot r_1$ entsteht ein negatives, d.h. der Geschwindigkeitsrichtung w_u entgegengesetztes Moment, während bei Turbinenleiträdern ein positives Moment in Richtung der w_u-Komponenten auftreten kann. Würden die Leiträder nicht in den Pumpen- bzw. Turbinengehäusen fest verankert, so würde das Moment M sie in Drehung um den Mittelpunkt 0 versetzen.

*   Der Einfachheit halber wurden bei den Anwendungen für vektorielle Größen lateinische Buchstaben verwendet.

b) Potentialwirbel

Wollte man ein Leitrad entwerfen, dessen Schaufeln so gekrümmt sind, daß auf sie kein Moment ausgeübt wird, so ergibt sich folgendes Verteilungsgesetz für die Umfangsgeschwindigkeiten w_u:

$$M = \varrho \cdot \dot{V} \cdot (w_{\mathrm{u}2} \cdot r_2 - w_{\mathrm{u}1} \cdot r_1) = 0$$

$$w_{\mathrm{u}1} \cdot r_1 = w_{\mathrm{u}2} \cdot r_2 = w_\mathrm{u} \cdot r = \mathrm{konst}$$

(4.42)

$$\boxed{w_\mathrm{u} \cdot r = \mathrm{konst}}$$

Eine rotationssymmetrische Strömung, deren Teilchen eine kreisende Drehbewegung um ihren Drehpunkt 0 durchführen und deren Geschwindigkeit mit zunehmendem Abstand von 0 abnimmt, so daß das Produkt aus Umfangsgeschwindigkeit w_u und Hebelarm r konstant bleibt, bezeichnet man als **Potentialwirbel** (Bild 4.44).

c) Laufräder von Strömungsmaschinen

In Bild 4.45a ist ein radiales Pumpenlaufrad, in Bild 4.45b ein radiales Turbinenlaufrad dargestellt.
Die absolute Strömungsgeschwindigkeit c, bezogen auf die ruhende Umgebung (z.B. Leitrad), setzt sich aus der relativen Geschwindigkeit w, die durch die Schaufelkanalform vorgegeben ist, und der Umfangsgeschwindigkeit $u = r \cdot \omega$ des

Pumpe	Turbine

$$M = \varrho \cdot \dot{V} \cdot (c_{u2} \cdot r_2 - c_{u1} \cdot r_1)$$

Die Laufradleistung berechnet sich aus Moment und Winkelgeschwindigkeit:

$$P = M \cdot \omega$$

Andererseits ergibt sich die Laufradleistung aus spezifischer Stutzenarbeit und Volumenstrom

$$P = Y_{th\infty} \cdot \dot{V} \cdot \varrho$$

Die spezifische Stutzenarbeit erhält den Index «th» (theoretisch), da die wirkliche Pumpe infolge von Reibung usw. eine geringere spezifische Stutzenarbeit hat.

Der Index ∞ bedeutet, daß die Schaufelzahl nicht berücksichtigt wird, d.h. schaufelkongruente Strömung in unendlich vielen Schaufelkanälen angenommen wird.

$$Y_{th\infty} \cdot \dot{V} \cdot \varrho = \omega \cdot \varrho \cdot \dot{V} \cdot (c_{u2} \cdot r_2 - c_{u1} \cdot r_1)$$

(4.43a)

$$\boxed{Y_{th\infty} = c_{u2} \cdot u_2 - c_{u1} \cdot u_1}$$

$$M = \varrho \cdot \dot{V} \cdot (c_{u1} \cdot r_1 - c_{u2} \cdot r_2)$$

Die Laufradleistung ergibt sich aus Moment und Winkelgeschwindigkeit:

$$P = M \cdot \omega$$

Andererseits ergibt sich die Laufradleistung aus spezifischer Stutzenarbeit und Volumenstrom

$$P = Y_{th\infty} \cdot \dot{V} \cdot \varrho$$

Die spezifische Stutzenarbeit erhält den Index «th» (theoretisch), da die wirkliche Turbine infolge von Reibung usw. einen Energieverlust erleidet.

$$Y_{th\infty} \cdot \dot{V} \cdot \varrho = \omega \cdot \varrho \cdot \dot{V} \cdot (c_{u1} \cdot r_1 - c_{u2} \cdot r_2)$$

(4.43b)

$$\boxed{Y_{th\infty} = c_{u1} \cdot u_1 - c_{u2} \cdot u_2}$$

Laufrades zusammen. Die am Laufradeintritt und -austritt herrschenden Geschwindigkeiten werden üblicherweise in besonderen **Geschwindigkeitsplänen** dargestellt.

Das von der Strömung auf das Turbinenlaufrad ausgeübte Drehmoment bzw. der der Strömung von den Pumpenlaufschaufeln erteilte Drall berechnet sich aus Gleichung 4.41.

Diese wichtige Gleichung des Strömungsmaschinenbaues nennt man zu Ehren LEONHARD EULERS, der sie als erster eingeführt hat, **Eulersche Strömungsmaschinenhauptgleichung.**

Bei Pumpen führt man die Strömung meistens drallfrei ($c_{u1} = 0$) zu, bei Turbinen ist zumindest im Auslegepunkt die Abströmung drallfrei ($c_{u2} = 0$), so daß sich die Gleichungen 4.43a und 4.43b vereinfachen:

Pumpe bei drallfreier Zuströmung:

(4.44a)

$$\boxed{Y_{th\infty} = c_{u2} \cdot u_2}$$

Turbine bei drallfreier Abströmung:

(4.44b)

$$\boxed{Y_{th\infty} = c_{u1} \cdot u_1}$$

Handelt es sich nicht, wie in Bild 4.45 dargestellt, um radiale Laufräder, sondern um axiale, propellerähnliche Laufräder, bei denen die Strömungsteilchen auf koaxialen Zylindern strömen, so wird u_1 jeweils gleich u_2.

Beispiel 21

Aufgabenstellung:

Eine Radialkreiselpumpe mit einem Laufraddurchmesser von 300 mm und einer Drehzahl von 3000 min^{-1} hat am Laufradaustritt eine Austrittsgeschwindigkeit c_2 von 45 m/s. Der Winkel zwischen c_2 und Umfangsgeschwindigkeit u_2 beträgt 20°. Wie groß ist die theoretische Stutzenarbeit $Y_{th\infty}$ der Pumpe, wenn die Flüssigkeit drallfrei ($c_{u1} = 0$) dem Laufrad zuströmt?

Lösung:

Da drallfreier Eintritt vorliegt, kann die theoretische Stutzenarbeit $Y_{th\infty}$ mit Gleichung 4.44a bestimmt werden:

$$Y_{th\infty} = c_{u2} \cdot u_2$$

$$u_2 = r_2 \cdot \omega = r_2 \frac{n \cdot \pi}{30}$$

$$u_2 = 0{,}15 \frac{3000 \cdot \pi}{30} = 47{,}1 \text{ m/s}$$

$$c_{u2} = c_2 \cdot \cos 20° = 45 \cdot \cos 20°$$

$$c_{u2} = 42{,}3 \text{ m/s}$$

$$Y_{th\infty} = 42{,}3 \cdot 47{,}1$$

$$\boxed{Y_{th\infty} = 1992{,}3 \text{ J/kg}}$$

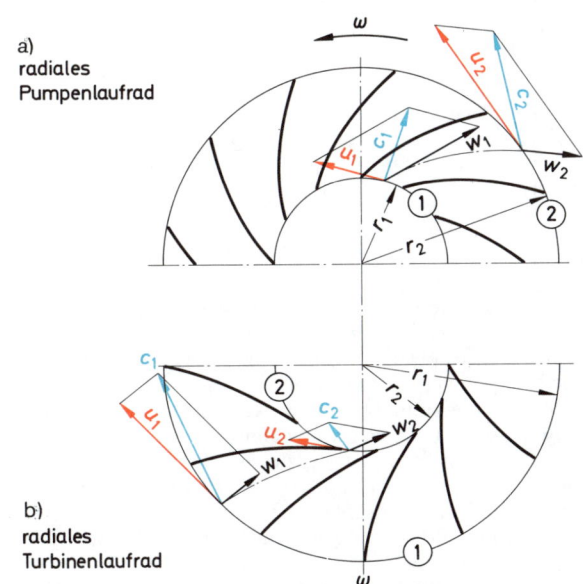

a)
radiales
Pumpenlaufrad

b)
radiales
Turbinenlaufrad

Geschwindigkeitspläne:

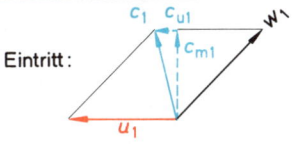

Eintritt:

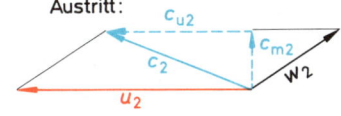

Austritt:

Eintritt:

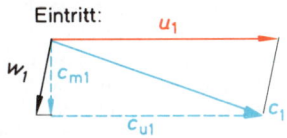

Austritt:

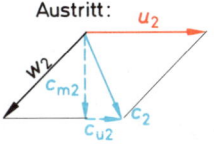

Bild 4.45
Radiale Laufräder von Strömungsmaschinen

4.3 Ähnlichkeitsgesetze

4.3.1 Ähnlichkeitsbedingungen

In der Strömungslehre und im Strömungsmaschinenbau ist es oft erforderlich, die an einer Strömung oder einer Maschine gewonnenen Erfahrungen und Ergebnisse auf andere Strömungen bzw. Maschinen zu übertragen. Insbesondere interessieren in diesem Zusammenhang die Übertragungsgesetze hinsichtlich der Geschwindigkeiten, Abmessungen, Kraftwirkungen (vor allem Reibungskräfte) und Stoffeigenschaften wie Dichte und Viskosität. Die Ähnlichkeitsgesetze sind besonders wichtig für die sinnvolle Interpretation und Ordnung von Versuchsergebnissen.

Um zwei ähnliche Strömungsvorgänge miteinander vergleichen zu können, müssen folgende Bedingungen erfüllt sein:

a) Die zu vergleichenden Strömungsräume müssen hinsichtlich ihrer Längen-, Flächen- und Raumabmessungen sowie hinsichtlich der Oberflächenbeschaffenheit (Rauhigkeit) **geometrisch** ähnlich sein.

Strömung ①	Strömung ②
Längen L_1	Längen L_2
Flächen A_1	Flächen A_2
Volumina V_1	Volumina V_2
mittlere	mittlere
Rauhigkeit k_1	Rauhigkeit k_2
Verknüpfungen:	

$$\frac{A_1}{A_2} = \frac{L_1^2}{L_2^2} \qquad \frac{V_1}{V_2} = \frac{L_1^3}{L_2^3} \qquad \frac{k_1}{L_1} = \frac{k_2}{L_2}$$

Es sei an dieser Stelle schon vermerkt, daß es bei vielen Versuchen schwierig oder gar unmöglich ist, die geometrische Ähnlichkeit hinsichtlich der Oberflächenrauhigkeit zu erfüllen, da die Großausführung (z.B. ein Flugzeug) bereits äußerst glatte Oberflächen besitzt, so daß es nicht möglich ist, die Rauhigkeit dem Modellmaßstab entsprechend zu verkleinern.

b) Die zu vergleichenden Strömungen müssen hinsichtlich der auftretenden Geschwindigkeiten, Beschleunigungen, Kräfte und Stoffeigenschaften **physikalisch** ähnlich sein.

Strömung ①	Strömung ②
Geschwindigkeit w_1	Geschwindigkeit w_2
Beschleunigung a_1	Beschleunigung a_2
Masse m_1	Masse m_2
Zeit t_1	Zeit t_2
Kraft F_1	Kraft F_2
Dichte ϱ_1	Dichte ϱ_2
dynamische	dynamische
Viskosität η_1	Viskosität η_2
kinematische	kinematische
Viskosität ν_1	Viskosität ν_2
Verknüpfungen:	

$$\frac{a_1}{a_2} = \frac{w_1/t_1}{w_2/t_2} = \frac{w_1 \cdot t_2}{w_2 \cdot t_1}$$

da $\quad w_1 = \dfrac{L_1}{t_1} \quad$ wird $\quad t_1 = \dfrac{L_1}{w_1}$

und $\quad t_2 = \dfrac{L_2}{w_2}$

$$\frac{a_1}{a_2} = \frac{w_1 \cdot \dfrac{L_2}{w_2}}{w_2 \cdot \dfrac{L_1}{w_1}} = \frac{w_1^2 \cdot L_2}{w_2^2 \cdot L_1}$$

$$\frac{m_1}{m_2} = \frac{\varrho_1 \cdot V_1}{\varrho_2 \cdot V_2} = \frac{\varrho_1 \cdot L_1^3}{\varrho_2 \cdot L_2^3}$$

Zu den aufgeführten physikalischen Eigenschaften kommen an sich noch die thermischen Eigenschaften, wie Temperatur, Wärmekapazität, Wärmeleitfähigkeit usw., hinzu, die aber bei Ähnlichkeitsbetrachtungen für inkompressible Strömungen keine Rolle spielen.

Vollkommene geometrische, strömungsmechanische und thermodynamische Ähnlichkeit zwischen zwei zu vergleichenden Strömungsvorgängen ist nicht zu erreichen, weshalb jeweils nur auf die Ähnlichkeit bestimmter, für den betreffenden Vorgang wesentlicher Größen geachtet wird.

Die Verknüpfung der einzelnen geometrischen und physikalischen Größen der zu vergleichenden Strömungen geschieht üblicherweise mittels **dimensionsloser Kennzahlen.**

Von den zahlreichen im Gebrauch befindlichen Kennzahlen werden nur die beiden Kennzahlen **Reynolds-Zahl** und **Froude-Zahl** abgeleitet und interpretiert.

4.3.2 Die Reynolds-Zahl

Die von dem englischen Physiker OSBORNE REYNOLDS (1842 bis 1912) zum erstenmal angegebene Kennzahl gibt das Verhältnis der an den Strömungsteilchen angreifenden Trägheitskräfte zu den Zähigkeitskräften an.

An einer Strömung greifen im allgemeinen Druckkräfte F_p, Trägheitskräfte F_a und Reibungskräfte F_r an. Soll zwischen zwei Strömungen physikalische Ähnlichkeit bestehen, so muß an zwei einander entsprechenden Stellen des Strömungsraumes das Verhältnis der drei Kräfte gleich sein:

$$\frac{F_{p1}}{F_{p2}} = \frac{F_{a1}}{F_{a2}} = \frac{F_{r1}}{F_{r2}}$$

Da andererseits die geometrische Summe aus F_r und F_p gleich der Trägheitskraft F_a ist, genügt es, jeweils nur das Verhältnis zweier Kraftarten zu vergleichen.

$$\frac{F_{r1}}{F_{r2}} = \frac{F_{a1}}{F_{a2}}$$

Die Reibungskraft F_r läßt sich nach dem newtonschen Schubspannungsaxiom (Gleichung 1.13) wie folgt ansetzen:

$$F_r = A \cdot \tau = A \cdot \eta \cdot \frac{\mathrm{d} w_x}{\mathrm{d} y}$$

oder in Dimensionen ausgedrückt:

$$F_r \sim A \cdot \eta \cdot \frac{w}{L} \sim L^2 \cdot \eta \cdot \frac{w}{L} \sim L \cdot \eta \cdot w$$

Die Trägheitskraft F_a ergibt sich aus dem newtonschen Grundgesetz der Mechanik: Kraft = Masse · Beschleunigung.

$$F_a = m \cdot a$$

oder in Dimensionen ausgedrückt:

$$F_a = \varrho \cdot V \cdot a \sim \varrho \cdot L^3 \cdot a$$

als Kräfteverhältnisse ergeben sich:

$$\frac{F_{r1}}{F_{r2}} = \frac{L_1 \cdot \eta_1 \cdot w_1}{L_2 \cdot \eta_2 \cdot w_2}$$

$$\frac{F_{a1}}{F_{a2}} = \frac{\varrho_1 \cdot L_1^3 \cdot a_1}{\varrho_2 \cdot L_2^3 \cdot a_2} = \frac{\varrho_1 \cdot L_1^3 \cdot w_1^2 \cdot L_2}{\varrho_2 \cdot L_2^3 \cdot w_2^2 \cdot L_1}$$

$$= \frac{\varrho_1 \cdot L_1^2 \cdot w_1^2}{\varrho_2 \cdot L_2^2 \cdot w_2^2}$$

Durch Gleichsetzen und Kürzen ergibt sich folgende dimensionslose Verknüpfung der einzelnen Größen:

$$\frac{L_1 \cdot \eta_1 \cdot w_1}{L_2 \cdot \eta_2 \cdot w_2} = \frac{\varrho_1 \cdot L_1^2 \cdot w_1^2}{\varrho_2 \cdot L_2^2 \cdot w_2^2}$$

Beispiel 22

Aufgabenstellung:

Ein Automodell, das im Maßstab 1:5 verkleinert ist, soll in einem Windkanal untersucht werden. Wie groß muß die Anblasgeschwindigkeit des Modells gemacht werden, wenn eine der Großausführung entsprechende Fahrgeschwindigkeit von 150 km/h simuliert werden soll?

Lösung:

Die Reynolds-Zahlen von Modell und Großausführung müssen übereinstimmen!

$$Re_1 = Re_2$$

Index 1 bezieht sich auf die Großausführung

Index 2 bezieht sich auf das Modell

$$\frac{w_1 \cdot L_1}{\nu_1} = \frac{w_2 \cdot L_2}{\nu_2}$$

Es darf angenommen werden, daß die kinematischen Zähigkeiten ν_1 und ν_2 gleich groß sind.

$$w_1 \cdot L_1 = w_2 \cdot L_2$$

$$w_2 = w_1 \cdot \frac{L_1}{L_2}$$

$$w_2 = 150 \cdot \frac{5}{1} = 750 \text{ km/h}$$

$$w_2 = 750 \text{ km/h} = 208 \text{ m/s}$$

$$\frac{\eta_1}{\eta_2} = \frac{\varrho_1 \cdot L_1 \cdot w_1}{\varrho_2 \cdot L_2 \cdot w_2}$$

$$\frac{L_1 \cdot w_1 \cdot \varrho_1}{\eta_1} = \frac{L_2 \cdot w_2 \cdot \varrho_2}{\eta_2}$$

Der Quotient η/ϱ ist bekanntlich die kinematische Zähigkeit ν.

$$\frac{L_1 \cdot w_1}{\nu_1} = \frac{L_2 \cdot w_2}{\nu_2}$$

Der Ausdruck $L \cdot w/\nu$ stellt die dimensionslose **Reynolds-Zahl** Re dar.

(4.45)

$$Re = \frac{w \cdot L}{\nu}$$

Die Reynolds-Zahl Re ist demnach definiert als Quotient aus dem Produkt Geschwindigkeit mal einer charakteristischen Länge und der kinematischen Zähigkeit.

Zwei Strömungen verlaufen ähnlich, wenn die geometrischen Konturen der umströmten oder durchströmten Körper ähnlich sind und die mit einander entsprechenden Werten gebildeten Reynolds-Zahlen übereinstimmen.

4.3.3 Die Froude-Zahl

Die ebenfalls dimensionslose Froude-Zahl dient als Ähnlichkeitskriterium bei Strömungen, die in starkem Maße dem Einfluß der Schwerkraft unterliegen, d.h. vor allem bei wellenbehafteten Strömungen mit freier Oberfläche und beim Transport von Schwebeteilchen in Strömungen (pneumatische und hydraulische Förderung von Staub, Körnern usw.). Da diese Kennzahl auch bei der Ermittlung des Widerstandes von Schiffskörpern eine wichtige Rolle spielt, wurde sie nach dem englischen Schiffsbauer FROUDE (1810 bis 1879), der sich als einer der Ersten mit Schiffsschleppversuchen befaßte, benannt.

Die Froude-Zahl ist so definiert, daß beim Vergleich zweier ähnlicher Strömungen das Verhältnis von Trägheitskraft und Schwerkraft jeweils gleich ist.

Trägheitskraft $F_a = m \cdot a$

Schwerkraft $F_s = m \cdot g$

$$\frac{F_{a1}}{F_{s1}} = \frac{F_{a2}}{F_{s2}}$$

$$\frac{m \cdot a_1}{m \cdot g} = \frac{m \cdot a_2}{m \cdot g}$$

Nach Abschnitt 4.3.1 kann für $a_1 = w_1^2 \cdot L_2$ und für $a_2 = w_2^2 \cdot L_1$ gesetzt werden.

$$\frac{w_1^2 \cdot L_2}{g} = \frac{w_2^2 \cdot L_1}{g}$$

$$\frac{w_1^2}{L_1 \cdot g} = \frac{w_2^2}{L_2 \cdot g} = \frac{w^2}{L \cdot g}$$

Als eigentliche Froude-Zahl wird üblicherweise der Ausdruck

(4.46)

$$Fr = \frac{w}{\sqrt{L \cdot g}}$$

bezeichnet.

Bei Schiffsschleppversuchen spielt sowohl der Wellenwiderstand der Oberflächenwellen als auch die Reibung infolge der Wasserzähigkeit eine Rolle. Zur korrekten Übertragung der Versuchsergebnisse aus den Modellversuchen sollten deshalb sowohl die Froude-Zahl als auch die Reynolds-Zahl zwischen Schleppmodell und Großausführung übereinstimmen. Da sich diese Forderung nicht verwirklichen läßt, wird meistens nur auf die Gleichheit der Froude-Zahlen geachtet.

4.3.4 Modellversuche

Da es nur in den seltensten Fällen möglich ist, das Strömungsverhalten eines durchströmten oder umströmten Körpers auf rein theoretischem Wege zu ermitteln, werden meistens Versuche durchgeführt. Besitzt der zu untersuchende Körper zu große Ausmaße (z.B. Flugzeuge, Gebäude usw.), so wird, um Kosten zu sparen, ein maßstabgetreues Modell untersucht. In besonderen Fällen (z.B. im Wasserbau) werden auch Modelle mit verzerrtem Maßstab verwendet. Die Modelle werden meistens in besonderen Versuchseinrichtungen, wie Wasserkanälen, Windkanälen, Schleppkanälen usw., den verschiedenen Versuchsbedingungen unterworfen und die entstehenden Strömungseigenschaften, wie Geschwindigkeiten, Drücke, Kräfte, Stromlinienverlauf usw., gemessen. Zur Übertragung der Meßergebnisse auf die Großausführung werden die verschiedenen Kennzahlen wie Reynolds-Zahl und Froude-Zahl verwendet.

Bei den Versuchen müssen die Strömungsmedien von Modell und Großausführung nicht übereinstimmen. So werden z.B. Modelle von Wasserturbinen und Flüssigkeitspumpen auch mit Luft als Strömungsmedium untersucht. Hinsichtlich der Wahl der Geschwindigkeiten sollte bei flüssigen Medien darauf geachtet werden, daß keine Kavitation (Ausscheidung von Dampf- und Gasblasen) auftritt (falls es sich nicht um einen ausgesprochenen Kavitationsversuch handelt!).

4.4 Strömungsformen

Bei der Innen- und Außenströmung treten je nach Größe der Reynolds-Zahl bzw. Froude-Zahl ganz bestimmte typische Strömungsformen auf, die unterschiedliche physikalische Eigenschaften aufweisen. Besonders wichtig ist in diesem Zusammenhang das Auftreten von **laminarer** und **turbulenter** Strömung, deren Besonderheiten anhand der Rohrströmung und der Umströmung einer Kugel erläutert werden sollen.
Bei Kanalströmungen mit freier Oberfläche treten ebenfalls zwei typische Strömungsformen auf, die mit Hilfe der Froude-Zahl gekennzeichnet werden.

4.4.1 Laminare und turbulente Strömung im Rohr (Innenströmung)

Bei der Rohrströmung tritt je nach Größe der Reynolds-Zahl laminare oder turbulente Strömung auf.
Das Strömungsbild sowie die wichtigsten Eigenschaften der jeweiligen Strömungsform finden sich in der folgenden Gegenüberstellung:

Laminare Strömung	Turbulente Strömung
Bei der laminaren Strömung oder Schichtströmung bewegen sich die Teilchen auf zur Rohrachse parallelen Stromlinien, ohne sich untereinander zu vermischen. Bei Durchführung des in Bild 4.46a dargestellten Vorführversuches mischt sich der in die Rohrachse eingeleitete Farbstrahl nicht mit der Grundströmung (Versuch von Reynolds). Würde man den Reibungsverlust messen, so würde man bei unterschiedlich rauhen Rohren	Bei der turbulenten oder wirbelbehafteten Strömung treten neben der in Rohrachse gerichteten Transportbewegung noch Querbewegungen auf, die zu einer ständigen Vermischung der Strömungsteilchen führen. Ein in Rohrachse eingeführter Farbstrahl zerreißt und vermischt sich mit der Grundströmung (Bild 4.46b). Der Rohrreibungsverlust hängt im Gegensatz zur laminaren Strömung meistens auch von der Wandrauhigkeit ab.

Laminare Strömung	Turbulente Strömung

mit gleichem Innendurchmesser und gleicher Länge feststellen, daß der Reibungsverlust unabhängig von der Rauhigkeit der Rohrinnenwand ist.

Mißt man die Geschwindigkeitsverteilung, so ergibt sich die in Bild 4.46a dargestellte parabelförmige Verteilung.

Bei kreisrunden Rohren tritt laminare Strömung unterhalb der kritischen Reynolds-Zahl $Re_{krit} = 2320$ auf.

$$Re = \frac{\bar{w} \cdot d}{\nu} < Re_{krit} = 2320$$

wobei $\bar{w}$ die mittlere Strömungsgeschwindigkeit ist

$$\bar{w} = \frac{\dot{V}}{A}$$

Die Geschwindigkeitsverteilung ist wesentlich gleichmäßiger, d.h. abgeflachter als bei der laminaren Strömung.

Turbulente Strömung tritt oberhalb der kritischen Reynolds-Zahl $Re_{krit} = 2320$ auf.

$$Re = \frac{\bar{w} \cdot d}{\nu} > Re_{krit} = 2320$$

$$\bar{w} = \frac{\dot{V}}{A}$$

$$\bar{w} = \frac{\dot{V}}{\frac{d^2 \cdot \pi}{4}}$$

$$Re = \frac{4 \cdot \dot{V}}{d \cdot \pi \cdot \nu}$$

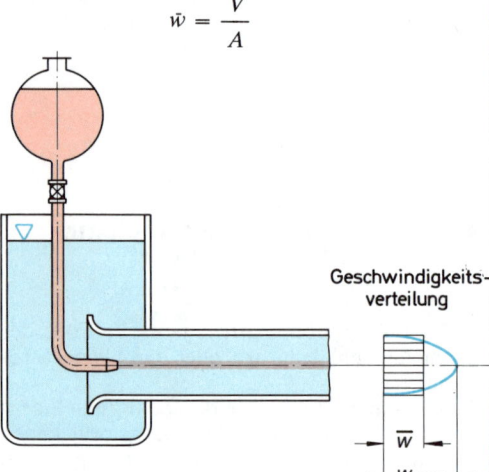

Geschwindigkeitsverteilung

Bild 4.46a   Laminare Strömung

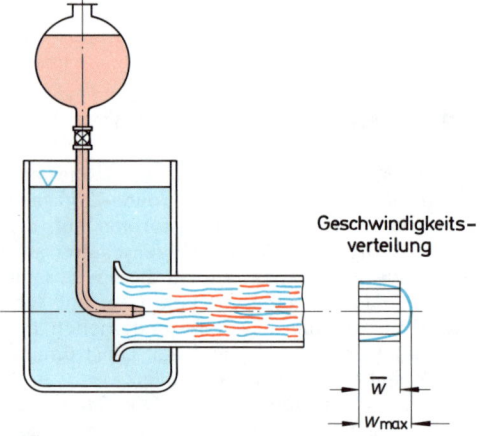

Geschwindigkeitsverteilung

Bild 4.46b   Turbulente Strömung

Rohrströmungen mit $Re < 2320$ sind stets laminar. Oberhalb $Re_{krit} = 2320$ ist bei vorsichtigem Experimentieren, d.h. vor allem bei Vermeidung von Erschütterungen ein gewisser labiler laminarer Zustand möglich, der jedoch beim Auftreten einer Störung sofort in den stabilen turbulenten Zustand umschlägt.

Bei Behandlung der Rohrreibung wird auf die beiden beschriebenen Strömungsformen nochmals eingehend eingegangen.

Beispiel 24

Aufgabenstellung:

Durch eine Schmierölleitung von 5 cm lichtem Durchmesser strömen in der Sekunde 2 Liter Schmieröl mit einer kinematischen Viskosität $\nu = 20 \cdot 10^{-6}$ m²/s.
Ist die Strömung laminar oder turbulent?

Lösung:

Die mittlere Strömungsgeschwindigkeit beträgt:

$$\bar{w} = \frac{\dot{V}}{\dfrac{d^2 \cdot \pi}{4}} = \frac{2}{\dfrac{0{,}5^2 \cdot \pi}{4}} = \frac{2}{0{,}196}$$

$$= 10{,}2 \text{ dm/s}$$

$$\bar{w} = 1{,}02 \text{ m/s}$$

Damit berechnet sich die Reynolds-Zahl zu:

$$Re = \frac{\bar{w} \cdot d}{\nu} = \frac{1{,}02 \cdot 0{,}05}{20 \cdot 10^{-6}}$$

$$Re = \frac{1{,}02 \cdot 5 \cdot 10^4}{20}$$

$$Re = 2550$$

Die Reynolds-Zahl liegt nur knapp über der kritischen Reynolds-Zahl $Re_{\text{krit}} = 2320$. **Die Strömung ist** bereits **turbulent**.

4.4.2 Laminare und turbulente Umströmung einer Kugel (Außenströmung)

Die Beschreibung der Umströmung einer Kugel gestaltet sich etwas schwieriger, da drei unterschiedliche Strömungsformen auftreten und auf das Verhalten der unmittelbar an der Kugeloberfläche strömenden dünnen Strömungsgrenzschicht eingegangen werden muß.
An der Oberfläche durchströmter oder umströmter Körper haftet das Strömungsmedium, d.h., die Strömungsgeschwindigkeit ist Null. Zwischen der freien Strömung außerhalb der Wand und der Wandoberfläche muß demnach eine relativ dünne Strömungsschicht vorhanden sein, innerhalb derer sich die Geschwindigkeit von Null auf den Wert der freien Strömung aufbaut. Diese dünne Strömungsschicht wird als **Grenzschicht** bezeichnet.
Infolge der starken Geschwindigkeitsänderung innerhalb der Grenzschicht tritt nach dem Newtonschen Schubspannungsgesetz (Gleichung 1.13) eine große Reibungsschubspannung auf.

Der Vergleich der einzelnen Strömungszustände erfolgt anhand der folgenden tabellarischen Übersicht:

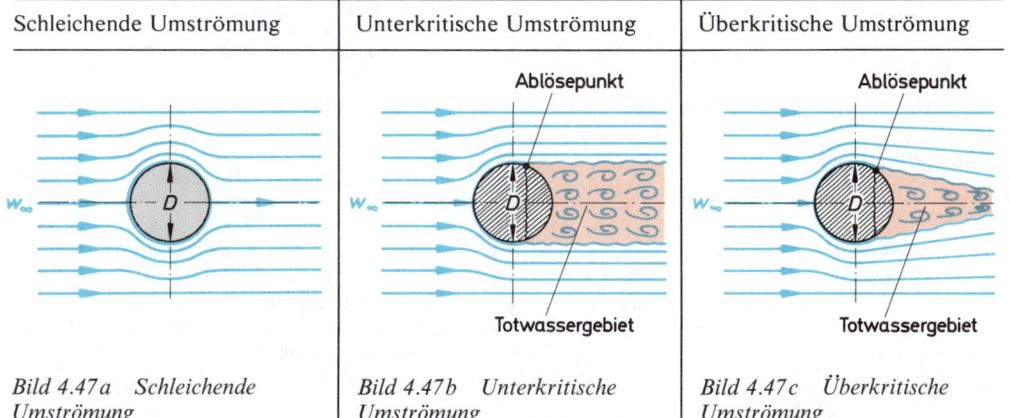

| Schleichende Umströmung | Unterkritische Umströmung | Überkritische Umströmung |

Bild 4.47a   Schleichende Umströmung

Bild 4.47b   Unterkritische Umströmung

Bild 4.47c   Überkritische Umströmung

Schleichende Umströmung	Unterkritische Umströmung	Überkritische Umströmung
Bei der schleichenden Umströmung der Kugel schließt sich die Strömung hinter der Kugel wieder zusammen. Es treten keine Wirbel auf. Die Widerstandskraft, die die Strömung auf die Kugel ausübt ist relativ hoch. Schleichende Umströmung tritt bei Reynolds-Zahlen unter 1000 auf.	Bei unterkritischer Strömung ist die Grenzschicht laminar. Die Grenzschicht löst sich etwa am größten Durchmesser (Meridiankreis) ab. Hinter der Kugel, im Strömungsschatten, tritt ein großes, wirbelbehaftetes Totwassergebiet auf. Hinter der Kugel herrscht Unterdruck. Die auftretende Widerstandskraft ist noch relativ hoch. Unterkritische Umströmung tritt je nach den Versuchsbedingungen bis zu Reynolds-Zahlen zwischen $1,7 \cdot 10^5$ und $4 \cdot 10^5$ auf.	Bei überkritischer Strömung ist die Grenzschicht turbulent. Die Grenzschicht löst sich hinter dem Meridiankreis ab. Das Totwassergebiet ist wesentlich kleiner als bei der Umströmung mit laminarer Grenzschicht. Hinter der Kugel herrscht ein geringer Überdruck. Die Widerstandskraft ist relativ geringer als bei unterkritischer Umströmung. Die Reynolds-Zahl liegt oberhalb des kritischen Wertes.
$Re = \dfrac{w_\infty \cdot D}{\nu} < 10^3$	$10^3 < Re = \dfrac{w_\infty \cdot D}{\nu} < 1,7 \cdot 10^5$ bis $4 \cdot 10^5$	$Re = \dfrac{w_\infty \cdot D}{\nu} > 1,7 \cdot 10^5$ bis $4 \cdot 10^5$

Im Abschnitt 4.8 wird die Umströmung von Körpern ausführlich behandelt. An dieser Stelle sei jedoch bereits erwähnt, daß bei der Umströmung schlanker Körper und Tragflügel teilweise umgekehrte Verhältnisse im Vergleich zur Kugelströmung herrschen. So tritt z. B. bei diesen Körpern bei laminarer Grenzschicht ein kleinerer Widerstand auf als bei turbulenter Grenzschicht.

4.4.3 Strömende und schießende Bewegung bei Strömungen mit freier Oberfläche

Bei Strömungen in offenen Gerinnen (Flüssen, Kanälen) oder in nur teilweise gefüllten Rohrleitungen tritt je nach Größe der mit bestimmten Werten gebildeten Froude-Zahl entweder eine strömende, relativ langsame oder schießende, relativ schnelle Strömungsbewegung auf:

Strömende Bewegung	Schießende Bewegung
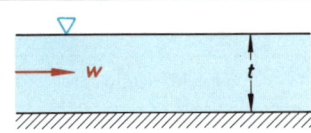	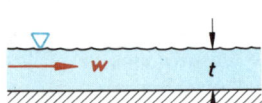
Bild 4.48a Strömende Bewegung	*Bild 4.48b Schießende Bewegung*
Wenn die Froude-Zahl $$Fr = \frac{w}{\sqrt{g \cdot t}}$$ kleiner als 1 ist, stellt sich ein relativ ruhiger Abflußvorgang ein, wie man ihn normalerweise in Flüssen, Bächen oder Kanälen vorfindet. Die Geschwindigkeit w ist relativ klein, die Wassertiefe t relativ groß. Störungen breiten sich sowohl stromabwärts als auch stromaufwärts aus.	Wenn die Froude-Zahl $$Fr = \frac{w}{\sqrt{g \cdot t}}$$ größer als 1 ist, stellt sich ein sehr schnell verlaufender, schießender Abfluß ein, wie er bei Wild- und Sturzbächen auftritt. Die Geschwindigkeit w ist relativ groß, die Wassertiefe t relativ klein. Störungen breiten sich nur stromabwärts aus.

4.5 Stoffströme in geschlossenen Rohrleitungen (Rohrhydraulik)

4.5.1 Energiegleichung für reibungsbehaftete Strömungen

Im Abschnitt 4.2.2 wurde bereits die Energiegleichung für reibungslose, stationäre und inkompressible Strömungen abgeleitet.

Bei der Energieumsetzung in wirklichen Fluiden muß die zur Überwindung der Reibung und von Strömungsstörungen (z.B. Wirbel) erforderliche Energie berücksichtigt werden. Reibungsverluste und Verwirbelungsenergie werden in Wärmeenergie und Schallenergie umgesetzt.

Es wird wiederum die Energieumsetzung zwischen zwei verschiedenen Stellen einer Stromröhre betrachtet (Bild 4.49):

Zwischen den Stellen ① und ② soll von außen weder Energie zu- noch abgeführt werden.

In der Energiegleichung für inkompressible Strömungen kommen die drei Energieformen

Lagenenergie $g \cdot z$

Druckenergie p/ϱ

und Geschwindigkeitsenergie $w^2/2$

vor.

Es ist leicht einzusehen, daß die Lagenenergie von der Reibung nicht beeinflußt wird, da die Höhenkoten z unabhängig von der Reibung sind.

Da die Strömungsgeschwindigkeit w sich jeweils aus dem Volumenstrom $\dot{V}$ und dem durchflossenen Querschnitt A gemäß der Beziehung $w = \dot{V}/A$ ergibt, und $\dot{V}$ und A ebenfalls nicht von der Größe der Reibungsverluste abhängen, ist auch die kinetische Energie $w^2/2$ reibungsunabhängig. Bei inkompressiblen Strömungen äußern sich also die Reibungsverluste als **Druckabfall**! Der Druck p_2 am Ende der betrachteten Stromröhre ist um den Druckabfall Δp_v kleiner als bei reibungsfreier Strömung.

Die Energiegleichung läßt sich damit wie folgt ausdrücken:

(4.47)
$$g \cdot z_1 + \frac{p_1}{\varrho} + \frac{w_1^2}{2}$$
$$= g \cdot z_2 + \frac{p_2}{\varrho} + \frac{w_2^2}{2} + \frac{\Delta p_v}{\varrho}$$

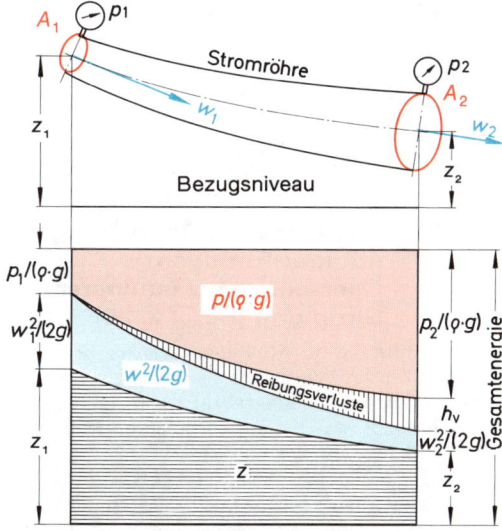

Bild 4.49 Grafische Darstellung der erweiterten Bernoulli-Gleichung

Im Vergleich zu Gleichung 4.3 ist noch das Reibungsglied $\Delta p_v/\varrho$ hinzugekommen, das die Dimension einer Druckenergie hat.

Durch Umformen läßt sich aus Gleichung 4.47 die erweiterte Bernoulli-Gleichung ableiten, die folgende Form erhält:

$$z_1 + \frac{p_1}{\varrho \cdot g} + \frac{w_1^2}{2g} = z_2 + \frac{p_2}{\varrho \cdot g} + \frac{w_2^2}{2g} + \frac{\Delta p_v}{\varrho \cdot g}$$

Für den Ausdruck $\Delta p_v/(\varrho \cdot g)$, der die Dimension einer Länge hat, wird üblicherweise der Begriff Reibungsverlusthöhe h_v benutzt.

(4.48)
$$z_1 + \frac{p_1}{\varrho \cdot g} + \frac{w_1^2}{2g}$$
$$= z_2 + \frac{p_2}{\varrho \cdot g} + \frac{w_2^2}{2g} + h_v$$

Auch die erweiterte Bernoulli-Gleichung läßt sich ähnlich Bild 4.8 grafisch darstellen, wobei die

Reibungsverlusthöhe h_v noch hinzu kommt (Bild 4.49).

Man kann h_v auch sehr einfach als zusätzliche Höhendifferenz deuten, die zu z_1 hinzugefügt bzw. von z_2 abgezogen werden müßte, um den gleichen Druck p_2 zu erhalten, der sich im reibungsfreien Falle einstellen würde.

In den folgenden Abschnitten wird die meist auf Versuchswerten basierende Berechnung des Druckabfalles Δp_v in den verschiedenen Rohrleitungsformen, Rohrleitungseinbauten und Armaturen eingehend behandelt.

4.5.2 Druckabfall in Rohrleitungen mit kreisförmigem Querschnitt bei laminarer Strömung (Re < 2320)

Die Ermittlung des Reibungsverlustes bei laminarer Rohrströmung wird als erstes besprochen, da sich dieser Reibungsverlust rein theoretisch ableiten läßt, was bei der turbulenten Rohrströmung nicht mehr der Fall ist.

In Bild 4.50 ist der Ausschnitt einer waagerechten Rohrleitung mit kreisförmigem Querschnitt dargestellt. r_0 ist der Rohrradius. Innerhalb der das Rohr ausfüllenden Stromröhre ist ein kleiner Teilzylinder mit dem Radius r und der Länge l abgegrenzt.

Längs der Rohrleitung nimmt der Druck in Strömungsrichtung ab, da der infolge Reibung entstehende Druckabfall überwunden werden muß. Der auf die obere Stirnfläche $r^2 \cdot \pi$ wirkende Druck p_1 ist demnach größer als der auf die untere Stirnfläche $r^2 \cdot \pi$ wirkende Druck p_2. Die Strömung verlaufe laminar ($Re < 2320$), d.h., in genügendem Abstand vom Rohranfang strömen die

Flüssigkeitsteilchen in achsparallelen Schichten. Die Geschwindigkeitsverteilung ist drehsymmetrisch und unabhängig von der jeweiligen axialen Lage, d.h., an einem bestimmten Radius r herrscht überall die gleiche Geschwindigkeit w.

Die Geschwindigkeit w ändert sich mit dem Radius r: An der Wand haftet die Flüssigkeit, die Geschwindigkeit ist Null; zur Rohrmitte hin nimmt die Geschwindigkeit zu und hat in der Rohrachse ihr Maximum.

Da sich die Flüssigkeitsschichten mit jeweils unterschiedlichen Geschwindigkeiten relativ zueinander bewegen, treten zwischen den Schichten newtonsche Schubspannungen auf (Gl. 1.13).

$$\tau = -\eta \cdot \frac{dw}{dr}$$

Das Geschwindigkeitsgefälle dw/dr ist negativ, weil mit zunehmendem Radius r die Geschwindigkeit w abnimmt (vgl. Bild 4.51).

Da das Rohr waagerecht liegt und die Strömung stationär und inkompressibel verläuft, treten außer den Druck- und Reibungskräften keine weiteren Kräfte mehr auf. Druck und Reibungskräfte müssen sich das Gleichgewicht halten.

Die an dem in Bild 4.50 eingezeichneten Teilzylinder angreifenden Kräfte betragen:

a) Druckkraft: $(p_1 - p_2) \cdot r^2 \cdot \pi$

b) Reibungskraft:

$$2 \cdot \pi \cdot r \cdot l \cdot \tau = -2 \cdot \pi \cdot r \cdot l \cdot \eta \cdot \frac{dw}{dr}$$

Durch Gleichsetzen der beiden Kräfte erhält man folgende, die Geschwindigkeitsverteilung beschreibende Differentialgleichung:

$$(p_1 - p_2) \cdot r^2 \cdot \pi = -2 \cdot \pi \cdot r \cdot l \cdot \eta \cdot \frac{dw}{dr}$$

$$(p_1 - p_2) \cdot r = -2 \cdot l \cdot \eta \cdot \frac{dw}{dr}$$

$$dw = -\frac{p_1 - p_2}{2 \cdot \eta \cdot l} r \cdot dr$$

Durch Integration dieser Differentialgleichung erhält man die Geschwindigkeitsverteilung über dem Rohrquerschnitt:

$$w = -\frac{p_1 - p_2}{2 \cdot \eta \cdot l} \cdot \frac{r^2}{2} + C$$

Die Integrationskonstante C ergibt sich aus der Randbedingung $w = 0$ für $r = r_0$:

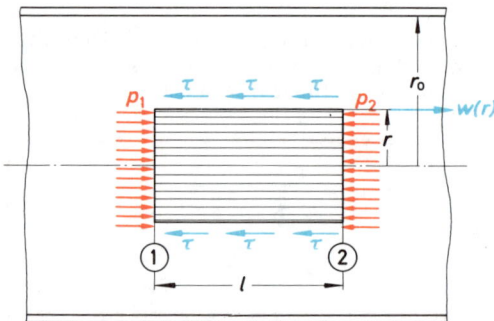

Bild 4.50   Zum Kräftegleichgewicht bei der laminaren Rohrströmung

$$0 = -\frac{p_1 - p_2}{4 \cdot \eta \cdot l} \cdot r_0^2 + C$$

$$C = \frac{p_1 - p_2}{4 \cdot \eta \cdot l} \cdot r_0^2$$

Durch Einsetzen von C in die Funktion $w = f(r)$ erhält man die endgültige Form der Geschwindigkeitsverteilung:

(4.49)

$$w = \frac{p_1 - p_2}{4 \cdot \eta \cdot l} \cdot (r_0^2 - r^2)$$

Diese Gleichung wird als **Stokessches Gesetz** bezeichnet.

Aus der mathematischen Form der Gleichung 4.49 ersieht man, daß die Geschwindigkeitsverteilung $w = f(r)$ parabolisch ist, d.h. die Spitzen der Geschwindigkeitsvektoren auf einem Paraboloid liegen (Bild 4.51).

Bekanntlich ist der Volumeninhalt eines quadratischen Paraboloides gleich dem Volumeninhalt eines Zylinders mit gleicher Grundfläche und halber Höhe, d.h., es ist

$$\bar{w} = \tfrac{1}{2} \cdot w_{max}$$

Die maximale Geschwindigkeit w_{max} in der Rohrachse folgt aus Gleichung 4.49 durch Einsetzen von $r = 0$:

$$w_{max} = \frac{p_1 - p_2}{4 \cdot \eta \cdot l} \cdot r_0^2$$

und damit:

$$\bar{w} = \frac{w_{max}}{2} = \frac{p_1 - p_2}{8 \cdot \eta \cdot l} \cdot r_0^2$$

Andererseits erhält man die mittlere Geschwindigkeit $\bar{w}$ aus der Kontinuitätsgleichung über den Volumenstrom $\dot{V}$ und den Rohrquerschnitt $A = r_0^2 \cdot \pi$:

$$\dot{V} = A \cdot \bar{w} = r_0^2 \cdot \pi \cdot \frac{p_1 - p_2}{8 \cdot \eta \cdot l} \cdot r_0^2$$

(4.50)

$$\dot{V} = \frac{\pi \cdot r_0^4 \cdot (p_1 - p_2)}{8 \cdot \eta \cdot l}$$

Gleichung 4.50 besagt, daß bei laminarer Rohrströmung in einem kreiszylindrischen Rohr das Durchflußvolumen $\dot{V}$ proportional zum Druckun-

terschied zwischen Rohranfang und Rohrende und zur 4. Potenz des Rohrradius und umgekehrt proportional zur Rohrlänge und zur dynamischen Zähigkeit des Strömungsmediums ist.

Dieses Gesetz entdeckten der deutsche Wasserbauingenieur HAGEN und der französische Arzt POISEUILLE unabhängig voneinander, weshalb es als **Hagen-Poiseuillesches Gesetz** bezeichnet wird.

Löst man Gleichung 4.50 nach dem zur Überwindung der Rohrreibung erforderlichen Druckunterschied $p_1 - p_2$ auf, so erhält man folgenden Ausdruck:

$$p_1 - p_2 = \frac{8 \cdot l \cdot \eta \cdot \dot{V}}{\pi \cdot r_0^4}$$

Der Radius r_0 wird durch den Durchmesser d, die dynamische Zähigkeit η durch die kinematische Zähigkeit ν ersetzt:

$$r_0^4 = \left(\frac{d}{2}\right)^4 = \frac{d^4}{16 \cdot}$$

$$\eta = \varrho \cdot \nu$$

$$p_1 - p_2 = \frac{128 \cdot l \cdot \varrho \cdot \nu \cdot \dot{V}}{\pi \cdot d^4}$$

Der Volumenstrom $\dot{V}$ wird durch die mittlere Geschwindigkeit $\bar{w}$ und durch den Rohrquerschnitt $d^2 \cdot \pi/4$ ausgedrückt:

$$\dot{V} = \bar{w} \cdot \frac{d^2 \cdot \pi}{4}$$

$$p_1 - p_2 = \frac{128 \cdot l \cdot \varrho \cdot \nu \cdot \bar{w} \cdot d^2 \cdot \pi}{\pi \cdot d^4 \cdot 4}$$

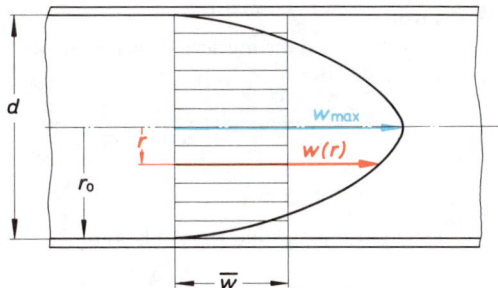

Bild 4.51 Geschwindigkeitsverteilung bei der laminaren Rohrströmung

Durch Umformen, Kürzen und Erweitern dieses Ausdruckes ergibt sich:

$$p_1 - p_2 = \frac{64 \cdot l \cdot \varrho}{d \cdot 2} \cdot \frac{\nu}{d} \cdot \bar{w}$$

$$p_1 - p_2 = 64 \frac{l}{d} \cdot \frac{\varrho}{2} \bar{w}^2 \cdot \frac{\nu}{d \cdot \bar{w}}$$

Der Ausdruck $\nu/(d \cdot \bar{w})$ entspricht dem Reziprokwert der Reynolds-Zahl Re.

(4.51)

$$p_1 - p_2 = \frac{64}{Re} \cdot \frac{l}{d} \cdot \frac{\varrho}{2} \cdot \bar{w}^2$$

Ersetzt man den Druckabfall $p_1 - p_2$ durch die Reibungsverlusthöhe h_v, so erhält man:

$$g \cdot h_v = \frac{p_1 - p_2}{\varrho}$$

(4.52)

$$h_v = \frac{64}{Re} \cdot \frac{l}{d} \cdot \frac{\bar{w}^2}{2\,g}$$

Bei Betrachtung der Gleichungen 4.51 und 4.52 fällt auf, daß der Reibungsverlust bei laminarer Rohrströmung nicht von der Rohrrauhigkeit abhängt, was auch durch Versuche zutreffend bestätigt wurde.

Den Ausdruck $64/Re$ bezeichnet man üblicherweise als **Rohrreibungszahl** λ.

(4.53)

$$\lambda = \frac{64}{Re}$$

für laminare Strömung in kreiszylindrischen Rohren!

Da die Reynolds-Zahl dimensionslos ist, ist auch die Rohrreibungszahl dimensionslos.

Laminare Rohrströmung tritt in der Praxis selten auf, nämlich nur beim Transport stark viskoser Flüssigkeiten in engen Rohren bei kleinen Geschwindigkeiten, so z.B. bei der Strömung von Schmierölen in Leitungen und Lagern oder bei der Umwälzströmung in Warmwasserheizungen und Dampfkesseln mit Naturumlauf.

Beispiel 25

Aufgabenstellung:

Durch eine Rohrleitung von 50 mm Durchmesser und 1 km Länge fließen stündlich 10 m^3 Heizöl mit einer kinematischen Zähigkeit von $40 \cdot 10^{-6}$ m^2/s und einer Dichte von 900 kg/m^3.

Wie groß ist der für den Transport erforderliche Druckunterschied?

Lösung:

Zunächst wird die mittlere Geschwindigkeit $\bar{w}$ berechnet:

$$\bar{w} = \frac{\dot{V}}{d^2 \cdot \dfrac{\pi}{4}} = \frac{10}{3600 \cdot 19{,}6 \cdot 10^{-4}}$$

$$\bar{w} = 1{,}42 \text{ m/s}$$

Damit ergibt sich die Reynolds-Zahl Re:

$$Re = \frac{\bar{w} \cdot d}{\nu} = \frac{1{,}42 \cdot 0{,}05}{40 \cdot 10^{-6}}$$

$$Re = 1775$$

Da $Re < 2320$ ist, ist die Strömung laminar. Die Rohrreibungszahl folgt aus Gl. 4.53:

$$\lambda = \frac{64}{Re} = \frac{64}{1775}$$

$$\lambda = 0{,}036$$

Damit läßt sich mit Gleichung 4.51 der Druckverlust bestimmen:

$$p_1 - p_2 = \lambda \cdot \frac{l}{d} \cdot \frac{\varrho}{2} \cdot \bar{w}^2$$

$$p_1 - p_2 = 0{,}036 \cdot \frac{1000}{0{,}05} \cdot \frac{900}{2} \cdot 1{,}42^2$$

$$p_1 - p_2 = 654\,000 \text{ Pa}$$

$$p_1 - p_2 = 6{,}54 \text{ bar}$$

4.5.3 Druckabfall in Rohrleitungen mit kreisförmigem Querschnitt bei turbulenter Strömung (Re > 2320)

Die meisten in der Praxis auftretenden Rohrströmungen sind turbulent. Die Ableitung der Gesetzmäßigkeiten für die Geschwindigkeitsverteilung und für den Druckverlust auf rein theoretischem Wege ist nicht möglich, da neben der Reynolds-Zahl noch die Wandbeschaffenheit des Rohres berücksichtigt werden muß.

Bei der laminaren Rohrströmung wurden die Reibungsverluste auf die auftretenden newtonschen Schubspannungen zurückgeführt. Bei der turbulenten Rohrströmung spielen neben diesen newtonschen Reibungsverlusten, die vor allem in der laminaren Grenzschicht an der Rohrwand auftreten noch die Mischungsverluste infolge der Geschwindigkeitsschwankungen eine wesentliche Rolle.

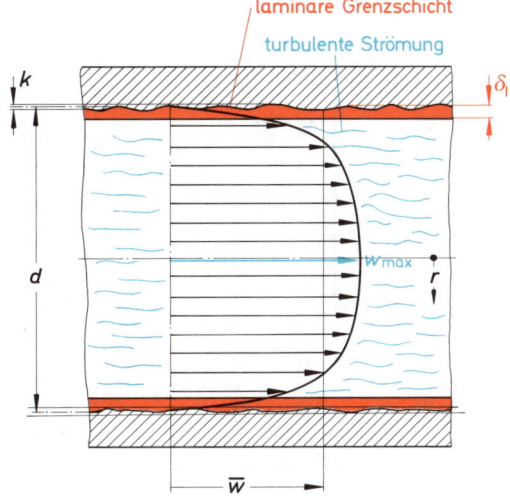

Bild 4.52 Turbulente Rohrströmung

4.5.3.1 Die Geschwindigkeitsverteilung

Auch bei der turbulenten Rohrströmung haftet die Flüssigkeit an der Rohrwand, d.h., die Geschwindigkeit w wird für $r = d/2$ zu Null.

Innerhalb einer dünnen Grenzschicht, deren Dicke sich nach einer von PRANDTL angegebenen Formel wie folgt berechnen läßt:

(4.54)

$$\delta_l \approx \frac{34,2}{(0,5 \cdot Re)^{0,875}} \cdot d$$

baut sich die Geschwindigkeit nach der parabolischen Geschwindigkeitsverteilung der Laminarströmung auf.

Innerhalb des turbulenten Strömungsbereiches ist die Geschwindigkeitsverteilung wesentlich flacher als bei der laminaren Rohrströmung (Bild 4.52). Die Geschwindigkeitsverteilung hängt von der Reynolds-Zahl Re und von der Wandrauhigkeit ab. Je größer die Reynolds-Zahl und je glatter die Rohrwand sind, desto flacher ist die die Geschwindigkeitsvektoren einhüllende Kurve. Ganz allgemein läßt sich das Geschwindigkeitsverteilungsgesetz wie folgt angeben:

(4.55a)

$$\frac{w}{w_{max}} = \left(\frac{\frac{d}{2} - r}{\frac{d}{2}} \right)^{\frac{1}{n}}$$

wobei zwischen der maximalen Geschwindigkeit w_{max} und der mittleren Geschwindigkeit $\bar{w}$ folgender Zusammenhang besteht:

(4.55b)

$$\frac{\bar{w}}{w_{max}} = \frac{2 \cdot n^2}{(n + 1) \cdot (2n + 1)}$$

Bild 4.53 Exponent in der Geschwindigkeitsverteilung in kreisförmigen glatten Rohren

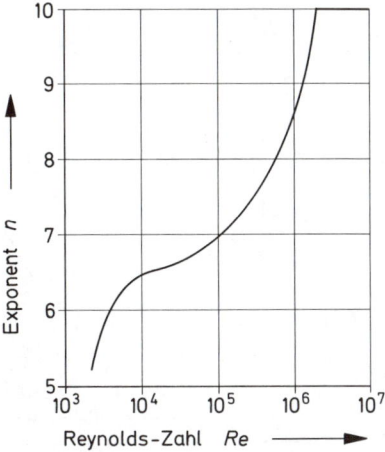

Tabelle 4.2   Rohrreibungszahl λ bei turbulenter Rohrströmung

$$Re = \frac{\bar{w} \cdot d}{\nu} > 2320$$

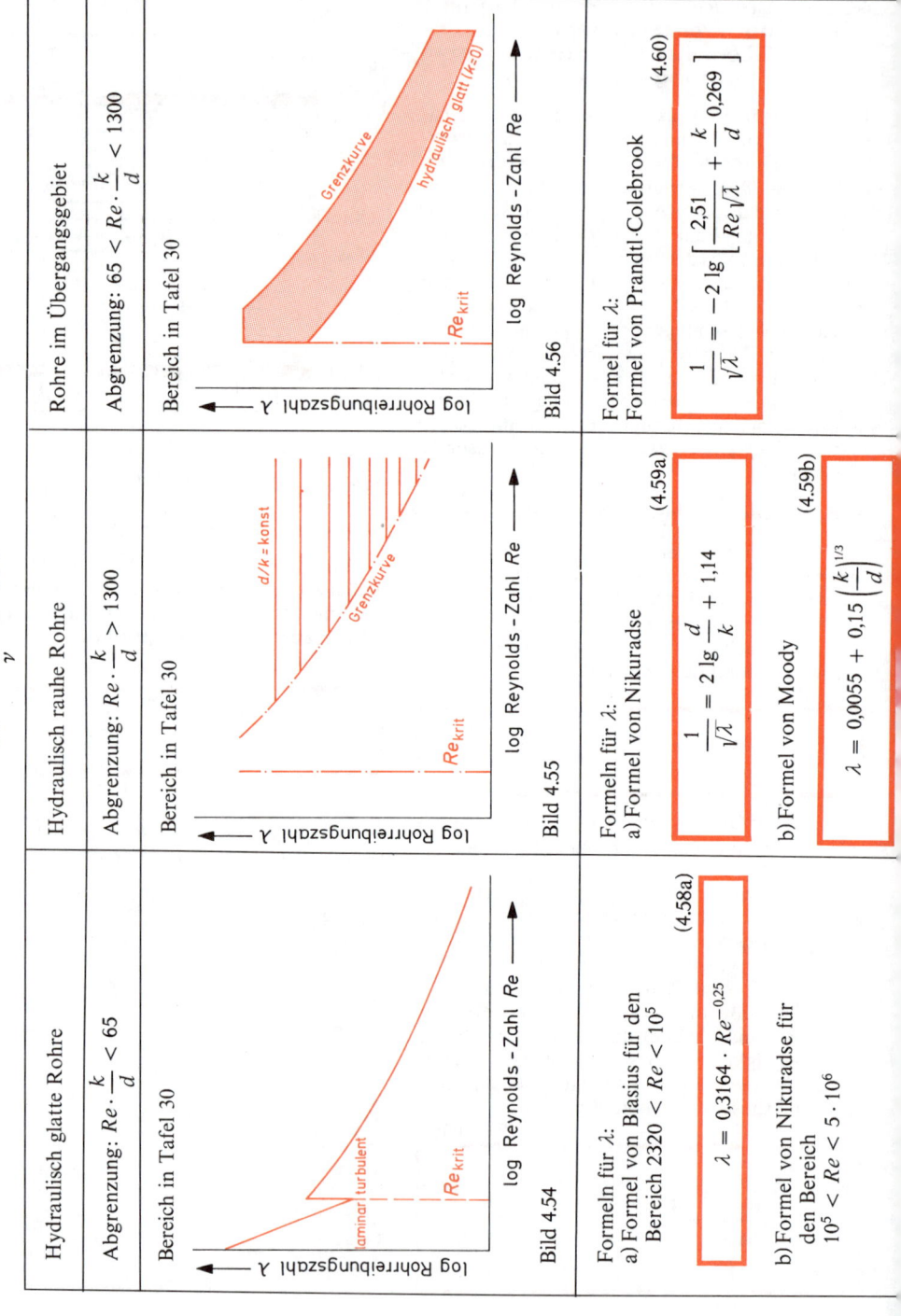

Hydraulisch glatte Rohre	Hydraulisch rauhe Rohre	Rohre im Übergangsgebiet
Abgrenzung: $Re \cdot \dfrac{k}{d} < 65$	Abgrenzung: $Re \cdot \dfrac{k}{d} > 1300$	Abgrenzung: $65 < Re \cdot \dfrac{k}{d} < 1300$
Bereich in Tafel 30	Bereich in Tafel 30	Bereich in Tafel 30
Bild 4.54	Bild 4.55	Bild 4.56
Formeln für λ: a) Formel von Blasius für den Bereich $2320 < Re < 10^5$ $$\lambda = 0{,}3164 \cdot Re^{-0,25} \quad (4.58a)$$ b) Formel von Nikurades für den Bereich $10^5 < Re < 5 \cdot 10^6$	Formeln für λ: a) Formel von Nikurades $$\frac{1}{\sqrt{\lambda}} = 2 \lg \frac{d}{k} + 1{,}14 \quad (4.59a)$$ b) Formel von Moody $$\lambda = 0{,}0055 + 0{,}15 \left(\frac{k}{d}\right)^{1/3} \quad (4.59b)$$	Formel für λ: Formel von Prandtl-Colebrook $$\frac{1}{\sqrt{\lambda}} = -2 \lg \left[\frac{2{,}51}{Re\sqrt{\lambda}} + \frac{k}{d} \cdot 0{,}269 \right] \quad (4.60)$$

$$\lambda = 0,0032 + 0,221 \cdot Re^{-0,237}$$

(4.58b)

c) Formel von Prandtl und
v. Kármán für den Bereich
$Re > 10^6$

$$\frac{1}{\sqrt{\lambda}} = 2 \cdot \lg (Re \cdot \sqrt{\lambda}) - 0,8$$

(4.58c)

d) Formel von HERMANN:

$$\lambda = 0,0054 + \frac{0,396}{Re^{0,3}}$$

(4.58d)

bis $Re \approx 2 \cdot 10^6$

$$\bar{w} = \frac{\dot{V}}{A} = \frac{\dot{V}}{d^2 \cdot \pi/4}$$

Der Exponent n ist eine Funktion der Reynolds-Zahl und der Wandrauhigkeit.

Für **glatte Rohre** können die n-Werte abhängig von der Reynolds-Zahl nach NIKURADSE [4.1] aus Bild 4.53 entnommen werden.

Mit zunehmender Rauhigkeit wird der Exponent n größer. Für Überschlagsrechnungen und weniger genaue Messungen kann die mittlere Geschwindigkeit $\bar{w} = \dot{V}/A$ zu 80 bis 88% der Maximalgeschwindigkeit w_{max} angenommen werden.

4.5.3.2 Der Druckabfall

Der Druckabfall in turbulent durchströmten Kreisrohren ist erfahrungsgemäß proportional zur Rohrlänge l und zum Staudruck der mittleren Durchflußgeschwindigkeit $\bar{w}$ und umgekehrt proportional zum Rohrdurchmesser d.

(4.56)

$$\Delta p_v = \lambda \cdot \frac{l}{d} \cdot \frac{\varrho}{2} \cdot \bar{w}^2$$

bzw.

(4.57)

$$h_v = \lambda \cdot \frac{l}{d} \cdot \frac{\bar{w}^2}{2\,g}$$

Die Proportionalitätskonstante λ ist die bereits weiter oben eingeführte dimensionslose **Rohrreibungszahl.**

Im allgemeinen ist die Rohrreibungszahl λ eine Funktion der Reynolds-Zahl Re und der relativen Wandrauhigkeit d/k (Tafel 30 im Anhang).

Hinsichtlich dieser Abhängigkeit unterscheidet man 3 typische Bereiche (Tabelle 4.2).

Die Rauhigkeitswerte k in den Formeln 4.58, 4.59 und 4.60 sowie in Tafel 30 sind nicht identisch mit der **technischen** (natürlichen) Rauhigkeit der Rohrwand, sondern sind als **äquivalente** (künstliche) **Sandrauhigkeit** definiert (Bild 4.57). Die Übernahme dieses umstrittenen, unpräzisen Begriffes [4.2], [4.3] sowie die Angabe von k-Werten in Tafel 31 erfolgt nur deshalb, weil noch nicht ausreichend genug Versuchswerte über den Einfluß der verschiedenen technischen Rauhigkeitsformen auf die Grenzschichtströmung an der Rohrwand und damit auf die Rohrreibungszahl λ vorliegen.

Die Rohrreibungszahl λ kann entweder aus Tafel 30 entnommen oder mit Hilfe der Formeln der Tabelle 4.2 berechnet werden.

Neben der rechnerischen Bestimmung des Druckabfalles über die Formeln 4.56/4.57 sind noch folgende praxisbezogene Verfahren geläufig:

a) **Rechenprogramme** für programmierbare Tisch- oder Taschenrechner

b) Spezielle **Rechenschieber** (Bild 4.58)

c) Benutzung von **Diagrammen** und **Nomogrammen**

Für Übungszwecke sind folgende Nomogramme im Anhang des Buches aufgeführt:

Tafel 32: Druckabfall in Wasserleitungen
Tafel 33: Druckabfall in Luftleitungen

Ersetzt man in Gleichung 4.56 die Geschwindigkeit $\bar{w}$ durch den Quotienten aus Volumenstrom $\dot{V}$ und Rohrquerschnitt A, so ergibt sich folgender Zusammenhang zwischen Druckabfall und Rohrdurchmesser:

$$\Delta p_v = \lambda \cdot \frac{l}{d} \cdot \frac{\varrho}{2} \left(\frac{\dot{V}}{d^2 \cdot \pi/4} \right)^2$$

$$\Delta p_v = \lambda \cdot \frac{8 \cdot l \cdot \varrho}{d^5 \cdot \pi^2} \cdot \dot{V}^2$$

Vernachlässigt man die Abhängigkeit von λ vom Durchmesser d, kann für turbulente Rohrströ-

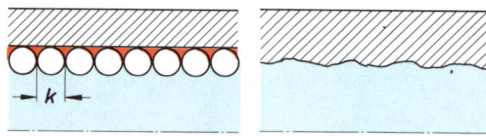

künstliche Sandrauhigkeit   natürliche Rauhigkeit   *Bild 4.57   Rauhigkeitsarten*

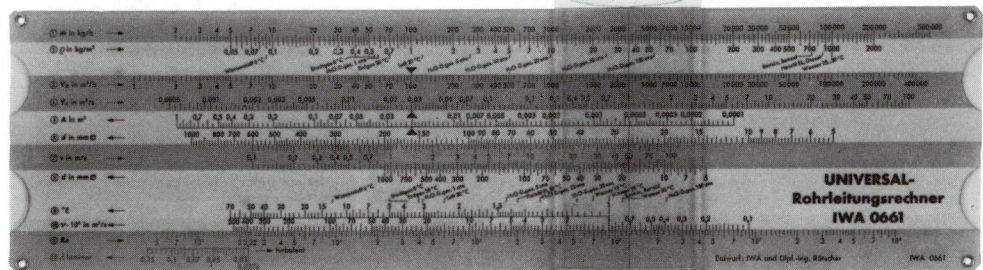

Bild 4.58   Rohrleitungs-Rechenschieber nach Fa. IWA-Rechenschieberfabrik, Esslingen

mung die Proportionalität

$$\Delta p_v \sim \frac{1}{d^5}$$

angesetzt werden.

Durch Einsetzen von

$$\bar{w} = \frac{\dot{V}}{d^2 \cdot \pi/4}$$

und

$$Re = \frac{\bar{w} \cdot d}{\nu}$$

in die Beziehung für den Druckabfall (Gleichung 4.51) erhält man für die laminare Rohrströmung:

$$\Delta p_v \sim \frac{1}{d^4}$$

Beispiel 26

Aufgabenstellung:

Durch eine horizontale Stahlrohrleitung von 2 km Länge und 500 mm ⌀ gehen in der Stunde 1200 m³ Wasser von 15 °C.
Wie groß ist der entstehende Druckverlust, wenn der Rauhigkeitswert k mit 0,1 mm angenommen wird?

Lösung:

Die mittlere Strömungsgeschwindigkeit ergibt sich aus der Kontinuitätsgleichung:

$$\bar{w} = \frac{\dot{V}}{A} = \frac{1200}{3600 \cdot 0,196} = 1,7 \text{ m/s}$$

Damit läßt sich die Reynolds-Zahl Re berechnen:

$$Re = \frac{\bar{w} \cdot d}{\nu} = \frac{1,7 \cdot 0,5}{1,13 \cdot 10^{-6}}$$

$$Re = 7,5 \cdot 10^5$$

Die Strömung ist turbulent.
Zum Überprüfen des Strömungszustands im Rohr wird der Ausdruck $Re \cdot k/d$ bestimmt:

$$Re \cdot \frac{k}{d} = 7,5 \cdot 10^5 \cdot \frac{0,1 \cdot 10^{-3}}{0,5}$$

$$Re \cdot \frac{k}{d} = 150$$

Nach Tabelle 4.2 liegt die Rohrströmung im Übergangsgebiet, da $Re \cdot k/d > 65$ und < 1300 ist.
Aus Tafel 30 im Anhang wird für das Wertepaar $Re = 7,5 \cdot 10^5$ und $d/k = 5000$ eine Rohrreibungszahl λ von

$$\lambda = 0,015$$

entnommen.
Eine Überprüfung dieses Wertes mit Gleichung (4.60) bestätigt seine Richtigkeit

$$\frac{1}{\sqrt{\lambda}} = -2 \cdot \lg \left[\frac{2,51}{Re \cdot \sqrt{\lambda}} + \frac{k}{d} \cdot 0,269 \right]$$

$$\frac{1}{\sqrt{0,015}} = -2 \cdot \lg \left[\frac{2,51}{7,5 \cdot 10^5 \cdot \sqrt{0,015}} \right.$$

$$\left. + \frac{0,1}{500} \cdot 0,269 \right]$$

127

$8,16497 = 8,18169$

Mit Gleichung (4.56) kann nun der Druckabfall Δp_v berechnet werden:

$$\Delta p_v = \lambda \cdot \frac{l}{d} \cdot \frac{\varrho}{2} \, \bar{w}^2$$

$$\Delta p_v = 0{,}015 \cdot \frac{2000}{0{,}5} \cdot \frac{1000}{2} \cdot 1{,}7^2$$

$$\Delta p_v = 86\ 700\ \text{Pa}$$

$$\boxed{\Delta p_v = 0{,}87\ \text{bar}}$$

4.5.4 Druckabfall bei Strömung nichtnewtonscher Flüssigkeiten

Für nichtnewtonsche Flüssigkeiten kann weder die Geschwindigkeitsverteilung noch der Druckabfall mit ähnlicher Genauigkeit wie bei newtonschen Fluiden bestimmt werden.
Das Geschwindigkeitsprofil ist im Strömungskern abgeplattet (Bild 4.59).
Die mittlere Geschwindigkeit $\bar{w}$ kann nach empirischen Ansätzen abgeschätzt werden.

a) Für strukturviskose Stoffe:

(4.61)

$$\boxed{\bar{w} = \frac{d}{2\,(n+3)} \left(\frac{1}{\eta_1} \cdot \frac{d}{4} \cdot \frac{\Delta p}{l} \right)^n = \frac{\dot{V}}{A}}$$

d = Rohrdurchmesser
Δp = Druckunterschied zwischen Rohranfang und Rohrende
l = Rohrlänge
η_1 = dynamische Viskosität bei $D = 1\ \text{s}^{-1}$
n = Exponent > 1

b) Für nichtlinear-plastische Stoffe:

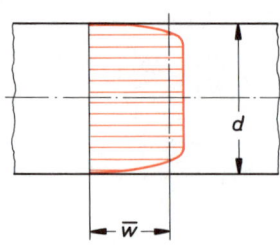

Bild 4.59   Geschwindigkeitsverteilung bei Strömung einer nichtnewtonschen Flüssigkeit

(4.62)

$$\boxed{\bar{w} = \frac{d/2}{\eta_1'^n} \left(\frac{d \cdot \Delta p}{4 \cdot l} \right)^2 \frac{1}{n+3} \left(1 - \frac{4 \cdot n}{n+2} \cdot \alpha \right)}$$

η_1' = scheinbare plastische Viskosität für $D = 1\ \text{s}^{-1}$

$\alpha = \dfrac{\vartheta}{\tau_w} = \dfrac{\text{Fließgrenze}}{\text{Schubspannung an der Wand}}$

Zur Berechnung der mittleren Geschwindigkeit $\bar{w}$ nach Gleichung 4.61 oder 4.62 ist die **Fließkurve** des Strömungsmediums erforderlich.
Für Überschlagsrechnungen kann die an sich nur für Bingham-Substanzen gültige Formel von Buckingham verwendet werden:

(4.63)

$$\boxed{\bar{w} = \frac{d^2 \cdot \Delta p}{32 \cdot \eta' \cdot l} \left(1 - \tfrac{4}{3}\,\alpha - \tfrac{1}{3}\,\alpha^4 \right)}$$

η' = plastische Viskosität = $\dfrac{\tau - \vartheta}{D}$

$\alpha = \dfrac{\vartheta}{\tau_w}$ s.o.

Für den Druckabfall werden in [4.5] folgende Ansätze angegeben:

a) Für Bingham-Substanzen:

(4.64)

$$\boxed{\Delta p = \lambda' \cdot \frac{l}{d} \cdot \frac{\varrho}{2} \, \bar{w}^2}$$

Die Rohrreibungszahl λ' ist eine Funktion der Reynolds-Zahl Re_p und der **Hedstrom-Zahl** He gemäß Tafel 34 im Anhang des Buches. Die

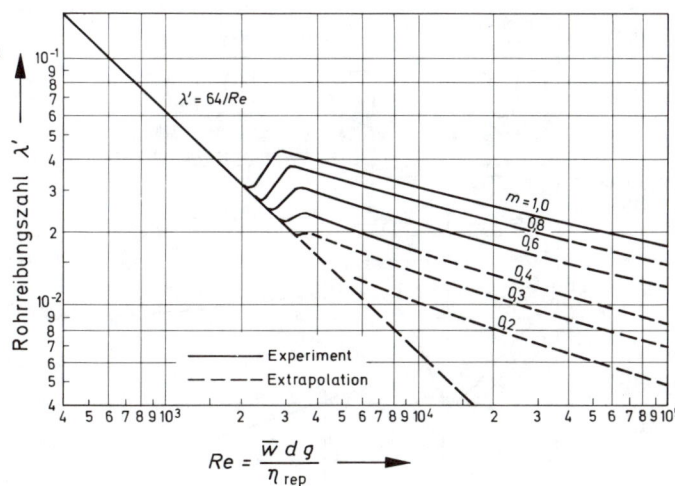

Bild 4.60 Rohrreibungszahl nichtnewtonscher Flüssigkeiten

$$Re = \frac{\bar{w} \, d \, \varrho}{\eta_{rep}}$$

beiden Kennzahlen sind dabei wie folgt definiert:

$$Re_p = \frac{\bar{w} \cdot d \cdot \varrho}{\eta'}$$

η' = plastische Viskosität = $\dfrac{\tau - \vartheta}{D}$

$$He = \frac{\vartheta \cdot d^2 \cdot \varrho}{\eta'^2}$$

b) Für nichtlinear-plastische Stoffe:

Es gilt Gleichung 4.64.
Der Beiwert λ' wird aus Bild 4.60 entnommen. Die in Bild 4.60 verwendeten Größen haben folgende Bedeutung (Bild 4.61):

η_{rep} = repräsentative Viskosität

$$\eta_{rep} = \frac{\tau_{rep}}{D_{rep}}$$

D_{rep} = repräsentatives Geschwindigkeitsgefälle

$$D_{rep} = \frac{2 \cdot \pi \cdot \bar{w}}{d}$$

$$m \approx \frac{\Delta \lg D}{\Delta \lg \tau}$$

Weitere Literaturangaben finden sich in [4.5]. Eine grundlegende Arbeit stellt [4.6] dar.

In der Praxis sind zur genauen Bestimmung des Druckabfalls bei nichtnewtonschen Flüssigkeiten Versuche unerläßlich.

4.5.5 Druckabfall in gewellten Rohren

Die Verwendung flexibler Rohrleitungen in Form von gewellten oder gewickelten Metall- oder Kunststoffschläuchen hat in der Praxis in letzter Zeit stark zugenommen.
Nach [4.7] kann der Druckabfall in geraden Wellrohren nach Gleichung 4.56 berechnet werden. Ähnlich wie beim ungewellten Rohr unterscheidet man bezüglich der Rohrreibungszahl λ einen

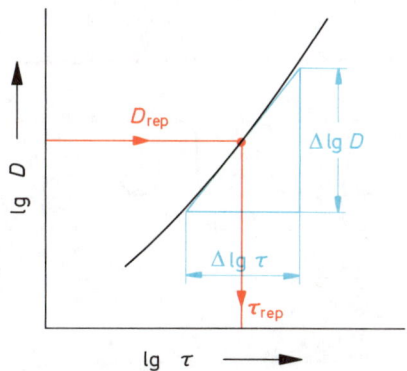

Bild 4.61 Fließkurve (Fließfunktion)

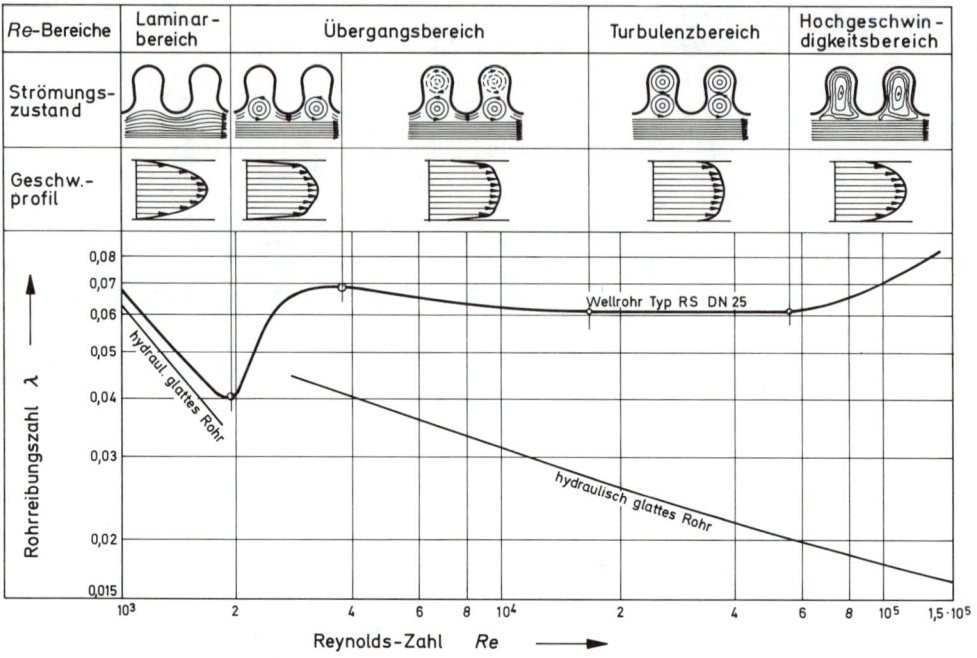

Re-Bereiche	Laminar-bereich	Übergangsbereich		Turbulenzbereich	Hochgeschwin-digkeitsbereich
Strömungs-zustand					
Geschw.-profil					

Bild 4.62   *Rohrreibungszahl eines Wellrohres nach Fa. Witzenmann GmbH, Pforzheim*

Laminarbereich, einen Übergangsbereich und einen turbulenten Bereich (Bild 4.62).

Für den häufig vorkommenden turbulenten Bereich wird für die Rohrreibungszahl λ in [4.7] folgende Beziehung angegeben:

$$(4.65)$$

$$\lambda = \frac{0,25}{\left[\lg \left(k \cdot \sqrt{\frac{d \cdot l}{h \cdot b}} \right) \right]^2}$$

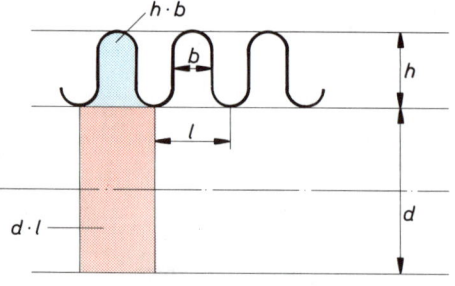

Bild 4.63   *Wellrohr*

k = Rauhigkeit in mm
d, l, h, b = Abmessungen (Bild 4.63)

Die Hersteller geben für ihre verschiedenen Wellrohrtypen Diagramme $\lambda = f(Re)$ ähnlich Bild 4.62 an.

In [4.7] sind auch Angaben über die Zunahme des Druckabfalls bei gebogenen Metallschläuchen enthalten.

Nach [4.8] kann für den Bereich $0 < h/l < 1,2$ und Reynolds-Zahlen der Größenordnung $Re \approx 5 \cdot 10^4$ folgende Beziehung für die Rohrreibungszahl λ angewandt werden:

$$(4.66)$$

$$\lambda \approx \frac{1}{5} \cdot \sqrt[10]{\left(\frac{h}{d}\right)^6 \cdot \left(\frac{l}{h}\right)^7}$$

In [4.8] sind eine weitere, genauere Formel für λ sowie einige Diagramme angegeben, die auf Versuchen basieren und es gestatten, den Druckabfall in Wellrohren einigermaßen genau abzuschätzen.

4.5.6 Rohre mit nichtkreisförmigem Querschnitt

Der Druckverlust in geraden Rohren mit nicht-kreisförmigem Querschnitt kann nach Gleichung 4.56 berechnet werden, wenn man den Durchmesser d durch den **hydraulischen Durchmesser** d_h ersetzt:

(4.67)

$$\Delta p_v = \lambda \cdot \frac{l}{d_h} \cdot \frac{\varrho}{2} \cdot \bar{w}^2$$

Der hydraulische Durchmesser d_h ist dabei wie folgt definiert:
Aus den Gleichgewichtsansätzen für die in Bild 4.64 dargestellten Rohrstücke mit beliebigem Querschnitt und Kreisquerschnitt kann ein Zusammenhang zwischen den gegebenen Größen A und U der Rohrleitung beliebigen Querschnitts und der Rechengröße d_h einer gedachten Ersatzrohrleitung hergeleitet werden.
Rohr beliebigen Querschnitts:

$$\tau \cdot U \cdot l = A (p_1 - p_2)$$

$$p_1 - p_2 = \frac{\tau \cdot U \cdot l}{A}$$

Rohr mit Kreisquerschnitt (Ersatzrohr):

$$\tau \cdot d_h \cdot \pi \cdot l = \frac{d_h^2 \cdot \pi}{4} \cdot (p_1 - p_2)$$

$$p_1 - p_2 = \frac{4\,l}{d_h} \cdot \tau$$

Durch Gleichsetzen der beiden Ausdrücke für $p_1 - p_2$ und Kürzen der Schubspannung τ und der Rohrlänge l ergibt sich die Definition des hydraulischen Durchmessers d_h:

$$\frac{4}{d_h} \cdot l \cdot \tau = \frac{U}{A} \cdot l \cdot \tau$$

(4.68)

$$d_h = \frac{4 \cdot A}{U}$$

A = Querschnittsfläche
U = benetzter Umfang

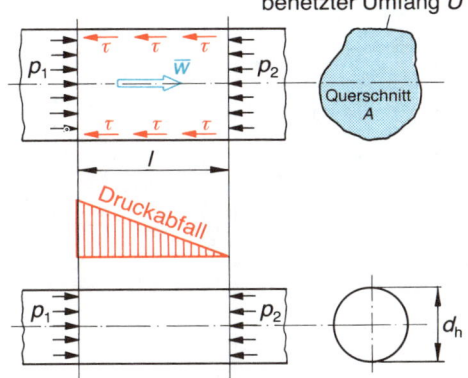

Bild 4.64 Zur Erklärung des hydraulischen Durchmessers

Gleichung 4.68 kann näherungsweise auch auf nur teilweise ausgefüllte Querschnitte angewandt werden, wobei A und U nur auf den Flüssigkeitsquerschnitt bezogen sind.
Die Rohrreibungszahl λ ist bei **turbulenter Strömung** im allgemeinen von der mit dem hydraulischen Durchmesser gebildeten Reynolds-Zahl Re und der relativen Rauhigkeit d_h/k abhängig.

(4.69)

$$\lambda = f\left(Re\,; \frac{d_h}{k}\right) = f\left(\frac{d_h \cdot \bar{w}}{\nu}\,; \frac{d_h}{k}\right)$$

Für **turbulente Rohrströmungen** kann λ hinreichend genau nach Tabelle 4.2 oder nach Tafel 30 bestimmt werden, wobei anstelle des Durchmessers d der hydraulische Durchmesser d_h zu verwenden ist.
Die mittlere Geschwindigkeit $\bar{w}$ ergibt sich wie immer aus der Kontinuitätsgleichung:

(4.70)

$$\bar{w} = \frac{\dot{V}}{A}$$

Bei der **laminaren Strömung** durch nichtkreisförmige Querschnitte ist λ nicht mehr $64/Re$, sondern

(4.71)

$$\lambda = \varphi \cdot \frac{64}{Re}$$

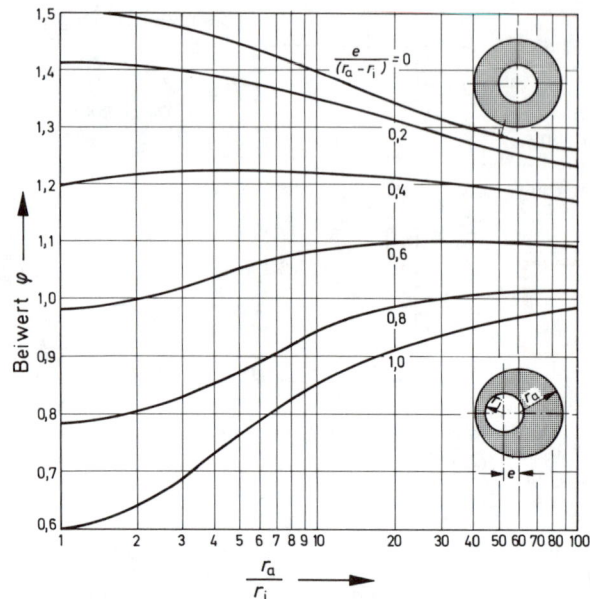

Bild 4.65   Beiwert φ (nach [4.10])

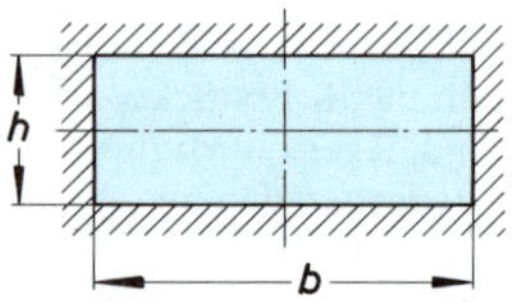

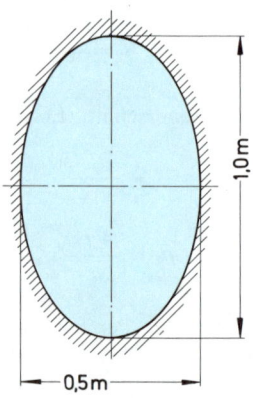

Bild 4.66   Rechteckquerschnitt

Die Reynolds-Zahl wird auch hier mit dem hydraulischen Durchmesser d_h gebildet:

$$Re = \frac{d_h \cdot \bar{w}}{\nu} = \frac{\frac{4\,A}{U} \cdot \bar{w}}{\nu}$$

Der Faktor φ ist von der Querschnittsform und von der Reynolds-Zahl Re abhängig.
Für Kreisringquerschnitte kann der Beiwert φ, der zwischen 0,6 und 1,5 liegt, aus Bild 4.65 entnommen werden.

Bild 4.67   Elliptischer Querschnitt
(zu Beispiel 27)

Für Rechteckquerschnitte (Bild 4.66) beträgt φ:

h/b	0	0,1	0,2	0,3	0,4	0,5	0,6	0,7	0,8	0,9	1,0
φ	1,5	1,34	1,2	1,1	1,02	0,97	0,94	0,92	0,9	0,89	0,88

$h/b \approx 0$ entspricht einem ebenen Spalt.

Beispiel 27

Aufgabenstellung:

Durch ein elliptisches Abwasserrohr aus Beton ($k = 0,5$ mm) mit den in Bild 4.67 eingetragenen Abmessungen fließen stündlich 1000 m³ Wasser von 15 °C. Wie groß ist der je 1 km Rohrlänge entstehende Druckabfall Δp_v?

Lösung:

Die Fläche der Ellipse berechnet sich zu
$A = \pi \cdot a \cdot b$

$$A = \pi \cdot 0,25 \cdot 0,5 = 0,392 \text{ m}^2$$

Der benetzte Umfang beträgt
$U = \pi \cdot (a + b)$

$$U = \pi \cdot (0,5 + 0,25) = 2,36 \text{ m}$$

Aus Querschnittsfläche A und benetztem Umfang U berechnet sich der hydraulische Durchmesser d_h nach Gleichung 4.68:

$$d_h = \frac{4 \cdot A}{U} = \frac{4 \cdot 0,392}{2,36} = 0,665 \text{ m}$$

Die mittlere Strömungsgeschwindigkeit ergibt sich aus Gleichung 4.70:

$$\bar{w} = \frac{\dot{V}}{A} = \frac{1000}{3600 \cdot 0,392}$$

$$\bar{w} = 0,71 \text{ m/s}$$

Damit sind alle Werte zur Bestimmung der Reynolds-Zahl Re, relativen Rauhigkeit $\dfrac{d_h}{k}$ und Rohrreibungszahl λ bekannt.

$$Re = \frac{d_h \cdot \bar{w}}{\nu} = \frac{0,665 \cdot 0,71}{1,12 \cdot 10^{-6}} = 4,22 \cdot 10^5$$

$$\frac{d_h}{k} = \frac{665}{0,5} = 1330$$

Aus Tafel 30 wird für $Re = 4,22 \cdot 10^5$ und $d_h/k = 1330$ eine Rohrreibungszahl λ von

$$\lambda \approx 0,02$$

entnommen.

Damit läßt sich der Druckabfall Δp_v berechnen:

$$\Delta p_v = \lambda \cdot \frac{l}{d_h} \cdot \frac{\varrho}{2} \cdot \bar{w}^2$$

$$\Delta p_v = 0,02 \cdot \frac{1000}{0,665} \cdot \frac{1000}{2} \cdot 0,71^2$$

$$\Delta p_v = 7600 \text{ Pa}$$

$$\boxed{\Delta p_v = 76 \text{ mbar}}$$

Je 1 km Rohrleitungslänge tritt ein Druckabfall von 76 mbar auf.

4.5.7 Strömungsverluste in Rohrleitungselementen

4.5.7.1 Allgemeines

Rohrleitungssysteme bestehen nicht nur aus geraden Rohrleitungsstücken, sondern enthalten auch spezielle Einbauteile zur Querschnitts-, Richtungs- und Durchflußänderung sowie Armaturen, wie Schieber, Ventile, Hähne und Drosselklappen. In diesen speziellen Rohrleitungselementen treten erhebliche Reibungs-, Umlenk- und Ablöseverluste auf. Nur in wenigen Fällen ist es möglich, die Strömungsverluste in derartigen Rohreinbauten theoretisch zu berechnen; meistens ist man auf Versuche angewiesen.

Den Druckabfall in einem Rohrleitungselement berechnet man nach folgendem Ansatz:

(4.72)

$$\Delta p_v = \zeta \cdot \frac{\varrho}{2} \cdot \bar{w}^2$$

Die Widerstandszahl ζ ist von der Art des Rohrleitungselementes und i.a. von der Reynolds-Zahl abhängig. Auch bei der Bestimmung der Widerstandszahl müßte zwischen laminarer und turbulenter Durchströmung des entsprechenden Rohrleitungsbauteils unterschieden werden. Da laminare Rohrströmung nur in ganz seltenen Fällen auftritt, werden in den folgenden Kapiteln nur

Tabelle 4.3 Druckabfall in Rohreinbauelementen

Rohreinbauelement	Skizze	Gleichung für den Druckabfall	ζ-Wert
Rohreinläufe		4.72	Bild 4.68
plötzliche Rohrerweiterung		4.73	Gleichung (4.74)
Diffusor		4.75	Bild 4.71
plötzliche Rohrverengung		4.76	Bild 4.74 Gleichung (4.77)
Düse		4.78	Bild 4.76
Krümmer		4.79	Bild 4.79 und 4.80
Kniestücke		4.79	Bild 4.81 und 4.82
Verzweigungen		4.81 4.82 4.83 4.84	Bild 4.83, 4.84 und 4.85, 4.86
Kompensatoren Dehnungs- ausgleicher		4.85	Bild 4.87
Absperr- und Regelarmaturen		4.86	Bild 4.88 und 4.89 Tabelle 4.4
Drosselgeräte		4.87	Bild 4.91
Filter und Siebe		4.88 4.89	Bild 4.93 4.94, 4.95 4.96, 4.98
kombinierte Rohreinbauten		4.91 4.93	

Widerstandszahlen für turbulente Strömung behandelt.

Die Geschwindigkeit $\bar{w}$ ist die mittlere Strömungsgeschwindigkeit vor oder hinter dem Rohrleitungselement oder in besonderen Fällen auch an einer anderen, speziell definierten Stelle. **Bei Angaben über die Widerstandszahl ζ muß deshalb immer auch die zugehörige Geschwindigkeit definiert werden.**

Die meisten in den folgenden Kapiteln behandelten Widerstandszahlen beziehen sich auf Kreisquerschnitte.

Um die für ein Rohrelement zutreffende Gleichung zur Bestimmung des Druckabfalles und die zugehörigen ζ-Werte schnell auffinden zu können, wird der auf den folgenden Seiten detailliert dargestellte Stoff vorab in Tabelle 4.3 zusammengefaßt.

4.5.7.2 Rohreinläufe

Beim Anschluß von Rohrleitungen an Behälter bzw. bei offenen Saugleitungen treten je nach Form des Einlaufs entsprechende Strömungsverluste auf.

Die Berechnung des Strömungsverlustes erfolgt nach Gleichung 4.72, wobei die Geschwindigkeit $\bar{w}$ als Rohrgeschwindigkeit definiert ist. Die Widerstandszahlen für Rohreinläufe sind in Bild 4.68 dargestellt.

4.5.7.3 Querschnittsänderungen

Bei der Verbindung von Rohrleitungsstücken verschiedenen Durchmessers ist es erforderlich, ein Erweiterungsstück bzw. ein Reduzierstück einzubauen. Der Übergang zum größeren bzw. kleineren Durchmesser kann sprungartig oder

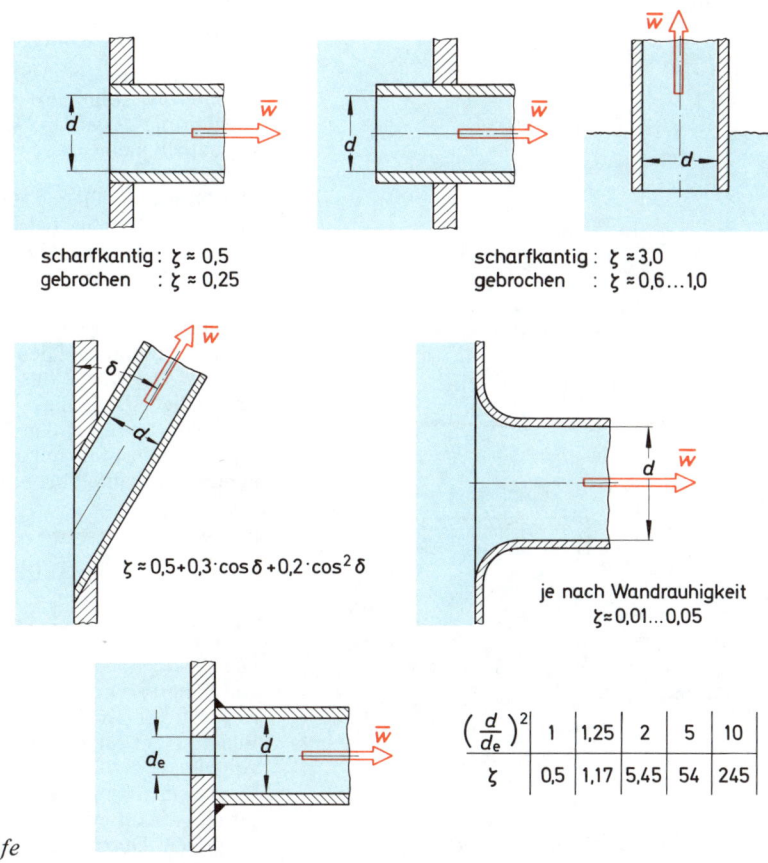

scharfkantig : $\zeta \approx 0{,}5$
gebrochen : $\zeta \approx 0{,}25$

scharfkantig : $\zeta \approx 3{,}0$
gebrochen : $\zeta \approx 0{,}6 \ldots 1{,}0$

$\zeta \approx 0{,}5 + 0{,}3 \cdot \cos \delta + 0{,}2 \cdot \cos^2 \delta$

je nach Wandrauhigkeit
$\zeta \approx 0{,}01 \ldots 0{,}05$

$\left(\dfrac{d}{d_e}\right)^2$	1	1,25	2	5	10
ζ	0,5	1,17	5,45	54	245

Bild 4.68   Rohreinläufe

allmählich erfolgen. Allmähliche Rohrerweiterungen werden als Diffusoren, allmähliche Rohrverengungen als Konfusoren oder Düsen bezeichnet.

a) Plötzliche, sprungartige Rohrerweiterung

Der in einer sprungartigen Rohrerweiterung (Bild 4.69) entstehende Druckabfall wurde bereits bei der Behandlung des Impulssatzes in Abschnitt 4.2.4.2f zu

$$\Delta p_v = \frac{\varrho}{2} (w_1 - w_2)^2$$

abgeleitet.
Setzt man

(4.73)

$$\Delta p_v = \zeta_2 \cdot \frac{\varrho}{2} \cdot w_2^2$$

so erhält man folgenden Ausdruck für ζ_2:

$$\zeta_2 \cdot \frac{\varrho}{2} \cdot w_2^2 = \frac{\varrho}{2} (w_1 - w_2)^2$$

$$w_1 \cdot A_1 = w_2 \cdot A_2$$

$$w_1 = \frac{A_2}{A_1} \cdot w_2$$

$$\zeta_2 \cdot w_2^2 = w_2^2 \cdot \left(\frac{A_2}{A_1} - 1 \right)^2$$

(4.74)

$$\zeta_2 = \left(\frac{A_2}{A_1} - 1 \right)^2$$

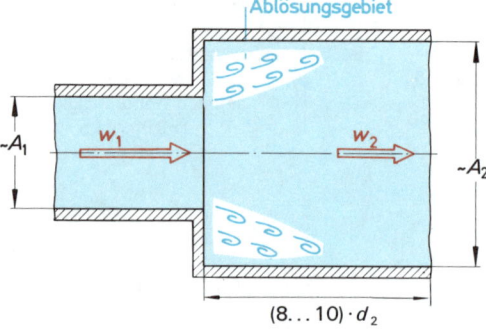

Bild 4.69 Plötzliche Rohrerweiterung

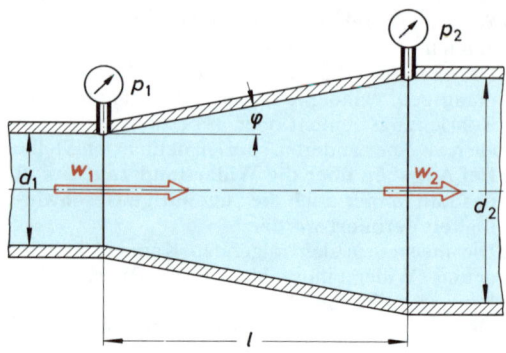

Bild 4.70 Diffusor

Gleichung 4.74 stellt die Widerstandszahl ζ_2 einer plötzlichen Rohrerweiterung dar, bezogen auf die Geschwindigkeit w_2 im erweiterten Rohrteil.

b) Allmähliche Rohrerweiterung (Diffusor)

Ein Diffusor ist ein in Strömungsrichtung stetig erweitertes Rohrstück (Bild 4.70). Bei richtiger Ausführung ist der Druckabfall in einem Diffusor wesentlich kleiner als bei sprungartiger Rohrerweiterung.
Der Druckabfall hängt nicht nur von der Wandrauhigkeit (Reibungsverluste), sondern auch von den geometrischen Abmessungen d_1, d_2, l und φ (eventuelle Ablöseverluste!) ab. Auch die Form, Länge und Rauhigkeit der Rohrleitungsabschnitte vor oder hinter dem Diffusor üben einen gewissen Einfluß auf den entstehenden Druckabfall aus. Der am Diffusorende infolge des Geschwindigkeitsabbaues entstehende Druck p_2 vermindert sich um den Druckabfall Δp_v.
Der in Diffusoren mit Kreisquerschnitt entstehende Druckabfall berechnet sich zu:

(4.75)

$$\Delta p_v = \zeta_2 \cdot \frac{\varrho}{2} \cdot w_2^2$$

Die Widerstandszahl ζ_2 kann abhängig vom Durchmesserverhältnis d_2/d_1 und vom Erweiterungswinkel φ aus Bild 4.71 entnommen werden. Bild 4.71 gilt für durchschnittliche Wandrauhigkeiten.
Zur Abschätzung des maximal zulässigen Erweiterungswinkels φ, der noch eine sichere, ablösungsfreie Durchströmung des Diffusors zuläßt,

kann Bild 4.72 aus [4.11] herangezogen werden. Es würde zu weit führen, im Rahmen dieses Buches die Ablösekriterien und Widerstandszahlen der verschiedenen nichtkreisförmigen und nichtgeradlinigen Diffusoren zu behandeln. Detaillierte Angaben über Diffusoren finden sich in [4.9].

c) Plötzliche, sprungartige Rohrverengung

Der an einer plötzlichen Rohrverengung entstehende Druckabfall läßt sich ähnlich wie bei der plötzlichen Rohrerweiterung mit Hilfe des Impulssatzes und der Energiegleichung theoretisch berechnen, wenn man die Einschnürung des Strömungsquerschnittes auf den Querschnitt A_0 (Bild 4.73) kennt.

Für den Druckabfall ergibt sich wiederum der bekannte Ansatz.

(4.76)

$$\Delta p_\mathrm{v} = \zeta_2 \cdot \frac{\varrho}{2} \cdot w_2^2$$

Die Widerstandszahl ζ_2 ist eine Funktion der Strahlkontraktion an der Verengungsstelle:

(4.77)

$$\zeta_2 = \left(\frac{A_2}{A_0} - 1\right)^2$$

Da die Einschnürungsfläche A_0 meistens nicht bekannt ist, ist für scharfkantigen Anschluß in Bild 4.74 ζ_2 abhängig vom Verengungsverhältnis A_2/A_1 dargestellt.

d) Allmähliche Verengung (Konfusor, Düse)

Bei der allmählichen Rohrverengung (Bild 4.75) treten wesentlich geringere Reibungs- und Ablöseverluste als bei der sprungartigen Querschnittsreduzierung auf.

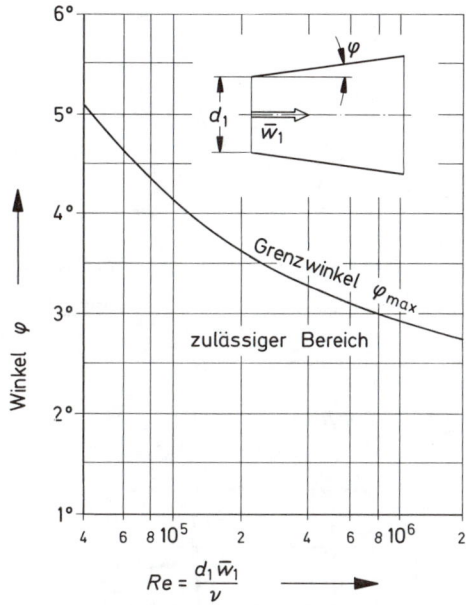

Bild 4.72 *Zulässiger Erweiterungswinkel von Diffusoren mit Kreisquerschnitt*

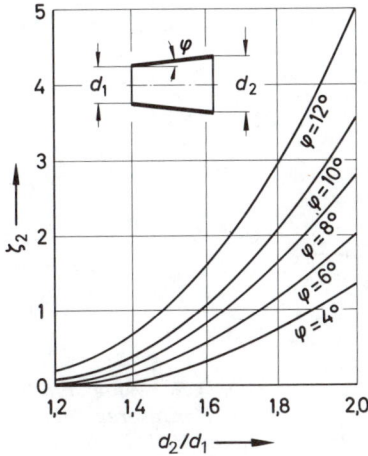

Bild 4.71 *Widerstandszahl von Diffusoren mit Kreisquerschnitt*

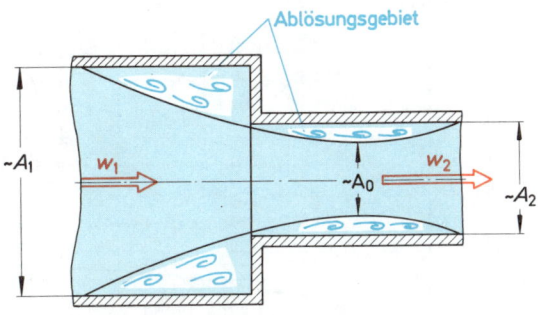

Bild 4.73 *Plötzliche Rohrverengung*

137

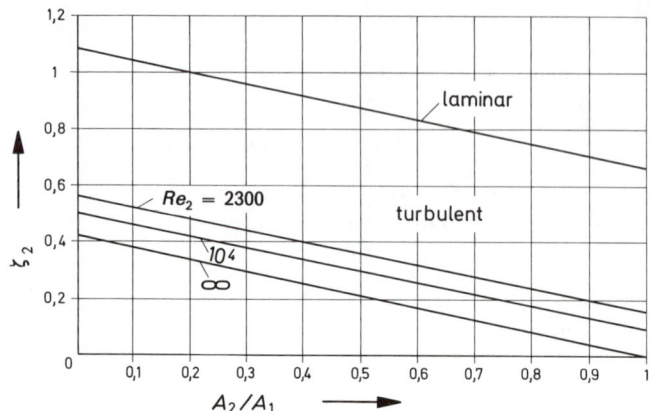

Bild 4.74   Widerstandsbeiwert von plötzlichen Rohrverengungen (nach VDI-Wärmeatlas)

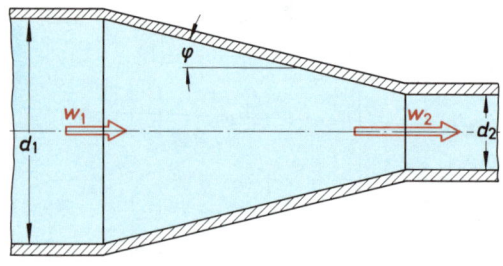

Bild 4.75   Konfusor

Der infolge der Reibung und Beschleunigung entstehende Druckabfall berechnet sich nach folgender Beziehung:

(4.78)

$$\Delta p_v = \zeta_2 \cdot \frac{\varrho}{2} \cdot w_2^2$$

Die Widerstandszahl ζ_2 ist eine Funktion der Rohrrauhigkeit, Reynolds-Zahl, des Winkels φ und des Durchmesserverhältnisses d_1/d_2.

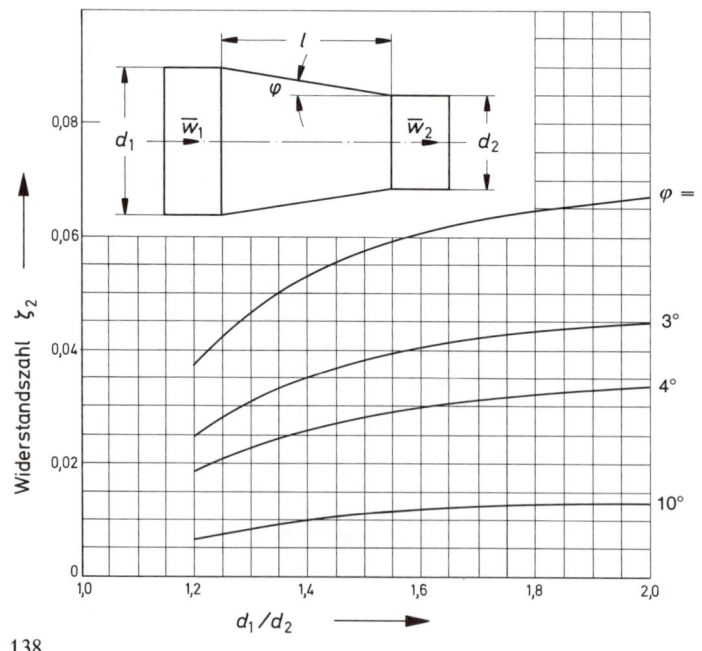

Bild 4.76   Widerstandszahl von Konfusoren (nach VDI-Handbuch Energietechnik, Teil 2, Wärmetechnische Arbeitsmappe)

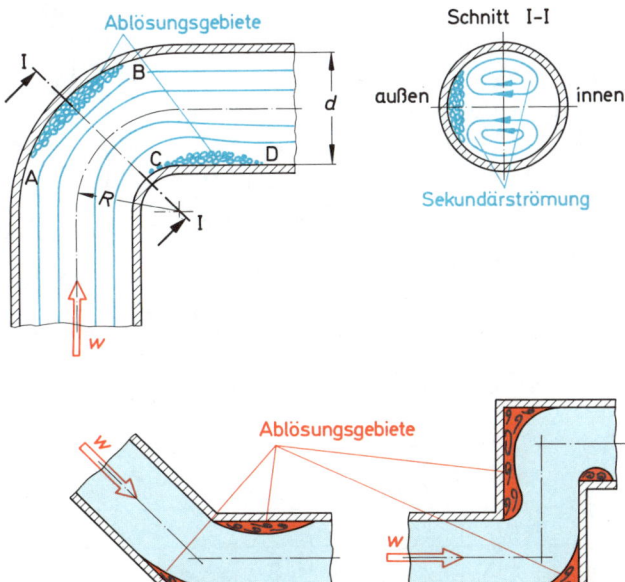

Bild 4.77 Strömung durch einen Krümmer

Bild 4.78 Strömung durch Kniestücke

Für betriebsrauhe Konfusoren mit Einschnürungswinkel φ zwischen 2° und 10° kann die Widerstandszahl ζ_2 aus Bild 4.76 entnommen werden.

4.5.7.4 Richtungsänderungen

Bei der Richtungsänderung in Rohrkrümmern (Bild 4.77) oder Kniestücken (Bild 4.78) entstehen neben Reibungsverlusten noch Ablöseverluste und Verluste infolge einer sich der Längsströmung überlagernden Sekundärströmung. Diese Sekundärströmung setzt sich mit der Längsströmung zu einer schraubenförmig verlaufenden Strömung zusammen. Die Sekundärströmung entsteht durch die Fliehkraft, die zu einem Druckgefälle quer zur Strömungsrichtung führt. Die an der Krümmerwandung gebremst strömenden Flüssigkeitsteilchen unterliegen einem größeren statischen Druck als die in Querschnittsmitte fließenden Teilchen. Auf diese Art entsteht ein sich der Längsbewegung überlagernder Doppelwirbel (Bild 4.77).
Zwischen den Punkten A − B und C − D entstehen infolge der durch die Fliehkraftwirkung auftretenden Druckunterschiede große Ablösegebiete, die um so ausgedehnter sind, je kleiner das Verhältnis R/d ist.

Bei der Strömung durch Kniestücke entstehen noch größere Ablösegebiete als bei Krümmern. Die Strömungsverluste sind deshalb in Kniestücken höher als in Krümmern.
Der Druckabfall in Krümmern und Kniestücken wird auf die Strömungsgeschwindigkeit im geraden Rohrstück vor dem Krümmer bezogen und berechnet sich in der üblichen Weise zu:

(4.79)

$$\Delta p_{\mathrm{v}} = \zeta \cdot \frac{\varrho}{2} \cdot \bar{w}^2$$

Die Widerstandszahl ζ für Krümmer mit Kreisquerschnitt setzt sich aus einem Anteil ζ_{u} für die Umlenkung und einem Anteil f_{Re} für den Einfluß der Reynolds-Zahl zusammen:

(4.80)

$$\zeta = f_{\mathrm{Re}} \cdot \zeta_{\mathrm{u}}$$

Die ζ_{u}-Werte können abhängig vom Winkel φ und vom Krümmungsverhältnis R/d aus Bild 4.79a, der Beiwert f_{Re} aus Bild 4.79b entnommen werden [4.10].

139

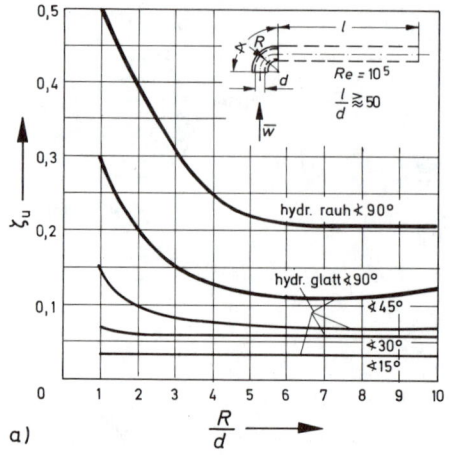

a)

Für Abzweigstücke mit Kreisquerschnitten gleichen Durchmessers (Bild 4.83) wird der Druckverlust nach folgenden Formeln berechnet:
Druckabfall im durchgehenden Rohr:

(4.81)

$$\Delta p_{vd} = \zeta_d \cdot \frac{\varrho}{2} \cdot \bar{w}^2$$

Druckabfall im Abzweigstück:

(4.82)

$$\Delta p_{va} = \zeta_a \cdot \frac{\varrho}{2} \cdot \bar{w}^2$$

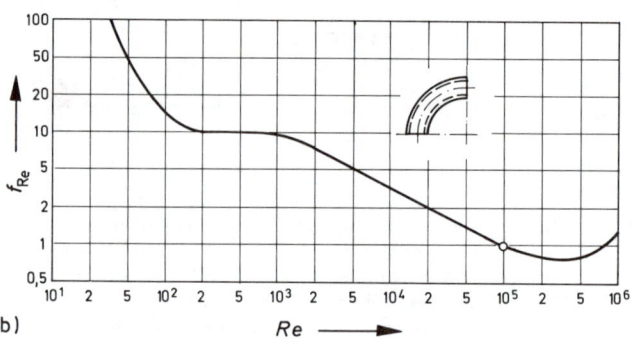

b)

Bild 4.79
Widerstandszahl
von Krümmern mit
Kreisquerschnitt
(nach [4.10])

Die Widerstandszahl für Krümmer mit Rechteckquerschnitt kann nach Bild 4.80 abgeschätzt werden. Werden Umlenkschaufeln in den Krümmer eingebaut, kann der Verlustbeiwert ζ herabgesetzt werden.
Für Kniestücke mit Kreisquerschnitt können die ζ-Werte aus Bild 4.81, für Kniestücke mit Rechteckquerschnitt aus Bild 4.82 entnommen werden [4.11].

4.5.7.5 Rohrverzweigungen

Bei der Trennung einer Strömung oder bei der Vereinigung zweier Teilströme tritt an der Verzweigungsstelle infolge der Umlenkung und von Ablösungen ein erheblicher Druckabfall auf. Die entstehenden Strömungsverluste hängen von verschiedenen Parametern, insbesondere von der Geometrie des Abzweigstückes und von der Größe der einzelnen Volumenströme ab.

Die Bezugsgeschwindigkeit ist immer die Geschwindigkeit des noch nicht getrennten bzw. schon vereinigten Volumenstromes $\dot{V}$ (Bild 4.83) und berechnet sich nach der bekannten Beziehung:

$$\bar{w} = \frac{\dot{V}}{d^2 \cdot \frac{\pi}{4}}$$

Die Widerstandszahlen ζ_a und ζ_d für Trennung und Vereinigung können aus den in Bild 4.83 enthaltenen Diagrammen entnommen werden.
Aus Gründen der Kontinuität ist der abgezweigte Volumenstrom

$$\dot{V}_a = \dot{V} - \dot{V}_d$$

Bei der gleichmäßigen Trennung eines Volumenstromes in T-Stücken (Bild 4.84) tritt folgender Druckabfall auf:

140

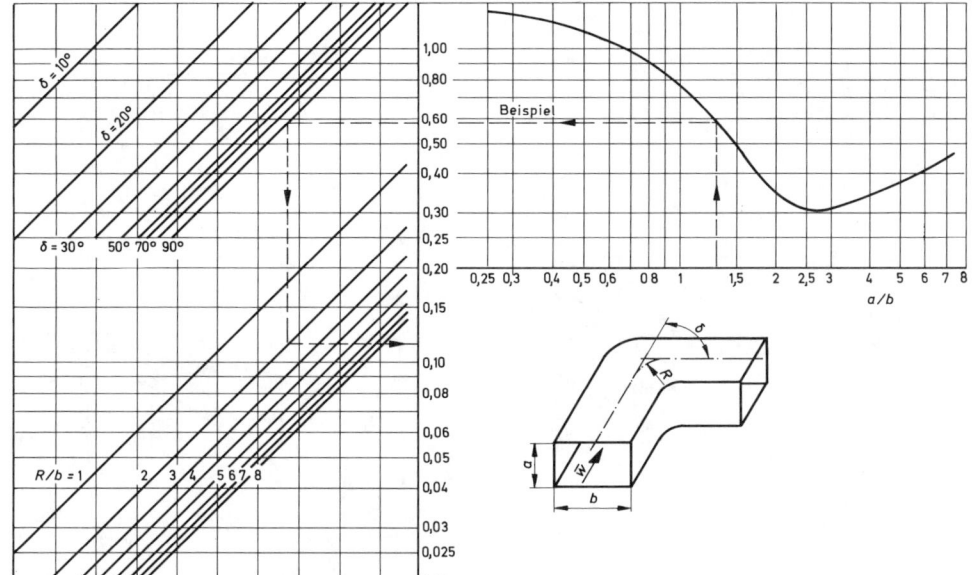

Bild 4.80 Widerstandzahl von Krümmern mit Rechteckquerschnitt (nach [4.11])

Bild 4.81 Widerstandzahl von Kniestücken mit Kreisquerschnitt (nach [4.11]) ▶

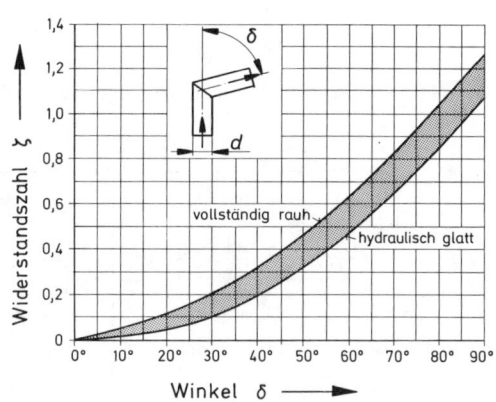

Bild 4.82 Widerstandzahl von Kniestücken mit Rechteckquerschnitt (nach [4.11])
▼

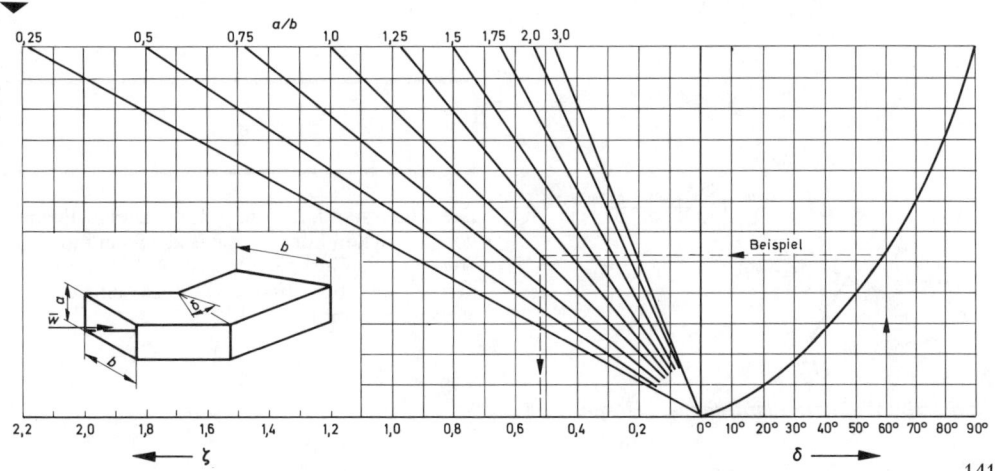

141

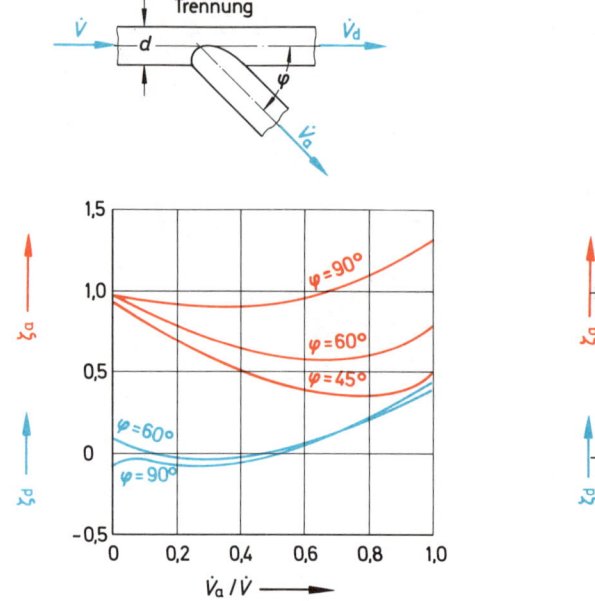

Bild 4.83   Widerstandszahlen von Abzweigstücken

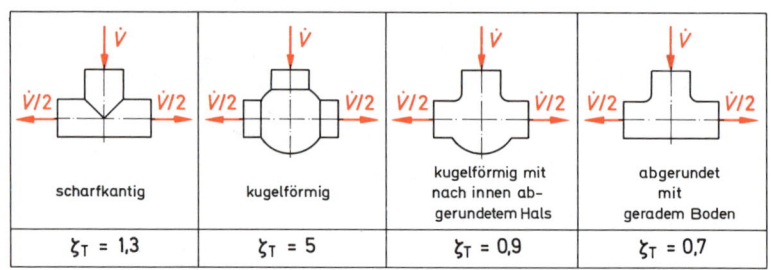

Bild 4.84   Widerstandszahlen von T-Stücken

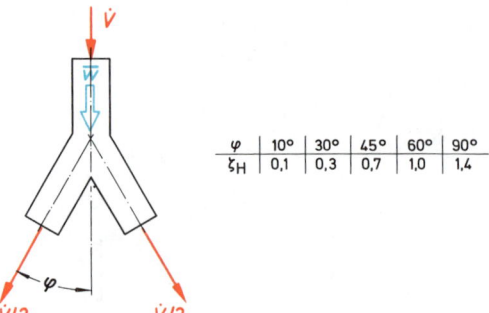

φ	10°	30°	45°	60°	90°
ζ_H	0,1	0,3	0,7	1,0	1,4

Bild 4.85   Widerstandszahlen von Hosenrohren

$$\Delta p_v = \zeta_T \cdot \frac{\varrho}{2} \cdot \bar{w}^2 \qquad (4.83)$$

Die Widerstandszahlen ζ_T für einzelne Formen von T-Stücken können aus Bild 4.84 entnommen werden. Die Geschwindigkeit $\bar{w}$ bezieht sich auf den in das betreffende T-Stück eintretenden Volumenstrom $\dot{V}$.

$$\bar{w} = \frac{\dot{V}}{d^2 \cdot \frac{\pi}{4}}$$

In Hosenrohren mit geraden Abzweigstücken (Bild 4.85) oder gekrümmten Abzweigstücken (Bild 4.86) entsteht ein Druckabfall, der sich ebenfalls nach der bekannten Beziehung

(4.84)

$$\Delta p_\mathrm{v} = \zeta_\mathrm{H} \cdot \frac{\varrho}{2} \cdot \bar{w}^2$$

berechnet.
Die Beiwerte ζ_H für die beiden Hosenrohrformen sind in Bild 4.85 bzw. 4.86 angegeben.

4.5.7.6 Dehnungsausgleicher

In Rohrleitungen größerer Ausdehnung werden Dehnungsausgleicher oder Kompensatoren eingebaut, um vor allem thermisch bedingte Längenänderungen auszugleichen.
Der Druckabfall in einem Dehnungsausgleicher berechnet sich nach folgender Beziehung:

(4.85)

$$\Delta p_\mathrm{v} = \zeta \cdot \frac{\varrho}{2} \cdot \bar{w}^2$$

Die mittlere Geschwindigkeit $\bar{w}$ bezieht sich auf den Rohrquerschnitt vor dem Ausgleicher und ergibt sich aus Volumenstrom $\dot{V}$ und Querschnitt $d^2 \cdot \pi/4$:

$$\bar{w} = \frac{\dot{V}}{d^2 \cdot \dfrac{\pi}{4}}$$

Die Widerstandszahlen für die einzelnen Formen von Dehnungsausgleichern können aus Bild 4.87 entnommen werden.

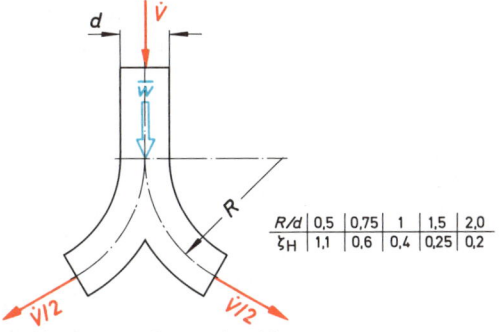

R/d	0,5	0,75	1	1,5	2,0
ζ_H	1,1	0,6	0,4	0,25	0,2

Bild 4.86 *Widerstandszahlen von Hosenrohren*

4.5.7.7 Absperr- und Regelorgane

Zur Regelung des Volumenstromes werden in Rohrleitungssystemen Absperr- und Regelorgane der verschiedensten Bauformen eingebaut. In diesen Armaturen unterliegt die Strömung meistens sehr starken Richtungs- und Querschnittsänderungen, die entsprechende Reibungs- und Ablöseverluste zur Folge haben.
Der Druckabfall in einem Absperr- oder Regelorgan wird nach der üblichen Beziehung

(4.86)

$$\Delta p_\mathrm{v} = \zeta \cdot \frac{\varrho}{2} \cdot \bar{w}^2$$

berechnet, wobei die mittlere Geschwindigkeit $\bar{w}$ auf den Eintrittsquerschnitt der Armatur bezogen ist.

Bild 4.87 *Widerstandszahlen von Dehnungsausgleichern*

Wellenrohrausgleicher	U–Bogen				Lyrabogen
$\zeta = 0{,}2$ pro Welle kann durch Einbau eines Leitrohres nahezu zu Null werden	a/d ·0	2	5	10	Glattrohrbogen $\zeta = 0{,}7$
	ζ 0,33	0,21	0,21	0,21	Faltrohrbogen $\zeta = 1{,}4$

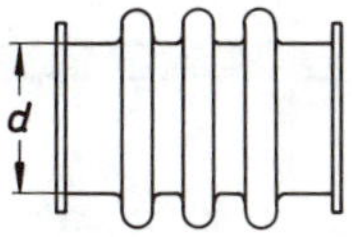

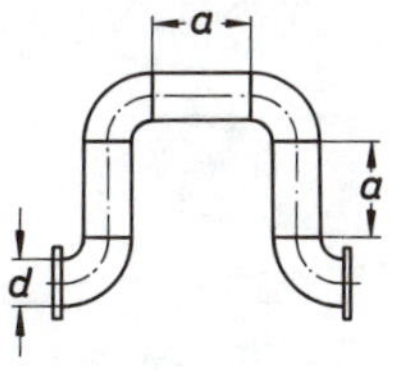

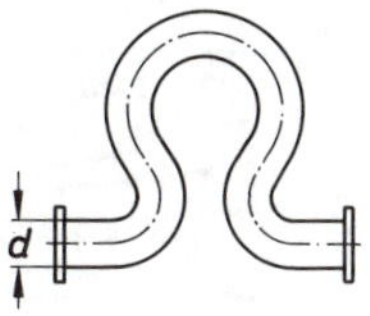

143

Die Widerstandszahlen ζ für die einzelnen Formen von Absperrarmaturen können aus den Bildern 4.88 und 4.89 entnommen werden.

Die Widerstandszahlen von den einfachen Regelarmaturen Drosselklappen, Hähnen und Schiebern sind in Tabelle 4.4 zusammengestellt.

Tabelle 4.4   Widerstandszahlen von Regelarmaturen [4.11]

Armatur	Bild	ζ-Werte abhängig von der Stellung des Stellgliedes									
Drossel-klappe		Winkel φ	10°	20°	30°	40°	50°	60°	70°		
		ζ-Wert	0,52	1,54	3,91	10,8	32,6	118	251		
Küken-hahn		Winkel φ	10°	20°	30°	40°	50°				
		ζ-Wert	0,31	1,84	6,15	20,7	95,3				
Platten-schieber		h/d	0,125	0,2	0,3	0,4	0,5	0,6	0,7	0,8	0,9	1,0
		ζ-Wert	97,8	35	10,0	4,6	2,06	0,98	0,44	0,17	0,06	0

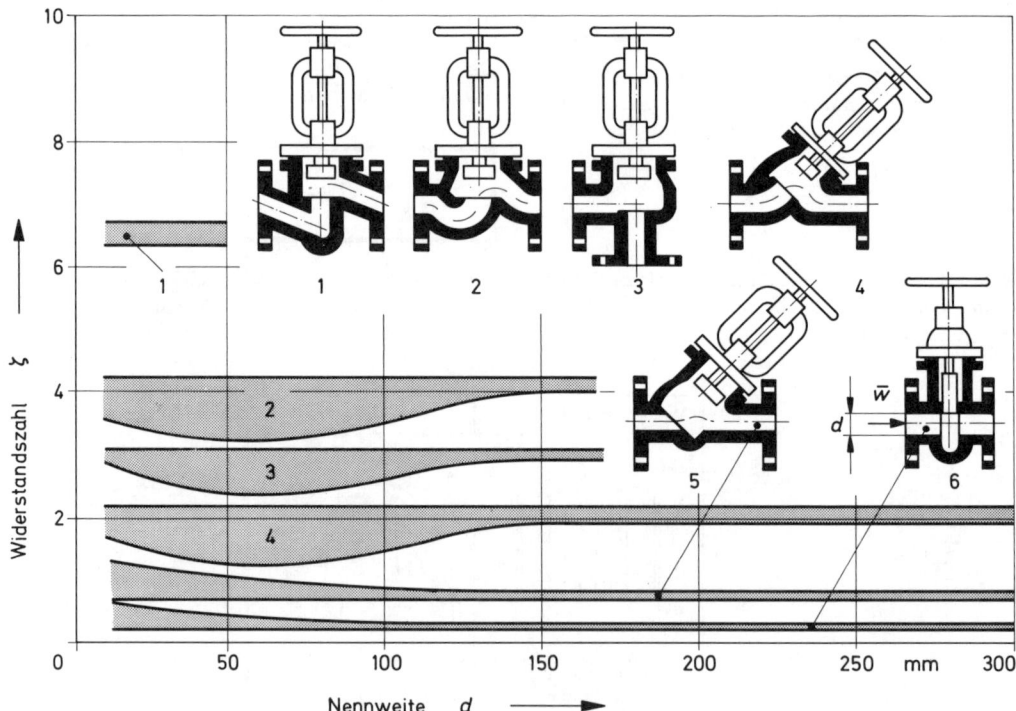

Bild 4.88   Widerstandszahlen von Armaturen (nach [4.10])

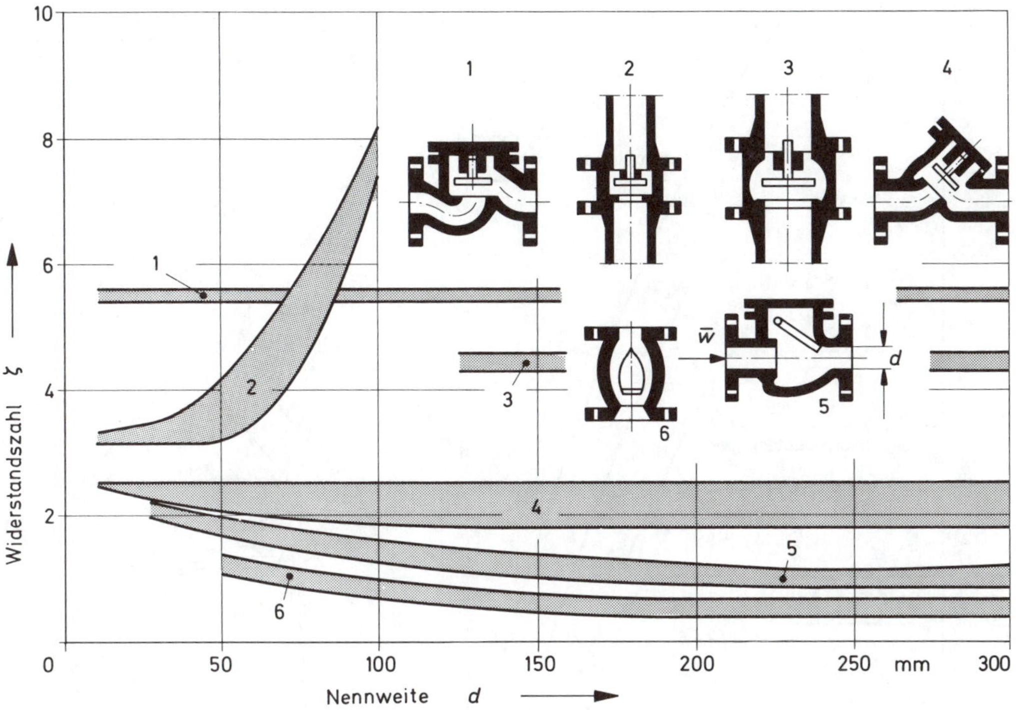

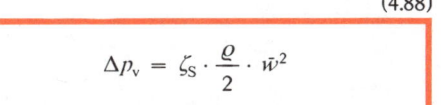

Bild 4.89 *Widerstandszahlen von Rückschlagarmaturen (nach [4.10])*

4.5.7.8 Drosselgeräte

Der Druckabfall («bleibender Druckverlust») in einem Drosselgerät (Blende, Düse, Venturidüse) wird auf die Geschwindigkeit w_1 **vor** dem Drosselgerät bezogen (Bild 4.90):

$$(4.87)$$

$$\Delta p_v = \zeta \cdot \frac{\varrho}{2} \cdot w_1^2$$

Die ζ-Werte können aus Bild 4.91 [4.10] entnommen werden.

4.5.7.9 Filter und Siebe

a) Saugkörbe

Am Anfang von Pumpensaugleitungen werden üblicherweise Saugkörbe mit Fußventil (Bild 4.92) angebracht.
Der im Saugkorb entstehende Druckabfall berechnet sich nach der üblichen Formel:

$$(4.88)$$

$$\Delta p_v = \zeta_S \cdot \frac{\varrho}{2} \cdot \bar{w}^2$$

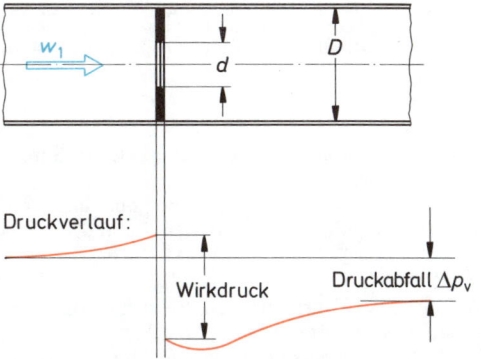

Bild 4.90 *Druckverlauf an einem Drosselgerät*

145

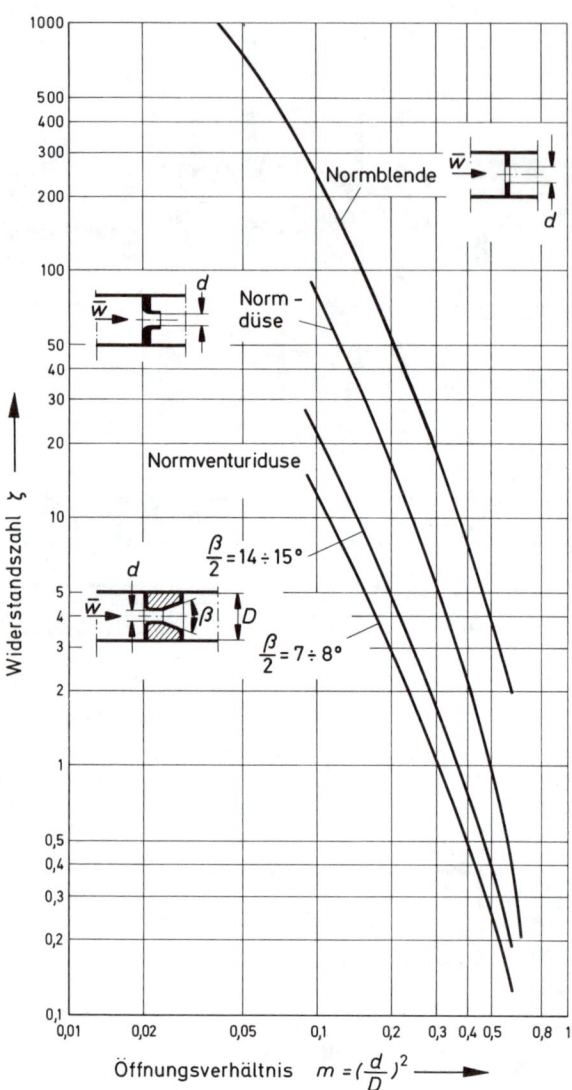

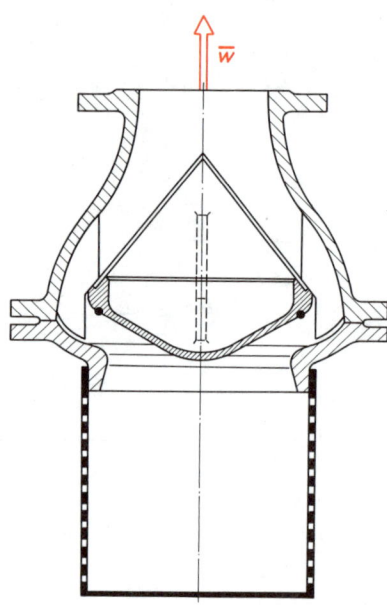

Bild 4.91 Widerstandszahlen von Drosselgeräten (nach [4.10])

Bild 4.92 Saugkorb mit Fußventil (nach Fa. Bopp & Reuther)

wobei $\bar{w}$ die Austrittsgeschwindigkeit am Saugkorbflansch ist.

Die Widerstandszahl ζ_S liegt bei den üblichen Saugkorbausführungen zwischen 4 und 5.

b) Siebe

Wird in eine Rohrleitung ein Sieb eingebaut, so entsteht an diesem Sieb ein Druckabfall, dessen Größe von den Siebabmessungen, der Siebform, von der Dichte des Strömungsmediums und vom

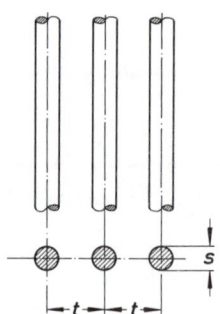

$$\zeta_S = \frac{s/t}{(1-s/t)^2} \cdot 0{,}8$$

Bild 4.93 Widerstandszahl von Rundstabgittern

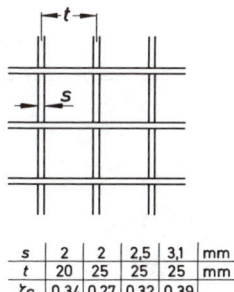

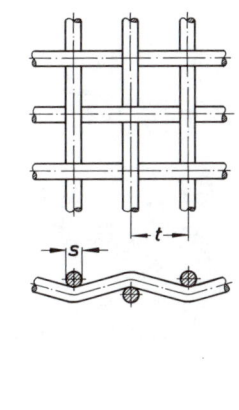

$$\zeta_S = \frac{1-\beta}{\beta^2} \cdot c_w$$

$$\beta = \left(1 - \frac{s}{t}\right)^2$$

s	2	2	2,5	3,1	mm
t	20	25	25	25	mm
ζ_S	0,34	0,27	0,32	0,39	

Bild 4.94   Widerstandszahlen
von Drahtgittern

Bild 4.95   Widerstandszahlen von Drahtgittern

$$Re = \frac{\overline{w} \cdot s}{\beta \cdot \nu}$$

Quadrat der Anströmgeschwindigkeit abhängt. Bei Runddrahtsieben wurde eine Abhängigkeit der Widerstandszahl von der Reynolds-Zahl festgestellt. Der Druckabfall Δp_v berechnet sich nach Gleichung 4.88, wobei $\overline{w}$ die Geschwindigkeit im freien Leitungsquerschnitt ist.

In Bild 4.93 ist ζ_S für Rundstabgitter, in Bild 4.94 für Drahtgitter und in Bild 4.95 für Runddrahtgitter angegeben [4.12], [4.13].

In Bild 4.96 sind die Widerstandszahlen von gereinigten Schmutzfängern nach [4.10] dargestellt.

c) Festkörperschüttungen

In der Verfahrenstechnik werden häufig Rohre mit Filterbetten aus Kugeln, Aktivkohle, Kies usw. versehen (Kontaktkörpersäulen).

Der Druckverlust in einer derartigen Kontaktkörpersäule (Bild 4.97) berechnet sich ähnlich wie der Widerstand einer freien Rohrleitung [4.14]:

$$\tag{4.89}$$

$$\Delta p_v = \frac{1}{\psi^2} \cdot \mu \cdot \lambda \cdot \frac{l_k}{d'} \cdot \frac{\varrho}{2} \cdot w_0^2$$

Δp_v = Druckverlust

ψ = Hohlraumanteil = $\dfrac{\text{Hohlraumvolumen } V_L{}^*}{\text{Gesamtvolumen } V_{ges}}$

$\mu \cdot \lambda$ = Widerstandsbeiwert nach Bild 4.98

l_k = Länge der Schüttung (Bild 4.97)

* ψ liegt in vielen praktischen Fällen im Bereich $\psi \approx 0,4$ bis 0,48.

d' = hydraulischer Durchmesser der Säule

$$d' = \frac{4 \cdot V_L}{A} = \frac{2}{3} \cdot \frac{\psi}{1-\psi} \cdot d_k'$$

A = benetzte Oberfläche

d_k' = äquivalenter Füllkörperdurchmesser

$$d_k' = \frac{6 \cdot V_K}{A_K} \text{ (bei Kugeln: } d_k' \triangleq d_k)$$

V_K = Füllkörpervolumen

A_K = Füllkörperoberfläche

w_0 = Geschwindigkeit in der leeren Säule

$$w_0 = \frac{\dot{V}}{d^2 \cdot \pi/4}$$

4.5.7.10   Zusammengesetzte Widerstände

Werden mehrere Rohreinbauelemente unmittelbar hintereinandergeschaltet (Bild 4.99), so dürfen die ζ-Werte der einzelnen Rohrelemente nicht einfach addiert werden, da die Zu- und Abströmverhältnisse nicht mehr denen der Versuchsbedingungen entsprechen, unter denen die ζ-Werte ermittelt wurden.

Für jede Kombination von Elementen müssen strenggenommen besondere Versuche zur Ermittlung des ζ-Wertes der Kombination durchgeführt werden.

147

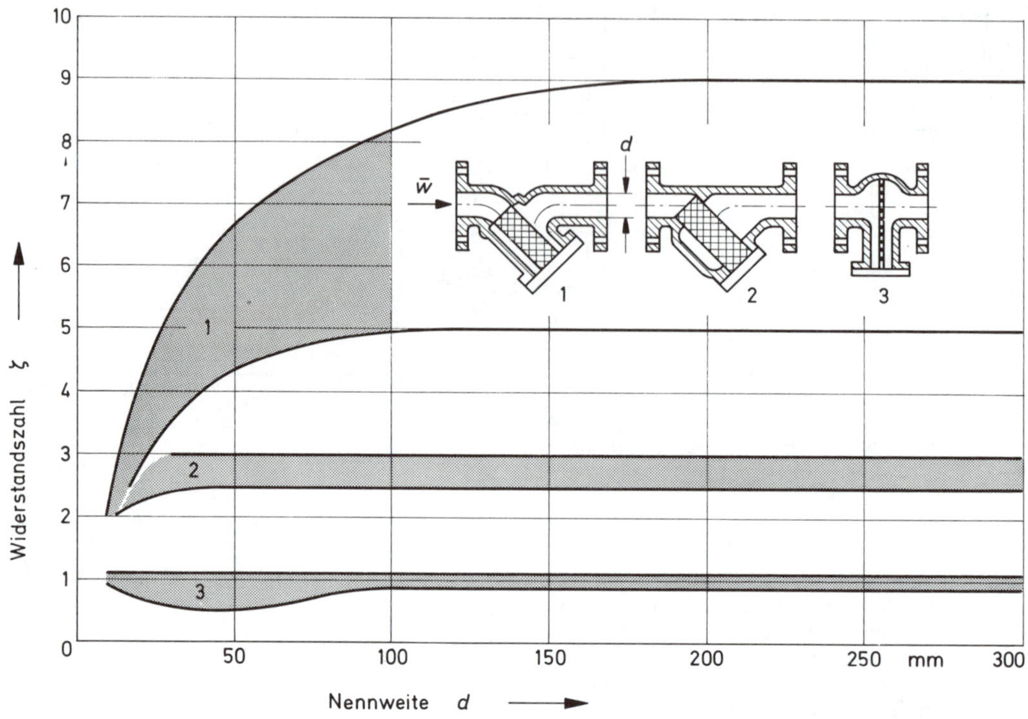

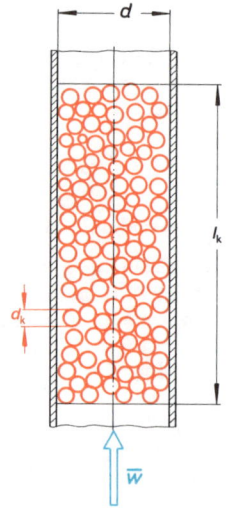

Der graph zeigt Widerstandszahlen von Schmutzfängern.

Bild 4.96 Widerstandszahlen von Schmutzfängern (nach [4.10])

Bild 4.97 Strömung durch Festkörper-schüttungen

Die Widerstandszahlen hintereinandergeschalteter Krümmer können z.B. aus folgender Beziehung:

$$\zeta = 2 \cdot f_F \cdot \zeta_{90°}$$

abgeschätzt werden.

$\zeta_{90°}$ ist die Widerstandszahl eines einzelnen 90°-Krümmers, der Faktor f_F kann aus Bild 4.100 [4.10] entnommen werden.

4.5.7.11 Gleichwertige Rohrlänge

Da der Druckabfall in geraden Rohrleitungen und in Rohrleitungseinbauten jeweils proportional $\varrho/2 \cdot \bar{w}^2$ ist, kann man den Strömungsverlust in einem Rohrleitungselement durch den gleichgroßen Reibungsverlust eines **äquivalenten geraden Rohrleitungsstückes** ausdrücken (Bild 4.101).

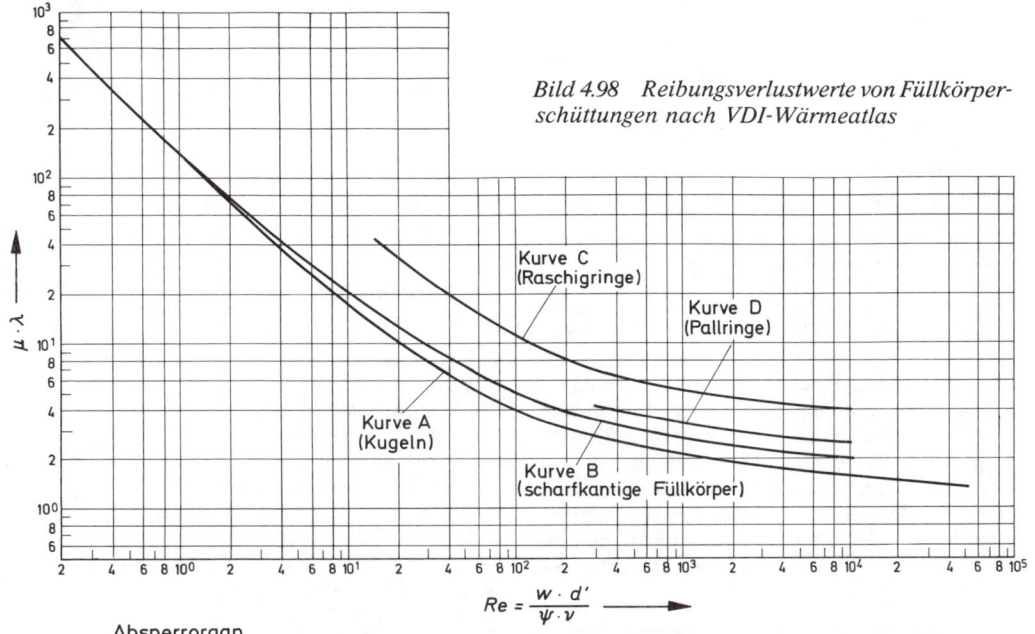

Bild 4.98 Reibungsverlustwerte von Füllkörper-
schüttungen nach VDI-Wärmeatlas

Kurve C
(Raschigringe)

Kurve D
(Pallringe)

Kurve A
(Kugeln)

Kurve B
(scharfkantige Füllkörper)

$$Re = \frac{w \cdot d'}{\psi \cdot \nu}$$

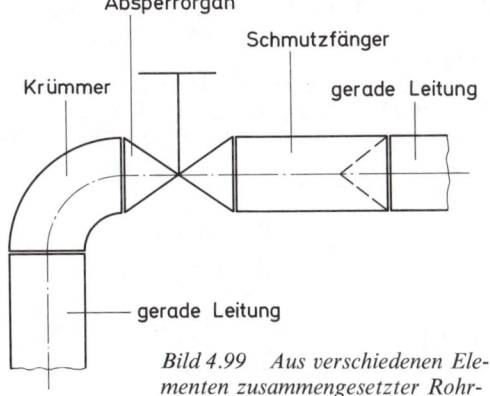

Absperrorgan

Schmutzfänger

Krümmer

gerade Leitung

gerade Leitung

Bild 4.99 Aus verschiedenen Elementen zusammengesetzter Rohr-
leitungsabschnitt

$$\zeta \cdot \frac{\varrho}{2} \cdot \bar{w}^2 = \lambda \cdot \frac{l'}{d} \cdot \frac{\varrho}{2} \cdot \bar{w}^2$$

$$\zeta = \lambda \cdot \frac{l'}{d}$$

(4.90)

$$l' = \frac{\zeta}{\lambda} \cdot d$$

Den Gesamtreibungsverlust in einem aus geraden Leitungsstücken vom Durchmesser d und
Rohrleitungseinbauten bestehenden Leitungs-
strang kann man deshalb nach folgender Beziehung berechnen:

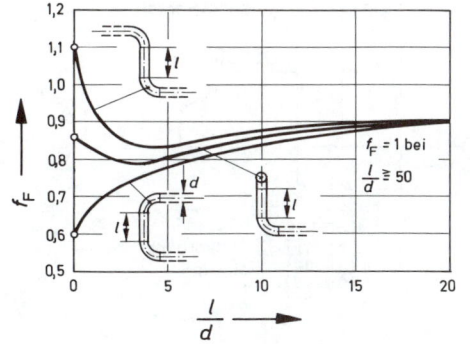

$f_F = 1$ bei

$\frac{l}{d} \geqq 50$

Bild 4.100 Beiwert für Krümmerkombinationen

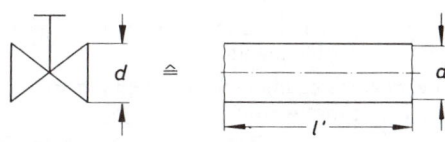

Rohrleitungselement
mit der Wider-
standszahl ζ

gerades Rohrstück mit
der Rohrreibungszahl λ

Bild 4.101 Gleichwertige Rohrlänge

$$\Delta p_{v\,ges} = \lambda \frac{\sum l + \sum l'}{d} \cdot \frac{\varrho}{2} \cdot \bar{w}^2$$

$\sum l$ = Summe aller Längen der geraden Rohrstücke

$\sum l'$ = Summe aller Ersatzlängen

Die gleichwertigen Rohrlängen häufig vorkommender Rohreinbauelemente können in Abhängigkeit von der Nennweite d und der Art des Formstückes aus Tafel 35 entnommen werden.
Bei Anlagen, in denen relativ viele Rohreinbauelemente und nur wenige kurze, gerade Rohrleitungsstücke eingebaut sind, empfiehlt es sich nicht, den Begriff der gleichwertigen Rohrlänge zu verwenden. Es ist viel sinnvoller, die Rohrreibungszahlen der geraden Rohrstücke in eine gleichwertige Widerstandzahl umzurechnen [4.15]:

(4.92)

$$\zeta_\lambda = \lambda \cdot \frac{l}{d}$$

ζ_λ = Ersatz-Widerstandszahl der geraden Rohrleitung
λ = Rohrreibungszahl, z.B. nach Tabelle 4.2
l = Rohrlänge
d = Rohrdurchmesser

Der Gesamtdruckabfall einer Rohrleitungsanlage beträgt dann:

(4.93)

$$\Delta p_{v\,ges} = \frac{\varrho}{2}\,\bar{w}^2 \cdot \sum \zeta$$

$\Delta p_{v\,ges}$ = Gesamtdruckabfall
ϱ = Dichte des Strömungsmediums
$\bar{w}$ = $\dfrac{\dot{V}}{d^2 \cdot \pi/4}$ = Bezugsgeschwindigkeit
$\sum \zeta$ = Summe aller ζ-Werte der Einzelwiderstände

Bei der Auslegung einer Rohrleitung sollten u.a. berücksichtigt werden:

a) Der Druckabfall sollte aus Gründen des Energieverbrauchs (z.B. Pumpenstromverbrauch) möglichst gering gehalten werden.
b) Die Strömungsgeschwindigkeiten sollten mit Rücksicht auf Erosion und Geräuschbildung bestimmte Werte nicht überschreiten.

c) Im Hinblick auf die Kosten der Rohrleitungen und Armaturen sollte die Nennweite nicht zu groß gehalten werden.

Für die meisten praktischen Berechnungen können die in Tafel 36 dargestellten wirtschaftlichen Geschwindigkeiten [4.10] zugrunde gelegt werden.

4.5.8 Einlaufstrecke

Die in den vorangegangenen Abschnitten dargestellten Zusammenhänge über Reibungsverluste in Rohrleitungen und Rohreinbauten gelten nur für vollausgebildete Geschwindigkeitsprofile, d.h. Geschwindigkeitsfelder, die sich stromabwärts nicht mehr ändern.
Die am Beginn der Rohrleitung gleichmäßig über dem Querschnitt verteilte Geschwindigkeit (Kolbenprofil) ändert sich stromabwärts in ein ungleichförmiges, meist rotationssymmetrisches Geschwindigkeitsprofil, das an der Wand mit Null beginnt und sein Maximum in der Rohrachse hat. Der vom Reibungseinfluß erfaßte Strömungsbereich wächst mit zunehmender Entfernung vom Rohranfang.
Zur Ausbildung des vollen Geschwindigkeitsprofils ist eine bestimmte Rohrlänge – die sogenannte Einlaufstrecke l_A – erforderlich (Bild 4.103). Nach

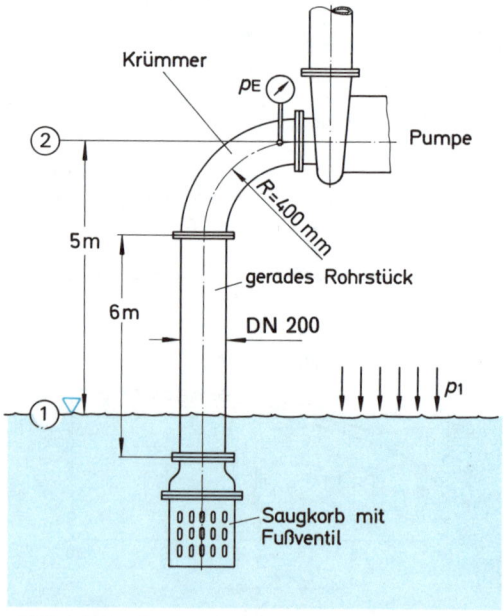

Bild 4.102 Pumpensaugleitung (unmaßstäblich (Beispiel 28)

Beispiel 28

Aufgabenstellung:

Die Saugleitung einer Pumpenanlage besteht aus einem 90°-Krümmer aus Stahlrohr (rauh), einem 6 m langen geraden Stahlrohrstück ($k = 0,1$ mm) und einem Saugkorb mit Fußventil (Bild 4.102). Die Rohrleitung hat einen lichten Durchmesser von 200 mm. Der Pumpenstutzen liegt 5 m über dem Wasserspiegel.

Wie groß muß der Unterdruck p_E am Pumpensaugstutzen gemacht werden, wenn je Sekunde 60 Liter Wasser von 15 °C durch die Saugleitung fließen?

Lösung:

Da bei der vorhandenen Strömung sowohl Höhen-, Druck-, und Geschwindigkeitsunterschiede als auch Reibungsverluste auftreten, wird der gesuchte Unterdruck p_E mit Hilfe von Gleichung 4.47 berechnet:

$$g \cdot z_1 + \frac{p_1}{\varrho} + \frac{w_1^2}{2} = g \cdot z_2 + \frac{p_2}{\varrho}$$

$$+ \frac{w_2^2}{2} + \frac{\Delta p_v}{\varrho}$$

$$z_1 = 0 \text{ m}$$

$$w_1 = 0 \text{ m/s}$$

$$p_E = p_1 - p_2$$

$$\frac{p_1 - p_2}{\varrho} = g \cdot z_2 + \frac{w_2^2}{2} + \frac{\Delta p_v}{\varrho}$$

$$p_E = p_1 - p_2$$

$$= \varrho \cdot g \cdot z_2 + \frac{\varrho}{2} \cdot w_2^2 + \Delta p_v$$

$$\varrho \cdot g \cdot z_2 = 1000 \cdot 9,81 \cdot 5$$

$$= 49\,050 \text{ Pa}$$

$$w_2 = \bar{w} = \frac{\dot{V}}{\dfrac{d^2 \cdot \pi}{4}} = \frac{60}{3,14}$$

$$= 19,1 \text{ dm/s}$$

$$w_2 = 1,91 \text{ m/s}$$

$$\frac{\varrho}{2} \cdot w_2^2 = \frac{\varrho}{2} \cdot \bar{w}^2 = \frac{1000}{2} \cdot 1,91^2$$

$$= 1825 \text{ Pa}$$

Der Druckverlust Δp_v wird nach Gleichung 4.91 bestimmt:

$$\Delta p_{v\,ges} = \lambda \, \frac{\sum l + \sum l'}{d} \cdot \frac{\varrho}{2} \cdot \bar{w}^2$$

$$Re = \frac{\bar{w} \cdot d}{\nu} = \frac{1,91 \cdot 0,2}{1,13 \cdot 10^{-6}} = 3,38 \cdot 10^5$$

Die Strömung ist turbulent.
Die Rohrreibungszahl λ liegt im Übergangsgebiet und beträgt nach Tafel 30:

$$\lambda \approx 0,0185$$

Die Widerstandszahl des Krümmers ergibt sich nach Bild 4.79 zu:

$$\zeta_K = f_{Re} \cdot \zeta_u$$
$$\zeta_u = 0,4 \text{ nach Bild 4.79a}$$
$$f_{Re} = 0,8 \text{ nach Bild 4.79b}$$
$$\zeta_K = 0,4 \cdot 0,8 = 0,32$$

Die Widerstandszahl des Saugkorbes wird zu $\zeta_S = 5$ angenommen.
Damit ergeben sich nach Gleichung 4.90 folgende Ersatzlängen:

$$l_1' = \frac{\zeta_K}{\lambda} \cdot d = \frac{0,32}{0,0185} \cdot 0,2 = 3,46 \text{ m}$$

$$l_2' = \frac{\zeta_S}{\lambda} \cdot d = \frac{5}{0,0185} \cdot 0,2 = 54 \text{ m}$$

Damit sind alle Größen zur Berechnung des Gesamtdruckverlustes bekannt:

$$\Delta p_{v\,ges} = 0,0185 \cdot \frac{6 + 3,46 + 54}{0,2} \cdot 1825$$

$$\Delta p_{v\,ges} = 0,0185 \cdot \frac{63,46}{0,2} \cdot 1825$$

$$\Delta p_{v\,ges} = 10\,713 \text{ Pa}$$

Damit läßt sich der Unterdruck p_E berechnen

$$p_E = 49\,050 + 1825 + 10\,713$$

$$p_E = 61\,588 \text{ Pa}$$

$$p_E = 0,616 \text{ bar als Unterdruck!}$$

L. PRANDTL wird die Einlaufstrecke als diejenige Rohrlänge definiert, nach der sich das Geschwindigkeitsprofil um weniger als 1% vom endgültigen Zustand unterscheidet.

Für **Kreisrohre** kann die Länge l_A der Einlaufstrecke nach folgender Beziehung [4.26] abgeschätzt werden:

(4.94)

$$l_A \approx A \cdot Re^b \cdot d$$

$\left.\begin{array}{l} A \approx 0{,}06 \\ b \approx 1{,}0 \end{array}\right\}$ laminare Strömung $(Re < 2320)$

$\left.\begin{array}{l} A \approx 0{,}6 \\ b \approx 0{,}25 \end{array}\right\}$ turbulente Strömung $(Re > 2320)$

$Re = \dfrac{\bar{w} \cdot d}{v}$ Reynolds-Zahl

d Rohrinnendurchmesser

Infolge erhöhter Wandschubspannungen treten in der Einlaufstrecke höhere Reibungsverluste als in der vollausgebildeten Rohrströmung auf. Die **zusätzlichen Reibungsverluste** lassen sich für **Kreisrohre** größenordnungsmäßig nach folgender Näherungsformel [4.26] bestimmen:

(4.95)

$$\Delta p_{v,\,zus,\,A} \approx \zeta'_A \cdot \frac{\varrho}{2} \cdot \bar{w}^2$$

$\zeta'_A \approx 1{,}12$ bis $1{,}45$ bei laminarer Strömung
$\zeta'_A \approx 0{,}058$ bis $0{,}076$ bei turbulenter Strömung

Weitere Einzelheiten über Rohreinlaufströmungen können in [4.1] und [4.26] nachgelesen werden.

4.5.9 Spaltströmungen

Im Rahmen der Rohrströmung wird auch die Strömung durch einfache Kreisringspalte (Bild 4.104) und Rechteckspalte (Bild 4.105) behandelt.

Genutete Spalte oder Labyrinthspalte, wie sie als Dichtelemente in Strömungsmaschinen, Kolbenmaschinen usw. eingesetzt werden, werden nicht besprochen, da dies den Rahmen dieses Buches überschreiten würde. Es wird auf die einschlägige Literatur verwiesen, z. B. [4.17] und [4.27].

Spalte dienen wegen des hohen Druckabfalles meistens als berührungsfreie Dichtungen. Für die folgende Ableitung des Druckabfalls in einfachen Spalten mit Kreisring- oder Rechteckquer-

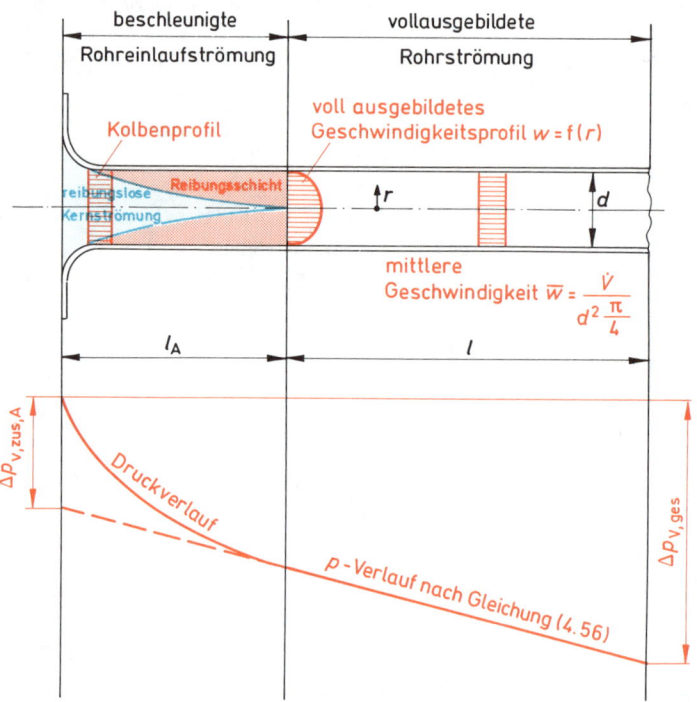

Bild 4.103
Einlaufstrecke

schnitt wird vorausgesetzt, daß die den Spalt begrenzenden Wände relativ zueinander weder Dreh- noch Längsbewegungen ausführen und daß der Spaltquerschnitt längs der Spaltachse konstant bleibt. Außerdem wird wie bei allen im Rahmen der Hydrodynamik behandelten Rohrströmungen inkompressible und stationäre Strömung angenommen.

Um eine Vorstellung vom Einfluß der einzelnen Größen auf den Leckagestrom zu erhalten, wird für einen konzentrischen Kreisringspalt mit laminarer, inkompressibler Strömung die zur Hagen-Poiseuilleschen Gleichung (Gl. 4.50) analoge Durchflußgleichung abgeleitet:

Die Reibkraft an einem Teilzylinder der radialen Ausdehnung y beträgt:

$$F_r = d_m \cdot \pi \cdot l \cdot \tau$$

Die zur Überwindung dieses Widerstandes erforderliche gleich große Druckkraft ergibt sich zu:

$$F_d = d_m \cdot \pi \cdot y \, (p_1 - p_2) = d_m \cdot \pi \cdot y \cdot \Delta p$$
$$F_r = F_d$$
$$d_m \cdot \pi \cdot l \cdot \tau = d_m \cdot \pi \cdot y \cdot \Delta p$$

Nach dem newtonschen Schubspannungsansatz (1.13) kann für τ gesetzt werden:

$$\tau = - \eta \cdot \frac{dw}{dy}$$

In obige Beziehung eingesetzt, ergibt sich für die Geschwindigkeitsverteilung im Spalt folgende Differentialgleichung:

$$-\eta \cdot \frac{dw}{dy} = \frac{\Delta p}{l} \cdot y$$
$$dw = - \frac{\Delta p}{\eta \cdot l} \cdot y \cdot dy$$

Durch Integration und Ermittlung der Integrationskonstanten kann die Geschwindigkeitsverteilung angegeben werden:

$$w = - \frac{\Delta p}{\eta \cdot l} \cdot \frac{y^2}{2} + C$$

Für $y = s/2$ geht w gegen 0; daraus folgt für die Konstante C:

$$C = \frac{\Delta p}{\eta \cdot l} \cdot \frac{s^2}{8}$$

(4.96)

$$w = \frac{\Delta p}{2 \cdot \eta \cdot l} \left(\frac{s^2}{4} - y^2 \right)$$

$y = 0$ bis $s/2$ = Wandabstand

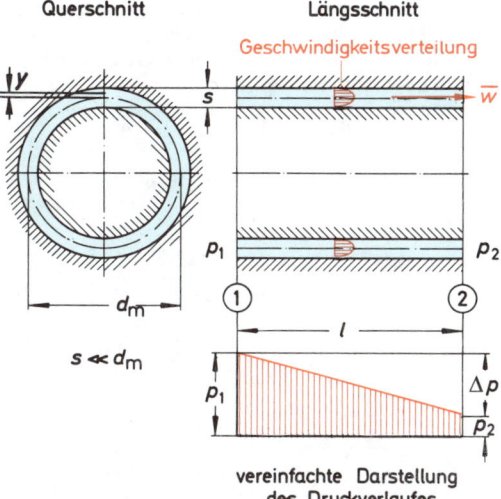

Bild 4.104 Kreisringspalt

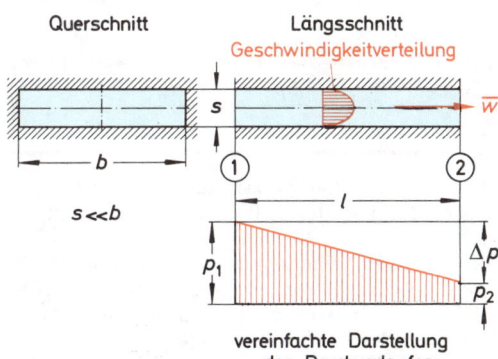

Bild 4.105 Rechteckspalt

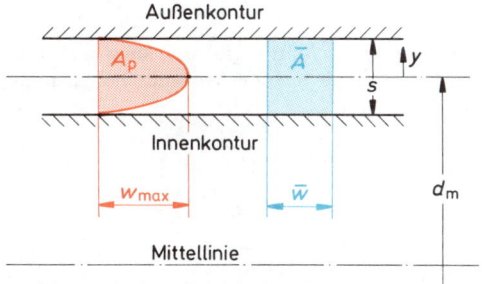

Bild 4.106 Geschwindigkeitsverteilung in einem Kreisringspalt

Das Geschwindigkeitsprofil ist eine quadratische Parabel (Bild 4.106). Durch Anwendung der Guldinschen Regel kann die mittlere Geschwindigkeit $\bar{w}$ bestimmt werden:

$$d_m \cdot \pi \cdot A_p = d_m \cdot \pi \cdot \bar{A}$$

$$A_p = \frac{2}{3} \cdot w_{max} \cdot s$$

$$\bar{A} = \bar{w} \cdot s$$

$$d_m \cdot \pi \cdot \frac{2}{3} w_{max} \cdot s = d_m \cdot \pi \cdot \bar{w} \cdot s$$

$$\bar{w} = \frac{2}{3} \cdot w_{max}$$

aus 4.96:

$$w_{max} = \frac{\Delta p}{2 \cdot l \cdot \eta} \cdot \frac{s^2}{4}$$

$$\bar{w} = \frac{2}{3} \cdot \frac{\Delta p}{2 \cdot l \cdot \eta} \cdot \frac{s^2}{4}$$

Aus der Kontinuitätsbeziehung ergibt sich der durch den Spalt strömende Volumenstrom $\dot{V}$:

$$\dot{V} = \bar{w} \cdot A_{Spalt} = \frac{2}{3} \frac{\Delta p}{2 \cdot l \cdot \eta} \cdot \frac{s^2}{4} \cdot \pi \cdot d_m \cdot s$$

$$(4.97)$$

$$\dot{V} = \frac{\Delta p \cdot s^3 \cdot \pi \cdot d_m}{12 \cdot \eta \cdot l}$$

Aus Gleichung 4.97 ist ersichtlich, daß der Leckagestrom $\dot{V}$ von der 3. Potenz der Spaltweite s abhängt!

Im folgenden Teilabschnitt wird der Druckabfall und der Leckagestrom von Kreisring- und Rechteckspalten für laminare und turbulente Durchströmung detaillierter betrachtet:

a) **Reibungsverlust** infolge der Viskosität des Strömungsmediums (Gleichung 4.67).

$$\Delta p_R = \lambda \frac{l}{d_h} \cdot \frac{\varrho}{2} \cdot \bar{w}^2$$

Beim Kreisquerschnitt ergibt sich für $s \ll d_m$ folgender Ausdruck für den hydraulischen Durchmesser d_h:

$$d_h = \frac{4 \cdot A}{U}$$

$$A = \pi \cdot d_m \cdot s$$

$$U = 2 \cdot \pi \cdot d_m$$

$$d_h = \frac{4 \cdot \pi \cdot d_m \cdot s}{2 \cdot \pi \cdot d_m} = 2 \cdot s$$

Den hydraulischen Durchmesser d_h des Rechteckspaltes erhält man aus folgender Grenzwertbetrachtung:

$$d_h = \frac{4 \cdot A}{U}$$

$$A = b \cdot s$$

$$U = 2\,b + 2\,s$$

$$d_h = \frac{4 \cdot b \cdot s}{2\,b + 2\,s} = \frac{4\,s}{2 + 2\,s/b}$$

$$\lim_{b \to \infty} d_h = \frac{4\,s}{2} = 2\,s$$

Der hydraulische Durchmesser des Rechteckspaltes ist gleich dem hydraulischen Durchmesser des Kreisringspaltes, nämlich $2s$.

Damit beträgt der Druckabfall:

$$\Delta p_R = \lambda \cdot \frac{l}{2s} \cdot \frac{\varrho}{2} \cdot \bar{w}^2$$

b) **Stoßverlust** infolge Kontraktion des Strahles am Spalteneinlauf (Gleichung 4.72).

$$\Delta p_{St} = \zeta \cdot \frac{\varrho}{2} \cdot \bar{w}^2$$

$\zeta \approx 0,5$ für scharfkantigen Einlauf (Bild 4.68)

$$\Delta p_{St} = 0,5 \cdot \frac{\varrho}{2} \cdot \bar{w}^2$$

c) **Austrittsverlust** am Spaltende infolge Verlustes der kinetischen Energie

$$\Delta p_A = \frac{\varrho}{2} \cdot \bar{w}^2$$

Der Druckabfall Δp_A läßt sich auch als zur Beschleunigung der Spaltströmung von 0 auf $\bar{w}$ erforderlicher Druck erklären.

Der im Spalt entstehende Gesamtdruckabfall beträgt demnach:

$$\Delta p = \lambda \cdot \frac{l}{2\,s} \cdot \frac{\varrho}{2} \cdot \bar{w}^2 + 1,5 \cdot \frac{\varrho}{2} \cdot \bar{w}^2$$

$$(4.98)$$

$$\Delta p = \left(\lambda \cdot \frac{l}{2\,s} + 1,5 \right) \cdot \frac{\varrho}{2} \cdot \bar{w}^2$$

Nach der Geschwindigkeit $\bar{w}$ aufgelöst

$$\bar{w} = \sqrt{\frac{2\,\Delta p}{\varrho \cdot \left(\lambda \dfrac{l}{2\,s} + 1{,}5 \right)}}$$

Damit ergeben sich folgende Volumenströme:

Kreisringspalt:

(4.99 a)

$$\dot{V} = \bar{w} \cdot A = \pi \cdot d_{\mathrm{m}} \cdot s \cdot \sqrt{\frac{2 \cdot \Delta p}{\varrho \left(\lambda \dfrac{l}{2\,s} + 1{,}5 \right)}}$$

Rechteckspalt:

(4.99 b)

$$\dot{V} = \bar{w} \cdot A = b \cdot s \cdot \sqrt{\frac{2 \cdot \Delta p}{\varrho \left(\lambda \dfrac{l}{2\,s} + 1{,}5 \right)}}$$

Die Rohrreibungszahl λ ist bei laminarer Spaltströmung eine Funktion der Reynolds-Zahl Re (Gleichung 4.71).

$$\lambda = \varphi \cdot \frac{64}{Re}$$

für $s/d \to 0$ und $s/b \to 0$ wird nach Kapitel 4.5.6

$$\varphi = 1{,}5$$

$$\lambda = 1{,}5\,\frac{64}{Re}$$

(4.100)

$$\lambda = \frac{96}{Re}$$

für laminare Strömung in Kreisring und Rechteckspalten!

Da die Reynolds-Zahl

$$Re = \frac{\bar{w} \cdot d_{\mathrm{h}}}{\nu} = \frac{\bar{w} \cdot 2\,s}{\nu}$$

wegen der kleinen Spaltweite s meistens sehr klein wird, liegt bei vielen Spalten tatsächlich laminare Strömung vor.

Bei der turbulenten Spaltströmung spielt u.U. auch die Wandrauhigkeit eine Rolle.
Für hydraulisch glatte Spalte kann gesetzt werden:

(4.101)

$$\lambda = \frac{0{,}427}{Re^{1/4}}$$

Für rauhe Spalte ist λ unabhängig von der Reynolds-Zahl:

(4.102)

$$\lambda = \frac{1}{\left(1 - 2\,\lg \dfrac{k}{d_{\mathrm{h}}} \right)^{2}}$$

wobei d_{h} wieder $2\,s$ ist.
Soll bei gegebenen Spaltabmessungen und gegebenem Druckunterschied $\Delta p = p_1 - p_2$ der aus dem Spalt austretende Volumenstrom $\dot{V}$ berechnet werden, so muß, da die mittlere Geschwindigkeit $\bar{w}$ und damit die Reynolds-Zahl zunächst unbekannt sind, eine Iterationsrechnung durchgeführt werden.
Bei exzentrischen Kreisringspalten tritt, insbesondere bei laminarer Strömung, eine Vergrößerung des Leckagestromes auf.
Aus Bild 4.107 [4.17] kann die Zunahme des Spaltdurchflusses abhängig von der relativen Exzentrizität e/s entnommen werden.
Weitere Einzelheiten zur Spaltströmung finden sich in [4.29].

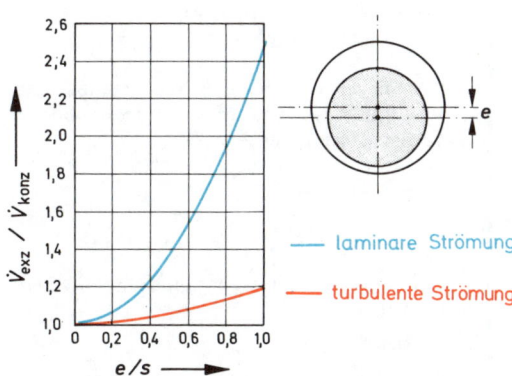

Bild 4.107 *Leckage in einem exzentrischen Spalt*

Beispiel 29

Aufgabenstellung:

Ein kreisförmiger Spalt mit den in Bild 4.108 eingezeichneten Abmessungen dichtet einen Ölraum gegen Luft ab.
Wie groß ist die austretende Leckölmenge, wenn die kinematische Ölzähigkeit $\nu = 30 \cdot 10^{-6}$ m²/s und die Öldichte $\varrho = 850$ kg/m³ betragen?

Lösung:

Es wird angenommen, daß die Spaltströmung laminar verläuft. Mit dieser Annahme, die am Ende der Berechnung überprüft werden muß, läßt sich der Leckölstrom über Gleichung 4.98 explizit ausrechnen:

$$\Delta p = \left(\lambda \cdot \frac{l}{2\,s} + 1{,}5 \right) \frac{\varrho}{2} \cdot \bar{w}^2$$

$$\lambda = \frac{96}{Re}\,; \quad Re = \frac{d_{\mathrm h} \cdot \bar{w}}{\nu} = \frac{2\,s \cdot \bar{w}}{\nu}$$

$$\lambda = \frac{96 \cdot \nu}{2\,s \cdot \bar{w}} = \frac{48 \cdot \nu}{s \cdot \bar{w}}$$

$$\Delta p = \left(\frac{48 \cdot \nu}{s \cdot \bar{w}} \cdot \frac{l}{2\,s} + 1{,}5 \right) \frac{\varrho}{2} \cdot \bar{w}^2$$

$$\Delta p = \frac{12 \cdot \nu \cdot l \cdot \varrho \cdot \bar{w}}{s^2} + 1{,}5 \cdot \frac{\varrho}{2} \cdot \bar{w}^2$$

$$1{,}5 \cdot \frac{850}{2} \cdot \bar{w}^2$$
$$+ \frac{1{,}2 \cdot 3 \cdot 8{,}5 \cdot 10^{-3}}{25 \cdot 10^{-10}} \cdot \bar{w} = 5 \cdot 10^5$$

$$637{,}5 \cdot \bar{w}^2 + 122 \cdot 10^5 \cdot \bar{w} = 5 \cdot 10^5$$
$$\bar{w}^2 + 19{,}3 \cdot 10^3 \cdot \bar{w} = 0{,}785 \cdot 10^3$$

Aus dieser Gleichung ist zu ersehen, daß $\bar{w} \ll 1$ m/s ist, d.h., $\bar{w}^2$ kann gegenüber $\bar{w}$ vernachlässigt werden.

$$\bar{w} = \frac{0{,}785 \cdot 10^3}{19{,}3 \cdot 10^3}$$
$$\bar{w} = 0{,}041 \text{ m/s}$$

Mit $\bar{w} = 0{,}041$ m/s ergibt sich folgender Leckölstrom:

$$\dot{V} = \bar{w} \cdot A = \bar{w} \cdot d_{\mathrm m} \cdot \pi \cdot s$$
$$\dot{V} = 0{,}041 \cdot 50 \cdot 10^{-3} \cdot \pi \cdot 0{,}05 \cdot 10^{-3}$$

$$\dot{V} = 0{,}322 \cdot 10^{-6} \text{ m}^3/\text{s}$$

Da man sich unter diesem Ergebnis schlecht etwas vorstellen kann, wird die Einheit in Liter/Stunde umgerechnet:

$$\dot{V} = 0{,}322 \cdot 10^{-3} \cdot 3{,}6 \cdot 10^3$$

$$\boxed{\dot{V} = 1{,}16 \text{ Liter/Stunde}}$$

Die Überprüfung der Reynolds-Zahl ergibt:

$$Re = \frac{d_{\mathrm h} \cdot \bar{w}}{\nu}$$

$$= \frac{2\,s \cdot \bar{w}}{\nu} = \frac{2 \cdot 0{,}05 \cdot 10^{-3} \cdot 0{,}041}{30 \cdot 10^{-6}}$$

$$Re = \frac{2 \cdot 5 \cdot 10^{-2} \cdot 10^{-3} \cdot 4{,}1 \cdot 10^{-2}}{3 \cdot 10^{-5}}$$

$$Re = \frac{41}{3} \cdot 10^{-2} = 0{,}137$$

Die Annahme der laminaren Strömung war also richtig!
Zum gleichen Ergebnis kommt man schneller durch Verwendung von Gleichung 4.97:

$$\dot{V} = \frac{\Delta p \cdot s^3 \cdot \pi \cdot d_{\mathrm m}}{12 \cdot \eta \cdot l}$$

$$\dot{V} = \frac{5 \cdot 10^5 \cdot (0{,}05 \cdot 10^{-3})^3 \cdot \pi \cdot 50 \cdot 10^{-3}}{12 \cdot 850 \cdot 30 \cdot 10^{-6} \cdot 100 \cdot 10^{-3}}$$

$$\dot{V} = 0{,}321 \cdot 10^{-6} \text{ m}^3/\text{s}$$

$$\boxed{\dot{V} = 1{,}155 \text{ Liter/Stunde}}$$

Die Übereinstimmung der beiden Ergebnisse erklärt sich daraus, daß der Wert 1,5 gegenüber dem Ausdruck

$$\lambda \frac{l}{2\,s} = \frac{96}{Re} \cdot \frac{l}{2\,s} = \frac{96}{0{,}137} \cdot \frac{100}{2 \cdot 0{,}05} = 700\,730$$

vernachlässigt werden kann.

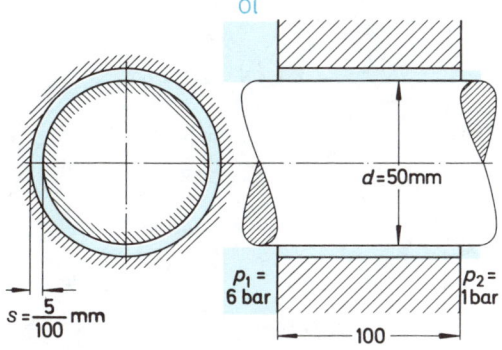

4.6   Strömung in Gerinnen

4.6.1   Allgemeines

Gerinneströmungen in natürlichen Gerinnen, wie Flüssen und Bächen oder in künstlich angelegten Kanälen oder Gräben besitzen eine freie Oberfläche mit der Luft, d.h., nur ein Teil des Umrisses des Querschnittes bildet den benetzten Umfang. Kanäle werden meistens mit regelmäßigem Querschnitt angelegt, Flüsse haben dagegen einen sehr unregelmäßigen Querschnittsverlauf. Oft führen Flüsse noch Geschiebe aus Felsbrocken, Kies und Sand mit, was die rechnerische Behandlung der Strömung außerordentlich erschwert. Das vorliegende Kapitel beschränkt sich auf die Ableitung der Strömungsgesetze für Kanäle, die folgende Voraussetzungen erfüllen:

a) Der Strömungsquerschnitt A ist konstant.
b) Das Sohlengefälle entspricht dem Spiegelgefälle und ist konstant.
c) Es ist kein Druckgefälle vorhanden, da der Luftdruck und die Wassertiefe konstant sind und die Kanalsohle in Strömungsrichtung nicht gekrümmt ist.
d) Die Strömung sei turbulent.
e) An Kräften treten nur Reibungskräfte (an den Kanalwänden) und Trägheitskräfte infolge der Schwerkraft auf.

4.6.2   Die Geschwindigkeits-
verteilung

Die Geschwindigkeitsverteilung im Gerinne ist im Gegensatz zum Kreisrohrquerschnitt asymmetrisch. An den Kanalseitenwänden und an der Kanalsohle haftet die Flüssigkeit, die Geschwindigkeit ist Null. Die Maximalgeschwindigkeit w_{max} liegt etwas unterhalb des Wasserspiegels in ungefähr ⅘ der Kanaltiefe t (Bild 4.109). Infolge der Reibung zwischen Luft und Wasser und wegen der Bildung von Oberflächenwellen ist die Geschwindigkeit w_0 am Wasserspiegel etwas kleiner als die Maximalgeschwindigkeit w_{max}.
Die mittlere Strömungsgeschwindigkeit $\bar{w}$ ergibt sich nach der Kontinuitätsgleichung aus Volumenstrom $\dot{V}$ und Kanalquerschnitt A:

(4.103)

$$\bar{w} = \frac{\dot{V}}{A}$$

$\dot{V}$ = Volumenstrom im Kanal
A = Kanalquerschnitt senkrecht zur Strömungsrichtung

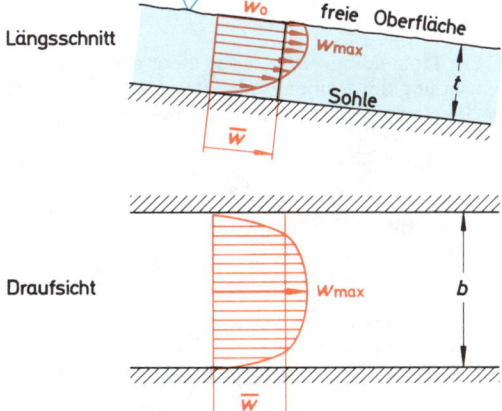

Bild 4.109   Geschwindigkeitsverteilung in einem offenen Kanal

157

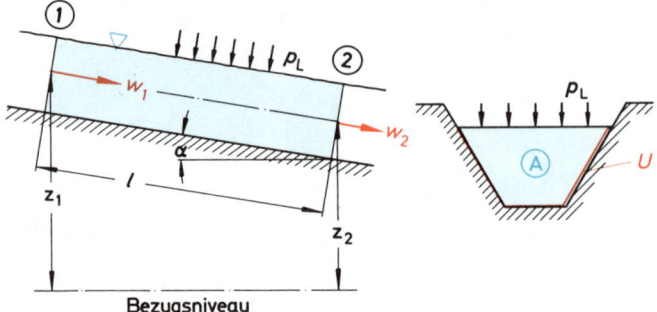

Bezugsniveau

4.6.3   Fließformeln

Zur Ableitung des mathematischen Zusammenhanges zwischen Sohlengefälle, Querschnitt, Querschnittsform, Wandrauhigkeit und mittlerer Geschwindigkeit $\bar{w}$ betrachtet man die Kanalströmung als eine Rohrströmung mit nichtkreisförmigem Querschnitt und berücksichtigt die Tatsache, daß nur ein Teil des Querschnittsumfanges benetzter Umfang ist in der Definition des hydraulischen Durchmessers d_h bzw. des hydraulischen Radius r_h.

Durch Anwendung der erweiterten Bernoulli-Gleichung (Gleichung 4.48) auf die in Bild 4.110 dargestellte Kanalströmung ergibt sich:

$$z_1 + \frac{p_1}{\varrho \cdot g} + \frac{w_1^2}{2\,g} = z_2 + \frac{p_2}{\varrho \cdot g} + \frac{w_2^2}{2\,g} + h_v$$

$$w_1 = w_2, \text{ da } A = \text{konst.}$$

$$p_1 = p_2 = p = \text{Luftdruck}$$

$$z_1 - z_2 = h_v$$

Die Höhendifferenz $z_1 - z_2$ dient nur zur Überwindung des Reibungsverlustes h_v, der sich nach Gleichung 4.67 wie folgt ausdrücken läßt:

$$h_v = \frac{\Delta p_v}{\varrho \cdot g} = \lambda \cdot \frac{l}{d_h} \cdot \frac{\bar{w}^2}{2\,g} = z_1 - z_2$$

Durch Einführung des Kanalgefälles

$$J = \sin \alpha = \frac{z_1 - z_2}{l}$$

ergibt sich folgende Fließformel:

(4.104)

$$J = \frac{z_1 - z_2}{l} = \frac{\lambda}{d_h} \cdot \frac{\bar{w}^2}{2\,g}$$

Der hydraulische Durchmesser ist wie immer als

$$d_h = \frac{4 \cdot A}{U}$$

definiert.

Die Kanalreibungszahl λ ist sowohl von der Reynolds-Zahl $Re = \bar{w} \cdot d_h / \nu$ als auch von der relativen Wandrauhigkeit d_h / k abhängig und kann nach folgender, durch Versuche bestätigter Formel berechnet werden:

(4.105)

$$\frac{1}{\sqrt{\lambda}} = -2 \cdot \lg \left(\frac{3,4}{Re \cdot \sqrt{\lambda}} + 0,32\,\frac{k}{d_h} \right)$$

Da in vielen Fällen der Einfluß der Reynolds-Zahl vernachlässigt werden kann, vereinfacht sich Gleichung 4.105:

$$\frac{1}{\sqrt{\lambda}} \approx -2 \cdot \lg 0,32\,\frac{k}{d_h}$$

$$\sqrt{\lambda} \approx \frac{1}{2\,\lg\left(3,1 \cdot \dfrac{d_h}{k}\right)}$$

(4.106)

$$\lambda \approx \frac{1}{\left[\,2\,\lg\left(3,1 \cdot \dfrac{d_h}{k}\right)\right]^2}$$

Die Rauhigkeitswerte k streuen außerordentlich und können aus Tabelle 4.5 entnommen werden. Gleichung 4.104 liefert wegen der Unsicherheit der Abschätzung des Rauhigkeitswertes k stark streuende Ergebnisse.

Tabelle 4.5 Rauhigkeitswerte von Gerinnewänden

Wandbeschaffenheit	Rauhigkeitswert k in mm
Beton	0,1 bis 30
Mauerwerk	2 bis 30
Erdmaterial	8 bis 200
Steinmaterial	80 bis 1000
Felsausbruch	200 bis 1000

Es werden deshalb zwei weitere Fließformeln angegeben, deren empirische Beiwerte genauer bekannt sind (Tabelle 4.6):

Tabelle 4.6 Empirische Fließformeln

Fließformel von CHÉZY	Fließformel von MANNING-STRICKLER
Geschwindigkeit: $$\bar{w} = K_{Ch} \cdot r_h^{1/2} \cdot J^{1/2}$$	Geschwindigkeit: $$\bar{w} = K_{MS} \cdot r_h^{2/3} \cdot J^{1/2}$$
Gefälle: (4.107) $$J = \frac{\bar{w}^2}{r_h \cdot K_{Ch}^2}$$	Gefälle: (4.109) $$J = \frac{\bar{w}^2}{r_h^{4/3} \cdot K_{MS}^2}$$
Beiwert K_{Ch} nach BAZIN (4.108) $$K_{Ch} = \frac{87 \cdot \sqrt{r_h}}{\alpha + \sqrt{r_h}}$$	Beiwert K_{MS} siehe Tabelle 4.7
Beiwert α siehe Tabelle 4.7 hydraulischer Radius:	(4.110) $$r_h = \frac{A}{U} = \frac{d_h}{4}$$

Das Sohlengefälle von Kanälen wird üblicherweise zwischen 0,1‰ und 2‰ festgelegt. Die zulässigen Böschungsneigungen β_{zul} (Bild 4.112) sowie die zulässigen maximalen Geschwindigkeiten $\bar{w}_{max\,zul}$ sind in Tabelle 4.8 zusammengestellt.

Tabelle 4.7 Rauhigkeitsbeiwerte von Gerinnen

Beschaffenheit der Kanalwand	α $m^{1/2}$	K_{MS} $m^{1/3}/s$
gehobeltes Holz, Zementglattstrich, glatte Metallfläche	−0,043	100
ungehobelte Bretter glatt verputzter Beton	0,044	90
Quaderwände	0,17	80
sorgfältig ausgeführtes Bruchsteinmauerwerk	0,31	70
normales Bruchsteinmauerwerk gut verschalter, unverputzter Beton	0,48	60
unbefestigte Erdsohle, feiner Kies mit viel Sand grobes Bruchsteinmauerwerk	0,85	50
Böschungen und Sohle in Erde (mittlerer Kies)	1,3	40
unregelmäßige Wandungen, rauh aus dem Fels gesprengt	2,1	25

Tabelle 4.8 Zulässige Böschungen und zulässige Geschwindigkeiten in Gerinnen

Beschaffenheit der Kanalwand	β_{zul}	$\bar{w}_{max\,zul}$ in m/s
feiner Sandboden	22 bis 27°	0,2
grober Sandboden	27°	0,3 bis 0,5
stark sandhaltiger Kies	27°	0,6 bis 0,8
grobsteiniger Boden grober Kies	34°	1,0 bis 1,4
Lehm, Ton	18°	0,5 bis 0,6
weicher Fels	63°	2 bis 8
grober Fels, fest	90°	2 bis 8
vollausgekleideter Betonkanal	90°	2 bis 6

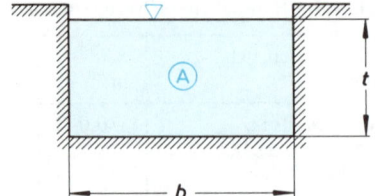

Bild 4.111 Rechteckprofil

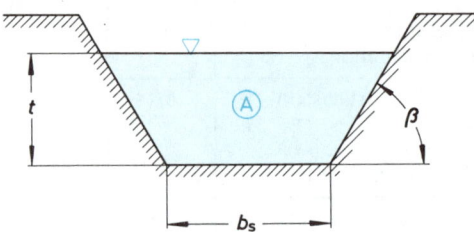

Bild 4.112 Trapezprofil

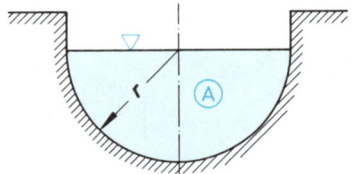

Bild 4.113 Halbkreisprofil

4.6.4 Hydraulisch optimale Profile

Will man bei vorgegebenem Volumenstrom $\dot{V}$ und gegebener Geschwindigkeit $\bar{v}$, d.h. bei bekanntem Querschnitt A, einen Kanal mit minimalem Gefälle J bauen, so muß man die Geschwindigkeitswerte K_{Ch} bzw. K_{MS} und den hydraulischen Radius r_h möglichst groß wählen.

Der hydraulische Radius r_h wird ein Maximum, wenn das Verhältnis A/U ein Maximum bzw. bei gegebenem Querschnitt A der Umfang U ein Minimum wird.

Kanalquerschnitte mit maximalem A/U bezeichnet man als hydraulisch optimale Profile.

Für das Rechteckprofil (Bild 4.111) ergeben sich folgende optimalen Abmessungen:

Der benetzte Umfang des Rechteckprofiles beträgt:

$$U = b + 2\,t$$

$$b = \frac{A}{t}$$

$$U = \frac{A}{t} + 2\,t$$

$$\frac{dU}{dt} = -\frac{A}{t^2} + 2 = 0$$

$$\frac{A}{t^2} = 2$$

$$\frac{b \cdot t}{t^2} = 2 \qquad\qquad (4.111)$$

$$\left(\frac{b}{t}\right)_{opt} = 2$$

Beim hydraulisch günstigen Rechteckprofil ist die Kanalbreite b doppelt so groß wie die Wassertiefe t.

Durch ähnliche Überlegungen findet man beim Trapezprofil (Bild 4.112):

a) bei gegebenem Böschungswinkel:

Wassertiefe t:
$$\qquad\qquad (4.112)$$

$$t_{opt} = \sqrt{\frac{A}{2\sqrt{1 + \cot^2 \beta} - \cot \beta}}$$

Sohlenbreite b_S:
$$\qquad\qquad (4.113)$$

$$b_{S\,opt} = \frac{A}{t_{opt}} - t_{opt} \cdot \cot \beta$$

b) bei veränderlichem Böschungswinkel
$$\qquad\qquad (4.114)$$

$$\beta_{opt} = 60°$$

Das günstigste Kanalprofil überhaupt ist das Halbkreisprofil (Bild 4.113), da hier das Verhältnis U/A für alle möglichen Querschnittsformen ein Minimum wird.

$$r_h = \frac{A}{U} = \frac{r^2 \cdot \pi}{2 \cdot r \cdot \pi} = \frac{r}{2}$$

$$\qquad\qquad (4.115)$$

$$r_h = \frac{r}{2}$$

Beispiel 30

Aufgabenstellung:

Ein rechteckiger Kanal mit hydraulisch günstigem Profil soll je Sekunde $4\,m^3$ Wasser von $15\,°C$ mit einer Geschwindigkeit von $2\,m/s$ wegführen. Wie groß muß das Gefälle J ausgeführt werden, wenn Kanalsohle und -wände aus unverputztem Beton bestehen?

Lösung:

Die Querschnittsfläche ergibt sich aus Volumenstrom und Geschwindigkeit:

$$A = \frac{\dot{V}}{\bar{w}} = \frac{4}{2} = 2\ m^2$$

Damit lassen sich die Kanalbreite und die Wassertiefe berechnen:

$$b \cdot t = 2$$

$$\left(\frac{b}{t}\right)_{opt} = 2 \text{ nach Gleichung 4.111}$$

$$b_{opt} = 2 \cdot t_{opt}$$

$$2 \cdot t \cdot t = 2$$

$$t = 1\ m$$

$$b = 2\ m$$

a) Berechnung des Gefälles J nach Gl. 4.104:

$$J = \frac{\lambda}{d_h}\frac{\bar{w}^2}{2\,g}$$

$$d_h = \frac{4 \cdot A}{U} = \frac{4 \cdot 2}{2 + 1 + 1} = 2\ m$$

Die Rauhigkeit wird mit $k = 5\ mm$ angenommen. Die Kanalreibungszahl λ läßt sich damit in 1. Näherung nach Gleichung 4.106 berechnen:

$$\lambda \approx \frac{1}{\left[2 \cdot \lg\left(3{,}1 \cdot \frac{d_h}{k}\right)\right]^2}$$

$$\lambda \approx \frac{1}{\left[2 \cdot \lg\left(3{,}1 \cdot \frac{2000}{5}\right)\right]^2}$$

$$\lambda \approx \frac{1}{(2 \cdot \lg 1240)^2} = \frac{1}{(2 \cdot 3{,}092)^2}$$

$$\lambda \approx \frac{1}{38} = 0{,}026$$

Mit diesem Wert und der Reynolds-Zahl

$$Re = \frac{d_h \cdot \bar{w}}{\nu} = \frac{2 \cdot 2}{1{,}13}\,10^6$$

$$Re = 3{,}54 \cdot 10^6$$

wird die Iterationsrechnung für λ nach Gleichung 4.105 begonnen:

$$\frac{1}{\sqrt{\lambda}} = -2 \cdot \lg\left(\frac{3{,}4}{Re \cdot \sqrt{\lambda}} + 0{,}32\,\frac{k}{d_h}\right)$$

$$\frac{1}{\sqrt{0{,}026}}$$

$$= -2 \cdot \lg\left(\frac{3{,}4}{3{,}54 \cdot 10^6\,\sqrt{0{,}026}} + 0{,}32\cdot\frac{5}{2000}\right)$$

$$\frac{1}{0{,}161} = -2 \cdot \lg\,(5{,}96 \cdot 10^{-6} + 0{,}8 \cdot 10^{-3})$$

$$6{,}21 = -2 \cdot \lg\,(0{,}806 \cdot 10^{-3})$$

$$6{,}21 = -2 \cdot (\lg 8{,}06 - \lg 10^4)$$

$$6{,}21 = +2 \cdot 3{,}094$$

$$6{,}21 = 6{,}19$$

$\lambda = 0{,}026$ ist demnach bereits genau genug, die Reynolds-Zahl hat keinen großen Einfluß auf λ. Das Gefälle J ergibt sich dann zu:

$$J = \frac{0{,}026}{2} \cdot \frac{2^2}{19{,}62} = \frac{0{,}052}{19{,}62} = \frac{52}{19{,}62}\,10^{-3}$$

$$\boxed{J = 2{,}65\,°/_{00}}$$

Nach der Fließformel von CHÉZY ergibt sich für J:

$$J = \frac{\bar{w}^2}{r_h \cdot K_{Ch}^2}$$

$$r_h = \frac{A}{U} = \frac{2}{2 + 1 + 1} = 0{,}5\ m$$

$$\alpha = 0{,}48 \text{ nach Tabelle 4.7.}$$

Damit beträgt der Geschwindigkeitsbeiwert K_{Ch} nach der Formel von BAZIN (Gl. 4.108):

$$K_{Ch} = \frac{87\sqrt{r_h}}{\alpha + \sqrt{r_h}}$$

$$K_{Ch} = \frac{87 \cdot \sqrt{0,5}}{0,48 + \sqrt{0,5}} = \frac{87 \cdot 0,706}{1,186}$$

$$K_{Ch} = 52 \ m^{1/2}/s$$

und das Gefälle J nach Gleichung 4.107:

$$J = \frac{2^2}{0,5 \cdot 52^2} = \frac{4}{0,5 \cdot 2700} = \frac{8}{2,7} \cdot 10^{-3}$$

$$\boxed{J = 2,96^0/\mathrm{oo}}$$

Nach der Formel von MANNING-STRICKLER ergibt sich folgendes Gefälle J:

$$J = \frac{\bar{w}^2}{r_h^{4/3} \cdot K_{MS}^2}$$

$K_{MS} = 60$ nach Tabelle 4.7

$$J = \frac{2^2}{0,5^{4/3} \cdot 60^2} = \frac{4}{0,397 \cdot 3600}$$

$$J = \frac{2,8}{1000} = 2,8^0/\mathrm{oo}$$

$$\boxed{J = 2,8^0/\mathrm{oo}}$$

Die Ergebnisse nach den verschiedenen Fließformeln streuen etwas, was wegen der unsicheren Abschätzung der Wandrauhigkeit auch zu erwarten war.

4.7 Ausfluß aus Behältern

4.7.1 Ausfluß bei konstanter Spiegelhöhe

4.7.1.1 Ausfluß ins Freie durch kleine Öffnungen unter dem Einfluß der Schwere

Für den reibungslosen Ausfluß aus einem offenen Gefäß wurde bereits in Abschnitt 4.2.2.2a die

Ausflußformel von TORRICELLI (Gleichung 4.10) abgeleitet. Im vorliegenden Kapitel sollen nun die Größe des Gefäßquerschnittes, die Reibung und die Strahleinschnürung mit berücksichtigt werden, so daß die aufzustellenden Ausflußformeln den wirklichen Ausflußvorgang möglichst genau beschreiben.
Nach der Gleichung von BERNOULLI ergibt sich für die in Bild 4.114 dargestellte Ausflußströmung:

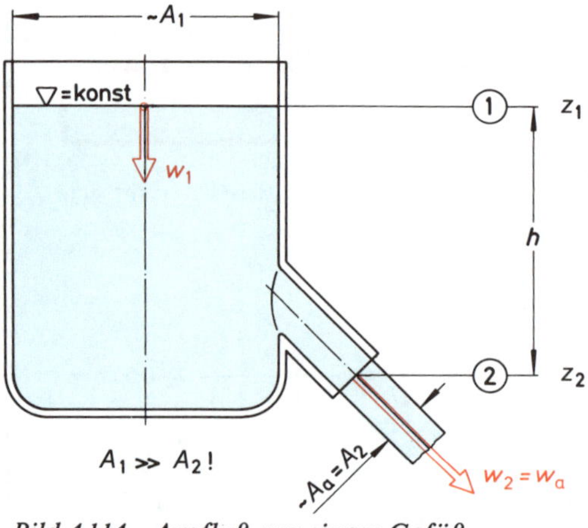

$$z_1 + \frac{p_1}{\varrho \cdot g} + \frac{w_1^2}{2\,g} = z_2 + \frac{p_2}{\varrho \cdot g} + \frac{w_2^2}{2\,g}$$

Der Luftdruck p_2 an der Stelle ② wird gleich dem Luftdruck p_1 an der Stelle ① gesetzt, da die geringe Druckzunahme

$$\Delta p_{12} \approx \varrho_{Luft} \cdot g \cdot h$$

vernachlässigt werden darf.
Zwischen den Geschwindigkeiten w_1 und w_2 besteht nach der Kontinuitätsgleichung folgender Zusammenhang

$$w_1 \cdot A_1 = w_2 \cdot A_2$$

$$w_1^2 = w_2^2 \cdot \frac{A_2^2}{A_1^2} = w_2^2 \cdot n^2$$

Bild 4.114 *Ausfluß aus einem Gefäß*

wenn $n = \dfrac{A_2}{A_1} = \dfrac{\text{Ausflußquerschnitt}}{\text{Behälterquerschnitt}}$ ist.

Damit vereinfacht sich der obige Ansatz:

$$z_1 - z_2 = \frac{1}{2\,g}\,(w_2^2 - w_2^2 \cdot n^2) = h$$

$$w_2^2\,(1 - n^2) = 2 \cdot g \cdot h$$

(4.116)

$$w_2' = w_a' = \sqrt{\frac{2 \cdot g \cdot h}{1 - n^2}}$$

Für $n = 0$ wird aus Gleichung 4.116 die Ausflußformel von Torricelli (Gleichung 4.10).
Die wirkliche Ausflußgeschwindigkeit w_a ist wegen der Reibungsverluste an der Behälteröffnung kleiner als die reibungsfreie Ausflußgeschwindigkeit w_a'.
Die Geschwindigkeitsabnahme infolge Reibung wird durch den **Geschwindigkeitsbeiwert** φ berücksichtigt:

(4.117)

$$w_a = \varphi \cdot w_a' = \varphi \cdot \sqrt{\frac{2 \cdot g \cdot h}{1 - n^2}}$$

Der Geschwindigkeitsbeiwert φ hängt in erster Linie von der Form der Ausflußöffnung und nur in geringem Maße von der Zähigkeit der Flüssigkeit ab. Werte von φ sind in Bild 4.116 angegeben. Der theoretisch aus der Behälteröffnung ausfließende Volumenstrom $\dot{V}_{th}$ ergibt sich aus der Kontinuitätsgleichung:

$$\dot{V}_{th} = w_a \cdot A_a$$

Der wirklich ausströmende Volumenstrom $\dot{V}$ ist meistens etwas kleiner als $\dot{V}_{th}$, da sich der Strahl an der Ausflußöffnung infolge der starken Umlenkung der Stromlinien etwas einschnürt.
Die Größe der Einschnürung wird durch die **Kontraktionszahl** α ausgedrückt.

(4.118)

$$\alpha = \frac{\text{Strahlquerschnitt}}{\text{Austrittsquerschnitt}} = \frac{A_e}{A_a}$$

(vgl. hierzu Bild 4.115)
Bei gut abgerundeten, düsenförmigen Mündungen kann die Kontraktionszahl α gleich 1 gesetzt werden.

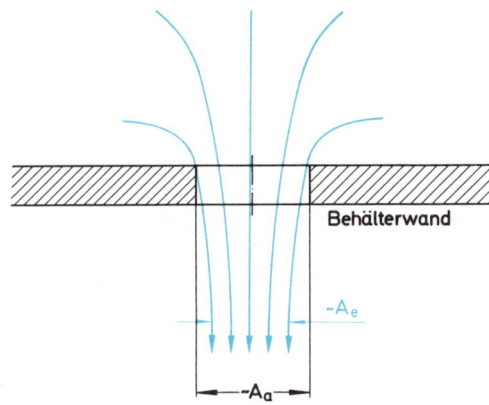

Bild 4.115 Strahleinschnürung an einer scharfkantigen Öffnung

Der wirkliche Volumenstrom $\dot{V}$ ergibt sich unter Berücksichtigung der Strahlkontraktion zu:

$$\dot{V} = \alpha \cdot A_a \cdot w_a = \alpha \cdot A_a \cdot \varphi \cdot w_a'$$

Das Produkt aus Kontraktionszahl α und Geschwindigkeitsbeiwert φ wird zur **Ausflußzahl** μ zusammengefaßt:

(4.119)

$$\dot{V} = \mu \cdot A_a \cdot w_a' = \mu \cdot A_a \sqrt{\frac{2 \cdot g \cdot h}{1 - n^2}}$$

Zahlenangaben für α und μ finden sich in Bild 4.116.
Die Erfassung der Reibung durch den Geschwindigkeitsbeiwert ist zwar in der Praxis üblich, strömungsphysikalisch aber nicht besonders exakt. Richtiger wäre die Einbeziehung der **Grenzschichtausbildung** in der Austrittsöffnung [4.18] [4.19]. Nach diesen Überlegungen würde sich der wirkliche Volumenstrom $\dot{V}$ aus dem theoretischen Volumenstrom $\dot{V}_{th}$ wie folgt berechnen lassen:

(4.120)

$$\dot{V} = \dot{V}_{th} \left(1 - \delta_v \cdot \frac{U}{A}\right)$$

δ_v = Verdrängungsdicke der Grenzschicht
A = Austrittsquerschnitt
U = benetzter Umfang des Austrittsquerschnitts

Form der Ausflußöffnung	Geschwindigkeitsbeiwert φ	Kontraktionszahl α	Ausflußzahl μ
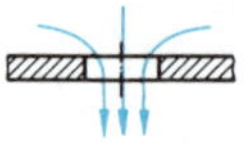 scharfkantig	0,97	0,61...0,64	0,59...0,62
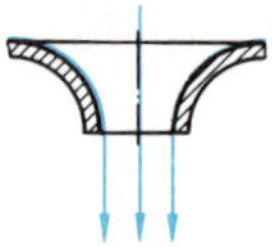 gut abgerundete Düse	0,97...0,99	≈ 1	0,97...0,99
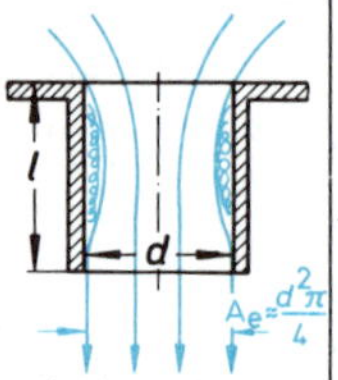 zylindrisches Ansatzrohr mit $l/d \approx 2...3$ $\quad A_e = \dfrac{d^2\pi}{4}$	≈ 0,82	≈ 1,0	≈ 0,82
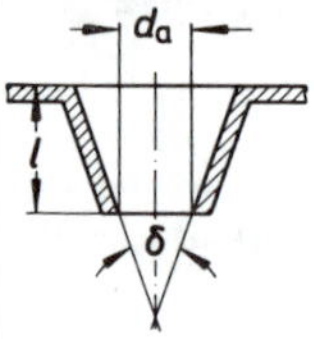 konisches Ansatzrohr mit $l/d_a \approx 3$			$\begin{array}{c\|c c c c} \delta & 10° & 20° & 45° & 90° \\ \hline \mu & 0{,}95 & 0{,}94 & 0{,}88 & 0{,}74 \end{array}$
	$\varphi = 0{,}97$ für kleines l $\varphi = 0{,}95$ für großes l	$\begin{array}{c\|c c c c c c} a_a^2/d_e^2 & 0{,}1 & 0{,}2 & 0{,}4 & 0{,}6 & 0{,}8 & 1{,}0 \\ \hline \alpha & 0{,}83 & 0{,}84 & 0{,}87 & 0{,}9 & 0{,}94 & 1{,}0 \end{array}$	

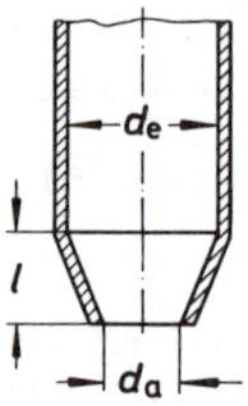

Bild 4.116
Beiwerte verschiedener Ausflußöffnungen

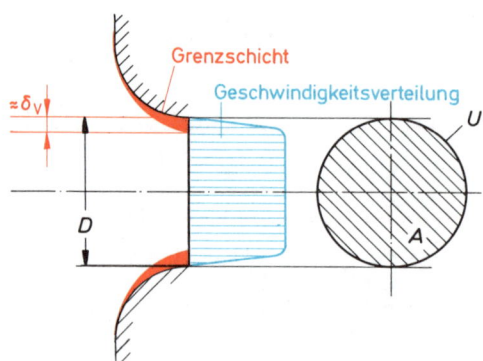

Bild 4.117 Strömung in einer düsenförmigen Öffnung

Die Verdrängungsdicke δ_v läßt sich nach einer Beziehung folgender Art abschätzen:

(4.121)

$$\delta_v = D \frac{\text{konst}}{\sqrt{Re}}$$

Die Verdrängungsdicke δ_v und damit der Volumenstrom $\dot{V}$ hängen demnach von der Reynolds-Zahl ab.

Zwischen dem rein empirischen Geschwindigkeitsbeiwert φ und der Verdrängungsdicke δ_v kann folgender Zusammenhang hergestellt werden:

$$\dot{V} = \dot{V}_{th}\left(1 - \delta_v \cdot \frac{U}{A}\right) = \varphi \cdot \dot{V}_{th}$$

(4.122)

$$\varphi = 1 - \delta_v \cdot \frac{U}{A}$$

Durch diese neuartigen Überlegungen ist es demnach möglich, den Geschwindigkeitsbeiwert φ durch grenzschichttheoretische Berechnungen relativ genau abzuschätzen.

4.7.1.2 Ausfluß aus Druckbehältern durch kleine Öffnungen

Im Abschnitt 4.2.2.2b wurde bereits der reibungsfreie Ausfluß aus Druckbehältern, ohne Berücksichtigung des Behälterquerschnittes und von Höhenunterschieden behandelt.

Will man alle diese vernachlässigten Einflußgrößen berücksichtigen, so kommt man zu folgender Ausflußformel:

Auf den in Bild 4.118 dargestellten Druckbehälter wird die Bernoulli-Gleichung angewandt:

$$z_1 + \frac{p_i}{\varrho \cdot g} + \frac{w_1^2}{2g} = z_2 + \frac{p_a}{\varrho \cdot g} + \frac{w_2^2}{2g}$$

$$z_1 - z_2 = h$$

$$p_i - p_a = p_B$$

$$w_1 \cdot A_B = w_2 \cdot A_a$$

$$w_1^2 = w_2^2 \cdot \frac{A_a^2}{A_B^2} = w_2^2 \cdot n^2$$

$$n = \frac{A_a}{A_B}$$

$$z_1 - z_2 + \frac{p_i - p_a}{\varrho \cdot g} = \frac{w_2^2}{2g}(1 - n^2)$$

$$g \cdot h + \frac{p_B}{\varrho} = \frac{w_2^2}{2}(1 - n^2)$$

$$w_2^2 = \frac{2 \cdot (g \cdot h + p_B/\varrho)}{1 - n^2}$$

$$w_2 \triangleq w_a'$$

(4.123)

$$w_a' = \sqrt{\frac{2 \cdot (g \cdot h + p_B/\varrho)}{1 - n^2}}$$

Die tatsächliche Ausflußgeschwindigkeit w_a berücksichtigt die Reibung mittels der bereits im vorherigen Abschnitt definierten Geschwindigkeitsbeiwert φ.

(4.124)

$$w_a = \varphi \cdot w_a' = \varphi \cdot \sqrt{\frac{2 \cdot (g \cdot h + p_B/\varrho)}{1 - n^2}}$$

Das Austrittsvolumen ergibt sich unter Berücksichtigung der Strahlkontraktion:

(4.125)

$$\dot{V} = \alpha \cdot A_a \cdot \varphi \cdot w_a'$$

$$= \mu \cdot A_a \cdot \sqrt{\frac{2 \cdot (g \cdot h + p_B/\varrho)}{1 - n^2}}$$

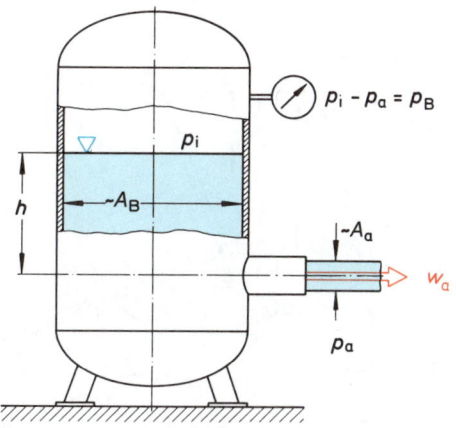

Bild 4.118 *Ausfluß aus einem Druckbehälter*

Die Beiwerte α, φ und μ können für die einzelnen Mündungsformen aus Bild 4.116 entnommen werden.

4.7.1.3 Ausfluß ins Freie durch große Öffnungen unter dem Einfluß der Schwere

Beim Ausfluß aus einer größeren Öffnung (Bild 4.119) muß, falls diese nicht waagerecht liegt, die Veränderlichkeit des Druckes über der Öffnungshöhe berücksichtigt werden.
Liegt die Öffnung horizontal, z.B. im Behälterboden, gelten die Gleichungen 4.116, 4.117 und 4.119, wobei die Höhe h dem Abstand zwischen Öffnung und Flüssigkeitsspiegel entspricht.
Für Öffnungen, die unter einem beliebigen Winkel geneigt sind (Bild 4.119) ergibt sich folgendes Ausflußgesetz:
Die Ausflußgeschwindigkeit w in der Tiefe z beträgt:

$$w = \sqrt{2 \cdot g \cdot z}$$

wenn die Geschwindigkeit im Behälter vernachlässigt wird.
Der am differentiell kleinen Streifen

$$dA = b \cdot dh = b \cdot \frac{dz}{\cos \delta}$$

der Ausflußöffnung A ausfließende Teilvolumenstrom $d\dot{V}$ ergibt sich aus der Kontinuitätsgleichung

$$d\dot{V}_{th} = w \cdot dA = \sqrt{2 \cdot g \cdot z} \cdot b \cdot \frac{dz}{\cos \delta}$$

wobei b im allgemeinen eine Funktion von z ist.
Der Gesamtvolumenstrom ergibt sich durch Integration:

$$\dot{V}_{th} = \int_{z_1}^{z_2} d\dot{V}_{th} = \int_{z_1}^{z_2} \sqrt{2 \cdot g \cdot z} \cdot b \cdot \frac{dz}{\cos \delta}$$

(4.126)

$$\boxed{\dot{V}_{th} = \frac{\sqrt{2\,g}}{\cos \delta} \int_{z_1}^{z_2} b \cdot \sqrt{z} \cdot dz}$$

Unter Berücksichtigung von Reibung und Strahleinschnürung ergibt sich das tatsächliche Ausflußvolumen:

(4.127)

$$\boxed{\dot{V} = \mu \cdot \frac{\sqrt{2\,g}}{\cos \delta} \int_{z_1}^{z_2} b \cdot \sqrt{z} \cdot dz}$$

Der Beiwert μ hängt von der Öffnungsform und von der Art des Ausflusses ab (Bild 4.120).
Für den oft vorkommenden Sonderfall der rechteckigen Öffnung (Bild 4.121) in einer senkrechten Behälterwand ($b = $ konst, $\delta = 0$) ergibt sich folgende spezielle Ausflußformel:

$$\dot{V} = \mu \frac{\sqrt{2\,g}}{\cos 0°} \cdot b \int_{z_1}^{z_2} \sqrt{z} \cdot dz$$

$$\dot{V} = \frac{\mu \sqrt{2\,g} \cdot b}{1} \cdot \frac{2}{3} z^{3/2} \Big|_{z_1}^{z_2}$$

(4.128)

$$\boxed{\dot{V} = 2{,}95 \cdot \mu \cdot b \,(z_2^{3/2} - z_1^{3/2})}$$

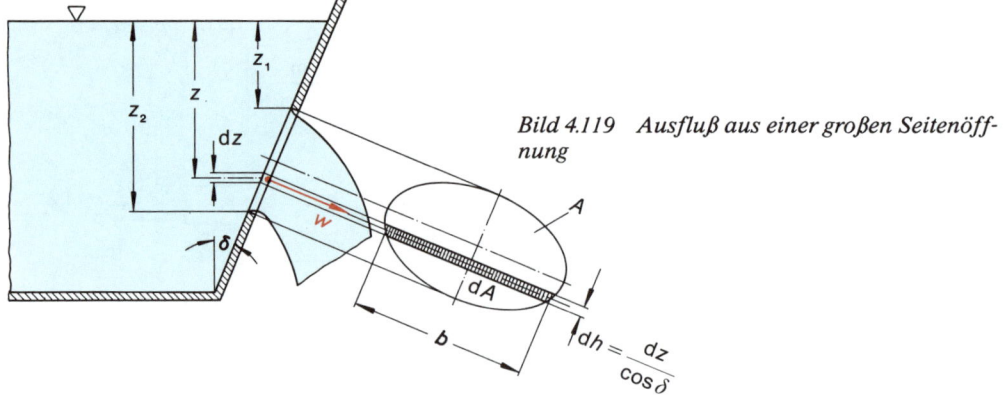

Bild 4.119 *Ausfluß aus einer großen Seitenöffnung*

Bild 4.120   Ausflußzahlen großer Öffnungen

Grundablaß	Seitenöffnung	Bodenöffnung
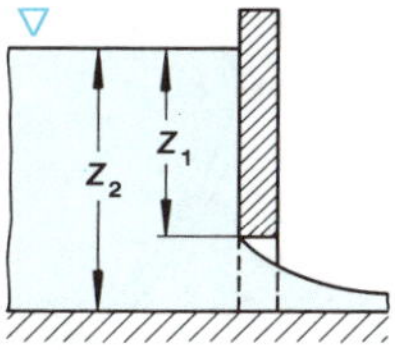 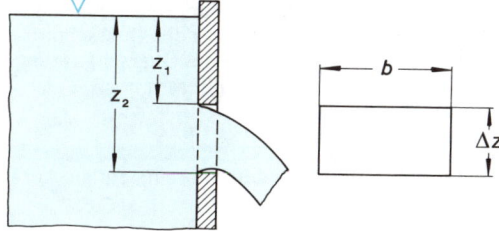	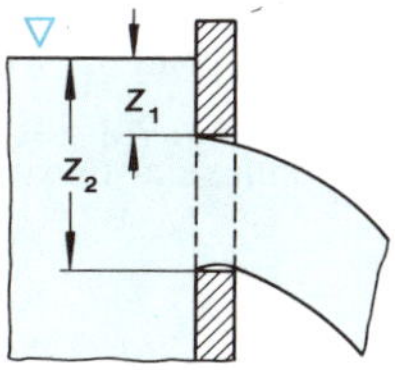	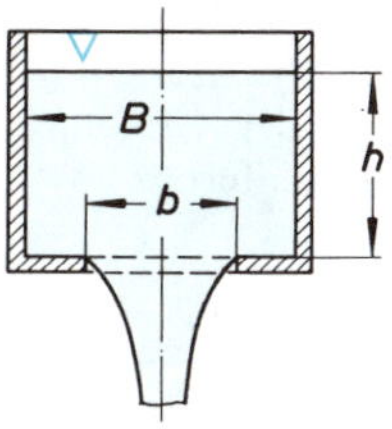
$\mu \approx 0{,}6 \ldots 0{,}62$	scharfkantig: $\mu = 0{,}62 \ldots 0{,}64$ abgerundet : $\mu = 0{,}7 \ldots 0{,}8$	b/B: 0, 0,1, 0,2, 0,3, 0,4, 0,5 μ: 0,61, 0,61, 0,62, 0,63, 0,65, 0,68

$\dot V$ = Volumenstrom in m³/s
μ = Ausflußbeiwert nach Bild 4.120
b = Öffnungsbreite in m
z_1 = Höhenkote der Öffnungsoberkante in m
z_2 = Höhenkote der Öffnungsunterkante in m

Die Strömung für Überfallwehre wird in Kapitel 6 ausführlich besprochen.

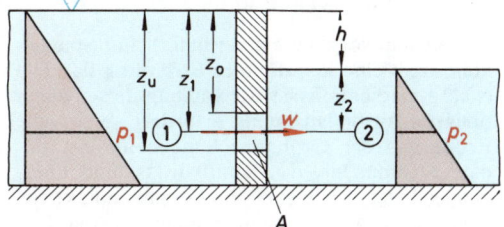

Beispiel 31

Aufgabenstellung:

Ein Grundablaß (Bild 4.120) hat eine Höhe $z_2 - z_1$ von 1 m, eine Breite b von 2 m; die Wassertiefe beträgt $z_2 = 5$ m.
Wie groß ist der ausfließende Wasserstrom, wenn die Ausflußzahl $\mu = 0{,}61$ gesetzt wird?

Lösung:

Die Lösung erfolgt mit Hilfe von Gleichung 4.128:

$\dot V = 2{,}95 \cdot \mu \cdot b \cdot (z_2^{3/2} - z_1^{3/2})$

$\mu = 0{,}61$

$b = 2$ m

$z_2 = 5$ m

$z_1 = 4$ m

$\dot V = 2{,}95 \cdot 0{,}61 \cdot 2 \cdot (5^{3/2} - 4^{3/2})$

$\dot V = 2{,}95 \cdot 0{,}61 \cdot 2 \cdot \left(\sqrt{125} - \sqrt{64} \right)$

$\dot V = 2{,}95 \cdot 0{,}61 \cdot 2 \cdot (11{,}18 - 8)$

$\dot V = 2{,}95 \cdot 0{,}61 \cdot 2 \cdot 3{,}18$

$$\dot V = 11{,}4 \text{ m}^3/\text{s}$$

Bild 4.121   Rechteckige Seitenöffnung in vertikaler Wand

4.7.1.4   Ausfluß unter Gegendruck

Bei der in Bild 4.122 dargestellten Ausflußströmung liegt die Ausflußöffnung vollständig unter Wasser.
Der Druck vor der Ausflußöffnung ist abhängig von der Tiefe z_1:

$$p_1 = \varrho \cdot g \cdot z_1$$

Bild 4.122   Ausfluß unter Gegendruck

hinter der Ausflußöffnung von der Tiefe z_2:

$$p_2 = \varrho \cdot g \cdot z_2$$

p_1 und p_2 nehmen linear mit der Tiefe zu.
Über der Öffnungshöhe $z_u - z_o$ beträgt die Druckdifferenz zwischen Öffnungsein- und -austritt:

$$\Delta p = p_1 - p_2$$

$$= \varrho \cdot g \cdot z_1 - \varrho \cdot g \cdot z_2$$

$$= \varrho \cdot g \cdot (z_1 - z_2)$$

Die Differenz $z_1 - z_2$ beträgt für **alle** horizontalen Stromlinien in der Öffnung:

$$z_1 - z_2 = h = \text{konst.}$$

Die Druckdifferenz am Öffnungsquerschnitt unter Wasser ist unabhängig von der Querschnittsform und von der Tiefenlage des Querschnitts und hängt nur von der Spiegeldifferenz h ab.

$$\Delta p = \varrho \cdot g \cdot h$$

Aufgrund dieser Druckdifferenz entsteht die Ausflußgeschwindigkeit

$$w_a' = \sqrt{\frac{2 \cdot \Delta p}{\varrho}} = \sqrt{2 \cdot g \cdot h}$$

und wird das Ausflußvolumen

(4.129)

$$\dot{V} = \mu \cdot A \sqrt{2 \cdot g \cdot h}$$

Die Ausflußzahl μ ist etwas kleiner als beim Ausfluß ins Freie.

4.7.2 Ausfluß bei veränderlicher Spiegelhöhe

4.7.2.1 Ausfluß aus kleinen Öffnungen unter dem Einfluß der Schwere

Der Ausflußvorgang bei veränderlicher Spiegelhöhe stellt eine **instationäre Strömung** dar. Die exakte mathematische Behandlung dieser instationären Ausflußströmung erfordert an sich die Einführung der Grundgleichungen für instationäre Strömungen, d.h. Kontinuitäts- und Energiegleichung, in welchen die Geschwindigkeiten nicht nur vom Ort, sondern auch von der Zeit abhängen.

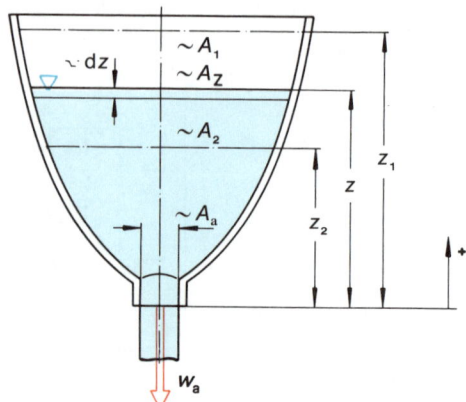

Bild 4.123   Ausfluß aus einem Gefäß mit veränderlicher Spiegelhöhe

Die Berechnung der Ausflußzeiten für beliebig gestaltete Gefäßformen mit Hilfe der Kontinuitäts- und Energiegleichung für instationäre Strömungen führt zu relativ aufwendigen Differentialgleichungen. Um diesen großen mathematischen Aufwand zu vermeiden, wird der Ausflußvorgang etwas vereinfacht betrachtet.
Der Gefäßquerschnitt A_z ist im allgemeinen eine Funktion der Höhe z (Bild 4.123). Soll die Ausflußzeit t_a für eine bestimmte Spiegelabsenkung oder die Entleerungszeit t_e für das gesamte Behältervolumen berechnet werden, muß die Funktion $A_z = f(z)$ bekannt sein.
Die Ausflußöffnung A_a sei wesentlich kleiner als der Gefäßquerschnitt A_z.
Bei der momentanen Spiegelhöhe z beträgt die Ausflußgeschwindigkeit w_a:

$$w_a = \varphi \cdot \sqrt{2 \cdot g \cdot z}$$

und das dazugehörige Ausflußvolumen:

$$d\dot{V} = \frac{dV}{dt} = \mu \cdot A_a \cdot \sqrt{2 \cdot g \cdot z}$$

$$dV = \mu \cdot A_a \cdot \sqrt{2 \cdot g \cdot z} \cdot dt$$

Dieses Volumen dV wird gleichzeitig durch eine differentiell kleine Spiegelsenkung dz «nachgeschoben»:

$$dV = -A_z \cdot dz$$

Durch Gleichsetzen der beiden Ausdrücke für das momentan ausfließende Volumen ergibt sich folgende Differentialgleichung:

$$-A_z \cdot \mathrm{d}z = \mu \cdot A_a \cdot \sqrt{2 \cdot g \cdot z} \cdot \mathrm{d}t$$

$$\mathrm{d}t = \frac{-A_z \cdot \mathrm{d}z}{\mu \cdot A_a \cdot \sqrt{2 \cdot g \cdot z}}$$

Während sich die Zeit t von $t = 0$ auf $t = t_a$ ändert, sinkt der Behälterspiegel von z_1 auf z_2. Die Zeit t_a ergibt sich durch Integration der obigen Differentialgleichung:

$$\int_0^{t_a} \mathrm{d}t = \frac{1}{\mu \cdot A_a \cdot \sqrt{2g}} \int_{z_1}^{z_2} \frac{-A_z}{\sqrt{z}} \cdot \mathrm{d}z$$

$$(4.130)$$

$$t_a = \frac{1}{\mu \cdot A_a \cdot \sqrt{2g}} \int_{z_2}^{z_1} \frac{A_z}{\sqrt{z}} \cdot \mathrm{d}z$$

Für $z_2 = 0$ ergibt sich die Entleerungszeit t_e:

$$(4.131)$$

$$t_e = \frac{1}{\mu \cdot A_a \cdot \sqrt{2g}} \int_0^{z_1} \frac{A_z}{\sqrt{z}} \cdot \mathrm{d}z$$

Falls die Funktion $A_z/\sqrt{z}$ sich nicht analytisch integrieren läßt, wird sie aufgezeichnet und grafisch integriert (Bild 4.124).
Für einige häufig vorkommende Behälterformen sind die Entleerungszeiten für vollständige Füllung der Behälter in Bild 4.125 zusammengestellt.
Die Zeit t_a zum Absenken des Spiegels von z_1 auf z_2 bzw. die Entleerungszeit $t_e (z_2 = 0)$ von Behältern mit angeschlossenen Rohrleitungen können aus Tabelle 4.9 entnommen werden (s. S. 192).

4.7.2.2 Ausfluß unter Gegendruck

Die beiden in Bild 4.127 dargestellten prismatischen Behälter ① und ② sind durch die gemeinsame Öffnung A_a verbunden. Zwischen den beiden Gefäßen besteht ein Spiegelunterschied h. Beim Freigeben der Öffnung A_a sinkt der Spiegel im Gefäß ①; im Gefäß ② steigt der Spiegel an. Nach einer bestimmten Zeit t_A haben sich die Spiegel ausgeglichen.
Da der mathematische Aufwand zur Berechnung der Ausgleichszeit t_A für beliebig gestaltete Querschnitte $A_1 = f(z)$ und $A_2 = f(z)$ sehr groß wird, beschränkt sich die folgende Ableitung auf Gefäße mit konstanten Querschnitten A_1 und A_2. Aus Gründen der Kontinuität muß das im Gefäß absinkende Volumen gleich dem zur gleichen Zeit im Gefäß aufsteigenden Volumen sein:

$$\Delta z_1 \cdot A_1 = \Delta z_2 \cdot A_2$$

$$\Delta z_2 = \Delta z_1 \cdot \frac{A_1}{A_2}$$

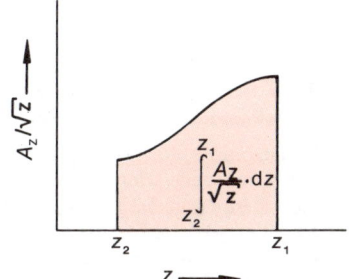

Bild 4.124 Grafische Integration von Gleichung 4.130

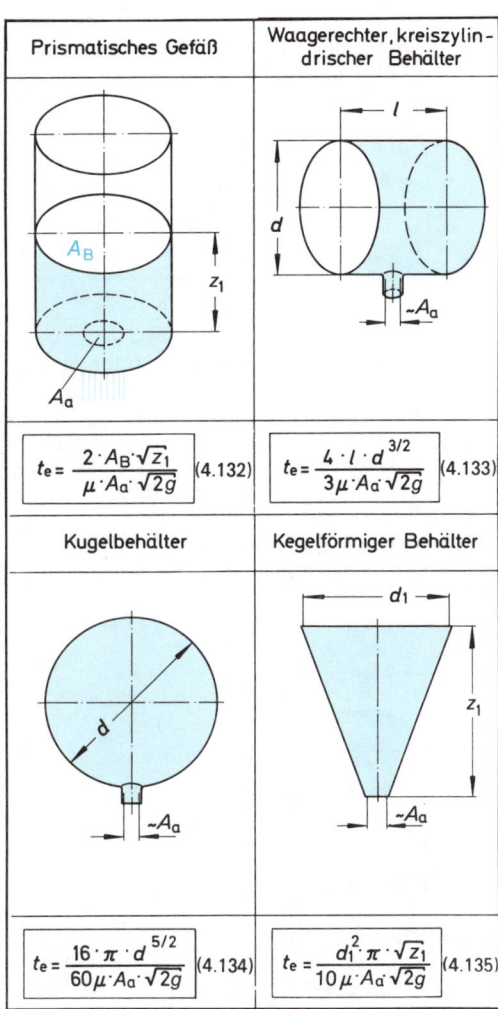

Bild 4.125
Entleerungszeiten verschiedener Behälter

169

Beispiel 32

Aufgabenstellung:

Ein Wassertank mit kreiszylindrischem Querschnitt und vertikaler Achse hat einen Durchmesser von 2 m (Bild 4.126). Der Tank ist oben offen. Welche Ausflußzeit t_a ist erforderlich, um den Wasserspiegel von 5 m auf 2 m abzusenken, wenn im Tankboden eine scharfkantige Öffnung ($\mu = 0{,}6$) freigegeben wird?

Lösung:

Die Berechnung der Ausflußzeit erfolgt mittels Gleichung 4.130

$$t_a = \frac{1}{\mu \cdot A_a \sqrt{2g}} \int_{z_2}^{z_1} \frac{A_z}{\sqrt{z}} \, dz$$

$$\mu = 0{,}6$$

$$A_a = 5^2 \cdot \frac{\pi}{4} \cdot 10^{-4} = 19{,}6 \cdot 10^{-4} \text{ m}^2$$

$$\sqrt{2g} = 4{,}43 \text{ m}^{1/2}/s$$

$$A_z = \text{konst} = \pi \, \text{m}^2$$

$$z_1 = 5 \text{ m}$$

$$z_2 = 2 \text{ m}$$

$$t_a = \frac{\pi}{0{,}6 \cdot 19{,}6 \cdot 10^{-4} \cdot 4{,}43} \int_{2}^{5} z^{-1/2} \cdot dz$$

$$t_a = 0{,}603 \cdot 10^3 \cdot 2 \cdot z^{1/2} \Big|_{2}^{5}$$

$$t_a = 1{,}206 \cdot 10^3 \cdot \left(\sqrt{5} - \sqrt{2} \right)$$

$$t_a = 1{,}206 \cdot 10^3 \cdot 0{,}83$$

$$\boxed{t_a = 1000 \text{ s}}$$

Die momentane Spiegeldifferenz beträgt dann:

$$z = h - \Delta z_1 - \Delta z_2 = h - \Delta z_1 \left(1 + \frac{A_1}{A_2} \right)$$

$$z = h - \frac{A_1 + A_2}{A_2} \Delta z_1$$

Das momentan durch die Öffnung A_a ausfließende Volumen ergibt sich nach Gleichung 4.129:

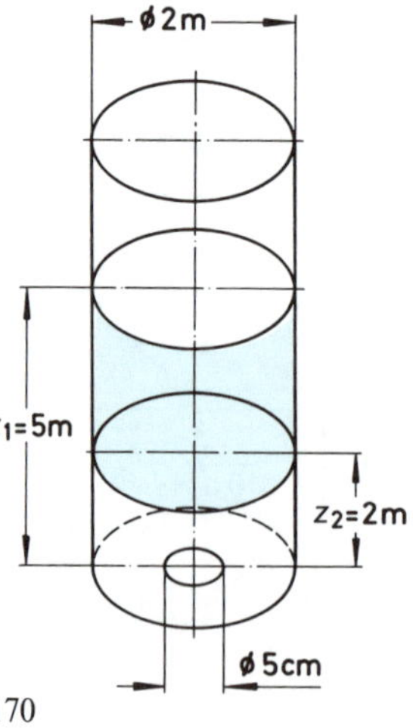

$$\dot{V} = \mu \cdot A_a \cdot \sqrt{2 \cdot g \cdot z}$$

Der Volumenstrom $\dot{V}$ läßt sich auch durch die augenblickliche Sinkgeschwindigkeit w_1 im Gefäß ① ausdrücken:

$$\dot{V} = w_1 \cdot A_1$$

wobei

$$w_1 = \frac{d(\Delta z_1)}{dt}$$

ist.

Bild 4.126
Beispiel 32

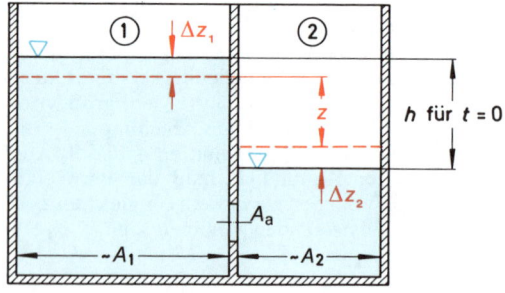

Bild 4.127   Ausfluß unter Gegendruck

170

$$\Delta z_1 = (h - z)\frac{A_2}{A_1 + A_2}$$

$$\frac{\mathrm{d}(\Delta z_1)}{\mathrm{d}t} = -\frac{A_2}{A_1 + A_2} \cdot \frac{\mathrm{d}z}{\mathrm{d}t}$$

$$\dot{V} = -\frac{A_2}{A_1 + A_2} \cdot \frac{\mathrm{d}z}{\mathrm{d}t} \cdot A_1$$

Durch Gleichsetzen der beiden Ausdrücke für $\dot{V}$ ergibt sich folgende Differentialgleichung:

$$-\frac{A_1 \cdot A_2}{A_1 + A_2} \cdot \frac{\mathrm{d}z}{\mathrm{d}t} = \mu \cdot A_{\mathrm{a}} \cdot \sqrt{2 \cdot g \cdot z}$$

$$\mathrm{d}t = -\frac{A_1 \cdot A_2}{A_1 + A_2} \cdot \frac{1}{\mu \cdot A_{\mathrm{a}} \cdot \sqrt{2g}} \cdot \frac{\mathrm{d}z}{\sqrt{z}}$$

Die Integration dieser Differentialgleichung ergibt folgenden Ausdruck für die Ausgleichszeit t_{A}:

$$\int_0^{t_{\mathrm{A}}} \mathrm{d}t = -\frac{A_1 \cdot A_2}{\mu \cdot A_{\mathrm{a}} \cdot \sqrt{2g}\,(A_1 + A_2)} \cdot \int_h^0 z^{-1/2}\,\mathrm{d}z$$

$$t_{\mathrm{A}} = \frac{A_1 \cdot A_2}{\mu \cdot A_{\mathrm{a}} \cdot \sqrt{2g} \cdot (A_1 + A_2)}\, 2\sqrt{z}\,\Big|_0^h$$

$$(4.136)$$

$$\boxed{t_{\mathrm{A}} = \frac{2 \cdot A_1 \cdot A_2 \cdot \sqrt{h}}{\mu \cdot A_{\mathrm{a}} \cdot \sqrt{2g} \cdot (A_1 + A_2)}}$$

Interessant sind die Sonderfälle, daß ein relativ kleines Gefäß von einem sehr großen Gefäß aus gefüllt wird (Bild 4.128a), so daß der Spiegel des großen Gefäßes praktisch nicht absinkt ($A_1 = \infty$) oder daß ein kleines Gefäß in ein sehr großes Becken entleert wird (Bild 4.128b), dessen Spiegel praktisch nicht ansteigt ($A_2 = \infty$).

Ausgleich bei großem Oberwasser	Ausgleich bei großem Unterwasser

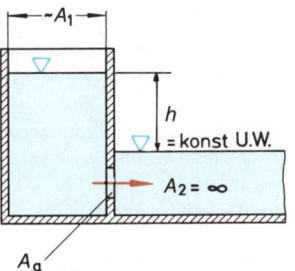

Bild 4.128a Ausgleich bei großem Oberwasser *Bild 4.128b Ausgleich bei großem Unterwasser*

$$t_{\mathrm{A}} = \frac{2 \cdot A_2 \cdot \sqrt{h}}{\mu \cdot A_{\mathrm{a}} \cdot \sqrt{2g}\left(1 + \dfrac{A_2}{A_1}\right)}$$

$A_1 \to \infty$

$$(4.137a)$$

$$\boxed{t_{\mathrm{A}} = \frac{2 \cdot A_2 \cdot \sqrt{h}}{\mu \cdot A_{\mathrm{a}} \cdot \sqrt{2g}}}$$

$$t_{\mathrm{A}} = \frac{2 \cdot A_1 \cdot \sqrt{h}}{\mu \cdot A_{\mathrm{a}} \cdot \sqrt{2g}\left(1 + \dfrac{A_1}{A_2}\right)}$$

$A_2 \to \infty$

$$(4.137b)$$

$$\boxed{t_{\mathrm{A}} = \frac{2 \cdot A_1 \cdot \sqrt{h}}{\mu \cdot A_{\mathrm{a}} \cdot \sqrt{2g}}}$$

4.8 Umströmung von Körpern

4.8.1 Strömungsbilder

Das Strömungsbild eines umströmten Körpers hängt vor allem von der Körperform ab. Bei schlanken, plattenförmigen oder stromlinienförmigen Körpern schließt sich die Strömung wieder an der hinteren Körperkante zusammen, bei gedrungenen oder kantigen Körpern tritt hinter dem Körper ein mehr oder minder ausgedehntes **Totwassergebiet** auf. In Bild 4.129 sind die verschiedenen Körperströmungen gegenübergestellt.

An der Vorderkante der Körper staut sich die Strömung im Staupunkt S auf, die Geschwindigkeit wird zu Null. Vom Staupunkt ausgehend teilt sich die Mittelstromlinie und folgt der Körperkontur in Richtung Körperende.

Unmittelbar an der Körperoberfläche haften die Flüssigkeitsteilchen. Der Geschwindigkeitsaufbau auf den vollen Wert der Außenströmung erfolgt in einer dünnen **Grenzschicht**, die den Körper einhüllt.

Am Körperanfang strömt die Grenzschicht, da die Geschwindigkeit wegen der Nähe des Staupunktes S noch klein ist, meistens laminar. Längs des Körpers nimmt die Grenzschichtdicke zu und schlägt die Strömung in turbulente Strömung um. Bei plattenförmigen oder schlanken Körpern überdeckt die Grenzschicht die gesamte Körperoberfläche. Die Grenzschichtdicke und die Lage des Umschlagpunktes von laminarer in turbulente Grenzschichtströmung lassen sich wie folgt abschätzen (Bild 4.130):

Dicke der laminaren Grenzschicht:

(4.138)

$$\delta_l \approx 5 \cdot \sqrt{\frac{\nu \cdot x}{w_\infty}}$$

Dicke der turbulenten Grenzschicht:

(4.139)

$$\delta_t \approx 0,37 \sqrt[5]{\frac{\nu \cdot y^4}{w_\infty}}$$

Lage des Umschlagpunktes:

(4.140)

$$l_a = \frac{\nu \cdot Re_{krit}}{w_\infty}$$

wobei $Re_{krit} = \dfrac{w_\infty \cdot l}{\nu} = 3,2 \cdot 10^5$ bis $3 \cdot 10^6$ ist.

Bei der Umströmung eines räumlich ausgedehnten Körpers bildet sich ebenfalls eine Grenzschicht aus, die am Körperanfang zunächst laminar ist und dann in eine turbulente Grenzschicht umschlägt (Bild 4.131).

Die Verhältnisse an der Körperoberfläche sind ähnlich wie bei der ebenen Platte.

Bis zur größten Körperdicke ist die Strömung beschleunigt, die Grenzschicht liegt an der Körperoberfläche an. Verjüngt sich der Körper wieder nach dem Körperende hin, so nehmen die Geschwindigkeiten wieder ab und der Druck zu. Ist die Krümmung zum Körperende hin groß, so entsteht auch eine große Verzögerung und unmittelbar an der Körperoberfläche tritt Rückströmung ein. Die Grenzschicht löst sich ab, es entsteht ein wirbelgefülltes Totwassergebiet (Bild 4.132). Die Ablösung kann vermieden werden, wenn die Verjüngung zum Körperende hin sehr schlank ausgeführt wird (Stromlinienkörper).

Bei der Umströmung scharfkantiger Körper folgt die Strömung im Strömungsschatten des Körpers

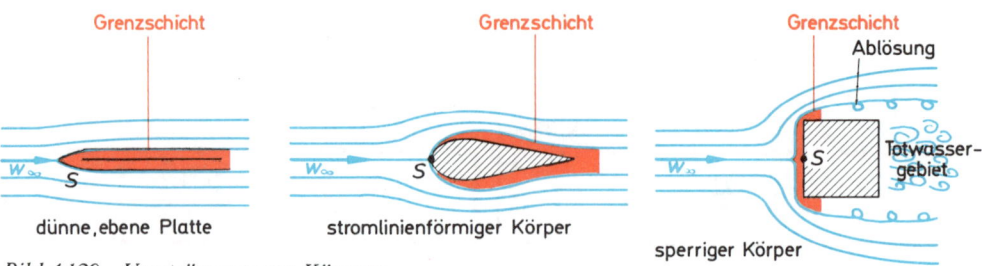

Bild 4.129 Umströmung von Körpern

dünne, ebene Platte   stromlinienförmiger Körper   sperriger Körper

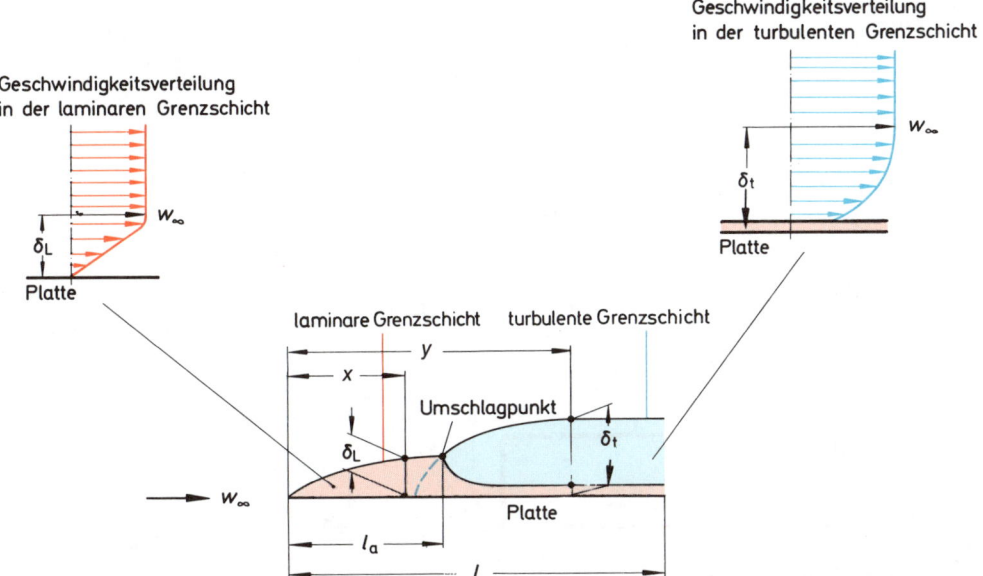

Geschwindigkeitsverteilung
in der laminaren Grenzschicht

w_∞

δ_L

Platte

Geschwindigkeitsverteilung
in der turbulenten Grenzschicht

w_∞

δ_t

Platte

laminare Grenzschicht   turbulente Grenzschicht

y

x

Umschlagpunkt

δ_L

δ_t

w_∞

Platte

l_a

l

Bild 4.130   Ausbildung der Grenzschicht an einer ebenen Platte (Grenzschichtdicke unmaßstäblich vergrößert)

nicht der Körperkontur, sondern löst sich an den scharfen Kanten ab und bildet hinter dem Körper ein dem Körperquerschnitt entsprechendes Totwassergebiet aus.

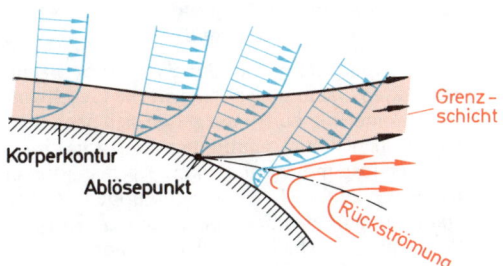

laminare Grenzschicht

Umschlagpunkt

turbulente Grenzschicht

w_∞

Bild 4.131   Ausbildung der Grenzschicht an einem prismatischen Körper (Grenzschichtdicke unmaßstäblich vergrößert)

Die Ablösung der Wirbel an gegenüberliegenden Körperkanten erfolgt paarweise. Die sich vom Körper alternierend lösenden Wirbel bilden hinter dem Körper in seinem Kielwasser eine Wirbelstraße. Wie v. KÁRMÁN gezeigt hat, bleibt das Strömungsbild einer Wirbelstraße konstant, wenn das Verhältnis von Wirbelabstand a zur Teilung t den Wert $a/t = 0{,}281$ annimmt (Bild 4.133) [4.28 bis 4.30].
Die **Wirbelablösefrequenz** einer Kármánschen Wirbelstraße kann über die dimensionslose

Grenz-
schicht

Körperkontur

Ablösepunkt

Rückströmung

Bild 4.132   Ablösung und Rückströmung an einem sich in Strömungsrichtung stark verjüngenden Körper

173

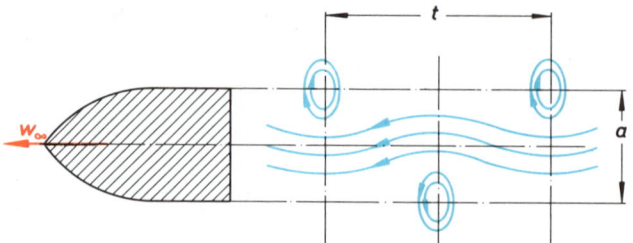

Bild 4.133 Wirbelstraße im Kiel-wasser eines stumpf endenden Körpers

Strouhal-Zahl

$$Sr = \frac{f \cdot L}{w_\infty}$$

bestimmt werden:

(4.141)

$$f = \frac{Sr \cdot w_\infty}{L}$$

f = Wirbelablösefrequenz
L = charakteristische Abmessung
w_∞ = Anströmgeschwindigkeit

Die Strouhal-Zahl hängt von der Körperform und von der Reynolds-Zahl ab.
Für Kreiszylinder kann die Funktion $Sr = f(Re)$ aus Bild 4.134 nach [4.10] entnommen werden. Für den in der Praxis sehr häufig vorkommenden Bereich $10^2 < Re < 2 \cdot 10^5$ kann die Strouhal-Zahl näherungsweise 0,2 gesetzt werden.
Bei Übereinstimmung der Eigenfrequenz des umströmten Körpers mit der erregenden Wirbel-ablösefrequenz können unzulässig hohe Schwin-gungsbeanspruchungen entstehen.

4.8.2   Kraftwirkungen

4.8.2.1   Reibungswiderstand (Flächenwiderstand)

Da in der unmittelbar an der Körperoberfläche strömenden Grenzschicht eine starke Geschwin-digkeitsänderung auftritt, ergeben sich nach dem newtonschen Schubspannungsaxiom (Gleichung 1.13) Schubspannungen. Summiert man die in Strömungsrichtung fallenden Komponenten aller Schubspannungen über der gesamten Körper-oberfläche, so erhält man den **Reibungs**- oder **Flächenwiderstand**.
Der Reibungswiderstand ist proportional zur umströmten Körperoberfläche und zum Stau-druck der Anströmgeschwindigkeit.

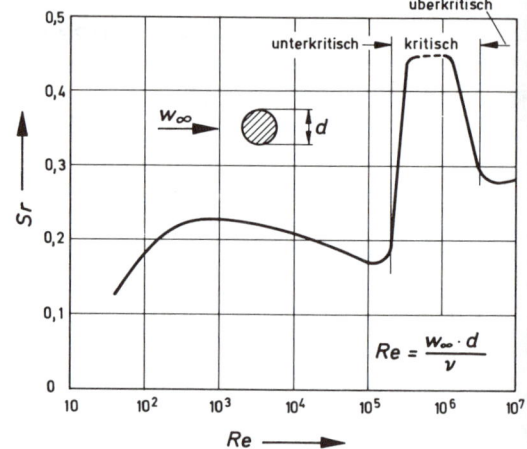

Bild 4.134   Strouhal-Zahl eines Zylinders (nach [4.10])

(4.142)

$$F_{wR} = c_F \cdot \frac{\varrho}{2} \cdot w_\infty^2 \cdot O$$

Die Widerstandszahl c_F hängt im allgemeinen von der Strömungsart der Grenzschicht (laminar-turbulent), von der Reynolds-Zahl und von der Oberflächenrauhigkeit ab.
Ähnlich wie bei der Rohrströmung können auch hier vier typische Gebiete unterschieden wer-den:

a) laminare Grenzschicht

$$Re = \frac{w_\infty \cdot l}{\nu} < Re_{krit} = 3,2 \cdot 10^5 \text{ bis } 10^6$$

Die Widerstandszahl c_F ist unabhängig von der Wandrauhigkeit.

174

Für **ebene Platten** beträgt c_F:

(4.143)

$$c_F = \frac{1,328}{\sqrt{Re}}$$

b) turbulente Grenzschicht — hydraulisch glatt

Die Grenzschicht hüllt die Oberflächenerhebungen völlig ein. Die Widerstandszahl c_F hängt nur von der Reynolds-Zahl Re ab.
Für ebene Platten ergeben sich folgende Widerstandszahlen:

für rein turbulente Grenzschichten
$(5 \cdot 10^5 < Re < 10^7)$:

(4.144)

$$c_F = \frac{0,0745}{\sqrt[5]{Re}}$$

für turbulente Grenzschichten mit laminarer Anlaufstrecke:

(4.145)

$$c_F = \frac{0,455}{(\lg Re)^{2,58}} - \frac{A}{Re}$$

$A = 1050\cdots8700 = f(Re)$
Üblicher Mittelwert $A = 1700$.

c) turbulente Grenzschicht — hydraulisch rauh

Der Einfluß der Oberflächenrauhigkeit überwiegt; die Widerstandszahl c_F ist unabhängig von der Reynolds-Zahl.

(4.146)

$$c_F = \frac{1}{(1,89 + 1,62 \lg l/k)^{2,5}}$$

wobei k die Oberflächenrauhigkeit ist.
Bei sauberen, nicht verkrusteten oder korrodierten Oberflächen hängt k von der Bearbeitung der Oberfläche ab:

polierte Oberfläche: $k \approx 0,001$ mm
gezogene Oberfläche: $k \approx 0,01$ mm
gefräste Oberfläche: $k \approx 0,02$ mm
gegossene Oberfläche: $k > 0,05$ mm

Hydraulisch glatte Umströmung einer Platte tritt ein, wenn der Kennwert

(4.147)

$$Re \cdot \frac{k}{l} \leq 100$$

ist.

d) turbulente Grenzschicht — Übergangsgebiet

Im Übergangsgebiet hängt die Widerstandszahl c_F sowohl von der Oberflächenrauhigkeit k als auch von der Reynolds-Zahl Re ab.
Man entnimmt c_F als Funktion von $Re = w_\infty \cdot l/\nu$ und der relativen Rauhigkeit k/l aus Bild 4.135. Aus Bild 4.135 erkennt man, daß der Reibungswiderstand bei laminarer Grenzschicht kleiner ist als bei turbulenter Grenzschicht.

4.8.2.2 Radscheibenreibung

Betrachtet man eine in einem ruhenden Medium frei rotierende Scheibe mit dem Außenradius R (Bild 4.136) und vernachlässigbar kleiner Breite b, so erhält man für das durch die Radscheibenreibung entstehende Drehmoment M folgenden Ansatz:
Das an dem schmalen Teilring mit der radialen Erstreckung dr entstehende Teilmoment ergibt sich aus Gleichung 4.142:

$$dM = dF_{wR} \cdot r$$

$$dF_{wR} = c_F \cdot \frac{\varrho}{2} \cdot w^2 \cdot dO$$

$$w = \omega \cdot r$$

$$dO = 2 \cdot \pi \cdot r \cdot dr$$

$$dM = c_F \cdot \frac{\varrho}{2} \cdot \omega^2 \cdot r^2 \cdot 2 \cdot \pi \cdot r \cdot dr \cdot r$$

Durch Integration von dM zwischen $r \approx 0$ (der Wellendurchmesser wird als vernachlässigbar klein angesehen) und R für beide Scheibenseiten erhält man das Gesamttreibmoment M:

$$M = 2 \int_{r \approx 0}^{r = R} dM$$

$$M = 2 \cdot c_F \cdot \frac{\varrho}{2} \cdot \omega^2 \cdot 2 \cdot \pi \int_{r \approx 0}^{r = R} r^4 \cdot dr$$

$$M = 2 \cdot c_F \cdot \frac{\varrho}{2} \cdot \omega^2 \cdot 2 \cdot \pi \frac{R^5}{5}$$

175

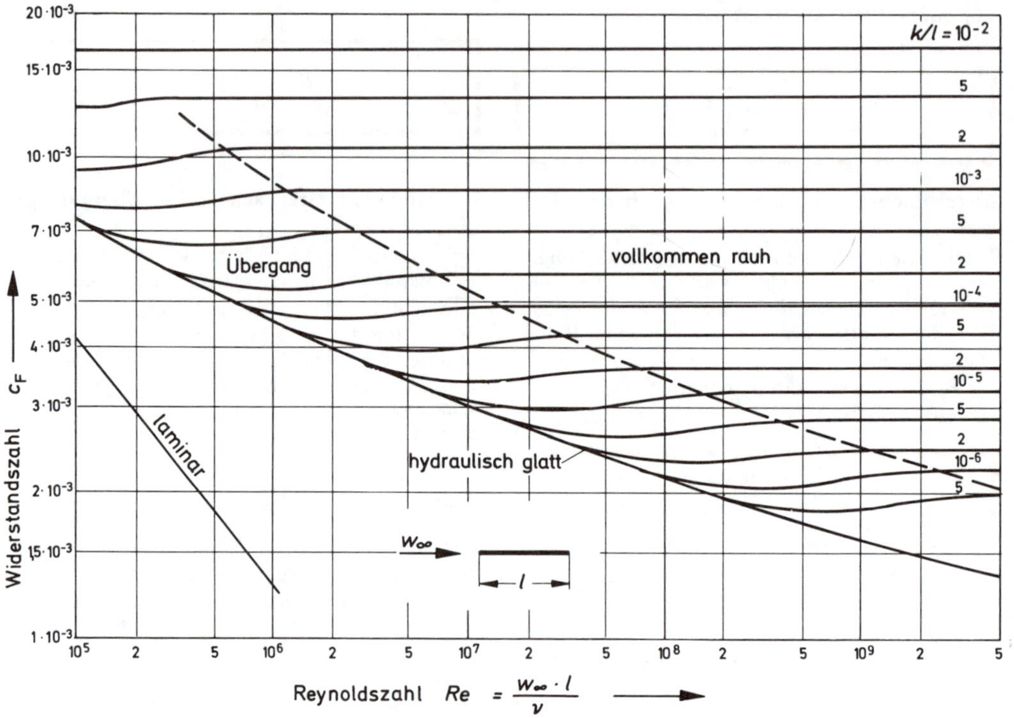

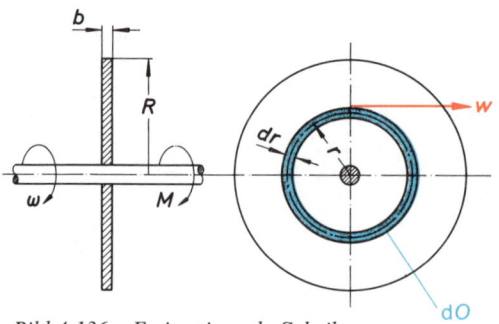

Bild 4.135 Widerstandszahlen c_F ebener Platten

Den Ausdruck

$$\frac{4 \cdot \pi}{5} \cdot c_F$$

bezeichnet man als Drehmomentenbeiwert c_M.

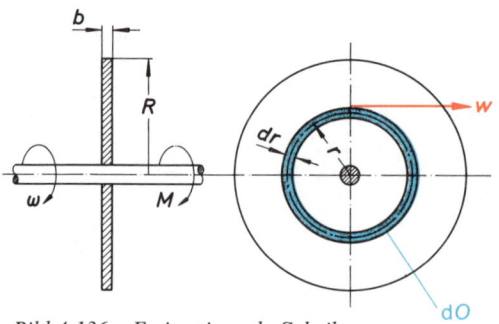

Bild 4.136 Frei rotierende Scheibe

(4.148)

$$M = c_M \cdot \frac{\varrho}{2} \cdot \omega^2 \cdot R^5$$

Der Drehmomentenbeiwert wird im allgemeinen von der Scheibenrauhigkeit und von der Reynolds-Zahl abhängen.
Die Reynolds-Zahl der rotierenden Scheibe wird wie folgt definiert:

(4.149)

$$Re = \frac{R^2 \cdot \omega}{\nu}$$

Der Drehmomentenbeiwert c_M beträgt nach H. SCHLICHTING [4.1]:

a) für laminare Grenzschicht

$$(Re < Re_{krit} = 2 \text{ bis } 3 \cdot 10^5)$$

$$(4.150)$$

$$c_M = \frac{3{,}87}{\sqrt{Re}}$$

b) für turbulente Grenzschicht — hydraulisch glatt $(Re > 2 \cdot 10^6)$

$$(4.151)$$

$$c_M = \frac{0{,}146}{\sqrt[5]{Re}}$$

c) für turbulente Grenzschicht — hydraulisch rauh
$(Re > 2 \cdot 10^6)$

$$(4.152)$$

$$c_M = \frac{0{,}69}{\left(1{,}12 + \lg \dfrac{R}{k}\right)^{2{,}5}}$$

d) im Übergangsgebiet

$$(4.153)$$

$$c_M = \frac{0{,}1465}{\sqrt[5]{Re}} - \left(\frac{Re_{krit}}{Re}\right)^2 \cdot (c_{M\,turb} - c_{M\,lam})$$

In Bild 4.137 ist der Drehmomentenbeiwert c_M abhängig von der Reynolds-Zahl Re für die verschiedenen Grenzschichtzustände dargestellt.
Die zur Überwindung der Reibungsverluste erforderliche Reibleistung, in Strömungsmaschinen **Radseitenreibung** genannt, ergibt sich aus dem Ansatz:

$$P_v = M \cdot \omega$$

$$(4.154)$$

$$P_v = c_M \cdot \frac{\varrho}{2} \cdot \omega^3 \cdot R^5$$

Der Beiwert c_M hängt von der Reynolds-Zahl, der Wandrauhigkeit und bei in Gehäusen umlaufenden Scheiben noch von der Seitenraumgeometrie ab. Nach Angaben der Fa. KSB, Frankenthal, beträgt der Einfluß der Seitenraumgeometrie bis zu 10%, der Einfluß der Rauhigkeit bis zu 30%. Angaben über Scheiben in Gehäusen befinden sich in den ersten beiden Auflagen dieses Buches, in [4.1] sowie in der Fachliteratur über Turbomaschinen.
In [4.1] wird auch der Fall der axial angeblasenen rotierenden Scheibe behandelt.

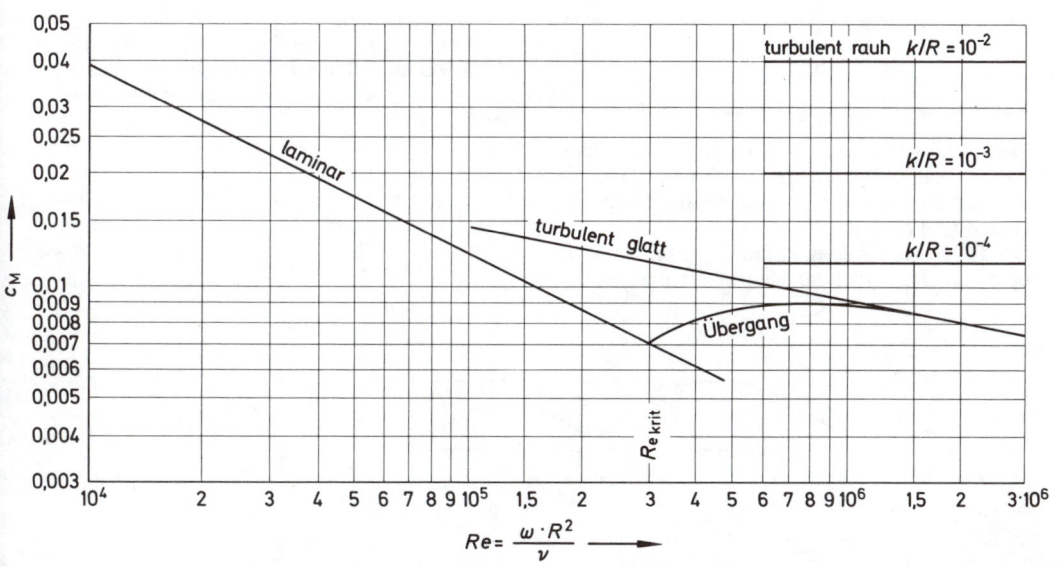

Bild 4.137   Drehmomentenbeiwert c_M von frei rotierenden Scheiben

4.8.2.3 Druckwiderstand (Formwiderstand)

Der Formwiderstand eines umströmten Körpers ergibt sich als Summe aller in Strömungsrichtung auf den Körper wirkenden Druckkräfte (Bild 4.138).

$$F_{wD} = A_{St} \cdot \Sigma p_w$$

Im reibungslosen Falle und ohne Ablösungen würden sich die auf die Vorderseite des Körpers wirkenden Druckkräfte gegen die auf die Rückseite wirkenden Druckkräfte aufheben. Bei der wirklichen Umströmung des Körpers wirkt auf die Vorderseite eine größere Druckkraft als auf die Rückseite.

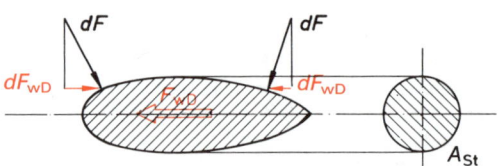

Bild 4.138   Erklärung des Druckwiderstands

Es entsteht ein Druckunterschied der einen Druck- oder Formwiderstand erzeugt, der sich wie folgt berechnen läßt:

(4.155)

$$F_{wD} = c_D \cdot \frac{\varrho}{2} \cdot w_\infty^2 \cdot A_{St}$$

Der Formwiderstand wird nicht auf die Oberfläche, sondern auf den Spantquerschnitt oder die in Strömungsrichtung projizierte Stirnfläche A_{St} (Bild 4.139) bezogen.
Da der Druckwiderstand immer zusammen mit dem Reibungswiderstand wirkt, ist eine exakte experimentelle Bestimmung von F_{wD} bzw. c_D nur durch Messung der Druckverteilung möglich.
Der Formwiderstand läßt sich durch die Wahl stromlinienförmiger Körper verkleinern; er ist am kleinsten, wenn die Grenzschicht turbulent ist.

4.8.2.4 Gesamtwiderstand

Der Gesamtwiderstand eines umströmten Körpers setzt sich aus Formwiderstand und Reibungswiderstand zusammen. Bei den üblichen Widerstandsmessungen in Windkanälen, Schiffsschleppkanälen usw. wird meistens der Gesamtwiderstand gemessen.

(4.156)

$$F_w = c_w \cdot \frac{\varrho}{2} \cdot w_\infty^2 \cdot A_{St}$$

Der Widerstandsbeiwert c_w hängt bei stumpfen, kantigen Körpern mit gleichbleibendem Totwassergebiet, d.h. bei Körpern mit scharfen Kanten an der Ablösestelle, nur von der Körperform ab (Tafel 37 im Anhang).
Bei runden, tropfenförmigen oder stromlinienförmigen Körpern hängt der Widerstandsbeiwert c_w auch von der Reynolds-Zahl ab, da die Lage des Ablösepunktes sich mit der Reynolds-Zahl ändert. Die c_w-Werte derartiger Körper finden sich in Tafel 38 im Anhang.
Die angegebenen Werte gelten für völlig frei umströmte Körper. Befindet sich ein Körper in einem Kanal, z.B. ein Fahrzeug in einer Tunnelröhre, so erhöht sich der Gesamtwiderstand beträchtlich.

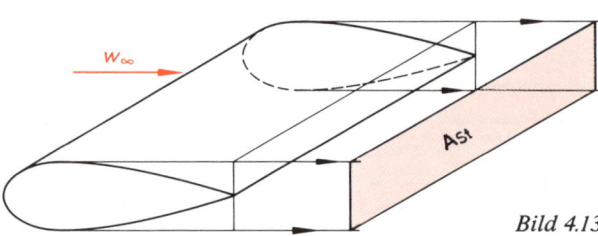

Bild 4.139   Stirnfläche (Spantquerschnitt) A_{St}

Beispiel 33

Aufgabenstellung:

Eine rechteckige glatte Platte mit einer Fläche von 1 × 2 dm und vernachlässigbarer Dicke wird von Wasser von 15 °C mit einer Geschwindigkeit von $w = 10$ m/s überströmt.
Wie groß ist die auf die Platte ausgeübte Widerstandskraft

a) bei paralleler Überströmung in Längsrichtung?
b) bei paralleler Überströmung in Querrichtung?
c) bei senkrechter Anströmung?

Lösung:

Frage a)

Bevor der bei Überströmung der Platte auftretende Reibungswiderstand nach Gleichung 4.142 berechnet werden kann, muß die Reynolds-Zahl bekannt sein.

$$Re = \frac{l \cdot w_\infty}{\nu} = \frac{0,2 \cdot 10}{1,13 \cdot 10^{-6}} = 1,77 \cdot 10^6$$

Die Platte wird turbulent überströmt.
Nimmt man an, daß die Grenzschicht am Plattenanfang zunächst laminar ist und dann in turbulente Grenzschicht umschlägt, so ergibt sich die Widerstandszahl c_F nach Gleichung 4.145:

$$c_F = \frac{0,455}{(\lg Re)^{2,58}} - \frac{A}{Re}$$

$$c_F = \frac{0,455}{(\lg 1,77 \cdot 10^6)^{2,58}} - \frac{1700}{1,77 \cdot 10^6}$$

$$c_F = \frac{0,455}{6,248^{2,58}} - 0,96 \cdot 10^{-4}$$

$$c_F = \frac{0,455}{112,5} - 0,000\,96$$

$$c_F = 0,003\,08$$

Nach Gleichung 4.144 hätte sich für eine rein turbulente Grenzschicht ein ähnlicher Wert für c_F ergeben:

$$c_F = \frac{0,0745}{\sqrt[5]{Re}}$$

$$c_F \doteq \frac{0,0745}{\sqrt[5]{1,77 \cdot 10^6}}$$

$$c_F = \frac{0,0745}{17,75}$$

$$c_F = 0,004\,17$$

Auch nach Bild 4.135 ergibt sich ein Wert, der bei 0,004 liegt.
Die Widerstandskraft beträgt dann nach Gleichung 4.142:

$$F_{wR} = c_F \cdot \frac{\varrho}{2} \cdot w_\infty^2 \cdot O$$

$$F_{wR} = 0,004 \cdot \frac{1000}{2} \cdot 10^2 \cdot 2 \cdot 0,1 \cdot 0,2$$

$$\boxed{F_{wR} = 8\ \text{N}}$$

Frage b)

Bei Querüberströmung ändert sich die Widerstandszahl c_F, da sich die Reynolds-Zahl ändert.

$$Re = \frac{l \cdot w_\infty}{\nu} = \frac{0,1 \cdot 10}{1,13 \cdot 10^{-6}} = 0,885 \cdot 10^6$$

Es wird angenommen, daß die Überströmung turbulent ist.
c_F ergibt sich aus Gleichung 4.145:

$$c_F = \frac{0,455}{(\lg Re)^{2,58}} - \frac{A}{Re}$$

$$c_F = \frac{0,455}{(\lg 0,885 \cdot 10^6)^{2,58}} - \frac{1700}{0,885 \cdot 10^6}$$

$$c_F = \frac{0,455}{5,9469^{2,58}} - 1,92 \cdot 10^{-3}$$

$$c_F = \frac{0,455}{100} - 0,001\,92$$

$$c_F = 0,002\,63$$

Nach Gleichung 4.144 beträgt c_F:

$$c_F = \frac{0,0745}{\sqrt[5]{Re}}$$

$$c_F = \frac{0{,}0745}{\sqrt[5]{8{,}85 \cdot 10^5}}$$

$$c_F = \frac{0{,}0745}{10\sqrt[5]{8{,}85}}$$

$$c_F = \frac{0{,}0745}{15{,}46}$$

$$c_F = 0{,}0048$$

Bild 4.135 liefert das gleiche Ergebnis. Die Widerstandskraft F_{wR} ergibt sich aus Gleichung 4.142:

$$F_{wR} = c_F \cdot \frac{\varrho}{2} \cdot w_\infty^2 \cdot O$$

$$F_{wR} = 0{,}0048 \cdot \frac{1000}{2} \cdot 10^2 \cdot 2 \cdot 0{,}1 \cdot 0{,}2$$

$$\boxed{F_{wR} = 9{,}6 \text{ N}}$$

Die Widerstandskraft ist also bei Überströmung in Längsrichtung kleiner als bei Überströmung über die kürzere Seite, obwohl die Oberfläche gleich groß ist.

Frage c)

Bei senkrechter Anströmung der Platte ergibt sich folgende Gesamtwiderstandskraft:

$$F_w = c_w \cdot \frac{\varrho}{2} \cdot w_\infty^2 \cdot A_{St}$$

$$c_w = 1{,}15 \text{ nach Tafel 37}$$

$$A_{St} = 0{,}1 \cdot 0{,}2 = 0{,}02 \text{ m}^2$$

$$F_w = 1{,}15 \cdot \frac{1000}{2} \cdot 10^2 \cdot 0{,}02$$

$$F_w = 1{,}15 \cdot 1000$$

$$\boxed{F_w = 1150 \text{ N}}$$

Wie man sieht, ist der Widerstand bei senkrechter Anströmung der Platte, der im wesentlichen als Druck- oder Formwiderstand zu erklären ist, um zwei Zehnerpotenzen größer als der reine Reibungsverlust bei paralleler Überströmung!

4.8.3 Luftkräfte an Fahrzeugen

4.8.3.1 Luftwiderstand

Der entgegengesetzt zur Fahrtrichtung wirkende Luftwiderstand von Fahrzeugen setzt sich aus dem Druckwiderstand, dem Reibungswiderstand und den Widerständen zur Durchströmung von Kühlern, Lüftern usw. zusammen. Der Einfluß des Druckwiderstandes ist überwiegend und macht den größten Teil des Gesamtwiderstandes aus.

Die Berechnung des Luftwiderstandes bei ruhender Außenluft kann nach Gleichung 4.156 erfolgen.

(4.157)

$$F_w = c_w \cdot \frac{\varrho}{2} \cdot w_F^2 \cdot A_{St}$$

Der dimensionslose Widerstandsbeiwert c_w hängt im wesentlichen von der Körperform des

Bild 4.140   Stirnfläche eines Fahrzeuges

Bild 4.141   Auftrieb an einem Fahrzeug

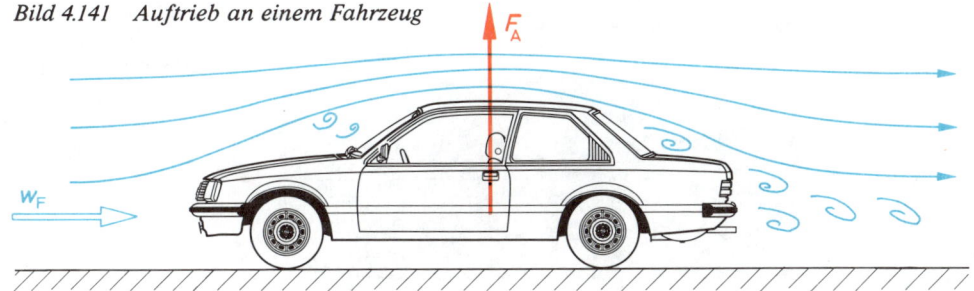

Fahrzeuges ab; die Reynolds-Zahl hat praktisch keinen Einfluß. w_F ist die Fahrgeschwindigkeit des Fahrzeuges und A_{St} die Stirnfläche bzw. der größte Spantquerschnitt in Fahrtrichtung (Bild 4.140).

In Tafel 39 sind einige c_w-Werte von Fahrzeugen zusammengestellt.

Die zur Überwindung des Luftwiderstandes erforderliche Leistung ergibt sich nach folgendem Ansatz:

$$P_w = F_w \cdot w_F$$

Beispiel 34

Aufgabenstellung:

Ein Pkw fährt mit einer Geschwindigkeit von 120 km/h. Wie groß ist die zur Überwindung des Luftwiderstandes erforderliche Leistung, wenn die Spantfläche 2 m² und die Widerstandszahl 0,4 betragen? Die Luftdichte soll mit $\varrho = 1{,}2 \ kg/m^3$ angenommen werden.

Lösung:

Nach Gleichung 4.158 ergibt sich folgende Leistung:

$$P_w = c_w \cdot \frac{\varrho}{2} \cdot w_F^3 \cdot A_{St}$$

$$P_w = 0{,}4 \cdot \frac{1{,}2}{2} \cdot 33{,}3^3 \cdot 2$$

$$P_w = 0{,}4 \cdot 0{,}6 \cdot 37\ 000 \cdot 2$$

$$P_w = 17\ 725 \ W$$

$$P_w = 17{,}73 \ kW$$

$$P_w = c_w \cdot \frac{\varrho}{2} \cdot w_F^2 \cdot A_{St} \cdot w_F$$

(4.158)

$$P_w = c_w \cdot \frac{\varrho}{2} \cdot w_F^3 \cdot A_{St}$$

4.8.3.2   Auftrieb

Der Auftrieb wirkt senkrecht zur Fahrtrichtung (Bild 4.141) und berechnet sich analog zur Widerstandskraft:

(4.159)

$$F_A = c_A \cdot \frac{\varrho}{2} \cdot w_F^2 \cdot A_{St}$$

Die Auftriebsbeiwerte c_A liegen etwa in folgenden Bereichen:

Pontonform $c_A \approx 0{,}17$ bis $0{,}32$
Stromlinienform $c_A \approx 0{,}25$ bis $0{,}33$
Bus- und Kombiform $c_A \approx 0{,}12$ bis $0{,}21$

Durch den Auftrieb vermindert sich die durch das Fahrzeuggewicht hervorgerufene, auf die Straße wirkende Aufpreßkraft beträchtlich. Dieser Verlust an Anpreßkraft kann bei großen Fahrgeschwindigkeiten bis zu 8% betragen.

4.8.3.3   Seitenwindkraft

Tritt zusätzlich zu der der Fahrgeschwindigkeit entsprechenden Anblasegeschwindigkeit w_F noch Seitenwind auf, so wird das Fahrzeug schräg angeblasen (Bild 4.142).

Die Seitenwindkraft berechnet sich zu:

(4.160)

$$F_S = c_S \cdot \frac{\varrho}{2} \cdot w_F^2 \cdot A_{St}$$

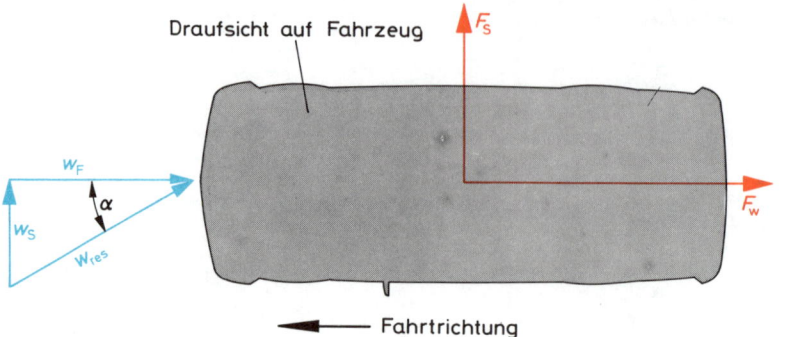

Draufsicht auf Fahrzeug

Bild 4.142   Seitenwindkraft an einem Fahrzeug

Fahrtrichtung

Der Beiwert c_S ändert sich stark mit dem Winkel $\alpha = \arctan w_S/w_F$ und kann im Mittel wie folgt angesetzt werden:

Winkel α	5°	10°	15°	20°	25°	30°
c_S	0,2	0,4	0,6	0,75	0,9	1,0

Beim Auftreten von Seitenwind ändert sich auch der Auftriebsbeiwert c_A, und zwar etwa quadratisch mit dem Anströmwinkel α. Bei $\alpha = 30°$ kann c_A bis zum Wert 1,0 ansteigen!

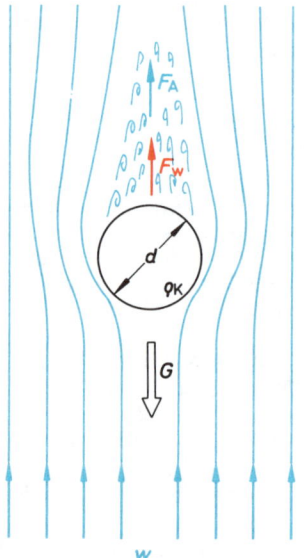

Bild 4.143   Kugel in aufwärts gerichteter Strömung

Weitere Einzelheiten sowie Tabellen und Diagramme über die Beiwerte c_w, c_A und c_S können aus [4.20] bis [4.23] entnommen werden.

4.8.4   Schwebegeschwindigkeit von Kugeln

Fällt ein Körper in einer Flüssigkeit oder einem Gas im freien Fall, so nimmt die Geschwindigkeit so lange zu, bis der dem Quadrat der Fallgeschwindigkeit proportionale Gesamtwiderstand gleich dem Gewicht des Körpers wird. Tritt dieser Gleichgewichtszustand ein, dann nimmt die Fallgeschwindigkeit nicht mehr zu, sie bleibt konstant.

Wird der Körper mit dieser Fallgeschwindigkeit nach oben angeströmt, so schwebt er im Gleichgewicht. Man nennt deshalb diese Grenz-Fallgeschwindigkeit auch Schwebegeschwindigkeit. An der betrachteten Kugel (Bild 4.143) greifen folgende Kräfte an:

a) das Gewicht $G = m \cdot g = \varrho_K \cdot V \cdot g$
b) der Auftrieb $F_A = \varrho \cdot V \cdot g$ (Gleichung 2.36)
c) die Widerstandskraft
$$F_w = c_w \cdot \varrho/2 \cdot w_\infty^2 \cdot A_{St}$$

Das Kugelvolumen beträgt:

$$V = \frac{1}{6} \cdot \pi \cdot d^3$$

und die Stirnfläche

$$A_{St} = \frac{\pi}{4} \cdot d^2$$

Aus der Gleichgewichtsbetrachtung

$$G = F_A + F_w$$

ergibt sich folgende Beziehung für die Anströmgeschwindigkeit w_∞:

$$c_w \cdot \frac{\varrho}{2} \cdot w_\infty^2 \cdot \frac{\pi}{4} \cdot d^2$$

$$= \varrho_K \frac{1}{6} \cdot \pi \cdot d^3 \cdot g - \varrho \cdot \frac{1}{6} \cdot \pi \cdot d^3 \cdot g$$

$$c_w \cdot \frac{\varrho}{8} \cdot w_\infty^2 = \varrho_K \cdot \frac{1}{6} \cdot d \cdot g - \varrho \cdot \frac{1}{6} \cdot d \cdot g$$

$$w_\infty^2 = \frac{8}{6} \frac{g \cdot d}{c_w \cdot \varrho}(\varrho_K - \varrho) = \frac{4}{3} \cdot \frac{g \cdot d}{c_w}\left(\frac{\varrho_K}{\varrho} - 1\right)$$

(4.161)

$$\boxed{w_\infty = \sqrt{\frac{4}{3} \cdot d \cdot \frac{g}{c_w}\left(\frac{\varrho_K}{\varrho} - 1\right)}}$$

Da c_w eine Funktion der Reynolds-Zahl $Re = w_\infty \cdot d/v$ ist (vgl. Tafel 38 im Anhang) muß im allgemeinen w_∞ durch eine Iterationsrechnung ermittelt werden.

4.9 Tragflügel

4.9.1 Einleitung

Tragflügel sind plattenförmige, meist stromlinienförmig verkleidete Körper, bei deren Umströmung in erster Linie Auftriebskräfte senkrecht zur Strömungsrichtung erzeugt werden sollen. Die Widerstandskräfte sollen in den meisten Anwendungsfällen möglichst klein sein.
Die Kenntnis von den Strömungs- und Kraftverhältnissen an Tragflügeln ist nicht nur für Flugzeugbauer wichtig, sondern interessiert auch den mit der Berechnung und dem Entwurf von Strömungsmaschinenbeschaufelungen, Stellklappen, Umlenkschaufeln und ähnlichen Aufgaben beschäftigten Ingenieur.

4.9.2 Tragflügeltheorie

Mit Hilfe des Impulssatzes kann man sich den Auftrieb als Reaktionskraft einer vom Tragflügel erfaßten und entgegen der Auftriebsrichtung abgelenkten Strömungsmasse erklären. Diese Erscheinung kann auch an einem Zylinder beobachtet werden.
Bringt man einen Zylinder in eine Parallelströmung (Bild 4.144a), so entsteht keine Auftriebskraft. Rotiert der Zylinder dagegen um seine eigene Achse, so rotiert infolge der Wandreibung das Strömungsmedium in Form eines Potentialwirbels mit (Bild 4.144b). Man bezeichnet eine solche rotierende Umströmung als **Zirkulationsströmung**.
Überlagert man der Zirkulationsströmung eine Parallelströmung (Bild 4.144c), so vergrößert sich die Geschwindigkeit auf der Zylinderoberseite, was nach der Energiegleichung mit einer Druckabsenkung verbunden ist. Auf der Zylinderunterseite tritt der umgekehrte Effekt ein. Die Umströmung des Zylinders wird unsymmetrisch.

Summiert man die Drücke über der Zylinderoberfläche, so ergibt sich eine nach oben gerichtete resultierende Druckkraft, die wir als Auftrieb bezeichnen. Der Auftrieb steht senkrecht zur Parallelströmung.

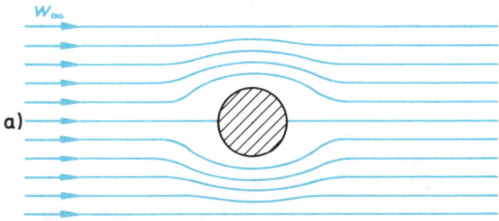

a) Zylinder in reibungsloser Parallelströmung

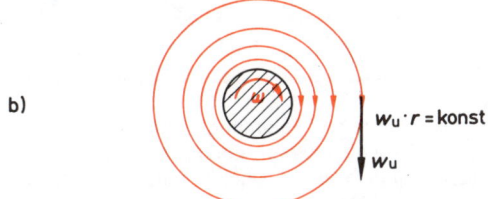

b) Zylinder umgeben von einem Potentialwirbel

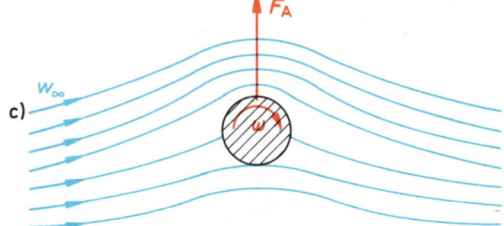

c) Zylinder in überlagerter Strömung aus Potentialwirbel und Parallelströmung

Bild 4.144   Zur Erklärung des Magnuseffekts

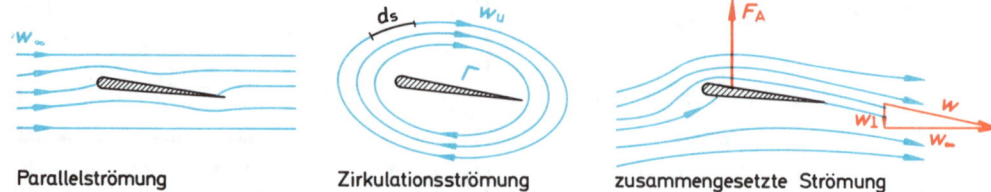

Parallelströmung   Zirkulationsströmung   zusammengesetzte Strömung

Bild 4.145   *Zur Erklärung des Auftriebes an einem Tragflügel*

Die beschriebene Erscheinung wird nach ihrem Entdecker als **Magnus-Effekt** bezeichnet.

Auf den Einfluß von Reibung und Ablösung, die bekanntlich eine entgegen der Strömungsrichtung wirkende Widerstandskraft hervorrufen, wurde in diesem Zusammenhang nicht eingegangen, da nur die Entstehung des Auftriebes prinzipiell erklärt werden sollte.

Auch beim Tragflügel kann man sich die Umströmung als Überlagerung von Parallelströmung und Zirkulationsströmung vorstellen (Bild 4.145). Die Stärke des Zirkulationswirbels wird mit Zirkulation Γ bezeichnet und wie folgt mathematisch definiert:

$$\Gamma = \oint \mathfrak{w}_u \cdot d\mathfrak{s}$$

Nach dem Satz von KUTTA und JOUKOWSKY kann der Auftrieb für reibungs- und ablösungsfreie Strömung um den Tragflügel wie folgt ausgedrückt werden:

(4.162)

$$F_A = \varrho \cdot w_\infty \cdot b \cdot \Gamma$$

ϱ = Dichte des Strömungsmediums
w_∞ = Geschwindigkeit der Parallelströmung
b = Flügelbreite des beiderseits eingespannten Flügels
Γ = Zirkulation

Man kann sich den um den Flügel wirkenden Potentialwirbel als Gegenwirbel zum Anfahrwirbel erklären, der sich an der Trennfläche hinter der scharfen Profilhinterkante ausbildet (Bild 4.146). Wirbel entstehen nämlich immer paarweise mit entgegengesetztem Drehsinn.

Nach dem Impulssatz ist der Auftrieb proportional zu der quer zur Strömungsrichtung auftretenden Impulsänderung:

(4.163)

$$F_A = \varrho \cdot \dot{V} \cdot w_\perp$$

ϱ = Dichte des Strömungsmediums
$\dot{V}$ = vom Flügel erfaßter Volumenstrom
$w_\perp$ = Vertikalkomponente der Strömungsgeschwindigkeit nach dem Flügel (Bild 4.145)

Die beiden Gleichungen 4.162 und 4.163 eignen sich nicht für eine schnelle, praktische Berechnung des Auftriebes eines bestimmten Profiles, da sowohl die Zirkulation Γ als auch der Volumenstrom $\dot{V}$ und die Vertikalkomponente $w_\perp$ nur mit größerem Rechenaufwand zu bestimmen sind.

4.9.3   Bezeichnungen und Begriffe

Bevor die Kraftwirkungen am Tragflügel erklärt werden, sollen die mit den geometrischen Abmessungen und der Tragflügelform zusammenhängenden Bezeichnungen und Begriffe eingeführt werden.

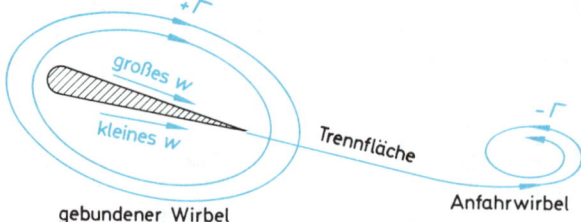

Bild 4.146   *zur Erklärung der Zirkulationsströmung um einen Tragflügel*

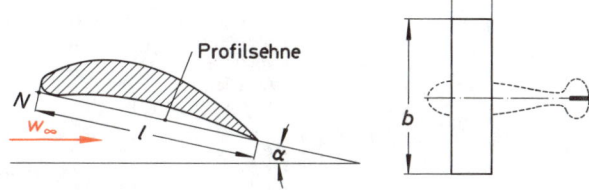

Als **Profilsehne** bezeichnet man bei auf der Unterseite konkaven Profilen die Tangente an die Profilunterseite durch die Hinterkante (Bild 4.147). Bei beidseitig konvexen oder symmetrischen Profilen ist die Profilsehne gleich der Verbindungslinie zwischen vorderem Nasenpunkt und Hinterkante (Bild 4.148).

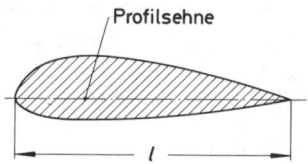

Bild 4.148   Definition der Profilsehne bei beidseitig konvexen Profilen

Der Flügelumriß wird durch punktweise Vermaßung der Kontur festgelegt, wobei in der Nähe der Flügelnase eine feinere Einteilung als in der Flügelmitte gewählt wird (Bild 4.149).

Manchmal wird in der Abmessungstabelle auch der Nasenradius r aufgeführt.

Den geometrischen Ort der in das Profil einbeschriebenen Kreise bezeichnet man als **Skelettlinie** (Bild 4.150).

Die größte Wölbung der Skelettlinie heißt **Pfeilhöhe** f ihre Koordinate in x-Richtung **Wölbungsrücklage** x_f. d ist die **größte Profildicke**.

4.9.4   Kräfte am unendlich breiten Tragflügel

Um den Einfluß der Flügelschlankheit auf die Kräfte auszuschließen, wird der Flügel als unendlich breit angesehen, was man sich durch Einspan-

Bild 4.149 Profilaufmessung

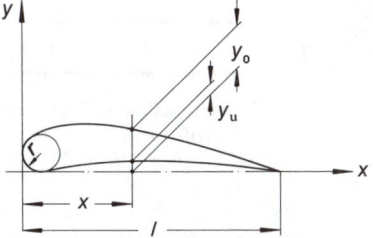

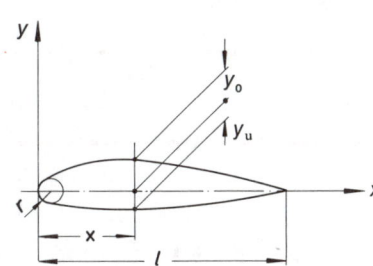

Als **Anstellwinkel** α definiert man den Winkel zwischen Anströmgeschwindigkeit w_∞ und Profilsehne.

Die Strecke l bezeichnet man als **Profillänge**, die Spannweite b als **Profilbreite**.

Für die Berechnung der Kräfte benötigt man die **Flügelfläche** $A_{Fl} = b \cdot l$.

Den Schlankheitsgrad des Flügels drückt man durch das **Seitenverhältnis** $\lambda = A_{Fl}/b^2$ aus.

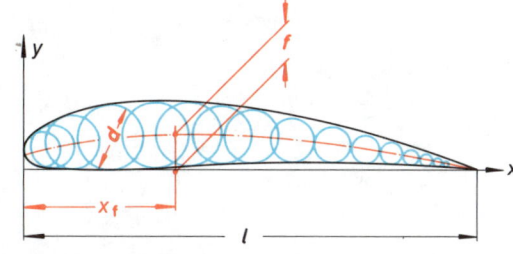

Bild 4.150   Profilaufmessung

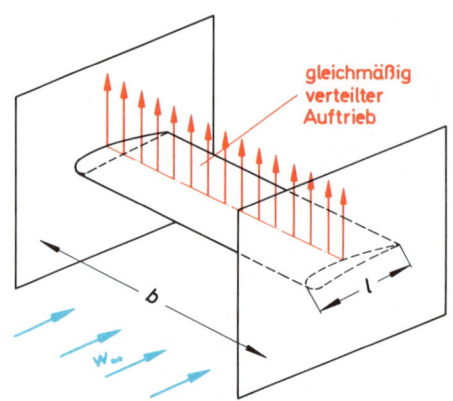

Bild 4.151 Auftriebsverteilung an einem zwischen zwei Wänden eingespannten Tragflügel

nen des Flügels zwischen zwei feste Wände verwirklicht vorstellen kann (Bild 4.151).

Die Strömung um einen derartig eingespannten Flügel darf in zu den seitlichen Wänden parallel verlaufenden Schnittebenen als ebene Strömung angesehen werden.

Am Tragflügel greifen die in Bild 4.152 eingetragenen Kräfte an:

a) senkrecht zur Strömungsrichtung der Auftrieb F_A:

(4.164)

$$F_A = c_a \cdot \frac{\varrho}{2} \cdot w_\infty^2 \cdot A_{Fl}$$

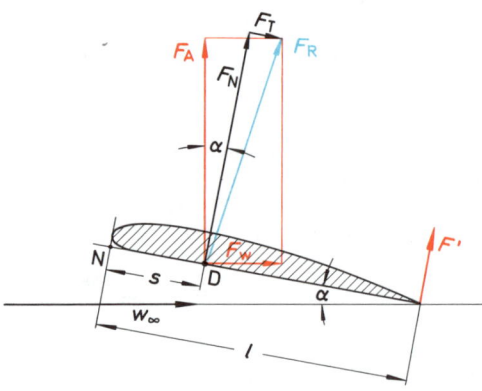

Bild 4.152 Kräfte am Tragflügel

c_a = dimensionsloser Auftriebsbeiwert
ϱ = Dichte des Strömungsmediums
w_∞ = Anströmgeschwindigkeit
$A_{Fl} = b \cdot l$ = Flügelfläche

b) in Strömungsrichtung der Widerstand F_w

(4.165)

$$F_W = c_w \cdot \frac{\varrho}{2} \cdot w_\infty^2 \cdot A_{Fl}$$

c_w = dimensionsloser Widerstandsbeiwert

c) die sich aus beiden Kräften zusammensetzende Resultierende F_R:

(4.166)

$$F_R = \sqrt{F_A^2 + F_W^2}$$

Gelegentlich erweist es sich als praktisch, die Resultierende F_R in Komponenten parallel und senkrecht zur Profilsehne zu zerlegen:

d) Normalkraft F_N:

(4.167)

$$F_N = F_A \cdot \cos \alpha + F_W \cdot \sin \alpha$$

e) Tangentialkraft F_T:

(4.168)

$$F_T = F_W \cdot \cos \alpha - F_A \cdot \sin \alpha$$

Die dimensionslosen Beiwerte c_a und c_w hängen von der Profilform, vom Anstellwinkel α, von der Rauhigkeit der Profiloberfläche und von der Reynolds-Zahl ab.

Die Lage des Kraftangriffspunktes D wird über das von den Strömungskräften auf den Tragflügel ausgeübte Drehmoment bestimmt.

Das auf den Flügel wirkende Moment M ergibt sich aus der an der Flügelhinterkante wirkenden, gedachten Kraft F' (Bild 4.153):

$$M = F' \cdot l$$

F' wird analog zu Gleichung 4.164 definiert zu:

$$F' = c_m \cdot \frac{\varrho}{2} \cdot w_\infty^2 \cdot A_{Fl}$$

damit wird M:

$$M = c_m \cdot \frac{\varrho}{2} \cdot w_\infty^2 \cdot A_{Fl} \cdot l$$

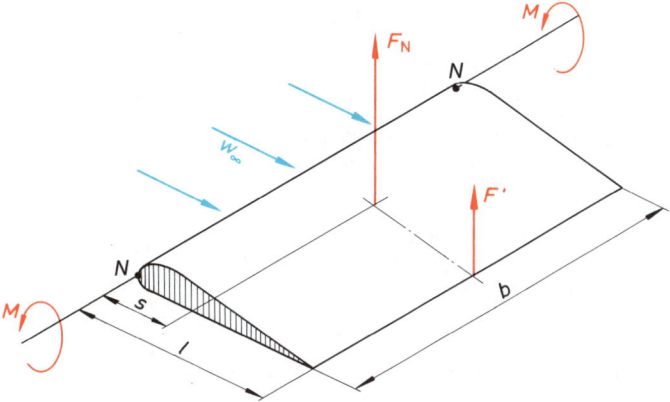

Bild 4.153
Momente an einem Tragflügel

c_m wird als **Momentenbeiwert** bezeichnet. Andererseits ergibt sich das Moment M aus der Normalkraft F_N und ihrem Abstand s vom Drehpunkt N:

$$M = F_N \cdot s$$

Da der Winkel α im allgemeinen sehr klein ist, kann mit guter Näherung $F_N \approx F_A$ gesetzt werden.

$$M \approx F_A \cdot s = c_a \cdot \frac{\varrho}{2} \cdot w_\infty^2 \cdot A_{Fl} \cdot s$$

Durch Gleichsetzen der beiden Ausdrücke ergibt sich für den Abstand s:

$$c_a \cdot \frac{\varrho}{2} \cdot w_\infty^2 \cdot A_{Fl} \cdot s \approx c_m \cdot \frac{\varrho}{2} \cdot w_\infty^2 \cdot A_{Fl} \cdot l$$

(4.169)

$$s \approx \frac{c_m}{c_a} \cdot l$$

4.9.5 Druckverteilung am Profil

Infolge der unsymmetrischen Umströmung des Tragflügels sind die Geschwindigkeiten auf der stärker gekrümmten Flügeloberseite größer als auf der schwächer gekrümmten Flügelunterseite, was zu einem Unterdruckgebiet an der Flügeloberseite und zu einem Überdruckgebiet an der Flügelunterseite führt. Trägt man den jeweiligen Druckunterschied gegenüber dem Druck in der ungestörten Strömung, jeweils bezogen auf den Staudruck $(\varrho/2) \cdot w_\infty^2$, über dem Profil auf, so erhält man etwa die in Bild 4.154 dargestellte Druckverteilung. Die auf der Saugseite entste-

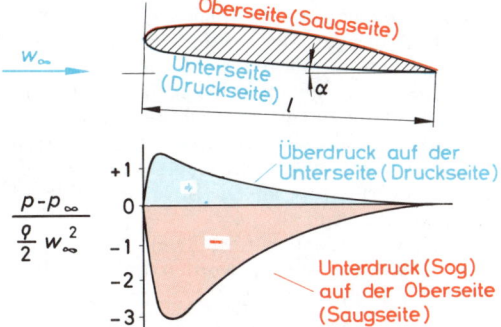

Bild 4.154   Druckverteilung am Tragflügel

henden Unterdrücke haben ihr Maximum in der Nähe der Flügelnase und können bis zum zwei- bis dreifachen Wert des Staudruckes $(\varrho/2) \cdot w_\infty^2$ ansteigen.

Wird das Profil von Flüssigkeit umströmt (Wasserturbinen, Flüssigkeitspumpen, Schiffsschrauben), so kann dieser große Unterdruck zur gefürchteten **Kavitation** führen. Unter Kavitation versteht man dabei die Erscheinung, daß sich in den Unterdruckgebieten Dampfblasen ausscheiden, die dann in anderen Gebieten höheren Druckes wieder schlagartig zusammenfallen. Tritt an einem Profil Kavitation auf, so löst sich die Strömung teilweise ab, was zu einem erheblichen Wirkungsgradabfall führen kann, außerdem kann durch die starken Schläge, die bei Kavitation auftreten, das Gefüge des Schaufelwerkstoffes zerrüttet und Material herausgeschlagen werden.

4.9.6   Das Polardiagramm

In einem Polardiagramm sind für ein bestimmtes Profil mit einem bestimmten Seitenverhältnis die dimensionslosen Beiwerte c_a, c_w, und meistens noch c_m für verschiedene Anstellwinkel α dargestellt. Als eigentliche Polare bezeichnet man die Kurve $c_a = f(c_w)$.

Die Form der Polare hängt außer vom Seitenverhältnis auch noch von der Reynolds-Zahl ab. In der Praxis sind zwei Darstellungsarten von Polardiagrammen im Gebrauch:

a) Das Polardiagramm nach Lilienthal

Nach einem von OTTO LILIENTHAL stammenden Verfahren wird der Auftriebsbeiwert c_a einmal als Funktion des Widerstandsbeiwertes c_w (rote Kurve in Bild 4.155), einmal als Funktion des Momentenbeiwertes c_m (blaue Kurve in Bild 4.155) aufgetragen. Der zu den jeweiligen c_a-, c_w- und c_m-Werten gehörende Anstellwinkel α ist punktweise angegeben. Mit zunehmendem Anstellwinkel α nimmt der Auftriebsbeiwert c_a bis zu seinem Maximalwert zu. Bei Überschreiten des zu $c_{a\,max}$ gehörenden Anstellwinkels fällt der Auftriebswert wieder ab. Die Strömung reißt auf der Profilsaugseite.

Bei kleiner werdenden Anstellwinkeln kann der Auftriebswert c_a negativ werden. Beim größten negativen Auftriebsbeiwert $c_{a\,min}$ tritt ebenfalls

Ablösung auf, und zwar auf der Profildruckseite.

Das Polardiagramm wird üblicherweise im verzerrten Maßstab aufgezeichnet, wobei der c_w-Maßstab 10mal und der c_m-Maßstab 2mal größer als der c_a-Maßstab sind.

Den Winkel, den eine zu einem beliebigen Polarenpunkt eingetragene Gerade mit der c_a-Achse einschließt, bezeichnet man als **Gleitwinkel** γ. Den dazugehörigen Tangens nennt man **Gleitzahl** ε.
(4.170)

$$\tan \gamma = \varepsilon = \frac{c_w}{c_a}$$

Je kleiner die Gleitzahl ε eines Profiles ist, desto geringer ist der Widerstand F_W bezogen auf den Auftrieb F_A.

b) das aufgelöste Polardiagramm

Im aufgelösten Polardiagramm (Bild 4.156) werden Auftriebsbeiwert c_a, Widerstandsbeiwert c_w, Momentenbeiwert c_m und manchmal noch die Gleitzahl ε als Funktion des Anstellwinkels α dargestellt.

Diese Darstellungsart hat den Vorteil, daß sich der Anstellwinkel α für jeden beliebigen Beiwert exakt ablesen läßt, während man beim Lilienthalschen Polardiagramm meistens zwischen den eingetragenen α-Punkten interpolieren muß.

Das aufgelöste Polardiagramm wird vor allem bei Schaufelberechnungen im Strömungsmaschinenbau benutzt.

Man erkennt aus Bild 4.156, daß sich der Auftriebsbeiwert c_a in einem weiten Bereich linear mit dem Anstellwinkel α ändert.

In Tafel 40 ist für Übungszwecke das Polardiagramm des Tragflügels Gö 623 in der Lilienthalschen und in der nach dem Anstellwinkel aufgelösten Form dargestellt. Zusätzlich sind die Koordinaten der Profilkontur angegeben.

c) Polare bei verschiedenen Oberflächenrauhigkeiten

Der Verlauf der Polaren ändert sich mit der Oberflächenbeschaffenheit.

Die Oberseite des Flügels, die ja bekanntlich den größten Teil des Auftriebes durch den im Unterdruckgebiet über der Profilwölbung wirkenden Sog erzeugt, ist wesentlich empfindlicher gegen eine Vergrößerung der Rauhigkeit als die als Druckseite wirkende Profilunterseite (Bild 4.157). Besonders empfindlich gegen Aufrauhung ist die

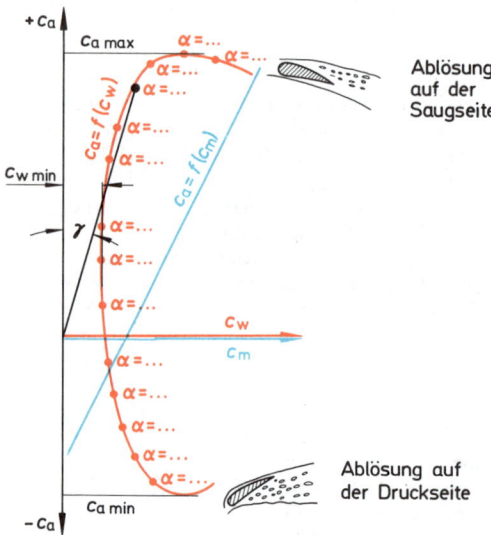

Bild 4.155   Polardiagramm nach Lilienthal

Bild 4.156   Aufgelöstes Polar-diagramm

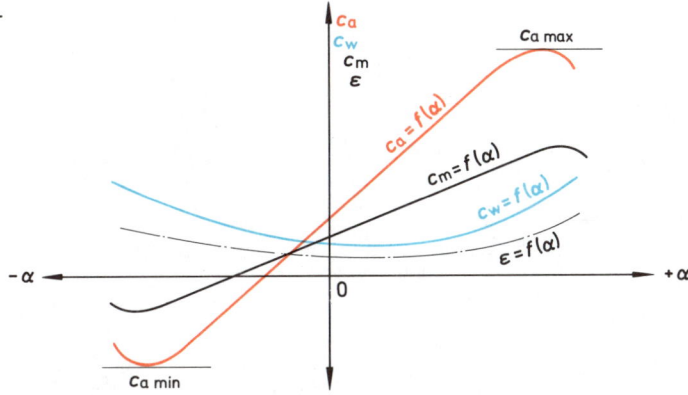

Flügelnase, während sich eine Zunahme der Rauhigkeit in der Flügelmitte oder am Profilende weniger stark bemerkbar macht (Bild 4.158). Deshalb muß beim Bau von Flugzeugen und von Lauf- und Leiträdern von Strömungsmaschinen dafür Sorge getragen werden, daß die Oberflächenrauhigkeit im Bereich der Profilnase möglichst klein ist.

d) Polare bei verschiedenen Reynolds-Zahlen

Die in den Bildern 4.155 bis 4.158 dargestellten Polaren gelten jeweils für bestimmte Reynolds-Zahlen. Ändert sich die Reynolds-Zahl, so ändert sich im allgemeinen auch die Form der Polaren. Die Reynolds-Zahl eines Tragflügels ist wie folgt definiert:

$$(4.171)$$

$$Re = \frac{w_\infty \cdot l}{\nu}$$

Bei Profilen mit glatten Oberflächen ist der Einfluß der Reynolds-Zahl auf die Polarenform größer als bei Profilen mit rauher Oberfläche (Bild 4.159).

Einfache ebene oder gewölbte Platten zeigen nur eine relativ geringe Abhängigkeit der Polarenform von der Reynolds-Zahl, während die Polarenform von glatten Tragflügeln relativ stark von der Reynolds-Zahl abhängt (Bild 4.160). Interessant ist auch die sehr unterschiedliche Abhängigkeit der Gleitzahl ε von der Reynolds-Zahl bei verschiedenen Profilausführungen (Bild 4.161). Bei kleinen Reynolds-Zahlen ist die Gleitzahl von vollprofilierten Tragflügeln größer als die Gleitzahl von einfachen ebenen oder gewölbten Platten! Erst bei Reynolds-Zahlen über $60 \cdot 10^3$ bis

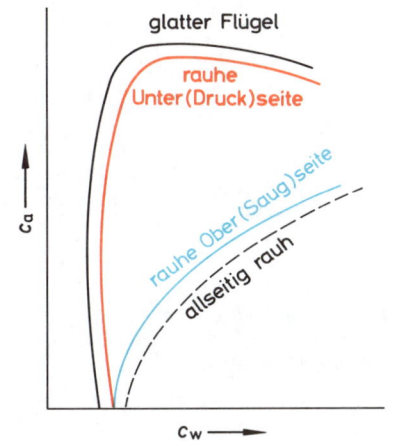

Bild 4.157   Einfluß der Flügelrauhigkeit auf die Polarenform

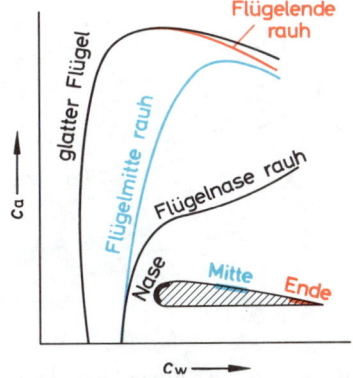

Bild 4.158   Einfluß der Flügelrauhigkeit an verschiedenen Flügelstellen auf die Polarenform

189

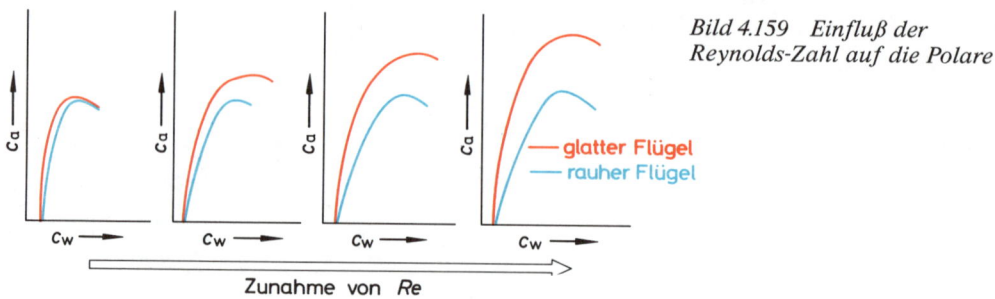

Bild 4.159 Einfluß der Reynolds-Zahl auf die Polare

glatter Flügel
rauher Flügel

Zunahme von *Re*

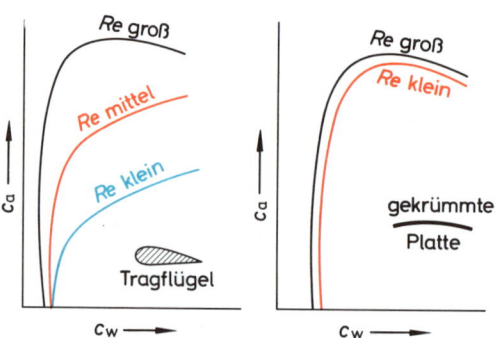

Bild 4.160 Unterschiedlicher Einfluß der Reynolds-Zahl auf die Polaren von Tragflügel und gekrümmten Platten

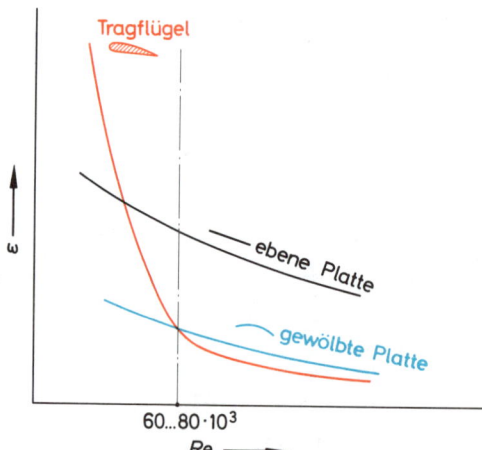

Bild 4.161 Einfluß der Reynolds-Zahl auf die Gleitzahlen ε von Tragflügeln, ebener und gewölbter Platten

$100 \cdot 10^3$ liegen die Gleitzahlen von Platten über den Gleitzahlen von Profilen. Diese Erkenntnis ist sehr wichtig bei der Auswahl von Profilen im Strömungsmaschinenbau. Bei niedrigen Reynolds-Zahlen lohnt sich nämlich nicht, die Schaufelgitter mit profilierten Tragflügeln auszustatten, da einfache Platten nicht nur billiger herzustellen sind, sondern auch bessere Wirkungsgrade haben.

4.9.7 Der induzierte Widerstand

Bei Tragflügeln mit endlicher Breite b, d.h. ohne seitliche Begrenzungswände, findet an den Flügelenden ein Druckausgleich zwischen dem Überdruckgebiet auf der Flügeldruckseite und dem Unterdruckgebiet auf der Flügelsaugseite statt. Dieser Druckausgleich führt zu einem Auftriebsverlust (Bild 4.162).

Die Umströmung der Flügelenden quer zur Flügelbreite von der Druck- zur Saugseite erzeugt an den beiden Flügelenden ein Randwirbelpaar, das einen zusätzlichen Abwind zur Folge hat.

Die kinetische Energie dieses Abwindes ist gleichbedeutend mit einem zusätzlichen Energieverlust, der zum Form- und Reibungswiderstand des Flügels hinzukommt.

Man bezeichnet diesen zusätzlichen Verlust als **induzierten Widerstand** F_{Wi}.

Die Größe des induzierten Widerstandes läßt sich wie die anderen am Tragflügel angreifenden Kräfte über den Staudruck der Anströmgeschwindigkeit und die Flügelfläche ausdrücken:

(4.172)

$$F_{Wi} = c_{wi} \cdot \frac{\varrho}{2} \cdot w_\infty^2 \cdot A_{Fl}$$

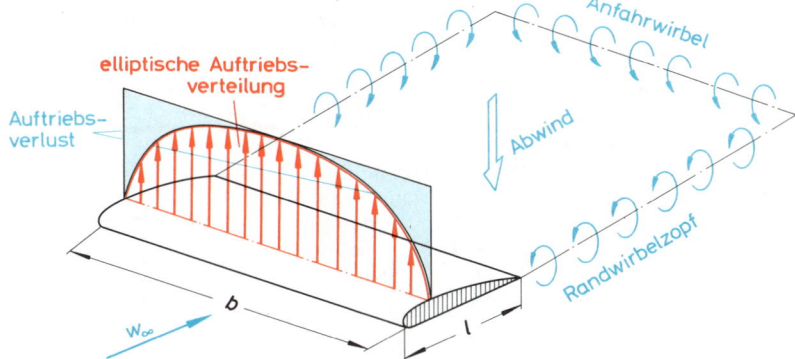

Bild 4.162
Wirbel hinter
Tragflügel mit
endlicher Breite

elliptische Auftriebs-
verteilung

Auftriebs-
verlust

Anfahrwirbel

Abwind

Randwirbelzopf

b

l

w_∞

Für rechteckige Flügel ($l =$ konst) mit elliptischer Auftriebsverteilung beträgt der Beiwert c_{wi} nach PRANDTL:

(4.173)

$$c_{wi} = \frac{c_a^2}{\pi} \cdot \lambda$$

Für andere Flügelformen mit nichtelliptischer Auftriebsverteilung hängt der Beiwert c_{wi} außer von c_a^2 und λ noch von der Flügelform, Flügelpfeilung, von der Auftriebsverteilung, von der Flügelverwindung und vom Flügelwirkungsgrad ab. Stellt man c_{wi} als Funktion von c_a für bestimmte Seitenverhältnisse in einem Polardiagramm dar, so erhält man eine Schar Parabeln, die mit abnehmendem Seitenverhältnis λ immer steiler verlaufen (Bild 4.163).
Bei einem Tragflügel mit bestimmten Seitenverhältnis λ kommt zum induzierten Widerstand noch der Druck- und Reibungswiderstand hinzu, die durch den Widerstandsbeiwert c_{wo} berücksichtig werden.
Der für den Gesamtwiderstand nach Gleichung 4.165 maßgebende Gesamtwiderstandsbeiwert c_w setzt sich aus dem Widerstandsbeiwert c_{wo} für den Druck- und Reibungswiderstand, der vom Seitenverhältnis unabhängig ist und dem Widerstandsbeiwert c_{wi} für den induzierten Widerstand zusammen.

(4.174)

$$c_w = c_{wo} + c_{wi}$$

Aus den Polaren eines Flügels mit einem bestimmten Seitenverhältnis (Bild 4.164) erkennt man deutlich, wie der mit zunehmendem Auftriebsbeiwert c_a ebenfalls zunehmende Widerstandsbeiwert c_w in erster Linie wegen des

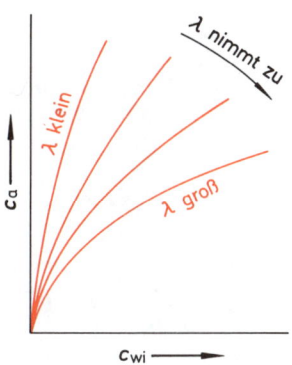

Bild 4.163 Beiwert c_{wi} des induzierten Widerstandes

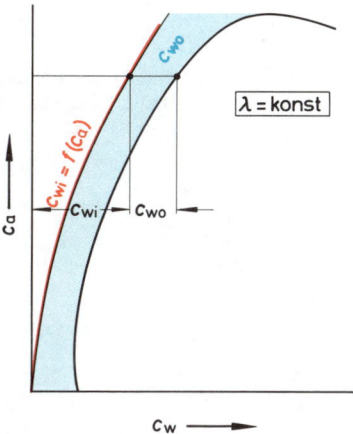

Bild 4.164 Polare des endlich breiten Tragflügels

191

Beiwertes c_{wi} so stark wächst, während der Beiwert c_{wo} nur einen geringen Einfluß hat, da er nahezu unabhängig von c_a bleibt. Ändert sich λ, so bleibt c_{wo} unverändert. Man kann dann leicht ein neues Polardiagramm zeichnen, indem man nach Gleichung 4.173 die Parabel $c_{wi} = f(c_a^2)$ einträgt und die unveränderten c_{wo}-Werte übernimmt. Den auftretenden Auftriebsverlust kann man dadurch wieder ausgleichen, daß man durch Vergrößern des Anstellwinkels α den Auftriebsbeiwert c_a gegenüber demjenigen des Flügels mit dem Seitenverhältnis $\lambda = 0$ vergrößert.

Die erforderliche Vergrößerung des Anstellwinkels α beträgt für rechteckige Flügel mit elliptischer Auftriebsverteilung:

(4.175)

$$\Delta\alpha = \frac{c_a}{\pi} \cdot \lambda$$

α im Bogenmaß

Tabelle 4.9   Entleerungszeiten von Behältern mit angeschlossener Rohrleitung (zu Seite 169)

Anlage	Formeln

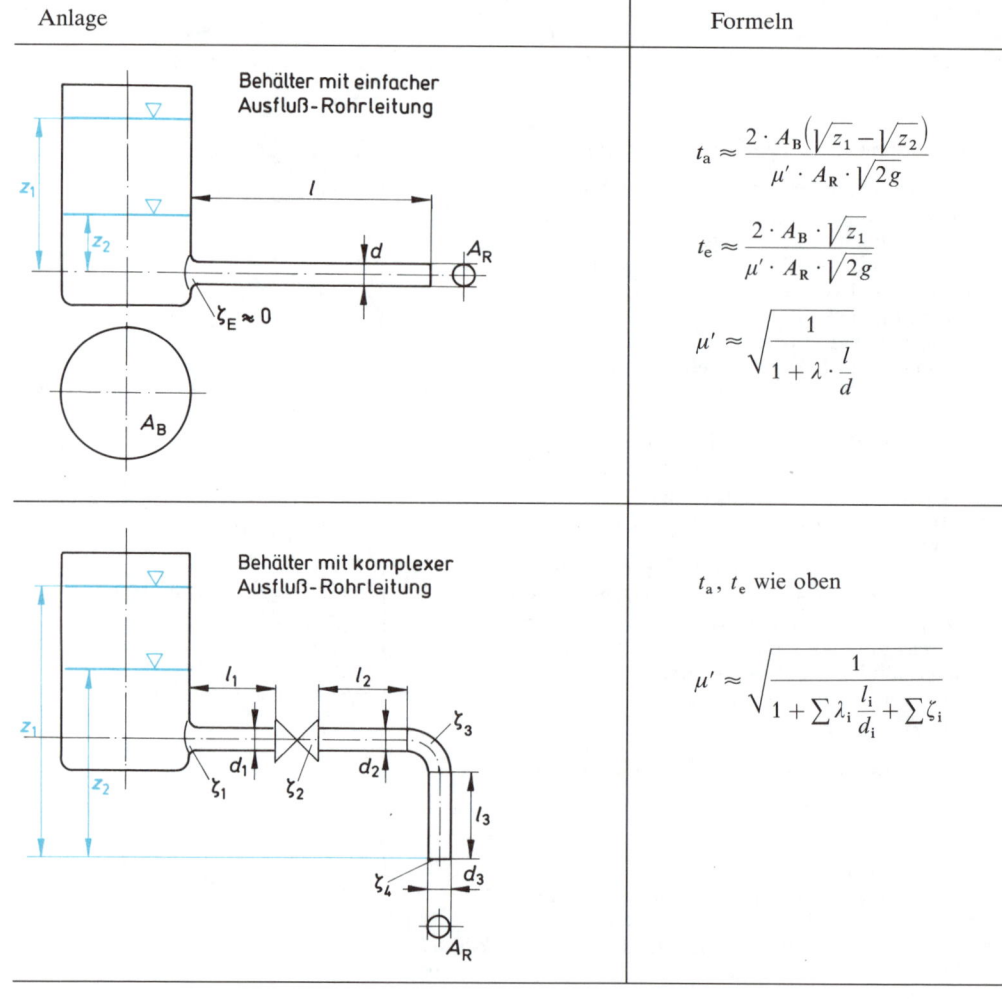

Behälter mit einfacher Ausfluß-Rohrleitung

$$t_a \approx \frac{2 \cdot A_B\left(\sqrt{z_1} - \sqrt{z_2}\right)}{\mu' \cdot A_R \cdot \sqrt{2g}}$$

$$t_e \approx \frac{2 \cdot A_B \cdot \sqrt{z_1}}{\mu' \cdot A_R \cdot \sqrt{2g}}$$

$$\mu' \approx \sqrt{\frac{1}{1 + \lambda \cdot \dfrac{l}{d}}}$$

Behälter mit komplexer Ausfluß-Rohrleitung

t_a, t_e wie oben

$$\mu' \approx \sqrt{\frac{1}{1 + \sum \lambda_i \dfrac{l_i}{d_i} + \sum \zeta_i}}$$

5 Kompressible Strömungen

5.1 Einleitung

Bei der Strömung von Gasen und Dämpfen in Rohrleitungen oder um Körper können erhebliche Druck-, Geschwindigkeits- oder Temperaturänderungen auftreten, die Dichte- und Volumenänderungen zur Folge haben, die nicht mehr vernachlässigbar sind. Derartige Strömungen sind **kompressibel**.

Nur bei sehr kleinen Dichteänderungen dürfen Dichte und Volumen als konstant angesehen werden und Berechnungen mit den Gesetzen der inkompressiblen Strömung durchgeführt werden.

Große Strömungsgeschwindigkeiten ergeben sich bei kompressiblen Innenströmungen durch große Druckunterschiede in Rohrleitungen und Schaufelkanälen oder an Behälteröffnungen und bei kompressiblen Außenströmungen bei großen Anströmgeschwindigkeiten umströmter Körper. Der Einfluß der Erdschwere kann bei Gas- und Dampfströmungen meistens vernachlässigt werden.

5.2 Schallausbreitung

Druckwellen, die von kleinen Druckstörungen herrühren breiten sich mit Schallgeschwindigkeit aus.

Die Schallgeschwindigkeit in idealen Gasen und Dämpfen wurde im Abschnitt 1.3 folgendermaßen abgeleitet:

(5.1)

$$a = \sqrt{p \cdot v \cdot \varkappa} = \sqrt{\frac{p \cdot \varkappa}{\varrho}} = \sqrt{\varkappa \cdot R_\mathrm{i} \cdot T}$$

a Schallgeschwindigkeit
p Druck
v spezifisches Volumen
$\varkappa$ Isentropenexponent
ϱ Dichte
R_i individuelle Gaskonstante
T Temperatur

Wenn sich die Störquelle, von der die Druckwelle ausgeht bewegt, treten drei Fälle auf:

a) Die Störquelle bewegt sich mit einer Geschwindigkeit, die kleiner als die Schallgeschwindigkeit ist.
b) Die Geschwindigkeit der Störquelle ist gleich der Schallgeschwindigkeit.
c) Die Störquelle hat eine Geschwindigkeit, die über der Schallgeschwindigkeit liegt.

In Bild 5.1 sind die drei möglichen Druckausbreitungen gegenübergestellt.

Das Verhältnis aus Geschwindigkeit w und Schallgeschwindigkeit a bezeichnet man zu Ehren des österreichischen Physikers ERNST MACH (1838 bis 1916) als **Mach-Zahl** Ma.

(5.2)

$$Ma = \frac{w}{a}$$

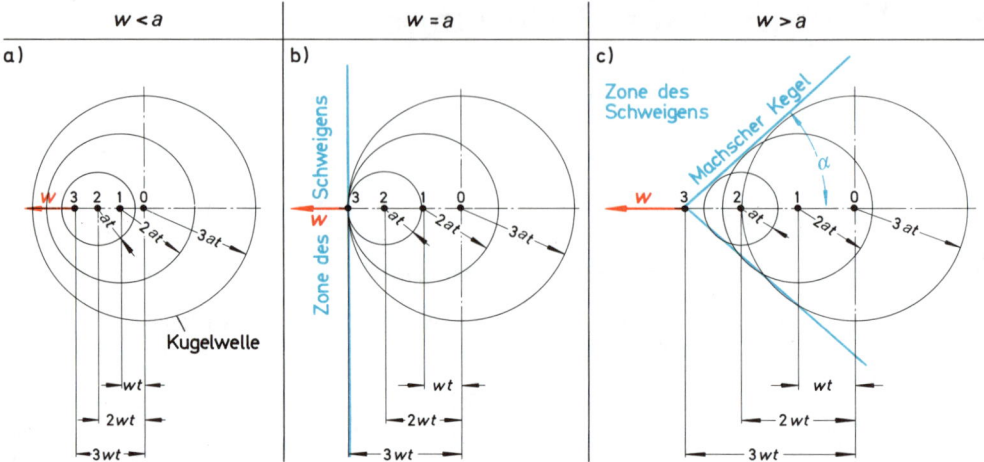

Bild 5.1   Ausbreitung von Druckwellen bei verschiedenen Geschwindigkeiten der Störquelle

Je nach Größe der Mach-Zahl *Ma* unterscheidet man folgende Geschwindigkeitsbereiche:

$Ma < 1$ Unterschallbereich (Subsonic)

$Ma \approx 1$ schallnaher oder transsonischer Bereich (Transsonic)

$Ma > 1$ Überschallbereich (Supersonic)

$Ma > 5$ Hyperschallbereich (Hypersonic)

Betrachtet man die Schallausbreitung bei Überschallströmung (Bild 5.1c), so erkennt man, daß alle Kugelwellen innerhalb eines Kegels liegen, dessen Spitze die sich mit Überschallgeschwindigkeit bewegende Störquelle ist. Außerhalb des Kegels, den man als **Machschen Kegel** bezeichnet, treten keine Druckstörungen auf.

Den Winkel, den eine Kegelmantellinie mit der Bewegungsrichtung einschließt, bezeichnet man als **Machschen Winkel**.

$$\sin \alpha = \frac{a \cdot t}{w \cdot t} = \frac{a}{w} = \frac{1}{Ma}$$

(5.3)

$$\sin \alpha = \frac{1}{Ma}$$

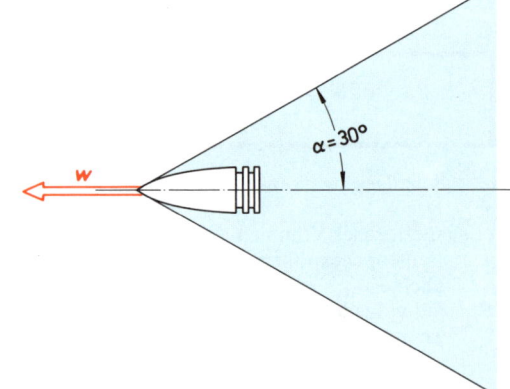

Bild 5.2   Beispiel 35

194

Beispiel 35

Aufgabenstellung:

Bei einem ballistischen Versuch wurde hinter einem Geschoß ein Machscher Winkel von 30° gemessen (Bild 5.2).
Wie groß ist die Fluggeschwindigkeit w des Geschosses, wenn die Schallgeschwindigkeit $a = 333$ m/s beträgt?

Lösung:

Nach Gleichung 5.3 ergibt sich folgende Mach-Zahl

$$Ma = \frac{1}{\sin \alpha}$$

$$Ma = \frac{1}{\sin 30°} = \frac{1}{0{,}5} = 2$$

Nach Gleichung 5.2 beträgt die Fluggeschwindigkeit w:

$$w = a \cdot Ma$$

$$w = 333 \cdot 2 = 666 \text{ m/s}$$

$$w = 2400 \text{ km/h}$$

5.3 Grundgleichungen

5.3.1 Kontinuitätsgleichung

Die Kontinuität kompressibler Strömungen läßt sich durch den Massenerhaltungssatz ausdrükken:
Am Eintrittsquerschnitt A_1 der in Bild 5.3 dargestellten Stromröhre tritt die Masse m_1 ein. Die Masse m_1 läßt sich durch das Volumen $A_1 \cdot l_1$ und die Dichte ϱ_1 ausdrücken:

$$m_1 = A_1 \cdot l_1 \cdot \varrho_1$$

Die Weglänge l_1 ergibt aus der Geschwindigkeit w_1 und der Zeit dt:

$$l_1 = w_1 \cdot dt$$
$$m_1 = A_1 \cdot w_1 \cdot dt \cdot \varrho_1$$

Die an der Stelle ① im Zeitintervall dt eintretende Masse m_1 muß bei stationärer Strömung gleich der an der Stelle ② im Zeitintervall dt austretenden Masse m_2 sein.

$$m_2 = A_2 \cdot w_2 \cdot dt \cdot \varrho_2$$
$$m_1 = m_2 = m$$
$$A_1 \cdot w_1 \cdot dt \cdot \varrho_1 = A_2 \cdot w_2 \cdot dt \cdot \varrho_2$$
$$A_1 \cdot w_1 \cdot \varrho_1 = A_2 \cdot w_2 \cdot \varrho_2$$

Das Produkt aus Querschnitt A und Geschwindigkeit w entspricht dem Volumenstrom $\dot{V}$, das Produkt aus Querschnitt A, Geschwindigkeit w und Dichte ϱ dem Massenstrom $\dot{m}$.
Das Produkt aus Dichte ϱ und Geschwindigkeit w bezeichnet man als **Stromdichte**.
Die Kontinuitätsgleichung lautet demnach:

(5.4)

$$\dot{m} = A_1 \cdot w_1 \cdot \varrho_1$$
$$= A_2 \cdot w_2 \cdot \varrho_2 = A \cdot w \cdot \varrho = \text{konst}$$

Um bei bekanntem Querschnittsverlauf $A = f(l)$ und gegebenen Anfangswerten w_1 und ϱ_1 die an einer anderen Stelle einer Stromröhre herrschende Geschwindigkeit w und Dichte ϱ zu berechnen, genügt Gleichung 5.4 allein nicht, es muß eine weitere Annahme über die **Zustandsänderung** der Dichte ϱ gemacht werden.

Bei Strömungen im Unterschallbereich nimmt mit zunehmendem Querschnitt A die Geschwindigkeit w ab und die Dichte ϱ zu (Kompression). Bei abnehmendem Querschnitt A nimmt die Geschwindigkeit w zu und die Dichte ϱ ab (Expansion).

Bei Strömungen im Überschallbereich ist es genau umgekehrt. Bei abnehmendem Querschnitt A wird das Medium komprimiert, bei zunehmendem Querschnitt expandiert es.

Dieses gegensätzliche Verhalten ist in Bild 5.4 gegenübergestellt.

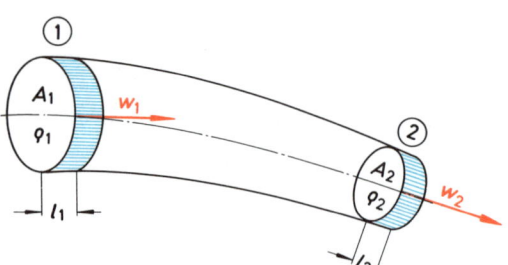

Bild 5.3   Zur Kontinuitätsgleichung

5.3.2   Energiegleichung

In einer Gas- oder Dampfströmung treten folgende Energieformen auf:

a) Lagenergie (potentielle Energie) $m \cdot g \cdot z$

b) Druckenergie $V \cdot p = m \cdot v \cdot p = (m/\varrho) \cdot p$

c) Bewegungsenergie (kinetische Energie) $m \cdot w^2/2$

d) innere Energie $m \cdot u$

Für die Ableitung der Energiegleichung wird angenommen, daß der Strömung weder Energie zu- noch abgeführt wird. Die Gesamtenergie muß deshalb längs der Stromröhre konstant bleiben:

$$m \cdot g \cdot z + \frac{m}{\varrho} \cdot p + m \cdot \frac{w^2}{2} + m \cdot u = \text{konst}$$

(5.5)

$$g \cdot z + \frac{p}{\varrho} + \frac{w^2}{2} + u = \text{konst}$$

Bei den meisten Gas- und Dampfströmungen kann die potentielle Energie $m \cdot g \cdot z$ vernachlässigt werden.

Kanalform	Unterschallbereich	Überschallbereich
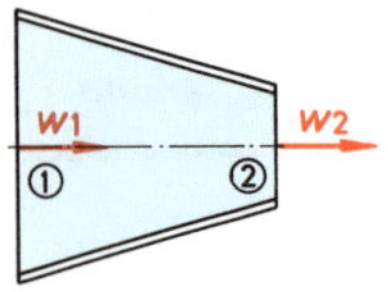 $w_1 \rightarrow \quad w_2 \rightarrow$	Expansion (Düse) $w_2 > w_1$ $p_{2st} < p_{1st}$ $T_2 < T_1$ $\varrho_2 < \varrho_1$	Kompression (Diffusor) $w_2 < w_1$ $p_{2st} > p_{1st}$ $T_2 > T_1$ $\varrho_2 > \varrho_1$
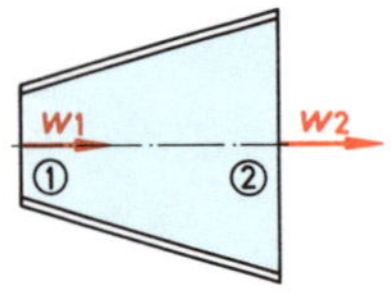 $w_1 \rightarrow \quad w_2 \rightarrow$	Kompression (Diffusor) $w_2 < w_1$ $p_{2st} > p_{1st}$ $T_2 > T_1$ $\varrho_2 > \varrho_1$	Expansion (Düse) $w_2 > w_1$ $p_{2st} < p_{1st}$ $T_2 < T_1$ $\varrho_2 < \varrho_1$

Bild 5.4   Unterschiedliches Verhalten von Düse und Diffusor im Unterschall- und im Überschallbereich

Für ideale Gase und Dämpfe kann für p/ϱ nach Gleichung 1.30 folgender Ausdruck gesetzt werden:

$$\frac{p}{\varrho} = p \cdot v = R_i \cdot T \quad \text{(allgemeine Gasgleichung)}$$

Setzt man für die spezielle Gaskonstante R_i nach Gleichung 1.31:

$$R_i = c_p - c_v$$

so wird p/ϱ:

$$\frac{p}{\varrho} = (c_p - c_v) \cdot T$$

Die innere Energie u ist wie folgt definiert:

$$u = c_v \cdot T$$

Setzt man diese Ausdrücke in Gleichung 5.5 ein, so erhält man folgende neue Form der Energiegleichung:

$$(c_p - c_v) \cdot T + \frac{w^2}{2} + c_v \cdot T = \text{konst}$$

$$c_p \cdot T + \frac{w^2}{2} = \text{konst}$$

Das Produkt aus c_p und T wird als **spezifische Enthalpie** h bezeichnet:

(5.6)

$$h + \frac{w^2}{2} = \text{konst} = h_t$$

Die Energiegleichung in der Schreibweise der Gleichung 5.6 besagt also, daß die Summe aus spezifischer Enthalpie h und spezifischer kinetischer Energie $w^2/2$ längs einer Stromröhre konstant bleibt, wenn der Strömung keine Energie zu- oder abgeführt wird.
Die Gleichungen 5.5 und 5.6 gelten sowohl für reibungslose als auch für reibungsbehaftete Strömungen.
Die Energiegleichung wird vor allem bei der Berechnung von Rohrströmungen (Abschnitt 5.5) und Ausströmvorgängen (Abschnitt 5.6) angewandt.

5.3.3 Impulssatz

Der im Kapitel 4.2.4 für inkompressible Strömungen hergeleitete Impulssatz hat auch für kompressible Strömungen Gültigkeit.
Die an einem abgegrenzten Strömungsbereich angreifenden äußeren Kräfte (meistens Druckkräfte) und die Impulskräfte müssen sich gegenseitig das Gleichgewicht halten.

5.4 Verdichtungsstoß und Verdünnungswelle

5.4.1 Einleitung

Im Abschnitt 5.2 wurde die Ausbreitung kleiner Druckstörungen in einem kompressiblen Medium behandelt. Große Druckstörungen pflanzen sich mit Geschwindigkeiten fort, die über der Schallgeschwindigkeit liegen.
Derartige, sich mit Überschall ausbreitende Druckwellen können in Rohrleitungen und Düsen, bei der Umströmung überschallschneller Körper und bei Detonationen auftreten.
Je nach Form des Strömungsraumes entstehen bei der Ausbreitung überschallschneller Druckwellen Verdichtungsstöße oder Verdünnungswellen.
Auf eine theoretische Ableitung der für die Berechnung und Beschreibung von Verdichtungsstößen und Verdünnungswellen erforderlichen Gesetze und Formeln wurde im Hinblick auf den damit verbundenen thermodynamischen und mathematischen Aufwand verzichtet.
Ein Verdichtungsstoß verursacht große, schlagartige Änderungen der Größen Geschwindigkeit, Druck, Temperatur, Dichte und Entropie. Diese stoßartigen Zustandsänderungen erfolgen unter großen Verlusten in einer hauchdünnen Störungsfront (Größenordnung $^1/_{1000}$ mm!).

5.4.2 Verdichtungsstöße

Je nach Lage der Störungsfront zur Strömungsrichtung unterscheidet man den **geraden** und den **schrägen Verdichtungsstoß**, die in Tabelle 5.1 gegenübergestellt sind:

Tabelle 5.1   Verdichtungsstöße

gerader Verdichtungsstoß	schräger Verdichtungsstoß
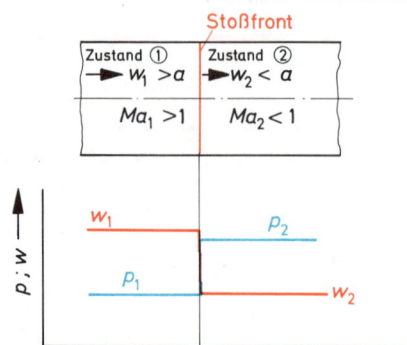	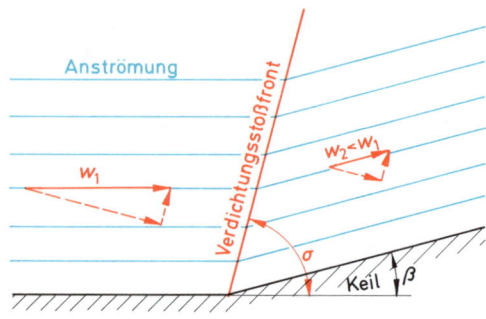

Bild 5.5   Gerader Verdichtungsstoß

Die Strömungsrichtung bleibt gerade. Die Überschallströmung ① wird in eine Unterschallströmung ② überführt.
Zwischen den Drücken vor und nach der Stoßfront besteht der Zusammenhang:

$$\frac{p_{2\,stat}}{p_{1\,stat}} = 1 + \frac{2 \cdot \varkappa}{\varkappa + 1}\,(Ma_1^2 - 1)$$

Zwischen den Geschwindigkeiten:

$$\frac{w_2}{w_1} = 1 - \frac{2 \cdot \varkappa}{\varkappa + 1}\left(1 - \frac{1}{Ma_1^2}\right)$$

Infolge Reibung ist der Gesamtdruck $p_{2\,ges}$ nach dem Stoß kleiner als der Gesamtdruck $p_{1\,ges}$ vor dem Stoß (Bild 5.6).

Bild 5.7   Schräger Verdichtungsstoß an einer einspringenden Ecke

Die Stoßfront steht schräg zur Strömungsrichtung. Sie hat zur Strömungsrichtung den Stoßwinkel σ.
Der Stoßwinkel σ ist größer als der zur Mach-Zahl Ma_1 gehörende Machsche Winkel α_1.
Die Drucksteigerung ergibt sich aus der Beziehung:

$$\frac{p_{2\,stat}}{p_{1\,stat}} = 1 + \frac{2 \cdot \varkappa}{\varkappa + 1}\,(Ma_1^2 \cdot \sin^2 \sigma - 1)$$

wobei zwischem dem Stoßwinkel σ und dem Keilwinkel β der in Bild 5.8 dargestellte Zusammenhang besteht

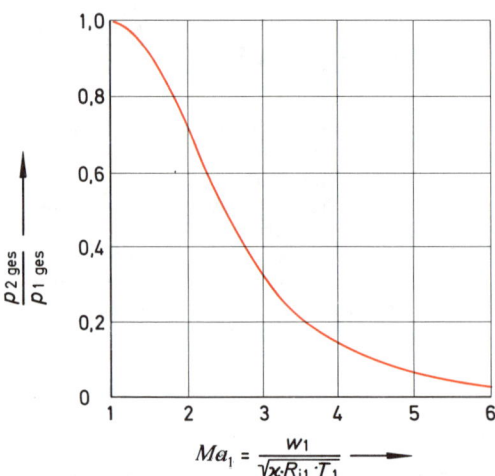

Bild 5.6   Gesamtdruckverlust bei sprungartiger Verdichtung durch einen senkrechten Verdichtungsstoß

Weiterführende Literatur [5.1] bis [5.5].

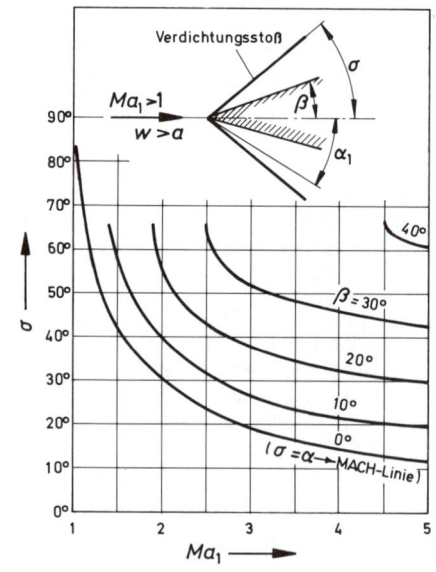

Bild 5.8   Winkelbeziehungen beim schrägen Verdichtungsstoß

5.4.3 Verdünnungswelle

Folgt eine Überschallströmung einer abgeknickten Wand (Bild 5.9), so findet eine Expansionsströmung statt. Bei nicht zu großen Ablenkungswinkeln β löst sich die Strömung nach der Umlenkung nicht ab.

Die Expansion vom Druck p_1 auf den Druck p_2 erfolgt in einer fächerförmig ausgebildeten Verdünnungswelle, die vom Knickpunkt I ausgeht.

Im Gegensatz zum unstetig erfolgenden Verdichtungsstoß, verläuft die Verdünnungswelle bei Absenkung des statischen Druckes stetig.

Da die Geschwindigkeit auf w_2 ansteigt, nimmt auch die Mach-Zahl zu, d.h., $Ma_2 > Ma_1$.

Nähere Einzelheiten dieser sogenannten **Prandtl-Meyer-Eckenströmung** können u.a. [5.1] entnommen werden.

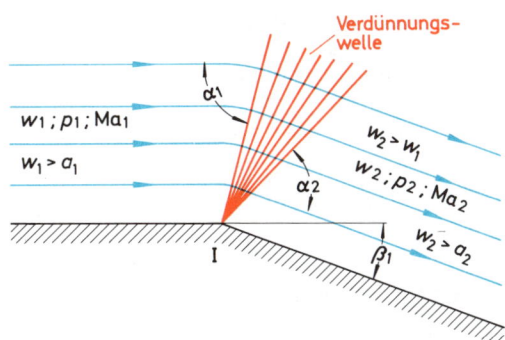

Bild 5.9 *Verdünnungswelle an einer abgeknickten Wand*

5.5 Rohrströmungen

5.5.1 Einleitung

Bei der Fortleitung von Luft, Gasen und Dämpfen in Rohrleitungen liegt eine **Expansionsströmung** vor, da der Druck infolge des Reibungsverlustes in Strömungsrichtung abnimmt. Im allgemeinen Falle ändern sich dabei längs der Rohrleitung Druck, Temperatur, Dichte und Geschwindigkeit. Im Gegensatz zur inkompressiblen Fortleitung von Flüssigkeiten in Rohrleitungen ist der Druckabfall längs der Rohrleitung nicht linear und die Geschwindigkeit nicht konstant (Bild 5.10). Die Änderung der Lagenenergie kann bei den meisten Luft-, Gas- und Dampfströmungen gegenüber der Druck- und Geschwindigkeitsenergie vernachlässigt werden.

Der längs der Rohrleitung sich einstellende Druck- und Geschwindigkeitsverlauf hängt von der Art der Expansion und von der Reibung ab. In der Praxis finden sich zwei typische Rohrleitungsformen, nämlich blanke, nichtisolierte Rohrleitungen und wärmeisolierte Rohrleitungen. In der folgenden Gegenüberstellung der beiden Rohrleitungsarten sind die jeweiligen Unterschiede aufgezählt (Tabelle 5.2).

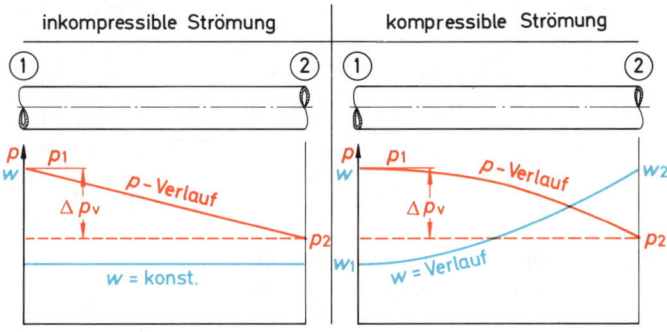

Bild 5.10 *Vergleich zwischen inkompressibler und kompressibler Rohrströmung*

Tabelle 5.2 Rohrleitungen

Nichtisolierte Rohrleitung	Isolierte Rohrleitung
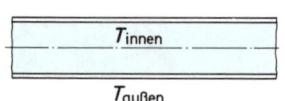	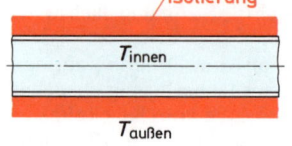
Bild 5.11a Nichtisolierte Rohrleitung	*Bild 5.11b Isolierte Rohrleitung*
Durch die Rohrwand findet ein Wärmeaustausch statt. Die Temperatur des Strömungsmediums T_{innen} gleicht sich allmählich an die Außentemperatur $T_{außen}$ an. Die Strömung kann mit guter Näherung als **isotherm** bezeichnet werden. Beispiel: unterirdisch verlegte Ferngasleitungen.	Durch die Isolierung der Rohrleitung wird der Wärmeaustausch durch die Rohrwand und durch die Isolierschicht nahezu verhindert. Wärmeisolierte Rohrleitungen finden bei der Fortleitung heißer oder kalter Gase oder Dämpfe Anwendung, deren Temperatur T_{innen} sich nicht an die Außentemperatur $T_{außen}$ angleichen soll. Wäre der Wärmeaustausch gleich Null, so läge eine rein **adiabatische** Rohrströmung vor. Beispiel: Ferndampfleitungen

Beide Rohrströmungsarten, isotherm und adiabatisch sind Grenzfälle, da bei wirklichen Rohrströmungen immer ein gewisser Wärmeaustausch auftritt und auch die Temperatur nicht immer konstant bleibt.

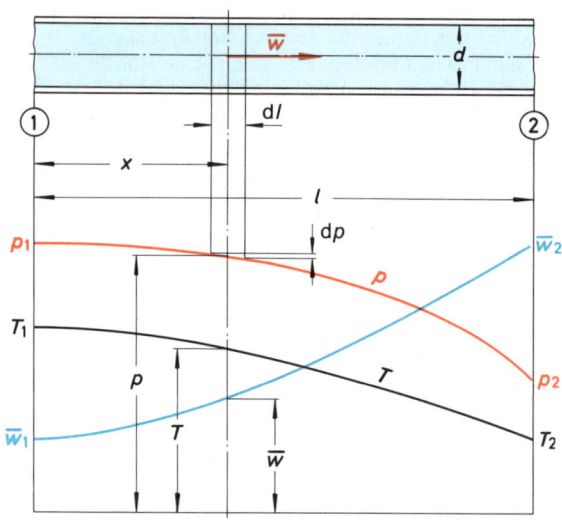

Bild 5.12 Druck-, Geschwindigkeits- und Temperaturverlauf bei kompressibler Rohrströmung

Die in den folgenden Abschnitten abgeleiteten Gesetze und Formeln für den Druckabfall in kompressibel durchströmten Rohrleitungen beschränken sich auf **stationäre Strömungen** in **Rohren mit Kreisquerschnitt**.

5.5.2 Druckabfallgleichung bei beliebigem Wärmeaustausch

Für ein Rohrelement von der Länge dl läßt sich der Druckabfall infolge Reibung nach Gleichung 4.56 wie folgt ansetzen (Bild 5.12):

$$dp = - \lambda \cdot \frac{dl}{d} \cdot \frac{\varrho}{2} \cdot \bar{w}^2$$

Da der Druck mit zunehmender Rohrlänge l abnimmt, wurde auf der rechten Seite des Ansatzes ein Minuszeichen vorgesehen. Nach der Gasgleichung für ideale Gase (Gleichung 1.5) läßt sich die Dichte ϱ durch den Druck p und die Temperatur T ausdrücken:

$$\varrho = \frac{p}{R_i \cdot T}$$

200

$$R_i = \frac{p}{\varrho \cdot T} = \frac{p_1}{\varrho_1 \cdot T_1}$$

$$\varrho = \varrho_1 \frac{T_1}{T} \cdot \frac{p}{p_1}$$

Aus der Kontinuitätsgleichung für kompressible Strömungen (Gleichung 5.4) ergibt sich für konstanten Rohrleitungsquerschnitt $A = d^2 \cdot \pi/4$:

$$\bar{w} \cdot \varrho = \bar{w}_1 \cdot \varrho_1 = \text{konst.}$$

$$\bar{w} = \bar{w}_1 \cdot \frac{\varrho_1}{\varrho} = \bar{w}_1 \cdot \varrho_1 \cdot \frac{T \cdot p_1}{\varrho_1 \cdot T_1 \cdot p}$$

$$\bar{w} = \bar{w}_1 \cdot \frac{T \cdot p_1}{T_1 \cdot p}$$

Durch Einsetzen von

$$\varrho = \varrho_1 \cdot \frac{T_1 \cdot p}{T \cdot p_1} \quad \text{und} \quad \bar{w} = \bar{w}_1 \cdot \frac{T \cdot p_1}{T_1 \cdot p}$$

in die Druckabfallgleichung

$$\mathrm{d}p = -\lambda \cdot \frac{\mathrm{d}l}{d} \cdot \frac{\varrho}{2} \cdot \bar{w}^2$$

erhält man folgende Differentialgleichung für den Druckabfall längs der Rohrleitung:

$$\mathrm{d}p = -\lambda \cdot \frac{1}{d} \cdot \frac{\varrho_1}{2} \cdot \frac{T_1 \cdot p}{T \cdot p_1} \cdot \frac{\bar{w}_1^2 \cdot T^2 \cdot p_1^2}{T_1^2 \cdot p^2} \cdot \mathrm{d}l$$

(5.7)

$$\boxed{\mathrm{d}p = -\lambda \cdot \frac{\varrho_1 \cdot \bar{w}_1^2 \cdot p_1}{2 \cdot d \cdot T_1} \cdot \frac{T}{p} \cdot \mathrm{d}l}$$

Um den Druckabfall $p_1 - p_2$ durch Integration von Gleichung 5.7 bestimmen zu können, müssen die Funktionen $T = f(x)$ und $p = f(x)$ bekannt sein.

Da die Dichte ϱ längs der Rohrleitung abnimmt (Expansionsströmung) nimmt der Volumenstrom $\dot{V}$ und damit die Geschwindigkeit w zu. Die kinematische Zähigkeit ν ändert sich ebenfalls, so daß auch die Reynolds-Zahl längs der Rohrleitung nicht konstant bleibt. Die Rohrreibungszahl λ, die bekanntlich eine Funktion der Reynolds-Zahl und der relativen Wandrauhigkeit d/k ist, ändert sich ebenfalls. Die Integration von Gleichung 5.7 ist deshalb analytisch nicht möglich. Um wenigstens eine näherungsweise Berechnung des Druckabfalls zu ermöglichen, werden folgende Vereinfachungen angenommen:
1. Die Rohrreibungszahl λ ist konstant und berechnet sich als Funktion von $Re_1 = \bar{w}_1 \cdot d/\nu_1$ und d/k.
2. Die Temperatur T wird durch eine mittlere Temperatur $\bar{T} = \dfrac{T_1 + T_2}{2}$ ersetzt.
3. Die Beschleunigungskräfte infolge der Geschwindigkeitszunahme werden vernachlässigt.
Mit diesen Vereinfachungen läßt sich Gleichung 5.7 integrieren:

$$\frac{1}{p_1} \cdot p \cdot \mathrm{d}p = -\lambda \cdot \frac{\varrho_1 \cdot \bar{w}_1^2}{2 \cdot d} \cdot \frac{\bar{T}}{T_1} \cdot \mathrm{d}l$$

$$\frac{1}{p_1} \int_{p_1}^{p_2} p \cdot \mathrm{d}p = -\lambda \cdot \frac{\varrho_1 \cdot \bar{w}_1^2}{2 \cdot d} \cdot \frac{\bar{T}}{T_1} \int_0^l \mathrm{d}l$$

$$\frac{1}{p_1} \cdot \frac{p^2}{2} \Big|_{p_2}^{p_1} = \lambda \cdot \frac{\varrho_1 \cdot \bar{w}_1^2}{2 \cdot d} \cdot \frac{\bar{T}}{T_1} \cdot l$$

(5.8)

$$\boxed{\frac{p_1^2 - p_2^2}{2\,p_1} = \lambda \cdot \frac{l}{d} \cdot \varrho_1 \cdot \frac{\bar{w}_1^2}{2} \cdot \frac{\bar{T}}{T_1}}$$

Beispiel 36

Aufgabenstellung:

Durch eine Stahlrohrleitung ($k = 0{,}3\,\text{mm}$) von 300 mm lichtem Durchmesser strömen stündlich 30 t Wasserdampf. Die Leitung hat eine Länge von 500 m. Der Eintrittsdruck des Dampfes beträgt $p_1 = 10$ bar, die Eintrittstemperatur $T_1 = 600$ K.
Wie groß ist der Druckverlust längs der Dampfleitung, wenn die Temperatur am Rohrende $T_2 = 550$ K beträgt?

Lösung:

Aus der Wasserdampftafel, einem Mollier-Diagramm bzw. aus Tafel 8 dieses Buches entnimmt man das spezifische Volumen des Wasserdampfes bzw. die Dichte für

$$p_1 = 10 \text{ bar und } T_1 = 600 \text{ K:}$$

$$v_1 = 0{,}27 \text{ m}^3/\text{kg}$$

$$\varrho_1 = \frac{1}{v_1} = \frac{1}{0{,}27} = 3{,}7 \text{ kg/m}^3$$

Die dynamische Zähigkeit des Wasserdampfes erhält man aus einer Wasserdampftafel oder aus Tafel 21 im Anhang:

$$\eta_1 = 2{,}1 \cdot 10^{-5}\ \text{Pa} \cdot \text{s}$$

Das Eintrittsvolumen $\dot{V}_1$ berechnet sich aus Massenstrom und spezifischem Volumen:

$$\dot{V} = \dot{m} \cdot v_1 = \frac{30\,000}{3600} \cdot 0{,}27$$

$$\dot{V}_1 = 2{,}25\ \text{m}^3/\text{s}$$

Die Geschwindigkeit $\bar{w}_1$ ergibt sich aus dem Volumenstrom $\dot{V}_1$ und der Rohrquerschnittsfläche A:

$$\bar{w}_1 = \frac{\dot{V}_1}{A} = \frac{2{,}25}{0{,}0707} = 31{,}8\ \text{m/s}$$

Die kinematische Zähigkeit

$$\nu_1 = \frac{\eta_1}{\varrho_1} = \frac{21 \cdot 10^{-6}}{3{,}7} = 5{,}68 \cdot 10^{-6}\ \text{m}^2/\text{s}$$

und die Geschwindigkeit $\bar{w} = 31{,}8$ m/s ergeben folgende Reynolds-Zahl:

$$Re_1 = \frac{\bar{w}_1 \cdot d}{\nu_1} = \frac{31{,}8 \cdot 0{,}3}{5{,}68} \cdot 10^6$$

$$Re_1 = 1{,}68 \cdot 10^6$$

Mit $d/k = 300/0{,}3 = 1000$ ergibt sich damit aus Tafel 30 folgende Rohrreibungszahl λ:

$$\lambda \approx 0{,}02$$

Mit $\quad \bar{T} = \dfrac{T_1 + T_2}{2} = \dfrac{600 + 550}{2} = 575\ \text{K}$

läßt sich der Enddruck p_2 aus Gleichung 5.8 berechnen:

$$\frac{p_1^2 - p_2^2}{2 \cdot p_1} = \lambda \cdot \frac{l}{d} \cdot \varrho_1 \cdot \frac{\bar{w}_1^2}{2} \cdot \frac{\bar{T}}{T_1}$$

$$\frac{p_1^2 - p_2^2}{2 \cdot p_1} = 0{,}02 \cdot \frac{500}{0{,}3} \cdot 3{,}7 \cdot \frac{31{,}8^2}{2} \cdot \frac{575}{600}$$

$$\frac{p_1^2 - p_2^2}{2 \cdot p_1} = 59\,761$$

$$p_1^2 - p_2^2 = 2 \cdot 10 \cdot 10^5 \cdot 5{,}98 \cdot 10^4$$

$$p_2^2 = p_1^2 - 0{,}12 \cdot 10^{12}$$

$$p_2^2 = 88 \cdot 10^{10}$$

$$p_2 = 9{,}38 \cdot 10^5\ \text{Pa} = 9{,}38\ \text{bar}$$

Der Druckabfall beträgt demnach:

$$\boxed{p_1 - p_2 = 10 - 9{,}38 = 0{,}62\ \text{bar}}$$

5.5.3 Druckabfall bei isothermer Strömung

Bleibt die Temperatur längs der Rohrleitung konstant, so vereinfacht sich Gleichung 5.8, da das Temperaturglied $\bar{T}/T_1$ entfällt.

(5.9)

$$\boxed{\frac{p_1^2 - p_2^2}{2\,p_1} = \lambda \cdot \frac{l}{d} \cdot \varrho_1 \frac{\bar{w}_1^2}{2}}$$

Zur Bestimmung des Druckabfalles $\Delta p = p_1 - p_2$ genügen demnach die Größen am Beginn der Rohrleitung $\varrho_1, \bar{w}_1, \nu_1, Re_1, \lambda = \lambda_1$ und die Rohrabmessungen l und d.

5.5.4 Druckabfall bei adiabater Strömung

Bei adiabater Rohrströmung tritt kein Wärmeaustausch durch die Rohrwand auf.
Um den Rechenaufwand gering zu halten, wird folgendes Näherungsverfahren empfohlen:
Zunächst wird nach Gleichung 5.9 der bei isothermer Rohrströmung auftretende Druckabfall berechnet. Aus den beiden Drücken p_1 und p_2 und der Temperatur T_1 am Rohranfang berechnet sich näherungsweise die Temperatur am Rohrende, wenn kein Wärmeaustausch vorliegt:

(5.10)

$$\boxed{T_2 \approx T_1 \left(\frac{p_2}{p_1}\right)^{\frac{\varkappa - 1}{\varkappa}}}$$

Beispiel 37

Aufgabenstellung:

Wie groß ist der Druckabfall in der im Beispiel 36 berechneten Rohrleitung, wenn isotherme Strömung ($T = 600\,\text{K} = \text{konst}$) vorausgesetzt wird?

Lösung:

Da sich die Anfangszustände nicht geändert haben, bleiben folgende Werte erhalten:

$$\varrho_1 = 3{,}7 \text{ kg/m}^3$$

$$\bar{w}_1 = 31{,}8 \text{ m/s}$$

$$\nu_1 = 5{,}68 \cdot 10^{-6} \text{ m}^2/\text{s}$$

$$Re_1 = 1{,}68 \cdot 10^6$$

$$\lambda \approx 0{,}02$$

Damit läßt sich der Druckverlust nach Gleichung 5.9 berechnen:

$$\frac{p_1^2 - p_2^2}{2\,p_1} = \lambda \cdot \frac{l}{d} \cdot \varrho_1 \cdot \frac{\bar{w}_1^2}{2}$$

$$\frac{p_1^2 - p_2^2}{2 \cdot p_1} = 0{,}02 \cdot \frac{500}{0{,}3} \cdot 3{,}7 \cdot \frac{31{,}8^2}{2}$$

$$\frac{p_1^2 - p_2^2}{2 \cdot p_1} = \frac{10 \cdot 3{,}7 \cdot 1011}{0{,}6} = 62\,360$$

$$p_1^2 - p_2^2 = 2 \cdot 10 \cdot 10^5 \cdot 62\,360$$

$$p_2^2 = (10 \cdot 10^5)^2 - 125 \cdot 10^9$$

$$p_2^2 = 10^{12} - 0{,}125 \cdot 10^{12}$$

$$p_2^2 = 87{,}5 \cdot 10^{10}$$

$$p_2 = 9{,}35 \cdot 10^5 \text{ Pa} = 9{,}35 \text{ bar}$$

Der Druckunterschied beträgt:

$$p_1 - p_2 = 10 - 9{,}35 = 0{,}65 \text{ bar}$$

Man sieht, daß dieses Ergebnis nur unwesentlich vom Ergebnis von Beispiel 36, bei dem ein Temperaturabfall längs der Leitung angenommen war, abweicht.

Mit dieser Temperatur berechnet sich die mittlere Temperatur $\bar{T}$:

(5.11)

$$\bar{T} \approx \frac{T_1 + T_2}{2}$$

Den Druckabfall infolge der Rohrreibung erhält man dann aus Gleichung 5.8. Das Rechenverfahren wird solange iterativ wiederholt, bis das Ergebnis genau genug ist.
Bei größeren Geschwindigkeiten und großen Rohrlängen wird das geschilderte Verfahren sehr ungenau.

Beispiel 38

Aufgabenstellung:

Durch eine Dampfleitung von 1 km Länge und 150 mm Nennweite strömen stündlich 30 t Dampf. Die Wandrauhigkeit beträgt $k = 0{,}05$ mm.

Die Anfangszustände betragen:
Druck $p_1 = 50$ bar $= 50 \cdot 10^5 \text{ N/m}^2$
Temperatur $T_1 = 700\,\text{K}$
spezifisches Volumen $v_1 = 0{,}061 \text{ m}^3/\text{kg}$
Dichte $\varrho_1 = 16{,}4 \text{ kg/m}^3$
dynamische Zähigkeit $\eta_1 = 26 \cdot 10^{-6} \text{ Pa} \cdot \text{s}$

kinematische Zähigkeit $v_1 = \dfrac{\eta_1}{\varrho_1} = \dfrac{26 \cdot 10^{-6}}{16{,}4}$

$$= 1{,}59 \cdot 10^{-6} \text{ m}^2/\text{s}$$

Wie groß ist der Druckverlust bei adiabater Strömung?

Lösung:

Zunächst wird der Druckverlust für isotherme Strömung berechnet:

$$w_1 = \frac{\dot{m} \cdot v_1}{A} = \frac{30\,000 \cdot 0{,}061}{0{,}017\,67 \cdot 3600}$$

$$w_1 = 28{,}8 \text{ m/s}$$

$$Re_1 = \frac{w_1 \cdot d}{\nu_1} = \frac{28,8 \cdot 0,015}{1,59} \, 10^6$$

$$Re_1 = 2,72 \cdot 10^6$$

mit

$$\left. \begin{array}{l} \dfrac{d}{k} = \dfrac{150}{0,05} = 3000 \\[2mm] Re_1 = 2,72 \cdot 10^6 \end{array} \right\} \begin{array}{l} \text{wird } \lambda \text{ nach} \\ \text{Tafel 30:} \end{array}$$

$$\lambda \approx 0,016$$

Der Druckabfall beträgt:

$$\frac{p_1^2 - p_2^2}{2\,p_1} = \lambda \cdot \frac{l}{d} \cdot \varrho_1 \frac{w_1^2}{2}$$

$$\frac{p_1^2 - p_2^2}{2\,p_1} = 0,016 \cdot \frac{1000}{0,15} \cdot 16,4 \cdot \frac{28,8^2}{2}$$

$$\frac{p_1^2 - p_2^2}{2\,p_1} = 725\,000$$

$$p_1^2 - p_2^2 = 2 \cdot 50 \cdot 10^5 \cdot 7,25 \cdot 10^5$$

$$p_2^2 = p_1^2 - 7,25 \cdot 10^{12}$$

$$p_2^2 = 25 \cdot 10^{12} - 7,25 \cdot 10^{12}$$

$$p_2^2 = 17,75 \cdot 10^{12}$$

$$p_2 = 4,2 \cdot 10^6 \, \text{Pa} = 42 \, \text{bar}$$

Damit läßt sich in 1. Näherung die adiabatische Endtemperatur T_2 bestimmen:

$$T_2 \approx T_1 \left(\frac{p_2}{p_1} \right)^{\frac{\varkappa - 1}{\varkappa}}$$

Der Isentropenexponent von Heißdampf von 50 bar und 700 K beträgt $\varkappa \approx 1,28$ (Tafel 26).

$$T_2 \approx 700 \left(\frac{42}{50} \right)^{\frac{1,28 - 1}{1,28}}$$

$$T_2 = 700 \cdot 0,84^{0,219}$$

$$T_2 \approx 674 \, \text{K}$$

Die mittlere Temperatur beträgt:

$$\bar{T} \approx \frac{T_1 + T_2}{2} = \frac{700 + 674}{2}$$

$$\bar{T} \approx 687 \, \text{K}$$

Damit läßt sich der Druckabfall nach Gleichung 5.8 berechnen:

$$\frac{p_1^2 - p_2^2}{2\,p_1} = \lambda \cdot \frac{l}{d} \cdot \varrho_1 \cdot \frac{\bar{w}_1^2}{2} \cdot \frac{\bar{T}}{T_1}$$

$$\frac{p_1^2 - p_2^2}{2\,p_1} = 0,016 \cdot \frac{1000}{0,15} \cdot 16,4 \cdot \frac{28,8^2}{2} \cdot \frac{687}{700}$$

$$\frac{p_1^2 - p_2^2}{2\,p_1} = 712\,000$$

$$p_1^2 - p_2^2 = 2 \cdot 50 \cdot 10^5 \cdot 7,12 \cdot 10^5$$

$$p_2^2 = p_1^2 - 7,12 \cdot 10^{12}$$

$$p_2^2 = 25 \cdot 10^{12} - 7,12 \cdot 10^{12}$$

$$p_2^2 = 17,88 \cdot 10^{12}$$

$$p_2 = 42,3 \, \text{bar}$$

$$\Delta p = 50 - 42,3 = 7,7 \, \text{bar}$$

Man sieht, daß das Ergebnis gut mit der isotherm gerechneten Lösung übereinstimmt. Weitere Iterationen bringen keine höhere Genauigkeit, da bereits in der Annahme $\lambda \approx 0,016$ eine gewisse Unsicherheit steckt.

In der Praxis wird der Druckabfall in Rohrleitungen, durch die die häufig vorkommenden Medien Wasserdampf, Druckluft und Erdgas strömen, mittels Rechenprogrammen oder Nomogrammen ermittelt. Für Übungszwecke ist in Tafel 41 der Druckabfall in Wasserdampfleitungen in einem Diagramm dargestellt. Ähnliche Diagramme für Druckluft oder Erdgas können aus der einschlägigen Literatur entnommen werden.

5.5.5 Druckabfall bei Drosselung

Unter Drosselung versteht man eine stationär verlaufende Expansion eines Gas- oder Dampfstromes durch einen in einer Rohrleitung eingebauten Widerstand ohne Arbeitsleistung und ohne äußere Wärmezu- oder -abfuhr.
Bei der Drosselstelle, die in Bild 5.13 als Blende

dargestellt ist, kann es sich im Betrieb um ein Stellglied, wie z.B. Schieber, Ventil, Hahn, Drosselklappe, oder um eine Meßstelle, wie z.B. Blende, Düse oder Venturirohr, handeln. Auch die Einlaß- und Regelventile von Dampfturbinen stellen derartige Drosselstellen dar.

Der an der Drosselstelle infolge Reibung und Verwirbelung auftretende Druckabfall berechnet sich nach Abschnitt 4.5.7:

(5.12)

$$\Delta p_v = \zeta \cdot \varrho \cdot \frac{\bar{w}^2}{2}$$

wobei $\bar{w}$ je nach Art der Drosselstelle und Definition von ζ die Geschwindigkeit $\bar{w}_1$ oder $\bar{w}_2$ sein kann.

Die Widerstandszahlen der einzelnen Drosselstellen finden sich im Abschnitt 4.5.7.

Der Reibungsverlust wird in Wärme umgewandelt, die jedoch nicht nach außen abgegeben wird.

Stellt man den adiabaten Expansionsvorgang in einem p-v-Diagramm dar (Bild 5.14), so kann man die bei der Drosselung in Wärme umgewandelte Energie als Fläche darstellen.

Würde man anstelle des Drosselwiderstandes eine Kraftmaschine, z.B. eine Turbine, in die Rohrleitung einbauen, so würde diese eine dem Druckgefälle entsprechende Nutzarbeit nach außen abgeben. Da nach außen weder Wärme zu- noch abgeführt werden soll, d.h. dq = 0 ist und auch keine Arbeitsabgabe oder -aufnahme vorliegt, kann für das Energiegleichgewicht Gleichung 5.6 angesetzt werden:

$$h_1 + \frac{w_1^2}{2} = h_2 + \frac{w_2^2}{2}$$

Nimmt man an, daß die Geschwindigkeiten vor und nach der Drosselstelle gleich groß sind bzw. daß der Ausdruck

$$\frac{w_2^2 - w_1^2}{2}$$

gegenüber der Enthalpie vernachlässigbar klein ist, so ergibt sich für die Zustandsänderung der Drosselung:

(5.13)

$$h_1 = h_2 = \text{konst.}$$

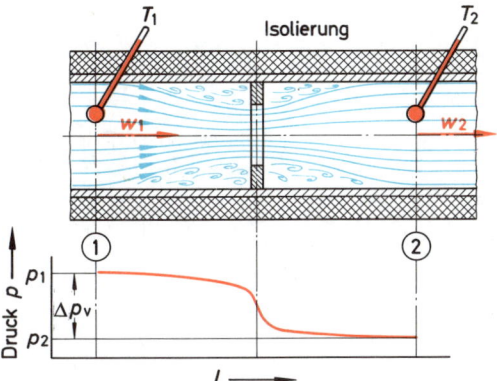

Bild 5.13 Strömung durch eine Drosselstelle

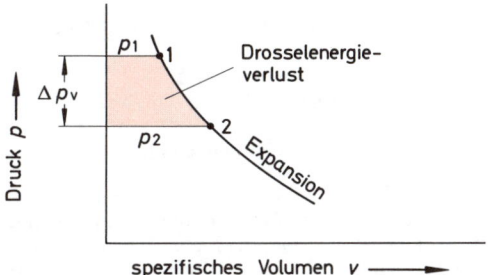

Bild 5.14 Darstellung eines Drosselenergiever-lustes im p-v-Diagramm

Bei der Drosselung bleibt die Enthalpie konstant, weshalb man diese Zustandsänderung als **Isenthalpe** bezeichnet.

Bei idealen Gasen und Dämpfen ist die Enthalpieänderung bekanntlich wie folgt definiert:

$$dh = c_p \cdot dT$$

Wenn die Enthalpie h konstant bleibt, ist dh = 0 und damit auch dT = 0, da c_p ja nicht 0 werden kann.

Bei idealen Gasen und Dämpfen bleibt also die Temperatur bei einer Drosselung konstant. Bei realen Gasen und Dämpfen bleibt die Temperatur bei einer Drosselung nicht konstant.

Bei relativ kleinen Drücken und Temperaturen kühlt sich das Medium durch die Drosselung ab (positiver Joule-Thomsen-Effekt), bei großen Drücken und Temperaturen heizt sich das Me-

205

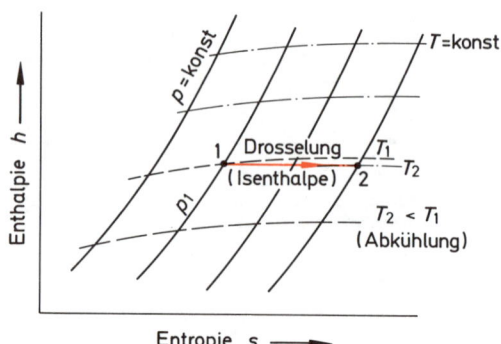

Bild 5.15 Darstellung der Drosselung eines realen Gases oder eines Dampfes im Enthalpie-Entropie-Diagramm

dium dagegen bei der Drosselung auf (negativer Joule-Thomsen-Effekt).

Die Abkühlung bzw. Erwärmung bei Drosselung realer Gase und Dämpfe ermittelt man in der Praxis am besten mit Hilfe eines Enthalpie-Entropie-Diagrammes (Mollier-Diagrammes) wie es in Bild 5.15 qualitativ dargestellt ist.

Auch die Benutzung eines Druck-Enthalpie-Diagrammes erweist sich als geschickt um die Abkühlungstemperatur bzw. Aufheizungstemperatur grafisch zu bestimmen.

Nähere Einzelheiten zu den thermodynamischen Vorgängen bei der Drosselung müssen aus Lehr- und Fachbüchern über Thermodynamik entnommen werden.

5.6 Ausströmvorgänge

5.6.1 Ausströmen aus Druckbehältern

5.6.1.1 Die Ausströmgeschwindigkeit

In einem Druckbehälter (Bild 5.16) befindet sich Luft, Gas oder Dampf unter dem Druck p_i und mit der Temperatur T_i. Durch eine im Verhältnis zum Behälterquerschnitt kleine Öffnung A_a soll das Medium in einer stationären Expansionsströmung ins Freie strömen. Dabei wird die Druck- und Wärmeenergie, die das Medium im Behälter hat, in kinetische Energie des austretenden Strahles umgesetzt.

Zunächst wird angenommen, daß der Ausströmvorgang isentrop, d.h. ohne Wärmezu- oder -abfuhr und ohne Reibung verläuft.

Nach der Energiegleichung (Gleichung 5.6) ergibt sich dabei folgende Ausströmgeschwindigkeit w'_a:

$$h_i + \frac{w_i^2}{2} = h_a + \frac{w'^2_a}{2}$$

Die Geschwindigkeitsenergie $w_i^2/2$ ist vernachlässigbar klein gegenüber der kinetischen Energie des Strahles $w'^2_a/2$, so daß $w_i^2/2$ gleich Null gesetzt werden kann.

$$\frac{w'^2_a}{2} = h_i - h_a = \Delta h_s$$

(5.14)

$$w'_a = \sqrt{2 \cdot \Delta h_s}$$

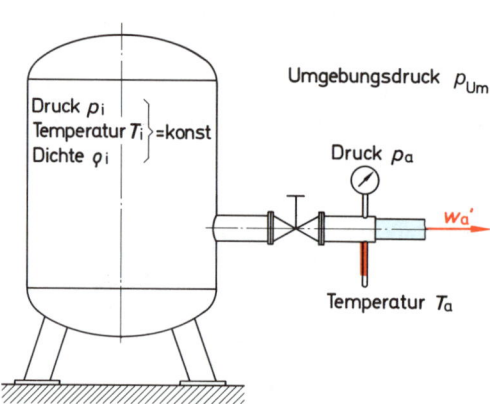

Bild 5.16 Ausströmen aus einem Druckbehälter

Man erkennt die formale Übereinstimmung dieser Gleichung mit der Ausflußformel von TORRICELLI (Gleichung 4.10), wobei allerdings Δh_s kein Höhenunterschied zwischen 2 Flüssigkeitsspiegeln, sondern die Enthalpiedifferenz zwischen dem Zustand im Behälter und dem Zustand im Strahl ausdrückt.

Für ideale Gase und Dämpfe kann die isentrope Enthalpiedifferenz Δh_s durch die Temperaturdifferenz $T_i - T_{a,s}$ ersetzt werden:

$$\Delta h_s = c_p \cdot (T_i - T_{a,s})$$

Bei der isentropen Expansion besteht zwischen der Temperaturabsenkung und der Druckabsenkung folgender formelmäßiger Zusammenhang:

$$T_{a,s} = T_i \left(\frac{p_a}{p_i} \right)^{\frac{\varkappa - 1}{\varkappa}}$$

Durch Einsetzen in die Beziehung für die Enthalpiedifferenz Δh_s ergibt sich folgender Ausdruck für die theoretische Ausflußgeschwindigkeit w'_a:

$$\Delta h_s = c_p \cdot T_i \left[1 - \left(\frac{p_a}{p_i} \right)^{\frac{\varkappa - 1}{\varkappa}} \right]$$

(5.15a)

$$w'_a = \sqrt{ 2 \cdot c_p \cdot T_i \left[1 - \left(\frac{p_a}{p_i} \right)^{\frac{\varkappa - 1}{\varkappa}} \right] }$$

Aus $R_i = c_p - c_v$ und $\varkappa = c_p/c_v$ ergibt sich

$$c_p = R_i \cdot \frac{\varkappa}{\varkappa - 1}$$

In Gleichung 5.15a eingesetzt, erhält man eine weitere Ausdrucksform für die Ausflußgeschwindigkeit w'_a:

(5.15b)

$$w'_a = \sqrt{ 2 \cdot \frac{\varkappa}{\varkappa - 1} \cdot R_i \cdot T_i \left[1 - \left(\frac{p_a}{p_i} \right)^{\frac{\varkappa - 1}{\varkappa}} \right] }$$

Nach der allgemeinen Gasgleichung kann man $R_i \cdot T_i$ durch $R_i \cdot T_i = p_i \cdot v_i = p_i/\varrho_i$ ausdrücken:

(5.15c)

$$w'_a = \sqrt{ 2 \cdot \frac{\varkappa}{\varkappa - 1} \cdot p_i \cdot v_i \left[1 - \left(\frac{p_a}{p_i} \right)^{\frac{\varkappa - 1}{\varkappa}} \right] }$$

$$= \sqrt{ 2 \cdot \frac{\varkappa}{\varkappa - 1} \cdot \frac{p_i}{\varrho_i} \left[1 - \left(\frac{p_a}{p_i} \right)^{\frac{\varkappa - 1}{\varkappa}} \right] }$$

Gleichung 5.15c bezeichnet man als Gleichung von SAINT-VENANT und WANTZEL.
Die in den Gleichungen 5.14 und 5.15 ausgedrückte Zustandsänderung läßt sich grafisch im p-v-Diagramm (Bild 5.17a) oder besser im h-s-Diagramm (Bild 5.17b) darstellen.
Die Darstellung im h-s-Diagramm (Mollier-Diagramm), bei der die isentrope Expansionslinie die vertikale Verbindungslinie zwischen den Zu-

standspunkten i und a ist, hat den Vorteil, daß man die kinetische Energie $w_a^2/2$ direkt abgreifen kann, während man im p-v-Diagramm erst die Fläche unter der Hyperbel $p \cdot v^{\varkappa} =$ konst. zwischen i und a bestimmen müßte.
h-s-Diagramme, wie z.B. das Mollier-Diagramm für Wasserdampf, enthalten deshalb meistens einen Geschwindigkeitsmaßstab, der es gestattet, nach Eintragen der Zustandslinie $i - a$ direkt die Geschwindigkeit w'_a abzulesen. Für reale Gase und Dämpfe empfiehlt sich deshalb die Verwendung derartiger Mollier-Diagramme.
Da in der Behälteröffnung Reibung, Ablösung und Verwirbelungen entstehen, verläuft die tatsächliche Entspannung nicht isentrop, sondern mit Entropiezunahme.
Die tatsächlich erreichte Geschwindigkeit w_a ist kleiner als die theoretische Ausströmgeschwindigkeit w'_a, die wirkliche Temperatur T_a im Strahl liegt über der theoretischen Temperatur $T_{a,s}$. In Bild 5.18 ist die tatsächlich in der Behälteröffnung stattfindende Expansion dargestellt. Die Austrittsgeschwindigkeit beträgt:

(5.16)

$$w_a = \varphi \cdot w'_a = \varphi \cdot \sqrt{2 \cdot \Delta h_s} = \sqrt{2 \cdot \Delta h}$$

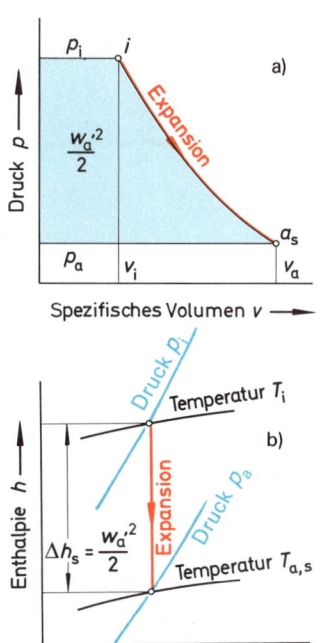

Bild 5.17 Darstellung der Ausströmung aus einem Druckbehälter im p-v-Diagramm und h-s-Diagramm

Den Faktor φ bezeichnet man wie beim Ausfluß aus Flüssigkeitsbehältern (Gleichung 4.117) als **Geschwindigkeitsbeiwert.**

Führt man einen Wirkungsgrad η für die Energieumsetzung ein, so besteht zwischen ihm und dem Geschwindigkeitsbeiwert folgender Zusammenhang:

$$\eta = \frac{\Delta h}{\Delta h_s} = \frac{w_a^2/2}{w_a'^2/2} = \frac{\varphi^2 \cdot w_a'^2/2}{w_a'^2/2}$$

(5.17)

$$\boxed{\eta = \varphi^2}$$

Die Größe des Geschwindigkeitsbeiwertes hängt von der Art der Behälteröffnung ab. Bei gut abgerundeten Düsen ist φ sehr hoch, bei scharfkantigen Rohranschlüssen niedriger.

Wird die Behälteröffnung durch ein Absperrorgan mit der Widerstandszahl ζ' (Gleichung 4.86) versehen, so besteht zwischen ζ' und φ folgende Beziehung:

$$\Delta h_v = \zeta' \cdot \frac{w_a'^2}{2} = \zeta' \cdot \Delta h_s$$

$$w_a = \varphi \cdot \sqrt{2 \cdot \Delta h_s} = \sqrt{2 \cdot (\Delta h_s - \Delta h_v)}$$

$$= \sqrt{2 \cdot (\Delta h_s - \zeta' \cdot \Delta h_s)}$$

$$\varphi \cdot \sqrt{2 \cdot \Delta h_s} = \sqrt{2 \cdot \Delta h_s \cdot (1 - \zeta')}$$

$$= \sqrt{2 \cdot \Delta h_s} \cdot \sqrt{1 - \zeta'}$$

(5.18)

$$\boxed{\varphi = \sqrt{1 - \zeta'}}$$

Wird das Absperrorgan nur soweit geöffnet, daß $\zeta' \geqq 1$ wird, findet keine Expansion, sondern eine Drosselung statt.

Über die physikalisch sehr unpräzise Erfassung der Reibung durch den Geschwindigkeitsbeiwert φ wurde bereits in Abschnitt 4.7.1.1 eine kritische Anmerkung gemacht und empfohlen, die Reibung durch eine Grenzschichtbetrachtung zu berücksichtigen.

5.6.1.2 Austretender Massenstrom

Der aus der Behälteröffnung theoretisch austretende Massenstrom $\dot{m}_{th}$ ergibt sich aus der Kontinuitätsgleichung (Gleichung 5.4):

$$\dot{m}_{th} = A_a \cdot w_a' \cdot \varrho_a$$

Bei idealen Gasen und Dämpfen besteht folgender Zusammenhang zwischen Dichte und Druck:

$$p \left(\frac{1}{\varrho} \right)^{\varkappa} = \text{konst.}$$

$$p_a \cdot \left(\frac{1}{\varrho_a} \right)^{\varkappa} = p_i \left(\frac{1}{\varrho_i} \right)^{\varkappa}$$

$$\varrho_a = \varrho_i \left(\frac{p_a}{p_i} \right)^{1/\varkappa}$$

mit

$$w_a' = \sqrt{2 \cdot \frac{\varkappa}{\varkappa - 1} \cdot \frac{p_i}{\varrho_i} \cdot \left[1 - \left(\frac{p_a}{p_i} \right)^{\frac{\varkappa - 1}{\varkappa}} \right]}$$

ergibt sich für den theoretisch ausfließenden Massenstrom $\dot{m}_{th}$:

$$\dot{m}_{th} = A_a \cdot \varrho_i \left(\frac{p_a}{p_i} \right)^{1/\varkappa} \cdot \sqrt{2 \cdot \frac{\varkappa}{\varkappa - 1} \cdot \frac{p_i}{\varrho_i} \left[1 - \left(\frac{p_a}{p_i} \right)^{\frac{\varkappa - 1}{\varkappa}} \right]}$$

$$\dot{m}_{th} = A_a \cdot \sqrt{2 \cdot \frac{\varkappa}{\varkappa - 1} \cdot \varrho_i^2 \left(\frac{p_a}{p_i} \right)^{2/\varkappa} \cdot \frac{p_i}{\varrho_i} \cdot \left[1 - \left(\frac{p_a}{p_i} \right)^{\frac{\varkappa - 1}{\varkappa}} \right]}$$

$$\dot{m}_{th} = A_a \cdot \sqrt{2 \cdot \frac{\varkappa}{\varkappa - 1} \cdot p_i \cdot \varrho_i \left[\left(\frac{p_a}{p_i} \right)^{2/\varkappa} - \left(\frac{p_a}{p_i} \right)^{\frac{\varkappa + 1}{\varkappa}} \right]}$$

(5.19)

$$\boxed{\dot{m}_{th} = A_a \cdot \sqrt{2 \cdot \varrho_i \cdot p_i} \cdot \sqrt{\frac{\varkappa}{\varkappa - 1} \left[\left(\frac{p_a}{p_i} \right)^{2/\varkappa} - \left(\frac{p_a}{p_i} \right)^{\frac{\varkappa + 1}{\varkappa}} \right]}}$$

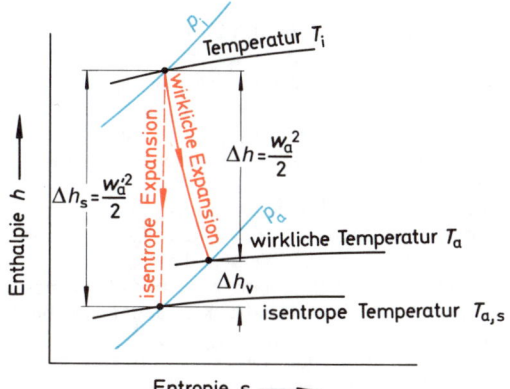

Bild 5.18 *Darstellung des wirklichen Ausströmungsvorganges im h-s-Diagramm*

Wie man aus Gleichung 5.19 ersieht, hängt der theoretisch aus der Behälteröffnung austretende Massenstrom $\dot{m}_{th}$ von folgenden Größen ab:

1. von der Behälteröffnung
2. vom Druck p_i im Behälter
3. von der Dichte ϱ_i des Mediums
4. vom Isentropenexponenten $\varkappa$
5. vom Druckverhältnis p_a/p_i

Die zweite, größere Wurzel in Gleichung 5.19 enthält nur Verknüpfungen zwischen dem Isentropenexponenten $\varkappa$ und dem Druckverhältnis p_a/p_i. Für diesen Wurzelausdruck wird deshalb eine besondere Funktion, die **Ausflußfunktion** ψ eingeführt:

$$\text{(5.20)}$$

$$\psi = \sqrt{\frac{\varkappa}{\varkappa - 1}\left[\left(\frac{p_a}{p_i}\right)^{2/\varkappa} - \left(\frac{p_a}{p_i}\right)^{\frac{\varkappa + 1}{\varkappa}}\right]}$$

Die Ausflußfunktion ψ ist für verschiedene Werte von $\varkappa$ für den Bereich $p_a/p_i = 0$ bis 1 in Bild 5.19 dargestellt.
Für den Massenstrom $\dot{m}_{th}$ ergibt sich damit folgender einfacher Ausdruck:

$$\text{(5.21)}$$

$$\dot{m}_{th} = A_a \cdot \psi \cdot \sqrt{2 \cdot p_i \cdot \varrho_i}$$

Der wirkliche Massenstrom $\dot{m}$ berücksichtigt folgende Einflüsse:

1. die Reibung durch den Geschwindigkeitsbeiwert φ
2. die Strahleinschnürung durch die Kontraktionszahl α

$$\dot{m} = \varphi \cdot \alpha \cdot \dot{m}_{th} = \mu \cdot \dot{m}_{th}$$

$$\text{(5.22)}$$

$$\dot{m} = \mu \cdot A_a \cdot \psi \sqrt{2 \cdot p_i \cdot \varrho_i}$$

Geschwindigkeitsbeiwert φ, Kontraktionszahl α und Ausflußzahl μ können gemäß Abschnitt 4.7.1.1 bestimmt werden.

5.6.1.3 Das kritische Druckverhältnis

Stellt man Gleichung 5.21 grafisch dar (Bild 5.20), so erhält man analog zu Bild 5.19 eine parabolische Kurve $\dot{m}_{th} = f(p_a/p_i)$.
Es ist leicht einzusehen, daß von $p_a/p_i = 1$, d.h., wenn $\dot{m}_{th} = 0$ ist, bis zum Maximum der Kurve mit sinkendem Druckverhältnis p_a/p_i der Massenstrom $\dot{m}_{th}$ zunimmt.
Bei weiterer Druckabsenkung über den dem Kurvenmaximum entsprechenden Wert $(p_a/p_i)_{krit}$ hinaus, würde der Massenstrom wieder abnehmen, was doch sicherlich nicht zutreffen kann. Es wurde vielmehr durch Versuche festgestellt, daß nach Unterschreiten des Druckverhältnisses $(p_a/p_i)_{krit}$ der ausströmende Massenstrom unab-

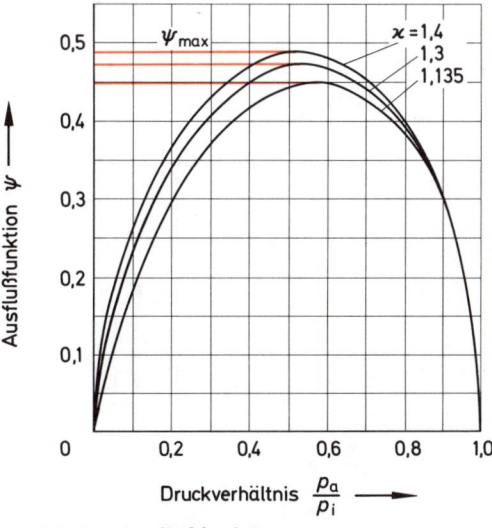

Bild 5.19 *Ausflußfunktion*

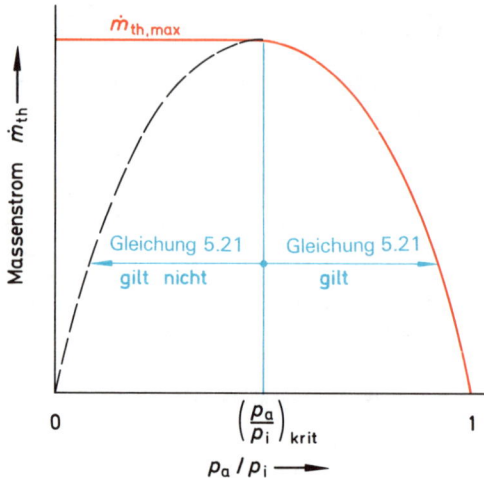

Bild 5.20   Zusammenhang zwischen Druckver-
hältnis und ausströmendem Massenstrom

hängig von der Größe des Druckes p_a konstant
bleibt.

Man bezeichnet das Druckverhältnis, bei dem
sich bei gegebenen Behälterzuständen p_i und ϱ_i
und gegebener Behälteröffnung A_a der Massenstrom nicht mehr ändert als **kritisches Druckverhältnis** $(p_a/p_i)_{krit}$.

Wenn sich der Massenstrom $\dot{m}_{th}$ nicht mehr
ändert muß auch nach Gleichung 5.21 die Ausflußfunktion konstant bleiben, d.h., der Druck p_a
im Strahl bleibt unabhängig vom Außendruck
p_{Um} konstant. Der Strahldruck p_a ist dann größer
als der Umgebungsdruck p_{Um}.

Je nach Größe des Druckverhältnisses p_a/p_i
unterscheidet man zwei Arten von Ausströmvorgängen:

1. unterkritische Ausströmung
2. überkritische Ausströmung

In Bild 5.21 sind beide Ausströmformen gegenübergestellt.

Das kritische Druckverhältnis stellt sich ein, wenn
die Ausflußfunktion ψ ihr Maximum erreicht. Da
in der Definition der Ausflußfunktion ψ in Gleichung 5.20 der Ausdruck $\varkappa/(\varkappa - 1)$ konstant ist,

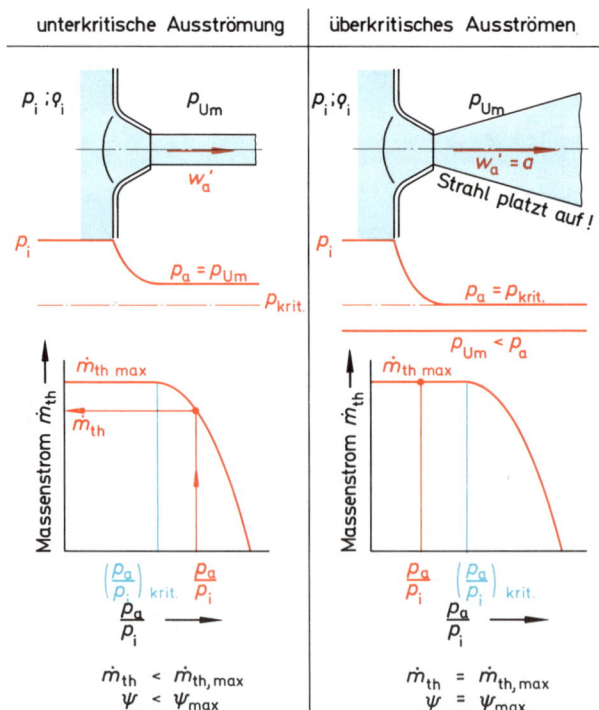

Bild 5.21
Unterschied zwischen unterkriti-
schem und überkritischem Ausströ-
men

genügt es für die Maximumsbetrachtung die 1. Ableitung des Ausdruckes

$$\left(\frac{p_a}{p_i}\right)^{2/\varkappa} - \left(\frac{p_a}{p_i}\right)^{\frac{\varkappa+1}{\varkappa}}$$

zu bilden und Null zu setzen:

$$\frac{2}{\varkappa}\left(\frac{p_a}{p_i}\right)^{\frac{2}{\varkappa}-1} - \frac{\varkappa+1}{\varkappa}\left(\frac{p_a}{p_i}\right)^{\frac{\varkappa+1}{\varkappa}-1} = 0$$

Nach einigen Umformungen erhält man:

(5.23)

$$\boxed{\left(\frac{p_a}{p_i}\right)_{krit} = \left(\frac{2}{\varkappa+1}\right)^{\frac{\varkappa}{\varkappa-1}}}$$

Man bezeichnet das kritische Druckverhältnis auch als **Lavaldruckverhältnis**.

Setzt man das kritische Druckverhältnis nach Gleichung 5.23 in den Ausdruck für die Ausflußfunktion ψ nach Gleichung 5.20 ein, so erhält man die Beziehung für ψ_{max}:

$$\psi_{max} = \sqrt{\frac{\varkappa}{\varkappa-1}\left[\left(\frac{2}{\varkappa+1}\right)^{\frac{\varkappa}{\varkappa-1}\cdot\frac{2}{\varkappa}} - \left(\frac{2}{\varkappa+1}\right)^{\frac{\varkappa}{\varkappa-1}\cdot\frac{\varkappa+1}{\varkappa}}\right]}$$

Durch Umformen vereinfacht sich der Ausdruck zu:

(5.24)

$$\boxed{\psi_{max} = \left(\frac{2}{\varkappa+1}\right)^{\frac{1}{\varkappa-1}}\sqrt{\frac{\varkappa}{\varkappa+1}}}$$

Für Luft, Heißdampf und Naßdampf sind die Mittelwerte für $\varkappa$, $(p_a/p_i)_{krit}$ und ψ_{max} in Tabelle 5.3 zusammengestellt.

5.6.1.4 Die kritische Geschwindigkeit

Die maximale Ausströmgeschwindigkeit tritt bei maximalem Massenstrom, d.h. bei ψ_{max} und $(p_a/p_i)_{krit}$ auf.

Durch Einsetzen von $(p_a/p_i)_{krit}$ nach Gleichung 5.23 in Gleichung 5.15c erhält man für die maximale Geschwindigkeit:

$$w'_{a\,max} = \sqrt{2\cdot\frac{\varkappa}{\varkappa-1}\cdot\frac{p_i}{\varrho_i}\left[1 - \left(\frac{2}{\varkappa+1}\right)^{\frac{\varkappa}{\varkappa-1}\cdot\frac{\varkappa-1}{\varkappa}}\right]}$$

$$w'_{a\,max} = \sqrt{2\cdot\frac{\varkappa}{\varkappa-1}\cdot\frac{p_i}{\varrho_i}\left(1 - \frac{2}{\varkappa+1}\right)}$$

$$w'_{a\,max} = \sqrt{2\cdot\frac{p_i}{\varrho_i}\cdot\frac{\varkappa(\varkappa+1)-2\cdot\varkappa}{(\varkappa+1)\cdot(\varkappa-1)}}$$

$$w'_{a\,max} = \sqrt{2\cdot\frac{p_i}{\varrho_i}\cdot\frac{\varkappa^2+\varkappa-2\cdot\varkappa}{(\varkappa+1)\cdot(\varkappa-1)}}$$

$$w'_{a\,max} = \sqrt{2\cdot\frac{p_i}{\varrho_i}\cdot\frac{\varkappa\cdot(\varkappa-1)}{(\varkappa+1)\cdot(\varkappa-1)}}$$

$$w'_{a\,max} = \sqrt{2\cdot\frac{p_i}{\varrho_i}\cdot\frac{\varkappa}{\varkappa+1}}$$

Für p_i/ϱ_i kann nach der allgemeinen Gasgleichung $R_i\cdot T_i$ gesetzt werden, wobei

$$T_{a,s} = T_i\left(\frac{p_a}{p_i}\right)_{krit}^{\frac{\varkappa-1}{\varkappa}}$$

ist.

Tabelle 5.3   Kritische Werte einiger Gase und Dämpfe

Medium	$\varkappa$	$(p_a/p_i)_{krit}$	ψ_{max}	$w'_{a\,max}$
Luft, zweiatomige Gase	1,4	0,528	0,484	$1,08\cdot\sqrt{p_i/\varrho_i}$*
Heißdampf, dreiatomige Gase	1,3	0,546	0,473	$1,06\cdot\sqrt{p_i/\varrho_i}$
Sattdampf**	1,135	0,577	0,45	$1,03\cdot\sqrt{p_i/\varrho_i}$

---

* $\sqrt{p_i/\varrho_i} = \sqrt{R_i\cdot T_i}$;
** Naßdampf: $\varkappa = 1,035 + 0,1\,x$, x = Dampfnässe.

Für $(p_a/p_i)_{krit}$ wird nach Gleichung 5.23

$$\left(\frac{p_a}{p_i}\right)_{krit} = \left(\frac{2}{\varkappa + 1}\right)^{\frac{\varkappa}{\varkappa - 1}}$$

gesetzt

$$T_{a,s} = T_i \left(\frac{2}{\varkappa + 1}\right)^{\frac{\varkappa}{\varkappa - 1} \cdot \frac{\varkappa - 1}{\varkappa}} = T_i \cdot \frac{2}{\varkappa + 1}$$

$$T_i = T_{a,s} \cdot \frac{\varkappa + 1}{2}$$

$$w'_{a\,max} = \sqrt{2 \cdot R_i \cdot T_i \cdot \frac{\varkappa}{\varkappa + 1}}$$

$$= \sqrt{2 \cdot R_i \cdot T_{a,s} \cdot \frac{\varkappa + 1}{2} \cdot \frac{\varkappa}{\varkappa + 1}}$$

$$w'_{a\,max} = \sqrt{\varkappa \cdot R_i \cdot T_{a,s}}$$

Man erkennt, daß dieser Ausdruck für $w'_{a\,max}$ identisch ist mit der Schallgeschwindigkeit nach Gleichung 5.1.

(5.25)

$$\boxed{w'_{a\,max} = w_{krit} = a = \sqrt{\varkappa \cdot R_i \cdot T_{a,s}}}$$

Gleichung 5.25 besagt, daß beim Ausströmen eines gas- oder dampfförmigen Mediums aus einem Druckbehälter die Austrittsgeschwindigkeit höchstens den Wert der Schallgeschwindigkeit annehmen kann.
Man bezeichnet diese Maximalgeschwindigkeit auch als **Lavalgeschwindigkeit**.
In Tabelle 5.3 sind für wichtige Medien die Werte für $w'_{a\,max}$ angegeben.

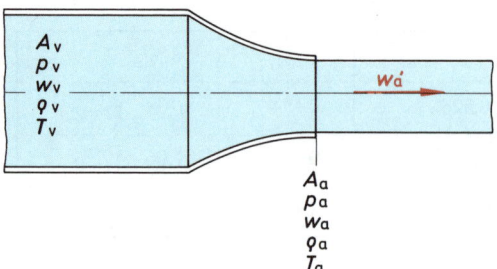

Bild 5.22   Ausströmen aus einer Rohrdüse

5.6.1.5.   Ausströmen mit Vorgeschwindigkeit

Kann die Geschwindigkeit w_v gegenüber der Austrittsgeschwindigkeit w'_a nicht mehr vernachlässigt werden, so ergibt sich im Gegensatz zur Behälteraustrittsgeschwindigkeit folgender Ansatz:

$$h_v + \frac{w_v^2}{2} = h_a + \frac{w_a'^2}{2}$$

$$\frac{w_a'^2}{2} = h_v - h_a + \frac{w_v^2}{2}$$

Für die Enthalpiedifferenz $h_v - h_a$ kann gesetzt werden:

$$h_v - h_a = c_p \cdot T_v \left[1 - \left(\frac{p_a}{p_v}\right)^{\frac{\varkappa - 1}{\varkappa}}\right]$$

$$h_v - h_a = \frac{\varkappa}{\varkappa - 1} \cdot \frac{p_v}{\varrho_v} \left[1 - \left(\frac{p_a}{p_v}\right)^{\frac{\varkappa - 1}{\varkappa}}\right]$$

Damit wird w'_a

(5.26)

$$\boxed{w'_a = \sqrt{2 \frac{\varkappa}{\varkappa - 1} \cdot \frac{p_v}{\varrho_v} \left[1 - \left(\frac{p_a}{p_v}\right)^{\frac{\varkappa - 1}{\varkappa}}\right] + w_v^2}}$$

Die tatsächliche Ausströmgeschwindigkeit ergibt sich aus Gleichung 5.16, der austretende Massenstrom ist identisch mit dem zur Düse strömenden Massenstrom $\dot{m}_v$.

(5.27)

$$\boxed{\dot{m} = \dot{m}_v = A_v \cdot \varrho_v \cdot w_v}$$

Der erforderliche Austrittsquerschnitt A_a ergibt sich aus:

$$\dot{m} = \mu \cdot A_a \cdot w'_a \cdot \varrho_a$$

(5.28)

$$\boxed{A_a = \frac{\dot{m}}{\mu \cdot w'_a \cdot \varrho_a}}$$

Beispiel 39

Aufgabenstellung:

In einem Druckluftbehälter befindet sich Druckluft, die unter einem Druck $p_i = 6$ bar und einer Temperatur $T = 300$ K steht. Durch eine Austrittsöffnung von 5 cm $\varnothing$ tritt die Druckluft ins Freie, wobei der Umgebungsdruck $p_{Um} = 1$ bar beträgt.

Die Widerstandszahl der aus einem kurzen Rohrstück und einem geöffneten Schieber bestehenden Öffnung beträgt $\zeta' = 0{,}3$, die Kontraktionszahl $\alpha = 0{,}9$.

a) ist der Ausströmvorgang unterkritisch oder überkritisch?
b) Wie groß ist die austretende Luftmenge?
c) Wie groß ist der Druck p_a in der Öffnung?
d) Wie groß ist die Temperatur T_a in der Öffnung?

Lösung:

Frage a)

Nach Tabelle 5.3 beträgt das kritische Druckverhältnis für Luft:

$$\left(\frac{p_a}{p_i}\right)_{krit} = 0{,}528$$

mit

$$\left(\frac{p_{Um}}{p_i}\right) = \frac{1}{6} = 0{,}167 < 0{,}528$$

liegt überkritisches Ausströmen vor, d. h., es stellt sich im Austrittsquerschnitt A_a des Rohrstückes genau der kritische Zustand ein.

Frage b)

Die austretende Luftmenge ergibt sich aus Gleichung 5.22:

$$\dot{m} = \mu \cdot A_a \cdot \psi \cdot \sqrt{2 \cdot p_i \cdot \varrho_i}$$

$$\mu = \alpha \cdot \varphi$$

$$\alpha = 0{,}9$$

$$\varphi = \sqrt{1 - \zeta'} = \sqrt{1 - 0{,}3} = \sqrt{0{,}7}$$

$$\varphi = 0{,}836$$

$$\mu = 0{,}9 \cdot 0{,}836$$

$$\mu = 0{,}752$$

$$A_a = 19{,}635 \cdot 10^{-4} \text{ m}^2$$

$$\psi = \psi_{max} = 0{,}484 \text{ nach Tabelle 5.3}$$

$$p_i = 6 \text{ bar} = 6 \cdot 10^5 \text{ Pa}$$

$$\varrho_i = \frac{p_i}{R_i \cdot T_i} = \frac{6 \cdot 10^5}{287 \cdot 300} = 6{,}97 \text{ kg/m}^3$$

$$\dot{m} = 0{,}752 \cdot 19{,}635 \cdot 10^{-4}$$
$$\cdot\; 0{,}484 \sqrt{2 \cdot 6 \cdot 10^5 \cdot 6{,}97}$$

$$\dot{m} = 0{,}752 \cdot 19{,}635 \cdot 10^{-4} \cdot 0{,}484 \cdot 10^3 \cdot 2{,}89$$

$$\boxed{\dot{m} = 2{,}07 \text{ kg/s}}$$

Frage c)

Der Druck p_a ergibt sich aus dem kritischen Druckverhältnis:

$$p_a = p_i \left(\frac{p_a}{p_i}\right)_{krit} \qquad p_a = 6 \cdot 0{,}528$$

$$\boxed{p_a = 3{,}17 \text{ bar}}$$

Frage d)

Bei verlustloser Expansion ergäbe sich folgende Temperatur im Öffnungsquerschnitt:

$$T_{a,s} = T_i \left(\frac{p_a}{p_i}\right)_{krit}^{\frac{\varkappa - 1}{\varkappa}}$$

$$T_{a,s} = 300 \cdot 0{,}528^{\frac{1{,}4 - 1}{1{,}4}}$$

$$T_{a,s} = 300 \cdot 0{,}528^{0{,}286}$$

$$T_{a,s} = 300 \cdot 0{,}84$$

$$T_{a,s} = 252 \text{ K}$$

Aus Gleichung 5.16 folgt die tatsächliche Temperatur T_a:

$$\varphi \cdot \sqrt{2 \cdot \Delta h_s} = \sqrt{2 \cdot \Delta h}$$

$$0{,}836 \cdot \sqrt{2 \cdot c_p \cdot (T_i - T_{a,s})} = \sqrt{2 \cdot c_p \cdot (T_i - T_a)}$$

$$0{,}7 \cdot 2 \cdot c_p \cdot (T_i - T_{a,s}) = 2 \cdot c_p \cdot (T_i - T_a)$$

$$0{,}7 \cdot (T_i - T_{a,s}) = T_i - T_a$$

$$T_a = T_i - 0.7 \cdot (T_i - T_{a,s})$$

$$T_a = 300 - 0.7 \cdot (300 - 252)$$

$$T_a = 300 - 0.7 \cdot 48 = 300 - 33.6$$

$$\boxed{T_a = 266.4 \text{ K}}$$

Man sieht, daß die Temperatur in der Austrittsöffnung bei der tatsächlichen, reibungsbehafteten Ausströmung wegen der entstehenden Reibungswärme um 14,4 K höher liegt als bei reibungsfreier Ausströmung.
In Bild 5.23 ist der in diesem Beispiel berechnete Ausströmvorgang qualitativ in einem h-s-Diagramm dargestellt.

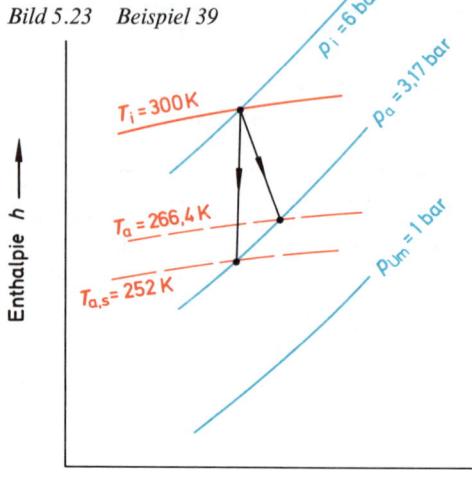

Bild 5.23 Beispiel 39

5.6.2   Die Lavaldüse

5.6.2.1   Einleitung

In den Abschnitten 5.6.1.3 und 5.6.1.4 wurde abgeleitet, daß sich bei einer Expansion in einer Behälteröffnung der Druck im Austrittsquerschnitt höchstens auf den kritischen Druck ab-

senkt und die Ausströmgeschwindigkeit höchstens den Wert der Schallgeschwindigkeit annimmt.
Soll die Expansion über den kritischen Druck hinaus weitergehen und die Geschwindigkeit größer als die Schallgeschwindigkeit werden, so muß die Düse nicht als einfache, konvergierende Düse, sondern als erweiterte Düse (Bild 5.24) ausgeführt werden, wie sie zum ersten Male von dem deutschen Ingenieur KÖRTING 1878 in einer

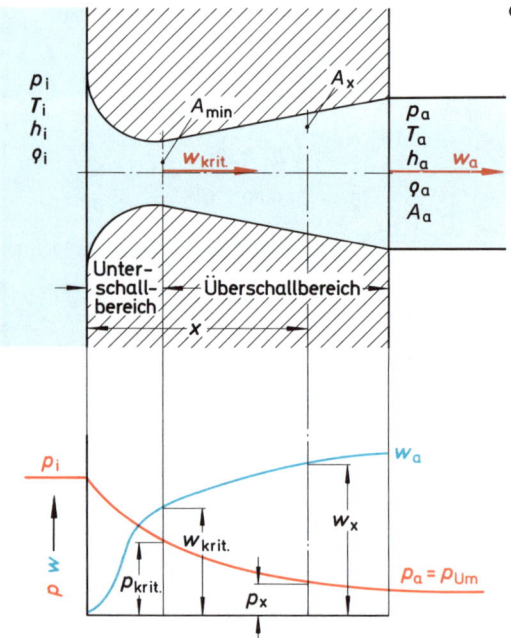

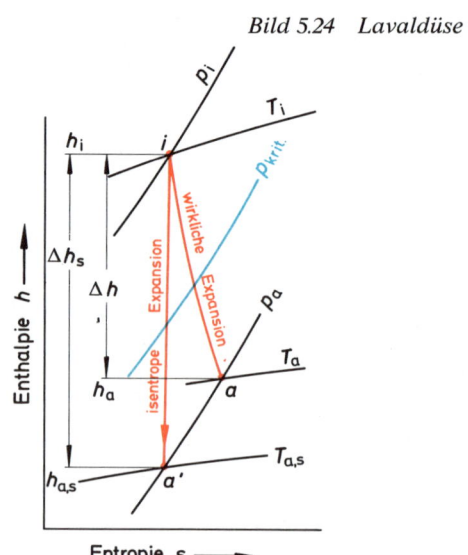

Bild 5.24 Lavaldüse

214

Dampfstrahlpumpe und von dem Schweden DE LAVAL in einer Dampfturbine eingesetzt wurde. Heute werden Lavaldüsen in der Regelstufe von Dampfturbinen, in Strahlapparaten, Strahltriebwerken, Raketentriebwerken und in Überschallwindkanälen eingebaut.

5.6.2.2 Strömungsverhältnisse im Auslegepunkt

Im ersten, konvergierenden Düsenabschnitt senkt sich der Druck auf den kritischen Druck ab, die Geschwindigkeit erhöht sich auf die Schallgeschwindigkeit.
Der zu diesem kritischen Zustand gehörende Düsenquerschnitt ist der kleinste Durchflußquerschnitt A_{min}, der sich aus Gleichung 5.22 berechnen läßt, wenn man für ψ den Wert ψ_{max} einsetzt:

$$\dot{m} = \mu \cdot A_{min} \cdot \psi_{max} \cdot \sqrt{2 \cdot p_i \cdot \varrho_i}$$

(5.29)

$$A_{min} = \frac{\dot{m}}{\mu \cdot \psi_{max} \cdot \sqrt{2 \cdot p_i \cdot \varrho_i}}$$

Der im engsten Querschnitt herrschende Druck ergibt sich aus Gleichung 5.23:

(5.30)

$$p_{krit} = p_i \cdot \left(\frac{2}{\varkappa + 1}\right)^{\frac{\varkappa}{\varkappa - 1}}$$

Die zugehörige kritische Geschwindigkeit ergibt sich aus der Gleichung von SAINT-VENANT und WANTZEL (Gleichung 5.15c) durch Einsetzen von p_{krit} für p_a:

(5.31)

$$w_{krit} = \sqrt{2 \cdot R_i \cdot T_i \cdot \frac{\varkappa}{\varkappa + 1}}$$

Der größte durch die Lavaldüse strömende Massenstrom ergibt sich aus Gleichung 5.29, d.h., bei vorgegebenem Kesselzustand p_i und ϱ_i und bei gegebenem μ und ψ_{max} ist der Massenstrom $\dot{m}$ proportional zum kleinsten Querschnitt A_{min}. Der Massenstrom kann durch weiteres Absenken des Austrittsdruckes $p_a = p_{Um}$ nicht vergrößert werden, wohl aber die Austrittsgeschwindigkeit w_a.

Die Austrittsgeschwindigkeit w_a kann auf drei Arten bestimmt werden:

a) Aus der Ausflußgleichung 5.16 unter Verwendung eines Mollier-Diagrammes des betreffenden Mediums:

$$w_a = \varphi \cdot \sqrt{2 \cdot \Delta h_s} = \sqrt{2 \cdot \Delta h}$$

Δh_s bzw. Δh wird aus dem Mollier-Diagramm abgegriffen.

b) Aus der Ausflußgleichung von SAINT-VENANT und WANTZEL:

$$w_a = \varphi \sqrt{2 \cdot \frac{\varkappa}{\varkappa - 1} \cdot \frac{p_i}{\varrho_i} \left[1 - \left(\frac{p_a}{p_i}\right)^{\frac{\varkappa - 1}{\varkappa}}\right]}$$

c) Aus Gleichung 5.22 und der Kontinuitätsgleichung 5.4:

$$A_a = \frac{\dot{m}}{\mu \cdot \psi \cdot \sqrt{2 \cdot p_i \cdot \varrho_i}}$$

Die Funktion $\psi = f(p_a/p_i)$ wird aus Bild 5.19 entnommen.
Die Dichte ϱ_a im Austrittsquerschnitt beträgt:

$$\varrho_a = \frac{p_a}{R_i \cdot T_a}$$

mit

$$T_a = T_i - \varphi^2 (T_i - T_{a,s})$$

$$T_{a,s} = T_i \left(\frac{p_a}{p_i}\right)^{\frac{\varkappa - 1}{\varkappa}}$$

oder

$$T_a = T_i - \frac{w_a^2}{2 \cdot c_p}$$

und damit w_a

$$w_a = \frac{\dot{m}}{A_a \cdot \varrho_a}$$

Wenn ein Mollier-Diagramm vorhanden ist, empfiehlt sich wegen des geringen zeitlichen Aufwandes das unter a) beschriebene Verfahren.
Die größte erzielbare Austrittsgeschwindigkeit ergibt sich bei Ausströmen ins absolute Vakuum, d.h., wenn $p_a = p_{Um} = 0$ wird:

(5.32)

$$w_{a\,max} = \varphi \cdot \sqrt{2 \cdot \frac{\varkappa}{\varkappa - 1} \cdot \frac{p_i}{\varrho_i}}$$

Die Temperatur würde dabei auf $T_{a,s} = 0$ K absinken.

Gibt man den Druckverlauf längs der Düse zwischen den Zuständen ⓘ und ⓐ vor, so erhält man den jeweiligen Düsenquerschnitt A_x an einer beliebigen Stelle x aus Gleichung 5.22:

(5.33)

$$A_x = \frac{\dot{m}}{\mu \cdot \psi_x \sqrt{2 \cdot p_i \cdot \varrho_i}}$$

wobei die Ausflußfunktion $\psi_x = f(p_x/p_i)$ sich aus Bild 5.19 entnehmen läßt, wenn man auf der Abszisse p_a/p_i durch p_x/p_i ersetzt.

Umgekehrt erhält man über Gleichung 5.33 bei vorgegebenem Querschnittsverlauf $A_x = f(x)$ den jeweiligen Wert der Ausflußfunktion ψ_x und aus Bild 5.19 den zugehörigen Druck p_x.

Am Eintritt der Düse ist das Druckverhältnis $p_x/p_i = 1$, da $p_x = p_i$ ist, d.h. ψ hat den Wert 0. Nach Gleichung 5.33 ergibt sich daraus eine unendlich große Eintrittsfläche, die natürlich nicht ausgeführt werden kann (Beispiel 40).

5.6.2.3 Strömungsverhältnisse bei falschem Gegendruck

Entspricht der Austrittsdruck p_a nicht dem der Berechnung der Lavaldüse zugrunde liegenden Druck, so tritt eine gestörte Strömung in der Lavaldüse auf.

Drei typische Fälle von gestörten Strömungen sind möglich:

1. der Austrittsdruck p_a liegt über dem kritischen Druck p_{krit}. Die Lavaldüse verhält sich wie ein Venturirohr. Im konvergierenden Teil der Düse wird die Strömung beschleunigt, im erweiterten Teil verzögert. Alle Geschwindigkeiten liegen unterhalb der Schallgeschwindigkeit.

2. Der Betriebs-Austrittsdruck p_a' liegt unter dem kritischen Druck p_{krit} aber über dem der Düsenauslegung zugrundeliegenden Rechnungs-Austrittsdruck p_a. An der engsten Düsenstelle tritt Schallgeschwindigkeit auf. Im erweiterten Düsenteil und im austretenden Strahl treten gerade und schiefe Verdichtungsstöße auf. Unter Umständen löst sich die Strömung ab.

3. Der Betriebs-Austrittsdruck p_a' liegt unter dem kritischen Druck p_{krit} und unter dem der Düsenauslegung entsprechenden Rechnungs-Austrittsdruck p_a. Nach dem Austritt des Strahles aus der Düse treten im Strahl schräge Verdichtungsstöße auf, die ihn zunächst stärker erweitern als der Fortsetzung der Düsenkontur entsprechen würde.

Im weiteren Verlauf des Strahles folgen Verdichtungsstöße und Verdünnungswellen aufeinander.

In Bild 5.25 sind die verschiedenen Strömungszustände, die in einer Lavaldüse auftreten können, gegenübergestellt.

Die bei falschem Gegendruck im erweiterten Düsenteil oder im freien Gas- oder Dampfstrahl auftretenden Verdichtungsstöße und Verdünnungswellen führen oft zu Schwingungen im Strahl.

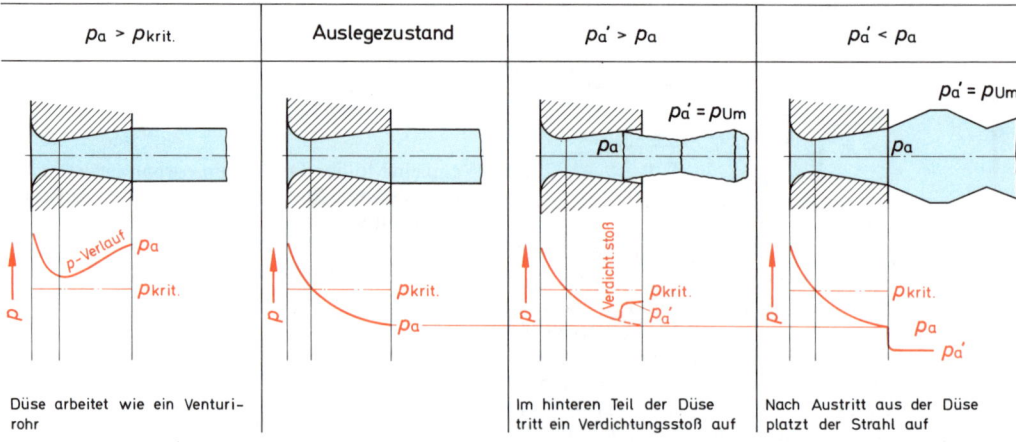

$p_a > p_{krit.}$	Auslegezustand	$p_a' > p_a$	$p_a' < p_a$
Düse arbeitet wie ein Venturirohr		Im hinteren Teil der Düse tritt ein Verdichtungsstoß auf	Nach Austritt aus der Düse platzt der Strahl auf

Bild 5.25   Verschiedene Betriebszustände einer Lavaldüse

Beispiel 40

Aufgabenstellung:

An einem Druckbehälter, in dem sich Luft unter einem Druck $p_i = 6$ bar und einer Temperatur $T = 300$ K befindet, ist eine Lavaldüse angeschlossen, deren kleinster Querschnitt $A_{min} = 1$ cm^2 beträgt.
Der Außendruck p_a ist 1 bar.
Die Ausflußzahl μ soll zu $\mu = 0,95$ angenommen werden.

a) Wie groß ist der austretende Luftmassenstrom $\dot{m}$?
b) Wie groß ist die Austrittsgeschwindigkeit w_a?
c) Wie groß ist die Temperatur T_a?
d) Wie groß ist die Austrittsfläche A_a?

Lösung:

Frage a)

Der austretende Luftmassenstrom errechnet sich aus Gleichung 5.29:

$$\dot{m} = A_{min} \cdot \mu \cdot \psi_{max} \sqrt{2 \cdot p_i \cdot \varrho_i}$$

$$A_{min} = 10^{-4} \text{ m}^2$$

$$\mu = 0,95$$

$$\psi_{max} = 0,484 \text{ nach Tabelle 5.3}$$

$$p_i = 6 \cdot 10^5 \text{ Pa}$$

$$\varrho_i = \frac{p_i}{R_i \cdot T_i} = \frac{6 \cdot 10^5}{287 \cdot 300} = 6,97 \text{ kg/m}^3$$

$$\dot{m} = 10^{-4} \cdot 0,95 \cdot 0,484 \cdot \sqrt{2 \cdot 6 \cdot 10^5 \cdot 6,97}$$

$$\dot{m} = 10^{-4} \cdot 0,95 \cdot 0,484 \cdot 10^3 \cdot 2,89$$

$$\boxed{\dot{m} = 0,133 \text{ kg/s}}$$

Frage b)

Die Austrittsgeschwindigkeit ergibt sich aus den Gleichungen 5.15c und 5.16:

$$w_a' = \sqrt{2 \cdot \frac{\varkappa}{\varkappa - 1} \cdot \frac{p_i}{\varrho_i} \left[1 - \left(\frac{p_a}{p_i}\right)^{\frac{\varkappa - 1}{\varkappa}}\right]}$$

$$w_a' = \sqrt{2 \cdot \frac{1,4}{1,4 - 1} \cdot \frac{6 \cdot 10^5}{6,97} \left[1 - \left(\frac{1}{6}\right)^{\frac{1,4 - 1}{1,4}}\right]}$$

$$w_a' = \sqrt{2 \cdot 3,5 \cdot 8,6 \cdot 10^4 \left[1 - \left(\frac{1}{6}\right)^{0,286}\right]}$$

$$w_a' = \sqrt{60,2 \cdot 10^4 \, (1 - 0,6)} = \sqrt{60,2 \cdot 10^4 \cdot 0,4}$$

$$w_a' = \sqrt{24,1 \cdot 10^4}$$

$$w_a' = 491 \text{ m/s}$$

Bei gut abgerundetem Einlaufteil der Düse kann die Kontraktionszahl $\alpha \approx 1,0$ gesetzt werden, so daß $\varphi = \mu = 0,95$ wird.

$$w_a = \varphi \cdot w_a'$$

$$w_a = 0,95 \cdot 491$$

$$\boxed{w_a = 466 \text{ m/s}}$$

Frage c)

Die Austrittstemperatur berechnet sich mit Hilfe von Gleichung 5.16:

$$w_a = \sqrt{2 \cdot \Delta h}$$

$$\Delta h = c_p \cdot (T_i - T_a)$$

$$w_a^2 = 2 \cdot c_p \cdot (T_i - T_a)$$

$$T_a = T_i - \frac{w_a^2}{2 \cdot c_p}$$

$$T_a = 300 - \frac{466^2}{2 \cdot 1004} = 300 - \frac{217\,156}{2008}$$

$$T_a = 300 - 108$$

$$\boxed{T_a = 192 \text{ K}}$$

$$\boxed{t_a = -81 \text{ °C}}$$

Frage d)

Die Dichte am Düsenaustritt beträgt:

$$\varrho_a = \frac{p_a}{R_i \cdot T_a}$$

$$\varrho_a = \frac{10^5}{287 \cdot 192}$$

$$\varrho_a = 1{,}815 \ \text{kg/m}^3$$

Damit ergibt sich die Austrittsfläche A_a:

$$A_a = \frac{\dot m}{w_a \cdot \varrho_a}$$

$$A_a = \frac{0{,}133}{466 \cdot 1{,}815}$$

$$A_a = 1{,}573 \cdot 10^{-4} \ \text{m}^2$$

$$A_a = 1{,}573 \ \text{cm}^2$$

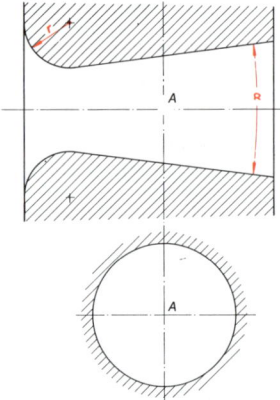

Bild 5.26   Lavaldüse mit Kreisquerschnitt

5.6.2.4   Konstruktive Gestaltung von Lavaldüsen

Je nach Verwendungszweck wird für die Kontur der Lavaldüse ein besonders geeigneter Querschnittsverlauf gewählt.

Lavaldüsen in Strahlapparaten, Strahltriebwerken und kleinen Dampfturbinen werden meistens kegelförmig mit Kreisquerschnitten ausgeführt, wobei der Erweiterungswinkel α (Bild 5.26) mit Rücksicht auf eine ablösungsfreie Strömung normalerweise unter 10° liegen sollte. Der Abrundungsradius r des konvergenten Düsenteiles sollte möglichst groß gewählt werden, um den Geschwindigkeitsbeiwert φ groß zu halten.

Lavaldüsen in Raketenmotoren und sehr schnell fliegenden Überschallstaustrahltriebwerken haben mit Rücksicht auf einen guten Wirkungsgrad oft eine etwas glockenförmige Gestalt (Bild 5.27). Mit derartigen Düsen werden besonders hohe Überschallgeschwindigkeiten erzielt.

In den Leiträdern der Regelstufen von Dampfturbinen werden die Konturen der Lavaldüsenkanäle durch die Druck- und Saugseiten von geeignet ausgebildeten Profilen gebildet (Bild 5.28). Der Erweiterungswinkel α sollte den Wert 10° nach Möglichkeit nicht überschreiten.

Um die bestmögliche Form einer Lavaldüse für einen bestimmten Anwendungsfall zu ermitteln, sind außer der genauen Berechnung möglichst exakt durchgeführte Versuche unerläßlich.

Bild 5.27   Lavaldüse eines Raketenmotors

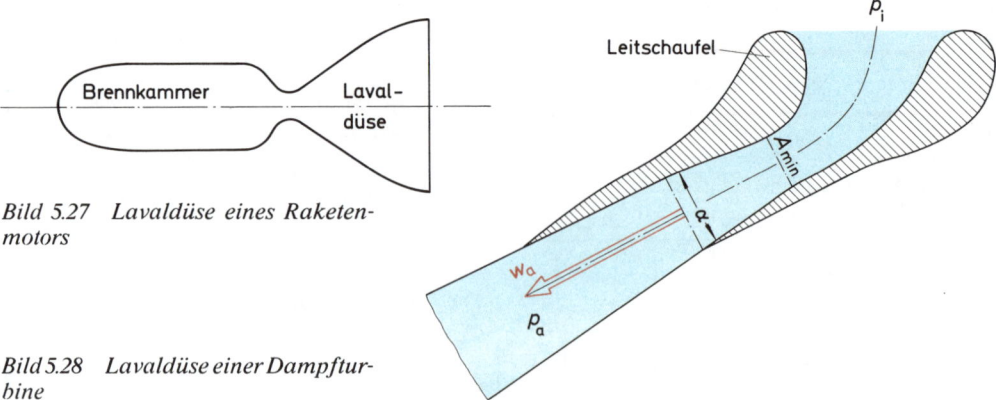

Bild 5.28   Lavaldüse einer Dampfturbine

5.7 Verdichtungsströmungen

5.7.1 Der Unterschalldiffusor

Unterschalldiffusoren sind in Strömungsrichtung erweiterte Kanäle (Bild 5.29), in denen eine im Unterschallbereich verlaufende Strömung verzögert wird. Durch die Verzögerung entsteht ein Druckanstieg. Da es sich um kompressible Medien handelt, ist mit dem Druckanstieg auch eine Temperaturerhöhung verbunden.

In Bild 5.29 ist der Verdichtungsvorgang im Enthalpie-Entropie-Diagramm dargestellt.

Unterschalldiffusoren finden sich beispielsweise in Strahlapparaten, Venturirohren und in den Leiträdern und Austrittsgehäusen von Turboverdichtern.

Für die verlustlose isentrope Verdichtung vom Zustand ① auf den Zustand ② ergeben sich aus der Energiegleichung (Gleichung 5.6) folgende Zusammenhänge für Geschwindigkeiten, Drücke und Temperaturen:

$$h_1 + \frac{w_1^2}{2} = h_{2,\mathrm{s}} + \frac{w_2'^2}{2}$$

$$\frac{w_2'^2}{2} = \frac{w_1^2}{2} + h_1 - h_{2,\mathrm{s}}$$

$$\frac{w_2'^2}{2} = \frac{w_1^2}{2} + c_\mathrm{p} \cdot (T_1 - T_{2,\mathrm{s}})$$

$$\frac{w_2'^2}{2} = \frac{w_1^2}{2} - c_\mathrm{p} \cdot (T_{2,\mathrm{s}} - T_1)$$

$$T_{2,\mathrm{s}} = T_1 \cdot \left(\frac{p_2}{p_1}\right)^{\frac{\varkappa-1}{\varkappa}}$$

$$\frac{w_2'^2}{2} = \frac{w_1^2}{2} - c_\mathrm{p} \cdot T_1 \cdot \left[\left(\frac{p_2}{p_1}\right)^{\frac{\varkappa-1}{\varkappa}} - 1\right]$$

(5.34)

$$w_2' = \sqrt{w_1^2 - 2 \cdot c_\mathrm{p} \cdot T_1 \cdot \left[\left(\frac{p_2}{p_1}\right)^{\frac{\varkappa-1}{\varkappa}} - 1\right]}$$

Aus Gleichung 5.34 kann man für gegebene Anfangszustände w_1, T_1, p_1 und einem zu erreichenden Enddruck p_2 die am Diffusorende herrschende Geschwindigkeit w_2' berechnen.

Der zugehörige Austrittsquerschnitt A_2' ergibt sich aus der Kontinuitätsgleichung (Gleichung 5.4):

$$A_1 \cdot w_1 \cdot \varrho_1 = A_2' \cdot w_2' \cdot \varrho_2'$$

$$\varrho_2' = \varrho_1 \cdot \left(\frac{p_2}{p_1}\right)^{1/\varkappa}$$

$$A_2' = A_1 \cdot \frac{w_1}{w_2'} \cdot \frac{\varrho_1}{\varrho_2'}$$

(5.35)

$$A_2' = A_1 \cdot \frac{w_1}{w_2'} \cdot \left(\frac{p_1}{p_2}\right)^{1/\varkappa}$$

Der wirkliche Verdichtungsvorgang verläuft jedoch nicht isentrop, sondern ist mit Verlusten behaftet, die durch einen Diffusorwirkungsgrad η_Diff erfaßt werden sollen.

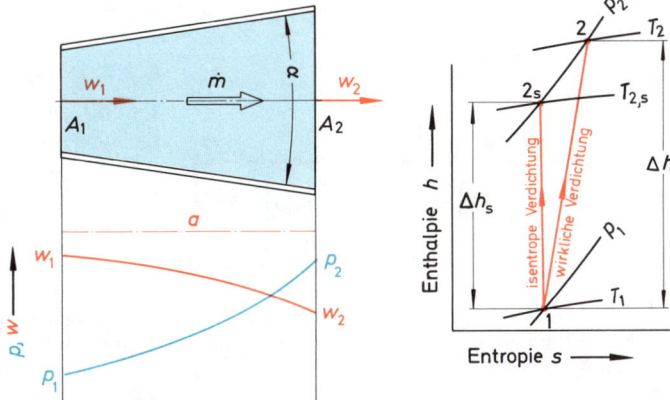

Bild 5.29   Unterschalldiffusor

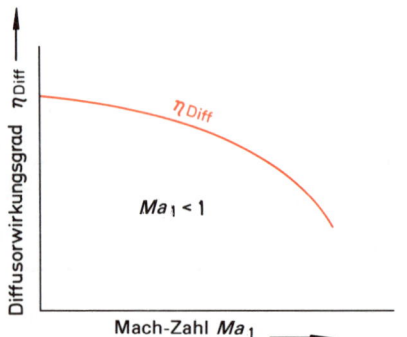

Bild 5.30   Diffusorwirkungsgrad

Der Diffusorwirkungsgrad wird wie folgt definiert:

$$\eta_{\text{Diff}} = \frac{\Delta h_{\text{s}}}{\Delta h}$$

(5.36)

mit $\Delta h_{\text{s}} = c_{\text{p}} (T_{2,\text{s}} - T_1)$ und $\Delta h = c_{\text{p}} \cdot (T_2 - T_1)$ erhält man:

$$\Delta h_{\text{s}} = \Delta h \cdot \eta_{\text{Diff}}$$

$$c_{\text{p}} \cdot (T_{2,\text{s}} - T_1) = c_{\text{p}} \cdot (T_2 - T_1) \cdot \eta_{\text{Diff}}$$

Vernachlässigt man den Unterschied der spezifischen Wärmekapazität c_{p} bei den beiden Zustandsänderungen, so ergibt sich für die Endtemperatur T_2:

$$(T_2 - T_1) \cdot \eta_{\text{Diff}}$$

$$= T_{2,\text{s}} - T_1 = T_1 \cdot \left[\left(\frac{p_2}{p_1} \right)^{\frac{\varkappa - 1}{\varkappa}} - 1 \right]$$

$$T_2 = \frac{T_1 \left[\left(\frac{p_2}{p_1} \right)^{\frac{\varkappa - 1}{\varkappa}} - 1 \right]}{\eta_{\text{Diff}}} + T_1$$

(5.37)

$$T_2 = \frac{T_1 \cdot \left[\left(\frac{p_2}{p_1} \right)^{\frac{\varkappa - 1}{\varkappa}} - (1 - \eta_{\text{Diff}}) \right]}{\eta_{\text{Diff}}}$$

Der Diffusorwirkungsgrad η_{Diff} hängt von der Form und Rauhigkeit des Diffusors und vor allem von der Mach-Zahl $Ma_1 = w_1/a_1 = w_1/\sqrt{\varkappa \cdot R_{\text{i}} \cdot T_1}$ ab.

Mit steigender Mach-Zahl Ma_1 nimmt η_{Diff} ab (Bild 5.30).

Zahlenwerte für η_{Diff} für den jeweiligen Anwendungsfall müssen aus Fachbüchern oder Fachaufsätzen entnommen oder durch Versuche ermittelt werden.

Die tatsächlich auftretende Austrittsgeschwindigkeit w_2 erhält man aus der Energiegleichung unter Verwendung der Endtemperatur T_2:

$$\frac{w_2^2}{2} = \frac{w_1^2}{2} + h_1 - h_2 = \frac{w_1^2}{2} + c_{\text{p}} \cdot (T_1 - T_2)$$

(5.38)

$$w_2 = \sqrt{w_1^2 - 2 \cdot c_{\text{p}} \cdot (T_2 - T_1)}$$

Aus Gleichung 5.38 erkennt man, daß w_2 kleiner wird als w_2', da T_2 größer ist als T_2'.

Der tatsächlich erforderliche Endquerschnitt A_2 ergibt sich aus der Kontinuitätsgleichung und der allgemeinen Gasgleichung:

$$p_2 \cdot \dot{V}_2 = \dot{m} \cdot R_{\text{i}} \cdot T_2$$

$$\dot{V}_2 = \frac{\dot{m} \cdot R_{\text{i}} \cdot T_2}{p_2}$$

$$A_2 = \frac{\dot{V}_2}{w_2}$$

(5.39)

$$A_2 = \frac{\dot{m} \cdot R_{\text{i}} \cdot T_2}{p_2 \cdot w_2}$$

Da $w_2 < w_2'$ und $T_2 > T_{2,\text{s}}$ ist, wird $A_2 > A_2'$. Im Hinblick auf ablösungsfreie Strömung sollte der Diffusorerweiterungswinkel α unter 8° bis 10° liegen.

5.7.2   Der Überschalldiffusor

Im Überschalldiffusor findet ebenfalls eine Verdichtung statt. Die Austrittsgeschwindigkeit w_2 wird kleiner als die Eintrittsgeschwindigkeit w_1, beide Geschwindigkeiten liegen jedoch im Überschallbereich (Bild 5.31). Der Druck steigt vom Wert p_1 auf den Wert p_2 an, die Temperatur erhöht sich ebenfalls.

Da jedoch die Geschwindigkeit (im Gegensatz zur Unterschallströmung) prozentual stärker abnimmt als die Dichte zunimmt, muß sich der Kanalquerschnitt in Strömungsrichtung verengen.

Die Verdichtung darf jedoch höchstens bis zum kritischen Druckverhältnis

(5.40)

$$\left(\frac{p_2}{p_1}\right)_{\text{krit}} = \left(\frac{\varkappa + 1}{2}\right)^{\frac{\varkappa}{\varkappa - 1}}$$

durchgeführt werden, da dann am Ende des Diffusors gerade die Schallgeschwindigkeit erreicht wird. Würde man über dieses kritische Druckverhältnis hinaus verdichten, entstünden am Diffusorende Verdichtungsstöße.

Die Berechnung von Geschwindigkeiten, Temperaturen und Querschnitten kann nach denselben Gleichungen erfolgen, die für Unterschalldiffusoren im vorherigen Abschnitt aufgestellt wurden.

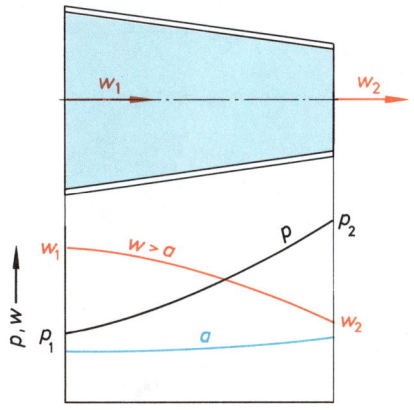

Bild 5.31   Überschalldiffusor

Beispiel 41

Aufgabenstellung:

Durch den in Bild 5.32 dargestellten Unterschalldiffusor strömen je Sekunde 0,1 kg Luft.

Die Geschwindigkeit soll von $w_1 = 200$ m/s am Diffusoreintritt auf $w_2 = 50$ m/s am Diffusorende herabgesetzt werden.

Der Diffusorwirkungsgrad soll zu $\eta_{\text{Diff}} = 0,85$ angenommen werden.

Die Eintrittstemperatur T_1 beträgt 300 K, der Eintrittsdruck $p_1 = 1$ bar.

Wie groß sind

a) die Verdichtungstemperatur T_2 am Diffusorende?

b) der Verdichtungsenddruck p_2?

c) Eintrittsdurchmesser d_1 und Austrittsdurchmesser d_2?

Lösung:

Frage a)

Die Endtemperatur T_2 ergibt sich aus Gleichung 5.38:

$$w_2 = \sqrt{w_1^2 - 2 \cdot c_p \cdot (T_2 - T_1)}$$

$$w_2^2 = w_1^2 - 2 \cdot c_p (T_2 - T_1)$$

$$T_2 - T_1 = \frac{w_1^2 - w_2^2}{2 \cdot c_p}$$

$$T_2 = T_1 + \frac{w_1^2 - w_2^2}{2 \cdot c_p}$$

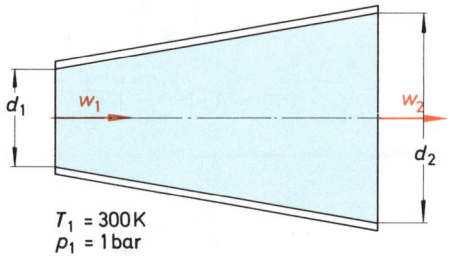

$T_1 = 300$ K
$p_1 = 1$ bar

Bild 5.32   Beispiel 41

$$T_2 = 300 + \frac{40\,000 - 2500}{2 \cdot 1004}$$

$$= 300 + \frac{37\,500}{2008}$$

$$T_2 = 300 + 18,7$$

$$T_2 = 318,7 \text{ K}$$

Frage b)

Aus der in Gleichung 5.36 festgelegten Definition des Wirkungsgrades η_{Diff} wird zunächst die isentrope Endtemperatur $T_{2,\text{s}}$ bestimmt, aus der dann das Druckverhältnis p_2/p_1 berechnet wird.

221

$$\eta_{\text{Diff}} = \frac{\Delta h_{\text{s}}}{\Delta h}$$

$$\Delta h \cdot \eta_{\text{Diff}} = \Delta h_{\text{s}}$$

$$c_{\text{p}} \cdot (T_2 - T_1) \cdot \eta_{\text{Diff}} = c_{\text{p}} \cdot (T_{2,\text{s}} - T_1)$$

$$(T_2 - T_1) \cdot \eta_{\text{Diff}} = T_{2,\text{s}} - T_1$$

$$T_{2,\text{s}} = T_1 + \eta_{\text{Diff}}$$
$$\cdot (T_2 - T_1)$$

$$T_{2,\text{s}} = 300 + 0{,}85 \cdot 18{,}7$$
$$= 300 + 15{,}9$$
$$T_{2,\text{s}} = 315{,}9 \ \text{K}$$

$$\frac{p_2}{p_1} = \left(\frac{T_{2,\text{s}}}{T_1} \right)^{\frac{\varkappa}{\varkappa - 1}}$$

$$p_2 = p_1 \left(\frac{T_{2,\text{s}}}{T_1} \right)^{\frac{\varkappa}{\varkappa - 1}}$$

$$p_2 = 1 \cdot \left(\frac{315{,}9}{300} \right)^{\frac{1,4}{1,4 - 1}}$$

$$p_2 = 1 \cdot 1{,}052^{3,5}$$

$$\boxed{p_2 = 1{,}194 \ \text{bar}}$$

Frage c)

Die Berechnung des Ein- und Austrittsdurchmessers erfolgt über die Kontinuitätsgleichung:

Eintrittsdurchmesser d_1	Austrittsdurchmesser d_2
$A_1 = \dfrac{\dot{m} \cdot R_{\text{i}} \cdot T_1}{p_1 \cdot w_1}$	$A_2 = \dfrac{\dot{m} \cdot R_{\text{i}} \cdot T_2}{p_2 \cdot w_2}$
$A_1 = \dfrac{0{,}1 \cdot 287 \cdot 300}{10^5 \cdot 200}$	$A_2 = \dfrac{0{,}1 \cdot 287 \cdot 318{,}7}{1{,}194 \cdot 10^5 \cdot 50}$
$A_1 = 4{,}3 \cdot 10^{-4} \ \text{m}^2$	$A_2 = 15{,}3 \ \text{cm}^2$
$A_1 = 4{,}3 \ \text{cm}^2$	$A_2 = 15{,}3 \cdot 10^{-4} \ \text{m}^2$
$\boxed{d_1 = 2{,}34 \ \text{cm}}$	$\boxed{d_2 = 4{,}42 \ \text{cm}}$

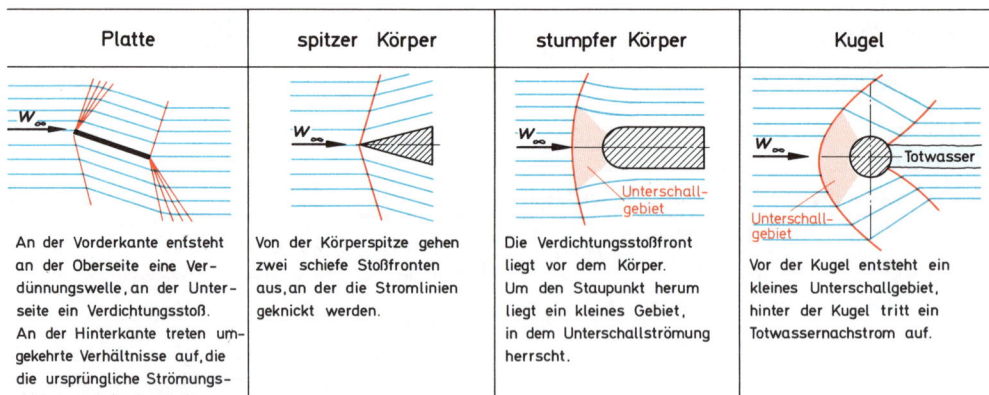

Platte	spitzer Körper	stumpfer Körper	Kugel
An der Vorderkante entsteht an der Oberseite eine Verdünnungswelle, an der Unterseite ein Verdichtungsstoß. An der Hinterkante treten umgekehrte Verhältnisse auf, die die ursprüngliche Strömungsrichtung wieder herstellen.	Von der Körperspitze gehen zwei schiefe Stoßfronten aus, an der die Stromlinien geknickt werden.	Die Verdichtungsstoßfront liegt vor dem Körper. Um den Staupunkt herum liegt ein kleines Gebiet, in dem Unterschallströmung herrscht.	Vor der Kugel entsteht ein kleines Unterschallgebiet, hinter der Kugel tritt ein Totwassernachstrom auf.

Bild 5.33   Vergleich der Umströmung verschiedener Körper

5.8 Umströmung von Körpern

5.8.1 Strömungsbilder

Die Gestalt von Strömungsbildern kompressibel umströmter Körper hängt von der Körperform, der Anströmrichtung und der Mach-Zahl ab.
Wenn die Umströmung des Körpers im Unterschallgebiet verläuft, entstehen ähnliche Strömungsbilder, wie sie in Bild 4.129 für inkompressible Strömungen dargestellt wurden, wobei in den Überdruckzonen die Stromlinien infolge der Kompression näher aneinander rücken und in Unterdruckgebieten der Expansion sich etwas auseinander ziehen. Stoßwellen treten bei reinen Unterschallströmungen nicht auf.
Überschreitet jedoch bei Unterschallströmungen die Geschwindigkeit an irgendeiner Stelle des umströmten Körpers die dort herrschende örtliche Schallgeschwindigkeit, so entstehen Verdichtungsstöße, die das Strombild wesentlich verändern.
Auch bei Körpern, die sich in einer Überschallströmung befinden, treten Verdichtungsstöße auf, die je nach Körperform und Mach-Zahl der Strömung verschiedene Strömungsbilder ergeben.
In Bild 5.33 ist die Umströmung verschiedener Körper im Überschallgebiet gegenübergestellt. Für das Gebiet der Hyperschallströmungen, d.h. für Mach-Zahlen über 5, ändern sich die dargestellten Strömungsbilder wesentlich.

5.8.2 Druck- und Temperaturerhöhung im Staupunkt

Zur Berechnung der Temperatur T_0 im Staupunkt S geht man von der Energiegleichung (Gleichung 5.6) aus:

$$h_\infty + \frac{w_\infty^2}{2} = h_0 + \frac{w_0^2}{2}$$

$$w_0 = 0$$

$$\frac{w_\infty^2}{2} = h_0 - h_\infty$$

$$\frac{w_\infty^2}{2} = c_p \cdot (T_0 - T_\infty)$$

$$T_0 - T_\infty = \frac{w_\infty^2}{2 \cdot c_p}$$

Mit

$$c_p = \frac{\varkappa}{\varkappa - 1} \cdot R_i$$

und

$$w_\infty^2 = a_\infty^2 \cdot Ma_\infty^2 = \varkappa \cdot R_i \cdot T_\infty \cdot Ma_\infty^2$$

$$T_0 = T_\infty + \frac{\varkappa \cdot R_i \cdot T_\infty \cdot Ma_\infty^2 \cdot (\varkappa - 1)}{2 \cdot \varkappa \cdot R_i}$$

$$\tag{5.41}$$

$$T_0 = T_\infty \left(1 + \frac{\varkappa - 1}{2} \cdot Ma_\infty^2\right)$$

Nimmt man zunächst isentrope Verdichtung (Bild 5.34) an, so erhält man den isentropen Enddruck:

$$\left(\frac{p_{0,s}}{p_\infty}\right)^{\frac{\varkappa - 1}{\varkappa}} = \frac{T_0}{T_\infty} = 1 + \frac{\varkappa - 1}{2} \cdot Ma_\infty^2$$

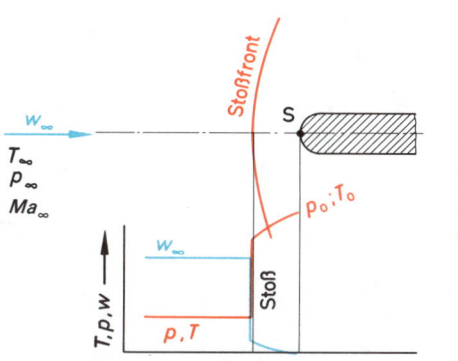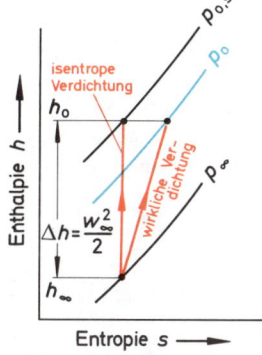

Bild 5.34 Verdichtung im Staupunkt eines stumpfen Körpers

$$(5.42)$$

$$p_{0,s} = p_\infty \cdot \left(1 + \frac{\varkappa - 1}{2} Ma_\infty^2\right)^{\frac{\varkappa}{\varkappa - 1}}$$

Die wirkliche Verdichtung erfolgt vor allem wegen des Verdichtungsstoßes bzw. der Verdichtungsstöße verlustbehaftet. Der tatsächlich erreichte Enddruck ist kleiner als der isentrope Enddruck.

$$p_0 < p_{0,s}$$

$$(5.43)$$

$$p_0 = k \cdot p_{0,s}$$

Den Faktor k, der die Druckminderung abhängig von der Mach-Zahl Ma_∞ und der Anzahl bzw. Art der Verdichtungsstöße ausdrückt, entnimmt man aus Bild 5.35. (Siehe auch Tabelle 5.1 Seite 198!)

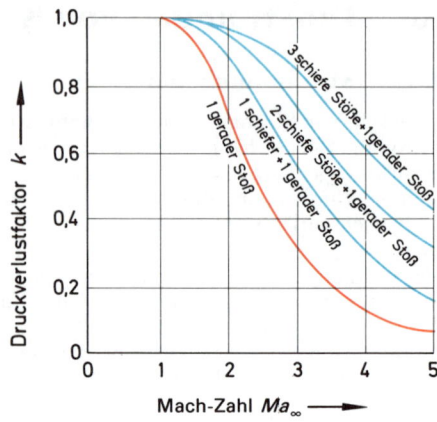

Bild 5.35 Druckverlustfaktor k

Beispiel 42

Aufgabenstellung:

Ein Flugkörper bewegt sich mit einer Geschwindigkeit $w_\infty = 2000$ km/h in Luft von $T_\infty = 223$ K und $p_\infty = 265$ mbar.
Wie groß sind Temperatur und Druck im Staupunkt des Flugkörpers, wenn die Verdichtung durch einen geraden Verdichtungsstoß erfolgt?

Lösung:

Zunächst wird die Mach-Zahl Ma_∞ nach Gleichung 5.2 berechnet:

$$Ma_\infty = \frac{w_\infty}{a} = \frac{w_\infty}{\sqrt{\varkappa \cdot R_i \cdot T_\infty}}$$

$$Ma_\infty = \frac{555}{\sqrt{1,4 \cdot 287 \cdot 223}} = \frac{555}{295}$$

$$Ma_\infty = 1,88$$

Die Staupunktstemperatur T_0 folgt aus Gleichung 5.41:

$$T_0 = T_\infty \left(1 + \frac{\varkappa - 1}{2} Ma^2\right)$$

$$T_0 = 223 \left(1 + \frac{1,4 - 1}{2} \cdot 1,88^2\right)$$

$$T_0 = 223 \, (1 + 0,2 \cdot 3,64)$$

$$= 223 \cdot (1 + 0,728)$$

$$T_0 = 385 \text{ K}$$

Bei isentroper Verdichtung ergäbe sich folgender Druck

$$p_{0,s} = p_\infty \cdot \left(1 + \frac{\varkappa - 1}{2} \cdot Ma^2\right)^{\frac{\varkappa}{\varkappa - 1}}$$

$$p_{0,s} = 265 \left(1 + \frac{1,4 - 1}{2} \cdot 1,88^2\right)^{\frac{1,4}{1,4 - 1}}$$

$$p_{0,s} = 265 \, (1 + 0,2 \cdot 3,64)^{3,5} = 265 \cdot 1,728^{3,5}$$

$$p_{0,s} = 1800 \text{ mbar} = 1,8 \text{ bar}$$

Der tatsächliche Druck ergibt sich aus Gleichung 5.43 unter Zuhilfenahme von Bild 5.35:

$$p_0 = k \cdot p_{0,s}$$

$$p_0 = 0,76 \cdot 1,8$$

$$p_0 = 1,37 \text{ bar}$$

5.8.3 Widerstand von umströmten Körpern

Der Widerstand, den ein in Schallnähe oder mit Überschallgeschwindigkeit angeströmter Körper erfährt, setzt sich aus dem Flächenwiderstand, dem Formwiderstand und aus Kräften, die von Verdichtungsstößen herrühren zusammen.

Die exakte Ermittlung des Gesamtwiderstandes eines von einer stark kompressiblen Strömung angeströmten Körpers ist mathematisch recht aufwendig und führt zu umfangreichen Integralformeln. Um den Widerstand wenigstens annähernd abschätzen zu können, werden für ebene Platten und einfache Körperformen folgende Näherungsrechnungen empfohlen:

5.8.3.1 Widerstand der ebenen Platte

Eine parallel überströmte ebene Platte erfährt, da ihre Stirnfläche vernachlässigbar klein ist, einen nahezu reinen Flächenwiderstand, der sich nach Gleichung 4.142 wie folgt berechnen läßt:

(5.44)

$$F_{wR} \approx c_F \cdot \frac{\varrho_\infty}{2} \cdot w_\infty^2 \cdot O$$

Im Kapitel 4.8.2.1 wurde die Bestimmung von c_F abhängig von der Reynolds-Zahl bzw. Rauhigkeit für inkompressible Strömungen angegeben. Bei kompressiblen Strömungen kommt ein zusätzlicher Einfluß der Mach-Zahl Ma_∞ hinzu:

(5.45)

$$c_{Fkompr} \approx K \cdot c_{Finkompr}$$

Den Faktor K entnimmt man abhängig von der Mach-Zahl Ma_∞ aus Bild 5.36.

5.8.3.2 Widerstand räumlich ausgedehnter Körper

Der Gesamtwiderstand von räumlich ausgedehnten Körpern setzt sich vorwiegend aus dem Formwiderstand und dem mit dem Entstehen von Verdichtungs- und Verdünnungswellen zusammenhängenden **Wellenwiderstand** zusammen. Analog zu Gleichung 4.155 ergibt sich folgende Näherungsformel:

(5.46)

$$F_w \approx c_w \cdot \frac{\varrho_\infty}{2} \cdot w_\infty^2 \cdot A_{St}$$

Beispiel 43

Aufgabenstellung:

Wie groß ist der Unterschied zwischen dem Widerstand einer Kugel und demjenigen eines Geschosses mit gleicher Stirnfläche A_{St}, wenn beide Körper sich mit einer Geschwindigkeit $w_\infty = 600$ m/s bewegen und die Lufttemperatur $T_\infty = 288$ K beträgt?

Lösung:

Zunächst wird die Mach-Zahl Ma_∞ aus der Fluggeschwindigkeit w_∞ und der Lufttemperatur T_∞ berechnet:

$$Ma_\infty = \frac{w_\infty}{a} = \frac{w_\infty}{\sqrt{\varkappa \cdot R_i \cdot T_\infty}}$$

$$Ma_\infty = \frac{600}{\sqrt{1,4 \cdot 287 \cdot 288}} = \frac{600}{340}$$

$$Ma_\infty = 1,765$$

Aus Bild 5.37 ergeben sich zu dieser Mach-Zahl folgende Widerstandsbeiwerte c_w:

$$c_{w\,Kugel} = 1,0$$

$$c_{w\,Geschoß} \approx 0,3$$

Damit beträgt das Verhältnis der beiden Widerstandskräfte:

$$\frac{F_{w\,Kugel}}{F_{w\,Geschoß}} = \frac{c_{w\,Kugel} \cdot \dfrac{\varrho_\infty}{2} \cdot w_\infty^2 \cdot A_{St}}{c_{w\,Geschoß} \cdot \dfrac{\varrho_\infty}{2} \cdot w_\infty^2 \cdot A_{St}}$$

$$\frac{F_{w\,Kugel}}{F_{w\,Geschoß}} = \frac{c_{w\,Kugel}}{c_{w\,Geschoß}} = \frac{1}{0,3}$$

$$\frac{F_{w\,Kugel}}{F_{w\,Geschoß}} = 3,33$$

Bei gleicher Stirnfläche, gleicher Fluggeschwindigkeit und gleichen Luftdaten ist der Widerstand einer Kugel mehr als dreimal so groß als der Widerstand eines geschoßartigen Körpers.

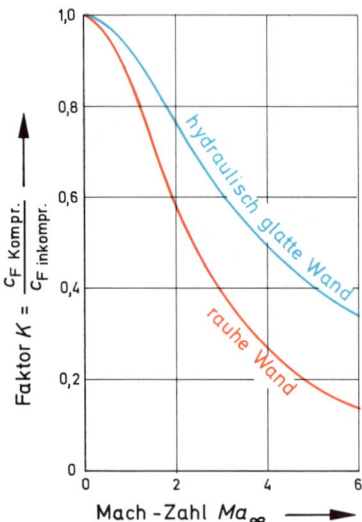

Bild 5.36   Korrekturfaktor K

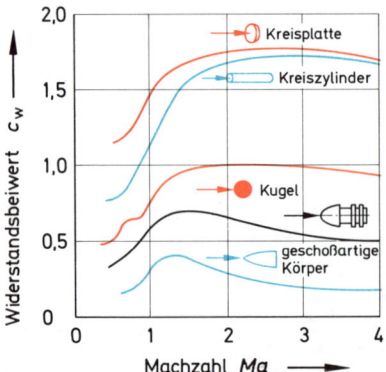

Bild 5.37
Widerstandsbeiwerte verschiedener Körper

Der Widerstandswert c_w kann für Kreisplatten, axial angeströmte Kreiszylinder, Kugeln und geschoßartige Körper abhängig von der Mach-Zahl aus Ma_∞ aus Bild 5.37 entnommen werden.

5.8.4   Tragflügel

Wird ein Tragflügel kompressibel umströmt, ändert sich seine Polarenform und die aerodynamischen Beiwerte c_a, c_w und c_m. Mit zunehmender

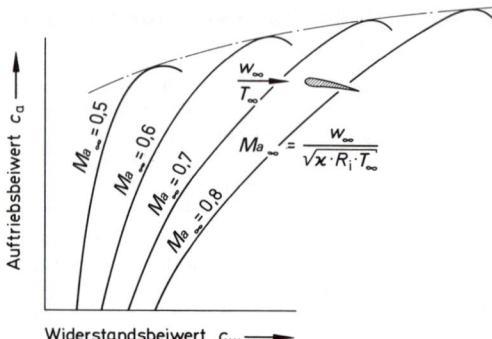

Bild 5.38   Abhängigkeit der Polarenform von der Mach-Zahl

Mach-Zahl nimmt der Auftriebsbeiwert c_a ab und der Widerstandsbeiwert c_w zu, da zu dem bereits von der inkompressiblen Tragflügelströmung her bekannten Reibungswiderstand und induzierten Widerstand noch ein **Wellenwiderstand** hinzukommt, der in der Nähe der Schallgrenze besonders hoch ist.

Man kann drei typische Strömungsbereiche unterscheiden:

a) Tragflügel mit reiner Unterschallströmung
b) Tragflügel, an denen örtlich Überschallgeschwindigkeit auftritt
c) Tragflügel in reiner Überschallströmung

5.8.4.1   Tragflügel in reiner Unterschallströmung

In Bild 5.38 ist dargestellt, wie sich die Polarenform mit zunehmender Mach-Zahl Ma_∞ verändert. Nach einer von PRANDTL angegebenen Regel kann für schwach gewölbte, schlanke Profile mit kleinen Anstellwinkeln die Zunahme des Auftriebsbeiwertes c_a abhängig von der Mach-Zahl Ma_∞ wie folgt berechnet werden.

(5.47)

$$c_{a\ kompr} = \frac{c_{a\ inkompr}}{\sqrt{1 - Ma_\infty^2}}$$

Die Abhängigkeit des Widerstandsbeiwertes c_w in einer einfachen Formel anzugeben ist nicht möglich, da sich c_w nicht nur mit der Mach-Zahl ändert, sondern auch das Dickenverhältnis und das Seitenverhältnis einen Einfluß ausüben. Aus

226

Bild 5.38 ist jedoch deutlich zu erkennen, daß c_w bei zunehmender Mach-Zahl stark ansteigt.

5.8.4.2 Tragflügel mit örtlichen Verdichtungsstößen

Liegt die Anströmgeschwindigkeit w_∞ in der Nähe der Schallgeschwindigkeit, so kann auf der Saugseite des Profils, auf der die Geschwindigkeit gegenüber der Anströmgeschwindigkeit bekanntlich zunimmt, örtlich eine Überschallzone entstehen (Bild 5.39). Unterschreitet die Geschwindigkeit wieder die Schallgeschwindigkeit, so entsteht ein Verdichtungsstoß, dessen Lage von der Profilform und von der Mach-Zahl abhängt.
Man bezeichnet die Mach-Zahl, bei der sich ein Überschallgebiet mit Verdichtungsstoß gerade einstellt als **kritische Mach-Zahl** [5.6].
Überschreitet die Mach-Zahl den Wert der kritischen Mach-Zahl wesentlich, so kann auch auf der Profildruckseite ein Überschallgebiet mit nachfolgender Verdichtungsstoßfront auftreten.

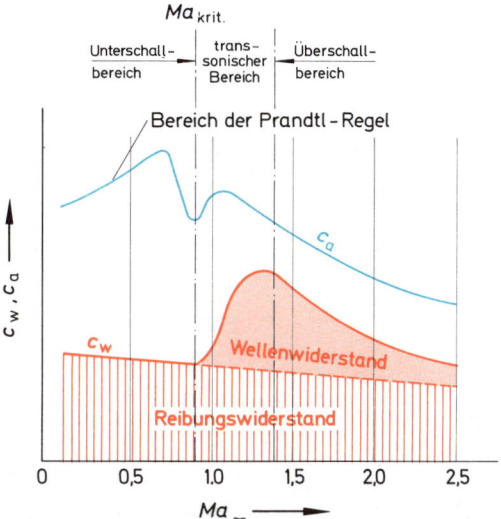

Bild 5.40 Abhängigkeit des Auftriebsbeiwertes c_a und des Widerstandsbeiwertes c_w von der Mach-Zahl Ma_∞

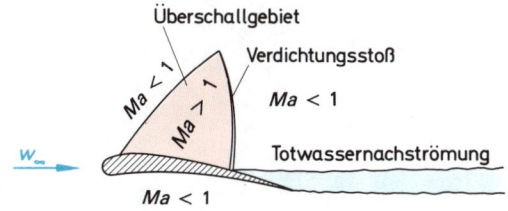

Bild 5.39 Tragflügel mit örtlich begrenztem Überschallgebiet

In Bild 5.40 ist qualitativ dargestellt, wie sich Auftriebsbeiwert c_a und Widerstandsbeiwert c_w im transsonischen Bereich verhalten. Der von den Verdichtungsstößen herrührende Wellenwiderstand ist gerade im transsonischen Bereich besonders groß.

5.8.4.3 Tragflügel mit reiner Überschallströmung

In Bild 5.40 ist bereits angedeutet, wie sich Auftriebsbeiwert c_a und Widerstandsbeiwert c_w im Überschallbereich verhalten, und zwar neh-

men beide Werte mit zunehmender Mach-Zahl ab.
Bei reiner Überschallströmung ist die Polarenform (Bild 5.41) parabelartig mit annähernder Symmetrie zur c_w-Achse.
Profile mit spitzer Profilnase ($r \to 0$) weisen wesentlich geringere Widerstandsbeiwerte als Profile mit relativ dicker Profilnase auf (Bild 5.41a).
Schlanke Profile mit kleinem d/l haben bei gleichen c_a-Werten wesentlich kleinere Widerstandsbeiwerte als dicke Profile (Bild 5.41b). Im Überschallbereich werden deshalb sehr schlanke, vorn angeschärfte, «messerartige» Profilformen verwendet.
Die c_a-Werte gehen selten über 0,6 bis 0,8 hinaus, d.h., sie sind etwa nur halb so groß wie die maximalen c_a-Werte von inkompressibel angeströmten Tragflügeln. Die c_w-Werte dagegen sind verhältnismäßig hoch und erreichen Werte von 0,2 bis 0,3.
Mit zunehmender Mach-Zahl wird die Polarenform ungünstiger, d.h. die c_w-Werte nehmen zu (Bild 5.41c). Profile, die für den Überschallbereich geeignet sind, haben im Unterschallbereich we-

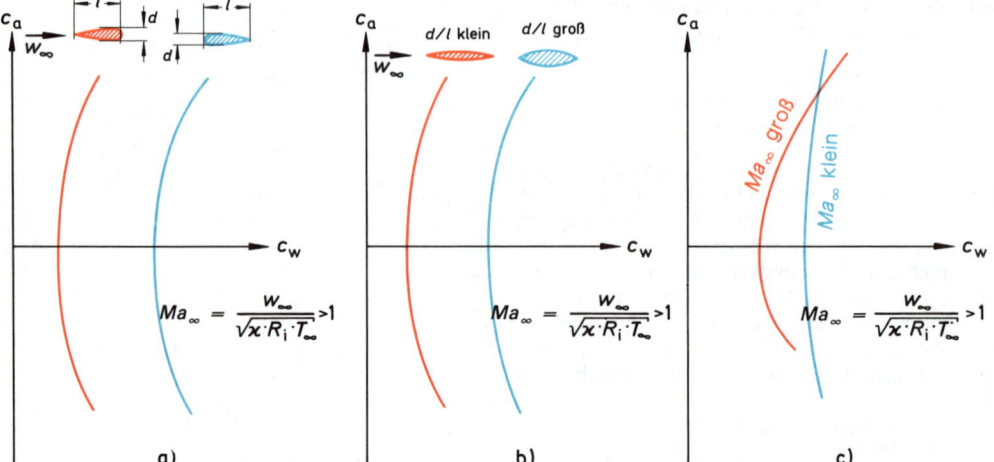

Bild 5.41   Einfluß von Profilform, Profilschlankheit und Mach-Zahl auf die Polarenform

gen der spitzen Profilnase, der sehr schwachen Krümmung und der schlanken Form sehr ungünstige Profilbeiwerte im Vergleich zu typischen Unterschallprofilen.

6 Strömungsmeßtechnik

6.1 Druckmessung

6.1.1 Einleitung

Drücke werden in der Strömungstechnik sehr häufig gemessen, sowohl in ruhenden Flüssigkeiten, Gasen und Dämpfen als auch an den Wänden durchströmter Rohre oder umströmter Körper.

Ein komplettes Druckmeßsystem (Bild 6.1) besteht im allgemeinen aus Druckmeßgerät, Druckmeßleitung und Druckmeßbohrung. Der zu messende Druck wird durch die Druckmeßbohrung über die Druckmeßleitung zum Druckmeßgerät fortgeleitet, wobei Meßfehler und Anzeigeverzögerungen auftreten können. Die sachgemäße Auslegung und Benutzung eines Druckmeßsystems besteht demnach nicht nur in der Wahl eines geeigneten Druckmeßgerätes, sondern auch im richtigen Anschluß des Manometers an die Meßstelle. Die Einflüsse von Größe und Form der Druckmeßbohrung oder des Druckmeßschlitzes und von Länge und Querschnitt der Druckmeßleitung machen sich besonders bei der Messung zeitlich schwankender Drücke bei instationären Vorgängen bemerkbar. Die Fortpflanzung des Druckes durch die Druckmeßbohrung über die Druckmeßleitung ins eigentliche Meßwerk des Manometers erfordert eine gewisse Ansprechzeit t_A, die bei genauen Messungen als die Zeit definiert ist, die benötigt wird, bis das Meßgerät 99,9% des an der Meßstelle anliegenden Druckes anzeigt (Bild 6.2).

Durch sorgfältig hergestellte, d.h. vor allem gratfreie und nicht zu kleine Druckmeßbohrungen und nicht zu lange Meßleitungen können Meßfehler und Ansprechzeiten klein gehalten werden. Bei den meisten Druckmessungen wird der Druckunterschied zwischen dem Druck an der Meßstelle und einem Bezugsdruck (z.B. dem Atmosphärendruck) gemessen.

Das Meßprinzip der meisten Druckmeßgeräte besteht in einem Kraftvergleich zwischen der vom Druck erzeugten Druckkraft und einer gleichgroßen Gegenkraft, die entweder durch das Gewicht einer Flüssigkeitssäule oder durch die Wirkung einer Feder erzeugt wird.

Je nach Anwendungsfall werden relativ grobe Betriebsmeßgeräte, Feinmeßgeräte oder Prüfmeßgeräte verwendet.

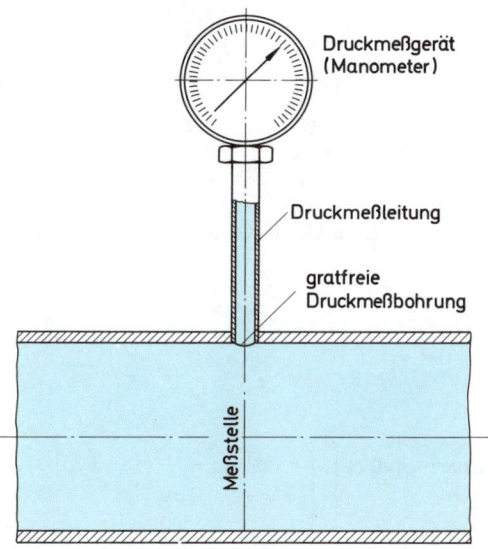

Bild 6.1 Druckmeßsystem

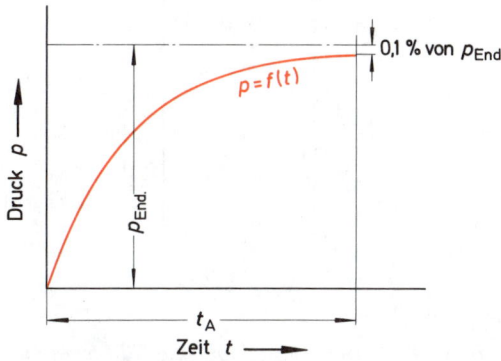

Bild 6.2 Ansprechzeit t_A

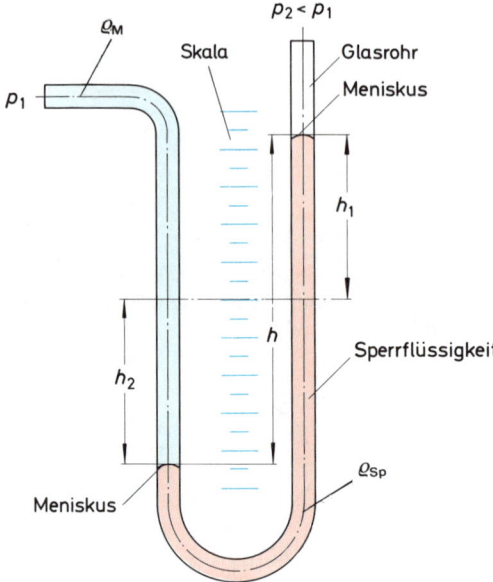

Bild 6.3 *Gleichschenkliges U-Rohr-Manometer*

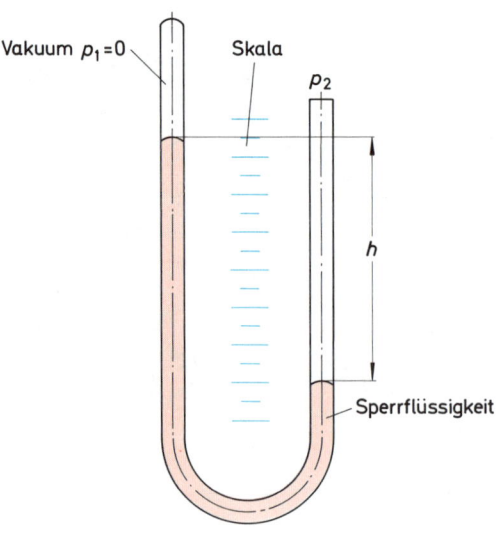

Bild 6.4 *Einseitig verschlossenes U-Rohr-Manometer*

6.1.2 Flüssigkeits-Druckmeßgeräte

Flüssigkeitsmanometer eignen sich für die Messung relativ niedriger Drücke bzw. kleiner Differenzdrücke. Sie arbeiten sehr zuverlässig und werden sowohl als einfache Betriebsmeßgeräte als auch als Präzisionsgeräte eingesetzt.

Das Meßprinzip von Flüssigkeits-Druckmeßgeräten besteht darin, die vom zu messenden Druck verursachte Druckkraft mit dem Gewicht einer Flüssigkeitssäule zu vergleichen, wobei im Gleichgewichtsfalle beide gleich groß sind.

Der zu messende Druck kann unmittelbar oder mittelbar als Länge der Flüssigkeitssäule abgelesen werden.

Die Manometerflüssigkeit wird als Sperrflüssigkeit bezeichnet. Je nach Größe des Meßbereiches wählt man Flüssigkeiten verschiedener Dichte, wie z.B. Wasser, Alkohol, Quecksilber, Öl, Tetrachlorkohlenstoff oder Tetrabromäthan.

Bei sehr genauen Messungen muß der Einfluß der Temperatur auf die Ausdehnung von Sperrflüssigkeit und Gerät und die Wirkung der Kapillarität und Oberflächenspannung (vgl. Abschnitt 1.6) berücksichtigt werden.

Der gerätemäßige Aufbau der Flüssigkeitsmanometer ist je nach Meßbereich und Anforderung an die Genauigkeit sehr verschieden.

Das einfachste Flüssigkeits-Druckmeßgerät ist ein gleichschenkliges U-Rohr mit zwei Glasrohren und einer Ableseskala dazwischen (Bild 6.3).

Der zu messende Unter-, Über- oder Differenzdruck ergibt sich aus dem Abstand der beiden Menisken der Sperrflüssigkeit:

$$(p_1 - p_2) \, A = \varrho_{Sp} \cdot g \cdot h \cdot A - \varrho_M \cdot g \cdot h \cdot A$$

(6.1)

$$p_1 - p_2 = (\varrho_{Sp} - \varrho_M) \cdot g \cdot h$$

Bei gas- und dampfförmigen Medien darf ϱ_M gegenüber ϱ_{Sp} vernachlässigt werden.

Man erkennt, daß mit zunehmender Dichte ϱ_{Sp} für eine vorgegebene Skalenlänge h_{max} der Meßbereich $p_1 - p_2$ linear mit der Dichte wächst.

Zur Messung des Absolutdruckes wird ein Manometerschenkel luftdicht verschlossen und evakuiert (Bild 6.4). Nach diesem Meßprinzip arbeiten z.B. Quecksilberbarometer.

Die Ablesegenauigkeit kann durch Verwendung besonderer Ablesevorrichtungen mit Nonius (Bild 6.5) oder optischer Vergrößerung verbessert werden. Nur bei sehr genau kalibrierten Glasrohren ist der Rohrquerschnitt überall gleich groß und die Meniskusabsenkung h_1 am Überdruckschenkel gleich der Meniskuserhebung h_2 am Unterdruckschenkel. Es genügt dann zur Bestimmung des Druckes $p_1 - p_2$ nur einen Schenkelstand abzulesen.

Bei leicht schwankenden Drücken schwingt die Sperrflüssigkeit, und die Ablesung der beiden Menisken gestaltet sich recht schwierig. Will man das Ablesen der beiden Menisken bei nicht kalibrierten Glasrohren oder bei schwingender Sperrflüssigkeit vermeiden, empfiehlt sich die Verwendung eines Gefäßmanometers (Bild 6.6) bei dem die Ablesung des Meniskus des nicht erweiterten Schenkels genügt.

Die Druckdifferenz $p_1 - p_2$ ist proportional zur Schenkellänge h_2:

$$p_1 - p_2 = (\varrho_{Sp} - \varrho_M) \cdot g \cdot h = (\varrho_{Sp} - \varrho_M) \cdot g \cdot (h_1 + h_2)$$

$$h_1 \cdot A_1 = h_2 \cdot A_2$$

$$h_1 = h_2 \frac{A_2}{A_1}$$

$$p_1 - p_2 = (\varrho_{Sp} - \varrho_M) \cdot g \cdot \underbrace{\left(1 + \frac{A_2}{A_1}\right) \cdot h_2}_{\text{Gerätekonstante } K_G}$$

(6.2)

$$p_1 - p_2 = (\varrho_{Sp} - \varrho_M) \cdot K_G \cdot h_2$$

Berücksichtigt man die Gerätekonstante K_G in einer Verzerrung der Ableseskala, so kann der Druck $p_1 - p_2$ direkt abgelesen werden.

Ausgehend vom Prinzip des Gefäßmanometers wurden verschiedene Typen von Präzisionsmanometern für genaueste Messungen wie beispielsweise das Steilrohrmanometer von PRANDTL (Bild 6.7) und das Projektionsmanometer von BETZ (Bild 6.8) entwickelt.

Beim PRANDTLschen Manometer beträgt der Meßbereich etwa 45 mbar, die Meßgenauigkeit 0,005 mbar. Als Sperrflüssigkeit wird Alkohol oder Toluol verwendet. Zur Ablesung der Höhe des Meniskus müssen in einer Meßlupe in einem mittels Zahntrieb verstellbaren Okular das eigentliche Meniskusbild mit einem in einem Hohlspiegel erzeugten senkrechten Spiegelbild des Meniskus zur Berührung gebracht werden.

Das Projektionsmanometer von BETZ benutzt destilliertes Wasser als Sperrflüssigkeit. Der Meßbereich beträgt bis zu 80 mbar, die Meßgenauigkeit 1‰ vom Skalenendwert. Ein an einer Schwimmerglocke aufgehängter Glasstab mit eingeätzter

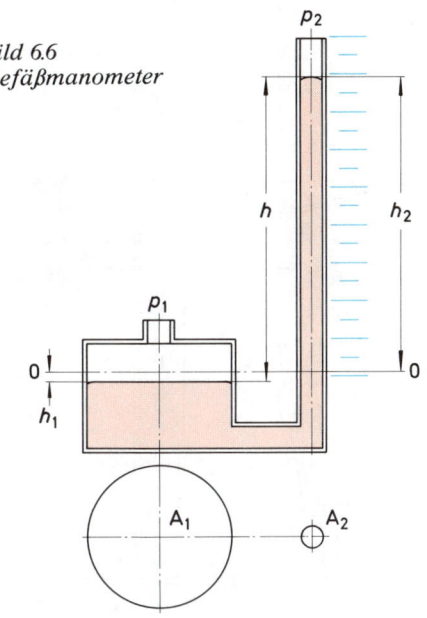

Bild 6.6
Gefäßmanometer

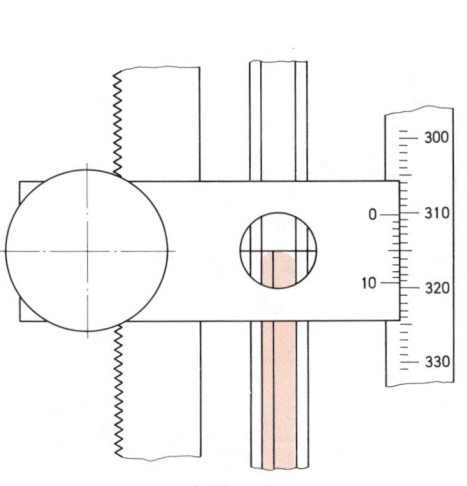

Bild 6.5 Ablesevorrichtung mit Nonius

Bild 6.7
Präzisionsmanometer nach PRANDTL (Prinzip) ▶

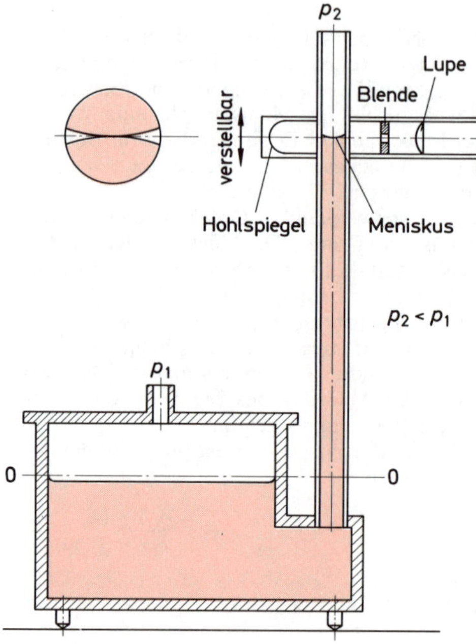

p_2

Lupe

Blende

Okular

verstellbar

Hohlspiegel

Meniskus

$p_2 < p_1$

p_1

0

0

Bild 6.8
BETZ-Präzisionsmanometer

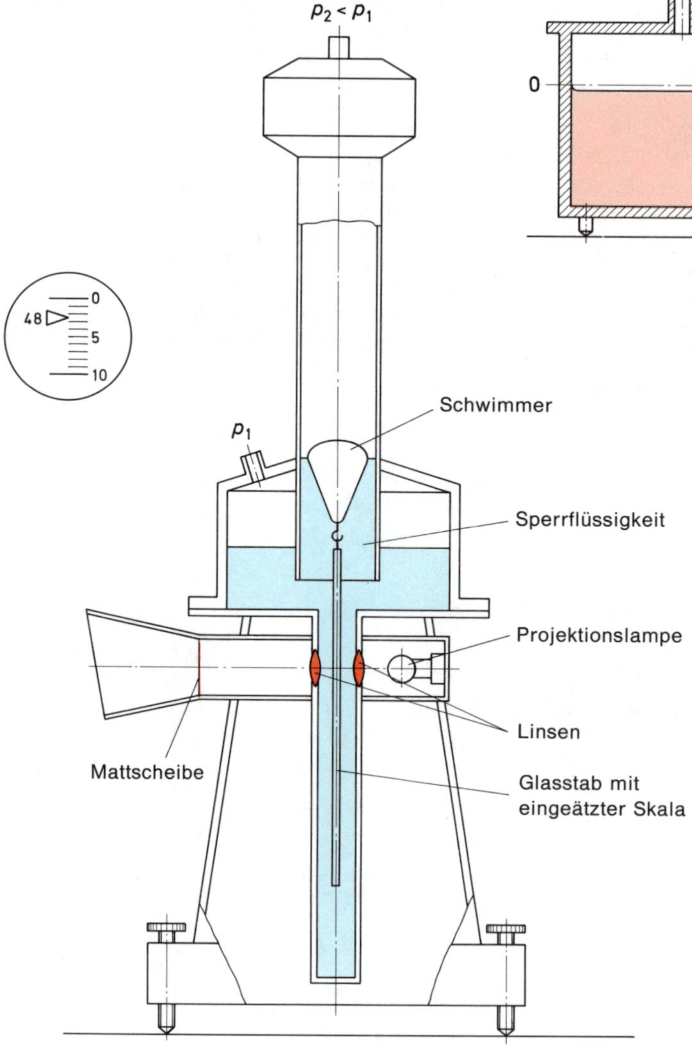

$p_2 < p_1$

48 ▷

0

5

10

Schwimmer

Sperrflüssigkeit

Projektionslampe

Linsen

p_1

Mattscheibe

Glasstab mit
eingeätzter Skala

Bild 6.9   Schrägrohrmanometer

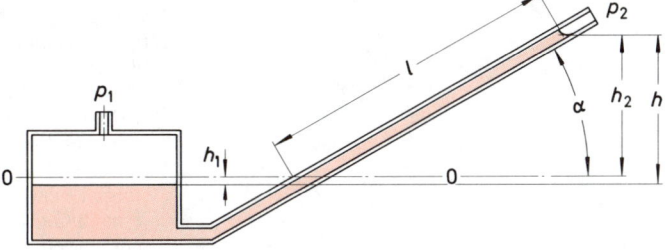

Skala bewegt sich in dem mit Sperrflüssigkeit gefüllten zentralen Rohr gemäß dem anliegenden Druck $p_1 - p_2$ auf und nieder. Durch die Optik wird ein Ausschnitt der Skala stark vergrößert auf eine Mattscheibe projiziert, wo der Meßwert an einer Strichmarke mit Nonius abgelesen werden kann.

Die beschriebenen Präzisionsmanometer arbeiten sehr genau und zuverlässig, haben aber einen relativ hohen Anschaffungspreis.

Für viele Messungen ist die etwas geringere Genauigkeit eines wesentlich billigeren Schrägrohrmanometers (Bild 6.9) völlig ausreichend.

Durch Schräglegen des engen Schenkels wird ein großer Meßausschlag l auch bei kleinen Druckänderungen erreicht.

Zwischen Meßausschlag l und Druckdifferenz $p_1 - p_2$ besteht bei gasförmigen Medien, d.h. $\varrho_{Sp} \gg \varrho_M$ folgender formelmäßiger Zusammenhang:

$$p_1 - p_2 = \varrho_{Sp} \cdot g \cdot h = \varrho_{Sp} \cdot g \cdot (h_1 + h_2)$$

$$A_1 \cdot h_1 = A_2 \cdot l = A_2 \frac{h_2}{\sin \alpha}$$

$$h_1 = \frac{A_2}{A_1} \cdot \frac{h_2}{\sin \alpha}$$

$$p_1 - p_2 = \varrho_{Sp} \cdot g \cdot h_2 \cdot \left(1 + \frac{A_2}{A_1} \cdot \frac{1}{\sin \alpha}\right)$$

$$h_2 = l \cdot \sin \alpha$$

$$p_1 - p_2 = \underbrace{\varrho_{Sp} \cdot g \cdot \left(\sin \alpha + \frac{A_2}{A_1}\right)}_{\text{Gerätekonstante } K_G} \cdot l$$

(6.3)

$$\boxed{p_1 - p_2 = K_G \cdot l}$$

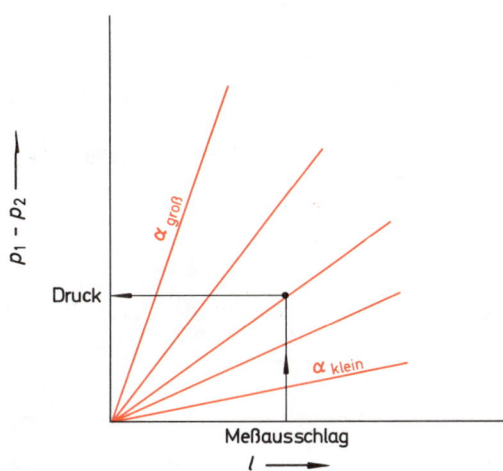

Bild 6.10
Auswerteblatt für ein Schrägrohrmanometer

Zur schnellen Ermittlung des gesuchten Druckes $p_1 - p_2$ bei gemessenem Ausschlag l empfiehlt sich die Verwendung von besonderen Auswertediagrammen (Bild 6.10).

Zur Messung von Differenzdrücken werden oft Ringwaagen (Bild 6.11) verwendet, die sich leicht als Zeigerinstrumente ausbilden lassen.

Je nach der verwendeten Sperrflüssigkeit liegt der Meßbereich zwischen 1 mbar und 250 mbar. Zwischen dem Auslenkungswinkel α und der zu messenden Druckdifferenz $p_1 - p_2$ besteht folgende Beziehung:

$$F_T \cdot r_m = G \cdot a = G \cdot r_G \cdot \sin \alpha$$

$$(p_1 - p_2) \cdot A_T \cdot r_m = G \cdot r_G \cdot \sin \alpha$$

$$\frac{G \cdot r_G}{A_T \cdot r_m} = \text{Gerätekonstante } K_G$$

233

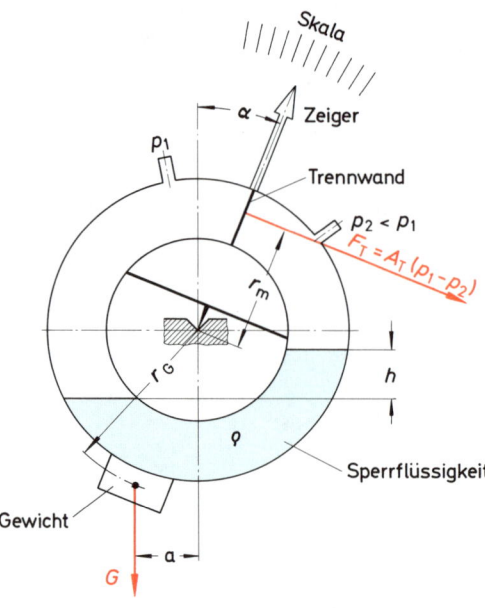

Bild 6.11   Ringwaage (Prinzip)

$$(6.4)$$

$$p_1 - p_2 = K_G \cdot \sin \alpha$$

Aus Gleichung 6.4 erkennt man, daß die Dichte der Sperrflüssigkeit keinen Einfluß auf die Messung ausübt. Da jedoch die Meniskusdifferenz h für einen gegebenen Meßbereich $(p_1 - p_2)_{max}$ mit zunehmender Dichte abnimmt, bestimmt die Dichte ϱ wesentlich die Baugröße der Ringwaage.

6.1.3   Kolben-Druckmeßgeräte

Das Meßprinzip eines Kolbenmanometers (Bild 6.12) besteht darin, daß ein mit sehr engem Spiel in einem Zylinder geführter Kolben mit geeichten Gewichten gemäß dem am Zylinder anliegenden Druck p belastet wird.
Der Druck p ergibt sich aus Kolbenfläche, Kolbengewicht und Meßgewicht:

$$(6.5)$$

$$p \approx \frac{G_{Kolben} + G}{A_{Kolben}}$$

Zur genauen Berechnung des Druckes werden von den Herstellern von Kolbenmanometern

sehr genaue Formeln angegeben, die auch Auftrieb, Reibung, Kompressibilität und Temperatur berücksichtigen. Um die Reibung klein zu halten, wird der Kolben in Drehung versetzt.
Kolbenmanometer sind sehr genaue Geräte, die sich auch für höchste Drücke eignen. Sie werden als Eichgeräte oder Geräte für Präzisionsmessungen verwendet. Die Meßgenauigkeit beträgt je nach Geräteausführung $1/1000$ bis $1/10000$ des zu messenden Druckes.
In Bild 6.13 ist ein Kolbenmanometer zusammen mit einer Prüfpumpe dargestellt, wie es als Eichgerät für federelastische Manometer verwendet wird. Als Sperrflüssigkeit dient ein in seiner Zähigkeit auf das Kolbenspiel abgestimmtes Schmieröl.

6.1.4   Federelastische Manometer

Federelastische Manometer haben wegen des einfachen Aufbaues, der kleinen, robusten Bauweise und des sehr weiten Einsatzbereiches (0,6 mbar bis 10000 bar) eine große Verbreitung in der industriellen Meßtechnik gefunden.
Das Meßprinzip besteht darin, daß sich unter der Wirkung des zu messenden Druckes ein federela-

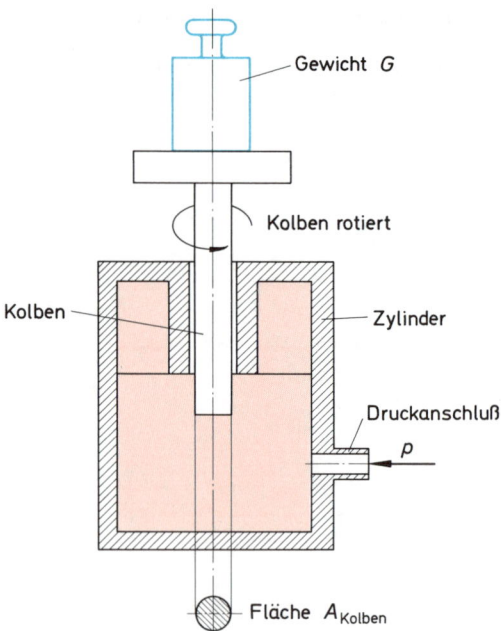

Bild 6.12   Kolbenmanometer (Prinzip)

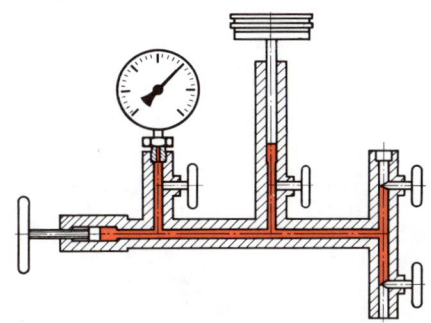

Bild 6.13 Kolbenmanometer mit Prüfpumpe (nach Fa. Alexander Wiegand, Klingenberg/Main)

stisches Meßglied verformt und diese Verformung über einen Übertragungsmechanismus in die Drehbewegung eines Zeigers umgewandelt wird.

Nach § 1061 der Eichordnung vom 1. 6. 1967 werden folgende Gattungen unterschieden:

a) Druckmeßgeräte mit Rohrfeder (Hauptgattung 310)

b) Druckmeßgeräte mit Schnecken- oder Schraubenfeder (Hauptgattung 320)

c) Druckmeßgeräte mit Plattenfeder (Hauptgattung 330)

d) Druckmeßgeräte mit Kapselfeder (Hauptgattung 340)

e) Druckmeßgeräte mit Wellrohrfeder (Hauptgattung 350)

Nach ihrer Anzeigegenauigkeit werden die genannten federelastischen Manometer in 6 Klassen eingeteilt:

a) Klasse 0,3   d) Klasse 1,6
b) Klasse 0,6   e) Klasse 2,5
c) Klasse 1,0   f) Klasse 4,0

Die Klassebezeichnung gibt den maximal zulässigen prozentualen Fehler des Manometers an, bezogen auf den Skalenendwert.

Federelastische Manometer eignen sich zur Messung von Überdrücken und Unterdrücken.

Wirkungsweise und Betriebsbereiche der verschiedenen Manometertypen und in Tabelle 6.1 gegenübergestellt.

Bei der Auswahl eines Manometers sollte darauf geachtet werden, daß eventuell auftretende Druckschwankungen innerhalb des zulässigen Meßbereiches liegen. Ist dies nicht durchführbar,

sollten nach Möglichkeit Plattenfedermanometer ausgesucht werden, die in gewissen Grenzen gegen Über- oder Unterschreiten des zulässigen Druckes durch geeignete Formgebung der Meßflansche gesichert sind. Durch besondere Einbauten oder durch das Vorschalten von Überdruck-Schutzvorrichtungen lassen sich auch andere Manometerarten über- bzw. unterdrucksicher herstellen.

Federelastische Manometer werden bei Bezugstemperaturen von 20 °C justiert und geeicht. Weicht bei der Messung die Temperatur von 20 °C ab, können je nach Temperaturdifferenz und Manometerbauart erhebliche Anzeigefehler auftreten (Bild 6.18). Werden Manometer ständig höheren Temperaturen ausgesetzt (z.B. in Dampfanlagen), so ist dies bei der Bestellung besonders anzugeben. Die beschriebenen federelastischen Manometer eignen sich gut als Gebergeräte für die Fernübertragung des Druckes in Meßwarten, Steuerwarten und Leitstände.

Die Übertragung des Meßwertes geschieht vorwiegend elektrisch, seltener pneumatisch.

Die elektrischen Geberelemente werden meistens mechanisch mit der Zeigerwelle des Mano-

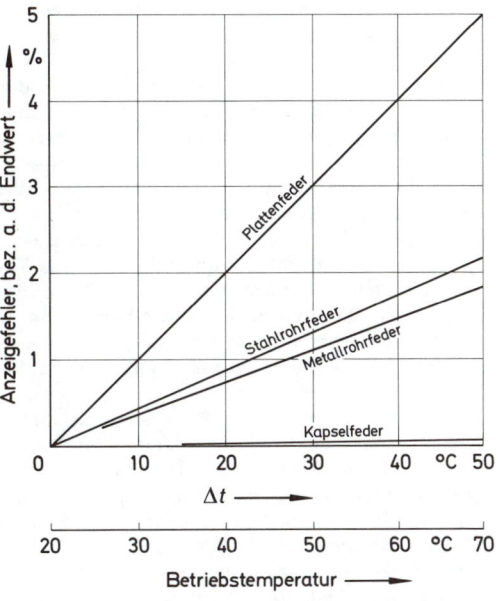

Bild 6.18 Temperaturabhängiger Anzeigefehler von federelastischen Manometern (nach Fa. Alexander Wiegand, Klingenberg/Main)

235

Tabelle 6.1   Federelastische Manometer

Rohrfedermanometer	Plattenfedermanometer

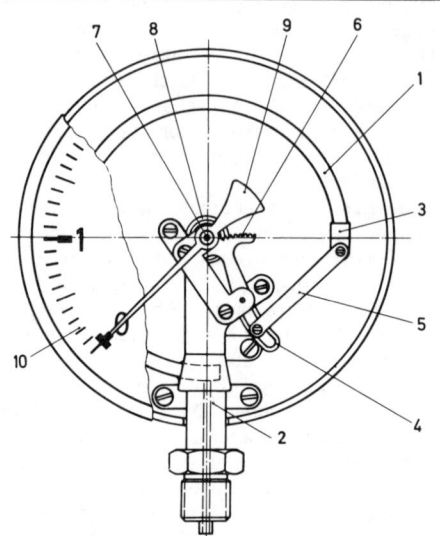

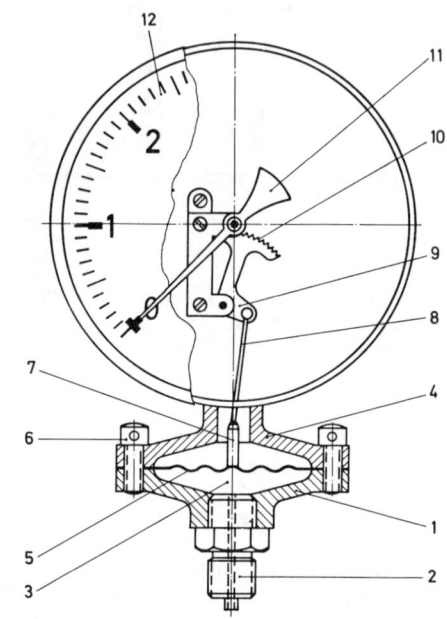

Bild 6.14   Rohrfedermanometer
(nach Fa. Alexander Wiegand, Klingen-
berg/Main)

Bild 6.15   Plattenfedermanometer
(nach Fa. Alexander Wiegand, Klinger
berg/Main)

Die Wirkungsweise des sehr häufig verwendeten **Rohrfedermanometers** kann aus Bild 6.14 ersehen werden. Die elastische Rohrfeder 1 ist mit dem Federträger 2 fest verlötet oder verschweißt. Durch eine Bohrung im Federträger gelangt das Medium, dessen Druck gemessen werden soll ins Innere der Rohrfeder. Bei Anliegen eines Überdruckes weitet sich die Rohrfeder auf, bei Vorhandensein eines Unterdruckes krümmt sie sich stärker. Die Bewegung des Federendes 3 wird über eine Zugstange 5 auf ein Zahnsegment 4 übertragen, dessen Verzahnung 6 mit dem Ritzel der Zeigerwelle im Eingriff steht. Die Rückstellkraft wird von der Spiralfeder 8 aufgebracht. Der gemessene Druck kann an der Stellung des Zeigers 9 auf dem Skalenblatt 10 abgelesen werden.

Die Anzeigebereiche von Rohrfedermanometern liegen zwischen -1 bar und 0 für die Unterdrücke und zwischen 0 bis 0,6 bar und 0 bis 10 000 bar für den Überdruckbereich. Die Anzeigegenauigkeit beträgt bei Feinmeßmanometern 0,1 bis 0,6% vom Skalenendwert, bei Betriebsmanometern 1,0 bis 1,6% vom Skalenendwert. Manometer mit größeren Meßfehlern werden nur für untergeordnete Fälle verwandt.

Plattenfedermanometer (Bild 6.15) benutzen a Meßglied eine zwischen zwei Flanschen 1 und eingespannte, meist gewellte, Plattenfeder 5. Da Medium gelangt durch die Bohrung des Anschlu zapfens 2 in den Druckraum 3. Die Bewegung de membranartigen Plattenfeder wird über ein Kuge gelenk 7 auf eine Schubstange 8 übertragen, d das Zahnsegment 9 bewegt, dessen Verzahnung 1 am Zeigerritzel eingreift.

Plattenfedermanometer eignen sich zur Messun von Unter- und Überdrücken. Die Anzeigebere che liegen zwischen -1 bar und 0 bar für Unter drücke und zwischen 0 bis 0,04 bar und 0 bis 25 ba für den Überdruckbereich. Die Anzeigegenauig keit beträgt 1,6% vom Skalenendwert.

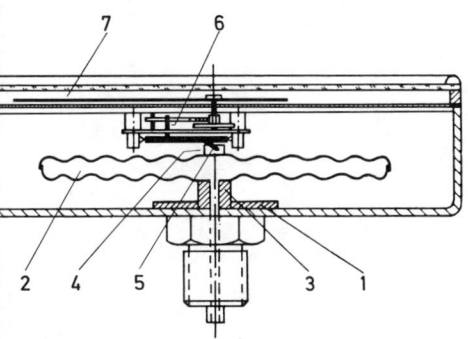

ld 6.16   Kapselfedermanometer
ach   Fa.   Alexander   Wiegand,   Klingen-
rg/Main)

apselfedermanometer (Bild 6.16) werden zur
essung relativ kleiner Drücke unter 600 mbar
rwendet. Sie eignen sich vor allem für gasförmige
edien, weniger für Flüssigkeiten.

ls Meßglied dient die aus zwei gewellten Metall-
embranen druckdicht verlötete Kapselfeder 2,
e mit der Grundplatte 1 über das Verbindungs-
hr 3 fest verbunden ist. Die Verformung der
apselfeder wird über Stifte 4 und Hebel 5 auf das
eigerwerk 6 übertragen.

ie bekannten **Aneroidbarometer** zur Messung
s barometrischen Luftdruckes gehören ebenfalls
r Gattung der Kapselfedermanometer.

apselfedermanometer eignen sich zur Messung
n Unter- und Überdrücken, wobei der Anzeige-
reich zwischen −600 mbar bis 0 im Unterdruck-
reich und 0 bis 600 mbar im Überdruckbereich
gen kann. Die Anzeigegenauigkeit beträgt nor-
alerweise 1,6% vom Skalenendwert.

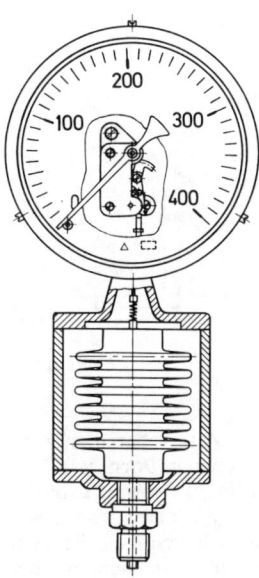

Bild 6.17   Wellrohrfedermanometer

Ein **Wellrohrfedermanometer** (Bild 6.17) ist im
Prinzip ähnlich aufgebaut wie ein Plattenfedermanometer, nur daß die Plattenfeder durch einen
ziehharmonikaartigen Federbalg ersetzt wurde.
Wegen der außerordentlich guten Linearität der
Federkennlinie von Wellrohrfedern werden diese
Manometer vor allem als Druckgeber für Steuer-
und Regelgeräte eingesetzt. Der Meßbereich liegt
üblicherweise zwischen 6 und 100 mbar.

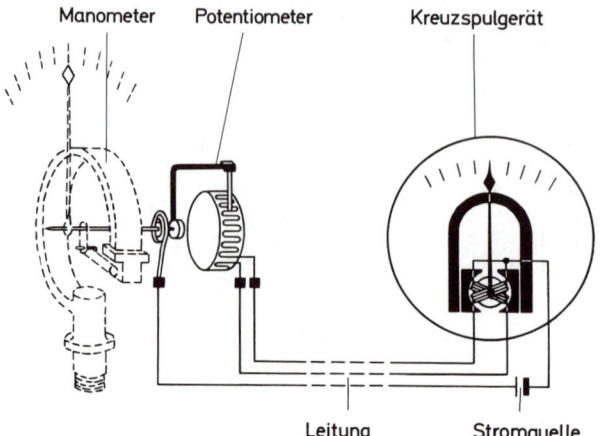

Manometer   Potentiometer   Kreuzspulgerät

Leitung   Stromquelle

Bild 6.19   Fernübertragung eines Druckes (nach Fa. Hartmann & Braun AG, Frankfurt/Main)

meters gekoppelt. Als Geber dienen vor allem Widerstandsferngeber in Form von Drehpotentiometern (Bild 6.19), sowie kapazitive oder induktive Geber. Mit derartigen Fernübertragungseinrichtungen lassen sich die gemessenen Drücke über große Entfernungen (bis 50 km) genau übertragen. Federelastische Manometer mit Grenzwertschaltern dienen als **Kontaktgeber** für Schalt- und Steuergeräte z.B. zum automatischen Einschalten und Ausschalten von Pumpen und Kompressoren bei Unter- oder Überschreiten eines bestimmten, am Manometer eingestellten Grenzwertdruckes.

6.1.5   Elektrische Druckmeßgeräte

Zur Messung von sehr großen oder sehr kleinen Drücken und von zeitlich mit hoher Frequenz schwankenden Drücken eignen sich Druckmeßgeräte, deren Meßprinzip auf einem elektrischen Effekt beruht, besser als Flüssigkeitsmanometer oder federelastische Manometer.
Die Anzeigegenauigkeit derartiger Geräte liegt aber meistens niedriger als diejenige von Flüssigkeitsmanometern oder Federmanometern, nämlich bei etwa 1 bis 3% des zu messenden Druckes. Als Meßverfahren kommen beispielsweise zur Anwendung:

a) Piezoelektrischer Effekt (Bild 6.20)

Eine zum Druck proportionale Kraft $F = p \cdot A$ wirkt auf einen piezoelektrischen Kristall beispielsweise aus Quarz, Turmalin oder Bariumtitanat und erzeugt in ihm elektrische Aufladung der Kristalloberfläche. Die Spannung liegt je

nach verwendetem Kristall und Bauweise des Gebers im Bereich von 10 bis 500 mV/bar und muß deshalb normalerweise verstärkt werden.
Dieses Druckmeßverfahren eignet sich weniger für die Messung statischer Drücke, sondern vielmehr zur Messung rasch veränderlicher Drücke, wie sie z.B. im Brennraum von Verbrennungskolbenmaschinen auftreten.

b) Verändern des Widerstandes von Drähten und Halbleitern

Bei diesem Meßverfahren, das vor allem bei sehr großen Drücken zur Anwendung kommt, wird durch den Druck der ohmsche Widerstand eines Metalldrahtes oder der Oberflächenwiderstand eines Halbleiters (z.B. Kohle) verändert und diese Widerstandsänderung gemessen.

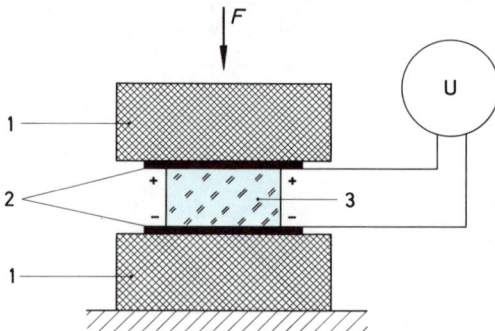

Bild 6.20   Piezoelektrische Druckmessung (nach Fa. Alexander Wiegand, Klingenberg/Main)

c) Verändern der Kapazität eines Kondensators

Eine Membrane, die vom Druck beaufschlagt wird, bildet gleichzeitig eine Kondensatorplatte. Verformt sich diese Kondensatorplatte unter der Wirkung des Druckes, ändert sich der Plattenabstand und damit die Kapazität des Plattenkondensators. Diese, dem Druck proportionale Kapazitätsänderung wird auf elektrischem Wege gemessen und als mittelbare Druckanzeige verwendet.

d) Induktive Meßumformung

Bild 6.21 zeigt das vereinfachte Arbeitsprinzip eines induktiven Meßumformers.

Auf den Waagebalken 1 wirkt links die zum Druck proportionale Kraft $F = p \cdot A$, rechts die Kraft einer Tauchspule 2, die in den Topfmagneten 3 eintaucht. Verändert sich die Kraft F, wird der Waagebalken zunächst ausgelenkt, was in dem induktiven Geber 4 einen Strom erzeugt, der über den Verstärker 5 zur Tauchspule fließt und in dieser eine Kompensationskraft erzeugt, die den Waagebalken wieder in die 0-Lage zurückbringt. Der durch die Tauchspule fließende Strom I ist ein Maß für die Größe der Kraft F.

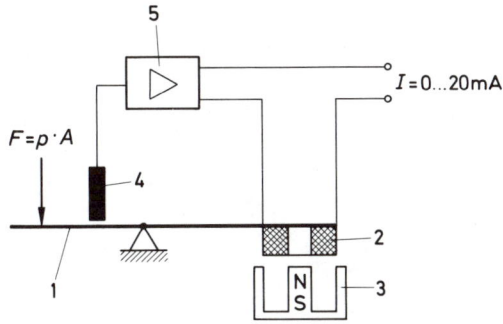

Bild 6.21   Induktiver Meßumformer (nach Fa. Hartmann & Braun AG, Frankfurt/Main)

e) Anwendung von Dehnungsmeßstreifen

Die Verformung eines Körpers unter der Einwirkung des zu messenden Druckes wird auf Dehnungsmeßstreifen übertragen, die auf dem Körper aufgeklebt sind. Die Widerstandsänderung der Drähte der Dehnungsmeßstreifen wird über eine Präzisionsbrückenschaltung gemessen.

Diese Meßmethode eignet sich insbesondere für die Messung sehr hoher Drücke.

6.2   Geschwindigkeitsmessung

6.2.1   Mechanische Verfahren

6.2.1.1   Schalenkreuzanemometer

Schalenkreuzanemometer werden hauptsächlich zur Messung der Windgeschwindigkeit in der Meteorologie, bei der Seefahrt usw. verwendet. Da der Strömungswiderstand einer in die Hohlseite hinein angeströmten halben Hohlkugel etwa dreimal größer ist als derjenige einer auf die Rückseite angeströmten Halbkugel, setzt die Windströmung das Schalenkreuz in der in Bild 6.22 dargestellten Weise in Rotation.

Die Drehzahl n wird direkt oder über die in einer bestimmten Zeitspanne (z.B. 1 Minute) erfolgte Anzahl der Umdrehungen gemessen und die zu messende Windgeschwindigkeit dieser Drehzahl zugeordnet.

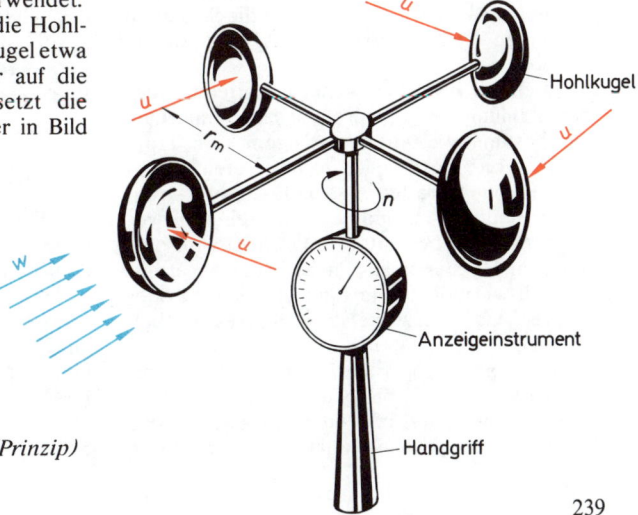

Bild 6.22   Schalenkreuzanemometer (Prinzip)

239

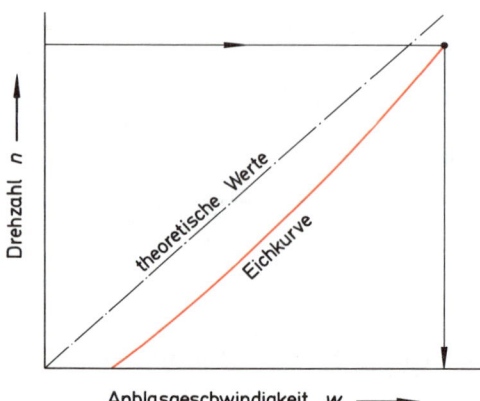

Bild 6.23
Eichkurve eines Schalenkreuzanemometers

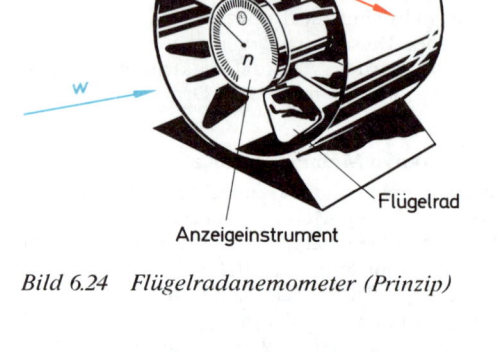

Bild 6.24   Flügelradanemometer (Prinzip)

Infolge der Lagerreibung des Gerätes und des Einflusses von Dichte und Zähigkeit der Luft treten Störeinflüsse auf, die eine empirische Eichung des Gerätes im Windkanal erforderlich machen. Jedem Meßgerät wird deshalb vom Hersteller ein Eichblatt (Bild 6.23) oder Auswertetabellen mitgegeben.

Der Meßbereich von Schalenkreuzanemometern liegt zwischen 0,5 und 50 m/s.

6.2.1.2   Flügelradanemometer

Flügelradanemometer sehen äußerlich wie Axiallüfter aus (Bild 6.24). Das in einem kreiszylindrischen offenen Gehäuse umlaufende axiale Flügelrad wird so angeströmt, daß Geräteachse und Richtung der Geschwindigkeit zusammenfallen. Die Umfangskomponenten der auf die Schaufeln ausgeübten Kräfte versetzen das Flügelrad in Rotation.

Die Drehzahl n wird entweder unmittelbar oder über Zählung der Umdrehungszahl innerhalb eines bestimmten Zeitintervalls gemessen. Trotz möglichst reibungsfreier Lagerung treten geringfügige Reibungskräfte auf, so daß zwischen Drehzahl n und Geschwindigkeit w kein linearer Zusammenhang besteht. Den Geräten wird deshalb vom Hersteller ein im Eichversuch ermitteltes Auswertediagramm (ähnlich Bild 6.23) oder entsprechende Auswerte- bzw. Korrekturtabellen beigefügt.

Der Meßbereich von Flügelradanemometer liegt üblicherweise bei 0,2 bis 40 m/s.

Zur Messung von Luft- oder Gasgeschwindigkeiten in geschlossenen Kanälen wurden Flügel-radanemometer mit Eintauchschaft entwickelt, die es gestatten, die Geschwindigkeit am Ende des Eintauchschaftes abzulesen, während das eigentliche Anemometer im Kanal eingetaucht ist. Für enge Kanäle gibt es Eintauchanemometer mit einem Flügelraddurchmesser von nur 10 mm.

6.2.1.3   Hydrometrische Flügel

Hydrometrische Flügel dienen zur Messung von Strömungsgeschwindigkeiten in Flüssigkeiten insbesondere in Wasserströmungen in Kanälen, Flüssen usw. Ein offen laufender axialer Propellerflügel dreht sich an einem wasserdicht gekapselten Lagergehäuse, das auf einer senkrecht in die Strömung eintauchenden Stange verschoben werden kann (Bild 6.25). Die Flügeldrehzahl wird direkt oder indirekt durch Zählung über ein bestimmtes Zeitintervall bestimmt. Die zu messende Geschwindigkeit ist proportional zur Drehzahl n:

$$(6.6)$$

$$w = a \cdot n + b$$

Der Faktor a entspricht der Ganghöhe des Axialflügels. Durch Verändern der Flügelsteigung kann damit der Meßbereich geändert werden. Zu einer kompletten Meßausrüstung gehören meistens mehrere Flügel mit unterschiedlichen Steigungen.

Der Korrekturfaktor b wird vor allem durch die Lagerreibung beeinflußt.

Dem Benutzer wird zu jedem Flügel ein durch Schleppversuche in einem Kanal mit ruhendem

Wasser ermitteltes Eichblatt bzw. eine Eichtabelle mitgegeben, die auch die Faktoren *a* und *b* für verschiedene Meßbereiche enthalten.

Für Schräganströmung gibt es besondere **Komponentenflügel,** die bis zu 45° schräg angeströmt werden können, wobei die axiale, d.h. in Flügelachsrichtung fallende Geschwindigkeitskomponente gemessen wird.

Hydrometrische Flügel sind sehr empfindlich gegen mangelhafte Pflege und Beschädigungen durch Stoß und Schlag. Bei guter Wartung und sorgsamer Behandlung sind sie jedoch sehr zuverlässig und genau.

6.2.1.4 Windfahnen-Richtungsmesser

Wind- oder Wetterfahnen werden seit altersher zur Bestimmung der Windrichtung benutzt.

Auch in der modernen Flugmeßtechnik werden Windfahnen-Richtungsmesser (Bild 6.26) zur Messung der Strömungsrichtung im Unterschall- und Überschallbereich eingesetzt. Die jeweilige

Stellung der Windfahne wird über einen elektrischen Drehmelder gemessen und an einem elektrischen Anzeigegerät registriert.

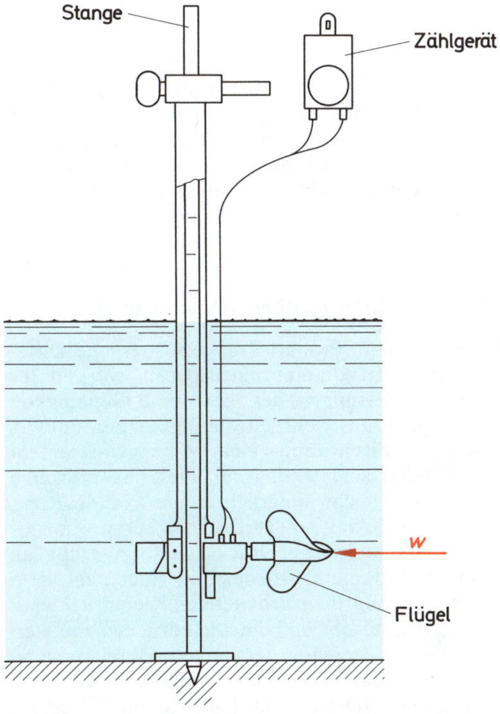

6.2.2 Staurohre und Sonden

6.2.2.1 Prandtl-Rohr

Prandtl-Rohre dienen zur Messung der Geschwindigkeit bei bekannter Strömungsrichtung.

Am halbkugelförmigen Kopf des hakenförmigen Staurohres (Bild 6.27) wird an der Bohrung *d* der Gesamtdruck $p_{ges} = p_{st} + p_{dyn}$ der Strömung gemessen. An den zur Strömungsrichtung senkrechten Schlitzen *b*, die etwa im Abstand $(2 \div 3) \cdot D$ vom Staurohrkopf angebracht sind, liegt der statische Druck p_{st} an.

Verbindet man die zu den Öffnungen *d* und *b* gehörenden Stutzen mit einem Differenzdruckmanometer, so kann man an diesem Manometer direkt den dynamischen Druck p_{dyn} (Bild 6.28) ablesen und daraus die Geschwindigkeit *w* am Staurohrkopf berechnen:

(6.7)

$$w = \sqrt{\frac{2 \cdot p_{dyn}}{\varrho}}$$

Bild 6.25 Hydrometrischer Flügel (nach Fa. A. Ott, Kempten/Bayern)

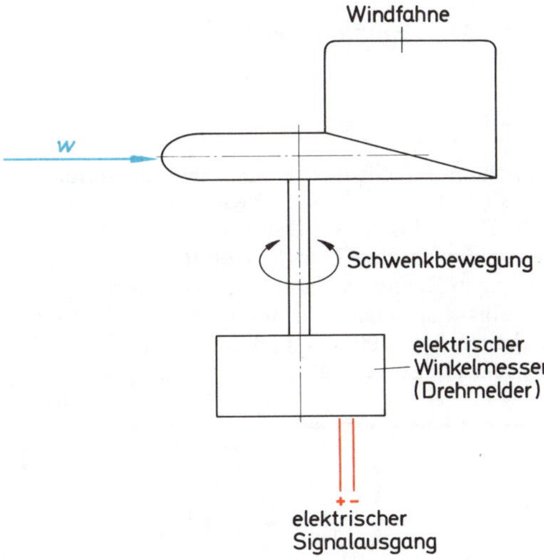

Bild 6.26 Windfahnen-Richtungsmesser (Prinzip)

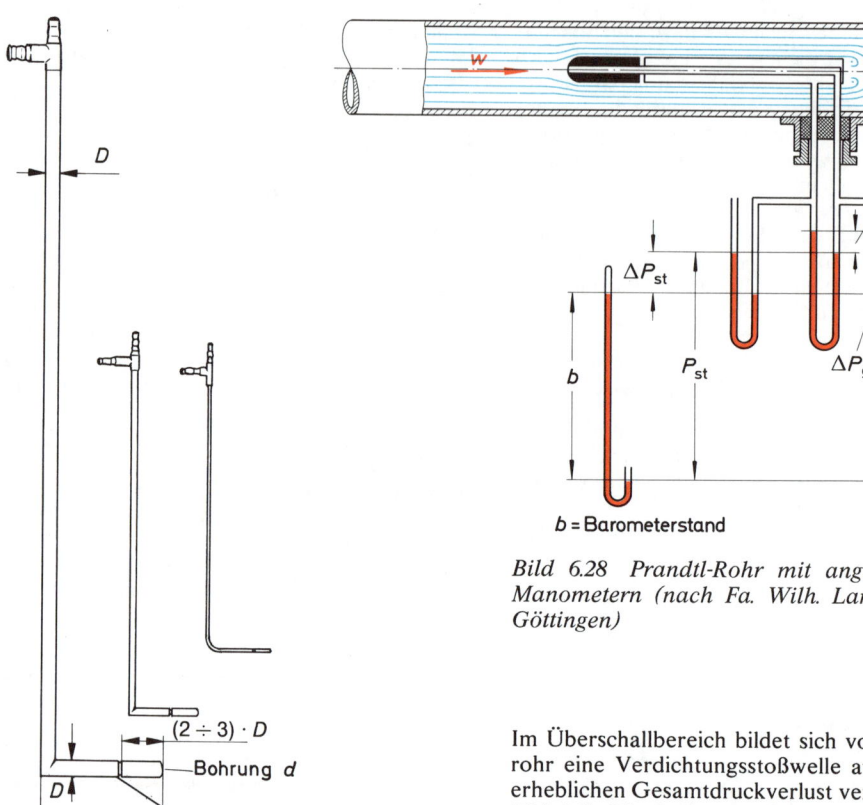

$b = $ Barometerstand

Bild 6.28 Prandtl-Rohr mit angeschlossenen Manometern (nach Fa. Wilh. Lambrecht KG, Göttingen)

Bild 6.27 Prandtl-Rohr

Gleichung 6.7 gilt nur für Geschwindigkeiten in Flüssigkeiten und Geschwindigkeiten unter 100 m/s in Gasen und Dämpfen. Sie berücksichtigt auch nicht den Zähigkeitseinfluß, der sich bei niedrigen Reynolds-Zahlen bemerkbar macht. Bei Gas- oder Dampfströmungen mit Geschwindigkeiten über 100 m/s muß die Kompressibilität berücksichtigt werden:

(6.8)

$$w \approx \sqrt{\frac{2 \cdot p_{dyn}}{\left(1 + \frac{1}{4}\,Ma^2\right) \cdot \varrho}}$$

$Ma = w/a = $ Mach-Zahl < 1

Im Überschallbereich bildet sich vor dem Staurohr eine Verdichtungsstoßwelle aus, die einen erheblichen Gesamtdruckverlust verursacht (vgl. Bild 5.6). Die Strömungsrichtung sollte mit der Achse des Staurohres übereinstimmen (Bild 6.28), Abweichungen bis zu $\pm 10°$ beeinflussen jedoch die Meßgenauigkeit praktisch nicht.

6.2.2.2 Stauscheiben-Windmesser

Um das beim Prandtl-Rohr erforderliche Differenzdruckmanometer einzusparen, wurden für Betriebsmessungen, bei denen eine Genauigkeit von $\pm 2\%$ ausreicht, Strömungssonden entwickelt, die direkt mit einem Anzeigeinstrument verbunden sind (Bild 6.29). Das hakenförmige Staurohr gleicht äußerlich einem Prandtl-Rohr. Die Anzeige des der Geschwindigkeit proportionalen dynamischen Druckes erfolgt nicht an einem Manometer, sondern an einer nach dem Stauklappenprinzip arbeitenden Kleindruckwaage. Das Staurohr und die Kleindruckwaage werden bei der Messung ständig vom Medium durchströmt. Durch Einschalten von Düsen verschiedenen Durchmessers in den Strömungskreislauf können unterschiedliche Meßbereiche gewählt werden.

Derartige Stauscheiben-Windmesser eigenen sich für Geschwindigkeiten bis zu etwa 50 m/s und werden wegen der einfachen Handhabung für Betriebsmessungen im Wetterdienst, im Bergbau, in Lüftungs- und Klimaanlagen usw. eingesetzt.

Da die Eichung des Gerätes bei einer bestimmten Luftdichte vorgenommen wird, werden vom Hersteller für die Verwendung bei anderen Luft- oder Gasdichten Korrekturtabellen mitgegeben.

6.2.2.3   Gesamtdrucksonden

Bei bekanntem statischem Druck p_{st} genügt es, zur Bestimmung der Geschwindigkeit den Gesamtdruck p_{ges} zu messen und den dynamischen Druck p_{dyn} daraus zu berechnen:

$$p_{dyn} = p_{ges} - p_{st}$$

Neben der einfachen Bauform der hakenförmig gebogenen Gesamtdrucksonde (Bild 6.30), deren Bohrung senkrecht zur Strömungsrichtung gestellt wird, gibt es für spezielle Anwendungsfälle,

wie z.B. für Messungen innerhalb der Grenzschicht, zahlreiche Sonderausführungen.

Gesamtdrucksonden sind relativ unempfindlich gegen Schräganströmung, da Richtungsabweichungen bis zu etwa 20° noch keinen merklichen Einfluß auf das Meßergebnis ausüben. Bei genauen Messungen muß jedoch der Einfluß der Zähigkeit und bei Messungen in der Nähe von Wänden der Wandeinfluß berücksichtigt werden.

6.2.2.4   Richtungssonden

Da die Strömungsgeschwindigkeit ein Vektor ist, benötigt man zu ihrer exakten Festlegung neben dem Betrag auch die Richtung.

Zur Messung der Strömungsrichtung sind Spezialsonden der verschiedensten Bauarten entwickelt worden. Neben den schon seit langem im Gebrauch befindlichen Fingersonden (Bild 6.31) und Kugelsonden (Bild 6.32) werden heute vor allem Sonden mit keil- oder kegelförmigem Kopf verwendet. In Bild 6.33 ist eine Dreilochsonde der AVA-Göttingen dargestellt, die es gestattet, die Strömungsrichtung einer ebenen Strömung zu bestimmen. Bei der Messung wird entweder die

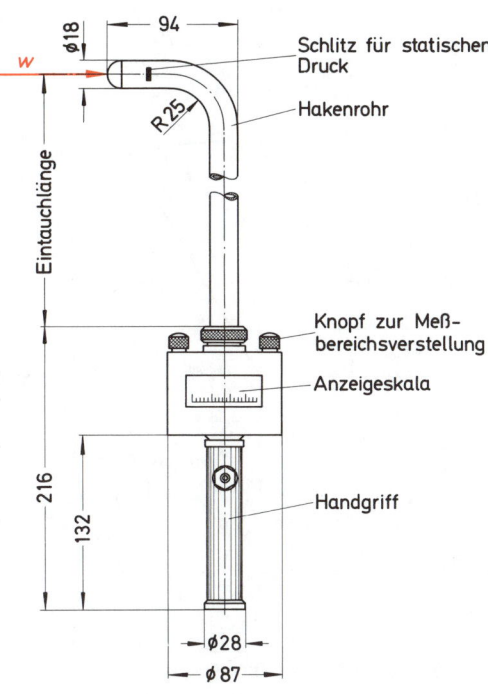

Bild 6.29   Stauscheiben-Windmesser (nach Fa. Wilh. Lambrecht KG, Göttingen)

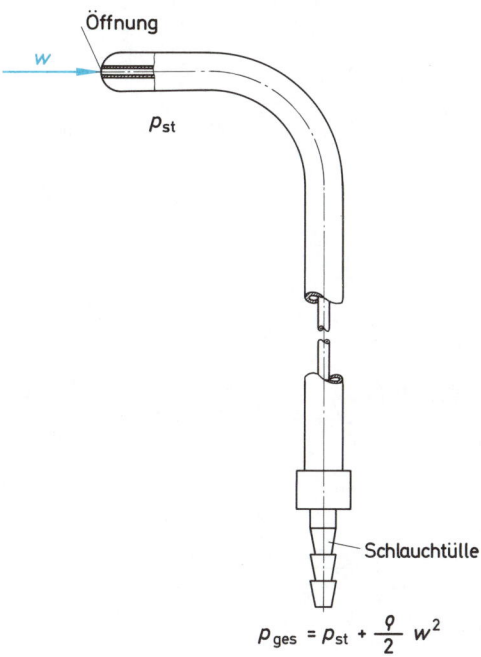

Bild 6.30   Gesamtdrucksonde

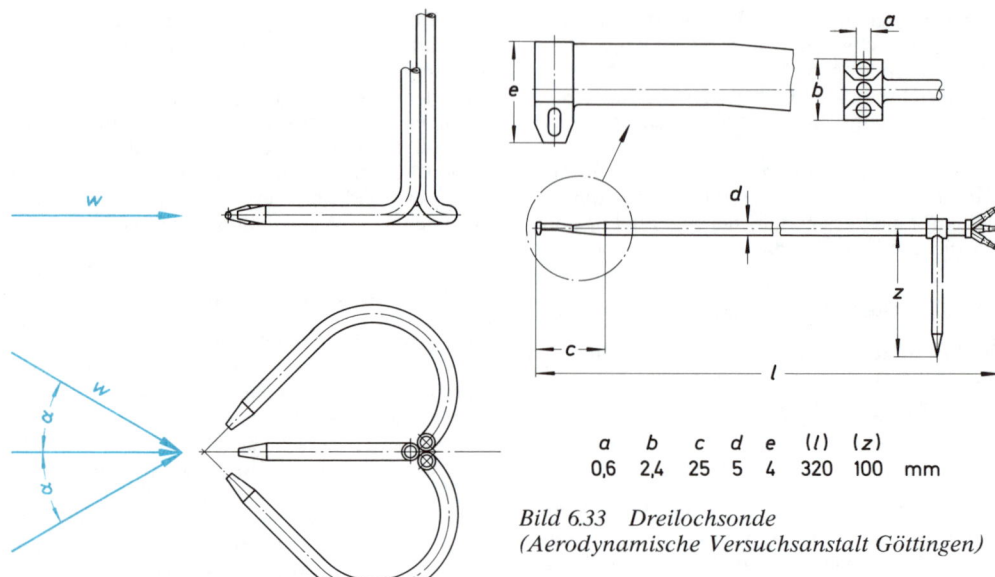

a	b	c	d	e	(l)	(z)	
0,6	2,4	25	5	4	320	100	mm

Bild 6.33   Dreilochsonde
(Aerodynamische Versuchsanstalt Göttingen)

Bild 6.31   Dreifingersonde

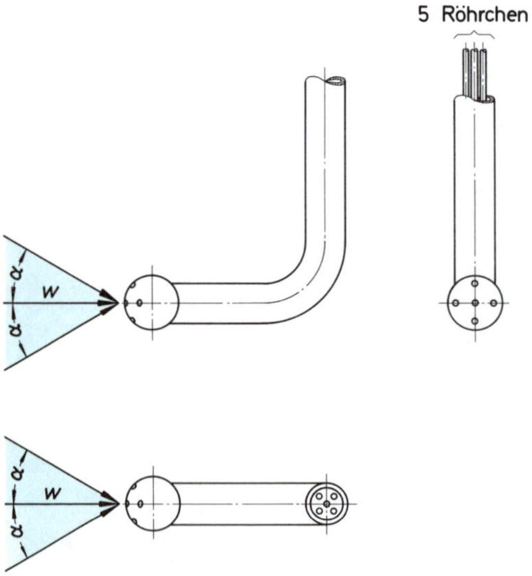

Bild 6.32   Kugelsonde

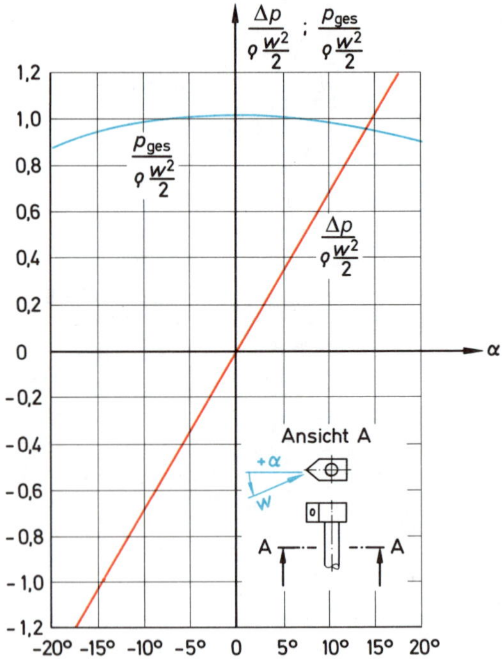

Bild 6.34   Eichdiagramm einer Dreilochsonde
(Aerodynamische Versuchsanstalt Göttingen)

244

Sonde solange gedreht, bis die Drücke an den äußeren Bohrungen gleich groß sind, oder es wird der Differenzwinkel an den äußeren Bohrungen gemessen und aus einem Eichblatt (Bild 6.34) der Strömungswinkel α abhängig von dem auf den Staudruck bezogenen Differenzdruck entnommen.

Bild 6.35 stellt eine Vierlochsonde nach CONRAD dar, die es gestattet, räumlich beliebig gerichtete Geschwindigkeiten zu messen.

6.2.3 Hitzdrahtanemometer

Zur Messung kleiner Geschwindigkeiten in der Aerodynamik wurde die trägheitslos arbeitende Hitzdrahtmeßtechnik entwickelt. Das Meßprinzip eines Hitzdrahtanemometers (Bild 6.36) beruht darauf, daß der elektrische Widerstand eines Metalldrahtes von seiner Temperatur abhängt.

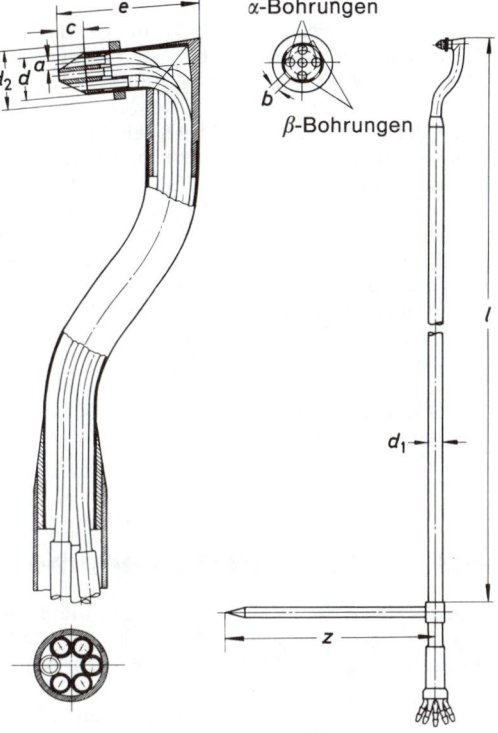

a	b	c	d	d_1	d_2	e	
0,8	0,7	2,6	4	7	5,6	13	mm

$(l) = 470 \quad (z) = 100$

Bild 6.35   Vierlochsonde nach CONRAD (Aerodynamische Versuchsanstalt Göttingen) ▶

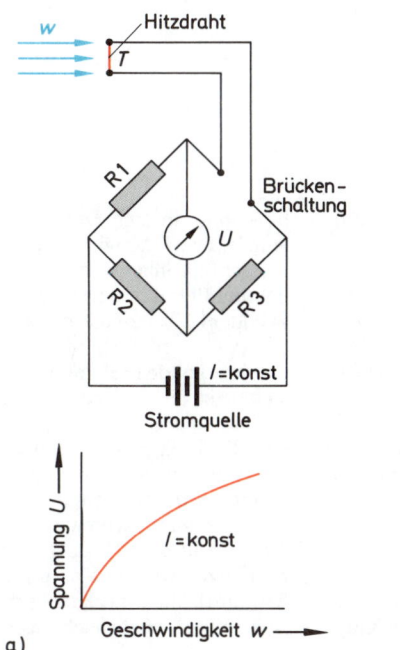

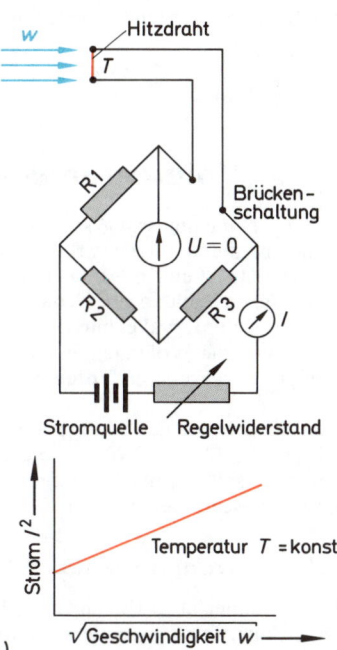

Bild 6.36   Hitzdrahtanemometer

a)

b)

Ein elektrisch beheizter feiner Draht von 1,5 bis 15 μm Durchmesser und 1 bis 5 mm Länge aus Platin oder Wolfram wird durch Anblasen mit der Geschwindigkeit w gekühlt. Bei der Messung wird entweder bei konstantem Heizstrom I die Änderung des Widerstandes über eine Präzisionsbrückenschaltung (Bild 6.36a) gemessen (Methode «konstanter Strom») oder bei konstant gehaltener Temperatur des Hitzdrahtes der Strom I gemessen (Bild 6.36b) (Methode «konstanter Widerstand»). Da die Funktion $U = f(w)$ bei der Methode «konstanter Strom» ein Sättigungsverhalten zeigt, nimmt die Empfindlichkeit mit zunehmender Geschwindigkeit ab. Das Verfahren bleibt deshalb auf Geschwindigkeiten unter 20 m/s beschränkt. Eventuelle instationäre Geschwindigkeitsschwankungen sollten unter ± 10% liegen.

Die Methode «konstanter Widerstand», bei der die Temperatur des Hitzdrahtes durch einen Regelwiderstand konstant gehalten wird, eignet sich für wesentlich größere Geschwindigkeiten und Geschwindigkeitsschwankungen. Die Strömungsgeschwindigkeit steigt dabei mit der 4. Potenz des Brückenstromes I an.
Ist der Meßkopf nur mit einem Hitzdraht ausgerüstet, kann nur der Geschwindigkeitsbetrag gemessen werden, durch Verwendung zweier senkrecht zueinander angeordneten Hitzdrähte können Betrag und Richtung der in einer bekannten Ebene liegenden Strömungsgeschwindigkeit bestimmt werden. Verwendet man anstelle eines Präzisionsgalvanometers in der Brückenschaltung einen Oszillografen als Anzeigegerät, lassen sich auf der Oszillografenröhre instationäre Schwankungen der Geschwindigkeit sichtbar machen.

6.3 Flüssigkeitsstandmessung (Niveaumessung)

Die Flüssigkeitsmessung wird bei der Messung des Flüssigkeitsspiegels in Behältern, Kanälen, Brunnenanlagen, Schleusen, an Wehren, Stauklappen usw. angewandt.
Die Messung des Flüssigkeitsniveaus dient beispielsweise zur Bestimmung von Behälter- und Tankinhalten, zum Betätigen von Grenzschaltern und Sicherheitsorganen an Behältern, zum Steu-

ern von Klappen und Wehren an Wasserkraftanlagen, zur Bestimmung der Überfallhöhe an Meßüberfällen usw.
Zur Messung des Flüssigkeitsstandes kommen zahlreiche mechanische und elektrische Verfahren zur Anwendung. In Tabelle 6.2 sind die bekanntesten Verfahren zusammengestellt.

6.4 Volumenmessung

Unter Volumenmessung soll in diesem Zusammenhang die meßtechnische Bestimmung von Flüssigkeits-, Gas- oder Dampfvolumen durch fortlaufende Zählung eines Volumenstromes über längere Zeitintervalle hinweg verstanden werden. Die zur Volumenmessung verwendeten Meßgeräte werden als **Volumenzähler** bezeichnet.
Von den zahlreichen Meßgeräten und Meßverfahren, die für die Volumenmessung in Frage kommen, sollen einige wichtige Verfahren bzw. Geräte beschrieben werden:

6.4.1 Trommelzähler

Der Trommelzähler (Bild 6.41) stellt eine Weiterentwicklung des Kippzählers dar, wobei die Kipp-

bewegung in eine Drehbewegung umgewandelt wurde. Die Flüssigkeit tritt durch das die Trommelachse konzentrisch umgebende Zuführrohr 1 ein und füllt den unten liegenden Teil des Innenzylinders 2 bis zum Überlaufen des Meßgutes in den Außenteil 3 der Meßtrommel. Ist die jeweils unten liegende Meßkammer gefüllt, läuft die Flüssigkeit in die nächstfolgende Kammer und verschiebt den Schwerpunkt der Meßtrommel, so daß die Trommel sich um eine Kammer weiterdreht. Bei dieser Drehung leert sich die gefüllte Kammer durch den Austrittsschlitz 4 in den Gehäuseraum 5, von wo die Flüssigkeit durch das Abflußrohr 6 ausläuft. Die Anzahl der Trommeldrehungen wird in einem Zählwerk registriert. Trommelzähler arbeiten sehr genau; normalerweise mit Meßabweichungen unter ± 0,5% und

Tabelle 6.2 Flüssigkeitsstandmessung

Schau- und Standglas	Hydrostatische Methode	Niveaumessung mit Schwimmern oder Auftriebskörpern	Auswägeverfahren
 Bild 6.37	 Bild 6.38	 Bild 6.39	 Bild 6.40
In dem am Behälter angebrachten Schauglas wird der Flüssigkeitsstand im Behälter angezeigt. Bei Temperaturunterschieden zwischen Behälter und Schauglas ergeben sich verschiedene Flüssigkeitshöhen in Behälter und Schauglas, die zu korrigieren sind.	Die Flüssigkeitshöhe h wird über den hydrostatischen Druck am Behälterboden gemessen. Die Stauhöhe h ergibt sich aus dem gemessenen Druck: $$h = \frac{p}{\varrho \cdot g}$$ Bei geschlossenen Behältern werden Differenzdruckmanometer verwendet.	Schwimmer oder Auftriebskörper folgen den Niveauschwankungen nahezu trägheitslos. Die jeweilige Stellung des Schwimmers wird meistens über ein Seil auf einen elektrischen Geber übertragen, der die Schwimmerbewegung in ein elektrisches Signal umwandelt und an ein Anzeigegerät, einen Schreiber oder Regler weiterleitet.	Wenn keines der beschriebenen Standmeßverfahren brauchbar ist, wird der Behälterinhalt durch Auswägen des gesamten Behälters auf einer Waage oder mittels Kraftmeßdosen bestimmt.

Weitere Verfahren sind in Henstenberg, J., Sturm, B., Winkler, O.: Messen und Regeln in der chemischen Technik, angegeben.

eignen sich für Flüssigkeiten aller Art, die mit niedrigem Druck zufließen und drucklos ins Freie auslaufen können.

Wichtige Anwendungsgebiete sind die Messung von Alkoholmengen, Kondensatmengen und von Ölmengen an Ölfeuerungen.

Trommelzähler haben Meßbereiche bis 12 m³/h.

6.4.2 Ringkolbenzähler

Der Ringkolbenzähler (Bild 6.42) ist ein unmittelbarer Volumenzähler, bei dem der Flüssigkeitsstrom kontinuierlich in Meßkammerfüllungen bestimmten Volumens zerlegt und gezählt wird. Das Medium tritt durch die Bodenöffnung E in die linke Hälfte der Meßkammer ein und verläßt sie auf der rechten Hälfte durch die Öffnung A im Meßkammerdeckel. Während einer oszillierenden Bewegung des Drehkolbens K werden die Teilmengen V_1 (äußerer Sichelraum) und V_2 (innere Sichelraum) von der Eintrittsöffnung E zur Austrittsöffnung A gebracht. Der Meßkammerinhalt V ergibt sich als Summe der beiden Teilmengen V_1 und V_2:

$$V = V_1 + V_2$$

Während der oszillierenden Bewegung des Kolbens dreht sich die Kolbenachse um 360° um die Kammerachse. Diese Drehbewegung wird auf ein Zählwerk übertragen und damit die Durchflußmenge mittelbar registriert.

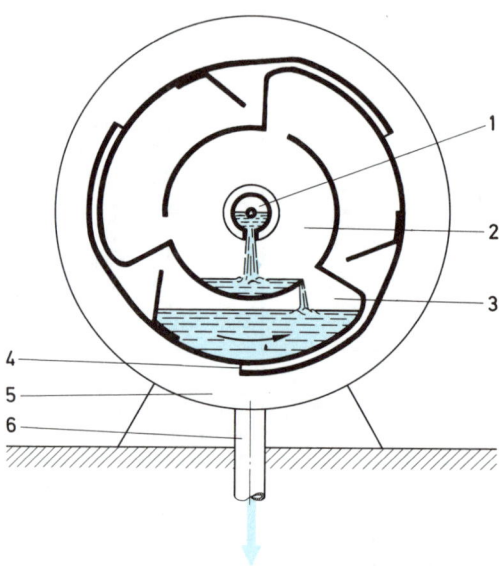

Bild 6.41 *Trommelzähler (nach Fa. Siemens & Halske AG, Wernerwerk Karlsruhe)*

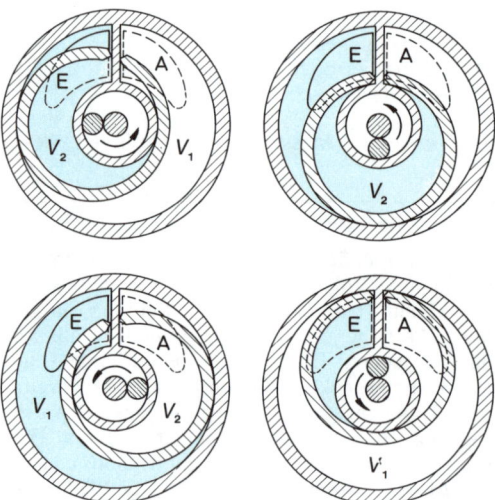

Bild 6.42 *Ringkolbenzähler (nach Fa. Bopp & Reuther, Mannheim)*

Ringkolbenzähler eignen sich nur für saubere Flüssigkeiten, d.h., Wasser soll beispielsweise keine Schwebstoffe enthalten und nicht kalkoder eisenhaltig sein.

Ringkolbenzähler haben Meßbereiche von 10 bis 3000 Liter/h (R $\frac{3}{4}''$) bis 45 bis 20 000 Liter/h (R $1\frac{1}{2}''$) und können in jeder Rohrlage eingebaut werden. Die Meßgenauigkeit ist sehr hoch (Bild 6.44). Der Meßfehler liegt oberhalb einer unteren Mindestmenge von etwa 20% der Nennbelastung unter 1%. Bei Durchfluß des maximal zulässigen Volumens tritt ein Druckverlust in der Größenordnung von 1 bar auf.

Ringkolbenzähler werden als Hauswasserzähler, Zähler für Kraft- und Schmierstoffe, Getränke usw. eingesetzt.

6.4.3 Ovalradzähler

Ovalradzähler (Bild 6.43) dienen in der Mineralölindustrie zur Volumenmessung von Flüssiggas, Benzin, Benzol, Gasöl, Heizöl, Schmieröl, Teer, Asphalt, in der chemischen Industrie zur Volumenmessung von Säuren, Laugen, Lösungsmitteln usw. und in der Nahrungsmittelindustrie zur Messung von Milch-, Wein-, Bier-, Speiseölmengen usw.

Dieser weitverbreitete Volumenzähler enthält in einer Meßkammer zwei ständig miteinander im Eingriff stehende ovale Zahnräder. Das an der Eintrittsöffnung E eintretende Medium drückt auf die ovalen Zahnräder und versetzt sie in eine Drehbewegung, die auf ein Zählwerk übertragen wird.

Ovalradzähler arbeiten sehr genau mit Fehlern unter ±1%. Der Meßbereich liegt zwischen 5 Liter/h als Mindestmenge für kleine Ovalradzähler und 1200 m³/h als Größtmenge für große Ovalradzähler.

Ähnlich aufgebaute **Drehkolbenzähler** mit nicht verzahnten Drehkolben werden zur Messung von Gasmengen verwendet.

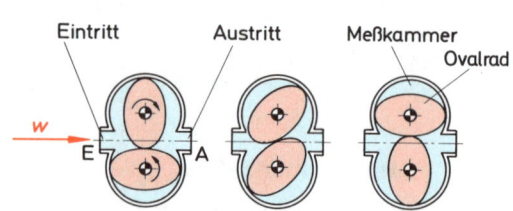

Bild 6.43 *Ovalradzähler*

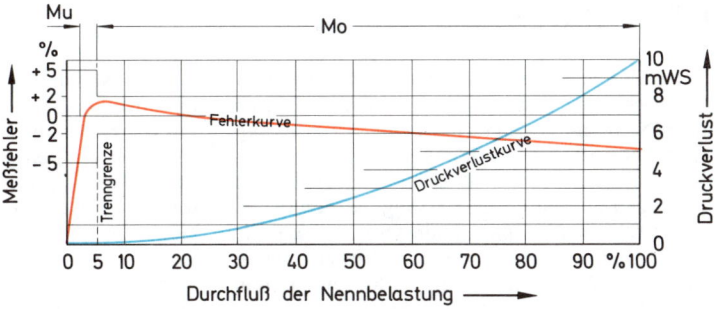

Bild 6.44 Meßfehler und Druckverlust eines Ringkolbenzählers (nach Fa. Bopp & Reuther, Mannheim)

6.4.4 Flügelradzähler

Beim Flügelradzähler (Bild 6.45), der vornehmlich als Hauswasserzähler eingesetzt wird, wird das Flügelrad durch das in den Meßraum einströmende Medium in Rotation versetzt. Bei den meisten Ausführungen strömt die Flüssigkeit durch eine Reihe untenliegender tangentialer Einströmkanäle ein und durch höher gelegene, entgegengerichtete Ausströmkanäle wieder aus. Die Umdrehungszahl des Flügelrades ist proportional zum Durchflußvolumen und wird auf ein Zählwerk übertragen.

Flügelradzähler arbeiten sehr genau und sind weniger schmutzempfindlich als Ringkolbenzähler. Die Meßbereiche liegen nach DIN 3260 in den Grenzen von 30 bis 3000 Liter/h bis 200 bis 30000 Liter/h.

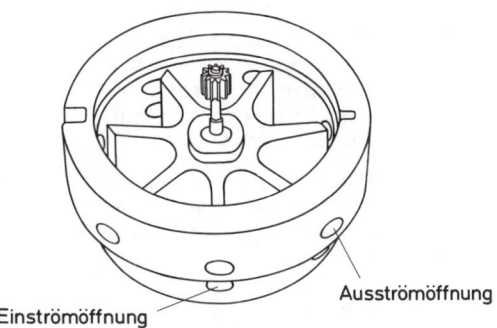

Einströmöffnung Ausströmöffnung

Bild 6.45 Flügelradzähler — Innerer Einsatz (nach Fa. Siemens & Halske AG, Wernerwerk Karlsruhe)

6.4.5 Woltmanzähler

Der Woltmanzähler ähnelt in seinem äußeren Aufbau einer axialen Wasserturbine. Das axiale Flügelrad wird entweder wie in Bild 6.46 in Rohrachse eingebaut (Bauart WP) oder vertikal zur Rohrachse in einem Gehäuse, das einem Ventilgehäuse gleicht, angeordnet (Bauart WS). Die Drehzahl des Flügelrades ist proportional zum durchfließenden Volumen und wird über eine mechanische oder elektrische Koppelung auf ein Zählwerk übertragen.

Woltmanzähler eignen sich zur Messung mittlerer und großer Flüssigkeitsvolumenströme und arbeiten mit Fehlern zwischen 0,5 und 5% je nach Lage im Meßbereich. Der Druckverlust liegt bei maximalem Durchfluß bei rd. 0,1 bar bei der waagerechten (WP) Ausführung und rd. 0,8 bar bei der senkrechten Bauart.

Zur Messung von Gasmengen werden **Schraubenradgaszähler** verwandt, die ähnlich aufgebaut sind wie axiale Woltmanzähler.

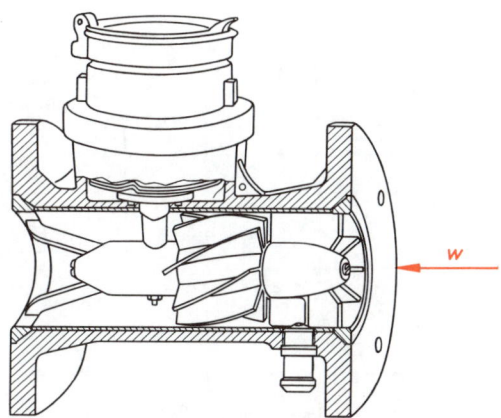

Bild 6.46 Woltmanzähler (nach Fa. Siemens & Halske AG, Wernerwerk Karlsruhe)

6.5   Durchflußmessung

Unter Durchflußmessung versteht man die meßtechnische Bestimmung des momentan durch
einen bestimmten Querschnitt einer Rohrleitung
oder eines offenen Gerinnes strömenden Volu-
men- oder Massenstromes. Die verschiedenen
Methoden der Durchflußmessung werden in der
Praxis sehr häufig angewandt, sei es bei Labor-
oder Abnahmeversuchen in der Strömungstechnik, an Strömungsmaschinen, in der chemischen
Technik usw. oder bei Betriebsmessungen zur
Steuerung, Regelung und Kontrolle von Kraft-
werksprozessen, chemischen Produktionsverfah-
ren usw.

6.5.1   Bestimmung des Volumenstromes aus Geschwindigkeitsverteilung und Leitungs-(Kanal-) Querschnitt

Bei Eichversuchen, bei Abnahmeversuchen an
Wasserturbinen, großen Pumpen, Ventilatoren,
Verdichtern usw. kann der Volumenstrom oft nur
durch Abtasten der Geschwindigkeitsverteilung
über einem bestimmten Meßquerschnitt mittels
Strömungssonden, Anemometern oder hydro-
metrischen Flügeln bestimmt werden.
Der Meßquerschnitt sollte möglichst senkrecht
zu den Stromlinien liegen und eine genügend
lange Rohr-(Kanal-)Strecke im Ein- und Auslauf
haben, damit die Stromlinien parallel laufen und
die Geschwindigkeitsverteilung möglichst gleichförmig ist.

Da die Messung relativ viel Zeit in Anspruch
nimmt, muß über längere Zeit der Volumenstrom
konstant gehalten werden.
Bei rechteckigen Kanälen wird ein Netz von
Meßstellen über den auszumessenden Querschnitt gelegt und die Geschwindigkeit in den
einzelnen Meßpunkten gemessen (Bild 6.47).
Die mittlere Strömungsgeschwindigkeit erhält
man entweder nach einem grafischen Verfahren
durch Ausplanimetrieren der einzelnen aufge-
zeichneten Geschwindigkeitsverteilungen oder
durch numerische Integration beispielsweise auf
einer EDV-Anlage.
Beim grafischen Verfahren (Bild 6.47) werden
zunächst alle vertikalen Geschwindigkeitsverteilungen gemittelt und diese Mittelwerte über der
Kanalbreite B nochmals gemittelt.
Der Volumenstrom $\dot{V}$ beträgt dann:

(6.9)

$$\dot{V} = w_m \cdot B \cdot H$$

Selbstverständlich können auch zunächst die
horizontal liegenden Geschwindigkeitsfelder gemittelt werden und anschließend aus diesen
Mittelwerten über der Kanalhöhe H die mittlere
Geschwindigkeit bestimmt werden.
In den Randzonen der Geschwindigkeitsfelder
können die Geschwindigkeiten wegen der Wandnähe nicht mehr gemessen werden. Zur Aufzeich-
nung der die Geschwindigkeitsvektoren einhül-
lenden Kurven können weitere Kurvenpunkte

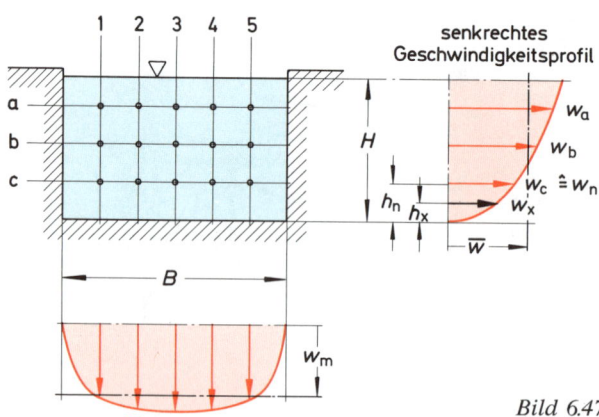

*Bild 6.47   Grafische Ermittlung des Volumens
in einem rechteckigen Kanal*

nach dem Blasiusschen 1/7-Gesetz berechnet werden:

(6.10)

$$w_{\mathrm{x}} = w_{\mathrm{n}} \cdot \left(\frac{h_{\mathrm{x}}}{h_{\mathrm{n}}}\right)^{1/7}$$

w_{n} = letzte in Wandnähe gemessene Geschwindigkeit

h_{n} = Abstand dieser Geschwindigkeit von der Wand

h_{x} = Abstand der berechneten Geschwindigkeit von der Wand

Zur Bestimmung des Volumenstromes in einem kreisförmigen Rohr wird auf mindestens 2 verschiedenen Durchmessern die Geschwindigkeitsverteilung gemessen (Bild 6.48). Für jeden Radius r auf dem gemessen wird, ergeben sich mindestens 4 Meßpunkte. Die 4 gemessenen Geschwindigkeiten werden algebraisch gemittelt:

$$\bar{w} = \frac{w_{\mathrm{I}} + w_{\mathrm{II}} + w_{\mathrm{III}} + w_{\mathrm{IV}}}{4}$$

Der durch einen schmalen Streifen strömenden Teilvolumenstrom $\mathrm{d}\dot{V}$ beträgt:

$$\mathrm{d}\dot{V} = \mathrm{d}A \cdot \bar{w} = 2 \cdot \pi \cdot r \cdot \mathrm{d}r \cdot \bar{w}$$

$$= 2 \cdot \pi \cdot \bar{w} \cdot r \cdot \mathrm{d}r$$

Der gesamte durch das Rohr fließende Volumenstrom ergibt sich durch Integration aller Teilströme:

(6.11)

$$\dot{V} = \int_0^R \mathrm{d}\dot{V} = 2 \cdot \pi \int_0^R \bar{w} \cdot r \cdot \mathrm{d}r = \pi \int_0^{R^2} \bar{w} \cdot d(r^2)$$

Die Ermittlung der Integrale erfolgt numerisch oder durch Ausplanimetrieren (Bild 6.48). Bei der Festlegung der Meßpunkte, d.h., der Radien r; auf denen die Geschwindigkeit gemessen wird, sollte man die radialen Abstände zwischen den Meßpunkten nach außen, d.h. zur Rohrwand hin, enger legen. Bei der Wahl der Meßradien r wird meistens nach folgenden Regeln vorgegangen:

a) Trapezregel: $\quad r = \dfrac{2}{3} \dfrac{i^{3/2} - (i-1)^{3/2}}{\sqrt{n}} \cdot R$

b) Tangentenregel: $r = \sqrt{\dfrac{2i-1}{n}} \cdot R$

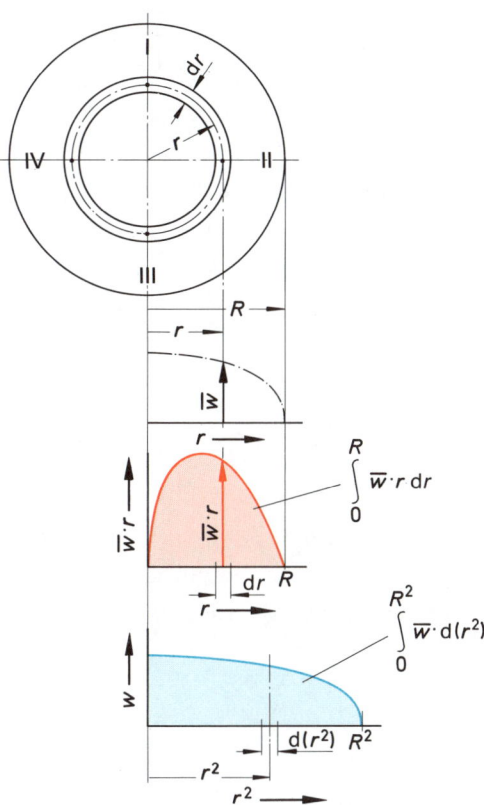

Bild 6.48   Grafische Bestimmung des Volumenstromes in einem Kreisrohr

i = Ordnungsnummer des jeweiligen Meßradius r

n = Anzahl der Meßradien

Weitergehende Angaben über die Durchflußbestimmung mittels gemessener Geschwindigkeitsverteilung finden sich in [6.1] für Rechteckquerschnitte und in [6.2] bis [6.6] für Kreisquerschnitte.

6.5.2   Drosselgeräte

Unter einem Drosselgerät versteht man die Einschnürung einer Rohrleitung, an der infolge der Querschnittsabnahme eine Geschwindigkeitszunahme eintritt, die eine Druckabsenkung zur Folge hat (Bild 6.49). Die Druckabsenkung zwischen dem normalen Rohrquerschnitt A_{D} und

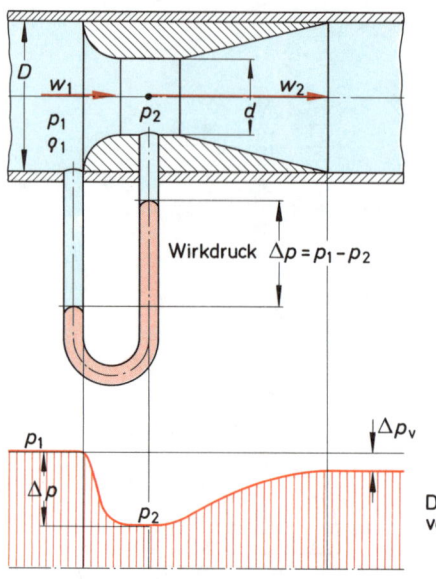

dem verengten Querschnitt A_d bezeichnet man als **Wirkdruck** Δp. Zwischen dem durch das Drosselgerät strömenden Volumen bzw. Massenstrom und dem Wirkdruck besteht folgender Zusammenhang:

Unter Vernachlässigung von Reibung, Einschnürung und Expansion erhält man zunächst den theoretischen Volumenstrom $\dot{V}_{th}$:

Energiegleichung: $\dfrac{w_1^2}{2} + \dfrac{p_1}{\varrho} = \dfrac{w_2^2}{2} + \dfrac{p_2}{\varrho}$

Kontinuitätsgleichung: $w_1 \cdot A_D = w_2 \cdot A_d$

mit $\quad\quad m = \dfrac{A_d}{A_D} = \dfrac{d^2}{D^2}$

wird $\quad\quad w_1 = w_2 \cdot m$

$$\dfrac{w_2^2 \cdot m^2}{2} + \dfrac{p_1}{\varrho} = \dfrac{w_2^2}{2} + \dfrac{p_2}{\varrho}$$

$$w_2^2\,(1 - m^2) = \dfrac{2 \cdot (p_1 - p_2)}{\varrho} = \dfrac{2 \cdot \Delta p}{\varrho}$$

$$w_2 = \sqrt{\dfrac{2 \cdot \Delta p}{\varrho\,(1 - m^2)}}$$

$$\dot{V}_{th} = A_d \cdot w_2 = A_d \sqrt{\dfrac{2 \cdot \Delta p}{\varrho\,(1 - m^2)}}$$

Bild 6.49   Durchflußmessung mittels Drosselgerät

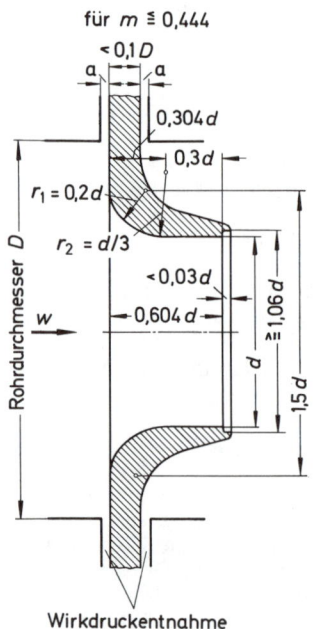

für $m \lessgtr 0{,}444$

Wirkdruckentnahme

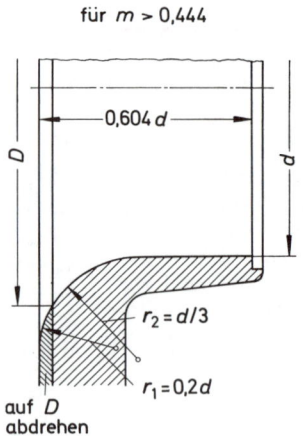

für $m > 0{,}444$

auf D abdrehen

Bild 6.50   Normdüse nach DIN 1952

Die auszugsweise Wiedergabe der Bilder 6.50, 6.51 und 6.52 erfolgt mit Genehmigung des Deutschen Normenausschusses. Maßgebend ist die jeweils neueste Ausgabe der Norm im Normformat A4, das bei der Beuth-Vertrieb GmbH, 1000 Berlin 30 und 5000 Köln, erhältlich ist.

Berücksichtigt man den Einfluß von m^2, Reibung und Einschnürung in der sogenannten **Durchflußzahl** α und bei Gasen und Dämpfen die Expansion des Mediums vom Druck p_1 auf p_2 durch die **Expansionszahl** ε, so erhält man den tatsächlichen Volumen- bzw. Massenstrom:

(6.12a)

$$\dot V = \alpha \cdot \varepsilon \cdot A_\mathrm{d} \sqrt{\frac{2 \cdot \Delta p}{\varrho_1}}$$

$$= \alpha \cdot \varepsilon \cdot m \cdot A_\mathrm{D} \sqrt{\frac{2 \cdot \Delta p}{\varrho_1}}$$

(6.12b)

$$\dot m = \alpha \cdot \varepsilon \cdot A_\mathrm{d} \cdot \sqrt{2 \cdot \Delta p \cdot \varrho_1}$$

$$= \alpha \cdot \varepsilon \cdot m \cdot A_\mathrm{D} \sqrt{2 \cdot \Delta p \cdot \varrho_1}$$

$\dot V$ = Volumenstrom in m³/s
$\dot m$ = Massenstrom in kg/s
α = dimensionslose Durchflußzahl
ε = dimensionslose Expansionszahl ($= 1$ für Flüssigkeiten)

$A_\mathrm{d} = \dfrac{\pi}{4} \cdot d^2$ = Öffnungsquerschnitt des Drosselgerätes in m²

$A_\mathrm{D} = \dfrac{\pi}{4} \cdot D^2$ = Rohrquerschnitt in m²

$m = A_\mathrm{d}/A_\mathrm{D}$ = dimensionsloses Öffnungsverhältnis
$\Delta p = p_1 - p_2$ = Wirkdruck in Pa
ϱ_1 = Dichte des Mediums vor dem Drosselgerät in kg/m³

Außer dem Wirkdruck tritt noch ein bleibender Druckverlust Δp_v auf, der von der Bauart des Drosselgerätes und vom Quadrat des Volumenstromes abhängt. Dieser bleibende Druckverlust ist jedoch wesentlich geringer als der Druckverlust, der in den in Abschnitt 6.4 beschriebenen Volumenzählgeräten auftritt.
Als Drosselgerät sollte man nach Möglichkeit eines der folgenden, in DIN 1952 «Durchflußmessung mit genormten Düsen, Blenden und Venturidüsen» genormten Geräte vorsehen.

Bild 6.51   Normblende nach DIN 1952 ▶

a) Normdüse

Normdüsen nach DIN 1952 werden für Rohrdurchmesser D zwischen 50 und 500 mm und für Öffnungsverhältnisse m zwischen 0,1 und 0,64 eingesetzt.
Die geometrischen Umrisse der Normdüse können aus Bild 6.50 ersehen werden.
Die Entnahme des Wirkdruckes erfolgt an Einzelanbohrungen mit dem Durchmesser a oder an ringförmigen Schlitzen mit der Schlitzbreite $a \cdot a$ liegt je nach Größe von D und m zwischen 1 und 10 mm (nähere Einzelheiten siehe DIN 1952). Die Durchflußzahlen können abhängig von der Reynolds-Zahl $Re = \dfrac{w_1 \cdot D}{\nu}$ und vom Öffnungsverhältnis m aus Tabellen der DIN 1952 entnommen werden, die Expansionszahl ε abhängig vom Druckverhältnis p_2/p_1, Öffnungsverhältnis m und Isentropenexponent $\varkappa$ ebenfalls.

b) Normblende

Eine Normblende (Bild 6.51) besteht aus einer ebenen Scheibe mit kreisrunder scharfkantiger Einlauföffnung und den zugehörigen Fassungsringen, die die Druckentnahmebohrungen bzw. -schlitze enthalten.

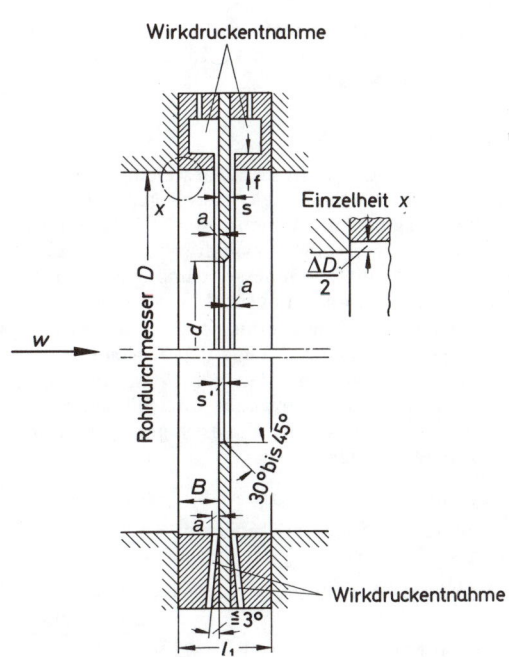

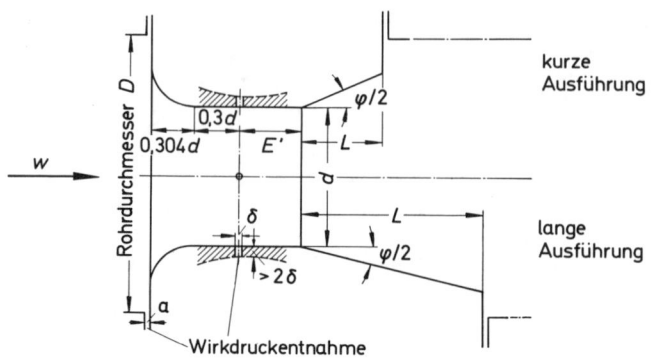

Normblenden werden vorwiegend zur Messung von Gas- und Dampfmassenströmen verwendet. Die Messung ist sehr genau, es entsteht aber ein relativ hoher bleibender Druckverlust Δp_v.
Der Rohrdurchmesser D liegt im Bereich von 50 und 1000 mm und das Öffnungsverhältnis m zwischen 0,05 und 0,64.
Für die Blendendicke s sollte folgender Wert eingehalten werden:

$$0,005 \cdot D \leqq s \leqq 0,05 \cdot D$$

Für $s > 0,02 \cdot D$ wird die Öffnung unter 30 bis 45° angeschrägt.
Die zugehörigen Durchflußzahlen α und Expansionszahlen ε finden sich in Tabellen und Formeln der DIN 1952.

c) Normventuridüse

Normventuridüsen (Bild 6.52) bestehen aus einem düsenförmigen Einlaufteil, dessen geometrische Abmessungen mit denjenigen der Normdüse übereinstimmen, einem zylindrischen Teil (Einschnürung) vom Durchmesser d und einem Diffusor mit dem Erweiterungswinkel $\varphi/2$.
Der bleibende Druckverlust Δp_v ist wesentlich geringer als bei Normblende und Normdüse.
Normventuridüsen werden vor allem zur Messung von Volumenströmen von Flüssigkeiten verwendet. Die Geräteabmessungen liegen in folgenden Grenzen:

Rohrdurchmesser $\quad D = 65$ bis $500\,\text{mm}$
Öffnungsdurchmesser $\quad d \geq 50\,\text{mm}$
Öffnungsverhältnis $\quad m = 0,1$ bis $0,6$
Druckentnahmebohrung(schlitz) $\delta = 0,04 \cdot d$
$\qquad\qquad\qquad\qquad\qquad\qquad = 2$ bis $10\,\text{mm}$
Diffusorerweiterungswinkel $\quad \varphi/2 < 15°$

Die Durchflußzahlen α sind in DIN 1952 angegeben, die Expansionszahlen ε sind identisch mit denjenigen der Normdüse.
Die Abmessungen und Beiwerte nichtgenormter Drosselgeräte können aus der VDI-Regel VDI 2040 «Berechnungsgrundlagen für die Durchflußmessung mit Drosselgeräten» oder aus der sehr umfangreichen Fachliteratur entnommen werden.
Drosselgeräte sind sehr empfindlich gegen Störungen in der Zulauf- und Ablaufströmung. Rohreinbauten, die solche Störungen verursachen können, wie Krümmer, T-Stücke, Schieber, Ventile usw., müssen deshalb durch genügend lange Rohrstrecken vom Drosselgerät getrennt sein.
Die Länge der Einlaufstrecke sollte je nach Art der Störung zwischen 5 D und 80 D betragen; die Länge der Auslaufstrecke zwischen 4 D und 8 D. Nähere Einzelheiten finden sich in DIN 1952.
Die richtige Anordnung und Auswahl der Wirkdruckmeßgeräte, Wirkdruckleitungen, Armaturen, Abscheidegefäße und Spüleinrichtungen findet sich in der VDE/VDI-Richtlinie VDE/VDI 3512 «Meßanordnungen-Durchflußmessung mit Drosselgeräten».
Als Wirkdruckmesser werden neben U-Rohr-Manometern vor allem Schwimmermanometer und Ringwaagen verwendet, die so konstruiert sind, daß die Wurzel aus dem Wirkdruck Δp gerätemäßig gezogen wird und der Volumenstrom direkt angezeigt wird.

6.5.3   Überfallwehr

Bei der Messung von großen Wassermengen, die mit relativ kleinen Geschwindigkeiten durch offene Gerinne strömen, werden oft Überfallwehre eingesetzt.

Durch eine quer zur Strömung liegende scharfkantige Platte von der Höhe s und der Kanalbreite b wird das Wasser um den Wert der Überfallhöhe h angestaut (Bild 6.53).

Für eine einwandfreie Ausbildung der Überströmung der Wehrschneide ist es erforderlich, den Raum unterhalb des überströmenden Strahles seitlich zu belüften.

Die Geschwindigkeitsverteilung im zuströmenden Wasserstrom sollte möglichst gleichförmig sein.

Der Volumenstrom $\dot{V}$ ist proportional zur Überfallhöhe h. Ausgehend von Gleichung 4.127 erhält man folgenden formelmäßigen Zusammenhang zwischen $\dot{V}$ und h:

$$\dot{V} = \mu \cdot \frac{\sqrt{2g}}{\cos\delta} \int_{z_1}^{z_2} b \cdot \sqrt{z} \cdot \mathrm{d}z$$

$$\delta = 0°; \quad \cos\delta = 1$$

$$z_1 = 0$$

$$z_2 = h$$

$$b = \text{konst.}$$

$$\dot{V} = \mu \cdot \sqrt{2g} \cdot b \cdot \int_0^h \sqrt{z} \cdot \mathrm{d}z$$

$$= \mu \sqrt{2g} \cdot b \cdot \frac{2}{3} \cdot z^{3/2} \Big|_0^h$$

(6.13)

$$\dot{V} = \frac{2}{3} \cdot \mu \cdot b \cdot \sqrt{2g} \cdot h^{3/2}$$

Zur Bestimmung des Überfallbeiwertes μ wurden zahlreiche Versuche durchgeführt und daraus empirische Formeln abgeleitet, von denen die von T. REHBOCK stammende wiedergegeben werden soll:

(6.14)

$$\mu = 0{,}606 + \frac{1}{1000 \cdot h} + 0{,}08 \frac{h}{s}$$

Überfallhöhe h in m einsetzen!

Neben dem normalerweise verwendeten rechteckigen, sich über die gesamte Kanalbreite erstreckende Überfallwehr werden für kleine Volumenströme, kleine Geschwindigkeiten und große Kanalbreiten Überfallwehre eingesetzt, die nicht in der gesamten Breite überströmt werden, sondern einen rechteckigen oder dreieckigen Ausschnitt haben (Bild 6.54).

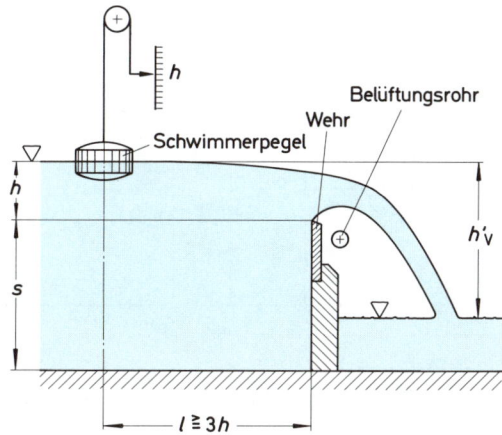

Bild 6.53   Überfallwehr

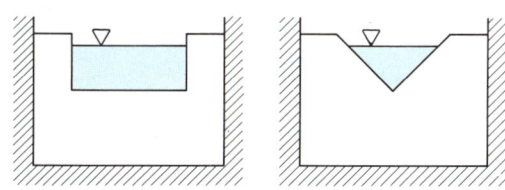

Bild 6.54   Überfall   mit   Seitenkontraktion   —   dreieckiger Überfall

Die Beziehungen für $\dot{V}$ und μ derartige Sonderwehrformen können der speziellen Fachliteratur entnommen werden.

6.5.4   Venturikanal

Um den beim Überfallwehr auftretenden hohen Gefälleverlust h_v' zu verringern, wendet man das Venturiprinzip auch bei offenen Gerinnen an. Der Kanal wird düsenförmig eingeschnürt (Bild 6.55), wodurch eine Geschwindigkeitserhöhung an der Verengungsstelle entsteht, die zu einer Absenkung des Wasserspiegels auf den Wert h_2 führt. Diese Spiegelabsenkung entspricht dem Wirkdruck an einer Venturidüse.

Zur Ermittlung des Volumenstromes $\dot{V}$ wäre es an sich erforderlich, beide Spiegelhöhen h_1 vor der Einschnürung und h_2 an der engsten Stelle zu messen. Da dies sehr umständlich wäre, sorgt man dafür, daß die Froude-Zahl $\dfrac{w_2}{\sqrt{g \cdot h_2}}$ größer 1

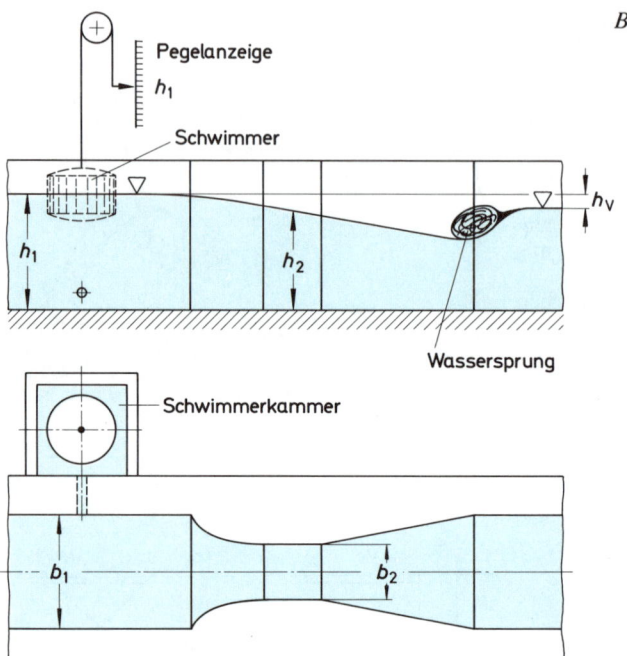

wird und damit schießender Abfluß eintritt. Für diesen Zustand der schießenden Strömung besteht folgender Zusammenhang zwischen den Spiegelhöhen h_1 und h_2:

$$h_2 = \tfrac{2}{3} \cdot h_1$$

Der bleibende Druckverlust h_v liegt dann über 25% von h_1.

Durch Heranziehen der Energiegleichung

$$\frac{w_1^2}{2} + g \cdot h_1 = \frac{w_2^2}{2} + g \cdot h_2$$

und der Kontinuitätsgleichung

$$w_1 \cdot b_1 \cdot h_1 = w_2 \cdot b_2 \cdot h_2 = w_2 \cdot b_2 \cdot \tfrac{2}{3} \cdot h_1$$

erhält man folgenden Zusammenhang zwischen Volumenstrom $\dot{V}$ und Spiegelhöhe h_1:

(6.15)

$$\dot{V} = \alpha_0 \cdot k \cdot b_2 \sqrt{g} \cdot h_1^{3/2}$$

Der Beiwert α_0 liegt zwischen 0,96 und 1 und wird durch Eichversuche ermittelt.

Der Faktor k ist eine Funktion des Breitenverhältnisses b_2/b_1 und berücksichtigt den Einfluß der Einschnürung.

Nähere Einzelheiten über Venturikanäle finden sich u.a. im Arbeitsblatt ATM V 1253 der Zeitschrift «Archiv für Technisches Messen» und in DIN 19 559.

6.5.5 Durchflußmessung mit Schwebekörpergeräten

In einem senkrecht stehenden konischen Meßrohr aus Glas, Metall oder Kunststoff bewegt sich ein Schwebekörper spezieller Form frei auf und ab (Bild 6.56). Bei Durchströmung des Meßrohres von unten nach oben stellt sich der Schwebekörper so ein, daß sich die an ihm angreifenden Kräfte Auftrieb F_A, Gewicht F_G und Widerstandskraft F_w das Gleichgewicht halten.

$$F_w + F_A = F_G$$

Bei Änderung des Volumenstromes verschiebt sich der Schwebekörper so im Meßrohr, daß sich erneut ein Kräftegleichgewicht einstellt.

Die Durchflußgleichung für ein derartiges Meßgerät lautet:

$$\dot{V} = \alpha \cdot D_S \sqrt{\frac{F_G}{\varrho} \left(1 - \frac{\varrho}{\varrho_S}\right)}$$

α = Durchflußzahl = f (Form des Schwebekörpers, Höhenlage z, D_K/D_S, Zähigkeit des Mediums)
ϱ = Dichte des Mediums
ϱ_S = Dichte des Schwebekörpers

Durch empirische Eichung kann man jeder Höhenlage z eindeutig den zugehörigen Volumenstrom $\dot{V}$ zuordnen. Die Ablesung erfolgt in Höhe der Meßkante des Schwebekörpers an der geeichten Skala.

Schwebekörper-Durchflußmeßgeräte haben eine Meßbereichsbreite von 1 : 10 und werden für Volumenströme von 0,1 Liter/h bis 100 m³/h eingesetzt. Der Meßfehler liegt zwischen ±1% und ±3%, der Druckverlust zwischen 0,06 und 0,6 bar.

Schwebekörper-Durchflußmeßgeräte gibt es für Gase und Flüssigkeiten. Je nach Medium und Meßbereich sind verschiedene Formen von Schwebekörpern entwickelt worden.

6.5.6 Elektromagnetische Durchflußmeßgeräte

Dieses Meßgerät (Bild 6.57) arbeitet nach dem Faradayschen Induktionsprinzip. Bei Bewegung eines elektrischen Leiters senkrecht zu den Kraftlinien eines Magnetfeldes (in diesem Falle ist die Flüssigkeit der Leiter) wird in dem Leiter eine Spannung induziert.

$$U = K_G \cdot B \cdot \bar{w} \cdot D$$

K_G = Gerätekonstante
B = Feldstärke des Magnetfeldes
$\bar{w}$ = mittlere Strömungsgeschwindigkeit
D = Rohrdurchmesser

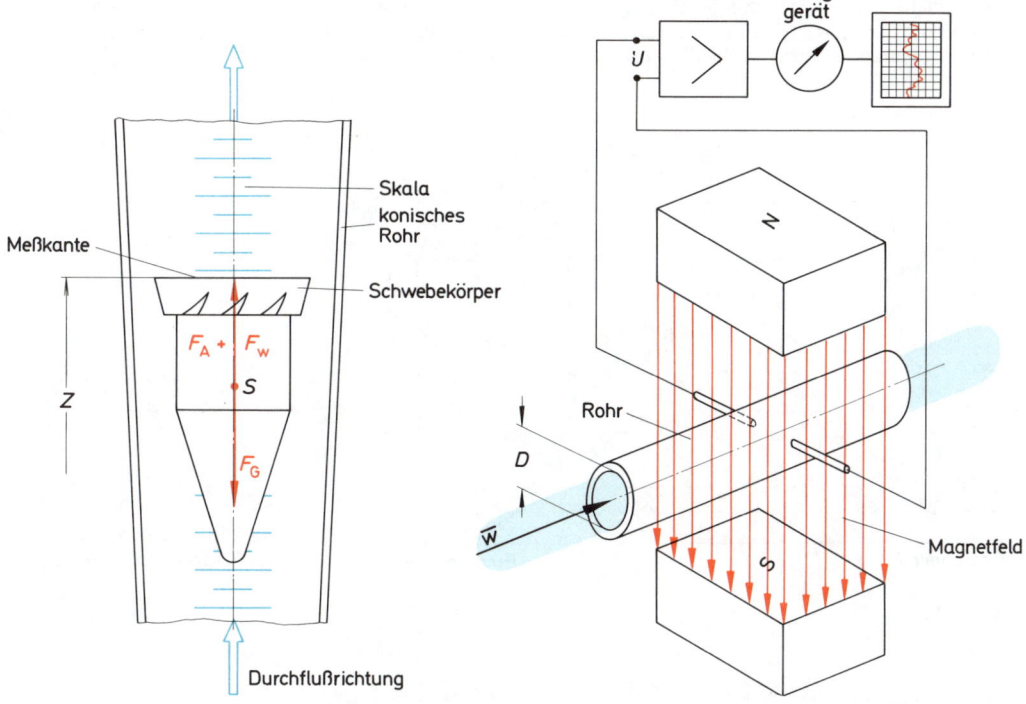

Bild 6.56 Schwebekörper-Durchflußmeßgerät (Prinzip)

Bild 6.57 Elektromagnetisches Durchflußmeßgerät (Prinzip)

Aus Gleichung 6.17 erkennt man, daß die induzierte Spannung linear zur Durchflußgeschwindigkeit w ist und unabhängig von den Stoffeigenschaften Dichte, Viskosität, Druck und Temperatur ist. Die elektrische Leitfähigkeit des Mediums muß allerdings größer als 1 uS/cm sein.

Das Gerät enthält keine beweglichen Teile und vorstehenden Einbauten und ist unempfindlich gegen Verunreinigungen des Mediums und Einlaufstörungen in der Strömung. Es entsteht praktisch kein Druckverlust.

Elektromagnetische Durchflußmeßgeräte gibt es für Nennweiten zwischen 2 und 2000 mm. Die Meßgenauigkeit ist sehr hoch, der maximale Fehler liegt bei $\pm 0,5\%$ vom Skalenendwert.

6.5.7 Ultraschall-Durchflußmesser

Der im Bild 6.58 schematisch dargestellte Ultraschall-Durchflußmesser hat folgendes Meßprinzip: Zwei Sender strahlen Ultraschallwellen durch die durch das Meßrohr strömende Flüssigkeit. Die Wellenstrahlen schließen mit der Strömungsrichtung den Winkel β ein. Sender 1 schickt seine Schallwellen in Strömungsrichtung, Sender 2 gegen die Strömungsrichtung aus. Die mit der Strömung laufende Ultraschallwelle 1 pflanzt sich

demnach schneller fort als die gegen die Strömung laufende Welle 2.

$$c_1 = c_0 + \bar{w} \cdot \cos \beta$$

$$c_2 = c_0 - \bar{w} \cdot \cos \beta$$

$$c_1 - c_2 = 2 \cdot \bar{w} \cdot \cos \beta$$

$$\bar{w} = \frac{c_1 - c_2}{2 \cdot \cos \beta}$$

(6.17)

$$\dot{V} = f_w \cdot A_D \frac{c_1 - c_2}{2 \cdot \cos \beta}$$

Der Faktor f_w berücksichtigt das Geschwindigkeitsprofil im Meßrohr und wird durch Eichung bestimmt. Die Geschwindigkeiten c_1 und c_2 ergeben sich aus den Abständen l Sender—Empfänger und der Zeit zwischen Senden und Empfangen der jeweiligen Ultraschallimpulse.

Ultraschall-Durchflußmesser arbeiten auf $\pm 1\%$ genau und weisen etwa die gleichen Vor- und Nachteile auf wie die elektromagnetischen Durchflußmesser.

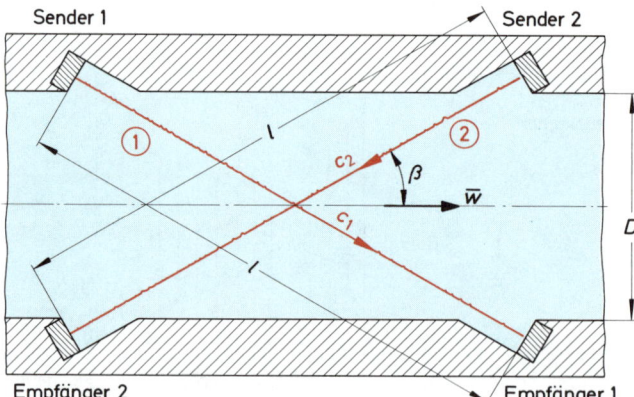

Bild 6.58 Ultraschall-Durchflußmesser (Prinzip)

6.6 Viskosimetrie

Unter Viskosimetrie versteht man die Messung der Zähigkeit von Flüssigkeiten, Gasen und Dämpfen. Einige allgemeine Grundlagen und Begriffsstimmungen sind in der DIN 51550 festgelegt.
Für Flüssigkeiten werden vorwiegend die folgenden Meßverfahren angewandt:

6.6.1 Kapillarverfahren

Das Kapillarverfahren ist das älteste Verfahren zur Messung der Viskosität und wird vor allem zur Messung der Zähigkeit von Schmierölen benutzt.
Das Meßprinzip beruht auf der Anwendung der Hagen-Poiseuilleschen Gleichung (Gleichung 4.50):

$$\dot{V} = \frac{\pi \cdot r_0^4 \, (p_1 - p_2)}{8 \cdot \eta \cdot l}$$

(6.18)

$$\eta = \frac{\pi \cdot r_0^4 \, (p_1 - p_2)}{8 \cdot \dot{V} \cdot l}$$

Bei den meisten Geräten können die Werte π, r_0^4, $p_1 - p_2$, 8 und l zu einer Gerätekonstanten zusammengefaßt und die Messung auf eine Bestimmung der Auslaufzeit für das Volumen $\dot{V}$ zurückgeführt werden.
In DIN 53012 «Viskosimetrie; Kapillarviskosimetrie newtonscher Flüssigkeiten, Fehlerquellen und Korrekturen» sind die wichtigsten Grundlagen der Kapillarviskosimetrie zusammengestellt.
Von den in DIN 51550, Tabelle 1 aufgeführten Kapillarviskosimeter wird das häufig verwendete, in DIN 51562 genormte Ubbelohde-Viskosimeter kurz beschrieben:
Das Ubbelohde-Viskosimeter eignet sich für einen Meßbereich von $0{,}35 \cdot 10^{-6}$ bis $5 \cdot 10^{-2}$ m²/s und einen Temperaturbereich von 10 °C bis 100 °C. Die Durchflußzeit kann bis zu 200 s betragen.
Das Gerät (Bild 6.59) besteht im wesentlichen aus den 3 Rohrteilen 1, 2 und 3, dem Vorratsgefäß 4, der **Kapillare** 7 mit dem Meßgerät 8 und der Vorlaufkugel 9 sowie dem Niveaugefäß 5. Durch die Meßmarken M_1 und M_2 wird sowohl das Durchflußvolumen als auch die mittlere Durchflußhöhe h festgelegt. Die Kapillare endet am oberen Teil 6 des Niveaugefäßes 5. Die Kapillare

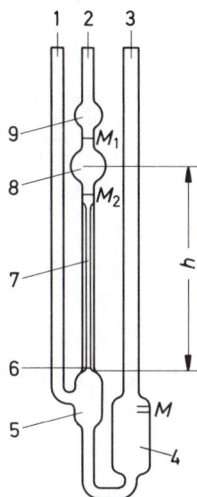

Bild 6.59 Kapillarviskosimeter nach Ubbelohde

hat eine Länge von etwa 90 mm, die mittlere Druckhöhe beträgt etwa 130 mm.
Für die verschiedenen Viskositätsbereiche stehen Kapillarröhren verschiedenen Durchmessers und gleicher Länge zur Verfügung.
Gemessen wird das Zeitintervall, in dem der untere Rand des Probenmeniskus von der oberen Meßmarke M_1 zur unteren Meßmarke M_2 absinkt.
Die kinematische Viskosität ergibt sich als Produkt aus Gerätekonstante und Durchflußzeit:

(6.19)

$$\nu = K \cdot t$$

In DIN 51562 sind in Tabelle 1 die Abmessungen, Meßbereiche und Gerätekonstanten angegeben.

6.6.2 Rotationsverfahren

Beim Rotationsverfahren wird die zu untersuchende Flüssigkeit in den schmalen Spalt zwischen zwei koaxialen Zylindern gebracht (Bild 6.60). Man läßt entweder den inneren oder äußeren Zylinder rotieren und mißt das zur Einhaltung einer bestimmten Winkelgeschwindigkeit ω benötigte Antriebsmoment M_d, bzw. die sich bei einem bestimmten Antriebsmoment M_d einstellende Winkelgeschwindigkeit ω.

Die zu messende dynamische Zähigkeit η ist proportional zum Antriebsmoment M_d:

(6.20)

$$\eta = K \cdot \frac{M_d}{\omega}$$

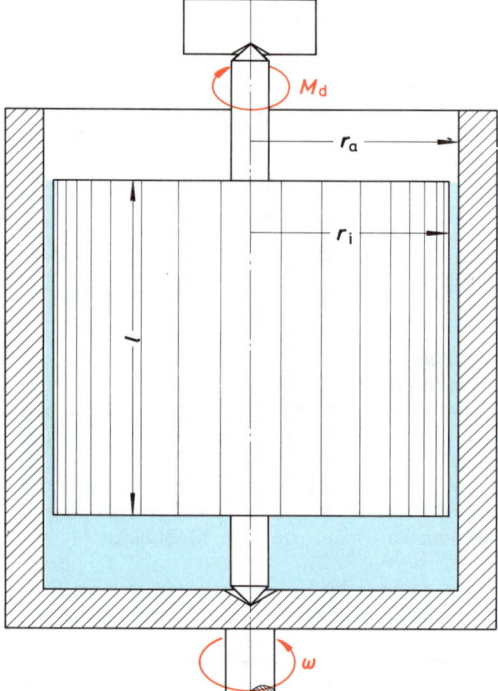

Bild 6.60   Rotationsviskosimeter (Prinzip)

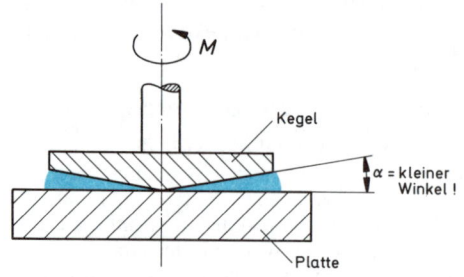

Bild 6.61   Kegel-Platte-Rotationsviskosimeter

Neben dem Zylinder-Rotationsviskosimeter (Bild 6.60) sind noch Kegel-Platte-Rotationsviskosimeter (Bild 6.61) und Platten-Rotationsviskosimeter im Gebrauch.

In DIN 53018/Teil 1 werden die Grundlagen der Viskositätsmessung mittels Rotationsviskosimetern, in DIN 53018, Teil 2 die Fehlerquellen und Korrekturen von Zylinder-Rotationsviskosimetern beschrieben.

6.6.3   Fallkörperverfahren

Läßt man einen Körper, z.B. eine Kugel im freien Fall durch eine Flüssigkeit fallen, wird der Körper so abgebremst, daß er nach einer gewissen Anlaufstrecke mit konstanter Geschwindigkeit weiterfällt. Das Gewicht G, der Auftrieb F_A und die Widerstandskraft F_w halten sich dann das Gleichgewicht (vgl. Abschnitt 4.8.4).

Ist der Gefäßdurchmesser D wesentlich größer als der Kugeldurchmesser d, kann das von G. G. STOKES angegebene Fallgesetz für langsam fallende Kugeln angesetzt werden:

$$F_w = 3 \cdot \eta \cdot \pi \cdot d \cdot w$$

$$G = \frac{\pi \cdot d^3}{6} \cdot \varrho_K \cdot g$$

$$F_A = \frac{\pi \cdot d^3}{6} \cdot \varrho_{Fl} \cdot g$$

$$G = F_A + F_w$$

$$F_w = G - F_A$$

$$3 \cdot \eta \cdot \pi \cdot d \cdot w = \frac{\pi \cdot d^3}{6} g \cdot (\varrho_K - \varrho_{Fl})$$

$$\eta = \frac{g \cdot d^2}{18 \cdot w} \cdot (\varrho_K - \varrho_{Fl})$$

Zur Berücksichtigung des Einflusses von Kugeldurchmesser d und Gefäßdurchmesser D wird ein Korrekturglied K eingeführt:

(6.21)

$$\eta = K \cdot \frac{g \cdot d^2}{18 \cdot w} \cdot (\varrho_K - \varrho_{Fl})$$

Bei den praktischen Ausführungen der Geräte wird die Fallzeit der Kugel gemessen und die dynamische Viskosität anhand einer empirischen, auf das Gerät abgestimmten Zahlenwertgleichung bestimmt.

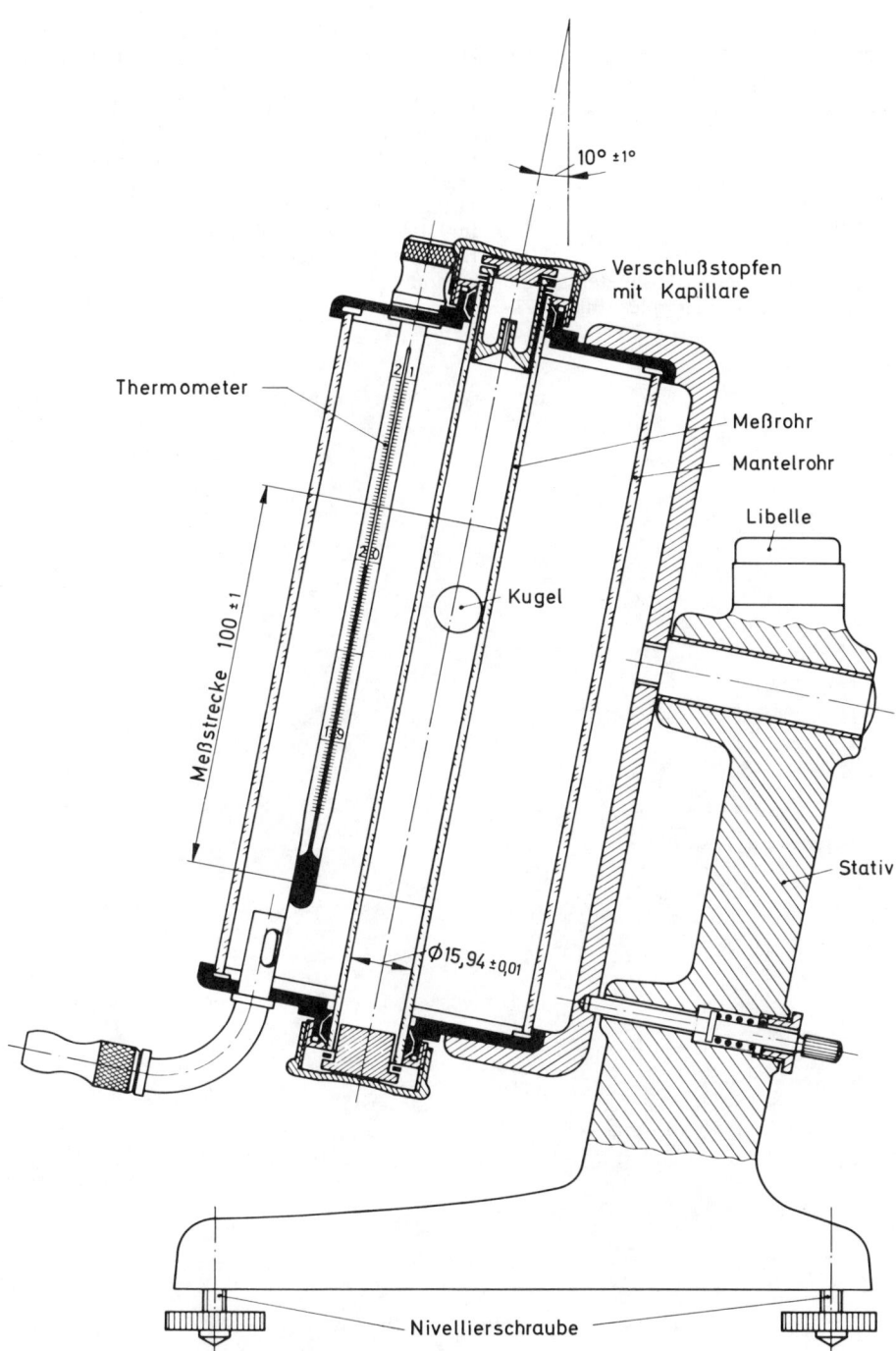

10° ±1°

Verschlußstopfen
mit Kapillare

Thermometer

Meßrohr

Mantelrohr

Libelle

Kugel

Meßstrecke 100 ±1

Stativ

Ø 15,94 ±0,01

Nivellierschraube

Bild 6.62 Kugelfall-Viskosimeter nach Höppler

261

$$\eta = K(\varrho_K - \varrho_{Fl}) \cdot t$$

(6.22)

η = dynamische Viskosität
K = Gerätekonstante
ϱ_K = Dichte der Kugel
ϱ_{Fl} = Dichte der Flüssigkeit
t = Fallzeit der Kugel

Das bekannteste Fallkörper-Viskosimeter ist das Kugelfall-Viskosimeter nach Höppler (Bild 6.62), das in DIN 53015 genormt ist. Der Meßbereich liegt bei 0,6 bis 250 000 mPas, der Temperaturbereich bei $-20\,°C$ bis $+120\,°C$.

Je nach Meßbereich ist die Kugel aus Borosilicatglas, Ni-Eisen oder Stahl.

Das Meßrohr hat einen Durchmesser von 15,94 mm, die Kugeldurchmesser liegen zwischen 11 mm und 15,81 mm.

In DIN 53015, Tabelle 1 sind die technischen Daten, die Konstanten K und die Meßbereiche zusammengestellt.

Literaturverzeichnis

I. Spezielle Literatur zu den einzelnen Kapiteln

Literatur zu Kapitel 1

1.1 HENSTENBERG, J., STURM, B., und WINKLER, O.: *Messen, Steuern und Regeln in der chemischen Technik*. Band II, 3. Auflage. Berlin, Heidelberg, New York: Springer-Verlag, 1980.

1.2 VDI/VDE-Richtlinie 2040/Blatt 4: Berechnungsgrundlagen für die Durchflußmessung mit Drosselgeräten, Stoffwerte.

1.3 VDI-Richtlinie 2045/Blatt 2: Wärmetechnische Abnahme- und Leistungsversuche an Verdichtern Grundlagen und Beispiele (VDI-Verdichterregeln).

1.4 SCHMIDT, E. (Herausgeber): *Properties of Water and Steam in SI-Units*. 3. Auflage. Berlin: Springer-Verlag, 1982.

1.5 SCHEFFLER, K., STRAUB, und GRIGULL, U.: *Wasserdampftafeln – Thermodynamische Eigenschaften von Wasser und Wasserdampf bis 800 °C und 800 bar*. Berlin, Heidelberg, New York: Springer-Verlag, 1981.

1.6 ELSNER, N., FISCHER, S., und KLINGER, J.: *Thermophysikalische Eigenschaften von Wasser*. Leipzig: VEB Deutscher Verlag für Grundstoffindustrie, 1982.

1.7 UMSTÄTTER, H.: *Einführung in die Viskosimetrie und Rheometrie*. Berlin, Göttingen, Heidelberg: Springer-Verlag 1952.

1.8 SCHRAMM, G.: *Einführung in praktische Viskosimetrie*. Handbuch der Fa. Gebr. Haake GmbH, Karlsruhe 1981.

1.9 Fa. Contraves, Zürich: Messung rheologischer Eigenschaften, Bulletin T 990d-7806.

1.10 REINER, M.: *Rheologie in elementarer Darstellung*. München: Carl-Hanser-Verlag, 1969.

1.11 DIN 1342: Viskosität – Rheologische Begriffe.

1.12 Fa. Texaco, Hamburg. *Schmierung*, Nr. 3/1969 – Viskosität.

1.13 Fa. Esso AG, Hamburg. *Reibung und Schmierung*, 1966.

1.14 TRUCKENBRODT, E.: *Fluidmechanik*, Band 1. 3. Auflage, Berlin, Heidelberg, New York: Springer-Verlag, 1989.

1.15 *VDI-Wärmeatlas*, 4. Auflage. Düsseldorf: VDI-Verlag, 1984.

1.16 UBBELOHDE, L.: *Zur Viskosimetrie*. 7. Auflage, Stuttgart: S.-Hirzel-Verlag, 1965.

1.17 LINNEKEN, H.: Das Temperaturverhalten von Gasen bei mäßigem Druck. *Forschung im Ingenieurwesen*, Nr. 1/1977.

1.18 PEEKEN, H., und SPILKER, M.: Druck- und temperaturabhängige Eigenschaften von Hydraulikflüssigkeiten. *ölhydraulik und pneumatik 25* (1981), Nr. 12.

1.19 LANDOLT BÖRNSTEIN: *Zahlenwerte und Funktionen aus Physik, Chemie, Astronomie, Geophysik und Technik*. 6. Auflage. Berlin, Heidelberg, New York: Springer-Verlag, 1955/71.

1.20 Atlas Copco Deutschland GmbH (Herausgeber): *Pneumatik-Kompendium*. Düsseldorf: VDI-Verlag GmbH, 1977.

1.21 TIETJENS, O.: *Strömungslehre*, Band 1, Berlin, Göttingen, Heidelberg: Springer-Verlag, 1960.

1.22 PREISSLER/BOLLRICH: *Technische Hydromechanik*, Band 1, 2. Auflage. Berlin: VEB-Verlag für Bauwesen, 1985.

1.23 PÁLFFY, S.: Fluidmechanik I. Basel und Stuttgart: Birkhäuser-Verlag, 1977.

1.24 ALBRING, W.: *Angewandte Strömungslehre*. 5. Auflage. Berlin: Akademie-Verlag, 1978.

1.25 DIN 13342, Nicht-newtonsche Flüssigkeiten – Begriffe, Stoffgesetze.

1.26 EBERT, F.: *Strömung nicht-newtonscher Medien*. Braunschweig: Vieweg-Verlag, 1980.

1.27 BÖHME, G.: *Strömungsmechanik nichtnewtonscher Fluide*. Stuttgart: Teubner-Verlag, 1981.

1.28 ULBRECHT, J. und MITSCHKA, P.: *Nichtnewtonsche Flüssigkeiten*. Leipzig: VEB Deutscher Verlag für Grundstoffindustrie, 1967.

1.29 DIN 1345: *Thermodynamik – Formelzeichen, Einheiten*.

1.30 BAEHR, H.D. (Herausgeber): *Thermodynamische Funktionen idealer Gase*. Berlin, Heidelberg, New York: Springer-Verlag, 1968.

1.31 BAEHR, H.D. und SCHWIER, K.: *Die thermo-*

dynamischen Eigenschaften der Luft. Berlin: Springer-Verlag, 1961.

1.32 RÄZNJEVIĆ, K.: *Thermodynamische Tabellen.* Düsseldorf: VDI-Verlag, 1977.

1.33 BÖSWIRTH, L.: *Mollier-h, s-Diagramm für trockene Luft in SI-Einheiten.* Düsseldorf: VDI-Verlag, 1982.

1.34 Fa. Sihi-Halberg: *Grundlagen für die Planung von Kreiselpumpenanlagen.* Ludwigshafen, 1978.

1.35 Fa. KSB: *Kreiselpumpen-Lexikon,* 3. Auflage. Frankenthal, 1989.

1.36 Fa. Sulzer: *Kreiselpumpen-Handbuch,* 2. Auflage. Winterthur, 1987.

1.37 WOLF, K. L.: *Physik und Chemie der Grenzflächen,* Band 1/1957, Band 2/1959. Berlin, Göttingen, Heidelberg: Springer-Verlag.

1.38 KOERNER, G., ROSSMY, G., und SÄNGER, G.: Oberflächen und Grenzflächen. *Goldschmidt informiert 29.* (1974) Nr. 2.

1.39 MOORE, W. J., und HUMMEL, D. O.: *Physikalische Chemie.* 4. Auflage. Berlin, New York: Walter-de-Gruyter-Verlag, 1973.

1.40 KOHLRAUSCH, F.: *Praktische Physik,* Band 1. 23. Auflage. Stuttgart: Teubner-Verlag, 1985.

1.41 GEGUZIN, J. E.: *Eine unterhaltsame Physik des Tropfens.* Thun und Frankfurt/M., Verlag Harri Deutsch, 1978.

1.42 DIN 13310: Grenzflächenspannung bei Fluiden – Begriffe, Größen, Formelzeichen, Einheiten.

1.43 D'ANS/LAX: *Taschenbuch für Chemiker und Physiker,* Band 1. Berlin, Heidelberg, New York: Springer-Verlag, 1967.

1.44 KOHLRAUSCH, F.: *Praktische Physik – Tabellen und Diagramme,* Band 3. 23. Auflage. Stuttgart: Teubner-Verlag, 1986.

1.45 KULICKE, W.-M.: *Fließverhalten von Stoffen und Stoffgemischen.* Basel, Heidelberg, New York: Hüttig & Wepf-Verlag, 1986.

1.46 ACKERMANN, G.: *Die Berechnung der Viskosität reiner Flüssigkeiten und binärer Flüssigkeitsgemische nach der molekularen Theorie.* Dissertation Ruhr-Universität Bochum, 1975.

1.47 WILLNER, W.: *Das rheologische Verhalten der viskometrischen Strömungen polymerer Fluide.* Dissertation T U Braunschweig, 1985.

1.48 HAEPP, H. J.: *Messung der Viskosität von Kohlendioxid und Propylen.* Dissertation Ruhr-Universität Bochum, 1975.

1.49 WEISS, S. (Herausgeber): *Verfahrenstechnische Berechnungsmethoden – Stoffwerte.* Teil 7, 1. Auflage. Weinheim: VCH-Verlagsgesellschaft mbH, 1987.

Literatur zu Kapitel 2

2.1 FRANKE, P. G.: *Abriß der Hydraulik – Hydrostatik.* Band 1. Wiesbaden, Berlin: Bauverlag, 1970.

2.2 TRUCKENBRODT, E.: *Fluidmechanik,* Band 1. 3. Auflage. Berlin, Heidelberg, New York: Springer-Verlag, 1989.

2.3 PÁLFFY, S.: *Fluidmechanik I.* Basel und Stuttgart: Birkhäuser-Verlag, 1977.

2.4 KOZENY, J.: *Hydraulik.* Wien: Springer-Verlag, 1953.

2.5 *TRB-Richtlinien – Technische Regeln für Druckbehälter.* Köln: Carl-Heymann-Verlag.

2.6 *TRD-Richtlinien – Technische Regeln für Dampfkessel.* Herausgeber: VdTÜV Essen. Köln: Carl-Heymann-Verlag.

2.7 WAGNER, W.: *Apparate- und Rohrleitungsbau.* 2. Auflage. Würzburg: Vogel-Buchverlag, 1984.

2.8 SCHWAIGERER, S.: *Festigkeitsberechnung im Dampfkessel-, Behälter- und Rohrleitungsbau.* 4. Auflage. Berlin: Springer-Verlag, 1983.

2.9 BOHL, W.: *Strömungsmaschinen 2 – Berechnung und Konstruktion.* 4. Auflage. Würzburg: Vogel-Buchverlag, 1991.

2.10 SCHNEEKLUTH, H.: *Hydrodynamik zum Schiffsentwurf.* 2. Auflage. Herford: Koehler-Verlag, 1977.

2.11 TIETJENS, O.: *Strömungslehre,* Band 1. Berlin, Göttigen, Heidelberg: Springer-Verlag, 1960.

Literatur zu Kapitel 3

3.1 DUBS, F.: *Aerodynamik der reinen Unterschallströmung.* 5. Auflage. Basel, Boston, Stuttgart: Birkhäuser-Verlag, 1987.

3.2 Brockhaus-Enzyklopädie, Band 2, (APU-BEC) 19. Auflage. Mannheim: F. A. Brockhaus GmbH, 1987.

3.3 DIN-ISO 2533: Normatmosphäre. Dezember 1979.

3.4 Fa. MTU München: Taschenbuch der Luftfahrt-Antriebe.

Literatur zu Kapitel 4

4.1 SCHLICHTING, H.: *Grenzschichttheorie.* 5. Auflage. Verlag G. Braun, 1965.

4.2 KÄPPELI, E.: Strömungslehre I. *Blaue TR-Reihe,* Heft 113, Hallwag-Verlag, 1974.

4.3 VDI-Wärmeatlas: Abschnitt Lb 1.

4.4 GRODDE, K. H.: Rheologie plastischer und strukturviskoser Flüssigkeiten, speziell paraffinhaltiger Rohöle. *Erdöl und Kohle – Erdgas – Petrochemie vereinigt mit Brennstoffchemie.* 1973.

4.5 VDI-Wärmeatlas: Abschnitt Lj 1.

4.6 SCHRÖDER, R.: Über die Bestimmung der Fließeigenschaften und der Geschwindigkeitsverteilung bei Rohrströmungen einfacher nicht-newtonscher Flüssigkeiten. *VDI-Z 110*, S. 93 ff., 1968.

4.7 GROPP, R.: Durchflußwiderstand von flexiblen metallischen Leitungen. *Konstruktion,* 1974.

4.8 KANDER, K.: Dissipation inkompressibler Medien in Rohrleitungen. *Heizung – Lüftung – Haustechnik,* 1974.

4.9 SPRENGER, H.: Experimentelle Untersuchungen an geraden und gekrümmten Diffusoren. Prom.-Nr. 2803 der ETH Zürich, Zürich: Verlag Leemann, 1959.

4.10 WAGNER, W.: Strömungstechnik und Druckverlustberechnung. Vogel Buchverlag, 1990.

4.11 Kollektiv: Strömungsmechanische Berechnungsunterlagen. Hrsg. Institut für Leichtbau, DDR 808 Dresden.

4.12 SCHLÜNCKES, F.: Zum Druckverlust von Sieben und Gittern in Voith-Druckschrift, Nr. 1593.

4.13 MARCINOWSKI, H.: Experimentelle Untersuchungen in der lufttechnischen Abteilung. *Voith-Forschung und Konstruktion,* Heft 4 (Nov. 1958).

4.14 VDI-Wärmeatlas: Abschnitt Le 1.

4.15 WAGNER, W.: *Wärmeträgertechnik.* Technischer Verlag Resch, 3. Auflage. 1977.

4.16 RICHTER, H.: Rohrhydraulik. 5. Auflage. Springer-Verlag, 1971.

4.17 TRUTNOVSKY, K.: *Berührungsfreie Dichtungen.* VDI-Verlag, 1964.

4.18 BÖSWIRTH, L.: Zur Erfassung der Reibung in Düsen. *Wärme.* Bd. 81, Heft 5.

4.19 BÖSWIRTH/PLINT: *Technische Strömungslehre – ein Laboratoriums-Lehrgang.* Schroedel-Verlag, 1975.

4.20 BUSCHMANN, KOESSLER: *Handbuch für den Fahrzeugingenieur.* 8. Auflage. Stuttgart: Deutsche-Verlags-Anstalt, 1973.

4.21 KOENIG-FACHSENFELD, R. v.: *Aerodanymik des Kraftfahrzeugs.* Frankfurt: Verlag der Motor-Rundschau, 1951.

4.22 BARTH, R.: Luftkräfte am Kraftfahrzeug. *Deutsche Kraftfahrzeugforschung und Straßenverkehrstechnik,* Heft 184, 1966.

4.23 Fa. Bosch: Kraftfahrtechnisches Taschenbuch.

4.24 RÁKÓCZY, T.: *Kanalnetzberechnungen raumlufttechnischer Anlagen.* VDI-Verlag, 1979.

4.25 HUCHO, W.-H.: *Aerodynamik des Automobils.* Würzburg: Vogel-Buchverlag, 1981.

4.26 TRUCKENBRODT, E.: *Fluidmechanik.* Band 1 und 2. 3. Auflage. Berlin, Heidelberg, New York: Springer-Verlag, 1989/1992.

4.27 BOHL, W.: *Strömungsmaschinen 2.* 4. Auflage, Würzburg: Vogel Buchverlag, 1991.

4.28 CHEN, Y. N.: 60 Jahre Forschung über die Kármánschen Wirbelstraßen – Ein Rückblick. *Schweizerische Bauzeitung 91.* (1973) Nr. 44.

4.29 TIEDT, W.: Berechnung des laminaren und turbulenten Reibungswiderstandes konzentrischer und exzentrischer Ringspalte. *Technischer Bericht Nr. 4,* März 1968. Institut für Hydraulik und Hydrologie der T. H. Darmstadt.

Literatur zu Kapitel 5

5.1 KÄPPELI, E.: Strömungslehre II. *Blaue TR-Reihe.* Heft 114, Hallwag-Verlag, 1972.

5.2 OSWATISCH, K.: *Gasdynamik.* Springer-Verlag, 1952.

5.3 BECKER, E.: *Gasdynamik.* Teubner-Verlag, 1966.

5.4 DUBS, F.: *Hochgeschwindigkeitsdynamik.* Birkhäuser-Verlag, 1961.

5.5 GANZER, U.: Gasdynamik. Springer Verlag, 1988.

5.6 BOHL, W.: *Strömungsmaschinen – Aufbau und Wirkungsweise,* 6. Auflage. Würzburg: Vogel Buchverlag, 1994.

Literatur zu Kapitel 6

6.1 RICHTER, W.: Volumenstrommessung in Leitungen mit Rechteckquerschnitt. *HLH 21,* Nr. 4, S. 119–125, 1970.

6.2 VDI-Richtlinie Nr. 2044: Abnahme und Leistungsverbrauch an Ventilatoren.

6.3 RICHTER, W.: Volumenstrommessung in Leitungen mit Kreisringquerschnitt. *HLH 21,* Nr. 7, S. 231–234, 1970.

6.4 RICHTER, W.: Extrapolation bei Netzmessungen in kreisförmigen Querschnitten. *HLH 22,* Nr. 7, S. 233–236, 1971.

6.5 RICHTER, W.: Log-Linear-Regel – ein einfaches Verfahren zur Volumenstrommessung in Rohrleitungen. *HLH,* Nr. 11, S. 407–409, 1969.

6.6 RICHTER, W.: Log-Tschebyschew-Regel für Volumenstrommessung in Rohrleitungen. *HLH 22,* Nr. 12, S. 390–392, 1971.

6.7 VDI-Berichte Nr. 86 – 1964: Durchflußmessung, Offene Probleme, Neuere Methoden.

6.8 VDI-Berichte Nr. 254–1976: Durchflußmessung.

6.9 VDI-Berichte Nr. 375 – 1980: Durchflußmeßtechnik, 50 Jahre Normen und Richtlinien.

II. Allgemeine und weiterführende Literatur

a) Bücher

ALBRING, W.: *Angewandte Strömungslehre.* Dresden, Berlin: Akademie-Verlag, 1978, 5. Auflage.

ALLEN, J. E.: *Aerodynamik.* Hans-Reich-Verlag, 1970.

BBC-Druckschrift Nr. D GK 1109 84 D. Berechnung der fluiddynamischen Druckstobelastungen in Dampf- und Wasserleitungen.

BECKER, E.: *Technische Strömungslehre.* Stuttgart: Teubner-Verlag, 1986, 6. Auflage.

BECKER/PILTZ: *Übungen zur Technischen Strömungslehre.* Stuttgart: Teubner-Verlag, 1984, 3. Auflage.

BECKER, E.: *Gasdynamik.* Stuttgart: Teubner-Verlag, 1966.

BLASER, H.: *Druckstöße und Schwingungen in hydrostatischen Antrieben.* Gerlafingen: von Roll AG, 1984.

BÖSWIRTH, L., und PLINT, M. A.: *Technische Strömungslehre — ein Laboratoriumslehrgang.* Schroedel-Verlag, 1975.

BOHL, W., und MATHIEU, W.: *Laborversuche an Kraft- und Arbeitsmaschinen.* München: Hanser-Verlag, 1975.

BOLLRICH, G., u. a.: *Technische Hydromechanik, Band 2, Spezielle Probleme.* VEB Verlag für Bauwesen, Berlin, 1988.

BRAUER, H.: *Grundlagen der Einphasen- und Mehrphasenströmungen.* Aarau (Schweiz): Verlag Sauerländer, 1971.

DUBS, F.: *Aerodynamik der reinen Unterschallströmung.* Basel: Birkhäuser-Verlag, 1987, 5. Auflage.

DUBS, F.: *Hochgeschwindigkeits-Aerodynamik.* Basel: Birkhäuser-Verlag, 1961.

ECK, B.: *Technische Strömungslehre.* (2 Bde) Berlin, Heidelberg, New York: Springer-Verlag, 1978/81, 8. Auflage.

EPPLER, R.: *Strömungsmechanik.* Akademische Verlagsgesellschaft, 1975.

EDINGER, M., und THOMAE, H.: *Durchflußmessung von Flüssigkeiten.* Bern: Verlag „Technische Rundschau", 1962/63.

FEDERHOFER, K.: *Aufgaben aus der Hydromechanik.* Wien: Springer-Verlag, 1954.

FRANKE, P. G.: *Abriß der Hydraulik.* Wiesbaden, Berlin: Bauverlag, 1970 bis 1975.

GERSTEN, K.: *Einführung in die Strömungsmechanik.* 5. Auflage. Vieweg-Verlag, 1989.

GLÜCK, B.: *Hydrodynamische und gasdynamische Rohrströmung – Druckverluste.* VEB Verlag für Bauwesen. Berlin 1988.

GÖTTNER, G. H., und WEBER, W.: *Zur Viskosimetrie.* Stuttgart: S.-Hirzel-Verlag, 1965, 7. Auflage.

GREINER/DIEHL/STOCK: *Theoretische Physik / Hydrodynamik.* Band 2A. Thun und Frankfurt: Verlag Harri Deutsch, 1978.

HACKESCHMIDT, M.: *Grundlagen der Strömungstechnik.* Leipzig: VEB Deutscher Verlag für Grundstoffindustrie, 1969/70, Band I und II.

HAIMERL, L.: *Impulssatz und Drallsatz.* Bern: Verlag „Technische Rundschau", 1963.

HENGSTENBERG, J., STURM, B., und WINKLER, O.: *Messen und Regeln in der chemischen Technik.* Berlin, Göttingen, Heidelberg: Springer-Verlag, 1980, 3. Auflage.

HERNING, F.: *Stoffströme in Rohrleitungen.* Düsseldorf: VDI-Verlag, 1966, 4. Auflage.

HERNING, F.: *Grundlagen und Praxis der Mengenstrommessung.* Düsseldorf: VDI-Verlag, 1967, 3. Auflage.

HERR, H.: *Mechanik der Flüssigkeiten und Gase.* Verlag Europa-Lehrmittel, 1989.

HIMMLER, F.: *Wassermessung durch Wasserzähler.* München: Verlag R. Oldenbourg, 1961.

HUTAREW, G.: *Einführung in die Technische Hydraulik.* Berlin, Heidelberg, New York: Springer-Verlag, 1973, 2. Auflage.

IDEL'CHIK, I. E.: *Handbook of Hydraulic Resistance.* 2. Auflage. Washington, New York, London: Hemisphere Publishing Corporation, 1986. Lieferung außerhalb der USA durch Springer-Verlag.

JOGWICH, A.: *Strömungslehre.* Essen: Girardet-Verlag, 1974.

KÄPPELI, E.: Strömungslehre I bis III. *Blaue TR-Reihe,* Bern: Hallwag-Verlag, Hefte 113, 114, 115 (1972, 1974, 1976).

KÄPPELI, E.: Strömungslehre und Strömungsmaschinen. 5. Auflage. Thun und Frankfurt: Verlag Harri Deutsch, 1987.

KALIDE, W.: *Einführung in die technische Strömungslehre.* München: Hanser-Verlag, 1984, 6. Auflage.

KALIDE, W.: *Aufgabensammlung zur technischen Strömungslehre.* München: Hanser-Verlag, 1979, 3. Auflage.

KAUFMANN, W.: *Technische Hydro- und Aeromechanik.* Berlin, Göttingen, Heidelberg: Springer-Verlag, 1963, 3. Auflage.

KEUNE, F., und BURG, K.: *Singularitätenverfahren der Strömungslehre.* Karlsruhe: G. Braun-Verlag, 1975.

KIRCHBACH, H.: *Taschenbuch Hydraulik.* Stuttgart: Franck'sche Verlagshandlung, 1961.

KIRSCHMER, O.: *Tabellen zur Berechnung von Rohrleitungen.* Heidelberg: Straßenbau, Chemie + Technik Verlagsgesellschaft mbH, 1963.

KNAPP, F. H.: *Ausfluß, Überfall und Durchfluß im Wasserbau.* Karlsruhe: Braun-Verlag, 1960.

Kollektiv: *Heat Exchanger Design Handbook.* Band 2: Fluid mechanics and heat transfer. Düsseldorf: VDI-Verlag, 1986.

Kollektiv: Technische Strömungsmechanik I – Lehrbuch. 3. Auflage. Leipzig: VEB Deutscher Verlag für Grundstoffindustrie, 1983.

Kollektiv: Technische Strömungsmechanik II – Aufgabensammlung. 2. Auflage. Leipzig: VEB Deutscher Verlag für Grundstoffindustrie, 1978.

Kollektiv: *Technische Strömungsmechanik.* Leipzig: VEB Deutscher Verlag für Grundstoffe, 1974.

KOZENY, J.: *Hydraulik.* Wien: Springer-Verlag, 1953.

KRETSCHMER, F., und HANSEN, M.: *Taschenbuch der Durchflußmessung mit Blenden.* Düsseldorf: VDI-Verlag, 1968, 7. Auflage.

KRIST, T.: *Hydraulik.* Würzburg: Vogel-Buchverlag, 6. Auflage, 1987.

LAUTRICH, R.: *Tabellen und Tafeln zur hydraulischen Berechnung von Druckrohrleitungen, Abwasserkanälen und Rinnen.* Hamburg, Berlin: Verlag Paul Parey, 1976.

LICHTENSTEIN, L.: *Grundlagen der Hydromechanik.* Berlin: Springer-Verlag, Nachdruck 1968.

Merkblatt 469 der Beratungsstelle für Stahlverwendung. Windlasten an Fachwerken aus Rohrstäben.

MOLERUS, O.: *Fluid-Feststoffströmungen.* Berlin, Heidelberg, New York: Springer-Verlag, 1982.

NEUNASS, E.: *Praktische Strömungslehre.* Berlin: VEB-Verlag Technik, 1967.

OSWATISCH, K.: *Grundlagen der Gasdynamik.* Wien: Springer Verlag, 1976.

PERSEKE, F.: *Das Segelflugmodell, Grundlagen – Theorie – Profile,* Teil 1, 3. Auflage. Villingen-Schwenningen: Neckar-Verlag, 1983.

PIETSCH, ULLMANN, SCHMIDT: *Rohrleitungen.* Leipzig: VEB Fachbuchverlag, 1966.

PIWINGER, F.: *Stellgeräte und Armaturen für strömende Stoffe.* Düsseldorf: VDI-Verlag, 1971.

POPOW, S. G.: *Strömungstechnisches Meßwesen.* Berlin: VEB-Verlag Technik, 1960.

PRANDTL, L.: *Führer durch die Strömungslehre.* Braunschweig: Vieweg-Verlag, 1984, 8. Aufl.

PREISSLER, G./BOLLRICH, G.: *Technische Hydromechanik,* Band 1, 2. Auflage. VEB Verlag für Bauwesen, Berlin, 1985.

PRESS, H., und SCHRÖDER, R.: *Hydromechanik im Wasserbau.* Berlin, München: Verlag Ernst und Sohn, 1966.

REUTHER, F. L., und ORLICEK, A. F.: *Zur Technik der Mengen- und Durchflußmessung von Flüssigkeiten.* München: Oldenbourg-Verlag, 1971.

RICHTER, H.: *Rohrhydraulik.* Berlin, Göttingen, Heidelberg: Springer-Verlag, 1971, 5. Auflage.

RIEGELS, F. W.: *Aerodynamische Profile.* München: Verlag R. Oldenbourg, 1958.

RITTER, R., und TASCA, D. J.: *Fluidmechanik in Theorie und Praxis.* Thun und Frankfurt: Verlag Harri Deutsch, 1979.

RÖDEL, H.: *Hydromechanik.* München: Hanser-Verlag, 1978, 8. Auflage.

ROTTA, J. C.: *Turbulente Strömungen.* Stuttgart: Teubner-Verlag, 1972.

RUSCHEWEYH, H.: *Dynamische Windwirkungen*

an Bauwerken. Band 1: Grundlagen, Anwendungen. Band 2: Praktische Anwendungen. Wiesbaden und Berlin: Bauverlag GmbH, 1982.

SIGLOCH, H.: *Technische Fluidmechanik*. Düsseldorf: VDI-Verlag, 1991. 2. Auflage.

SCHADE, H., und KUNZ, E.: *Strömungslehre*. Berlin, New York: Verlag Walter de Gruyter, 1989. 2. Auflage.

SCHLICHTING, H.: *Grenzschicht-Theorie*. Karlsruhe: Braun-Verlag, 1965, 5. Auflage.

SCHLICHTING, TRUCKENBRODT: *Aerodynamik des Flugzeuges*. Berlin: Springer-Verlag, 1967/1969, Bd. 1 + 2, jeweils 2. Auflage.

SCHWAIGERER, S.: *Rohrleitungen — Theorie und Praxis*. Berlin: Springer-Verlag, 1967.

Technische Mitteilung – Merkblatt 303 des DVGW-Regelwerks. Dynamische Druckänderungen in Wasserversorgungsanlagen, 1983.

TIETJENS, O.: *Strömungslehre*. Berlin, Göttingen, Heidelberg: Springer-Verlag, 1960/69, Bd. 1 und 2.

TRUCKENBRODT, E.: *Lehrbuch der angewandten Fluidmechanik*. 2. Auflage. 1988. Berlin: Springer-Verlag.

WAGNER, W.: *Strömungstechnik und Druckverlustberechnung*. Vogel Buchverlag, 1990.

WAGNER, W. u. a.: Wärmeübertrager. Ehningen: expert-verlag, 1984.

WEBER, M.: *Strömungsfördertechnik*. Mainz: Krauskopfverlag, 1973.

WECHMANN, A.: *Hydraulik*. Berlin: VEB-Verlag Technik, 1958, 2. Auflage.

WIEGHARDT, K.: *Theoretische Strömungslehre*. Stuttgart: Teubner-Verlag, 1965.

WUEST, W.: *Strömungsmeßtechnik*. Braunschweig: Vieweg-Verlag, 1969.

YANG, W. J. (Herausgeber): *Flow Visualization III*. Hemisphere Publishing Corporation 1983. Washington, New York, London: Lieferung außerhalb der USA durch Springer-Verlag.

ZIEREP, J.: *Ähnlichkeitsgesetze und Modellregeln der Strömungslehre*. Karlsruhe: Braun-Verlag, 1982, 2. Auflage.

ZIEREP, J.: *Theoretische Gasdynamik*. Karlsruhe: Braun-Verlag, 3. Auflage, 1976.

ZIEREP, J.: *Grundzüge der Strömungslehre*, 5. Auflage. Berlin: Springer-Verlag, 1993.

ZOEBL, H., und KRUSCHIK, J.: *Strömung durch Rohre und Ventile*. Wien, New York: Springer-Verlag, 1978.

b) DIN-Normen und VDI-Richtlinien

DIN 1301: Einheiten.

DIN 1304: Allgemeine Formelzeichen.

DIN 1306: Dichte.

DIN 1314: Druck.

DIN 1342: Viskosität newtonscher Flüssigkeiten.

DIN 1345: Thermodynamik.

DIN 1952: Durchflußmessung mit genormten Düsen, Blenden und Venturidüsen.

DIN 13342: Nichtnewtonsche Flüssigkeiten — Begriffe, Stoffgesetze.

DIN 18017/Blatt 4: Rechnerischer Nachweis der ausreichenden Luftleistung.

DIN 19201: Durchflußmeßtechnik. Begriffe, Gerätemerkmale für Durchflußmessungen nach dem Wirkdruckverfahren.

DIN 19202: Durchflußmeßtechnik. Beschreibung und Untersuchung von Wirkdruck-Meßgeräten.

DIN 19559: Durchflußmessung von Abwasser in offenen Gerinnen und Freispiegelleitungen, Venturi-Kanäle.

DIN 51550: Bestimmung der Viskosität.

DIN 51562: Messung der kinematischen Viskosität mit dem Ubbelohde-Viskosimeter.

DIN 53015: Messung der Viskosität mit dem Kugelfall-Viskosimeter nach Höppler.

DIN 53018: Messung der dynamischen Viskosität newtonscher Flüssigkeiten mit Rotationsviskosimetern.

VDI 2040: Berechnungsgrundlagen für die Durchflußmessung mit Drosselgeräten.

VDI/VDE 2041: Durchflußmessung mit Drosselgeräten, Blenden und Düsen für besondere Anwendungen.

VDI 2087: Luftkanäle.

VDI/VDE 2640: Netzmessungen in Strömungsquerschnitten.

VDI/VDE 2641: Magnetisch-induktive Durchflußmessung.

VDE/VDI 3512/Blatt 1: Meßanordnungen Durchflußmessungen mit Drosselgeräten.

VDE/VDI 3512/Blatt 3: Meßanordnungen für Druckmessungen.

VDE/VDI 3513: Schwebekörper-Durchflußmesser — Berechnungsverfahren.

ISO 5167: Measurement of fluid flow by means of orifice plates, nozzles and venturi tubes inserted in circular cross-section conduits running full.

ISO 5221: Air distribution and air diffusion; Rules to methods of measuring air flow rate in an air handling duct.

ISO 3966: Measurement of fluid flow in closed conduits; Velocity area method using Pitot static tubes.

Tabellenanhang

Tafel 1 Isobarer Wärmeausdehnungskoeffizient $\beta_p \times 10^{-3}$ in $\frac{1}{°C}$ von Wasser

Druck in bar	Temperatur in °C								
	0	20	50	100	150	200	250	300	350
1	− 0,0852	0,2067	0,4623	2,879	2,451	2,159	1,937	1,761	1,615
5	− 0,0838	0,2072	0,4622	0,7539	1,024	2,372	2,051	1,829	1,660
10	− 0,0820	0,2079	0,4620	0,7530	1,022	2,728	2,218	1,922	1,718
50	− 0,0678	0,2133	0,4605	0,7455	1,007	1,347	1,936	3,211	2,364
100	− 0,0499	0,2201	0,4589	0,7366	0,9902	1,312	1,848	3,189	4,079
150	− 0,0320	0,2272	0,4574	0,7281	0,9740	1,281	1,772	2,883	10,82
200	− 0,0142	0,2343	0,4562	0,7200	0,9587	1,251	1,704	2,648	6,923
250	+ 0,0033	0,2416	0,4551	0,7122	0,9442	1,224	1,643	2,460	5,162
300	0,0205	0,2489	0,4542	0,7047	0,9303	1,198	1,589	2,306	4,276
350	0,0373	0,2562	0,4534	0,6975	0,9172	1,175	1,539	2,176	3,718
400	0,0535	0,2636	0,4528	0,6907	0,9046	1,152	1,494	2,065	3,324
450	0,0690	0,2709	0,4523	0,6841	0,8926	1,131	1,453	1,968	3,027
500	0,0836	0,2782	0,4520	0,6777	0,8811	1,111	1,415	1,884	2,791
600	0,1100	0,2926	0,4517	0,6657	0,8596	1,075	1,348	1,742	2,439
700	0,1317	0,3065	0,4518	0,6545	0,8397	1,042	1,290	1,626	2,186
800	0,1475	0,3196	0,4523	0,6441	0,8213	1,012	1,238	1,530	1,994
900	0,1565	0,3317	0,4530	0,6343	0,8042	0,9844	1,193	1,448	1,843
1000	0,1576	0,3426	0,4540	0,6252	0,7882	0,9594	1,152	1,377	1,720

Druck in bar	Temperatur in °C					
	400	450	500	600	700	800
1	1,493	1,388	1,218	1,147	1,029	0,9327
5	1,523	1,409	1,313	1,157	1,035	0,9363
10	1,562	1,437	1,333	1,168	1,042	0,9408
50	1,947	1,690	1,510	1,264	1,100	0,9771
100	2,703	2,118	1,782	1,397	1,175	1,023
150	4,062	2,724	2,126	1,546	1,254	1,070
200	7,005	3,613	2,559	1,712	1,338	1,118
250	17,08	4,972	3,109	1,897	1,425	1,167
300	37,71	7,112	3,799	2,098	1,515	1,215
350	13,05	10,18	4,635	2,315	1,608	1,264
400	7,989	12,79	5,563	2,541	1,702	1,312
450	5,955	12,16	6,438	2,770	1,796	1,359
500	4,863	9,668	7,053	2,991	1,889	1,406
600	3,702	6,214	6,897	3,365	2,062	1,493
700	3,077	4,563	5,678	3,593	2,208	1,571
800	2,674	3,648	4,592	3,637	2,314	1,637
900	2,385	3,082	3,821	3,507	2,375	1,687
1000	2,164	2,699	3,269	3,280	2,392	1,723

aus VDI-Wärmeatlas

Tafel 2 Isothermer Kompressibilitätskoeffizient β_T von Wasser und einigen organischen Flüssigkeiten

a) Wasser

Druck-bereich in bar	β_T in 1/bar													
	0	5	10	15	20	30	40	50	60	70	80	90	100	°C
1 bis 100	51,1	49,3	48,3	47,3	46,8	46,0	44,9	44,9	45,5	46,2	46,9	47,8	−	
100 bis 200	49,2	47,5	46,1	45,1	44,2	43,6	42,9	42,5	42,7	43,9	45,1	46,8	80,7	
200 bis 300	48,0	46,2	45,3	44,3	43,4	42,2	41,4	41,3	41,5	42,5	43,6	45,9	76,9	
300 bis 400	46,6	44,9	44,1	43,3	42,4	41,3	40,7	40,2	40,6	41,1	42,2	44,6	73,1	$\Big\} \cdot 10^{-6}$
400 bis 500	45,5	44,4	43,0	42,2	41,5	40,6	40,4	39,9	39,4	39,8	40,8	43,4	68,2	
500 bis 600	43,8	43,0	41,8	41,1	40,4	39,2	39,0	39,0	38,8	39,1	39,9	41,6	66,0	
600 bis 700	42,9	40,9	40,5	39,8	39,4	38,7	38,2	37,7	38,3	38,0	38,7	40,7	62,7	

b) Organische Flüssigkeiten

Flüssigkeit	β_T in 1/bar	Flüssigkeit	β_T in 1/bar	Flüssigkeit	β_T in 1/bar
Amylalkohol	90	Chloroform	100	Methylalkohol	120
Anilin	36	Diethylether	183	Nitrobenzol	47
Azeton	126	Essigsäure-		n-Oktan	102
Benzol	95	ethylester	104	Pentan	242
Benzolsäure-		Ethylalkohol	114	Propylalkohol	100
amylester	61 $\cdot 10^{-6}$	Ethylbenzol	83 $\cdot 10^{-6}$	i-Propylalkohol	100 $\cdot 10^{-6}$
Brombenzol	95	Ethylbromid	122	Terpentinöl	79
Bromoform	41	Ethylenbromid	59	Tetrachlor-	
Butylalkohol	92	Glyzerin	22	kohlenstoff	111
i-Butylalkohol	100	Heptan	120	Toluol	87
Chlorbenzol	75	Hexan	150	Zyklohexan	118

bei $t \approx 20\,°C$

Tafel 3 Dichte ϱ von Flüssigkeiten (Druck p ≈ 1 bar)

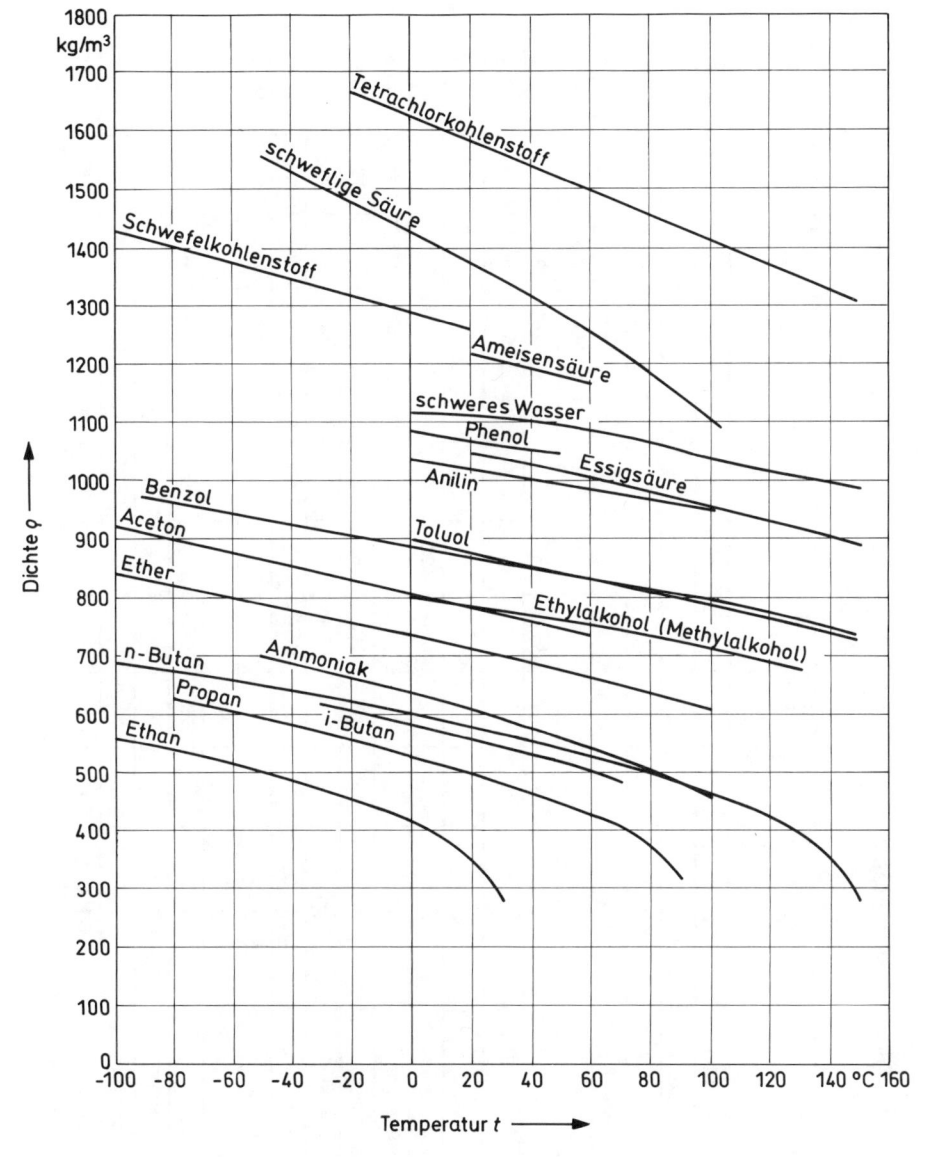

aus KSB-Kreiselpumpen-Lexikon

271

Tafel 4 Dichte ϱ von Flüssigkeiten (Druck $p \approx 1$ bar)

Name	chem. Formel	Dichte ϱ in kg/m³ bei $t =$											
		−80 °C	−60 °C	−40 °C	−20 °C	0 °C	20 °C	40 °C	60 °C	80 °C	100 °C	150 °C	200 °C
Acetaldehyd	C_2H_4O						780						
Aceton	C_3H_6O			855	832	811	791	765	740				
Acrylnitril	C_3H_3N						806						
Ameisensäure	CH_2O_2						1221	1192	1169				
Benzol	C_6H_6						879	858	836	815	793	731	661
Butan n-Butan	C_4H_{10}	674	658	640	621	601	579	555	528	500	468		
Butan Isobutan					605	584	559	534	505				
Butylacetat	$C_6H_{12}O_2$						882						
Chlor, flüssig	Cl_2			1571	1522	1448	1411	1348	1279	1203	1113		
Chlorbenzol	C_6H_5Cl					1130	1108	1087	1065	1040	1020	960	896
Chloroform	$CHCl_3$		1640	1600	1560	1520	1480	1430	1400	1360	1320	1210	1060
Cyclohexan	C_6H_{12}						780	760	740	720			
Diethylenglycol	$C_4H_{10}O_3$					1135	1122	1107	1091	1075	1060	1020	
Essigsäure	$C_2H_4O_2$						1049	1028	1003	980	960		
Essigsäureanhydrid	$C_4H_6O_3$						1082						
Ethanol	C_2H_6O		855	835	820	806	789	765	745	736	716	645	500
Ethylacetat	$C_4H_8O_2$						901						
Ethylenglycol	$C_2H_6O_2$					1127	1113	1098	1083	1069	1054	1017	974
Ethylenoxid	C_2H_4O			950	920	891	864	834	804	780	750	630	
Formaldehyd	CH_2O				815								

Dichte ϱ in kg/m³ bei $t =$

Name	chem. Formel	-80°C	-60°C	-40°C	-20°C	0°C	20°C	40°C	60°C	80°C	100°C	150°C	200°C
Frigen 22 (Freon)	$CHClF_2$	1512	1465	1411	1350	1285	1213	1133					
Furfurol	$C_5H_4O_2$						1160						
Glycerin	$C_3H_8O_3$						1263	1251	1237	1224	1210	1170	1132
Harnstoff	CH_4N_2O						1335						
Methanol	CH_4O	880	862	845	827	810	792	774	755	736	714	646	553
Methylchlorid	CH_3Cl	1101	1067	1031	997	960	921	881	837	790	733		
Methylenchlorid	CH_2Cl_2	1490	1455	1420	1385	1350	1318	1280	1248	1212	1175	1060	900
Nitrobenzol	$C_6H_5NO_2$						1203	1182	1163	1142	1122	1071	1018
Propan	C_3H_8	624	603	579	556	530	502	469	433				
Quecksilber	Hg				13640	13600	13550	13500					
Schwefel	S										1800	1780	1760
schweres Wasser	D_2O					1105	1105	110	109	107	104	99	957
Styrol	C_8H_8						907						
Tetrachlorkohlenstoff	CCl_4				1670	1630	1585	1545	1505	1460	1420	1310	1180
Toluol	C_7H_8	960	942	923	905	886	868	849	830	811	791	739	679
Trichlorethylen	C_2HCl_3		1600	1570	1535	1500	1465	1430	1395	1360	1330	1240	1130
Vinylchlorid	C_2H_3Cl	1060	1030	1000	975	945	915	880	845	800	745	510	
Xylol o-Xylol	C_8H_{10}					910	881	865	846	830	812	764	708
Xylol m-Xylol						885	866	851	833	814	793	738	680
Xylol p-Xylol							861	840	823	805	786	738	682

¹ $t = 120\,°C$

273

Tafel 5   Dichte ϱ und Dampfdruck p_d des Wassers

t °C	p_d bar	ϱ kg/m³	t °C	p_d bar	ϱ kg/m³	t °C	p_d bar	ϱ kg/m³
0	0,00611	999,8	39	0,06991	992,7	78	0,4365	972,9
1	0,00657	999,9	40	0,07375	992,3	79	0,4547	972,3
2	0,00706	999,9	41	0,07777	991,9	80	0,4736	971,6
3	0,00758	999,9	42	0,08198	991,5	81	0,4931	971,0
4	0,00813	1000	43	0,08639	991,1	82	0,5133	970,4
5	0,00872	1000	44	0,09100	990,7	83	0,5342	969,7
6	0,00935	1000	45	0,09582	990,2	84	0,5557	969,1
7	0,01001	999,9	46	0,10086	989,8	85	0,5780	968,4
8	0,01072	999,9	47	0,10612	989,4	86	0,6011	967,8
9	0,01147	999,8	48	0,11162	988,9	87	0,6249	967,1
10	0,01227	999,7	49	0,11736	988,4	88	0,6495	966,5
11	0,01312	999,7	50	0,12335	988,0	89	0,6749	965,8
12	0,01401	999,6	51	0,12961	987,6	90	0,7011	965,2
13	0,01497	999,4	52	0,13613	987,1	91	0,7281	964,4
14	0,01597	999,3	53	0,14293	986,6	92	0,7561	963,8
15	0,01704	999,2	54	0,15002	986,2	93	0,7849	963,0
16	0,01817	999,0	55	0,15741	985,7	94	0,8146	962,4
17	0,01936	998,8	56	0,16511	985,2	95	0,8453	961,6
18	0,02062	998,7	57	0,17313	984,6	96	0,8769	961,0
19	0,02196	998,5	58	0,18147	984,2	97	0,9094	960,2
20	0,02337	998,3	59	0,19016	983,7	98	0,9430	959,6
21	0,02485	998,1	60	0,19920	983,2	99	0,9776	958,6
22	0,02642	997,8	61	0,2086	982,6	100	1,0133	958,1
23	0,02808	997,6	62	0,2184	982,1	102	1,0878	956,7
24	0,02982	997,4	63	0,2286	981,6	104	1,1668	955,2
25	0,03166	997,1	64	0,2391	981,1	106	1,2504	953,7
26	0,03360	996,8	65	0,2501	980,5	108	1,3390	952,2
27	0,03564	996,6	66	0,2615	979,9	110	1,4327	950,7
28	0,03778	996,3	67	0,2733	979,3	112	1,5316	949,1
29	0,04004	996,0	68	0,2856	978,8	114	1,6362	947,6
30	0,04241	995,7	69	0,2984	978,2	116	1,7465	946,0
31	0,04491	995,4	70	0,3116	977,7	118	1,8628	944,5
32	0,04753	995,1	71	0,3253	977,0	120	1,9854	942,9
33	0,05029	994,7	72	0,3396	976,5			
34	0,05318	994,4	73	0,3543	976,0	122	2,1145	941,2
35	0,05622	994,0	74	0,3696	975,3	124	2,2504	939,6
36	0,05940	993,7	75	0,3855	974,8	126	2,3933	937,9
37	0,06274	993,3	76	0,4019	974,1	128	2,5435	936,2
38	0,06624	993,0	77	0,4189	973,5	130	2,7013	934,6

t °C	p_d bar	ϱ kg/m³	t °C	p_d bar	ϱ kg/m³	t °C	p_d bar	ϱ kg/m³
132	2,8670	932,8	205	17,243	858,8	285	69,186	741,5
134	3,041	931,1	210	19,077	852,8	290	74,461	732,1
136	3,223	929,4	215	21,060	846,7	295	80,037	722,3
138	3,414	927,6	220	23,198	840,3	300	85,927	712,2
140	3,614	925,8	225	25,501	833,9	305	92,144	701,7
145	4,155	921,4	230	27,976	827,3	310	98,700	690,6
150	4,760	916,8	235	30,632	820,5	315	105,61	679,1
155	5,433	912,1	240	33,478	813,6	320	112,89	666,9
160	6,181	907,3	245	36,523	806,5	325	120,56	654,1
165	7,008	902,4	250	39,776	799,2	330	128,63	640,4
170	7,920	897,3	255	43,246	791,6	340	146,05	610,2
175	8,924	892,1	260	46,943	783,9	350	165,35	574,3
180	10,027	886,9	265	50,877	775,9	360	186,75	527,5
185	11,233	881,5	270	55,058	767,8	370	210,54	451,8
190	12,551	876,0	275	59,496	759,3	374,15	221,2	315,4
195	13,987	870,4	280	64,202	750,5			
200	15,55	864,7						

aus KSB-Broschüre «Auslegung von Kreiselpumpen»

Tafel 6   Realgasfaktor Z einiger Gase

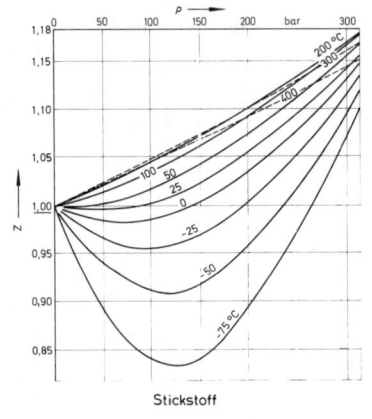

Stickstoff

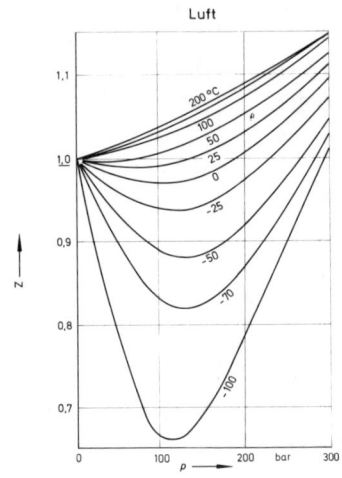

Luft

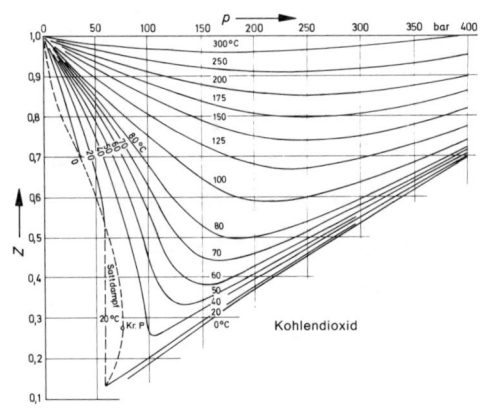

Kohlendioxid

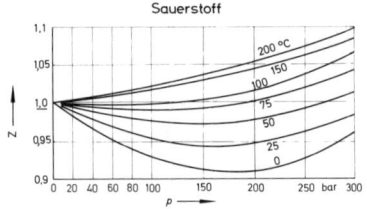

Sauerstoff

aus VDI 2040/Blatt 4

Tafel 7 Realgasfaktor des überhitzten Wasserdampfs

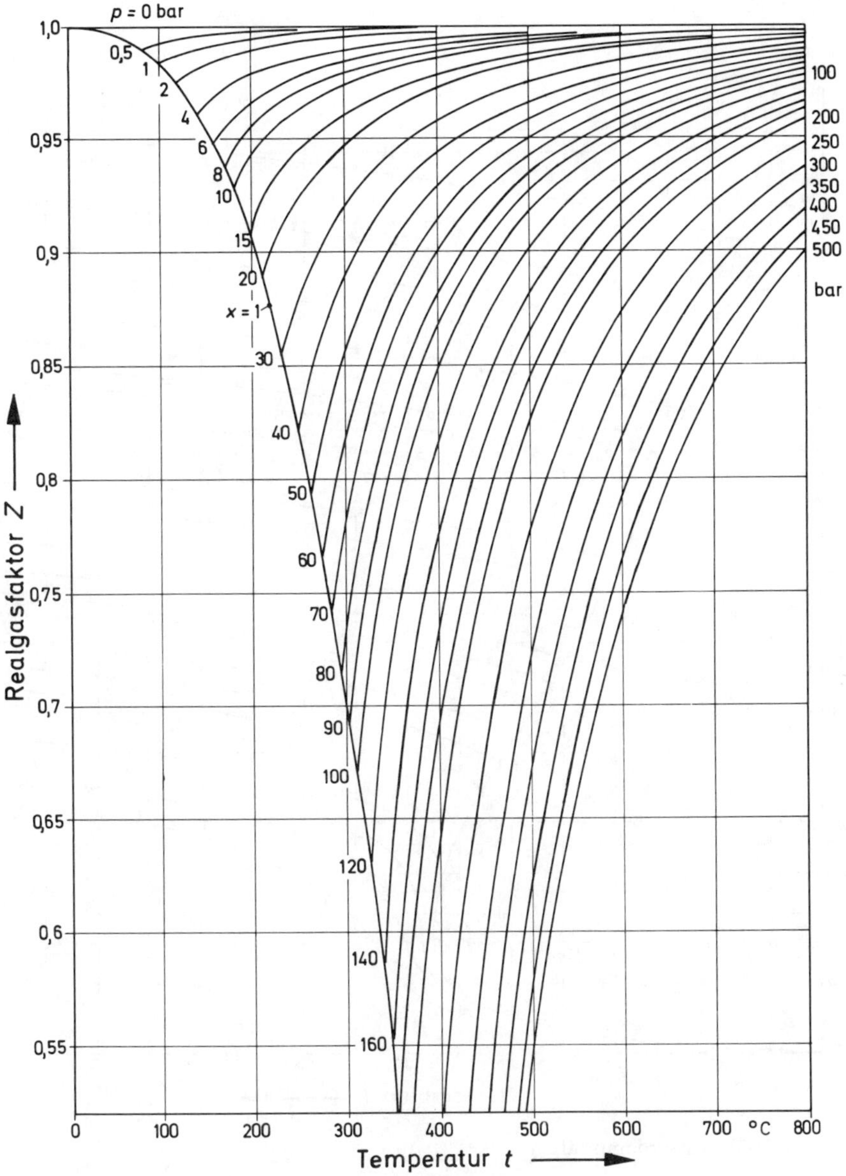

aus der Wärmetechnischen Arbeitsmappe, 1967

277

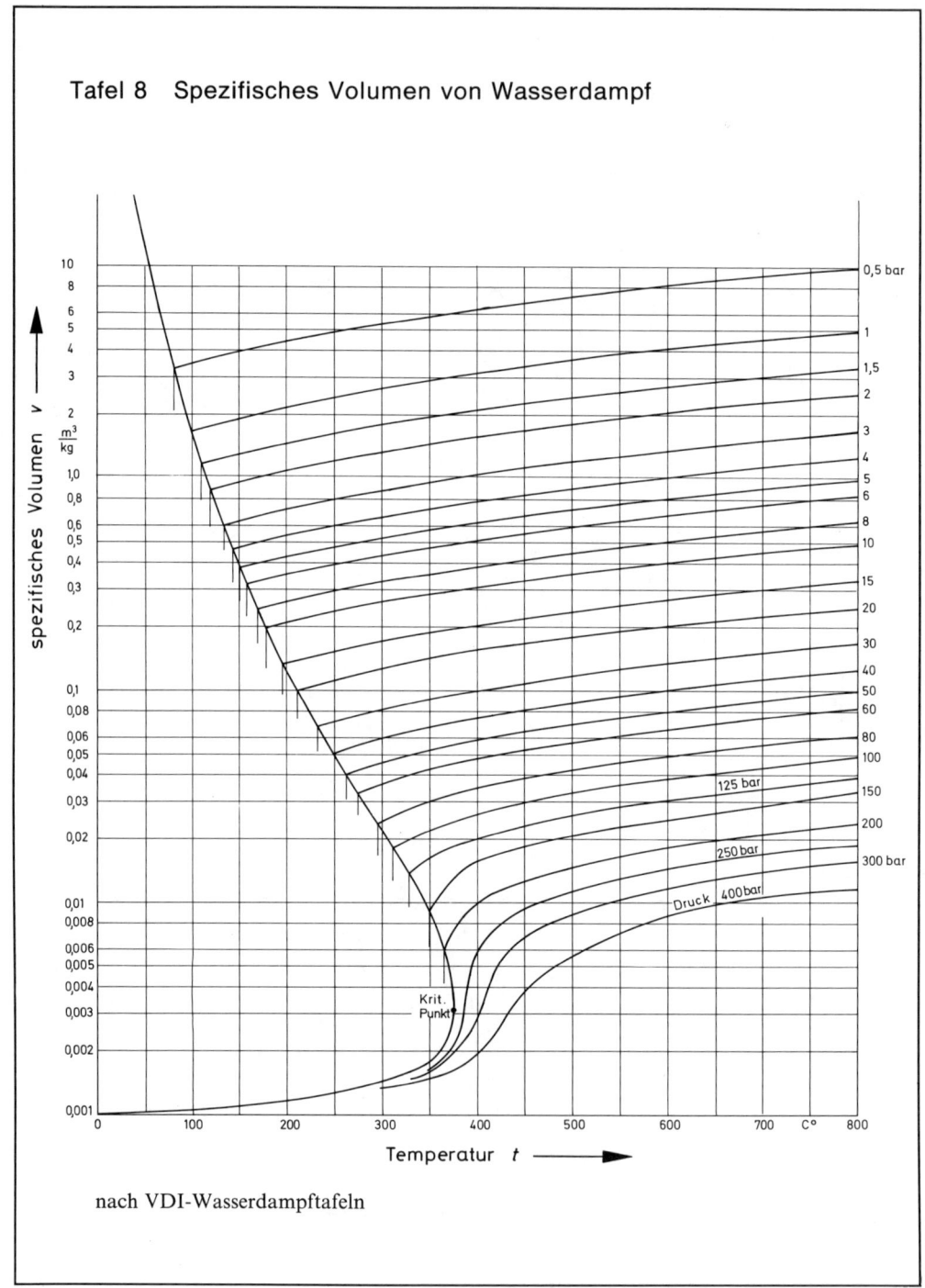

Tafel 8   Spezifisches Volumen von Wasserdampf

nach VDI-Wasserdampftafeln

Tafel 9　Dampfdruck des Wassers in mbar

Temperatur in °C	0,0	0,1	0,2	0,3	0,4	0,5	0,6	0,7	0,8	0,9
−4	4,55	4,51	4,48	4,44	4,41	4,37	4,35	4,31	4,28	4,24
−3	4,89	4,87	4,83	4,79	4,76	4,72	4,68	4,65	4,61	4,59
−2	5,28	5,24	5,20	5,16	5,12	5,08	5,04	5,01	4,97	4,93
−1	5,68	5,64	5,60	5,56	5,52	5,47	5,44	5,39	5,36	5,32
−0	6,11	6,07	6,03	5,97	5,93	5,89	5,84	5,80	5,76	5,72
0	6,11	6,16	6,19	6,24	6,29	6,33	6,37	6,43	6,47	6,52
1	6,56	6,61	6,67	6,71	6,76	6,80	6,85	6,91	6,96	7,00
2	7,05	7,11	7,16	7,21	7,25	7,31	7,36	7,41	7,47	7,52
3	7,57	7,63	7,68	7,73	7,79	7,85	7,91	7,96	8,01	8,08
4	8,13	8,19	8,24	8,31	8,36	8,43	8,48	8,53	8,60	8,65
5	8,72	8,79	8,84	8,91	8,96	9,03	9,09	9,16	9,21	9,28
6	9,35	9,41	9,48	9,53	9,61	9,68	9,75	9,81	9,88	9,95
7	10,01	10,08	10,15	10,23	10,29	10,36	10,43	10,51	10,57	10,65
8	10,72	10,80	10,87	10,95	11,01	11,09	11,17	11,24	11,32	11,40
9	11,48	11,55	11,63	11,71	11,79	11,87	11,95	12,03	12,11	12,19
10	12,27	12,36	12,44	12,52	12,61	12,69	12,77	12,87	12,95	13,04
11	13,12	13,21	13,29	13,39	13,47	13,56	13,65	13,75	13,84	13,93
12	14,01	14,11	14,20	14,29	14,39	14,48	14,59	14,68	14,77	14,87
13	14,97	15,07	15,17	15,27	15,36	15,47	15,57	15,67	15,77	15,88
14	15,97	16,08	16,19	16,29	16,40	16,51	16,51	16,72	16,83	16,93
15	17,04	17,16	17,27	17,37	17,49	17,60	17,72	17,83	17,95	18,05
16	18,17	18,29	18,41	18,52	18,64	18,76	18,88	19,00	19,12	19,25
17	19,37	19,49	19,61	19,73	19,87	19,99	20,12	20,24	20,37	20,51
18	20,63	20,76	20,89	21,03	21,16	21,29	21,43	21,56	21,69	21,83
19	21,96	22,11	22,24	22,39	22,52	22,67	22,80	22,95	23,09	23,23
20	23,37	23,52	23,67	23,81	23,96	23,11	24,25	24,41	24,56	24,71
21	24,87	25,01	25,17	25,32	25,48	25,64	25,80	25,95	26,11	26,27
22	26,43	26,60	26,76	26,92	27,08	27,25	27,41	27,59	27,75	27,92
23	28,09	28,25	28,43	28,60	28,77	28,95	29,12	29,31	29,48	29,65
24	29,84	30,01	30,19	30,37	30,56	30,75	30,92	31,11	31,29	31,48
25	31,68	31,87	32,05	32,24	32,44	32,63	32,83	33,01	33,21	33,41
26	33,61	33,81	34,01	34,21	34,41	34,61	34,83	35,03	35,24	35,44
27	35,65	35,87	36,08	36,28	36,49	36,71	36,93	37,15	37,36	37,57
28	37,80	38,03	38,24	38,47	38,69	38,92	39,15	39,37	39,60	39,83
29	40,05	40,29	40,52	40,76	41,00	41,23	41,47	41,71	41,95	42,19
30	42,43	42,68	42,92	43,17	43,41	43,67	43,92	44,17	44,43	44,68
31	44,93	45,19	45,44	45,71	45,96	46,23	46,49	46,75	47,01	47,28
32	47,56	47,83	48,09	48,37	48,64	48,92	49,19	49,47	49,75	50,03
33	50,31	50,60	50,88	51,16	51,45	51,73	52,03	52,32	52,61	52,91
34	53,20	53,51	53,80	54,11	54,40	54,71	55,01	55,32	55,63	55,93
35	56,24	56,55	56,87	57,17	57,49	57,81	58,13	58,45	58,77	59,11
36	59,43	59,76	60,08	60,41	60,75	61,08	61,41	61,75	62,08	62,43
37	62,77	63,11	63,45	63,80	64,15	64,49	64,85	65,20	65,56	65,91
38	66,27	66,63	66,99	67,35	67,72	68,08	68,45	68,83	68,19	69,56
39	69,95	70,32	70,69	71,07	71,45	71,84	72,23	72,61	73,00	73,39
40	73,79	74,17	74,57	74,97	75,37	75,77	76,17	76,59	76,99	77,40
41	77,81	78,23	78,64	79,05	79,47	79,89	80,32	80,73	81,16	81,59
42	82,03	82,45	82,89	83,32	83,76	84,20	84,64	85,08	85,53	85,97
43	86,43	86,88	87,33	87,33	88,25	88,71	89,17	89,64	90,11	90,57
44	91,04	91,52	91,99	92,47	92,95	93,43	93,91	94,40	94,88	95,37
45	95,87	96,36	96,85	97,35	97,85	98,36	98,85	99,36	99,88	100,39
46	100,89	101,41	101,93	102,45	102,97	103,51	104,04	104,57	105,09	105,63
47	106,17	106,71	107,25	107,79	108,33	108,89	109,44	109,99	110,55	111,11
48	111,67	112,23	112,80	113,37	113,93	114,51	115,08	115,65	116,24	116,83
49	117,41	118,00	118,59	119,17	119,79	120,37	120,99	121,57	122,19	122,80

aus DIN 24163/Teil 2

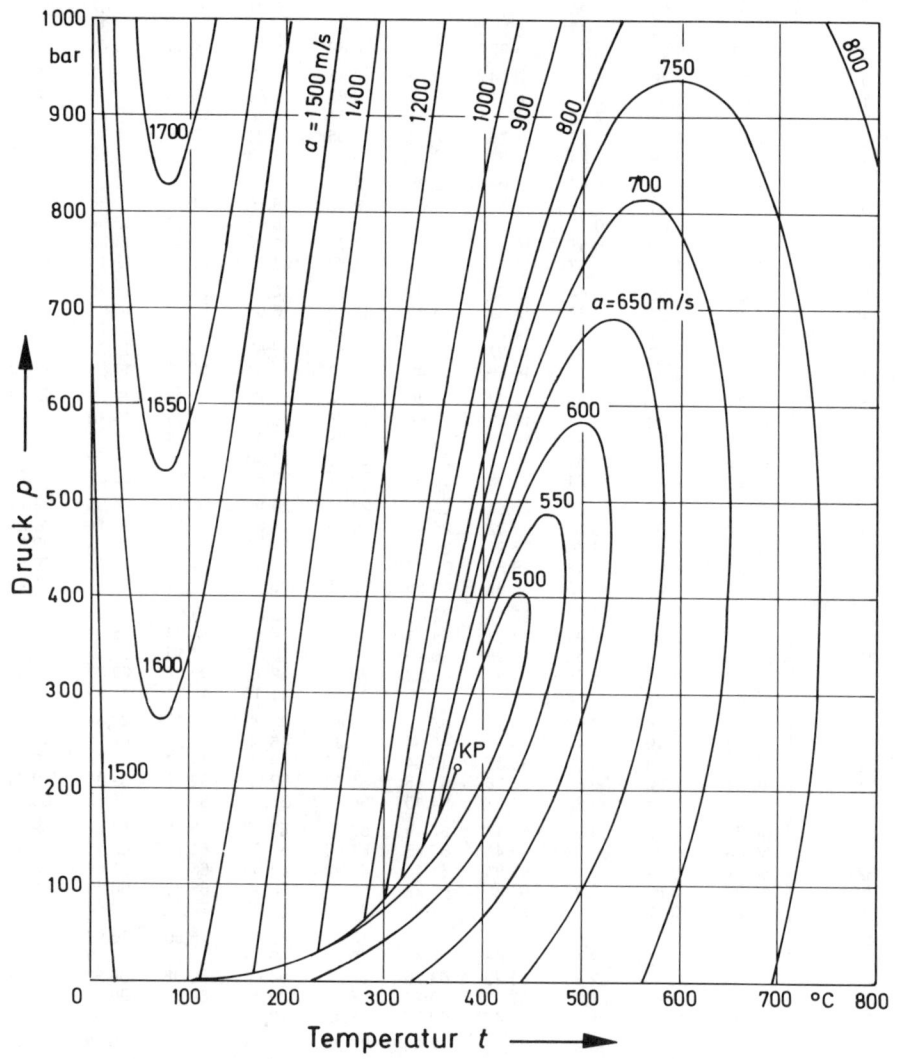

Tafel 10 Schallgeschwindigkeit von Wasserdampf

aus Zeitschrift BWK 21 (1969)

Tafel 11 Konstante A und c zur Berechnung der dynamischen Viskosität η von Flüssigkeiten nach Gleichung (1.18)

Stoff	A	c
Wasser*	0,588	1,534
Quecksilber	24,67	0,021
Chlor	11,53	0,197
Brom	7,08	0,213
Jod	15,35	0,220
Paraffine		
Pentan	4,34	0,855
Hexan	4,55	0,929
Heptan	4,53	0,990
Oktan	4,37	1,098
Isopentan	4,36	0,856
Isohexan	4,54	0,900
Isoheptan	4,49	0,974
Aromaten		
Benzol	3,38	1,000
Ethylbenzol	4,58	0,922
o-Xylol	4,17	1,007
m-Xylol	4,65	0,893
p-Xylol	4,36	0,931
Toluol	4,39	0,912
Olefine		
Isopren	4,49	0,731
Hexadien 1,5	4,16	0,854
Trimethyl-Ethylen	4,70	0,721
Halogenverbindungen		
Propylchlorid	5,02	0,655
Isopropylchlorid	4,59	0,683
Isobutylchlorid	4,43	0,797
Allylchlorid	4,78	0,611
Methylenchlorid	5,77	0,422
Ethylenchlorid	4,44	0,668
Ethylidenchlorid	4,98	0,557
Chloroform	6,07	0,412

Stoff	A	c
Tetrachlormethan	3,97	0,560
Tetrachlorethylen	6,80	0,436
Ethylbromid	5,46	0,378
Propylbromid	5,27	0,473
Isopropylbromid	4,91	0,492
Isobutylbromid	4,80	0,605
Allylbromid	5,08	0,444
Acetylenbromid	6,52	0,315
Propylenbromid	4,73	0,505
Isobutylenbromid	3,76	0,656
Ethylenbromid	4,79	0,446
Methyljodid	5,40	0,247
Ethyljodid	5,68	0,319
Propyljodid	5,43	0,406
Isopropyljodid	5,30	0,410
Isobutyljodid	4,90	0,499
Allyljodid	5,23	0,389
Schwefelverbindungen		
Thiophen	4,40	0,739
Methylmercaptan	5,30	0,610
Ethylmercaptan	5,08	0,779
Schwefelkohlenstoff	7,29	0,356
Alkohole		
Methanol	2,69	1,171
Ethanol	2,28	1,491
Propanol	1,05	1,986
Butanol	0,783	2,174
Allylalkohol	1,33	1,609
Isopropanol	0,352	2,466
Isobutanol*	0,34	2,620
Dimethylethylcarbinol*	0,0974	3,111
Trimethylcarbinol*	0,0395	3,574

Stoff	A	c
Amylalkohol (aktiv)*	0,298	2,688
Amylalkohol (inaktiv)*	0,515	2,640
Säuren und Anhydride		
Ameisensäure	2,25	1,036
Essigsäure	4,28	0,927
Essigsäureanhydrid	4,57	0,809
Propionsäure	5,13	0,904
Propionsäureanhydrid	4,18	0,952
Buttersäure	4,19	1,107
Isobuttersäure	4,55	1,048
Ester		
Methylformiat	5,24	0,571
Ethylformiat	4,92	0,675
Propylformiat	4,51	0,799
Methylacetat	4,63	0,668
Ethylacetat	4,40	0,767
Propylacetat	4,06	0,891
Methylpropionat	4,98	0,719
Ethylpropionat	4,33	0,838
Methylbutyrat	4,25	0,862
Methyl-isobutyrat	4,37	0,827
Ether		
Diethylether	4,44	0,571
Methylpropyl-ether	4,46	0,675
Ethylpropyl-Ether	4,25	0,843
Dipropylether	4,14	0,951
Methyl-isobutyl-ether	4,34	0,825
Ethyl-isobutyl-ether	4,12	0,925
Karbonylverbindungen		
Acetaldehyd	4,80	0,610
Aceton	4,91	0,720
Methylethyl-keton	4,53	0,834
Diethylketon	4,76	0,848
Methylpropyl-keton	4,72	0,884

Stoffe, bei denen Fehler > ±5% zu erwarten sind, sind mit * gekennzeichnet.

aus VDI-Wärmeatlas 2. Auflage 1974

Tafel 12 Dynamische Viskosität η von Wasser in 10^{-6} Pa · s

Druck in bar	Temperatur in °C													
	0	20	50	100	150	200	250	300	350	400	450	500	600	700
1	1750,0	1000,0	544,0	12,11	14,15	16,18	18,22	20,25	22,3	24,3	26,4	28,4	32,5	36,5
10	1750,0	1000,0	544,0	279,0	181,0	15,85	18,05	20,22	22,3	24,4	26,5	28,5	32,6	36,6
50	1750,0	1000,0	545,0	280,0	182,0	135,0	107,0	20,06	22,7	25,0	26,9	28,9	32,9	36,9
100	1750,0	1000,0	545,0	281,0	183,0	136,0	109,0	90,5	23,6	25,8	27,6	29,5	33,4	37,4
150	1740,0	1000,0	546,0	282,0	184,0	137,0	110,0	91,7	25,4	26,9	28,5	30,3	34,0	37,9
200	1740,0	999,0	546,0	283,0	185,0	138,0	111,0	93,0	73,0	28,6	29,6	31,1	34,6	38,4
250	1740,0	999,0	547,0	284,0	187,0	139,0	112,0	94,3	75,9	32,1	31,0	32,1	35,3	38,9
300	1740,0	998,0	547,0	285,0	188,0	141,0	113,0	95,5	78,5	45,7	32,0	32,7	35,7	39,2
350	1730,0	997,0	548,0	286,0	189,0	142,0	115,0	96,8	80,2	57,3	36,3	34,9	36,9	40,1
400	1730,0	997,0	548,0	287,0	190,0	143,0	116,0	98,1	82,1	62,8	41,2	36,9	37,9	40,8
450	1730,0	996,0	549,0	288,0	191,0	144,0	117,0	99,3	83,6	66,5	46,9	39,3	38,9	41,5
500	1720,0	996,0	549,0	289,0	192,0	145,0	118,0	101,0	84,8	69,3	52,1	42,2	40,1	42,3

Kinematische Viskosität ν von Wasser in 10^{-6} m²/s

Druck in bar	Temperatur in °C													
	0	20	50	100	150	200	250	300	350	400	450	500	600	700
1	1,75	1,00	0,551	20,5	27,4	35,2	43,8	53,4	64,0	75,4	88,0	101	131	164
10	1,75	1,00	0,550	0,291	0,197	3,26	4,20	5,22	6,30	7,48	8,75	10,1	13,1	16,4
50	1,75	1,00	0,550	0,292	0,198	0,156	0,134	0,909	1,18	1,45	1,70	2,02	2,59	3,27
100	1,74	0,998	0,549	0,292	0,198	0,156	0,135	0,126	0,529	0,681	0,821	0,967	1,28	1,63
150	1,73	0,995	0,549	0,292	0,199	0,157	0,136	0,126	0,292	0,421	0,526	0,630	0,846	1,08
200	1,72	0,992	0,548	0,293	0,199	0,157	0,136	0,127	0,122	0,285	0,376	0,459	0,629	0,811
250	1,72	0,990	0,548	0,293	0,201	0,158	0,136	0,127	0,121	0,193	0,284	0,357	0,499	0,647
300	1,72	0,987	0,547	0,293	0,202	0,159	0,137	0,127	0,122	0,128	0,215	0,284	0,408	0,535
350	1,70	0,984	0,547	0,294	0,202	0,160	0,138	0,128	0,122	0,121	0,180	0,242	0,351	0,462
400	1,70	0,981	0,545	0,294	0,203	0,160	0,139	0,128	0,122	0,120	0,152	0,207	0,306	0,406
450	1,69	0,978	0,545	0,294	0,203	0,161	0,139	0,129	0,122	0,120	0,137	0,182	0,271	0,361
500	1,68	0,977	0,544	0,295	0,204	0,162	0,140	0,130	0,122	0,120	0,130	0,164	0,245	0,327

aus VDI-Wärmeatlas

Tafel 13   Kinematische Viskosität ν von Wasser

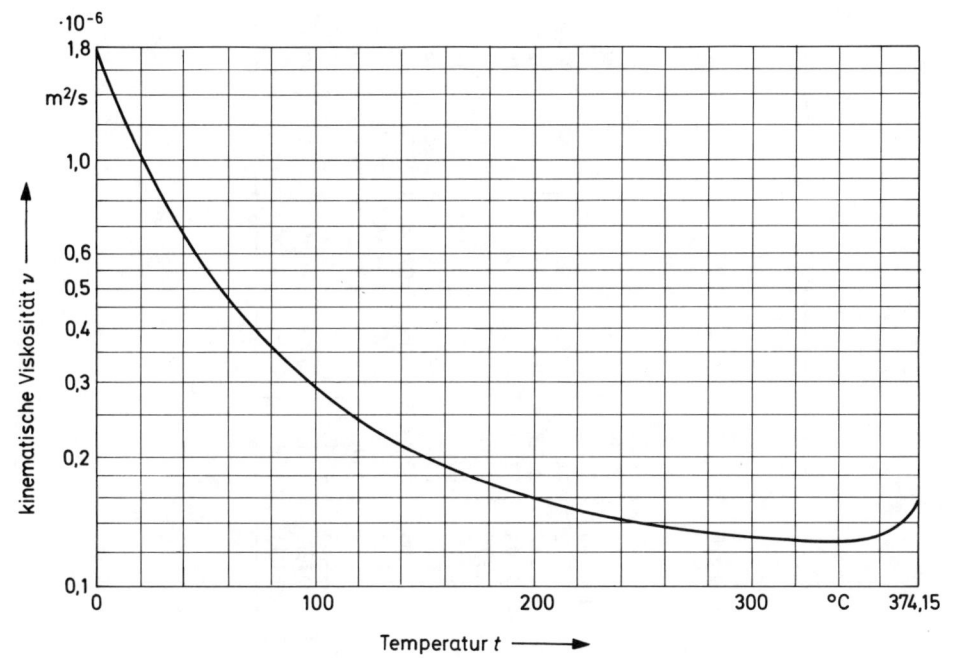

aus Sihi-Halberg: Grundlagen für die Planung von Kreiselpumpen

Tafel 14   Dynamische und kinematische Viskosität von Luft

a) Dynamische Viskosität η in 10^{-6} Pa · s

Druck in bar	Temperatur in °C										
	−50	−25	0	25	50	100	200	300	400	500	600
1	14,55	15,90	17,10	18,20	19,25	21,60	25,70	29,20	32,55	35,50	38,30
5	14,63	15,97	17,16	18,26	19,30	21,64	25,73	29,23	32,57	35,52	38,31
10	14,74	16,07	17,24	18,33	19,37	21,70	25,78	29,27	32,61	35,54	38,33
50	16,01	16,98	18,08	19,11	20,07	22,26	26,20	29,60	32,86	35,76	38,51
100	18,49	18,65	19,47	20,29	21,12	23,09	26,77	30,05	33,19	36,04	38,77
150	21,09	21,30	21,25	21,82	22,48	24,06	27,39	30,56	33,54	36,35	39,07
200	25,19	23,55	23,19	23,40	23,76	24,98	28,03	31,10	34,10	36,69	39,14
250	28,93	26,27	25,49	25,38	25,42	26,27	28,87	31,68	34,53	37,01	39,50
300	32,68	29,10	27,77	27,28	27,28	27,51	29,67	32,23	34,93	37,39	39,84
350	36,21	32,00	30,11	29,35	28,79	28,84	30,55	32,82	35,42	37,80	40,26
400	39,78	34,76	32,59	31,41	30,98	30,27	31,39	33,44	35,85	38,15	40,60
450	43,42	37,56	34,93	33,51	32,36	31,70	32,21	34,06	36,36	38,54	40,96
500	46,91	40,29	37,29	35,51	34,06	32,28	33,15	34,64	36,86	38,96	41,39
600	53,87	45,75	42,12	39,54	37,60	35,84	34,86	35,94	37,85	39,82	42,11
700	60,88	51,24	46,75	43,53	41,12	38,63	36,62	37,30	38,87	40,71	42,89
800	67,24	56,19	51,15	47,53	44,55	41,40	38,47	38,64	39,98	41,63	43,67
900	72,97	60,31	54,96	51,22	47,90	44,15	40,46	40,10	41,10	42,60	44,44
1000	78,40	64,10	58,36	54,66	51,11	46,86	42,46	41,54	42,27	43,63	45,15

b) Kinematische Viskosität ν in 10^{-8} m²/s

Druck in bar	Temperatur in °C										
	−50	−25	0	25	50	100	200	300	400	500	600
1	931,1	1132	1341	1558	1786	2315	3494	4809	6295	7886	9608
5	186,1	226,6	268,5	312,2	358,1	464,2	700,5	964,1	1262	1580	1925
10	93,03	113,5	134,5	156,5	179,6	232,8	351,4	483,6	632,8	792,1	964,6
50	19,11	23,22	27,74	32,39	37,19	48,13	72,43	99,35	129,5	161,8	196,6
100	10,53	12,47	14,82	17,23	19,72	25,34	37,75	51,48	66,77	83,15	100,8
150	7,969	9,530	10,89	12,53	14,23	17,96	26,32	35,67	45,92	57,00	68,99
200	7,402	8,123	9,140	10,33	11,57	14,33	20,68	27,83	35,74	44,00	52,78
250	7,214	7,579	8,339	9,261	10,21	12,39	17,46	23,18	29,54	40,74	43,36
300	7,274	7,384	7,916	8,615	9,455	11,15	15,34	20,11	25,42	31,03	37,09
350	7,412	7,370	7,720	8,292	8,879	10,35	13,90	17,95	22,54	27,39	32,68
400	7,633	7,423	7,687	8,112	8,693	9,825	12,84	16,38	20,38	24,64	29,32
450	7,912	7,547	7,694	8,036	8,396	9,459	12,03	15,17	18,75	22,53	26,74
500	8,188	7,698	7,762	8,005	8,273	8,962	11,44	14,21	17,45	20,87	24,71
600	8,787	8,072	8,014	8,080	8,217	8,858	10,58	12,86	15,55	18,43	21,65
700	9,426	8,508	8,306	8,249	8,286	8,717	10,02	11,96	14,23	16,72	19,51
800	9,979	8,887	8,603	8,481	8,410	8,681	9,679	11,31	13,31	15,49	17,94
900	10,45	9,161	8,837	8,696	8,569	8,713	9,488	10,87	12,62	14,57	16,74
1000	10,89	9,408	9,031	8,900	8,737	8,783	9,373	10,55	12,10	13,87	15,77

aus VDI-Wärmeatlas

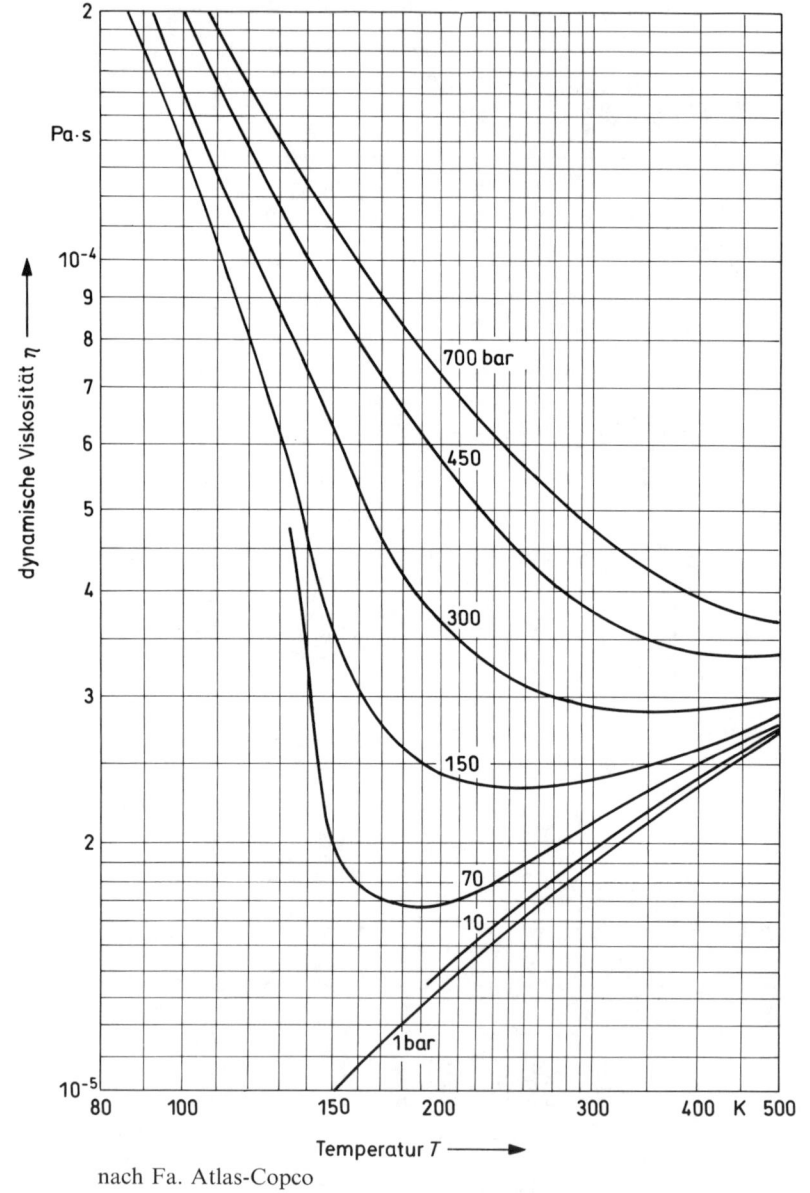

Tafel 15 Dynamische Viskosität von Luft

nach Fa. Atlas-Copco

Tafel 16 Kinematische Viskosität der Luft

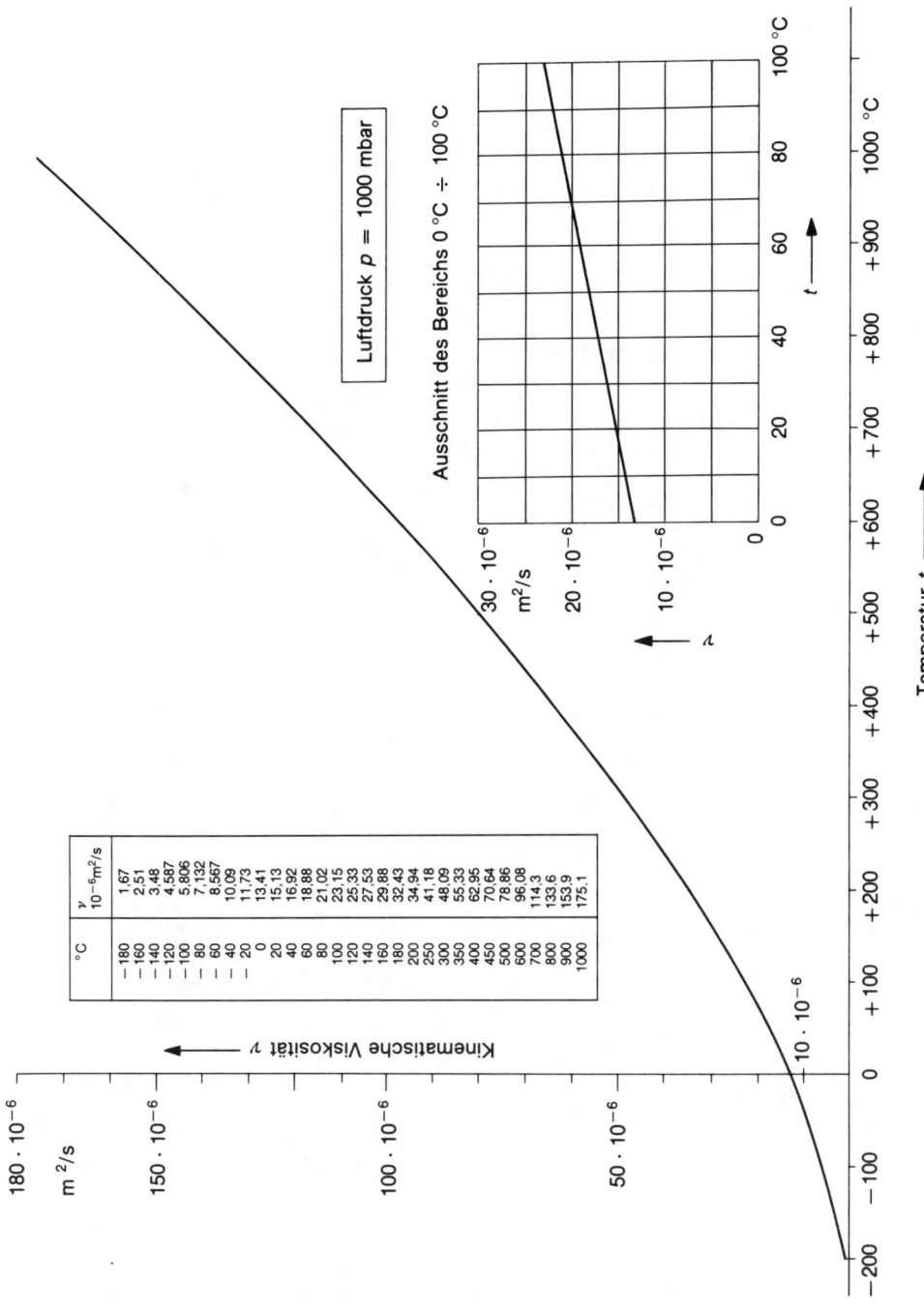

°C	ν $10^{-6} m^2/s$
− 180	1,67
− 160	2,51
− 140	3,48
− 120	4,587
− 100	5,806
− 80	7,132
− 60	8,567
− 40	10,09
− 20	11,73
0	13,41
20	15,13
40	16,92
60	18,88
80	21,02
100	23,15
120	25,33
140	27,53
160	29,88
180	32,43
200	34,94
250	41,18
300	48,09
350	55,33
400	62,95
450	70,64
500	78,86
600	96,08
700	114,3
800	133,6
900	153,9
1000	175,1

Luftdruck p = 1000 mbar

Ausschnitt des Bereichs 0 °C ÷ 100 °C

287

Tafel 17   Kinematische Viskosität von Flüssigkeiten

$p = 1$ bar

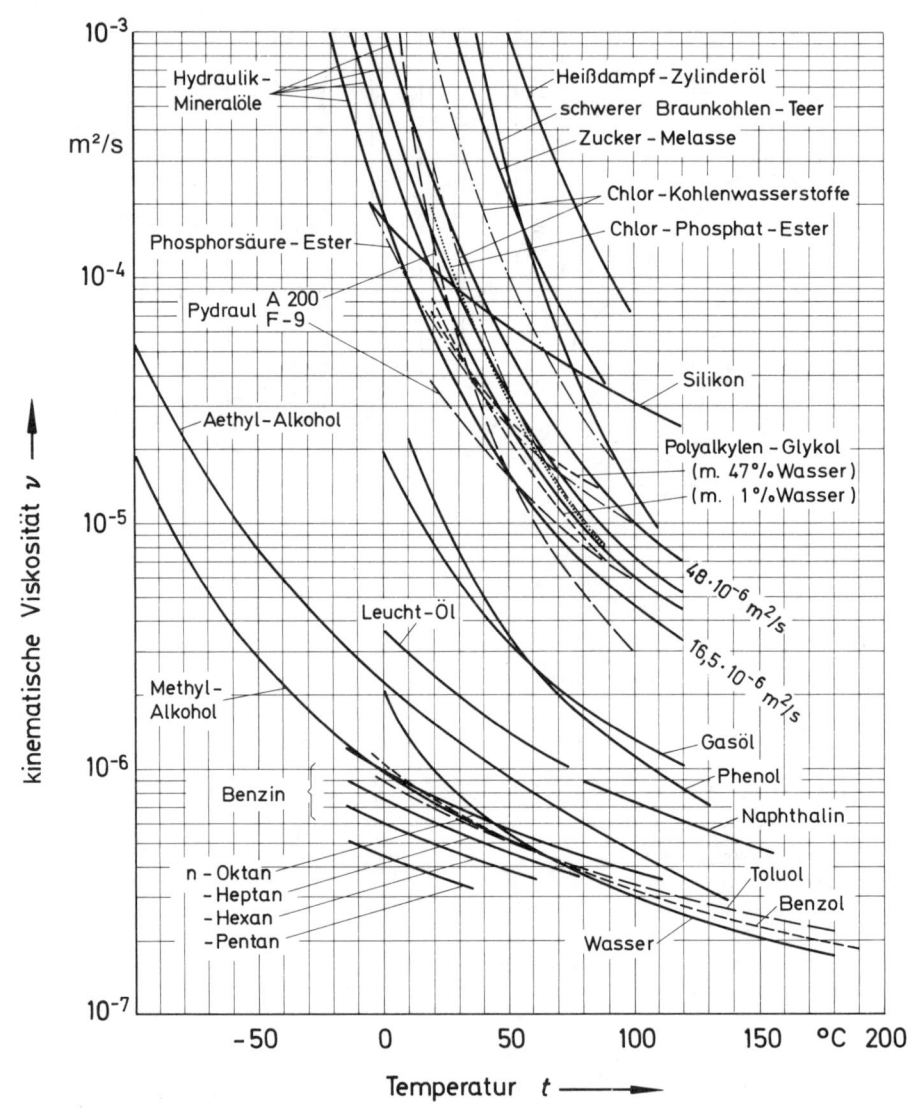

Tafel 18 Kinematische Viskosität von Ölen

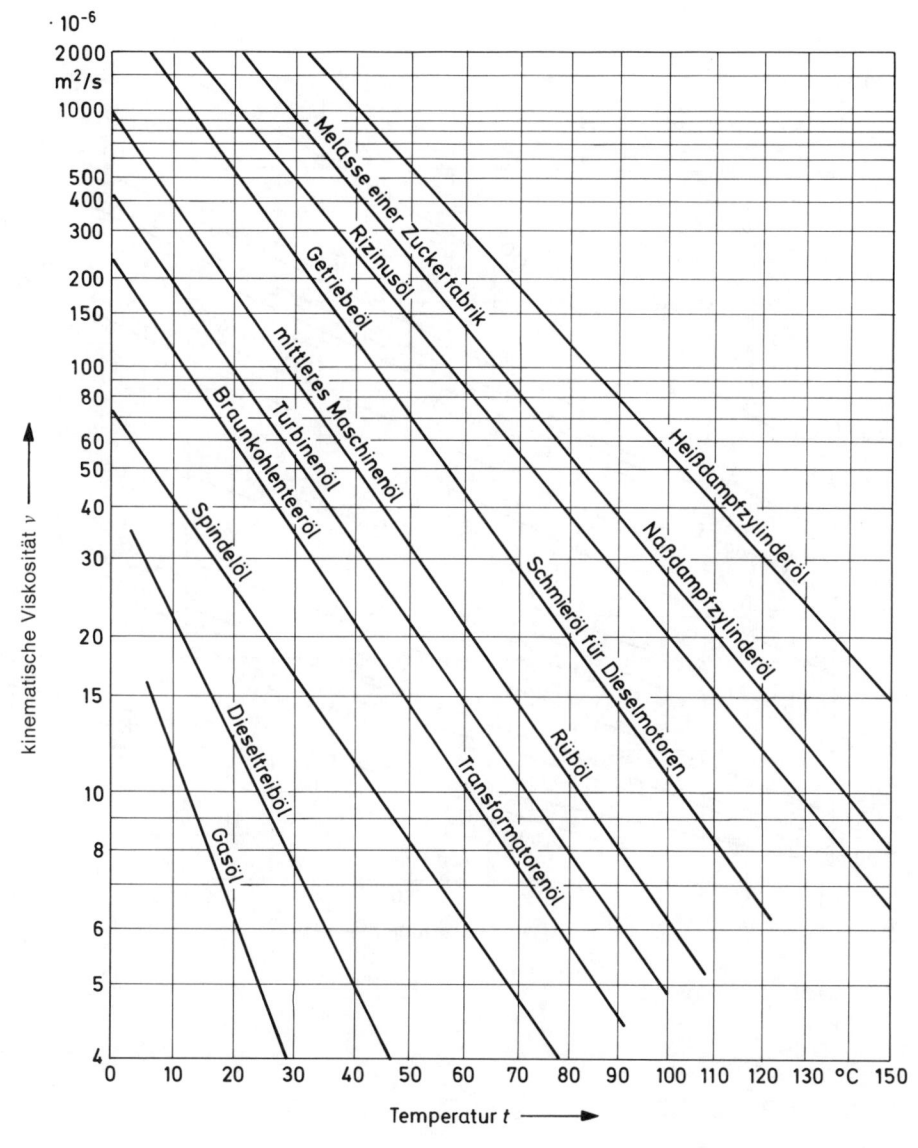

nach Fa. Gestra

Tafel 19 Dynamische Viskosität von Gasen

Bezugsdruck $p_0 = 1\,\text{bar}$

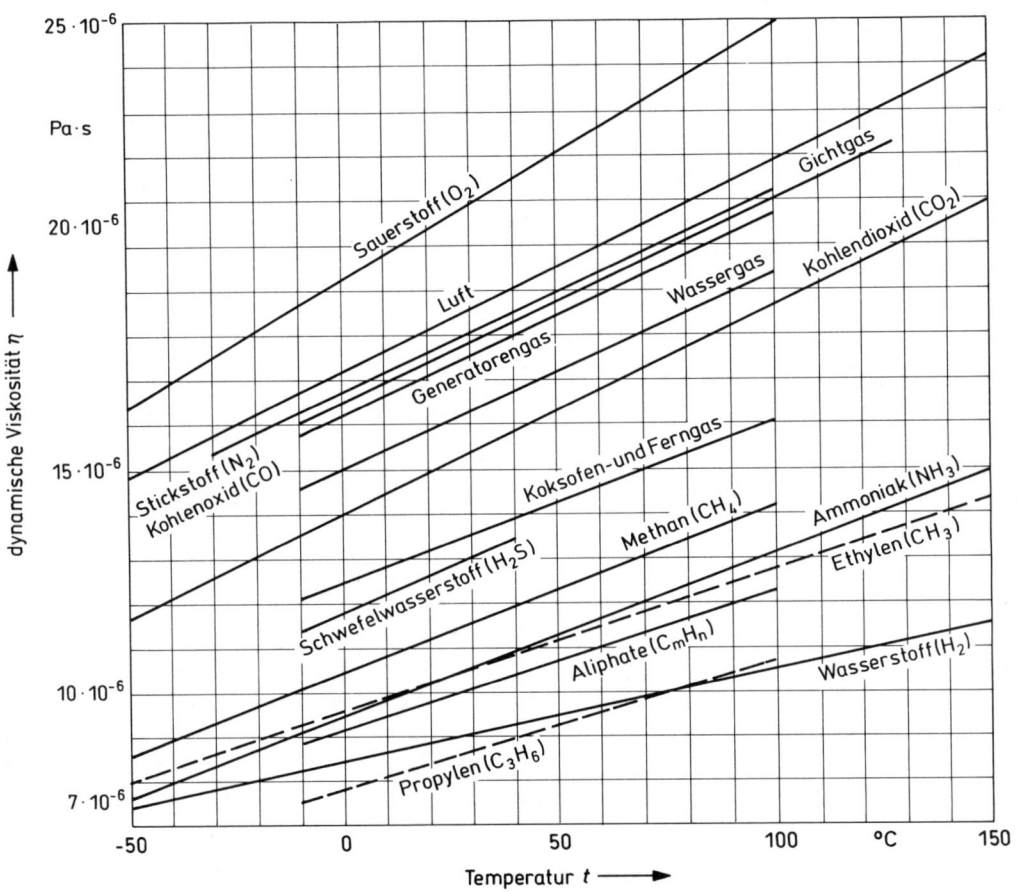

nach Fa. Gestra

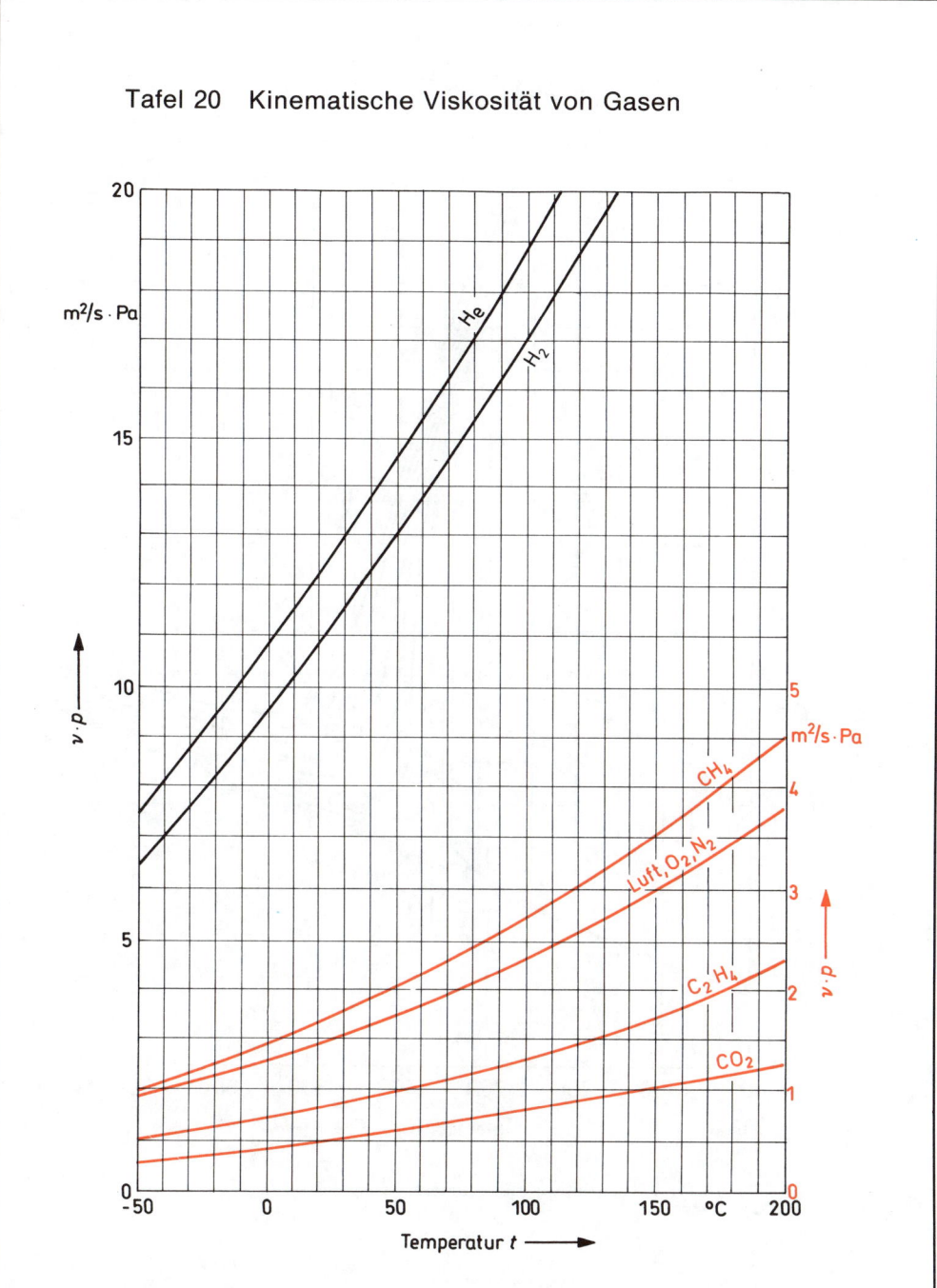

Tafel 20 Kinematische Viskosität von Gasen

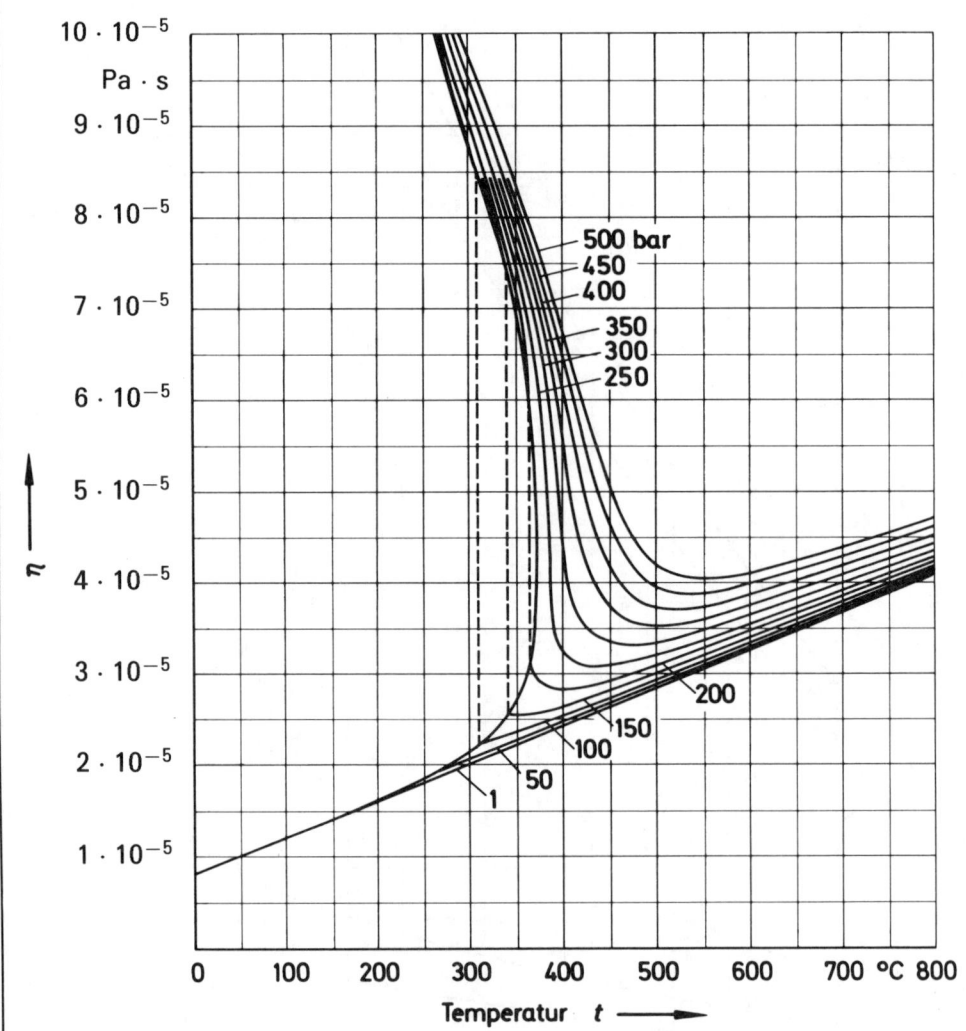

Tafel 21   Dynamische Viskosität von Wasserdampf

aus VDI-Wasserdampftafel (Neueste Ausgabe!)

Tafel 22 Spezifische Wärmekapazität c_p von Gasen

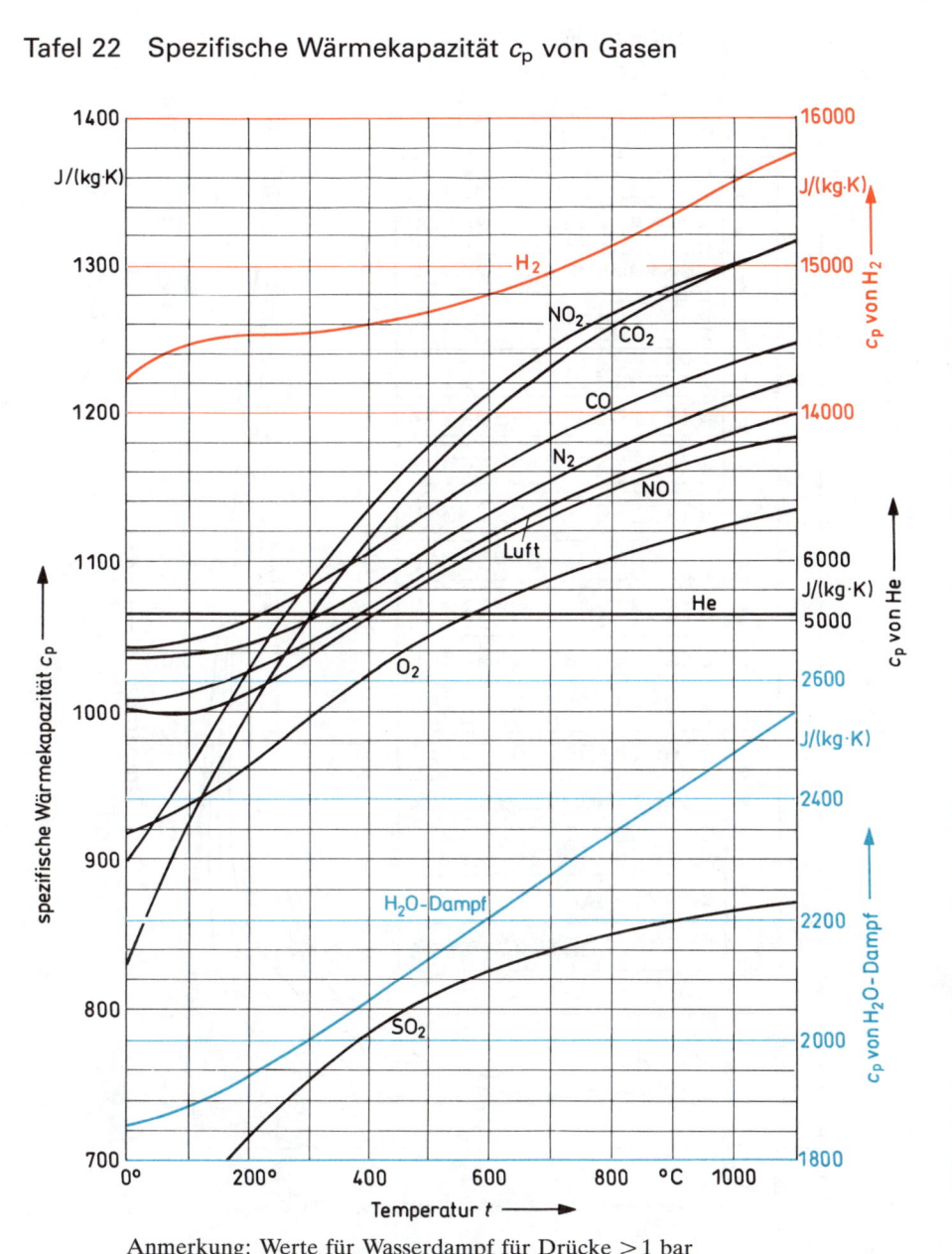

Anmerkung: Werte für Wasserdampf für Drücke > 1 bar
Quelle: Käppeli, E., Strömungslehre I, Blaue TR-Reihe, Heft 113

Tafel 23 Spezifische Wärmekapazität c_p von Luft in kJ/(kg · K)

Druck bar	−150	−100	−50	0	25	50	100	200	300	400	500	600	700	800	900	1000
1	1,028	1,011	1,007	1,006	1,007	1,008	1,012	1,026	1,046	1,069	1,093	1,116	1,137	1,155	1,171	1,185
5	1,133	1,043	1,023	1,015	1,014	1,013	1,015	1,028	1,047	1,070	1,094	1,116	1,137	1,155	1,172	1,186
10	1,292	1,085	1,044	1,026	1,022	1,020	1,020	1,030	1,049	1,071	1,094	1,117	1,137	1,156	1,172	1,186
50		1,565	1,212	1,112	1,089	1,072	1,055	1,049	1,061	1,080	1,101	1,122	1,141	1,159	1,175	1,189
100		2,373	1,430	1,216	1,169	1,133	1,096	1,072	1,075	1,090	1,108	1,128	1,146	1,163	1,178	1,191
150		2,202	1,575	1,302	1,237	1,187	1,132	1,092	1,088	1,099	1,115	1,133	1,150	1,167	1,181	1,194
200		1,985	1,623	1,361	1,287	1,229	1,161	1,108	1,099	1,107	1,121	1,138	1,154	1,170	1,184	1,196
250		1,849	1,622	1,394	1,320	1,260	1,186	1,123	1,109	1,114	1,127	1,143	1,158	1,173	1,187	1,199
300		1,761	1,604	1,409	1,339	1,282	1,204	1,135	1,117	1,120	1,132	1,146	1,162	1,176	1,189	1,201
350		1,704	1,580	1,412	1,348	1,295	1,220	1,145	1,125	1,125	1,136	1,150	1,165	1,179	1,192	1,203
400		1,664	1,557	1,411	1,353	1,304	1,230	1,154	1,130	1,130	1,140	1,153	1,167	1,181	1,194	1,205
450			1,534	1,406	1,353	1,308	1,239	1,162	1,136	1,134	1,143	1,156	1,170	1,184	1,196	1,207
500			1,513	1,400	1,351	1,309	1,244	1,169	1,141	1,138	1,146	1,158	1,172	1,185	1,197	1,208
600			1,477	1,389	1,346	1,308	1,250	1,179	1,150	1,145	1,151	1,162	1,175	1,188	1,200	1,211
700			1,447	1,378	1,338	1,304	1,251	1,187	1,158	1,151	1,155	1,166	1,178	1,191	1,203	1,213
800			1,423	1,370	1,332	1,299	1,249	1,193	1,164	1,156	1,160	1,169	1,181	1,193	1,204	1,215
900			1,405	1,363	1,326	1,295	1,247	1,196	1,170	1,161	1,164	1,172	1,183	1,195	1,206	1,216
1000			1,393	1,359	1,322	1,291	1,247	1,198	1,175	1,166	1,168	1,175	1,186	1,197	1,207	1,218

Temperatur in °C

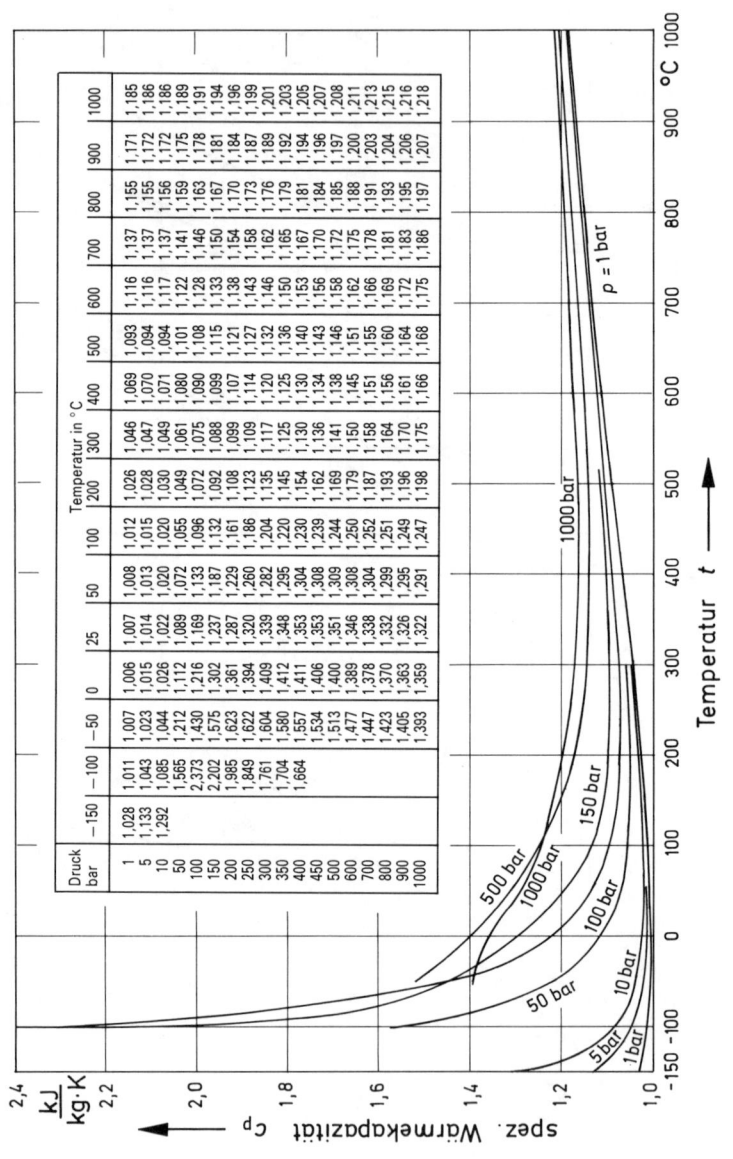

nach VDI-Wärmeatlas

Tafel 24 Spezifische Wärmekapazität c_p von Wasserdampf

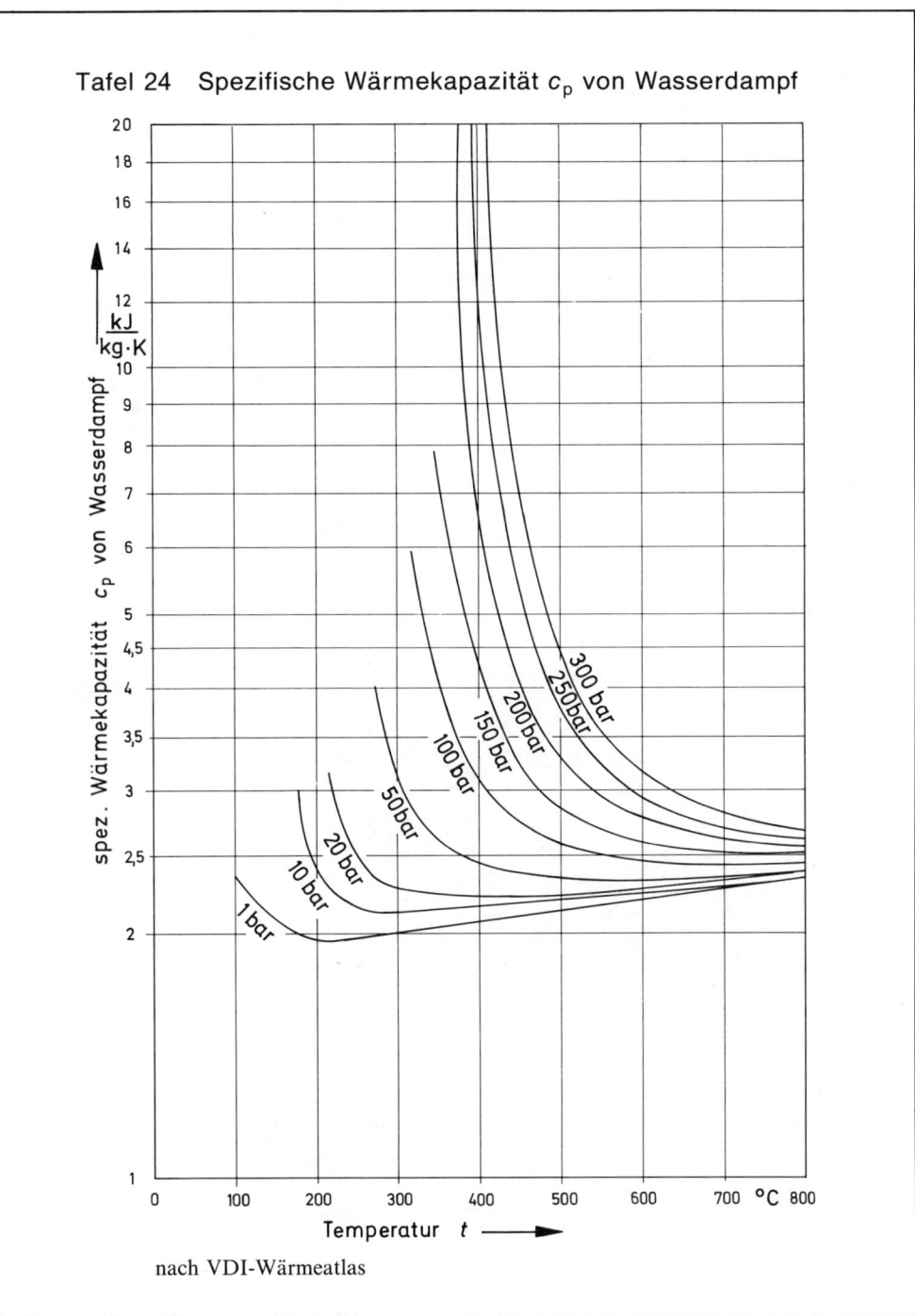

nach VDI-Wärmeatlas

Tafel 25   Isentropenexponent $\varkappa$ von Luft

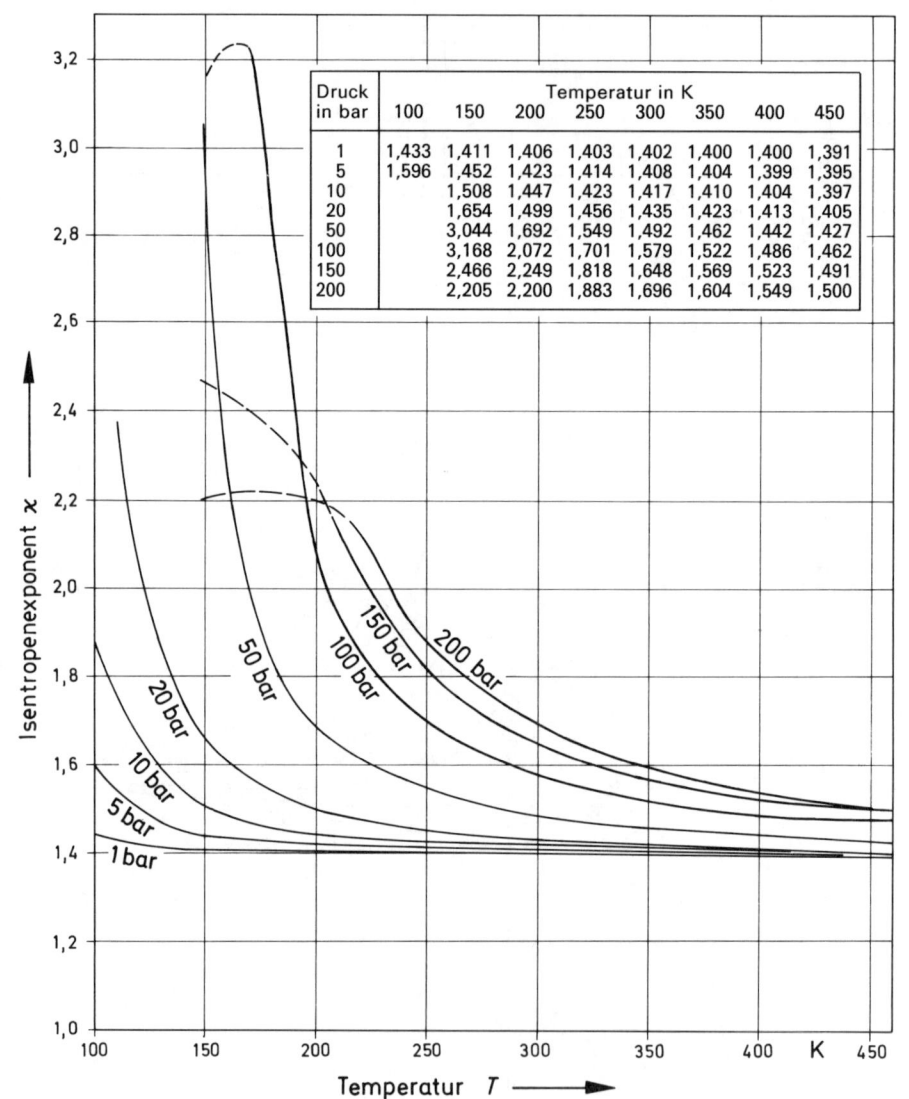

Druck in bar	Temperatur in K							
	100	150	200	250	300	350	400	450
1	1,433	1,411	1,406	1,403	1,402	1,400	1,400	1,391
5	1,596	1,452	1,423	1,414	1,408	1,404	1,399	1,395
10		1,508	1,447	1,423	1,417	1,410	1,404	1,397
20		1,654	1,499	1,456	1,435	1,423	1,413	1,405
50		3,044	1,692	1,549	1,492	1,462	1,442	1,427
100		3,168	2,072	1,701	1,579	1,522	1,486	1,462
150			2,466	2,249	1,818	1,648	1,569	1,523	1,491
200			2,205	2,200	1,883	1,696	1,604	1,549	1,500

aus H. D. Baehr u. K. Schwier: Die thermodynamischen Eigenschaften der Luft
Springer-Verlag 1961

Tafel 26 Isentropenexponent $\varkappa$ von Wasserdampf

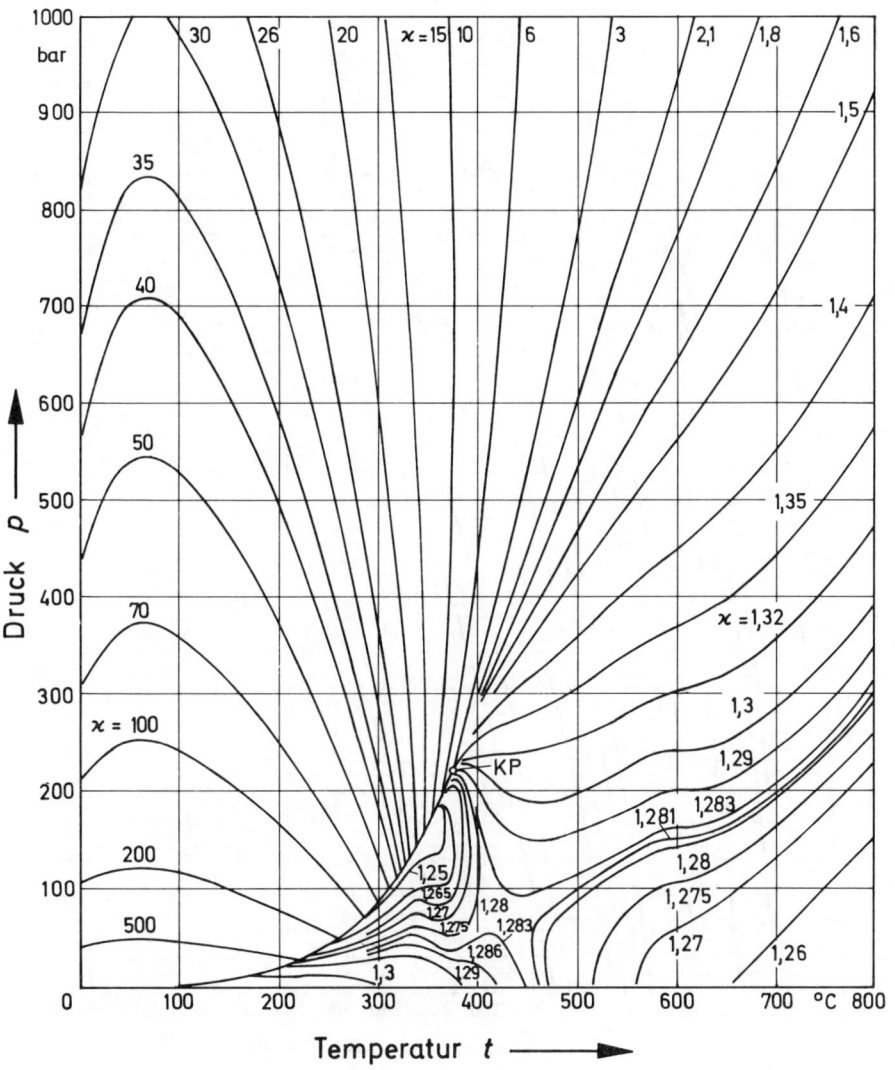

nach Zeitschrift BWK 21 (1969)

Tafel 27   Dampfdruckkurven

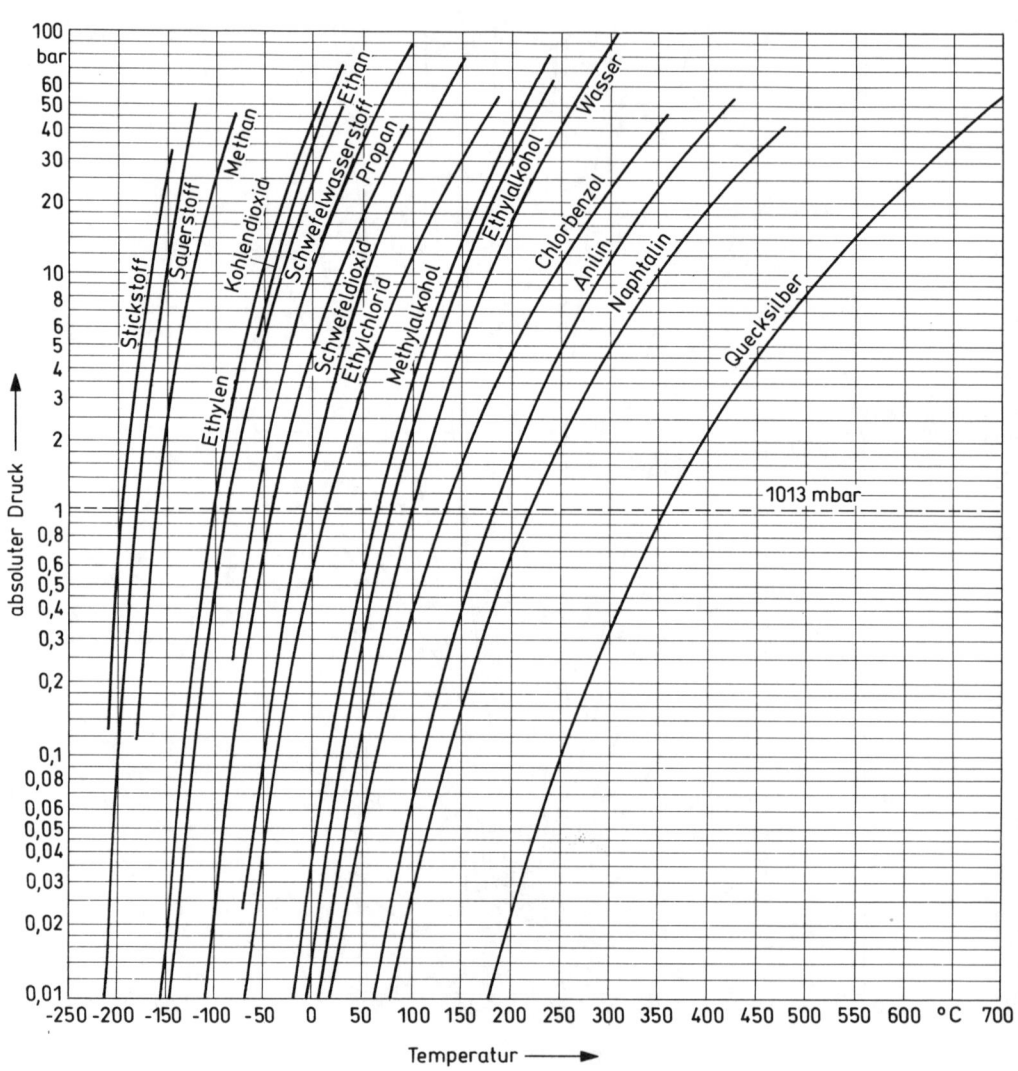

nach Fa. Gestra

Tafel 28 ICAO-Normatmosphäre

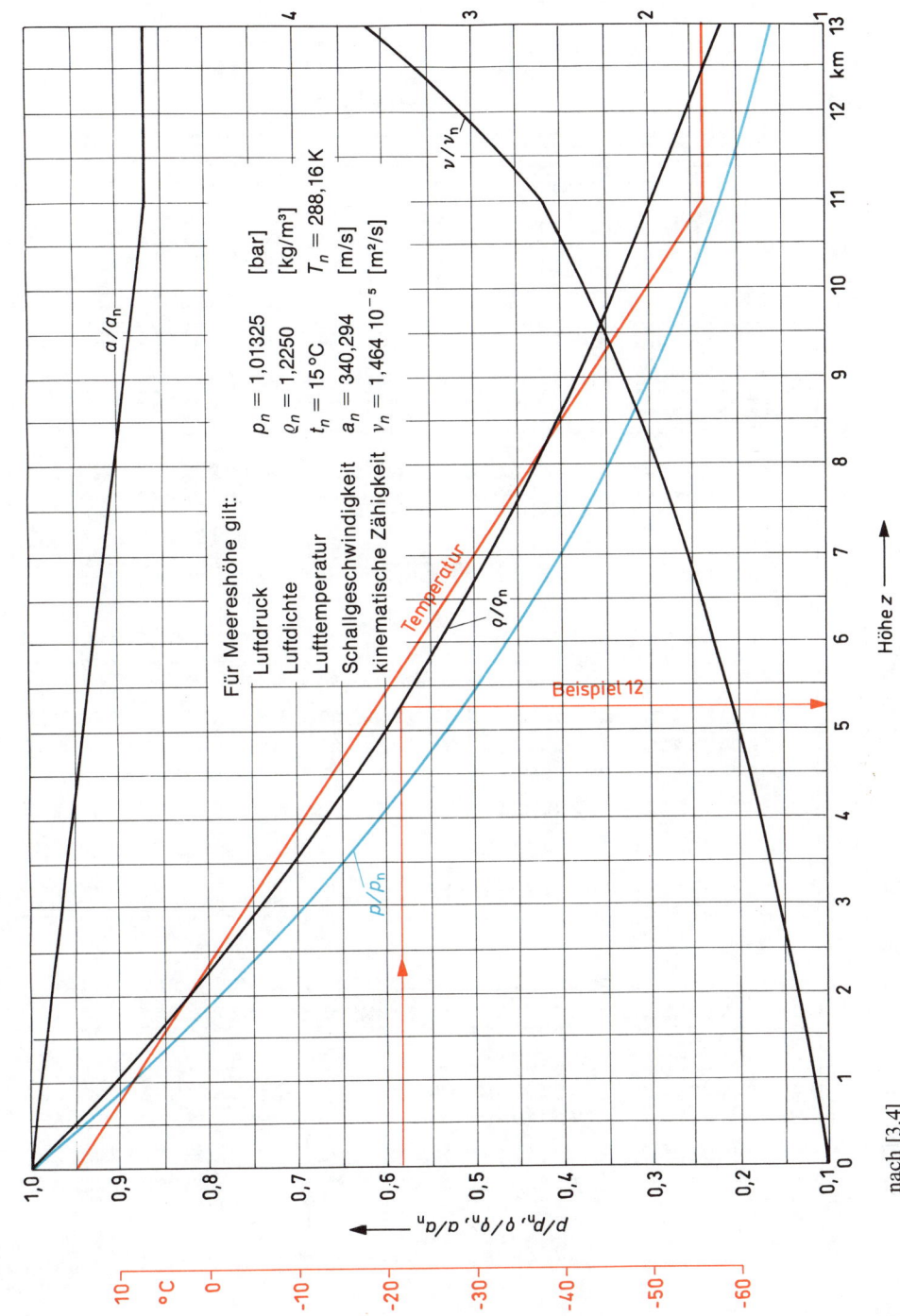

Für Meereshöhe gilt:

Luftdruck	$p_n = 1{,}01325$	[bar]	
Luftdichte	$\varrho_n = 1{,}2250$	[kg/m³]	
Lufttemperatur	$t_n = 15°C$		$T_n = 288{,}16\,K$
Schallgeschwindigkeit	$a_n = 340{,}294$	[m/s]	
kinematische Zähigkeit	$\nu_n = 1{,}464\,10^{-5}$	[m²/s]	

Beispiel 12

nach [3.4]

Tafel 29 Normatmosphäre ÷ US-Standardatmosphäre

z m	T K	p bar	a m/s
0	288.15	1.01325	340.26
100	287.50	1.00129	339.88
200	286.85	0.99945	339.68
300	286.20	0.97772	339.11
400	285.55	0.96460	338.72
500	284.90	0.95460	338.34
600	284.25	0.94321	337.95
700	283.60	0.93192	337.57
800	282.95	0.92075	337.18
900	282.30	0.90969	336.79
1000	281.65	0.89873	336.40
1100	281.00	0.88788	336.01
1200	280.35	0.87714	335.63
1300	279.70	0.86650	335.24
1400	279.05	0.85597	334.85
1500	278.40	0.84554	334.46
1600	277.75	0.83521	334.07
1700	277.10	0.82499	333.67
1800	276.45	0.81486	333.28
1900	275.80	0.80484	332.89
2000	275.15	0.79492	332.50
2100	274.50	0.78510	332.11
2200	273.85	0.77538	331.71
2300	273.20	0.76575	331.32
2400	272.55	0.75622	330.92
2500	271.90	0.74679	330.53
2600	271.25	0.73745	330.13
2700	270.60	0.72820	329.74
2800	269.95	0.71906	329.34
2900	269.30	0.71001	328.94
3000	268.65	0.70104	328.55
3100	268.00	0.69217	328.15
3200	267.35	0.68340	327.75
3300	266.70	0.67471	327.35
3400	266.05	0.66611	326.95
3500	265.40	0.65760	326.55
3600	264.75	0.64917	326.15
3700	264.10	0.64084	325.75
3800	263.45	0.63259	325.35
3900	262.80	0.62443	324.95
4000	262.15	0.61635	324.55
4100	261.50	0.60836	324.15
4200	260.85	0.60046	323.74
4300	260.20	0.59263	323.34
4400	259.55	0.58489	322.94
4500	258.90	0.57723	322.53
4600	258.25	0.56965	322.13
4700	257.60	0.56216	321.72
4800	256.95	0.55474	321.31
4900	256.30	0.54740	320.91
5000	255.65	0.54015	320.50

z m	T K	p bar	a m/s
5100	255.00	0.53297	320.09
5200	254.35	0.52587	319.68
5300	253.70	0.51884	319.28
5400	253.05	0.51189	318.87
5500	252.40	0.50501	318.46
5600	251.75	0.49821	318.05
5700	251.10	0.49149	317.63
5800	250.45	0.48484	317.22
5900	249.80	0.47826	316.81
6000	249.15	0.47175	316.40
6100	248.50	0.46532	315.99
6200	247.85	0.45896	315.57
6300	247.20	0.45267	315.16
6400	246.55	0.44644	314.74
6500	245.90	0.44029	314.33
6600	245.25	0.43421	313.91
6700	244.60	0.42819	313.50
6800	243.95	0.42224	313.08
6900	243.30	0.41636	312.66
7000	242.65	0.41055	312.24
7100	242.00	0.40480	311.83
7200	241.35	0.39912	311.41
7300	240.70	0.39350	310.99
7400	240.05	0.38795	310.57
7500	239.40	0.38246	310.15
7600	238.75	0.37703	309.73
7700	238.10	0.37166	309.30
7800	237.45	0.36636	308.88
7900	236.80	0.36112	308.46
8000	236.15	0.35594	308.03
8100	235.50	0.35082	307.61
8200	234.85	0.34576	307.19
8300	234.20	0.34076	306.76
8400	233.55	0.33582	306.33
8500	232.90	0.33093	305.91
8600	232.25	0.32611	305.48
8700	231.60	0.32134	305.05
8800	230.95	0.31662	304.62
8900	230.30	0.31197	304.19
9000	229.65	0.30737	303.77
9100	229.00	0.30282	303.34
9200	228.35	0.29833	302.90
9300	227.70	0.29389	302.47
9400	227.05	0.28951	302.04
9500	226.40	0.28518	301.61
9600	225.75	0.28090	301.17
9700	225.10	0.27668	300.74
9800	224.45	0.27250	300.31
9900	223.80	0.26838	299.87
10000	223.15	0.26431	299.44

z m	T K	p bar	a m/s
10100	222.50	0.26028	299.00
10200	221.85	0.25629	298.56
10300	221.20	0.25239	298.12
10400	220.55	0.24852	297.69
10500	219.90	0.24469	297.25
10600	219.25	0.24091	296.81
10700	218.60	0.23718	296.37
10800	217.95	0.23350	295.93
10900	217.30	0.22986	295.48
11000	216.65	0.22632	295.04
11100	216.65	0.22278	295.04
11200	216.65	0.21929	295.04
11300	216.65	0.21586	295.04
11400	216.65	0.21249	295.04
11500	216.65	0.20918	295.04
11600	216.65	0.20589	295.04
11700	216.65	0.20267	295.04
11800	216.65	0.19950	295.04
11900	216.65	0.19637	295.04
12000	216.65	0.19330	295.04
12100	216.65	0.19028	295.04
12200	216.65	0.18730	295.04
12300	216.65	0.18437	295.04
12400	216.65	0.18149	295.04
12500	216.65	0.17865	295.04
12600	216.65	0.17585	295.04
12700	216.65	0.17310	295.04
12800	216.65	0.17039	295.04
12900	216.65	0.16773	295.04
13000	216.65	0.16510	295.04
13100	216.65	0.16252	295.04
13200	216.65	0.15998	295.04
13300	216.65	0.15747	295.04
13400	216.65	0.15501	295.04
13500	216.65	0.15258	295.04
13600	216.65	0.15020	295.04
13700	216.65	0.14785	295.04
13800	216.65	0.14553	295.04
13900	216.65	0.14326	295.04
14000	216.65	0.14101	295.04
14100	216.65	0.13881	295.04
14200	216.65	0.13664	295.04
14300	216.65	0.13450	295.04
14400	216.65	0.13239	295.04
14500	216.65	0.13032	295.04
14600	216.65	0.12828	295.04
14700	216.65	0.12628	295.04
14800	216.65	0.12430	295.04
14900	216.65	0.12236	295.04
15000	216.65	0.12044	295.04

z m	T K	p bar	a m/s
15100	216.65	0.11856	295.04
15200	216.65	0.11670	295.04
15300	216.65	0.11488	295.04
15400	216.65	0.11308	295.04
15500	216.65	0.11131	295.04
15600	216.65	0.10957	295.04
15700	216.65	0.10785	295.04
15800	216.65	0.10617	295.04
15900	216.65	0.10451	295.04
16000	216.65	0.10287	295.04
16100	216.65	0.10126	295.04
16200	216.65	0.09968	295.04
16300	216.65	0.09812	295.04
16400	216.65	0.09658	295.04
16500	216.65	0.09507	295.04
16600	216.65	0.09358	295.04
16700	216.65	0.09212	295.04
16800	216.65	0.09068	295.04
16900	216.65	0.08926	295.04
17000	216.65	0.08786	295.04
17100	216.65	0.08649	295.04
17200	216.65	0.08514	295.04
17300	216.65	0.08380	295.04
17400	216.65	0.08249	295.04
17500	216.65	0.08120	295.04
17600	216.65	0.07993	295.04
17700	216.65	0.07868	295.04
17800	216.65	0.07745	295.04
17900	216.65	0.07624	295.04
18000	216.65	0.07504	295.04
18100	216.65	0.07387	295.04
18200	216.65	0.07271	295.04
18300	216.65	0.07158	295.04
18400	216.65	0.07046	295.04
18500	216.65	0.06935	295.04
18600	216.65	0.06827	295.04
18700	216.65	0.06720	295.04
18800	216.65	0.06615	295.04
18900	216.65	0.06512	295.04
19000	216.65	0.06410	295.04
19100	216.65	0.06309	295.04
19200	216.65	0.06211	295.04
19300	216.65	0.06113	295.04
19400	216.65	0.06018	295.04
19500	216.65	0.05924	295.04
19600	216.65	0.05831	295.04
19700	216.65	0.05740	295.04
19800	216.65	0.05650	295.04
19900	216.65	0.05562	295.04
20000	216.65	0.05475	295.04

Tafel 30   Rohrreibungszahl λ

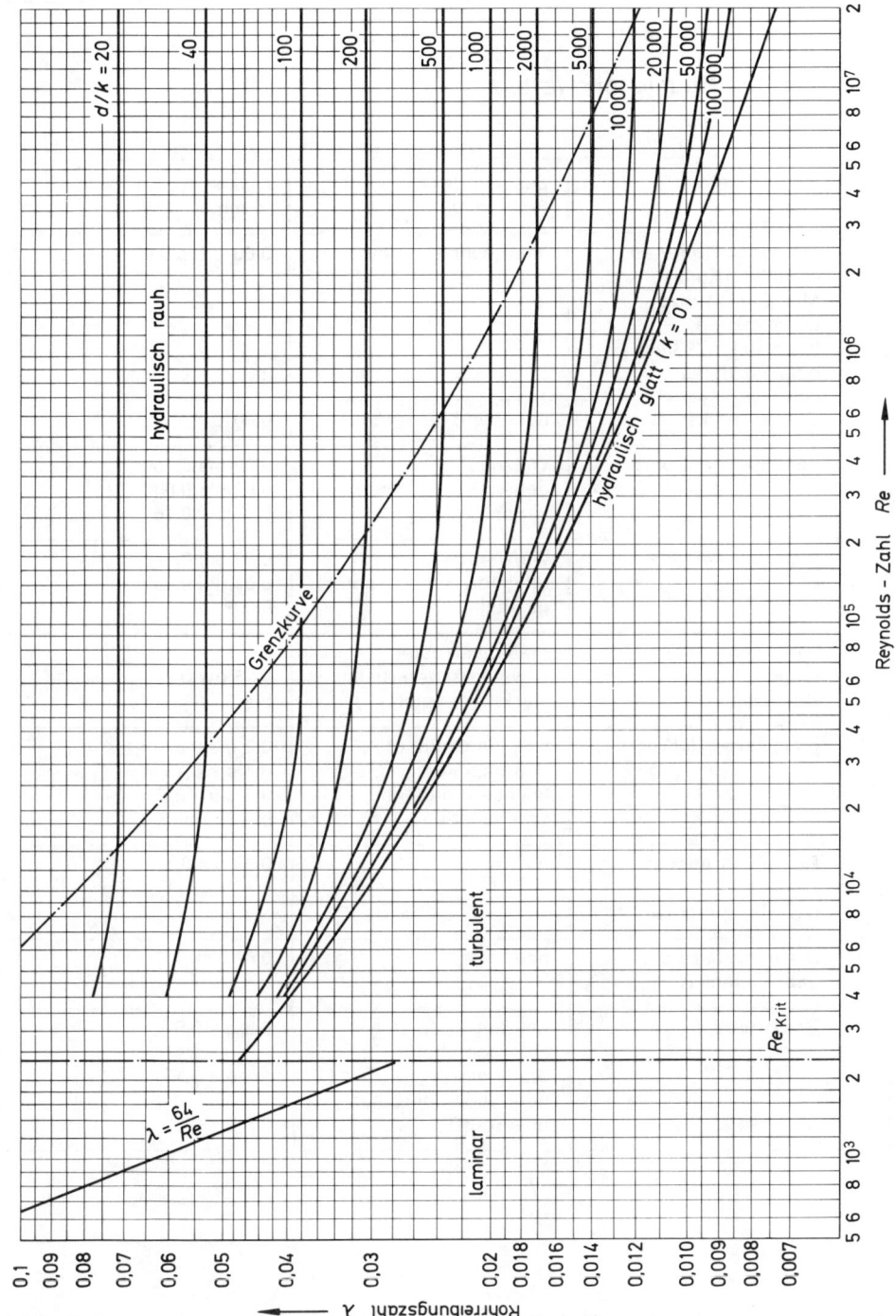

Tafel 31   Rauhigkeitswerte k

Rohrwerkstoff	Zustand der Rohrwand	Rauhigkeit k in mm
gezogene Rohre aus Metallen (Kupfer, Messing, Bronze, Leichtmetall), Kunststoffen, Glas oder Plexiglas	neu, technisch glatt	0,0013 bis 0,0015
Gummidruckschlauch	neu, nicht versprödet	0,0016
nahtlose Stahlrohre	Walzhaut gebeizt neu verzinkt	0,02 bis 0,06 0,03 bis 0,04 0,07 bis 0,16
längsgeschweißte Stahlrohre	Walzhaut bitumiert neu galvanisiert	0,04 bis 0,1 0,01 bis 0,05 0,008
Stahlrohre nach längerer Benützung	mäßig verrostet bzw. leicht verkrustet stark verkrustet	0,15 bis 0,2 bis 3
gußeiserne Rohre	neu mit Gußhaut neu bitumiert leicht angerostet verkrustet	0,2 bis 0,6 0,1 bis 0,13 0,5 bis 1,5 bis 3
Rohre aus Asbest-zement (z.B. Eternitrohre)	neu	0,03 bis 0,1
Drainagerohre aus gebranntem Ton	neu	0,07
Betonrohre	neu mit Glattstrich neu, geglätteter Stahlbeton neu, Schleuderbeton unverputzt	0,3 bis 0,8 0,1 bis 0,15 0,2 bis 0,8

Tafel 32 Druckabfall in geraden, neuen Graugußrohren. Fluid: Wasser von 20°C

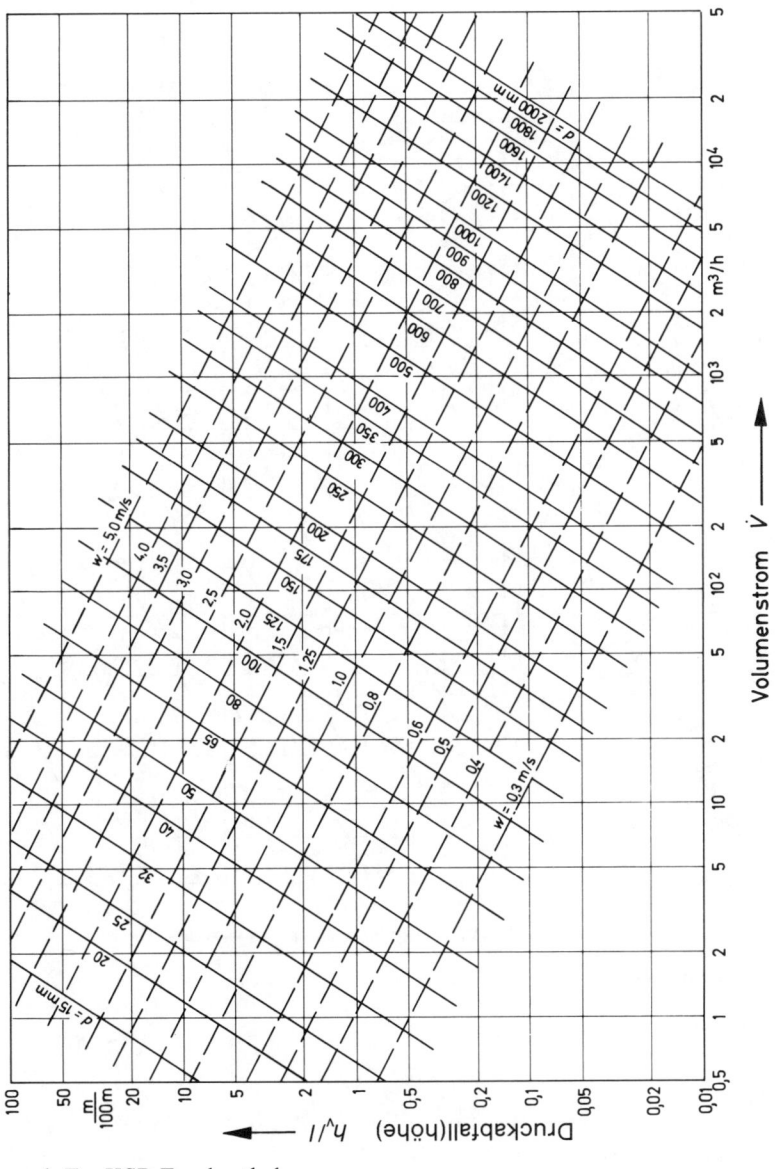

nach Fa. KSB-Frankenthal

Tafel 33　Druckabfall runder Luftkanäle nach VDI 2087

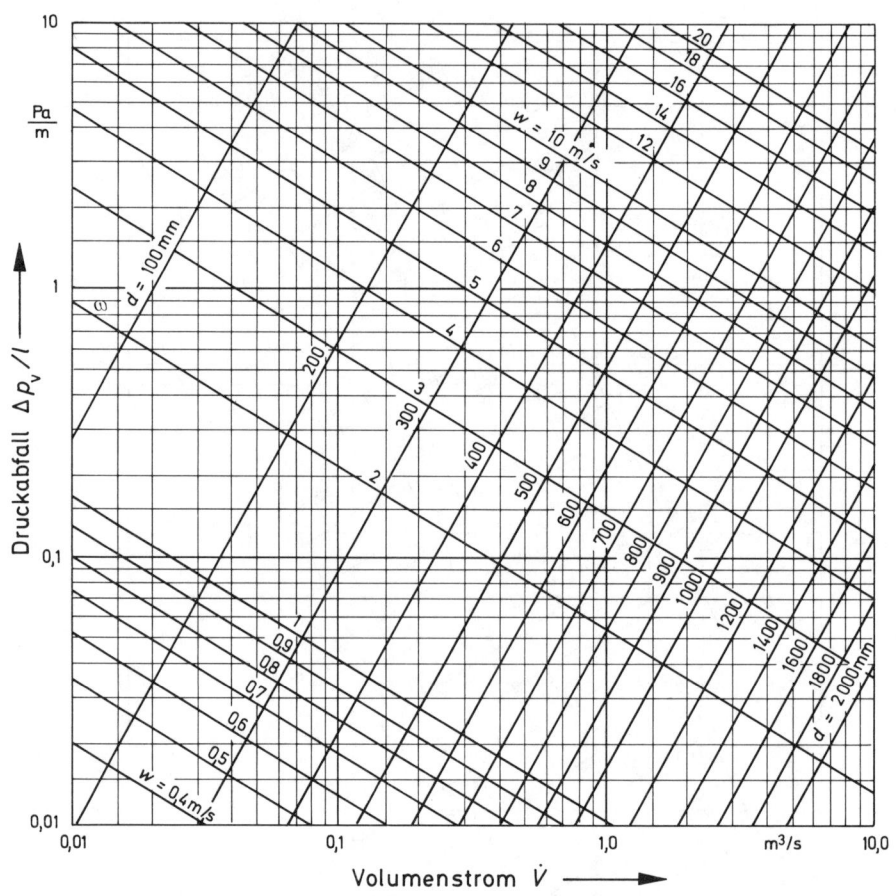

nach Zimmermann

Tafel 34 Rohrreibungszahl nichtnewtonscher Flüssigkeiten

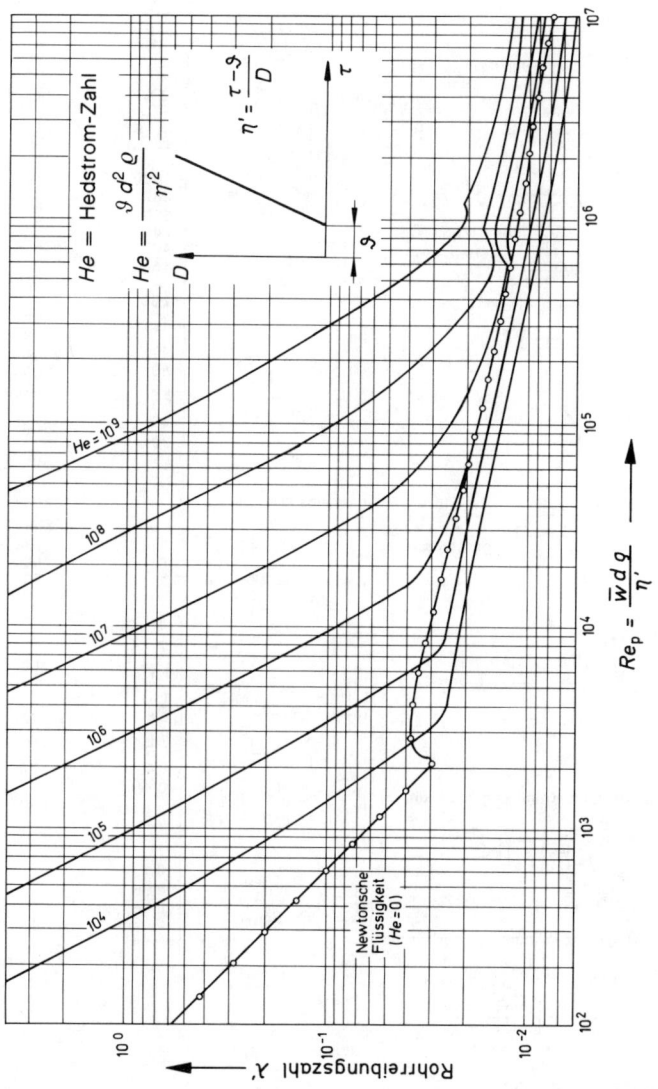

aus VDI-Wärmeatlas

Tafel 35 Gleichwertige Rohrlängen
gültig für $Re \geqq 10^5$ und $k \approx 0,04$ mm

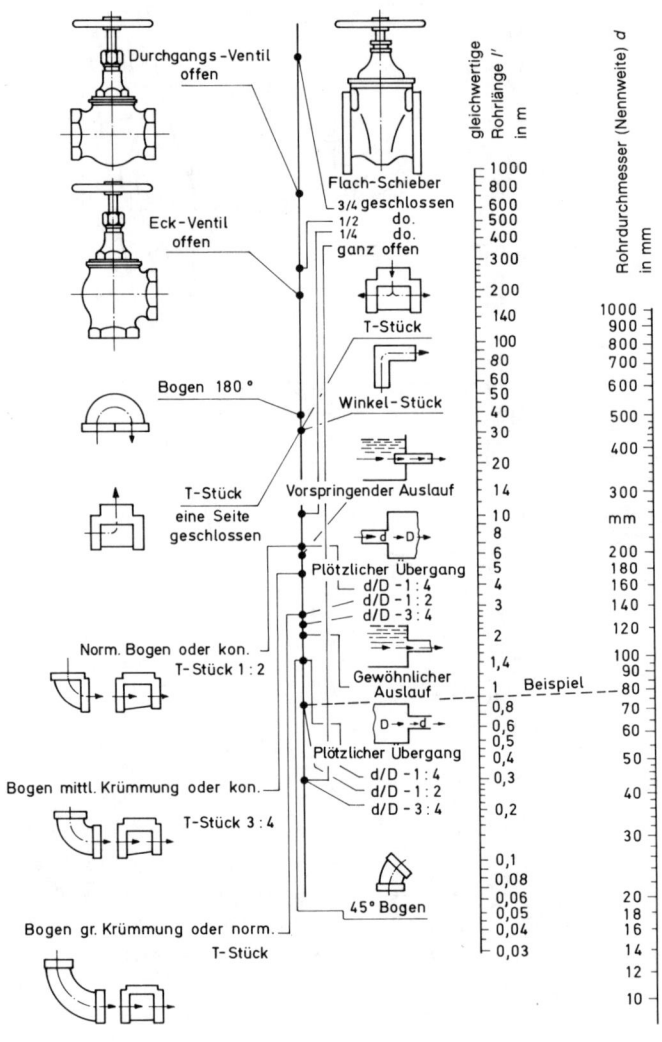

nach Fa. Sulzer

Tafel 36   Wirtschaftliche Geschwindigkeiten in Rohrleitungen

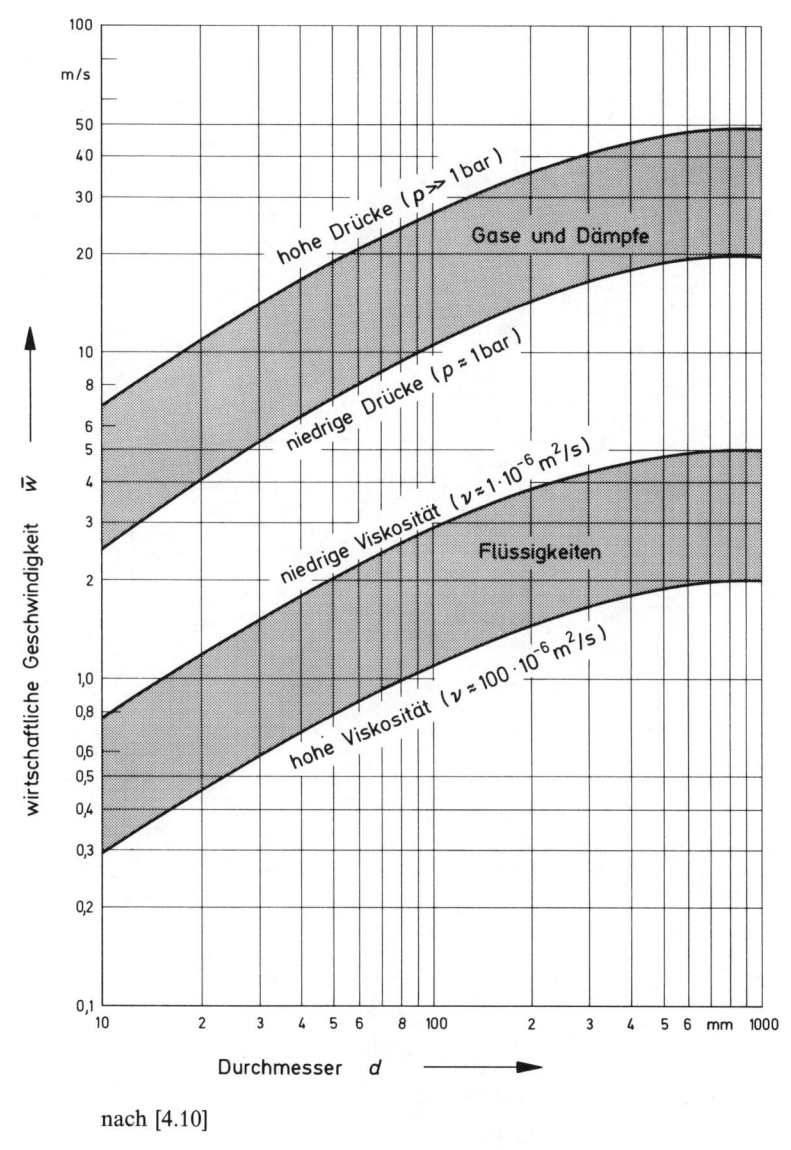

nach [4.10]

Tafel 37 Widerstandsbeiwerte von umströmten Körpern

Körperform	Widerstandsbeiwert c_w
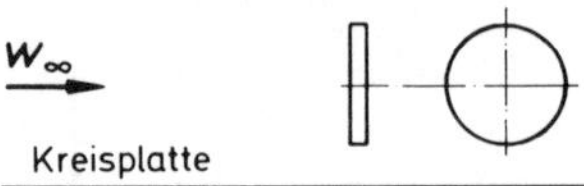 $W_\infty \longrightarrow$ Kreisplatte	1,17
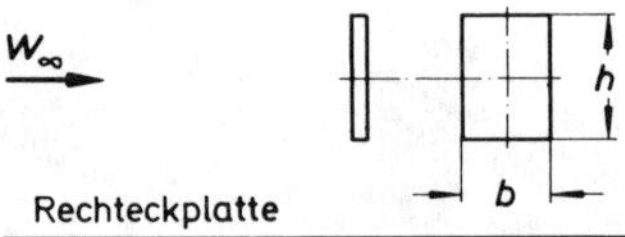 $W_\infty \longrightarrow$ Rechteckplatte, h, b	$\dfrac{h}{b}\begin{cases} 1 & 1,1 \\ 2 & 1,15 \\ 4 & 1,19 \\ 10 & 1,29 \\ 18 & 1,40 \\ \infty & 2,01 \end{cases}$
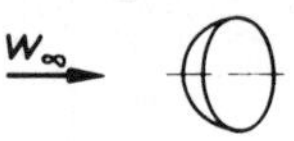 $W_\infty \longrightarrow$ Halbkugel von außen angeströmt	ohne Boden 0,34 mit Boden 0,40
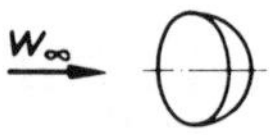 $W_\infty \longrightarrow$ Halbkugel von innen angeströmt	ohne Boden 1,33 mit Boden 1,17
$W_\infty \longrightarrow$ Zylinder von der Stirn-seite her angeströmt, d, l	$\dfrac{l}{d}\begin{cases} 1 & 0,91 \\ 2 & 0,85 \\ 4 & 0,87 \\ 7 & 0,99 \end{cases}$
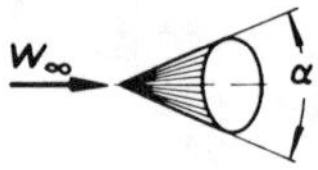 $W_\infty \longrightarrow$ α Kegel (ohne Boden) von der Spitze her angeströmt	$\alpha\begin{cases} 30° & 0,34 \\ 60° & 0,51 \end{cases}$
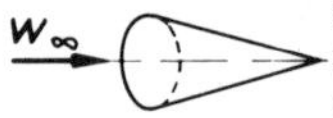 $W_\infty \longrightarrow$ schlanker Kegel von der Grundfläche her ange-strömt	$\approx 0,58$
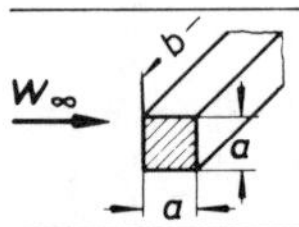 $W_\infty \longrightarrow$ quadratisches Prisma senkrecht angeströmt, a, b	für $b \longrightarrow \infty$ $\approx 2,05$
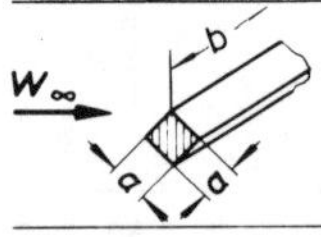 $W_\infty \longrightarrow$ quadratisches Prisma diagonal angeströmt, a, b	für $b \longrightarrow \infty$ $\approx 1,55$
 $W_\infty \longrightarrow$ Würfel senkrecht angeströmt	$\approx 1,05$
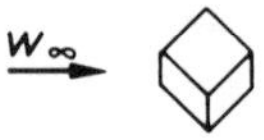 $W_\infty \longrightarrow$ Würfel diagonal angeströmt	$\approx 0,8$

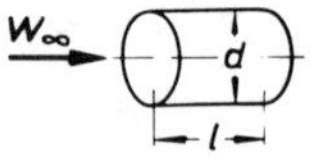

Tafel 38   Widerstandsbeiwerte von umströmten Körpern

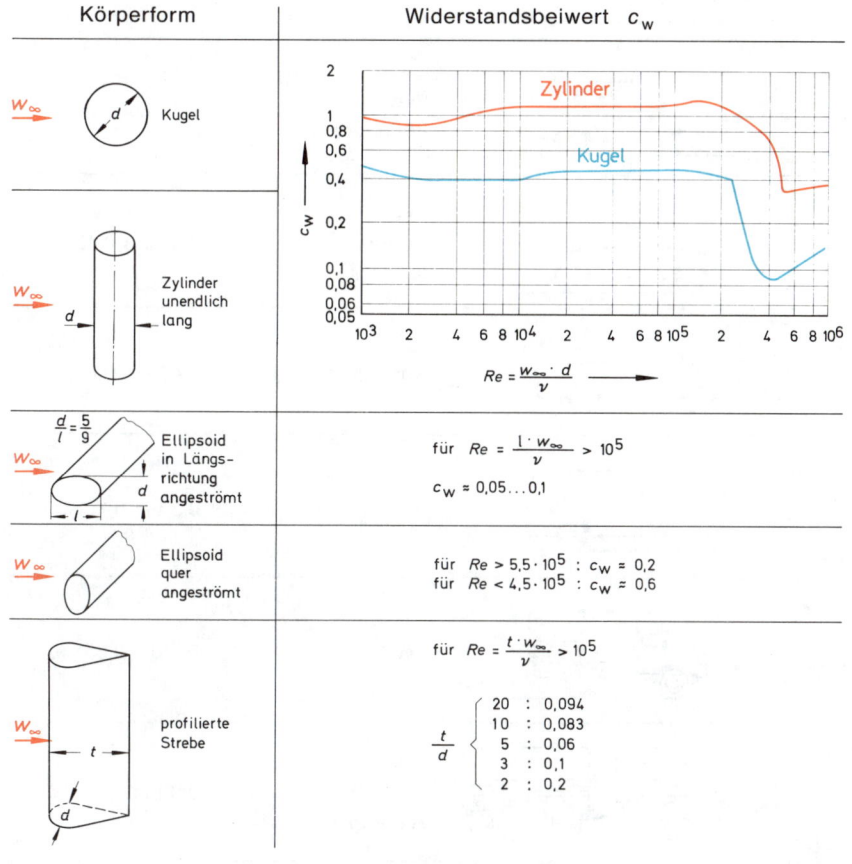

Körperform	Widerstandsbeiwert c_w

Kugel — $W_\infty \rightarrow$ ○ d

Zylinder unendlich lang — $W_\infty \rightarrow$, d

$$Re = \frac{W_\infty \cdot d}{\nu}$$

Ellipsoid in Längsrichtung angeströmt, $\frac{d}{l} = \frac{5}{9}$, $W_\infty \rightarrow$

für $Re = \dfrac{l \cdot w_\infty}{\nu} > 10^5$

$c_w \approx 0{,}05 \ldots 0{,}1$

Ellipsoid quer angeströmt, $W_\infty \rightarrow$

für $Re > 5{,}5 \cdot 10^5$: $c_w \approx 0{,}2$
für $Re < 4{,}5 \cdot 10^5$: $c_w \approx 0{,}6$

profilierte Strebe, $W_\infty \rightarrow$, t, d

für $Re = \dfrac{t \cdot w_\infty}{\nu} > 10^5$

$$\frac{t}{d} \begin{cases} 20 & : \ 0{,}094 \\ 10 & : \ 0{,}083 \\ 5 & : \ 0{,}06 \\ 3 & : \ 0{,}1 \\ 2 & : \ 0{,}2 \end{cases}$$

Tafel 39   Widerstandsbeiwerte von Fahrzeugen

Fahrzeugart		Widerstandsbeiwert c_w
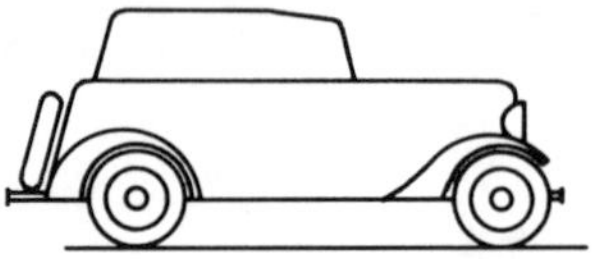	Pkw ältere Form	0,48 bis 0,56
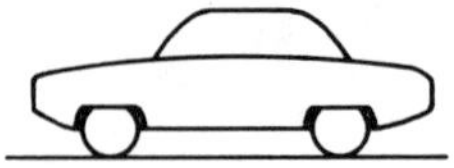	Pkw Pontonform	0,38 bis 0,48
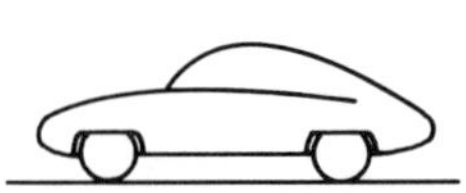	Pkw Stromlinien-form	0,35 bis 0,45
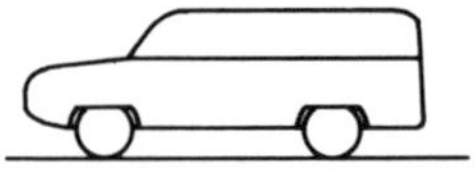	Kombiform	0,42 bis 0,45
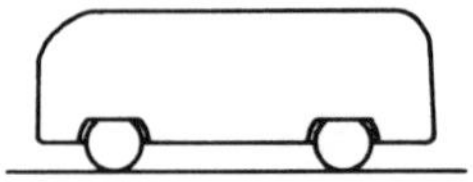	Bus	0,3 bis 0,7
	Lkw	0,7 bis 0,85
	Lkw mit Anhänger	0,9 bis 1,5
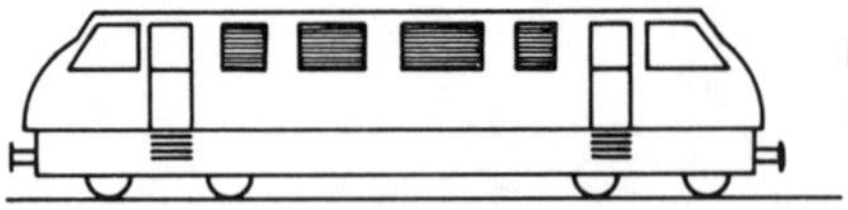	Diesel-lokomotive	0,45 bis 0,6

offenes Kabriolett: $c_w = 0,6$ bis $0,7$
Motorrad: $c_w = 0,6$ bis $0,7$

Tafel 40 Polaren des Tragflügels Gö 623

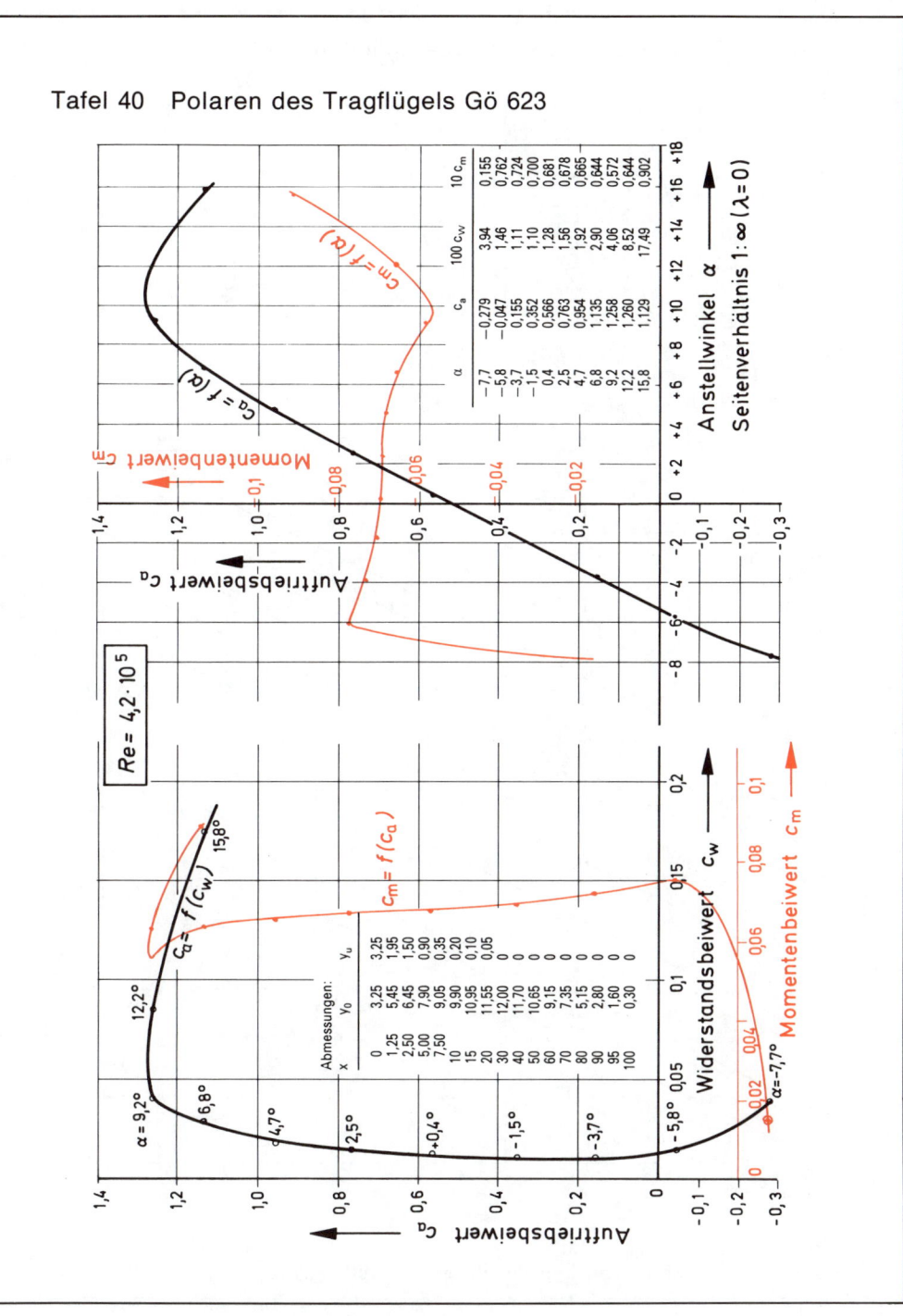

α	c_a	$100\,c_w$	$10\,c_m$
−7,7	−0,279	3,94	0,155
−5,8	−0,047	1,46	0,762
−3,7	0,155	1,11	0,724
−1,5	0,352	1,10	0,700
0,4	0,566	1,28	0,681
2,5	0,763	1,56	0,678
4,7	0,954	1,92	0,665
6,8	1,135	2,90	0,644
9,2	1,258	4,06	0,572
12,2	1,260	8,52	0,644
15,8	1,129	17,49	0,902

Abmessungen:

x	y_o	y_u
0	3,25	3,25
1,25	5,45	1,95
2,50	6,45	1,50
5,00	7,90	0,90
7,50	9,05	0,35
10	9,90	0,20
15	10,95	0,10
20	11,55	0,05
30	12,00	0
40	11,70	0
50	10,65	0
60	9,15	0
70	7,35	0
80	5,15	0
90	2,80	0
95	1,60	0
100	0,30	0

$Re = 4,2 \cdot 10^5$

Tafel 41 Druckverlust in Wasserdampfleitungen

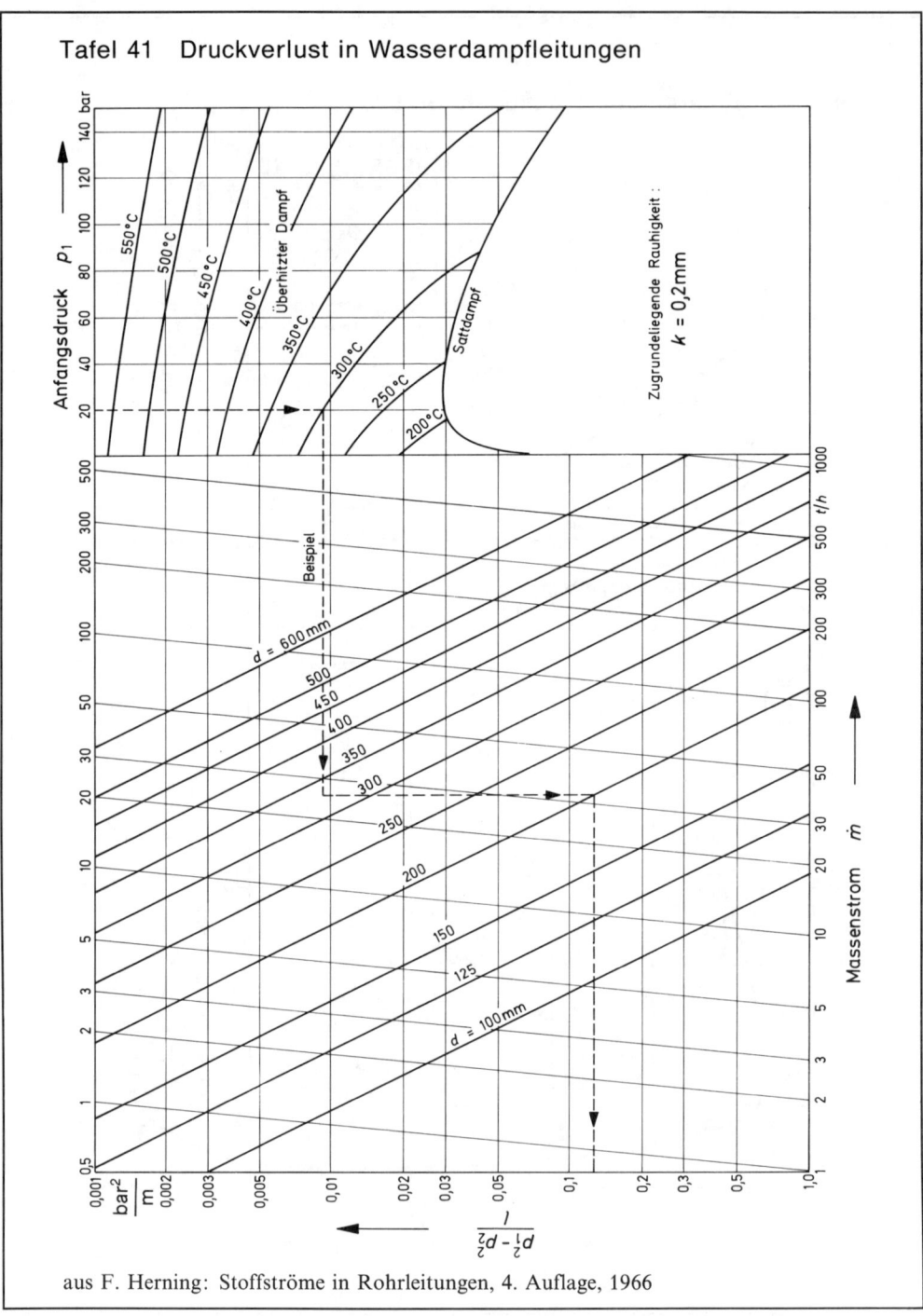

aus F. Herning: Stoffströme in Rohrleitungen, 4. Auflage, 1966

Stichwortverzeichnis

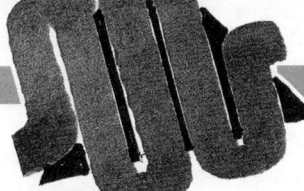

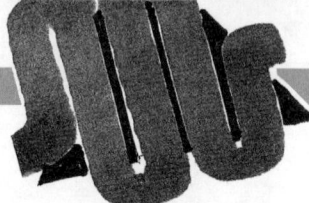